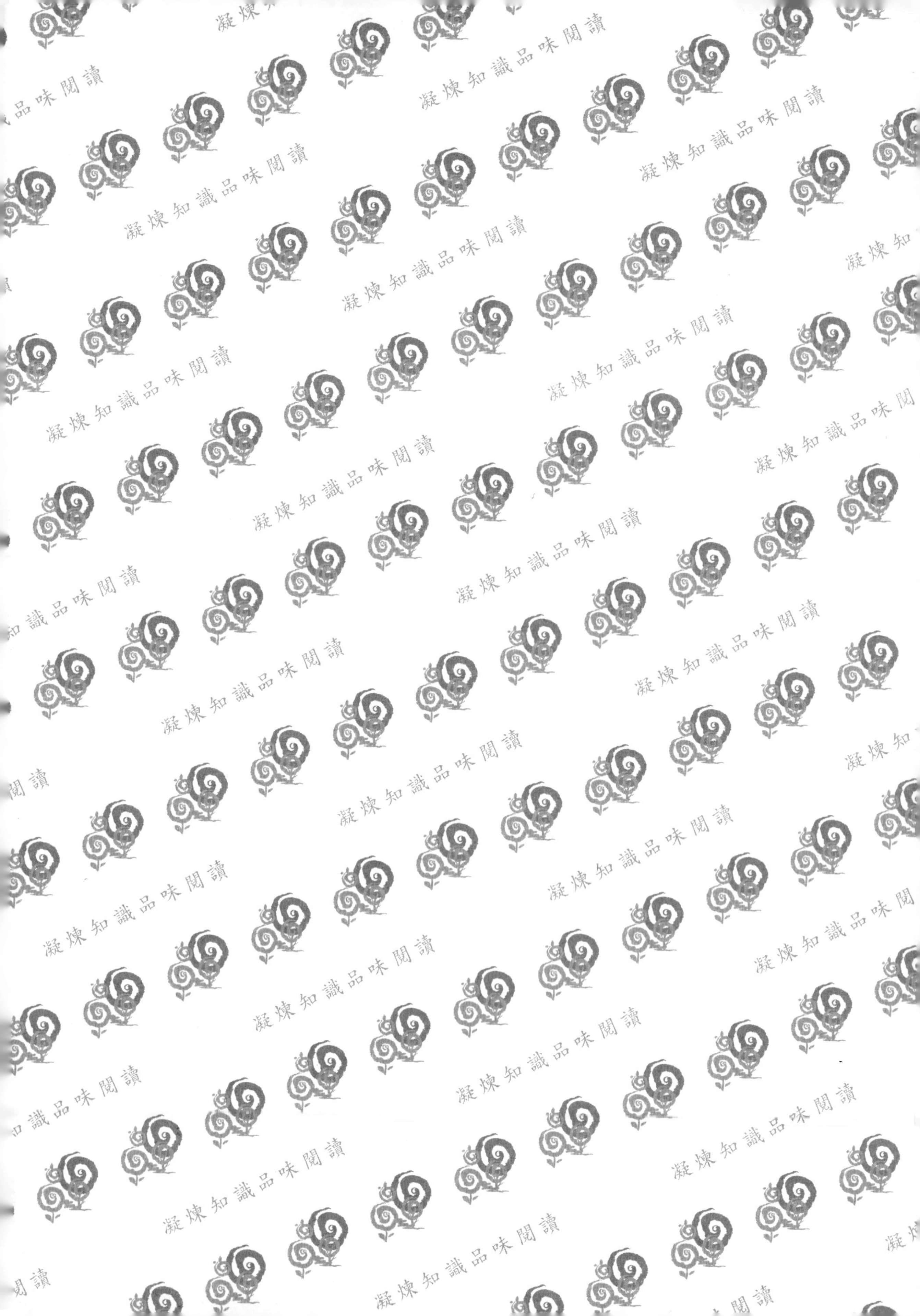

# 進階三軸銑削數控加工及實習

## Advanced 3-Axis CNC Milling and Practices

五南圖書出版公司 印行

吳世雄
王敬期
王松浩 著

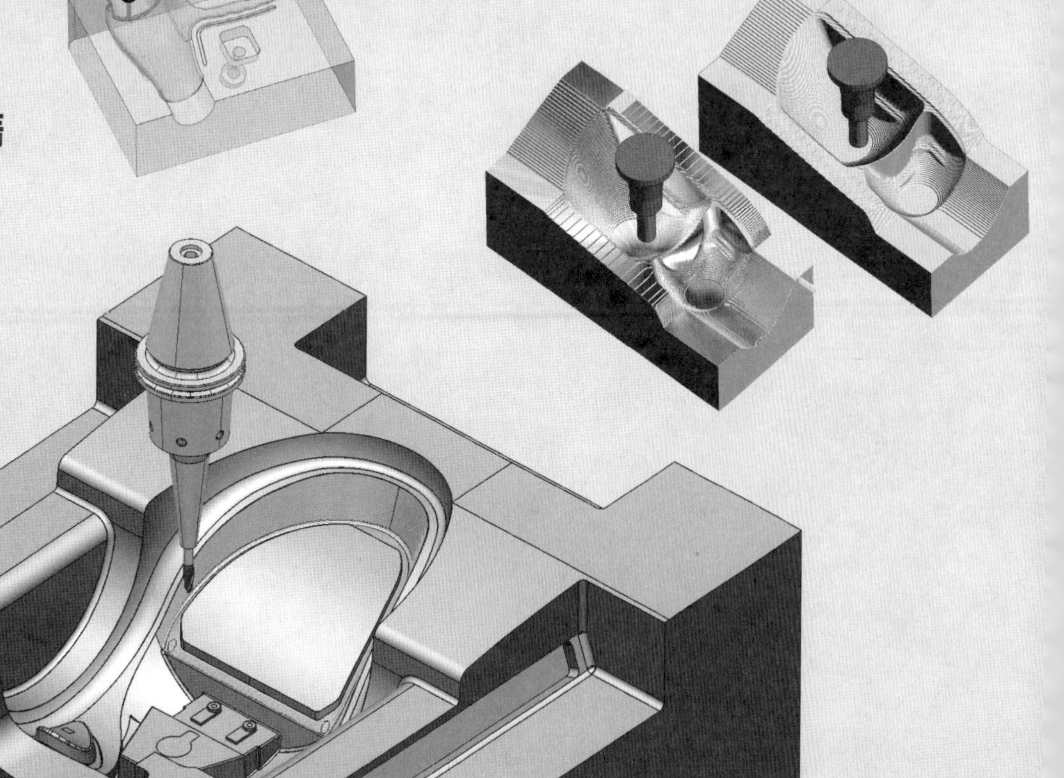

# 推薦序

本書作者之前著作《五軸銑削數控加工之基礎及實作》乃介紹多軸加工技術，其教材內容涵蓋多軸座標系之學理介紹以及實務加工練習例，該書之加工例均經實機驗證，所以書中實機操作無落差，因此多數學子反應熱烈，大家共同認定是一本難得的好書。

本書《進階三軸銑削數控加工及實習》延續前書，擬導引國內學子在進階加工技術領域再精進，因此本書對有志進入工具機加工殿堂之學子，應是一項福音，為一本優質且值得永久保存之書籍。

本書特點包括：教材內容著重實機操作、提供 CNC 程式設計之實務作業範例，且操作步驟均以中英文雙語並述，特別符合國內大學及技職體系學生之專業語文上的學習。本書介紹之範圍涵蓋基本加工概念與切削條件以及 PowerMill® 使用入門，書中文體編撰通俗易懂，加工實習例子包括有：2.5D 銑削／鑽孔、瓶胚模、弓形模、管形模、沖壓模、相機模、倒勾結構件、賓士模、吹風機模、吸塵器模等多項加工例，每個例子均經作者實機驗證過，讀者若依照章節順序研讀，應可快速地進入加工殿堂。

個人才疏學淺，僅因在教育界服務多年，得有機會為一本好書撰序，著實深感榮幸。本書之出書動機期為台灣之工具機技術教育做貢獻，此與個人服務宗旨一致，因此為序時內心倍感高興。本書作者均是個人的好友，作者在國內機械加工專業領域上同享盛名、學識淵博且得有十數年的合作經驗，在技術傳承上也有難得的共識。身為好友，為作者之勤奮出書深感驕傲，衷心預祝本書再度獲得大家的青睞，再為台灣教育界做出貢獻。

**林榖欽**

美國奧克拉荷馬州立大學機械與航空工程博士

崑山科技大學機械系教授

# 前言

當今企業的競爭，主要表現在產品款式、新產品開發週期及產品生產規模方面。而模具是作為新產品開發中的必要工序，其設計與生產週期日益成為決定新產品開發週期的決定因素。在過去塑膠模具業中，新產品的開發週期一般為半年到一年，現在甚至縮短為一個月內，即要完成開模、試模作業。以汽車工業來說，目前新車型的開發週期已縮短為僅一年半，雖然這一切都得益於模具設計與製造工序現代化水準的提高。但我們要如何因應新產品開發週期的縮短、降低成本，達成高效率、高精度的需求，業界也紛紛朝以高速加工技術的應用作一增進。

隨著加工機台設備與高性能加工刀具技術的發展和軟體的開發，高速加工技術日益成熟。這大大的提高了模具的加工速度、減少了加工工序、縮短加工時間，甚至消除了耗時的鉗工修復工作，從而縮短了模具的生產週期。而現今的五軸高速加工漸漸的受到模具業重視，這將是繼高速加工機後另一個有效的工具。它主要的優點是加工整體複雜工件時，可一次工件夾持定位及避開刀具靜點，適合於深穴模具加工時縮短刀具夾持長度、加工倒勾處，及減少電極製作等，可得到更好的加工效率與降低成本 ( 關於相關應用書籍可參考五南出版之《五軸銑削數控加工之基礎及實作》)。

本書透過編程實例來直接導引三軸高速加工的應用概念，操作案例經由 Autodesk 公司推出的 PowerMILL® 軟體做編寫，它是目前全球市面上廣泛應用於 2～5 軸數控銑削加工自動編程系統。該軟體具有易學易用、人員培訓快、程式製作時間縮短、機台加工時間縮短、加工表面品質提升、機台／刀具壽命延長與二次開發容易／方便經驗傳承等優勢特點。不僅成為台灣推動生產力 4.0 在數位製造上的利器，也讓學校學員能夠更深一層的瞭解實務上的加工應用。

本教材特點（Special features of this book）：

・本教材力求淺顯易懂，著重於基本加工概念、高速切削參數條件設定及3軸的加工路徑編程與加工實例機台操作；使用機器為立式三軸加工機（CNC 銑床），控制器為 FANUC Series 0i-MD，同時也提到電極的加工與放電應用，順著書中步驟就能夠進行軟體／硬體實作。（Easy to read, follow and practice.）
・本教材力求囊括業界最具代表性且比較複雜的幾何形狀，不僅可使讀者完成全部範例後對實際 CNC 程式設計作業會更具信心，並且在遇到困難時還可以回到書裡來尋找解答。（The objective of the book is to make the readers more confident in CAM programming. Therefore quite complex geometric shapes are included and different tool strategies are introduced for special applications in the examples of the book.）
・本教材中，主要內容及操作步驟盡可能以中－英雙語展現，以利外籍生的教學以及本籍生英語程度的提高。（Written bilingually in Chinese-English, this book is to serve non-Chinese readers as well as for native-Chinese readers to improve their professional English.）

此外作者還要特別感謝（Special thanks go to）：

・達康科技股份有限公司邱楷婷（Kai）小姐，賴右餘（Eden）先生、陳智銘（Rain）先生、李承諭（Nana）小姐等三位世界級技能國手，在本書編寫及程式編制過程中的大力幫助。（Special thanks go to Kai, Eden and Rain of DelCAM® Corporation Taiwan for their great assistants in CNC programming and post-processing for the NC codes.）
・「勞動部勞力發展署」雲嘉南分署鄧博仁老師對銑削加工常識與經驗的提供。（Thanks also go to Mr. Bo-Ren Zheng for

shearing his great insights and experiences in CNC milling.）

- 坤嶸企業有限公司蔡嘉勝總經理對刀把、刀桿應用的資料供參考。（Thanks also go to Mr. Jiasheng Chai of Kun-Rong Incorporated Taiwan for his provision of tool-bits information.）

**編著者**

2016於台南

本書所提及的範例，皆有教學範例檔，
請至五南官網（www.wunan.com.tw）
搜尋書名後，至「資料下載」區下載

# 目　錄

## 11 三軸銑削加工實習：賓士模（3D milling practice: mercedes mold）



## 12 三軸銑削加工實習：吹風機模（3D milling practice: mold for hair dryer）

1

# 緒論（Introduction）

學 習 重 點

- 1.1 前言
- 1.2 CAD/CAM 軟體技術與數控工具機暨高速加工
- 1.3 結語
- 1.4 參考文獻（References）

## 1.1 前言

本書的源起是於 2015 年出版《五軸銑削數控加工之基礎及實作》之後，獲得多方人士的認同推廣與偕同落實產學教育合作的共識，爲齊促進學子們對於產業上三軸加工的專業能力得以更進一步的了解與應用。於 2016 年 8 月開始再著手擬訂本書大綱，作者們經過無數個挑燈夜戰的夜晚與共同討論，所使用的資料與實例都是有理可據，歷經數十年的實作經驗累積與無藏私的編著來完成這本《進階三軸銑削數控加工及實習》，衷心希望它能爲讀者帶來銑削加工專業上的增進。

## 1.2 CAD/CAM 軟體技術與數控工具機暨高速加工

CAD/CAM 軟體技術以及數控工具機的應用，是製造產業中的一項重大突破，對於全面提升製造業的生產效率來說，具有劃時代的革命性意義。隨著工業的發展，在產品上的類別越來越多，但生產批量越來越少的生產條件下，如何提高生產的自動化程度和品質的穩定性，顯得更加的重要。

### 一、CAD/CAM 軟體技術

CAD 技術全稱 Computer Aided Design，是一種基於計算機技術的輔助設計軟體，自從上個世紀 90 年代末發展至今，已被諸多行業領域所應用。其功能主要包括：建立模型、數據計算、模擬分析、繪製圖形等。其應用於數控工具機當中，主要的作用在於數控生產加工的輔助，通過數控技術獨有的高精度計算功能加以強大的文字、圖像等處理技術，使數據的存儲和處理能力全面提高，設計者可以依據此來提升創造性的思維，有利於對數據進行綜合性的判斷分析，並通過邏輯化的處理來有效提升設計進程。

CAM 技術全稱 Computer Aided Manufacturing，與 CAD 技術同樣，均爲基於計算機技術的輔助功能軟體，相對來說 ·CAM 的涵蓋面更加廣泛，應用於數控工具機中主要是爲了實現更加高效的編程，功能內容包括數控路徑的規劃和 NC 代碼等。

CAD/CAM 技術起源於數位控制，經過長期補充和改進而發展成今天的電腦輔助設計（CAD）和電腦輔助製造（CAM）技術。且對傳統工具機產生了革命性之轉變，至今經過數十多年來不斷研究、改良及推廣，工具機 NC 化已成不可避免之趨勢。所謂工具機 NC 化 即是將一部工具機設備，裝上一套數值控制系統，藉由數值控制系統來控制工具機之運轉、刀具更換、刀具移動等動作。

所謂數值控制（Numerical control），乃是藉由數值、符號等資料（包括英文字母、數字及符號），構成一系列可判讀之訊號，來控制某一部機械或多部機械，以執行操作者預先設定之各種加工條件及動作，使該機械能達到自動化控制功能。數值控制一般簡稱數控或NC，電腦數值控制則簡稱 CNC，即數值控制系統加有電腦功能，其功能及技術層面均比早期之 NC 提高，係將 NC 之各種機能以微處理機來控制，具有記憶、運算、分析、判斷等功能。

補充說明：

1. CNC 電腦數值控制銑床：無自動換刀及刀具庫，故必須以手動的方式換刀。
2. 綜合切削中心機（MC, Machining center）：有自動換刀及刀具庫。使用時將刀具放置於刀具庫中，下達指令即可自動換刀（ATC, Automatic tools changer）（MC=CNC 銑床+ATC+刀具庫）。

## 二、數控工具機概述

數控工具機就是在工具機加工過程中，應用數位化對加工數據進行控制的一項技術，因此其涵蓋了機械加工、監控檢驗、微電子、智能控制技術等，屬於一種高新技術，從其起源至今，發展極爲迅速，對我國製造業的發展，起到了不可估量的推動作用。客觀地講，數控工具機的應用，通過以數控技術作爲核心，在製造行業領域有著極高的代表性，在機電一體化領域當中具有極高的水平，其智能化地位在國際當中都具有相當的影響力。

數值控制工作母機的概念起源於 1940 年代美國。生產直升機螺旋槳時，需要大量的精密加工。當時美國空軍委託機械工程師滿足此一需求。1947 年，John T. Parsons 開始使用電腦計算工具機的切削路徑。1949 年麻省理工學院接受美國空軍委託，開始根據 Parsons 公司的概念研究數值控制。

1950 年代，第一台數值控制工作母機問世；機械廠爲了美國空軍的需求在數位控制系統投入大量的努力，特別集中在輪廓切削銑床方面。Parsons 公司與麻省理工學院（MIT）合作，結合數值控制系統與辛辛那提公司的銑床，研發出第一台 NC 工作母機。隨後於 1958 年美國卡尼（Kearney）& 特雷卡（Trecker）公司，發展自動刀具交換裝置而完成了第一部切削中心機，同年，麻省理工學院亦發展完成自動程式設計工具（APT, Automatically programmed tools），解決了如何方便地將工件的形狀輸入電腦中去進行軌跡路徑計算的問題。

接下來的發展：

・1958 年日本牧野公司與富士通公司（FANUC）兩大機械公司合作，生產第一部 NC 銑床正式問世。

・1959 年日本富士通（FANUC）公司研發油壓脈衝馬達及代數演算方式之脈衝補償迴

路成功，使 NC 之功能更向前邁進。

- 1963 年 MIT 研製成功世界第一台可進行即時交互圖形處理的電腦圖形顯示系統，稱爲 SKETCHPAD，它首次實現了在 CRT 螢幕上即時生成和修改設計。
- 1964 年日立公司製作第一台綜合切削中心機（Machining center）附 ATC（自動換刀裝置）裝置成功。
- 1968 年富士通（FANUC）公司完成世界第一套 DNC（Direct Numerical Control）群管理系統。
- 1969 年微處理機之快速發展，並被應用於 NC 控制系統，從此 CNC（Computer Numerical Control）時代來臨，數控之功能大爲提升。
- 1975 年開始，Fanuc（發那科，由富士通公司 NC 部門獨立）公司量產銷售的 CNC 工具機占了相當的國際市場。近年來日本則成功研發出快速、多軸的工具機。

從 1960 到 2000 年之間，數值控制系統擴展應用到其他金屬加工機，數值控制工作母機也被應用到其他行業。微處理器被應用到數值控制上，大幅提升功能，此類系統即稱爲電腦數值控制（CNC）。這段期間也出現了高速、多軸的新式工具機。日本成功打破傳統工具機主軸形式，以類似蜘蛛腳的裝置移動工具機主軸，並且以高速控制器控制，是爲高速、多軸的工具機。

**台灣的 CNC 發展：**

國內之 NC 技術其發展較歐美、日本等國爲晚，發展狀況如下：

- 台灣的 CNC 發展始自 1974 年楊鐵機械，開始研究數控車床。
- 其後 1978 至 1979 年，大興機械、台中精機、永進機械、大立機器、聯邦電子等公司相繼投入研究發展，且有不錯之成效，此爲我國數控工具機之萌芽階段。也開始銷售數控工具機。至此都是以孔帶指令操作爲主。
- 1980 年代初期，楊鐵機械再推出電腦化數值控制車床、綜合切削中心機等。碩誠公司、新訊公司、工研院等機構則成功研製出台灣自製的各種數值控制器。
- 至 2001 年爲止，台灣已能跟進「PC Based」控制器。但無法自製工具機系統中的另外兩大部分：主軸馬達與伺服馬達，此二部分多向日本大廠購買，各占工具機價格三分之一。
- 至 2011 年，台灣「PC Based」控制器，已有代表性的三家廠商——捷準、寶元數控、與新代。台灣的工具機產業已逐漸朝向自主研發走向，關鍵性的組件不再受日本的限制。
- 2013 年，研華科技集團買下寶元數控。至 2015 年爲止，研華寶元已經成爲亞太地區第一的華人數位控制器品牌，除了經營中國及台灣市場外，也積極拓展歐洲、北美及東南亞地區。

補充說明：

台灣目前工具機使用之控制器仍採用進口產品爲主，以日本富士通（FANUC）、三菱（MITSUBISHI）、西門子（SIEMENS）、海德漢（Heidenhain）等廠牌居多。

## 三、高速加工

隨自 20 世紀 30 年代德國 Carl Salomon 博士首次提出高速切削概念以來，經過 50 年代的機理與可行性研究，70 年代的工藝技術研究，80 年代全面系統的高速切削技術研究，到 90 年代初，高速切削技術開始進入實用化，到 90 年代後期，商品化高速切削機台大量湧現，21 世紀初，高速切削技術在工業發達國家得到普遍應用，正成爲切削加工的主流技術。

根據 1992 年國際生產工程研究會（CIRP）年會主題報告的定義，高速切削通常指切削速度超過傳統切削速度 5～10 倍的切削加工。因此，根據加工材料的不同和加工方式的不同，高速切削的切削速度範圍也不同。高速切削包括高速銑削、高速車削、高速鑽孔與高速車銑等，但絕大部分應用是高速銑削。目前，加工鋁合金已達到 2000～7500 m/min，鑄鐵爲 900～5000 m/min，鋼爲 600～3000 m/min，耐熱鎳基合金達 500 m/min，鈦合金達 150～1000 m/min，纖維增強複合材料爲 2000～9000 m/min。

### （一）關於高速加工的定義

儘管對高速加工的研究已有多年，但現在對高速加工還缺少一個明確簡潔的定義和解釋。高速加工的基本出發點是高速低負荷狀態下的切削，並更快切削移除材料。而低負荷切削意味著可減輕切削力，從而減少切削過程中的振動和變形。故使用合適的刀具，在高速狀態下可切削高硬質的材料。同時，高速切削可使大部分的切削熱經由切屑帶走，從而減少零件的熱變形。

高速加工的概念是由六十多年前 Salomon 對高速加工進行了深入的研究。其研究成果表明隨著切削線速度的增加，溫度及刀具磨損會劇烈增加，當切削線速度達到超過某臨界值時，切削溫度及切削力會減小，然後又隨著切削速度的增加而急劇增加。從下圖可看出，以刀具壽命磨損的切削力爲限制條件，前一個低於該值的區域是一般傳統加工。後一個低於該值的區域爲高速加工。由此可看出，不同材料有不同的臨界值，有其高速加工的特定範圍。刀具材料與品質是高速加工最主要的限制條件之一。故高速加工不僅決定於主軸速度與刀具直徑，還與所切削的材料、刀具壽命及加工工法等綜合因素有關。

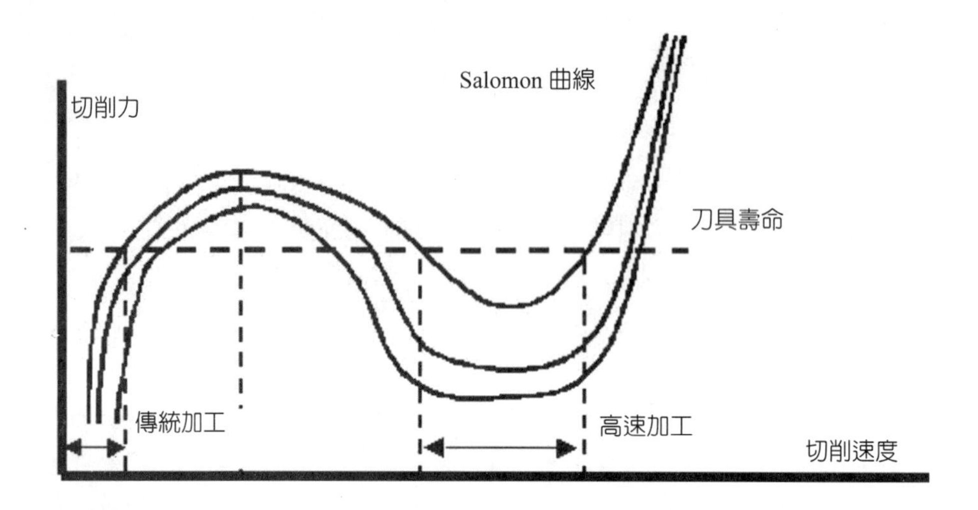


對於塑膠模具、壓鑄模具、衝壓模具及鍛模等合金鋼的切削加工，這些材料的硬度一般超過洛氏 50 度，故高速加工的限制因素主要是刀具壽命、材料熔點和主軸速度。在此對於介於主軸速度可達 10000～100000 m/min 以上的加工我們可將它定義爲高速加工。

**（二）高速加工的效益**

於高速加工的研究中，表明了高速加工按其目的而言應分爲兩類：

1. 依單位時間最大材料去除量爲目的之高速加工。
2. 實現高品質加工表面與細節結構爲目的之高速加工。

任何模具的高速加工都是這兩類技術的綜合運用，模具的生產作爲系統工程而言，後者因極大地減少了鉗工拋光、修復時間，甚至減少了部分工序，對模具的生產週期縮短起了更大的作用。傳統的加工工序與高速的加工工序步驟流程，如下所示，由此便可看出工序流程的簡化：

1. 傳統工序方式：(1) 毛坯退火、(2) 粗加工、(3) 中加工、(4) 淬火處理、(5) 電極加工、(6) 放電加工、(7) 精加工、(8) 人工打磨、拋光。
2. 高速工序方式：(1) 毛坯淬火處理、(2) 粗加工、(3) 中加工、(4) 精加工、(5) 局部拋光。

而高速加工的效益優點爲何，我們大致可由以下幾點來做說明：

1. **提高了模具加工速度，達成高效率的需求**：高速加工採取的是進給切削量小、進給速度快和主軸轉速高的加工方式，此加工方式具有切削力降低 、工件熱變形減少，有利於保證零件的尺寸、形位精度。從材料去除速度而言，高速加工比一般加工快四倍以上。
2. **獲得高品質的加工表面，達成高精度的需求**：同上述高速加工採取的加工方式，可獲得很高的加工表面品質，不但可以省去鉗工精修的作業工序，並可節約時間。
3. **簡化模具工序流程，縮短生產週期，降低成本**：傳統的銑削加工只能在淬火之前進行，由上述的步驟流程可得知，因淬火造成的變形必須要用手工修整或放電加工。現在透過高速加工的方式可減少很多的手工修整步驟，省去電極材料、程式製作及加工，以及放電加工過程的所有費用，而且沒有放電加工的表面硬化。另外，高速加工由於切削力的減少，可使用更小直徑的刀具作加工；針對模具更小的圓角區域及模具細縫作加工，可節省掉上述所提的作業流程。大幅度的縮短生產週期，降低開發成本。

4. **模具修復，降低成本**：模具往往不時需要修復，以延長模具使用壽命，因模具已經淬火，過去主要是靠放電加工和人工作業來完成修復，現行採用高速加工可以更快地完成該工作，而且可使用原 NC 程式，無須重新編制，即可達到精度準確的需求。

另外，5 軸高速加工應用於航空航太工業已有多年歷史，近幾年模具行業也逐漸擴大應用。但這種高檔機台特別適合用來加工幾何形狀複雜的模具，其原因在於 3 軸高速加工無法達成 5 軸高速加工的作業需求，我們大致由以下幾點來說明 5 軸高速加工的效益優點：

(1) 透過主軸頭的偏擺和旋轉，適合於深穴模具加工。

(2) 縮短刀具夾持長度，可提高加工的表面精度品質。

(3) 避開刀具靜點，可提高刀具使用率與壽命。

(4) 加工倒勾處，可減少電極製作。

(5) 一次工件夾持定位，減少治具成本。

### （三）高速加工對加工設備、刀具及切削液的要求

#### 1. 高速加工對高速加工機的要求

高速加工機的主軸性能是實現高速切削加工的重要條件。高速切削機台主軸的轉速範圍爲 10000～100000 m/min，並要求主軸具有極高的加減速度，前提之下機台需要有高穩定、高剛性、冷卻良好的高速主軸，以及高剛性的機械結構和精確的熱補償系統。而機台驅動系統爲滿足模具高速加工的需要，加工機台的驅動系統應具有下列特性：

(1) **高進給速度**：研究證明，對於小直徑刀具，提高轉速和每齒進給量有利於降低刀具磨損。目前常用的進給速度範圍爲 20～30 m/min，如採用大導程滾珠螺桿傳動，進給速度可達 60 m/min；採用直線電機則可使進給速度達到 120 m/min。（目前新式的高速高階機種進給速度已能高達 200 m/min 以上。）

(2) **高加速度**：對 3D 複雜曲面輪廓的高速加工要求，驅動系統需具有良好的加速度特性，驅動系統加速度應達到 20～40 m/s。

(3) **高速度增益因數（Velocity gain factor）KV**：爲達到較高的 3D 輪廓動態精度，一般要求速度增益因數 KV = 20～30 (m/min)/mm。

(4) **高速處理能力的控制系統（線性插補 5～20 Microns 或 NURBS 插補功能）**：先進的數控系統是保證模具複雜曲面的加工品質和效率的關鍵因素，且也應具備有預讀處理能力的控制系統。

**2. 高速加工對刀具及裝夾的要求**

高速加工中，由廠商所建議的進給率、切削深度和其他參數是延長刀具壽命很重要的因素。一般的定義是 (1) 夾頭、刀具的加速度小於 3G，(2) 刀具的徑向跳動小於 0.015 MM，(3) 刀長不大於四倍的刀具直徑等條件下。以高速銑削模具鋼時，最常用的兩種刀具塗層是 (1) 氮碳化鈦（TiCN）塗層和 (2) 氮鋁鈦（TiAlN）塗層。

球銑刀在低於 800 sfm 的切削速度下銑削硬度小於 42 HRC 的工件材料或圓銑刀在低於 600 sfm 的切削速度下銑削相同材料時，刀具採用 TiCN 塗層較爲合適。如果被加工材料的硬度或切削速度高於上述的切削參數範圍，則最好選用 TiAlN 塗層。若刀具如果不在最佳的加工條件下切削，刀具上的碳化塗層將會剝落。如果刀具僅經由切屑散熱且刀具切削到尖銳角落，或是以大的進給進刀，則刀具將會過熱，而易導致刀具的損壞。相反，如果刀具在太低的溫度環境下切削，刀具上的碳化塗層也同樣容易提早出現非正常的磨損。

下圖顯示了使用不同尺寸刀具時，刀具上的熱量聚集狀態。最左邊的圖例是熱量聚集情況最高、最壞。此時，刀具切入了一尖角，同時方向也有突然變化。在中間的圖例中，由於加工策略中應用了圓弧平順化選項，刀具的散熱狀態得到很大改善，刀具移動也更平順。右邊的情況最好，它選用了和中間圖例相同的圓弧平順化選項，但使用了尺寸較小的刀具。

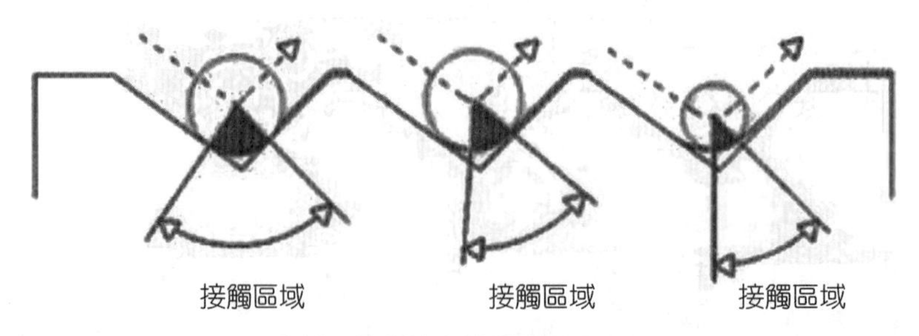


**加工接觸面的熱量聚集狀況**

如上圖所示，在高速加工中，爲延長刀具的使用壽命，不僅應從 CAM 的系統中選取合適的圓弧平順化選項，同時還須選取合適尺寸的加工刀具。一般傳統加工選取刀具的方法爲儘量選取最大可使用的尺寸刀具，這樣是不夠的。高速加工中應保證所選取的刀具在切削過程中始終保持固定的材料切削量。另外，計算刀具進給率和轉速時，應考慮刀具的有效直徑或者由 CAM 系統所提供的刀具資料庫運算公式經驗值來得到最佳的切削條件。

**3. 高速加工對切削液的要求**

高速銑削加工在高速、高溫的情況下，皆採用壓縮空氣冷卻取代切削液冷卻。這是因爲主軸在高速旋轉時，因離心力問題，有可能導致切削液在切削區的高溫而立即蒸發，冷卻效果很小甚至沒有。同時切削液會使刀具刃部的溫度激烈變化，容易導致裂紋的產生，所以一

般都採用油 / 氣冷卻潤滑的乾式切削方式。這種方式可以用高壓氣體迅速吹走切削區產生的切屑，從而將大量的切削熱帶走，且經霧化的潤滑油可以在刀具刃部和工件表面形成一層極薄的潤滑保護膜，可有效地延長刀具壽命並提高零件表面的品質。但是，對於具體的高速銑削加工任務，選用何種冷卻方式更爲恰當，則應根據不同的加工目的和被加工材料仔細加以權衡，才能獲得最佳的加工效果。

三、高速切削策略

切削方法主要包括：適合高速切削加工的走刀方式、專業的 CAD/CAM 編程策略、最佳化的高速切削加工參數、充分冷卻並具有環保特性的冷卻方式等。高速切削加工方法原則上多採用分層環繞切削加工，一般使用斜向軌跡進刀的方式，直接垂直向下進刀極易出現崩刃的現象，因此不宜採用；斜向軌跡進刀方式的銑削力是逐漸增大的，因此對刀具和主軸的衝擊比垂直下刀小，可明顯減少下刀崩刃的現象。螺旋式的軌跡進刀方式採用螺旋向下切入，最適合型腔高速加工的需要。高速切削加工策略以等量切削、等溫切削、淺薄切削、防止咬屑、進給率變化及等 TEA 路徑規劃作爲加工技術發展的趨向，使刀具高轉速、機台的高進給以及高加速度大大提高金屬切除率，不僅降低高速切削之切削力，也解決刀具在轉彎處顫振問題，且大部分熱藉由切屑帶走，以減少工件發熱，增加刀具壽命，提高加工品質。

## 1.3 結語

高速切削加工廣泛應用於航空航太工業、模具工業、電子行業、汽車工業 等領域。模具高速加工技術也正在不斷的創新，由過程中可以看出此技術充分利用了當今技術領域裏的最新成就，包括高速加工機床、數控系統、高速切削刀具及 CAD/CAM 技術等。每個技術環節上都要求得很嚴謹，從機台設備的精度要求、CAD/CAM 功能上運算路徑的品質和穩定性皆具有顯著的影響。目前高速加工在模具製造業中已應用得很普遍，要如何再提升各技術領域的技術水準和經濟效益，還是需此領域的專業人士們共同來努力。

本教材所規劃的章節內容也以上述的各項領域高速切削應用爲主，它涵蓋了基本的加工概念、高速切削參數條件設定以及 3 軸的高速加工路徑編程應用與加工實例機台操作爲主，希望能爲讀者帶來切削加工上專業領域的實質幫助。

## 1.4 參考文獻（References）

1. 維基百科 https://zh.wikipedia.org/wiki/%E6%95%B0%E6%8E%A7%E6%9C%BA%E5%BA%8A。
2. 產業掃描 Industry Insight── 高速高精度切削淺談文 / 國立虎尾科技大學林盛勇教授。

3. 台灣 WiKi 高速切削關鍵技術，http://www.twwiki.com/wiki/%E9%AB%98%E9%80%9F%E5%88%87%E5%89%8A%E9%97%9C%E9%8D%B5%E6%8A%80%E8%A1%93。

# 2

# 基本加工概念與切削條件（Basic concepts in machining and machining conditions）

2.1 基本加工概念（Basic concepts）

2.2 切削條件（Machining conditions）

# 2.1 基本加工概念（Basic concepts）

CAD/CAM 軟體的功能和工法選擇應用是影響加工的兩個主要因素。從 CAM 系統所產生的 CNC 程式，直接決定許多加工條件。以這個角度來考慮，實在很難精確地指定在 CAD/CAM 系統中需要什麼樣的功能才能保證得到高品質的加工結果。因此，我們由以下幾個觀點來說明：

## 2.1.1 CAD 對加工的影響（Influence of CAD on machining）

一般來說，很多人認爲 CAD 對加工不太容易有直接的影響，CAD 模型僅僅用於定義零件的外形，至於如何加工出所設計的零件，那是 CAM 方面系統的問題。從理論上這點沒錯，但很多情況下，CAD 模型可能並未眞正定義出合乎加工的形狀。有多種因素會導致模型不適合加工，而造成表面加工品質的不理想，甚至影響到刀具的使用壽命。爲此，我們將針對幾點會影響的因素來說明。

### 一、精度的影響

高速加工的優勢可使整個加工精度提高、獲得較小的熱分佈以及高品質的加工表面。但高速加工通常用於建立零件模型的公差要大於最終的加工公差。而精度問題的一個內在原因，爲軟體資料的交換。通常零件設計是由一個 CAD 系統製作，然後再轉換到另一個不同的 CAD 系統進行後段設計和加工的準備。每次進行資料傳輸都需要將幾何形狀從一種格式轉換成另一種格式，有些轉換會涉及到極限公差近似或產生公差累積的問題，造成曲面遺漏、間隙或曲面展開的情況發生。如何減少轉換過程中所出現的問題，其中一個方法就是使用直接介面。直接介面允許一個系統直接讀取另一系統的檔案。例如，PowerMILL 就具有 Catia、Pro/E、UG 等其他眾多軟體系統的直接介面 Part 檔案輸入。

### 二、修剪的影響

CAD 系統中的多數零件都是由裁剪曲面組合而成。這些曲面的邊界精度直接影響到 CAM 系統中產生的刀具路徑品質。例如，面與面之間會因剪裁的影響而產生縫隙誤差，又或者不良的剪裁曲面。這些不良的剪裁面如果超出的範圍太大，則可能會導致刀具路徑加工過後出現尖點與刀痕的現象。同樣的，軟體資料間的轉換誤差也可能產生這種裁剪問題。

### 三、不完整模型的影響

許多 CAD 操作者爲縮短模型的設計時間。經常忽略內部角落的倒圓角，認爲此倒圓角形狀可經由合適的刀具半徑作直接加工。如果使用這種方法，刀具切削進入到尖銳角落時，如下圖(a)所示，將會造成刀具的負荷量增加，而此負荷量爲刀具做直線切削時負荷的4.5倍。

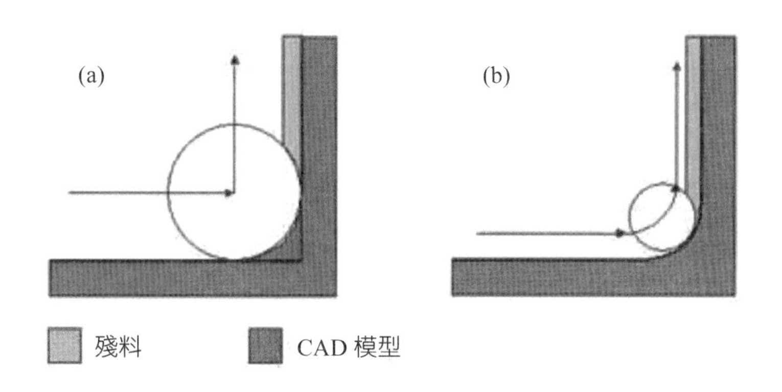


有些 CAM 系統提供了解決這問題的一些方法，如 PowerMILL 粗加工策略、平行、等高加工等圓弧化的功能選項，但最好還是避免這種現象的出現，以確保 CAD 模型能精確呈現要加工的形狀。

## 四、加工特徵的影響

儘管高速加工擴大了可直接銑削的特徵範圍，但對形狀特別複雜的模型，細節局部區域還是必須使用放電加工處理。在多數零件上會有許多孔特徵或不須加工的區域，如果不進行處理，則實際加工時刀具勢必會切入到這些孔或尖角中。將導致 CAM 操作者須花費很多時間來修正這些錯誤，以避免刀具負荷和重複加工這些區域。

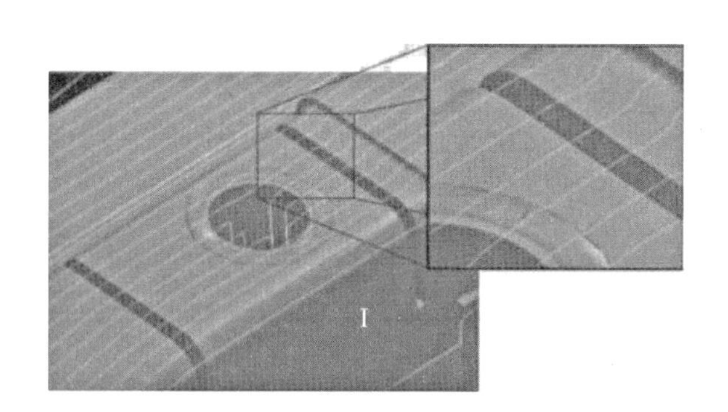

如果可能，應儘量將這些 CAD 模型作填補。

### 2.1.2 CAM 加工觀念須知（Must-know in CAM）

現今的機台設備爲求加工的效率與品質，大多改使用高速加工機，因爲高速加工中的機台，其刀具路徑和傳統加工的刀具路徑有很大不同，須更加地嚴謹與評估。高速加工路徑在

CAM 系統中有幾點條件與限制，我們將逐一地列出這些基本加工觀念來做說明。首要讀者需要先了解 NC 程式與座標系統等之基本認識。

## 一、NC 程式之基本認識

### （一）程式組成的內容

電腦數值控制之程式是利用各種英文字母、數值、符號等組成。一個 NC 程式是由許多單節（block）組成，一個單節是由一個字語（work）或一個以上的字語組成，一個字語是由一個位址碼（addres）及一些數字組成。

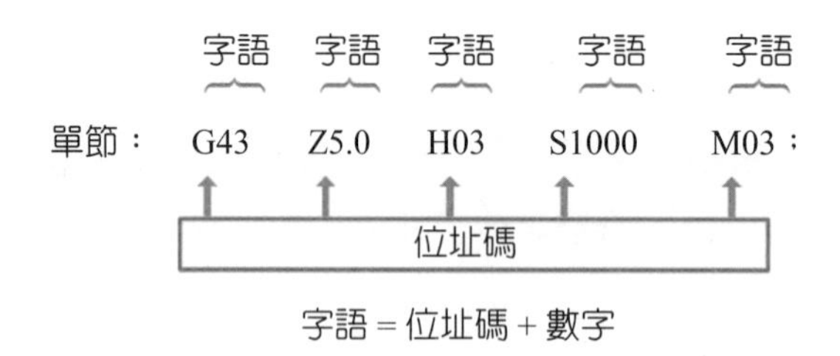
字語 字語 字語 字語 字語
單節： G43 Z5.0 H03 S1000 M03；
位址碼

字語＝位址碼＋數字

程式的組成是由許多單節所結合，並成爲一聯貫有系統、完整的動作。每一程式之開端需有程式號碼，其編碼方式爲 O □□□□，前碼爲英文字母 O，後面四碼爲數字 0～9。

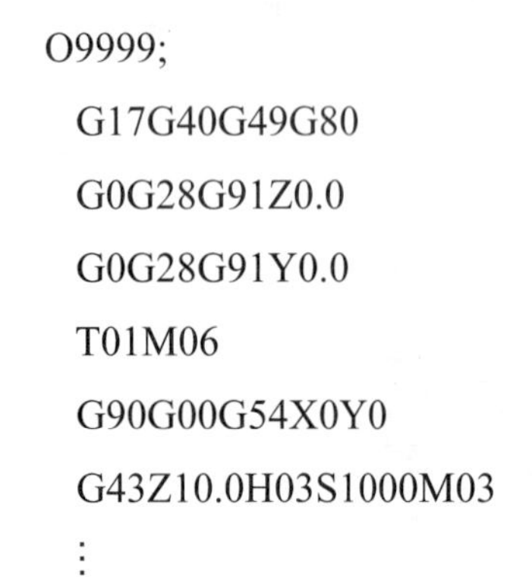
O9999;
G17G40G49G80
G0G28G91Z0.0
G0G28G91Y0.0
T01M06
G90G00G54X0Y0
G43Z10.0H03S1000M03
⋮

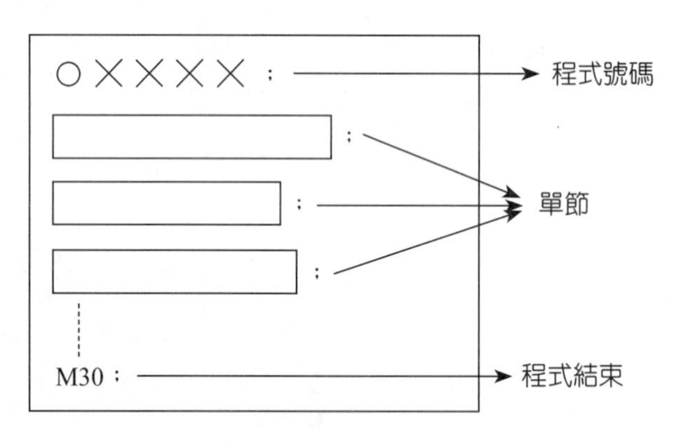
O××××；
程式號碼
單節
M30；
程式結束

**圖：程式之結構**

### （二）字語（work）

字語是指程式中最基本的組成單位，它是由一個位址碼和一個數字資料所組成：

1. **位址碼**：包含英文字母 A～Z。
2. **數字資料**：則由 0～9 所構成。

　範例一：X80.0。

　範例二：G01 及 M03。

### （三）單節（Block）

單節是由一個或一個以上的字語所組成。每個單節與單節之間視系統不同而定，通常會以單節結束，如以 EOB（End of Block）符號加以區隔。

O9999; → 單節

G40G49G80; → 單節

T01M06; → 單節

G90G00G54X0Y0; → 單節

G43Z10.0H03S1000M03; → 單節

⋮

### （四）程式號碼

早期的數值控制（NC）機械，因無記憶體，故程式是儲存在紙帶上，執行時，常以光學式讀帶機將紙帶上的程式讀入控制器內，再依指令控制機械運作。在目前電腦數值控制（CNC）機械都具有記憶程式的功能，也都採行 Server 端伺服機直接做程式的傳輸。

一般 CNC 程式儲存在記憶體內，爲了區別不同的程式，故在程式的最前端用程式號碼加以區分之，方便日後欲執行哪一程式時，只需呼叫出來，即可進行編輯或執行程式。

### （五）程式號碼（程式名稱）

目前程式的編碼共有二種：EIA 編碼或 ISO 編碼，在台灣大多使用 EIA 編碼。

在 CNC 控制器內，一般皆可接受這二種編碼，故爲了區別起見，程式號碼以位址「O」表示者爲 EIA 編碼；

以位址「：」表示者，爲編碼 ISO。

（ISO）：□□□□

（EIA）O □□□□

程式號碼以位址 O 及 4 位數字組成，一般控制器大多從 1～9999 之範圍內任意選擇使用。

O3838 表示程式號碼爲 3838 的 CNC 程式（EIA）。

: 4949 表示程式號碼爲 4949 的 CNC 程式（ISO）。

提供各位址意義說明供參考：

| 機能 | 位址 | 意義 |
|---|---|---|
| 程式號碼 | ：(ISO)，O (EIA) | 程式號碼 |
| 順序號碼 | N | 順序號碼 |
| 準備機能 | G | 動作模式（直線、圓弧、鑽孔等） |
| 座標軸字語 | X (U) Y (V) Z (W) | 座標軸移動指令 |

| 機能 | 位址 | 意義 |
|---|---|---|
| | A、B、C | 附加軸移動指令 |
| | R | 圓弧半徑 |
| | I、J、K | 圓弧中心座標 |
| 準備機能 | F | 進給速率 |
| 主軸轉數機能 | S | 主軸轉數 |
| 刀具號碼 | T | 刀具號碼（車床：刀具號碼 + 刀具補正號碼） |
| 輔助機能 | M | 輔助機能 |
| | B | 床台位置 |
| 補正號碼 | H、D | 補正號碼（H：長度、D：半徑） |
| 暫停 | P、X | 暫停時間 |
| 副程式號碼指定 | P | 副程式號碼指定 |
| 重複次數 | L | 副程式重複次數 |
| 參數 | P、Q、R | 固定循環 |

### （六）工作座標軸

1. **工具機的座標軸判別方法**：主軸旋轉的軸爲 Z 軸，床台移動較長的軸爲 X 軸，較短的軸爲 Y 軸。
2. **座標系統區分**：卡氏（Cartesian）座標系統分爲兩軸氏座標系統、三軸氏座標系統、極（Polar）座標系統……等。卡氏座標系也稱爲直角座標系，是最常用到的一種座標系。在平面上，選定二條互相垂直的線爲座標軸，任一點的座標軸距離與另一軸的座標，這就是二維的卡氏座標系，一般會選一條指向右方水平線稱爲 x 軸，再選一條指向上方的垂直線稱爲 y 軸，此兩座標軸設定方式稱爲「右手座標系」。

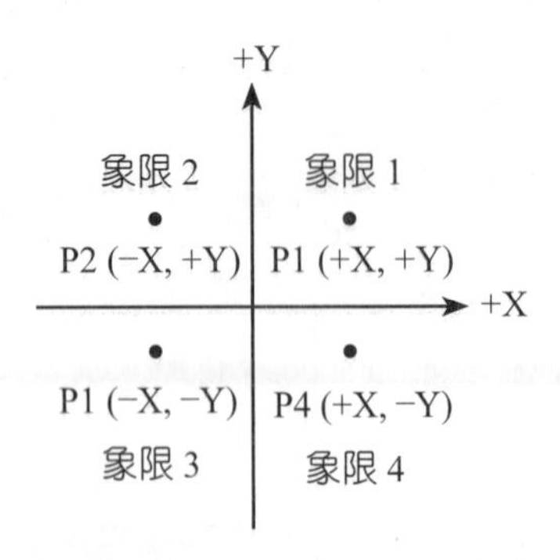


**兩軸（平面）卡式座標系統**

卡氏座標二維系統定義圖形：

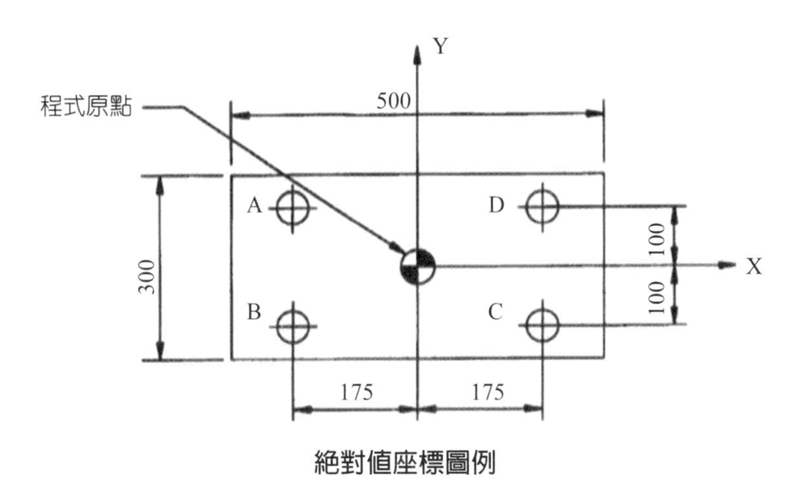


**絕對值座標圖例**

絕對值座標程式：

G90 X–175. Y100.; A 點座標
Y–100.; B 點座標
X175.; C 點座標
Y100.; D 點座標

3. **右手座標系統**：若在三維系統中，選定三條互相垂直的平面，任一點距平面的距離爲座標，二平面的交線爲座標軸，即可產生三維的卡氏座標系。此爲 CNC 工具機各軸的標註，CNS 是採用右手直角座標系統。大拇指表示 X 軸 ，食指表示 Y 軸，中指表示 Z 軸，且手指頭所指的方向爲正方向。

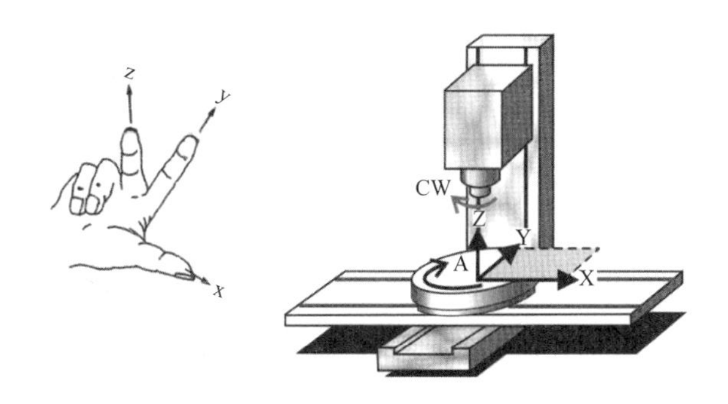


另外定義三個旋轉軸，繞 X 軸旋轉者稱爲 A 軸，繞 Y 軸旋轉者稱爲 B 軸，繞 Z 軸旋轉者稱爲 C 軸。

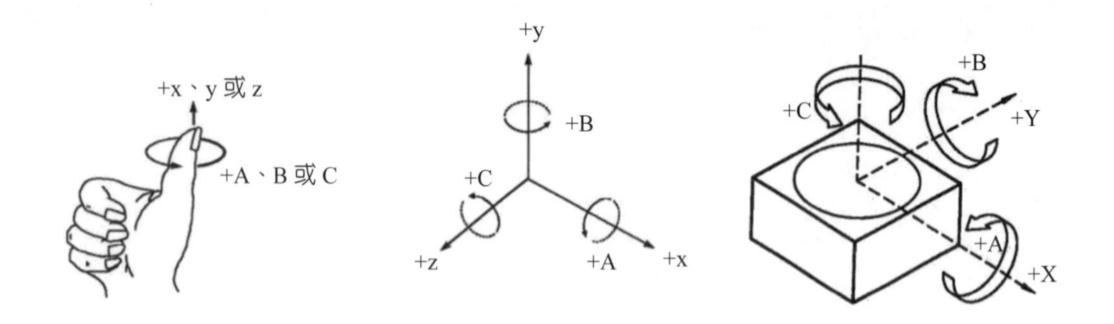


**（七）機械原點與程式原點**

機械原點，指的是機械上一個固定的參考點。機械原點可作爲下列之用途：

1. 機械開機後初始座標設定。
2. 作爲刀具之交換點。

程式原點是工件上所有座標之基準點，此點必須在編寫程式時加以選定。

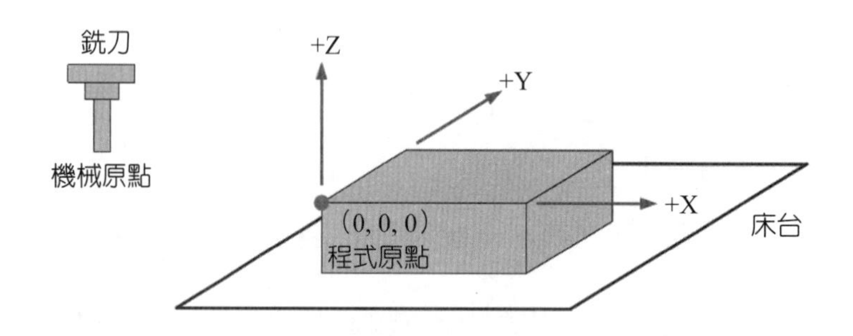


**（八）座標位置的表示方式：絕對值和增量值**

CNC 程式除了一些基本設定，如程式原點、刀具號碼、主軸轉速、進給速率等外，最主要的是命令刀具移動或切削至某一座標位置。座標位置的表示有絕對值和增量值兩種。

1. 絕對值是以「程式原點」爲依據來表示座標位置。
2. 增量值是以「前一點」爲依據來表示兩點間實際的向量值（包括距離和方向）。

以 G90 指令設定 X、Y、Z 數值爲絕對值；用 G91 指令設定 X、Y、Z 數值爲增量值：

1. **絕對值指令格式：**G90X_Y_Z

G90G00X90.0Y60.0Z20.0；A 點 > B 點

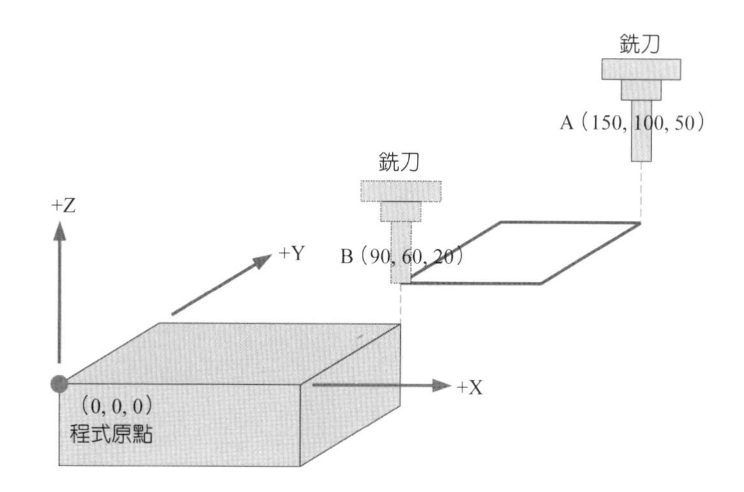


2. **增量值指令格式：**G91X_Y_Z

G91G00X-60.0Y-40.0Z-30.0；A 點 > B 點

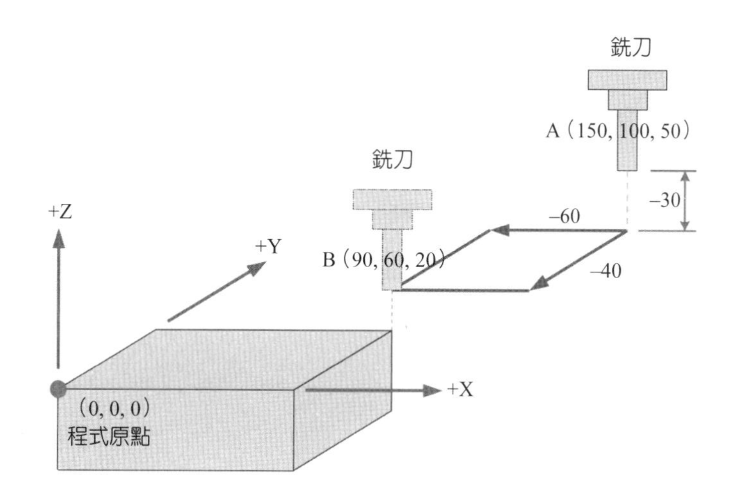


## （九）座標位置數値的表示方式

CNC 程式控制刀具移動到某座標位置，其座標位置數値的表示方式有兩種：

1. 用小數點表示法：即數値的表示用小數點「.」明確地標示個位在哪裡。如「X20.16」，其中 0 爲個位，故數値大小很明確。
2. 不用小數點表示法：即數値中無小數點者，則 CNC 控制器會將此數値乘以最小移動量（公制：0.001 mm，英制 0.0001 英寸）作爲輸入數値。如「X55」，則 CNC 控制器會將 55×0.001 mm = 0.055 mm 作爲輸入數値。
   - 如要表示 X55 mm，可用「X55.」或「X55000」表示，一般用小數點表示法較方便，並可節省系統之記憶空間，故常被使用。
   - 如要表示 X55 mm，但鍵入「X55」，其實際的數値是 0.055 mm，相差 1000 倍，可能會撞機或大量銑削，不可不謹愼。

### （十）程式設計必須考慮的因素

製作 CNC 銑床程式時必須考慮因素：

1. 依工件形狀及尺寸標示，決定程式原點位置及加工順序。
2. 工件的夾持方法。用虎鉗夾持或用 T 槽螺栓、壓板、梯枕或製作特殊夾具。
3. 刀具的選擇：包括銑刀的直徑、刀刃長度、材質及其他刀具的選用，並決定刀具的刀號及刀長補正號碼、刀徑補正號碼。
4. 切削條件：包括刀具的主軸轉速、切削深度、進給速率、粗中精銑的預留量等。

### （十一）電腦數控程式設計之基本流程

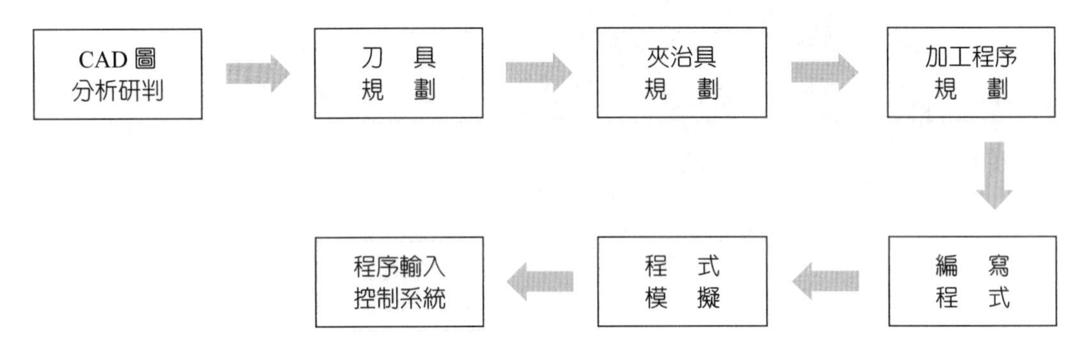


程式設計之基本流程

### （十二）CAD 圖分析研判

1. 工件的材質。
2. 工件形狀及尺寸。
3. 工件之精度要求（包含尺寸公差及幾何公差）。
4. 工件之表面粗糙度。
5. 準備素材之形狀、規格。
6. 其他特殊要求。

### （十三）刀具規劃

1. 切削刀具之種類、規格。
2. 刀具的數量。
3. 刀具之安置。

### （十四）夾治具規劃

1. 工件夾持、定位之方式。
2. 選用定位及夾持裝置。

### （十五）加工程序規劃

1. 依夾持方式規劃。
2. 決定使用刀具之種類。
3. 決定加工順序及切削路徑。
4. 設定各刀具之加工條件。

### （十六）編寫程式

1. 決定工具機提供的座標系統類型。
2. 選定程式原點。
3. 手寫程式設計，是指由工作圖到程式設計完成，其整個過程皆由人工方式計算與設計，而不借助任何軟體或設備。
4. 電腦輔助設計與製造（CAD/CAM）。

### （十七）程式模擬

程式完成後，在上機實際加工前，必須先經過路徑驗證模擬，以查核該程式是否正確。避免造成不可預期的損害，路徑模擬現在讀者可透過 CAM 本身軟體系統來進行驗證碰撞檢查或使用專用的模擬軟體，但專用的模擬軟體通常只侷限於模擬碰撞紀錄與驗證夾持的刀長，它無法再進行路徑的編修與更新運算。另亦可將程式輸入工具機之控制系統後，再利用工具機上之模擬功能來進行。

### （十八）程式輸入控制系統

1. 程式編輯人員，直接在控制器上的面板按鍵，將程式輸入。
2. 程式先存於 Server 端伺服機電腦中，再經由 RS-232C 串聯界面，將程式直接輸入工具機之控制系統。

## 二、加工路徑編程基本要領（Basics in CAM programing）

1. 應避免切削方向的突然變化，造成局部刀具路徑的過切而造成刀具或設備之損壞。
2. 應保持刀具路徑的切削平順，避免突然加速或減速。在角落區域，要盡可能的採取圓弧化的加工路徑。
3. 刀具路徑的進退刀方式最好採用斜向下刀或圓弧進退刀，或以外部進刀爲原則，應避免垂直下刀直接切削工件材料，否則將造成加工刀痕頓點的產生。
4. 考慮刀具的切削負荷與極限，應避免全刀寬切削，以及視程式的加工區域及深度而分長刀具或短刀具。
5. 盡可能使用連續的刀具路徑，避免分區域做加工，以減少提刀次數與路徑的重疊刀痕。
6. 避免材料切除率的突然變化，盡可能地保持切削深度一致。殘留材料不能大於指定極限，做中、精銑加工之前，應先做角落移除殘料，以減少切削時的負荷。若沒有事先做清除角落的餘料，當刀具負荷大時，容易產生偏擺現象，甚至會發生過切。

7. 刀具路徑盡可能以均勻的切削量和切深，建議可使用多刀刃的刀具做加工，可提高表面的加工品質。

加工編程中，最重要的是合理且正確的加工編排順序。通常遇到的問題，有很大一部分都是加工方式的使用順序，而不是加工型式本身的使用問題。儘管 CAM 軟體在自動化水準上，已日益提高與精進，但它最終代替不了使用者對加工零件和加工編排的理解和經驗。在這裡我們無法詳細討論如何安排加工方式的使用順序，我們只要掌握到基本的加工觀念和原則，考慮欲切除的材料、上下工序之間刀具路徑及刀具的負荷狀況，來選擇合適的工法路徑，然後，遵守上述所提到的加工觀念要點，且多做練習，要達成理想的高效率與高品質加工程式，其實並不困難。

## 三、彙整加工前置作業須知（The must-knows before start）

1. 材料的大小。
2. 材料的材質種類。
3. 使用的刀具條件。
4. 加工表面的精度要求。
5. 加工的座標原點與基準面。
6. 夾持方式 / 擺放的位置與方向。
7. 機台條件（主軸轉速 / 進給 / 行程）。
8. 控制器的類型（有無高速高精功能）。
9. 切削冷卻方式。

補充說明：

以下為供參考之模具表面精度要求：

（一）表面光潔度

1. 一般模具粗糙度要求 Ra 1.6～3.2 μm。
2. 消費型電子產品 Ra 0.2～0.4 μm。
3. 車燈 Ra 0.3 μm。
4. 壓鑄模具 Ra 0.4 μm。
5. 沖壓模具 Ra 0.4 μm。
6. 鍛造模 Ra 0.4 μm。

（二）精度要求

模具精度要求的最高地方通常是需要裝配的型腔、導柱面、靠破面和合模面，而不是成品面或外觀面。

1. 大型模具精度要求 0.01 mm 以上。
2. 小型模具要求 5 μm 以下。
3. 消費型電子產品 2～5 μm。
4. 光學模具 1 μm。

## 四、刀具路徑的編寫（Tool path programing）

首先必須確實了解圖面和加工指示書的標示，並明確檢查 CAD 上的設計是否有問題（如：缺少或破損的曲面、曲面間隙之間允許的公差及拔模倒勾的問題等）。刀具路徑編程時，也須考量程式的優先加工順序與注意加工路徑的順逆銑方向。

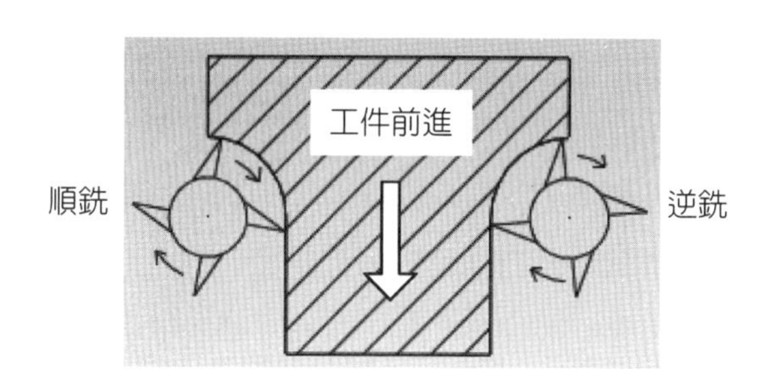


銑削加工對於各種不同的結構零件粗銑或精銑大都是以端銑來完成，依切削作用發生時，切削刃的運動方向與工件運動方向相反或相同，而區分爲逆銑與順銑兩種。

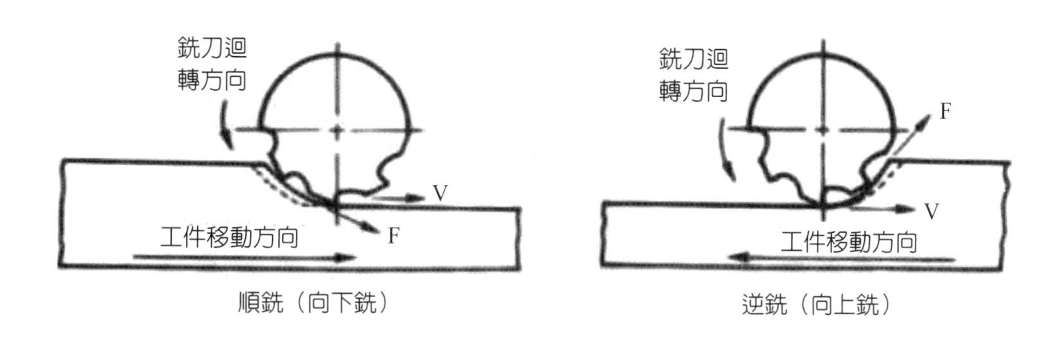


順銑（向下銑）　　逆銑（向上銑）

1. 順銑爲銑刀旋轉方向與工件前進方向相同，其切屑由厚轉薄，可減少機械功率的消耗、延長刀具壽命及加工面精度較高，但銑削時刀口受切削力作用較大，當工件固定不穩時會產生振動現象，另對於有硬皮的材料如鑄鐵亦不適合使用順銑，因爲容易造成銑刀刃口損壞。
   - 優點：刀口與工件摩擦小，適合銑削薄工件，機械功率損失小。
   - 缺點：床台易產生間歇性振動，不適合切削有硬皮的鑄鐵材料，切屑由厚轉薄銑刀刃口易受衝擊而斷裂。

2. 逆銑爲銑刀旋轉方向與工件前進方向相反，其切屑由薄轉厚，加工時銑刀刃口容易與工件表面產生擠壓及摩擦，這對刀具壽命及加工面的精度都有很大的影響。然而，因逆銑的加工方向，使床台螺桿隨時頂著螺帽可消除其間的背隙。
 - 優點：可抑制床台的間歇性振動，適用舊式銑床，可銑削硬皮的鑄鐵黑皮面材料，銑刀刃口不易斷裂，適合重切削。
 - 缺點：銑刀刃口與工件表面摩擦多，刀具壽命短，因旋轉方向不同，工件有被向上推移之傾向，所以夾持工件需穩固。所消耗的機械功率較大，且不適合銑削薄工件。

**（一）粗銑加工方法（Rough machining）**

粗加工的區域清除，在下刀或封閉區域應該以外部圓弧進刀和斜向下刀的方式，並且儘量採取順銑的加工方向。而刀具路徑的尖角處要採用圓弧化的平順處理，這樣才能保持刀具切削負荷的穩定，以減少任何切削方向的突然變化，從而符合高速加工的需求。且儘量使用環繞加工方式而不是使用傳統的平行加工方式。在可能的情況下，切削路徑的方向應盡可能的從工件外部往內做加工。如下圖，PowerMILL 所使用的 Vortex 旋風加工路徑可以節省 60% 的切削時間，它的主要特點是維持 46° 的最佳切削角度與恆定的切削進給移除率，可大幅減少刀具及機台的損耗，所以，在角落負荷大的地方就必須採用這種擺線的加工方式。

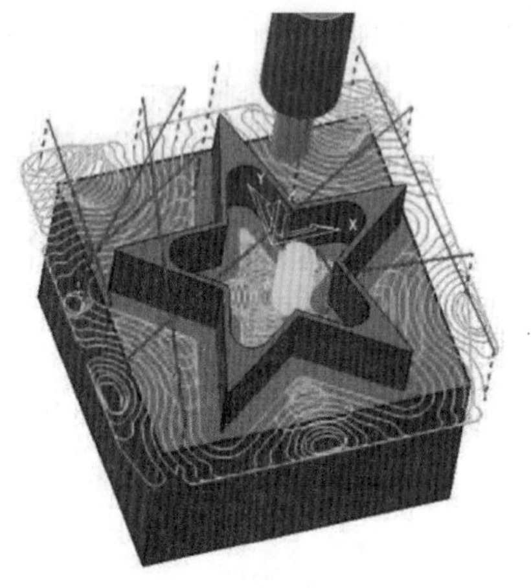

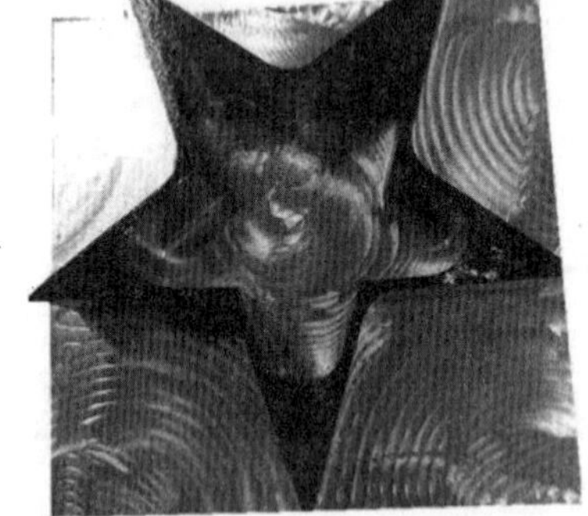

| 材質 | 中碳鋼 S45C |
|---|---|
| 材料尺寸 | 100×100×50mm |
| 加工時間 | 4 分 45 秒 |

**此類型的傳統路徑演算法與新演算法之補充說明：**

高速加工（HSM）切削時必須保持刀具等負載，也就是移除率要固定。

$Q = F \times AE \times AP$

Q = 移除率

F = 進給率（mm / 分）

AE = 側刃徑向切削量（mm）

AP = 軸向切削深度（mm）

爲了保持切削負載等量的移除率，當 AP 不變時，如果 AE 改變則會使轉角處的刀具嚙合角（TEA）變大，那麼刀具負載就會增加。一般傳統的刀具路徑會降低 F 值以保持等負載切削，但降低 F 值即意味著加工時間將增長、Fz 每刃切削量變小及平均切屑厚度會變薄，而且因爲轉速不變，刀刃與切削材料高速摩擦進而產生高溫，將導致降低刀具壽命。所以傳統的加工路徑是採用平行等距的步進路徑，然而，現今加工件已趨形狀多樣且複雜，傳統的演算法已無法在轉角處保持等量的刀具嚙合角（TEA）。

$F = S \times F_z \times Z_n$

F = 進給率（mm / 分）

$F_z$ = 每刃切削量

$Z_n$ = 刀刃數

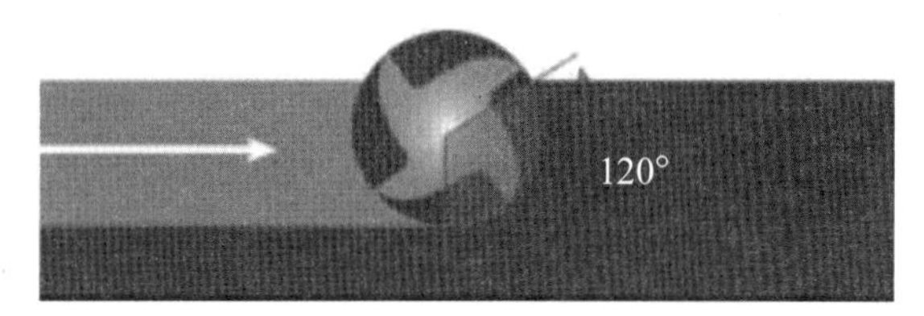


TEA= 刀具嚙合角（Tool engagement angle）

而隨著軟體的功能開發與問題解決，新的演算法可保持固定的 TEA，即使在轉角處刀具路徑的運行也可以持續保持 TEA 的固定。如能保持固定的 TEA 即表示不用降低 F 值來保持等切削負載，且不會改變 $F_z$ 的每刃切削量，也就是不會改變平均切削厚度。刀具製造商山特維克 Sandvik 曾說：「最大切屑厚度是實現高效加工過程中最重要的參數，可達最佳生產力與效率」。

另一方面，刀具刀刃的使用率，當 F 值不變時移除率即等於 AE 與 AP 呈反比例的關係。傳統的演算法無法保持刀具在切削時 TEA 的固定，通常考慮排屑因素都是以較大的 AE 及較小 AP 爲加工方式，進而造成刀具的利用率低，那是因爲只使用刀刃前端處幾 mm 做切削加工，實在很耗費刀具成本。如能保持固定的 TEA 即可將切削厚度固定，且同樣的移除率可使用較大的 AP 及較小的 AE，如此便能增加刀具的使用率，所以，這是提升加工效率與降低成本的最佳方案。

兩者差異的比較：

| 一般傳統加工路徑 | Vortex 旋風加工路徑 |
| --- | --- |
| ‧ 切削負載大 > 降低進給率<br>‧ 切層深度小 > 浪費刀具使用率<br>‧ 震動偏擺大 > 刀刃易崩裂<br>‧ 易產生高溫 > 降低刀具壽命<br>‧ 切屑短肥 > 刀溝易阻塞／熔刃／破損 | ‧ 切削負載小 > 高速進給切削<br>‧ 切層深度大 > 提高刀具使用率<br>‧ 輕切削震動 > 刀刃不易崩裂<br>‧ 恒定切削溫度 > 延長刀具壽命<br>‧ 切屑細長 > 刀溝不易阻塞易排屑 |
| 一般分層切削 | Vortex 旋風加工 |

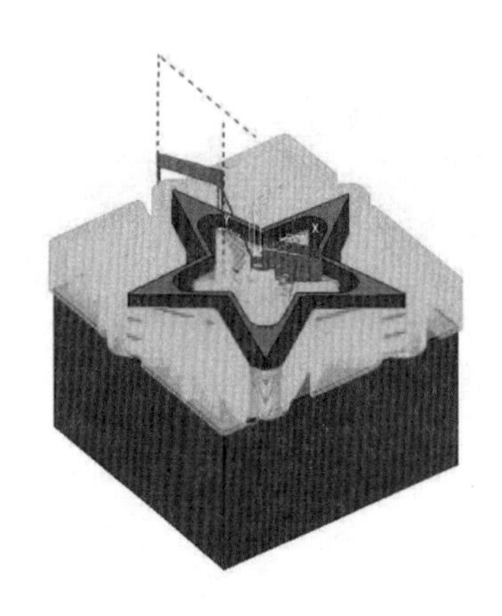

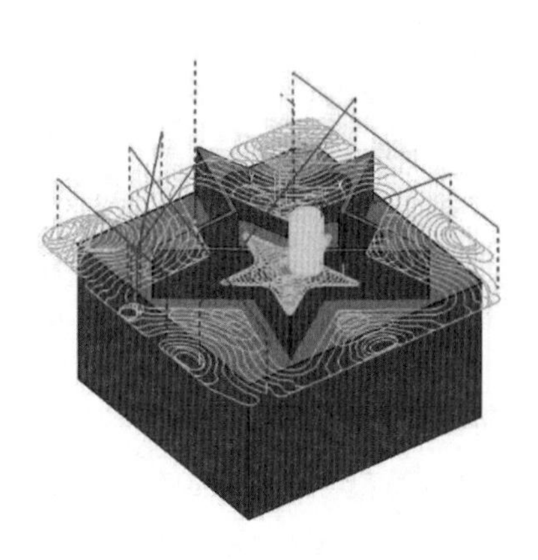

補充說明：

（一）Vortex 旋風粗加工建議鐵材須使用鎢鋼刀具，而一般粗加工建議使用圓鼻刀做加工。

（二）假若圓鼻刀使用替換式的刀頭鎖附捨棄式刀片時須注意，因刀刃未過中心且刀頭中間有鎖附螺絲（圖一），當加工模孔口袋時，迴轉的切削量未過刀半徑，則容易造成中間螺絲的損壞，使其無法拆卸替換刀頭或如圖二這類的替換鎖頭式。

預防方式：可定義粗加工移除的區域範圍選項功能（1.2～1.5 倍）或將模孔口袋做填補的方式。

（三）建議粗加工的預留量盡可能大於公差的 5 倍，因爲粗加工通常較屬於重切削，而且會造成較大的刀具偏擺，容易發生加工過切之現象。

圖一　　圖二

（二）殘料加工（Rest area machining）

PowerMILL 模型餘料粗加工，可參考任何加工工序所殘留的餘料來做多層多刀加工，不須考量刀具半徑的大小去做排刀加工。可選擇使用較小的刀具來自動判別上一工序所殘留的階梯層間與角落餘料來進行切削加工，以獲得最少走空刀的優化刀具路徑。

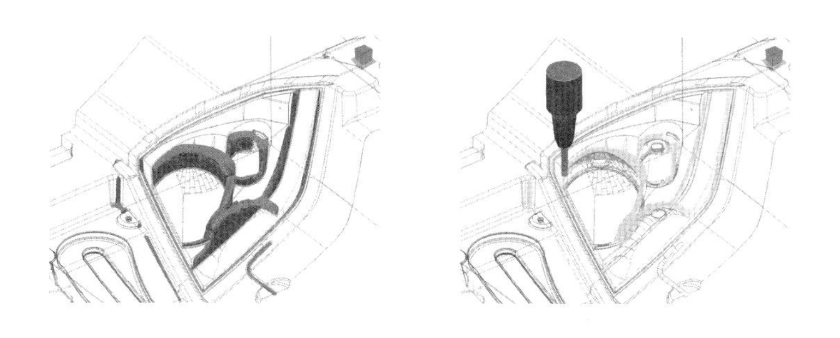

補充說明：

通常模孔口袋或轉角區域的殘留餘料較多，須注意夾持的刀長與預留量，以免造成偏擺過切。建議預留量與粗加工相同。

（三）中／精銑加工方法（Semi/Finish machining）

中／精銑加工之前，需考量的是整體區域是否已預留材料修整，這點非常的重要。主要是轉角區域的殘料若沒有事先清除，加工時容易吃滿刀，造成重切削的問題發生。而且刀具的負荷也會變大，導致產生偏擺而引起過切的問題，造成角落處的加工表面品質不佳。

通常角落區域的殘料可採用等高或多層多刀清角加工，而平坦角落處以選用圓鼻刀的加工效果較佳，可減少清角次數。如下圖刀具路徑提供參考。

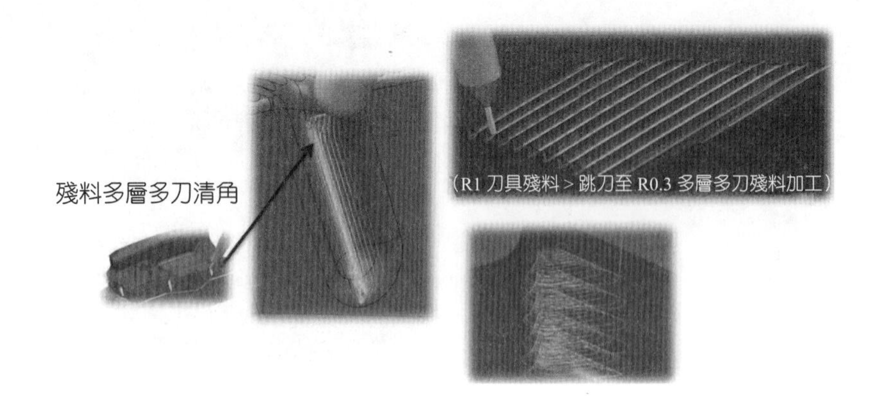


另外中／精銑加工的角落或進退刀連接處，應儘量選用圓弧或螺旋路徑等方式進行加工，以減少抬刀次數和減少刀具路徑頻繁方向的變化。在精加工方面應儘量採用以下加工方式。

**1. 路徑轉角圓弧化**（Round corners）

在刀具路徑的角落尖角處應採用圓弧化的平順處理，可提高加工效率，延長刀具的壽命，減少對機台的衝擊。

平行加工圓弧化，如下圖：

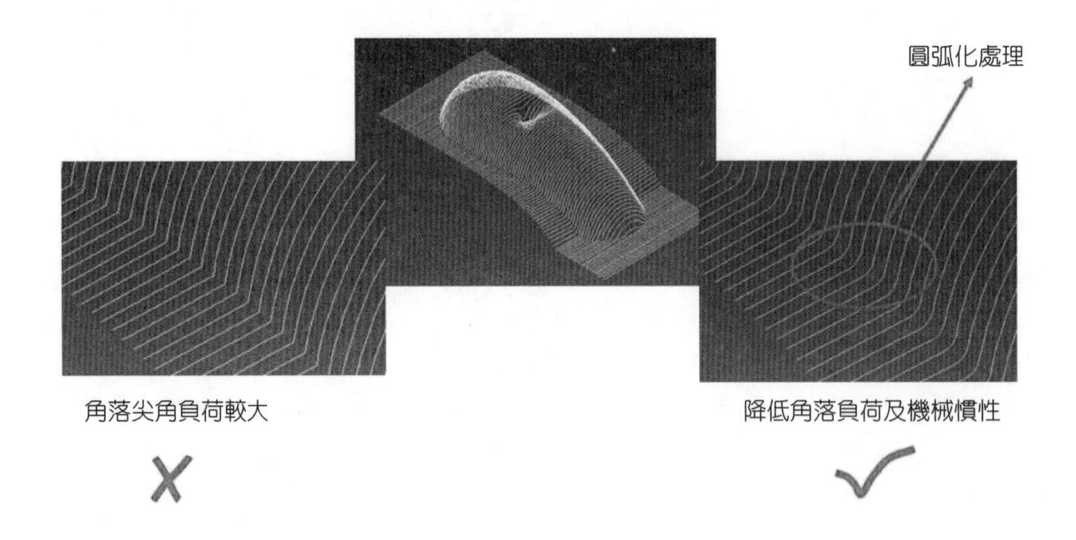

等高加工圓弧化，如下圖：

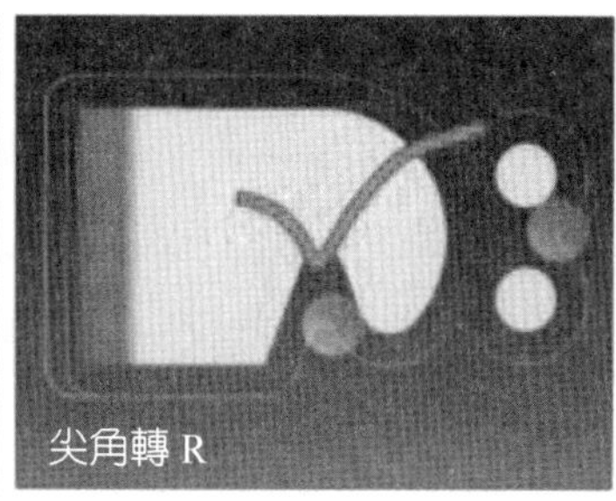


2. 3D **等距與螺旋加工路徑**（3D offset and spiral machining）

採用 3D 等距與螺旋的加工方式，可減少提刀的次數和進退刀連結的刀痕現象，進而提高加工效率與表面加工品質。

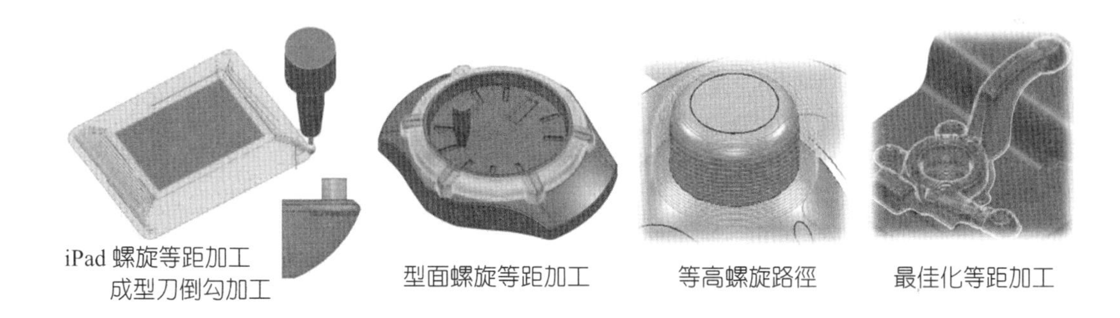


## 五、模型過切保護與刀桿夾頭干涉檢查（Over-cut and collision）

通常高速加工比傳統加工的切削速度要快很多，一旦發生過切碰撞，其後果將不堪設想。故 CAM 系統必須具備完善的自動防過切處理機制與刀桿夾頭的干涉檢查功能。然而，一般 CAM 系統都是靠人工來選擇曲面作爲干涉的概念，或所提供的工法也僅有幾個能達到其需求。在這種情況下，極易發生碰撞過切現象。所以對於 CAM 系統在這方面的要求，必須能夠做到完全防過切保護處理與自動對刀具做干涉檢查，並提示最短的夾持刀長和任意可更換夾頭類型，且不須再重新運算路徑，這可節省大幅的編程時間，以確保眞正的安全性，這點對加工非常重要。

## 六、夾頭夾持長受力偏擺倍數問題（Length of the holder）

同刀具直徑，伸出兩倍長，其偏擺受力會達到 8 倍，直徑若爲 1/2，則受力將會達到 16 倍。如下圖：

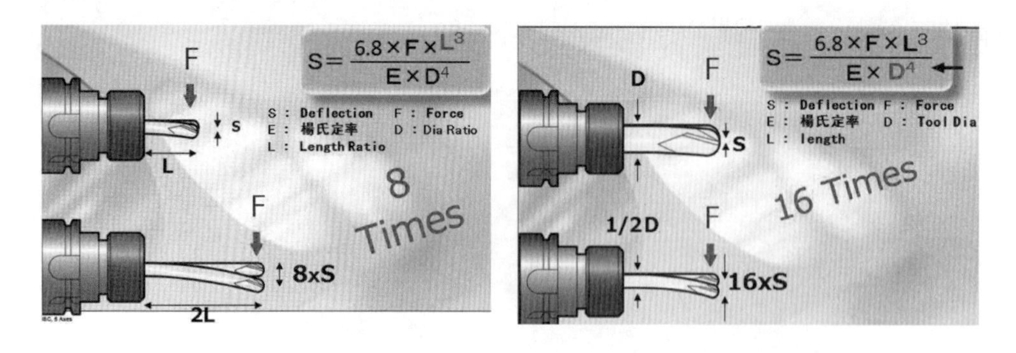


刀桿夾頭的受力問題：直徑不同 & 刀桿型狀不同，受力倍數就有差異，如下頁圖所示。

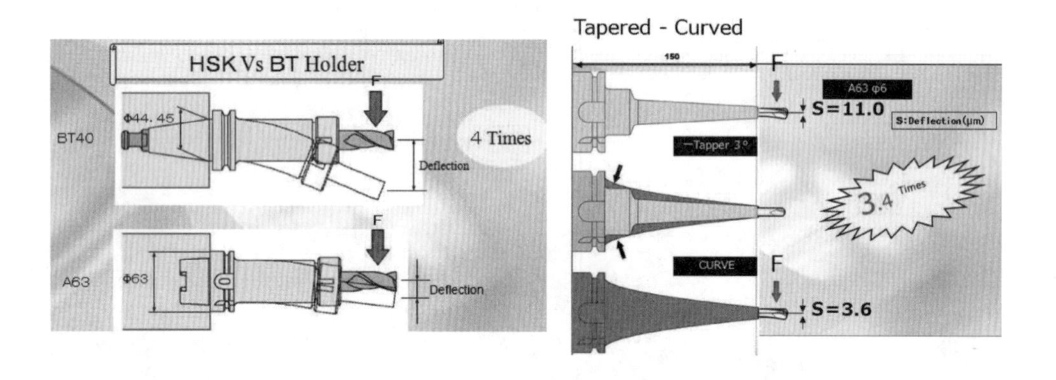


原則上，路徑編程以較大的刀具爲首要考量選用，加工上可大幅減少偏擺問題以避免表面品質不佳。另一重點是夾頭的廠牌選用也極其重要（坤嶸刀具商的刀桿是個不錯的考量，尤其應用在五軸的加工上）。

## 2.2 切削條件（Machining conditions）

切削條件並無一定的標準定義，它會因應機台條件、加工材質、刀具廠牌特性、刀具夾持長短、加工參數條件、控制器類型及切削冷卻等有所不同，很難有絕對的答案標準。通常都是公司依據設備與工具，經由嚴謹的測試與經驗累積所取得的最佳切削條件來作爲廠內的使用標準。

## 2.2.1 決定路徑的切削條件（Machining condition determines tool-paths）

通常刀具與工件在做切削移除的過程有剪切、犁切等行為模式，交互作用下產生的切削力會因刀具幾何、材料系數而直接影響或限制切削參數的設定與選用，在材料移除的時間上也會有所差異。

建議可查詢：

1. 刀具廠牌的材料組別編號。
2. 由材料組別編號，對應查詢切削速度 $V_c$。
3. 選擇刀具確認直徑後，由材料組別編號查詢每刃切量。
4. 查 AE 與 AP 的關係。

以上條件已知後，即可由 PowerMILL 定義刀具切削條件來做換算，亦可使用刀具商所提供的 APP 或套用 F/S 運算公式。

原則上，建議可先採用理論值的運算來做測試加工或參考刀具廠商所建議的切削條件，再依加工的狀況來調整，通常差異約 10～20%。

**概念（Basic Conepts）：**

每刃切削量（$f_z$）定義確認後，如要再提高切削加工效率，通常只須調整切削速度（$V_c$）。因為主軸轉速（S）和切削進給率（F）需等比例升或降，如果只調整每刃切削量（$f_z$）來運算，而變動到切削進給率（F）值，此換算方式較不合理，建議並提供參考。

以下為 SECO 的刀具切削參數查詢方式，其餘刀具廠牌可詢問刀具商或上網查詢。

1. 查詢材料組別編號：

### 工件材料-山高材料組別

SECO

**鋼**

| | | Rm (N/MM²) | kc1.1 (N/mm²) | $m_c$ |
|---|---|---|---|---|
| 1 | 極軟的低碳鋼 | <450 | 1350 | 0.21 |

| 2 | 易切鋼 | 400<700 | 1500 | 0.22 |
|---|---|---|---|---|
| 3 | 結構鋼含碳量低到中等(< 0.5%C)的普通碳素鋼 | 450<550 | 1500 | 0.25 |
| 4 | 含碳量高(>0.5%C)的碳素鋼<br>中等硬度調值鋼。 普通低合金鋼。 | 550<700 | 1700 | 0.24 |
| 5 | 普通工具鋼<br>高硬度調值鋼 | 700>900 | 1900 | 0.24 |
| 6 | 難加工的工具鋼<br>高硬度的高合金鋼 | 900<1200 | 2000 | 0.24 |
| 7 | 高硬度的難加工高強度鋼<br>材料組3-6的淬硬鋼 | >1200 | 2900 | 0.22 |

**不銹鋼**

| 8 | 易切削奧氏體不透鋼 | | 1750 | 0.22 |
|---|---|---|---|---|
| 9 | 中等加工難度的不透鋼 | | 1900 | 0.20 |
| 10 | 難加工不透鋼 | | 2050 | 0.20 |
| 11 | 極難加工的不透鋼 | | 2150 | 0.20 |

**鑄鐵**

| 12 | 中等硬度鑄鐵 | | 1150 | 0.22 |
|---|---|---|---|---|
| 13 | 低合金鑄鐵 | | 1225 | 0.25 |
| 14 | 中等加工難度的合金鑄鐵 | | 1350 | 0.28 |
| 15 | 難加工的合金鑄鐵 | | 1470 | 0.30 |

**其他材料**

| 16 | 易切削的有色金屬 | | 700 | 0.25 |
|---|---|---|---|---|
| 17 | 有色金屬<br>含Si量 >16%的鋁合金 | | 700 | 0.27 |
| 20 | 硬度<HRc30的鎳基，鈷基與鐵基超級合金 | | 2600 | 0.24 |
| 21 | 硬度 >HRc30的鎳基，鈷基與鐵基超級合金 | | 3300 | 0.24 |
| 22 | 鈦基合金 | | 1450 | 0.23 |

kc1.1值是按0度的有效前傾角來給。對於其他前傾角，在切削前角中每增加1度，kc1.1值將減小1%，反之亦然，mc是用於計算功率需求的指數。謹記，當材料通過軋製，拉拔熱處理或其他增加材料強度。

2. 查詢材料組別編號的切削速度 $V_c$。

3. 刀具直徑確認後，由材料組別表編號查每刃切量 $f_z$。

4. 查 AE 與 AP 的關係。

# 切削參數-VHM

| 山高材料分組 | 冷卻液 | 螺旋斜坡銑 | | | | 銑槽 | | | |
|---|---|---|---|---|---|---|---|---|---|
| | | $v_c$ m/min | $f_z$ mm/齒 | $a_p$ mm | $a_e$ mm | $v_c$ m/min | $f_z$ mm/齒 | $a_p$ mm | $a_e$ mm |
| 1-2 | E | 125 | 0,006x $D_c$ | 0,1 x $D_c$ | - | 125 | 0,005 x $D_c$ | 0,7 x $D_c$ | - |
| 3-4 | E | 100 | 0,006x $D_c$ | 0,08 x $D_c$ | - | 100 | 0,005 x $D_c$ | 0,7 x $D_c$ | - |
| 5-6 | E | 90 | 0,006x $D_c$ | 0,05 x $D_c$ | - | 90 | 0,005 x $D_c$ | 0,6 x $D_c$ | - |
| 8-9 | E | 85 | 0,006x $D_c$ | 0,08 x $D_c$ | - | 85 | 0,005 x $D_c$ | 0,35 x $D_c$ | - |
| 10-11 | E | 65 | 0,006x $D_c$ | 0,05 x $D_c$ | - | 65 | 0,005 x $D_c$ | 0,2 x $D_c$ | - |
| 12-13 | E | 90 | 0,006x $D_c$ | 0,1 x $D_c$ | - | 100 | 0,005 x $D_c$ | 0,8 x $D_c$ | - |
| 14-15 | E | 55 | 0,006x $D_c$ | 0,08 x $D_c$ | - | 55 | 0,005 x $D_c$ | 0,5 x $D_c$ | - |
| 16 | E | Max | 0,019 x $D_c$ | 0,1 x $D_c$ | - | Max | 0,015 x $D_c$ | 0,5 x $D_c$ | - |
| 17 | E | 150 | 0,017 x $D_c$ | 0,1 x $D_c$ | - | 150 | 0,014 x $D_c$ | 0,4 x $D_c$ | - |
| 20 | E | 50 | 0,009 x $D_c$ | 0,08 x $D_c$ | - | 50 | 0,007x $D_c$ | 0,5 x $D_c$ | - |
| 21 | E | 25 | 0,006x $D_c$ | 0,03 x $D_c$ | - | 25 | 0,005 x $D_c$ | 0,15 x $D_c$ | - |
| 22 | E | 60 | 0,009 x $D_c$ | 0,07 x $D_c$ | - | 60 | 0,007x $D_c$ | 0,3 x $D_c$ | - |
| 石墨 | A | 160 | 0,011 x $D_c$ | 0,1 x $D_c$ | - | 175 | 0,009 x $D_c$ | 1 x $D_c$ | - |
| 塑膠(軟) | M | 200 | 0,011 x $D_c$ | 0,1 x Dc | - | 200 | 0,009 x $D_c$ | 1 x $D_c$ | - |
| 塑膠(硬) | M | 100 | 0,009 x $D_c$ | 0,08 x $D_c$ | - | 100 | 0,007x $D_c$ | 0,5 x $D_c$ | - |
| 銅合金 | E | 250 | 0,013 x $D_c$ | 0,05 x $D_c$ | - | 250 | 0,01 x $D_c$ | 0,5 x $D_c$ | - |

| 山高材料分組 | 冷卻液 | 側銑精加工 | | | | 側銑粗加工 | | | |
|---|---|---|---|---|---|---|---|---|---|
| | | $v_c$ m/min | $f_z$ mm/齒 | $a_p$ mm | $a_e$ mm | $v_c$ m/min | $f_z$ mm/齒 | $a_p$ mm | $a_e$ mm |
| 1-2 | E | 150 | 0,005 x $D_c$ | 1 x $D_c$ | 0,03 x $D_c$ | 135 | 0,007x $D_c$ | 1 x $D_c$ | 0,5 x $D_c$ |
| 3-4 | E | 150 | 0,005 x $D_c$ | 1 x $D_c$ | 0,03 x $D_c$ | 120 | 0,007x $D_c$ | 1 x $D_c$ | 0,5 x $D_c$ |
| 5-6 | E | 150 | 0,005 x $D_c$ | 1 x $D_c$ | 0,03 x $D_c$ | 110 | 0,007x $D_c$ | 1 x $D_c$ | 0,5 x $D_c$ |
| 8-9 | E | 120 | 0,005 x $D_c$ | 1 x $D_c$ | 0,03 x $D_c$ | 105 | 0,007x $D_c$ | 1 x $D_c$ | 0,2 x $D_c$ |
| 10-11 | E | 90 | 0,005 x $D_c$ | 1 x $D_c$ | 0,03 x $D_c$ | 80 | 0,007x $D_c$ | 1 x $D_c$ | 0,2 x $D_c$ |
| 12-13 | E | 150 | 0,005 x $D_c$ | 1 x $D_c$ | 0,03 x $D_c$ | 110 | 0,007x $D_c$ | 1 x $D_c$ | 0,5 x $D_c$ |
| 14-15 | E | 100 | 0,005 x $D_c$ | 1 x $D_c$ | 0,03 x $D_c$ | 60 | 0,007x $D_c$ | 1 x $D_c$ | 0,5 x $D_c$ |
| 16 | E | 350 | 0,005 x $D_c$ | 1 x Dc | 0,03 x $D_c$ | Max | 0,021 x $D_c$ | 1 x $D_c$ | 0,5 x $D_c$ |
| 17 | E | 350 | 0,005 x $D_c$ | 1 x Dc | 0,03 x $D_c$ | 300 | 0,019 x $D_c$ | 1 x $D_c$ | 0,5 x $D_c$ |
| 20 | E | 80 | 0,005 x $D_c$ | 1 x $D_c$ | 0,03 x $D_c$ | 70 | 0,01 x $D_c$ | 1 x $D_c$ | 0,5 x $D_c$ |
| 21 | E | 50 | 0,005 x $D_c$ | 1 x $D_c$ | 0,03 x $D_c$ | 40 | 0,007x $D_c$ | 1 x $D_c$ | 0,2 x $D_c$ |
| 22 | E | 120 | 0,005 x $D_c$ | 1 x $D_c$ | 0,03 x $D_c$ | 100 | 0,01 x $D_c$ | 1 x $D_c$ | 0,2 x $D_c$ |
| 石墨 | A | 350 | 0,005 x $D_c$ | 1 x $D_c$ | 0,03 x $D_c$ | 200 | 0,012 x $D_c$ | 1 x $D_c$ | 0,5 x $D_c$ |
| 塑膠(軟) | M | 350 | 0,005 x $D_c$ | 1 x Dc | 0,03 x $D_c$ | Max | 0,012 x $D_c$ | 1,5 x $D_c$ | 0,5 x $D_c$ |
| 塑膠(硬) | M | 350 | 0,005 x $D_c$ | 1 x $D_c$ | 0,03 x $D_c$ | 350 | 0,01 x $D_c$ | 1 x $D_c$ | 0,5 x $D_c$ |
| 銅合金 | E | 350 | 0,005 x $D_c$ | 1 x $D_c$ | 0,03 x $D_c$ | 350 | 0,014 x $D_c$ | 1 x $D_c$ | 0,5 x $D_c$ |

* E = 乳化液
M= 噴霧
A = 空氣

有關螺旋斜坡銑孔，請參見「技術信息」活頁，注意更長系列的刀具可能需要降低軸向切削深度 ap 的推薦值，請參見「切削計算與定義」活頁

另提供以下資料供參考：

材料的切削速度（$V_c$）參考表

| 銑刀材質／銑削材料 | 高速鋼銑刀 | | 碳化物銑刀 | |
|---|---|---|---|---|
| | 粗銑 | 精銑 | 粗銑 | 精銑 |
| 中碳鋼 | 22～27 | 27～36 | 75 | 75 |
| 低碳鋼 | 18～24 | 30～36 | 90 | 135 |
| 不銹鋼 | 30～36 | 30～36 | 72～90 | 72～90 |
| 鑄鐵（軟） | 15～18 | 24～33 | 54～60 | 105～120 |
| 鑄鐵（硬） | 12～15 | 20～24 | 42～48 | 75～90 |
| 黃銅 | 60～90 | 60～90 | 180～300 | 180～300 |
| 鋁 | 120 | 210 | 240 | 300 |

常用銑刀之進給量（$f_z$）

| 銑刀種類／切削材料 | 面銑刀 | | 端銑刀 | | 螺旋銑刀 | | 側銑刀 | | 成型銑刀 | | 鉅割銑刀 | |
|---|---|---|---|---|---|---|---|---|---|---|---|---|
| | HS | TC | HS | TC | HS | TC | HS | TC | HS | TC | HS | TC |
| 中碳鋼 | 0.25 | 0.35 | 0.13 | 0.18 | 0.25 | 0.28 | 0.15 | 0.20 | 0.08 | 0.10 | 0.08 | 0.10 |
| 低碳鋼 | 0.30 | 0.40 | 0.15 | 0.20 | 0.25 | 0.33 | 0.18 | 0.23 | 0.10 | 0.13 | 0.08 | 0.10 |
| 不銹鋼 | 0.15 | 0.25 | 0.08 | 0.13 | 0.13 | 0.20 | 0.10 | 0.15 | 0.05 | 0.08 | 0.05 | 0.08 |
| 鑄鐵 | 0.33 | 0.40 | 0.18 | 0.25 | 0.25 | 0.33 | 0.18 | 0.25 | 0.10 | 0.13 | 0.08 | 0.10 |
| 黃銅 | 0.35 | 0.30 | 0.18 | 0.15 | 0.28 | 0.25 | 0.20 | 0.18 | 0.10 | 0.10 | 0.08 | 0.08 |
| 鋁 | 0.55 | 0.50 | 0.28 | 0.25 | 0.45 | 0.40 | 0.33 | 0.30 | 0.15 | 0.15 | 0.13 | 0.13 |

注：1. 銑刀材料代號 HS：高速鋼銑刀，TC：碳化物刀具。

2. 以上為粗銑進給量，精銑數字約減三分之一至二分之一。

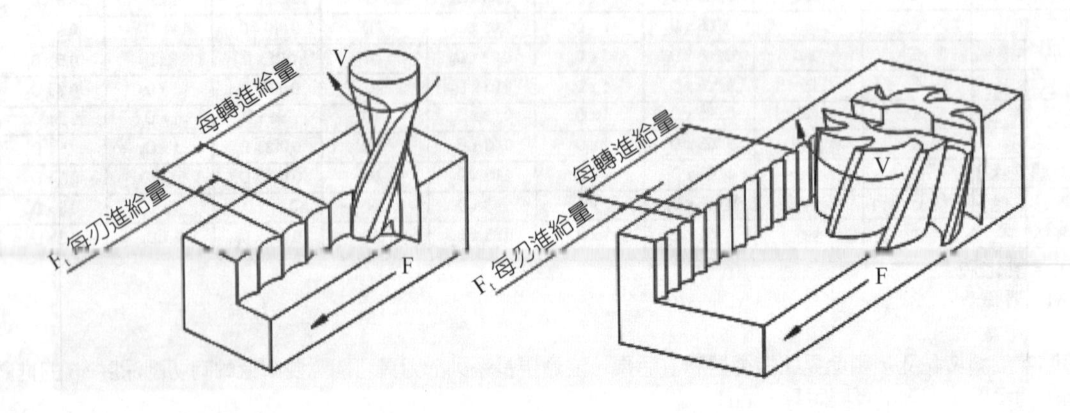

更多材料的分類與切削參數參考：

**切削速度（$V_C$）：**

| 工件材料 | 高速鋼 HSS | 鎢鋼（超硬合金）──粗加工 | 鎢鋼（超硬合金）──細加工 |
|---|---|---|---|
| 鑄鐵（軟） | 32 | 50～60 | 120～150 |
| 鑄鐵（硬） | 24 | 30～60 | 75～100 |
| 可鍛鑄鐵 | 24 | 30～75 | 50～100 |
| 鋼（軟） | 27 | 30～75 | 150 |
| 鋼（硬） | 15 | 25 | 30 |
| 鋁合金 | 150 | 95～300 | 300～1200 |
| 黃銅（軟） | 60 | 240 | 180 |
| 黃銅（硬） | 50 | 150 | 300 |
| 青銅 | 50 | 75～150 | 150～240 |
| 銅 | 50 | 150～240 | 240～300 |
| 硬橡膠 | 60 | 240 | 450 |
| 纖維 | 40 | 140 | 200 |

**進給量（$f_z$）：**

| 工件材料 | | | 面銑刀 | | 端銑刀 | | 螺紋切削平銑刀 | | 溝槽和側銑刀 | | 成型銑刀 | | 金屬縫銑刀 | |
|---|---|---|---|---|---|---|---|---|---|---|---|---|---|---|
| | | | 高速鋼 | 鎢鋼 | 高速鋼 | 鎢鋼 | 高速鋼 | 鎢鋼 | 高速鋼 | 鎢鋼 | 高速鋼 | 鎢鋼 | 高速鋼 | 鎢鋼 |
| 鑄鐵 | HB150-180 | | 0.4 | 0.5 | 0.2 | 0.25 | 0.32 | 0.4 | 0.23 | 0.3 | 0.13 | 0.15 | 0.10 | 0.13 |
| 鑄鐵 | HB180-220 | | 0.32 | 0.4 | 0.18 | 0.2 | 0.25 | 0.32 | 0.18 | 0.25 | 0.1 | 0.13 | 0.08 | 0.1 |
| 鑄鐵 | HB220-300 | | 0.28 | 0.3 | 0.15 | 0.15 | 0.20 | 0.25 | 0.15 | 0.18 | 0.08 | 0.1 | 0.08 | 0.08 |
| 可鍛鑄鐵、鑄鐵 | | | 0.3 | 0.35 | 0.15 | 0.18 | 0.25 | 0.28 | 0.18 | 0.2 | 0.1 | 0.13 | 0.08 | 0.1 |
| 碳鋼 | 快削鋼 | | 0.3 | 0.4 | 0.15 | 0.2 | 0.25 | 0.32 | 0.18 | 0.18 | 0.23 | 0.13 | 0.08 | 0.1 |
| 碳鋼 | 軟鋼、中鋼 | | 0.25 | 0.35 | 0.13 | 0.18 | 0.20 | 0.28 | 0.15 | 0.2 | 0.08 | 0.1 | 0.08 | 0.1 |
| 合金鋼 | 退火強韌鋼 | HB180-220 | 0.20 | 0.35 | 0.10 | 0.18 | 0.18 | 0.28 | 0.13 | 020 | 0.08 | 0.1 | 0.05 | 0.1 |
| 合金鋼 | 退火強韌鋼 | HB220-300 | 0.15 | 0.3 | 0.08 | 0.15 | 0.13 | 0.25 | 0.10 | 0.18 | 0.05 | 0.10 | 0.05 | 0.08 |
| 合金鋼 | 退火強韌鋼 | HB300-400 | 0.10 | 0.25 | 0.05 | 0.13 | 0.08 | 0.2 | 0.08 | 0.15 | 0.05 | 0.08 | 0.03 | 0.08 |
| 合金鋼 | 不鏽鋼 | | 0.15 | 0.25 | 0.08 | 0.13 | 0.13 | 0.20 | 0.10 | 0.15 | 0.05 | 0.08 | 0.05 | 0.08 |
| Al-Mg 合金 | | | 0.55 | 0.5 | 0.28 | 0.25 | 0.45 | 040 | 0.32 | 0.30 | 0.18 | 0.15 | 0.13 | 0.13 |
| 黃銅、青銅 | 快削 | | 0.55 | 0.5 | 0.28 | 0.25 | 0.45 | 0.4 | 0.32 | 0.3 | 0.18 | 0.15 | 0.13 | 0.13 |
| 黃銅、青銅 | 普通 | | 0.35 | 0.30 | 0.18 | 0.15 | 0.28 | 0.25 | 0.20 | 0.18 | 0.10 | 0.10 | 0.10 | 0.18 |
| 黃銅、青銅 | 硬 | | 0.23 | 0.25 | 0.13 | 0.13 | 0.18 | 0.2 | 0.15 | 0.15 | 0.08 | 0.08 | 0.05 | 0.08 |

| 工件材料 | 面銑刀 | | 端銑刀 | | 螺紋切削平銑刀 | | 溝槽和側銑刀 | | 成型銑刀 | | 金屬縫銑刀 | |
|---|---|---|---|---|---|---|---|---|---|---|---|---|
| | 高速鋼 | 鎢鋼 | 高速鋼 | 鎢鋼 | 高速鋼 | 鎢鋼 | 高速鋼 | 鎢鋼 | 高速鋼 | 鎢鋼 | 高速鋼 | 鎢鋼 |
| 銅 | 0.30 | 030 | 0.15 | 0.15 | 0.25 | 0.23 | 0.18 | 0.18 | 0.10 | 0.10 | 0.08 | 0.08 |
| 塑膠 | 0.32 | 0.38 | 0.18 | 0.18 | 0.25 | 0.30 | 0.20 | 0.23 | 0.10 | 0.13 | 0.08 | 0.10 |

## 2.2.2 標準切削公式表（Standard machining equations）

$$V_c\text{（切削速度）}=\frac{\pi\times D_c\text{（刀具直徑）}\times N\text{（主軸轉速）}}{1000}$$

$$N\text{（主軸轉速）}=\frac{V_c\text{（切削速度）}\times 1000}{\pi\times D_c\text{（刀具直徑）}}$$

$$\doteqdot\frac{V_c\text{（切削速度）}\times 318}{D_c\text{（刀具直徑）}}$$

$V_f$（進給率）= N（主軸轉速）×Z（刀刃數）×$f_z$（每刃進給）

T（切削時間）= L（切削長度）/$V_f$（進給）

$V_c$（Cutting speed）= 切削速度（m/min）

$D_c$（Cutter diameter）= 刀具直徑（mm）

N（RPM）= 主軸轉速（rev/min）

$V_f$（Feed speed）= 進給率（mm/min）

$f_z$（Feed per tooth）= 每刃進給（mm/tooth）

$f_n$（Feed per revolution）= 每轉進給（mm/rev）

Z（Number of flutes）= 刀具刃數

T（Time of cut in minutes）= 切削時間

L（Cut length）= 切削長度（mm）

$A_p$（Axial depth of cut）= 軸向切削深度（mm）

$A_e$（Radial depth of cut）= 徑向切削寬度（mm）

**切削公式運算範例參考（Examples of machining parameter calculation）**

・參考範例一：

端銑刀：直徑 12 mm

刀刃數：4 刃

切削速度：120 m/min，每刃進給：0.05（mm）（請參考刀具商提供參數）

轉速：$N = \frac{120(\text{切削速度}) \times 1000}{\pi \times 12(\text{刀具直徑})} = 3183$（rev/min）

進給率：$V_f = 3183$（主軸轉速）×4（刀刃數）×0.05（每刃進給）

= 636（mm/min）

・參考範例二：

球刀：直徑 6 mm

刀刃數：2 刃

切削速度：120 m/min，每刃進給：0.1（mm）（請參考刀具商提供參數）

轉速：$N = \frac{120(\text{切削速度}) \times 1000}{\pi \times 6(\text{刀具直徑})} = 6366$（rev/min）

進給率：$V_f = 6366$（主軸轉速）×2（刀刃數）×0.1（每刃進給）

= 1273（mm/min）

### 2.2.3 PowerMILL® 刀具的切削條件運算操作（Setup machining conditions in PowerMILL®）

PowerMILL 刀具資料庫提供保存和載入先前所儲存的刀具。保存在資料庫中的刀具可包含轉速、進給、刀間距、每層下刀和刀具夾頭等對應參數。也可針對加工不同的材料和型式，在相同一把刀具上分別指定不同的轉速和進給。下面將介紹如何透過 PowerMILL 來運算切削條件和儲存刀具至資料庫。

#### 一、刀具的切削資料如何定義（Define cutting data for the tools）

從物件管理列中的刀具，按滑鼠右鍵功能選單點選產生刀具，選擇設定欲切削的刀具類型與定義基本刀具條件。接下來由刀具的選單中點選切削資料頁面。如下圖所示。

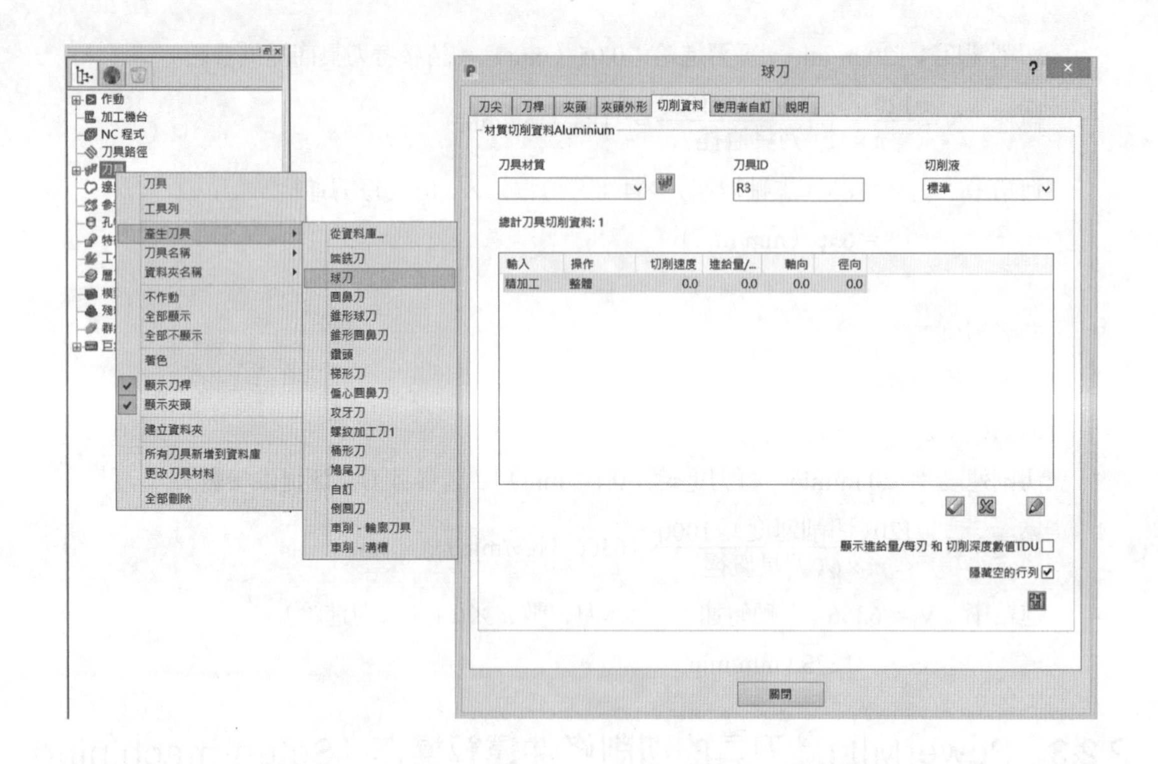


補充說明：

不勾選以 TDU 顯示進給量 / 每刃和切削深度數值（TDU）的單位。TDU 是以刀具直徑單位來換算。另外隱藏的行列可不勾選，讀者將由列表清單中可看到各類工法上的區分，於同一把刀具讀者可選擇如下頁圖式中不同的選項去定義切削條件（滑鼠左健快速點選兩下即可開啓視窗輸入編輯切削條件）。

另外讀者也可點擊上列圖示中頁面右下角落的 ，打開編輯切削資料選單。如下圖所示。

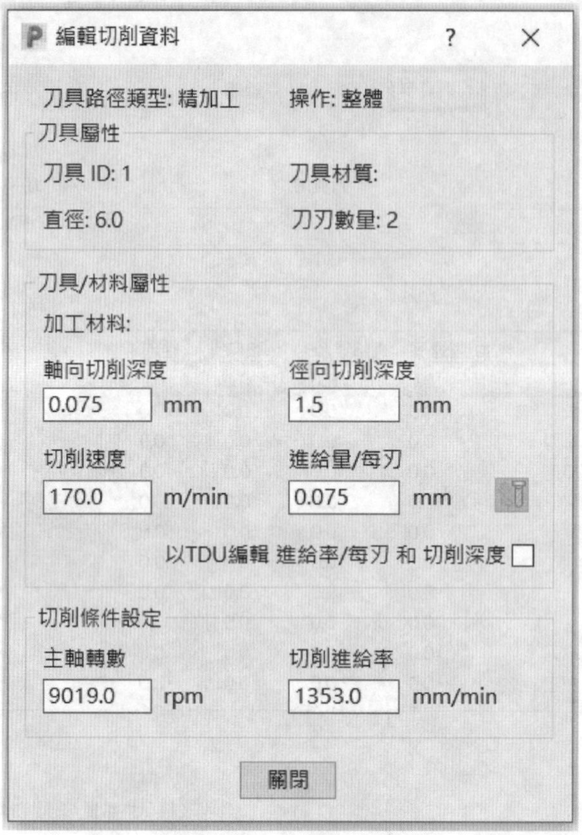

編輯切削資料 ? ×

刀具路徑類型: 精加工 操作: 整體

刀具屬性

刀具 ID: 1 刀具材質:

直徑: 6.0 刀刃數量: 2

刀具/材料屬性

加工材料:

軸向切削深度 0.075 mm 徑向切削深度 1.5 mm

切削速度 170.0 m/min 進給量/每刃 0.075 mm

以TDU編輯 進給率/每刃 和 切削深度

切削條件設定

主軸轉數 9019.0 rpm 切削進給率 1353.0 mm/min

關閉

查詢刀具型錄的切削參數數據，輸入上表切削速度（$V_c$）和進給量 / 每刃（$f_z$）。

例如刀具基本資料輸入後的球刀直徑 6.0 mm、切削中碳鋼 S45C 的精加工條件，查詢刀具型錄而建議的切削速度 170.0 m/min 和進給量 / 每刃 0.075 mm。輸入後將自動計算出對應的主軸轉速和切削進給率。

補充說明：

依查詢的刀具條件，所計算出的主軸轉速和切削進給率爲理論數據，接著可依經驗再自行調整。調整的方式可參考前述概念，切削速度（$V_c$）和進給量 / 每刃（$f_z$）之間的關係說明。

## 二、刀具如何儲存到資料庫（Save tool data）

關閉編輯切削頁面選單，同樣從刀具選單中的切削資料頁面，右下角找到新增刀具到資料庫的功能 。點擊後出現如下頁圖所示。

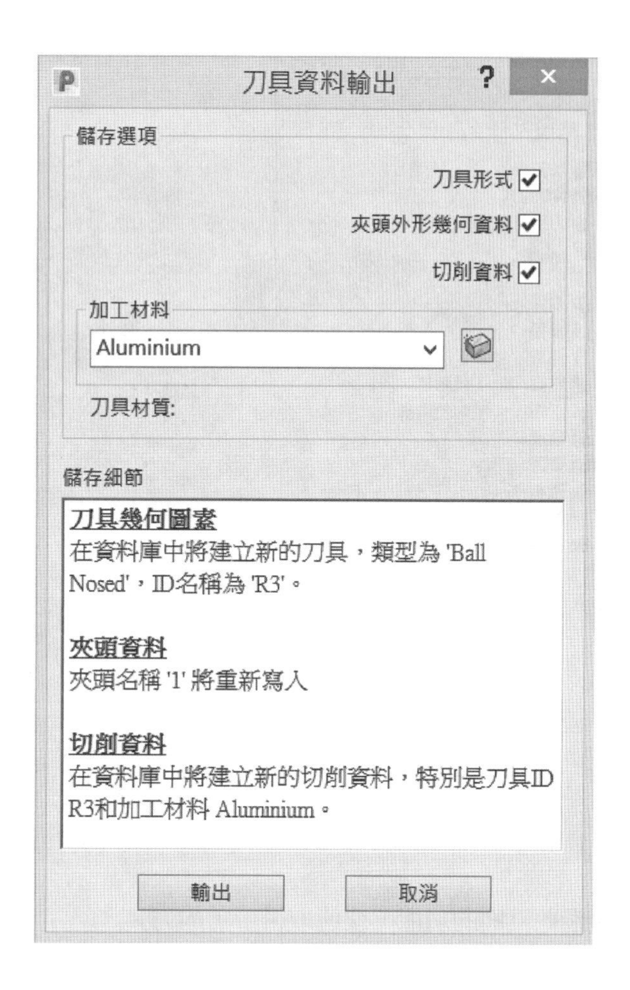


勾選想要儲存的項目，再點選輸出，即可從刀具資料庫中看到所有刀具的切削條件、參數和夾頭。一次性定義的刀具資料庫，不僅可以減少不同專案編程時間，也省去定義刀具參數的麻煩，而且可以保存公司的加工技術經驗與標準化統一。

## 三、如何開啓刀具資料庫（Open tool data）

從物件管理列中的刀具，按滑鼠右鍵點選產生刀具，再點選從資料庫 ...。

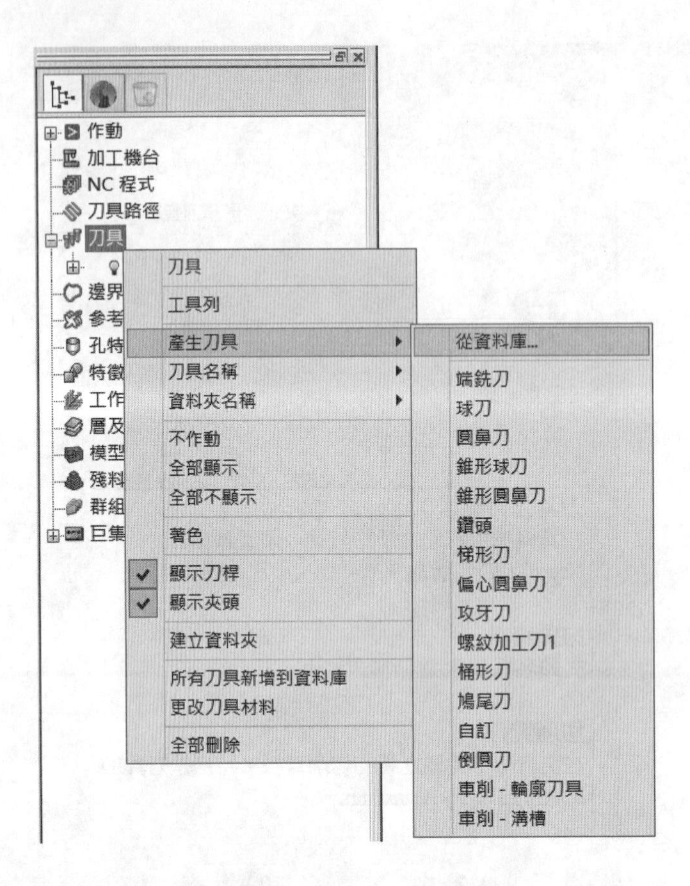


刀具資料庫將可透過此頁面的功能，快速取得所需的刀具。

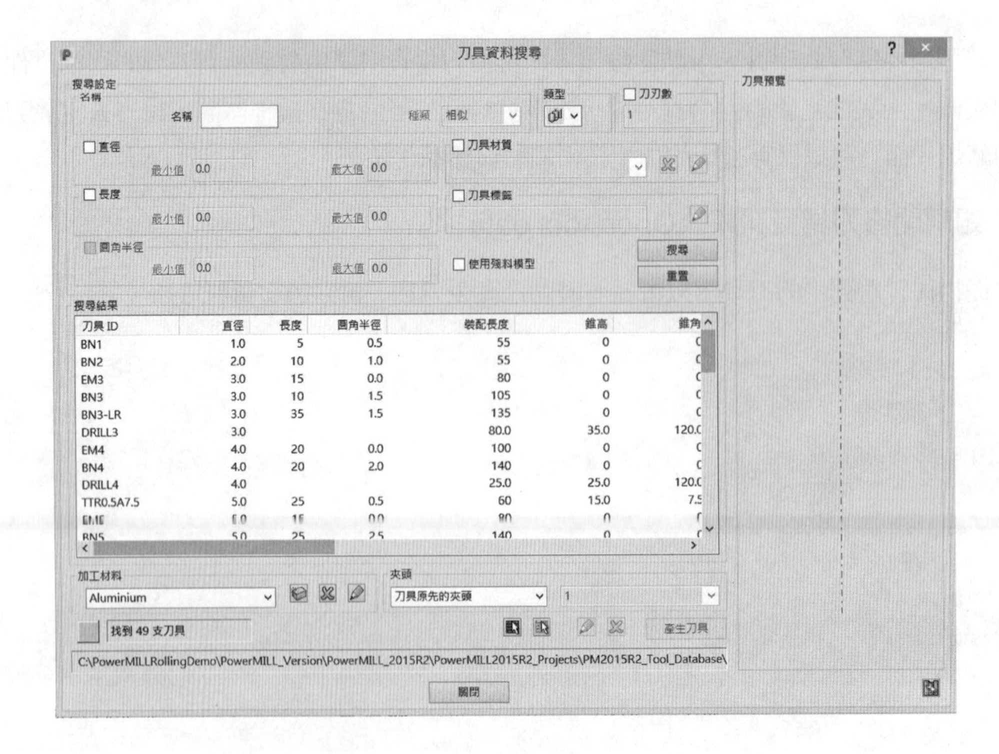

當每次作動刀具使用時，PowerMILL 將自動載入進給率和切削條件，可從下圖所示的選項作勾選。工具 > 選項 > 刀具 > 進給率選單 ，勾選自動載入進給率和自動載入切削深度，接著按圖示下方的接受方塊，以完成內定的選項設定。

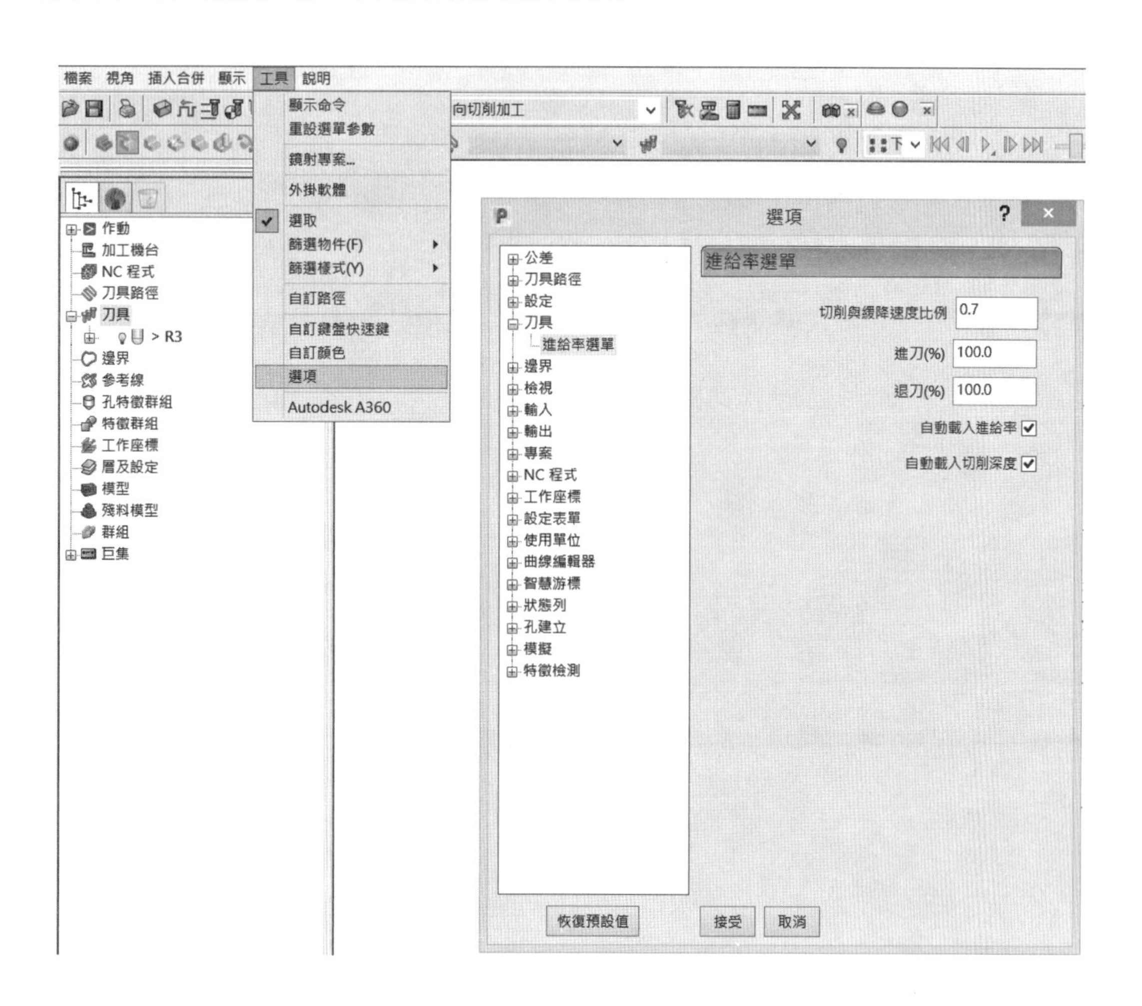


補充說明：

重新啓動 PowerMILL 時，此選項定義才可生效。

# 3

# PowerMILL® 使用入門（Getting started with PowerMILL®）

學習重點

# 3.1 簡介（Introduction）

本教材主要著重於基本加工概念、切削參數的條件設定、3 軸的加工路徑編程與機台上實際加工操作，透過這些加工案例能夠讓學習者由淺至深了解 PowerMILL® 在工法上的功能特點與應用。

PowerMILL® 可輸入模型圖檔資料，其標準版（Standard）支援以下通用格式，AutoCAD 圖檔、三角面（*.STL）、曲面（*.IGES）、實體（*.STEP）和 PowerSHAPE 圖檔等格式。若使用者想要直接輸入其他 CAD 軟體所產生的模型 Part 檔，那就需要選擇使用 PowerMILL® Premium 超值版，它支援輸入完整全系列的 CAD 軟體產生的 Part 圖檔格式。

# 3.2 啓動 PowerMILL®

雙擊安裝於桌面上的 PowerMILL 快捷鍵圖示 （電腦桌面上顯示爲 PowerMILL 最新版本），開啓如下畫面：

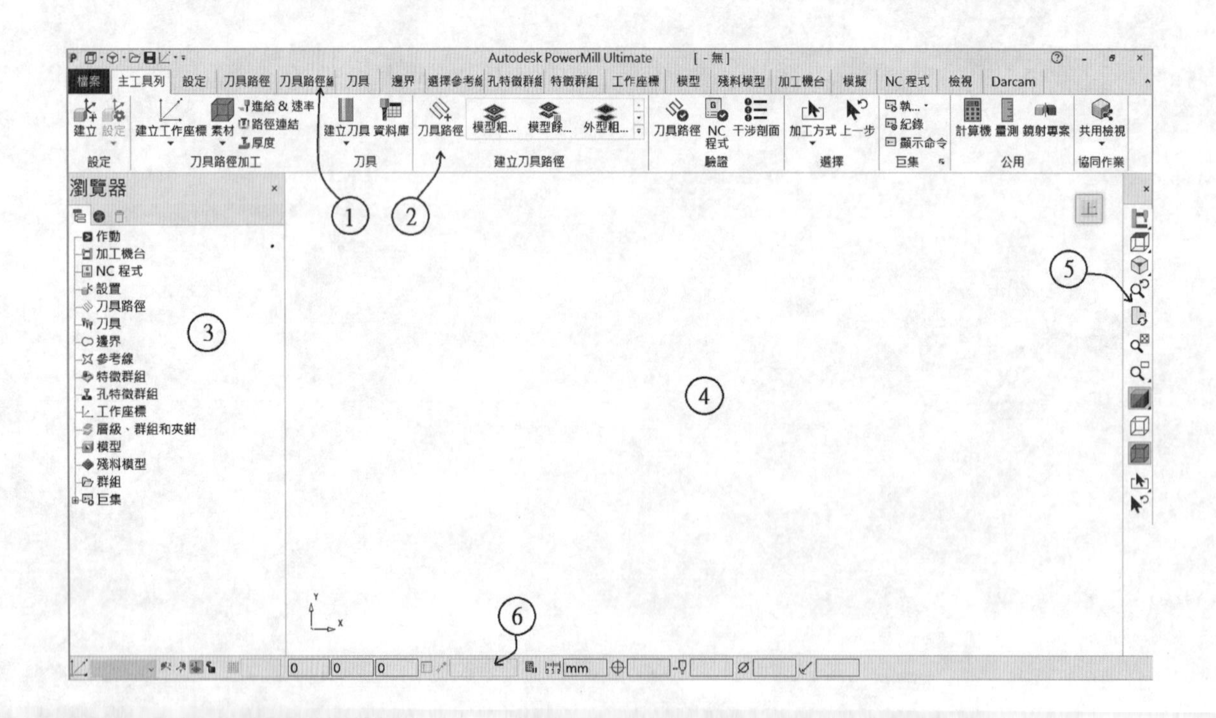


## 3.2.1 工作視窗介紹（The window）

1. 主功能列： 檔案 視角 插入合併 顯示 工具 說明

點擊功能欄中的某個功能名稱（例如檔案），開啓相關的下拉式子功能表。各子功能表內右邊如果有一小箭頭，表示該功能表下包含次功能表（例如檔案▶最近的專案）。將滑鼠置於該箭頭旁即可點選（例如，檔案▶最近的專案，爲顯示最近開啓過的專案名稱，點擊後即可直接開啓專案。）

2. **主要工具列**：快速開啓 PowerMILL 中，一般主要常用的功能選項。

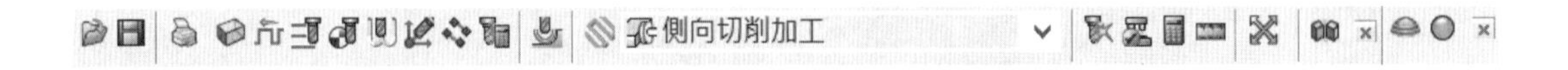


3. **物件管理瀏覽列**：提供路徑編程的相關控制選項，包含管理和保存。

4. **工作視窗**：路徑與模擬的主要顯示和工作區域。

工作視窗的右上角處　，提供方便的 View Cube 快速切換　視角功能。

5. **檢視工具列**：提供各個視角的切換、選擇與著色等功能，用來快速檢視模型。

6. **資訊命令提示工具列**：提供座標軸向切換、座標顯示及作動路徑的加工參數資訊。

除了以上內定的工具列之外，PowerMILL® 提供更多工具列，可以從主功能列上的視角

點擊進入工具列來開啓其他的工具列。開啓之後即可內定。

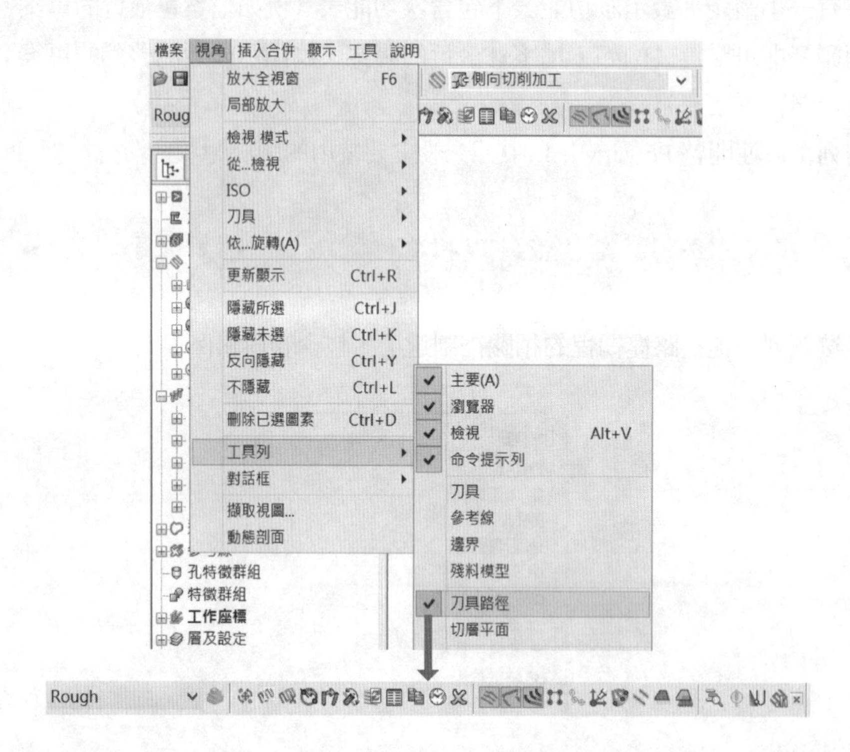


此外，也可透過主功能列中的工具下拉功能，來定義常用的選項設定。例如：選取工具▶自訂顏色，點選顯示背景來變更背景顏色。

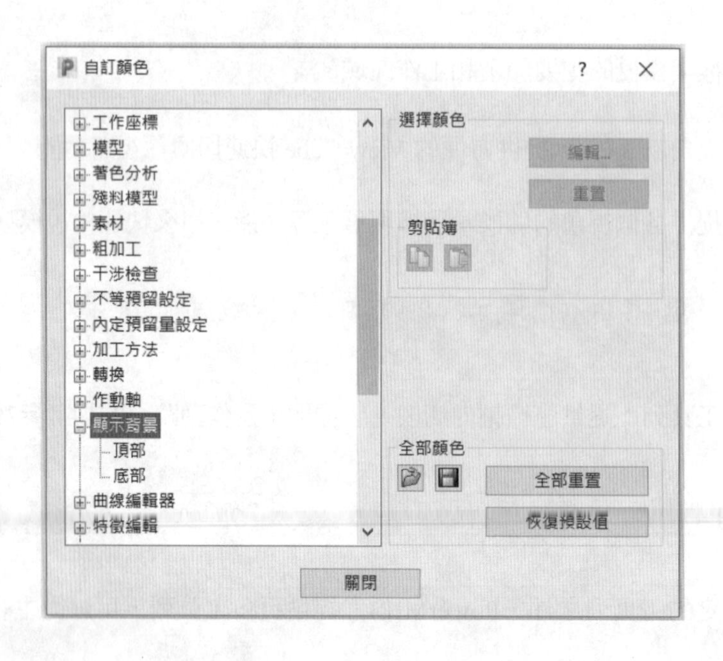

## 3.2.2 滑鼠的使用功能（The mouse）

滑鼠的三個按鍵（左鍵、右鍵及中間滾輪）在 PowerMILL® 中分別具有不同的動態操作功能。

**1. 滑鼠左鍵：點取和框選**

使用此按鍵可從下拉功能表選單中點擊選項和工作視窗中直接選取幾何 CAD 圖素。

選取方式由檢視工具列中的兩個選項圖示控制，預設値是框選方式選擇（如下圖所示）。

(1) 框選方式選擇

模型著色後，將滑鼠游標移至圖素上，滑鼠左鍵直接點擊或框選該幾何圖素後將變爲黃色，表示此圖素已被選取。可同時使用鍵盤的 Shift 鍵（多選）、Ctrl 鍵（取消選取），來搭配使用。

(2) 游標點選

滑鼠直接移動拖曳游標，該區域均會被選取，這種方法尤其適合複雜模型或需選擇多曲面的區域。讀者同時按下 Ctrl 鍵進行拖曳，則可取消該區域的幾何圖素選取。

**2. 滑鼠中鍵：動態模式**

滑鼠中鍵的功能包含：放大和縮小、平移模型、方框放大及旋轉。

(1) 放大和縮小：同時按下鍵盤的 Ctrl 鍵和滑鼠中鍵，上下移動滑鼠，可放大或縮小視圖（轉動滑鼠滾輪亦同樣作用）。

(2) 平移模型：同時按下鍵盤的 Shift 鍵和滑鼠中鍵，移動滑鼠，可將模型做平移。

(3) 方框放大：同時按下 鍵盤的 Ctrl 和 Shift 鍵以及滑鼠中鍵，拖放出一個方框，即可放大該區域。

(4) 旋轉：按住滑鼠中鍵，移動滑鼠。

**3. 滑鼠右鍵：次要功能表瀏覽**

按下此按鍵後將出現一個相對應的右鍵功能表，功能表中的內容將由使用者移動游標位置來選取。

### 3.2.3 說明（Help）

使用者可透過這些選項或網站來了解與學習 PowerMILL® 的相關功能：

1. **說明主題**：開啓說明幫助文件檔 Help，可查詢了解各功能選項的說明解釋。並提供內容、索引和搜索供查詢使用。
2. PowerMILL® **更新資訊**：提供當前更新版本的更新功能說明和操作影片，讓使用者能了解最新版本的功能和練習。
3. **開始使用** PowerMILL®：主要提供文件檔來介紹快速使用入門的相關說明
4. Autodesk **帳號 / 論壇 / 網頁**：提供軟體安裝下載、問題討論與產品功能特點介紹的相關資訊。
5. **文件**：包含有命令參數、表單、進階巨集應用和機台模擬使用說明等文件，供參考和學習。
6. **關於** PowerMILL®：說明使用者所安裝的模組版本與權限管理或變更。

## 3.3 PowerMILL® 使用入門

本節將透過範例讓使用者快速了解 PowerMILL 的基本流程操作。我們將針對一個模型來進行路徑編程與模擬，以及後處理輸出 NC 程式。爲簡化編程我們將盡可能使用系統的預設值。

基本操作步驟如下：

1. 啓動 PowerMILL®。
2. 輸入模型。
3. 定義素材。
4. 建立刀具。
5. 定義安全提刀高度。
6. 產生粗加工路徑。

7. 產生精加工路徑。
8. 模擬刀具路徑。
9. 後處理輸出 NC 程式。
10. 儲存 PowerMILL® 專案。

## 3.3.1 啓動 PowerMILL®

在電腦系統的桌面上或在開始中的所有程式，選擇 PowerMILL 軟體並啓動。

## 3.3.2 輸入模型（Import model）

從主功能表列點選檔案選擇輸入模型，再從光碟目錄 Chapter-03 選取 PmillGettingStarted.dgk 模型檔案。

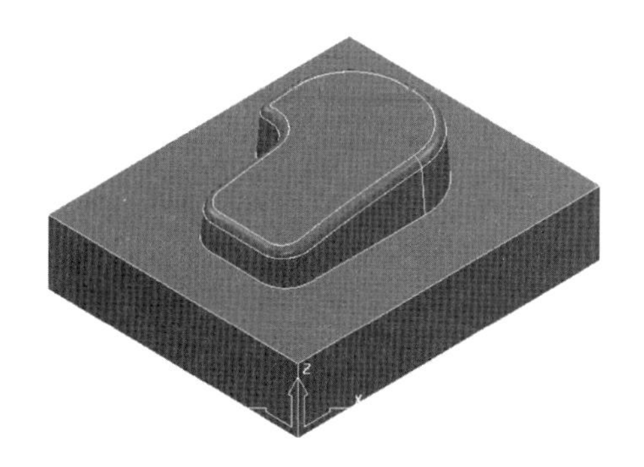

## 3.3.3 素材定義（Setup block material）

選擇物件（最小 / 最大值）素材選項，點擊計算按鈕，Z 軸高度最大值輸入 45 mm，點擊接受。

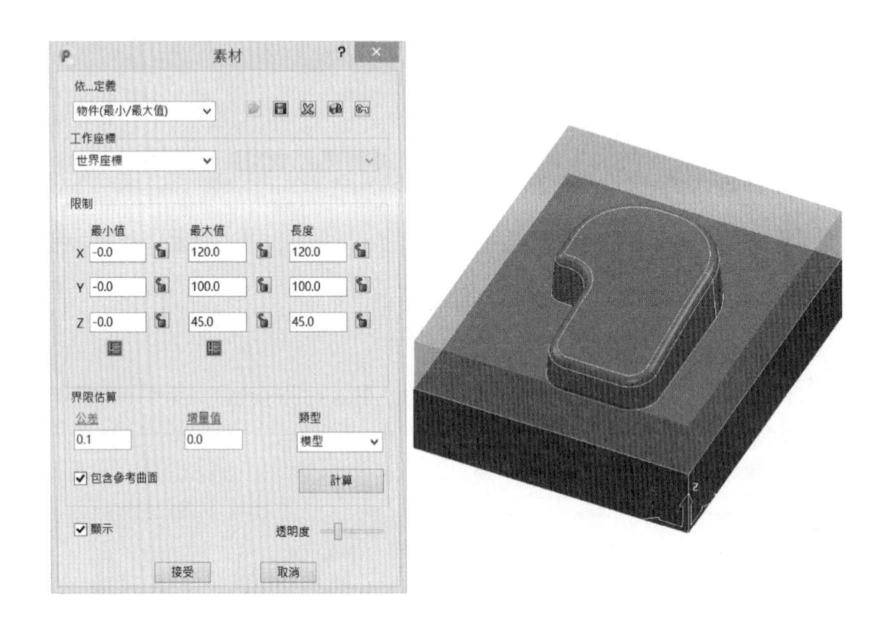


## 3.3.4 建立刀具（Create tools）

在物件管理列中，使用滑鼠右鍵功能點選刀具，再選擇產生刀具，從下拉選單中點選所需建立的刀具類型。

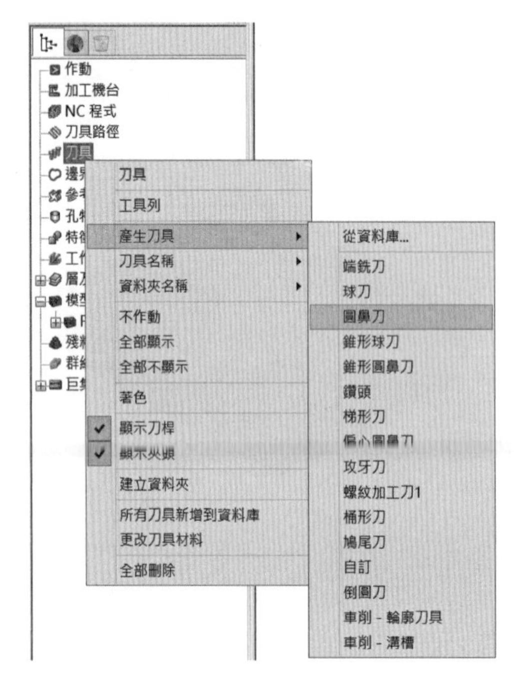

刀具設定（Crete several tools）：

1. **圓鼻刀**：直徑 D12，圓鼻半徑 R1；名稱：D12R1（Create a Tip radiused tool with diameter of 12 mm, tip radius of 1mm.）。
2. **球刀**：直徑 8 mm，名稱：BN8（Create a Ball nosed tool of 8mm diameter, name BN8）。

定義圓鼻刀參數如下圖所示。

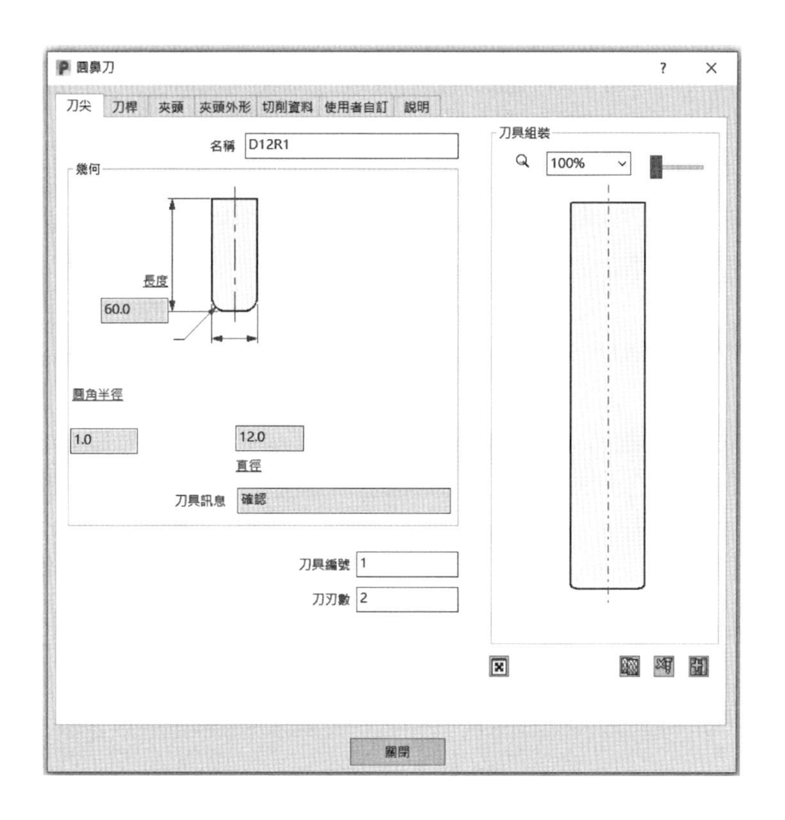


定義球刀參數如下圖所示。

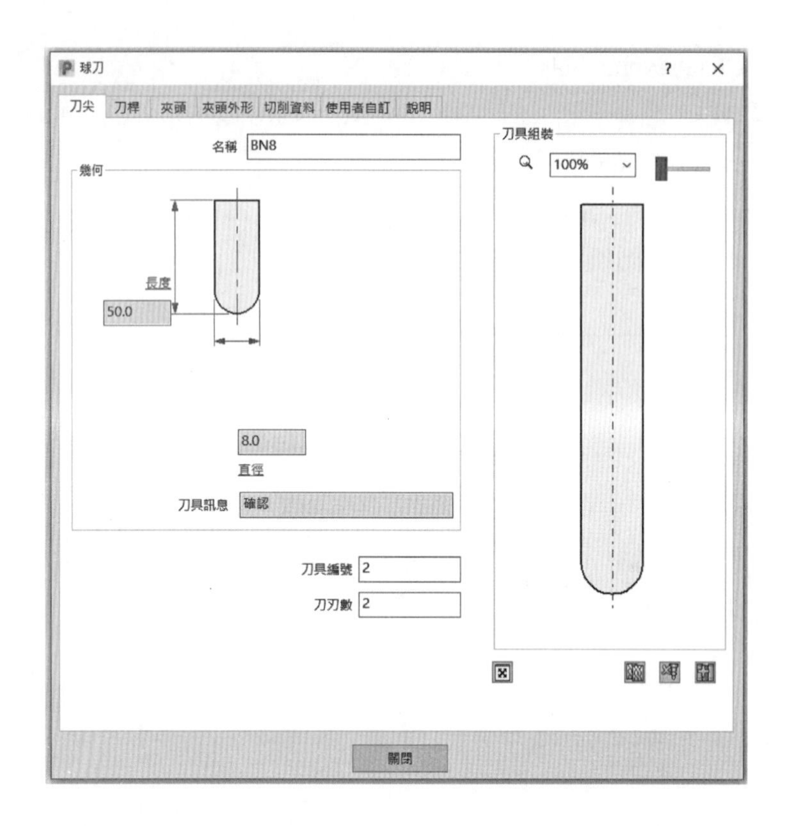


若機台具有換刀裝置可指定刀具編號，當編程完成後，後處理輸出便會產生在 NC 程式中。長度值依實際刀具尺寸、刀桿和夾頭可自行定義。定義完成後點擊關閉。

從樹狀管理列中，可使用滑鼠左鍵雙擊圓鼻刀的圖形以作動刀具 D12R1，或者使用滑鼠右鍵的功能表中選取作動選項。

一次只能作動一把刀具。當開啓加工工法做設定時，系統將自動選取當前作動的刀具來運算刀具路徑。

## 3.3.5 定義安全提刀高度（Setup safety height）

使用者可從提刀高度選單，定義刀具在工件上加工的安全高度或移動方式。

- 安全 Z 高度：刀具撤回後在工件上端快速移動的高度。
- 開始 Z 高度：刀具從安全 Z 高度往下移動到 Z 一個高度值，再進行緩降每層下刀。

PowerMill 定義粗實線代表快速移動；虛線代表緩降下刀；細實線代表切削路徑。

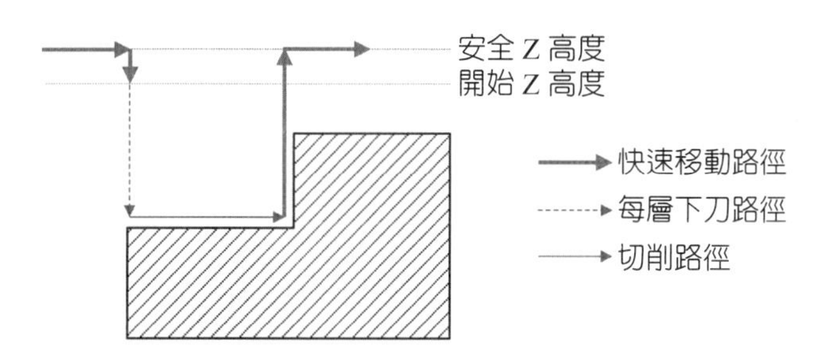


1. 從主要工具列中點選提刀高度圖示。
2. 開啓選單點擊計算按鈕（可自行定義安全 / 起始高度）。
3. 點擊接受。

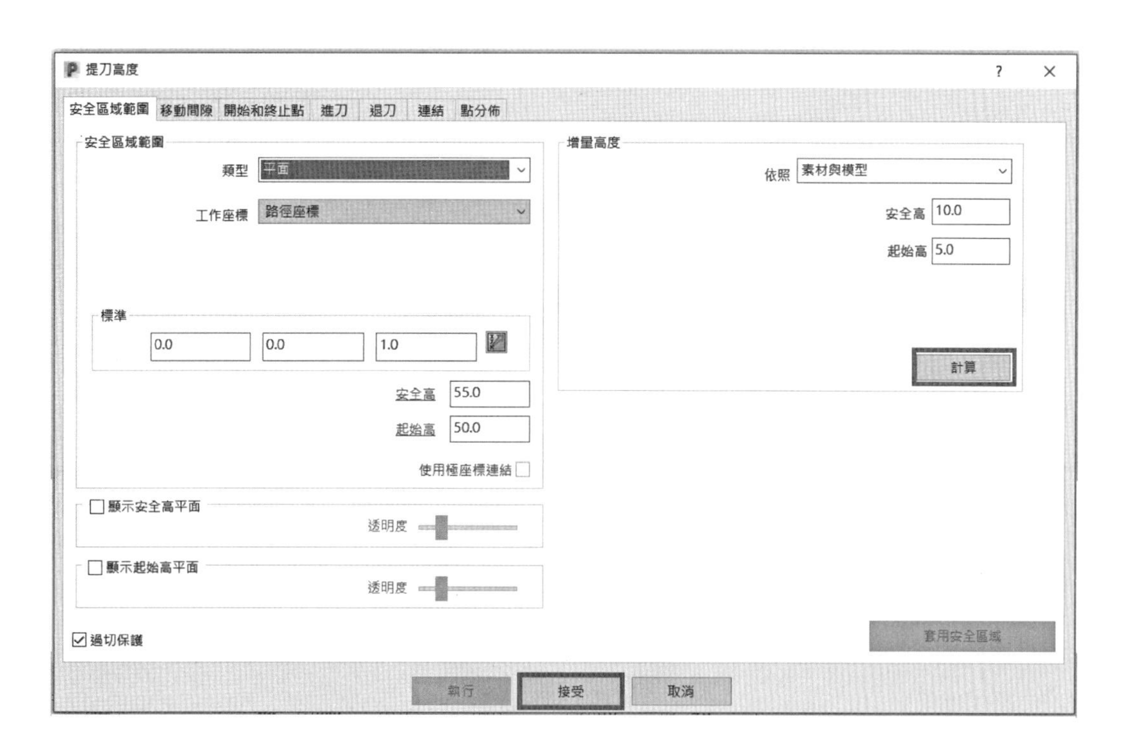


4. 點擊計算，PowerMILL® 將自動依絕對安全 Z 高度和開始 Z 高度之值，設置到素材與模型之上，使用者可勾選顯示安全高平面來確定所定義的高度是否安全。

5. 定義開始和終止點（Setup for start and end points）：

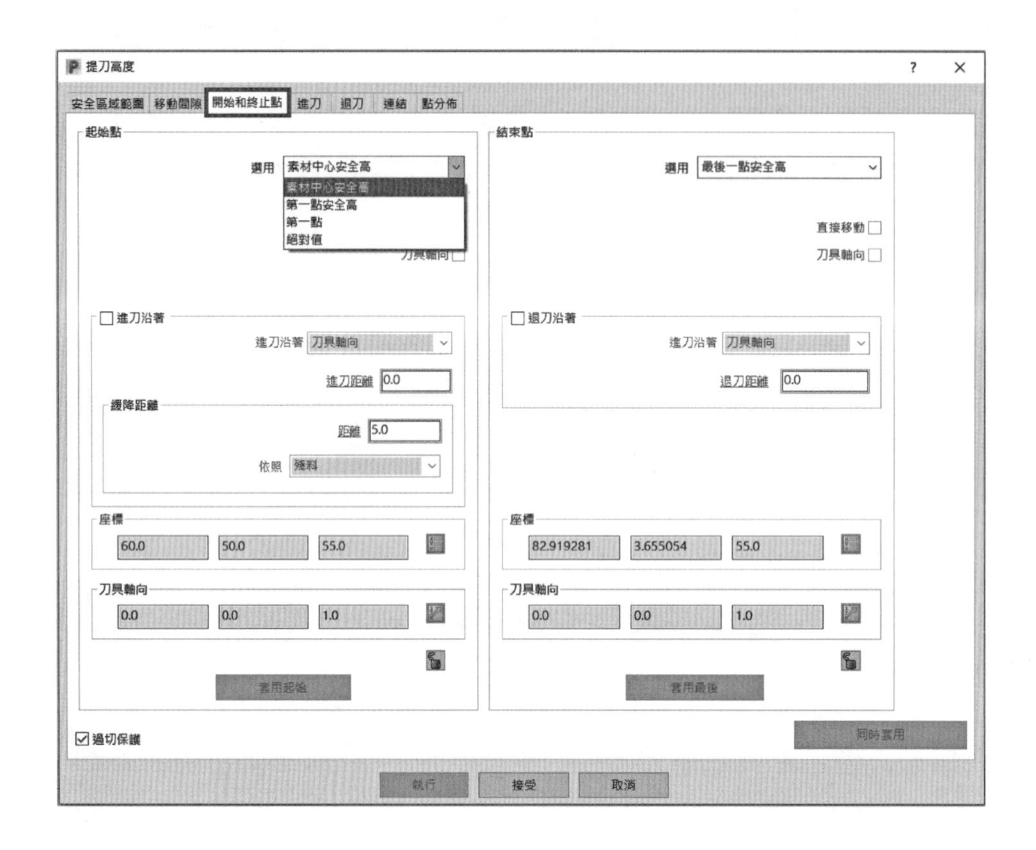


(1) 使用者可使用開始和終止點選單，定義刀具路徑的開始點和結束點位置。

(2) 刀具的開始起始點位置預設值為素材中心安全高度，結束點預設值為最後一點安全高度。

(3) 如果需要一個不同的下刀位置，可從選單中選取不同的選項。這些選項包括素材中心安全高度、第一／最後一點安全高，第一／最後一點和自行定義絕對值。

(4) 初學者若不了解如何定義開始與終止點，可使用預設值，然後再點擊接受。

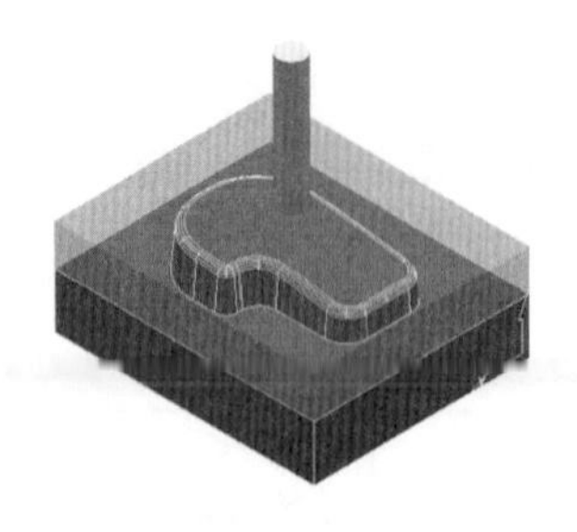

### 3.3.6 產生粗加工路徑（Rough machining tool-path）

1. 從主要工具列點擊刀具路徑工法選單 。
2. 選取 3D 粗加工選單。

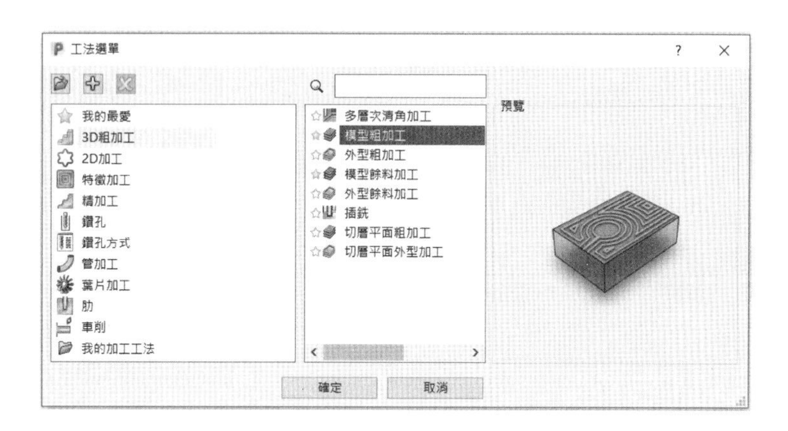


3. 選擇模型粗加工（Model area clearance）工法選項，開啓選單之後定義以下設定（如下圖所示）：

(1) 輸入刀具路徑名稱：Rough。

(2) 樣式：環繞 - 依全部。

(3) 預留量：0.5。

(4) 刀間距：6.0。

(5) 每層下刀：1.0 mm。

4. 點選進退刀與連結中的進刀選項，從下拉功能中選擇斜向下刀。再點選定義最大斜向角度 2.0，斜向高度 1.0 mm，最後點擊接受。

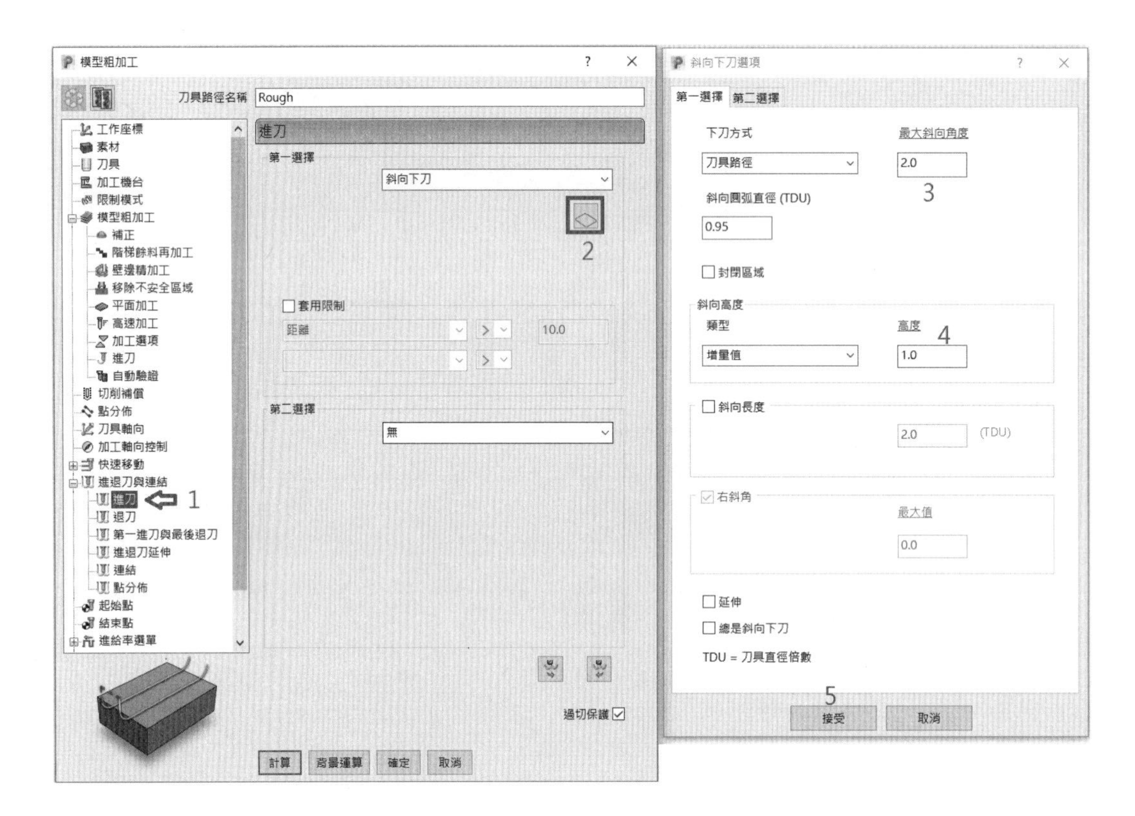


5. 定義加工參數完成，點擊計算。

6. 計算完成的刀具路徑，如下圖所示。

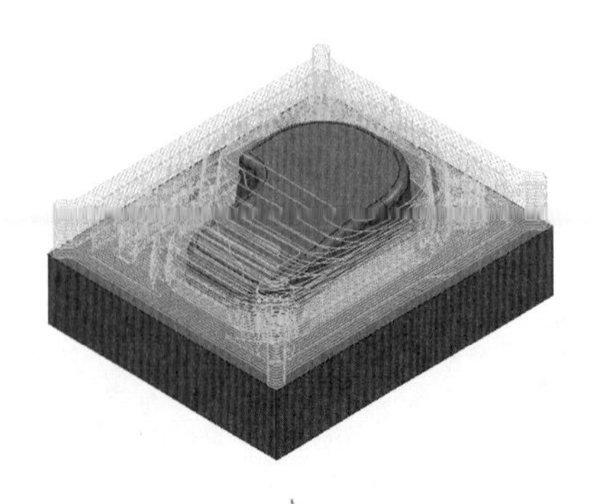

7. 主軸轉速與加工進給率：

(1) 從主要工具列選取進給率選單 。

(2) 使用者可變更加工材質所需的切削參數，如下圖所示，完成後點擊執行，然後關閉。

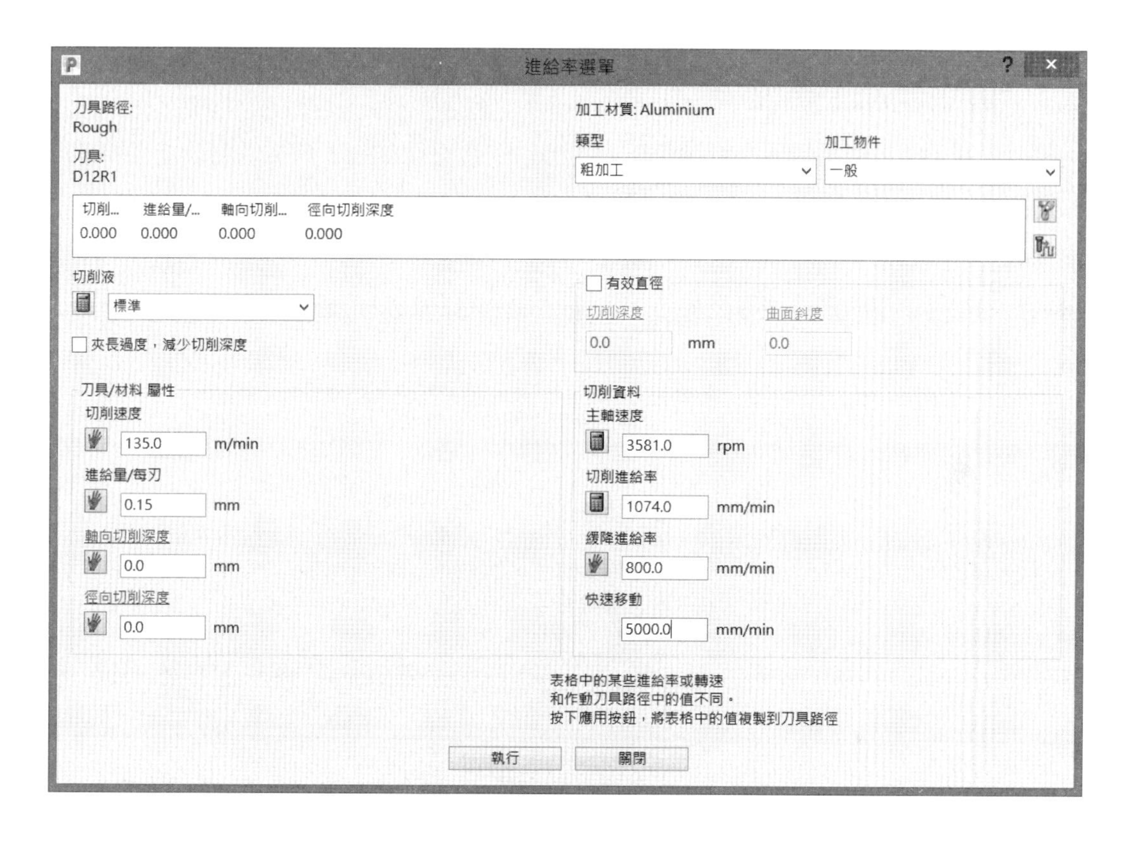


8. 線性路徑模擬：從樹狀管理列中的粗加工路徑 Rough 處，使用滑鼠右鍵開啟功能表，點選刀具起始位置選項。

9. 出現如下圖的路徑模擬工具列，即可點擊開始按鈕，執行線性模擬。

### 3.3.7　產生精加工路徑

1. 從樹狀管理列中，使用滑鼠左鍵雙擊球刀圖形以作動刀具 BN8，或從右鍵功能表中選取作動選項。
2. 從主要工具列點擊刀具路徑工法選單。
3. 選取精加工選單中的最佳化等高加工（Optimized constant Z finishing）選項。

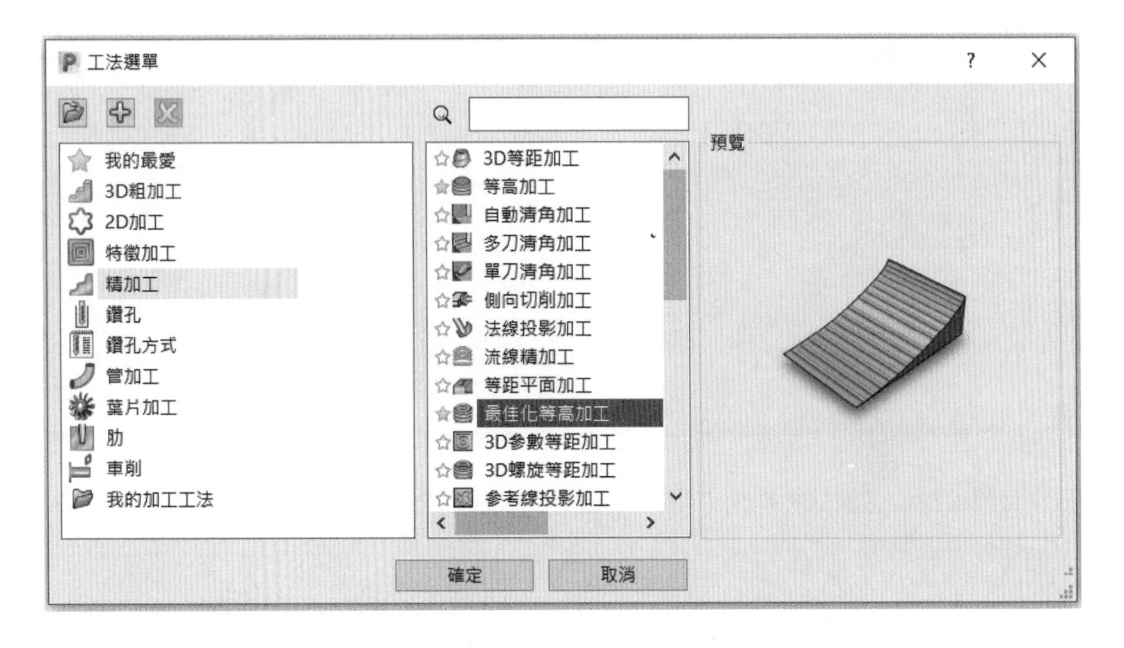


4. 開啓選單之後定義以下設定（如下圖所示）：

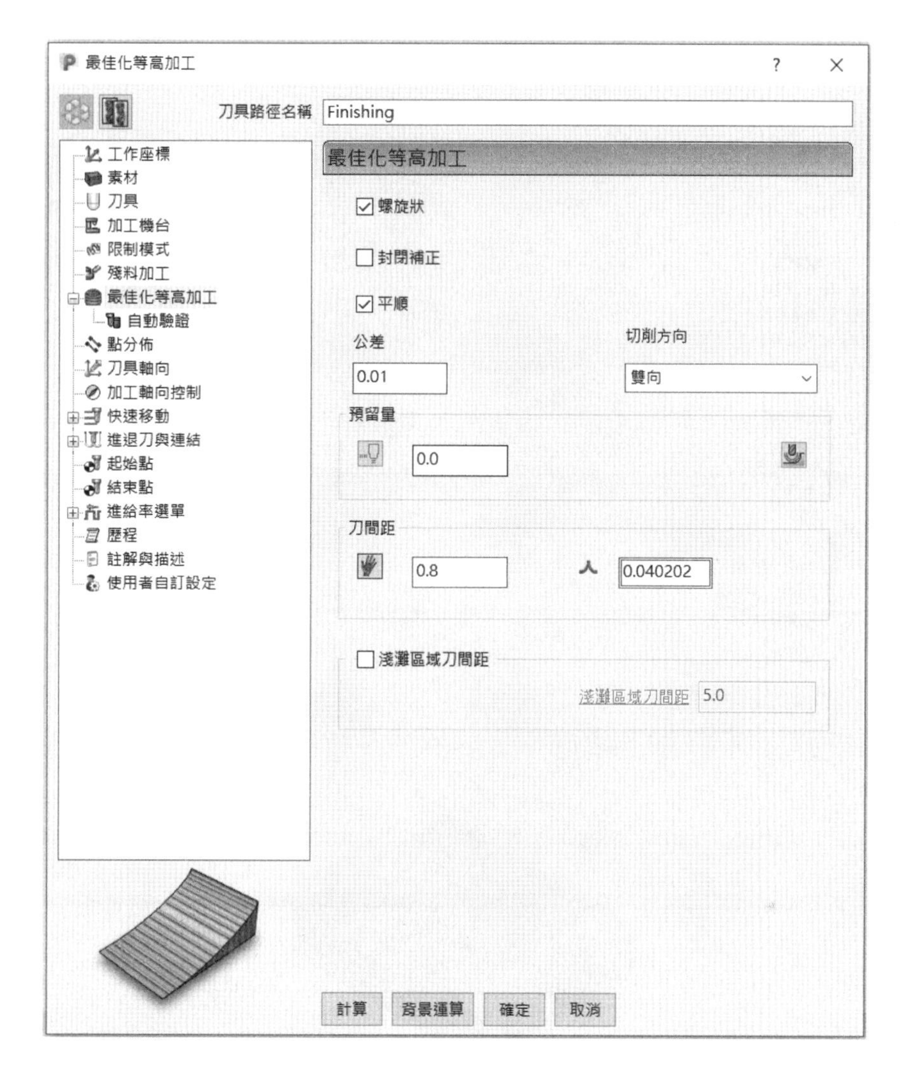


(1) 輸入刀具路徑名稱：Finishing。

(2) 勾選：螺旋狀與平順。

(3) 公差：0.01 。

(4) 切削方向：雙向。

(5) 預留量：0.0 。

(6) 刀間距：0.8 。

(7) 點選左邊樹狀列中的進退刀與連結選項，從子樹狀列點選進刀，定義第一選擇選項，從下拉功能中選擇無。再從子樹狀列點選連結，定義第一選擇選項，從下拉功能中點選圓弧，然後接受。

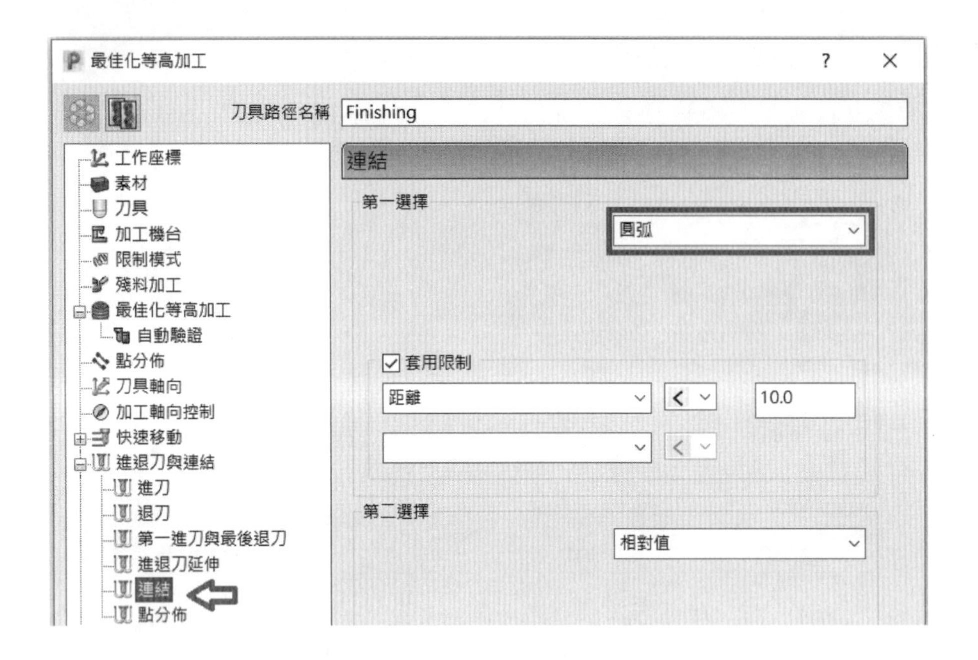


(8) 定義加工參數完成，點擊計算。

(9) 計算完成的刀具路徑，如下圖所示。

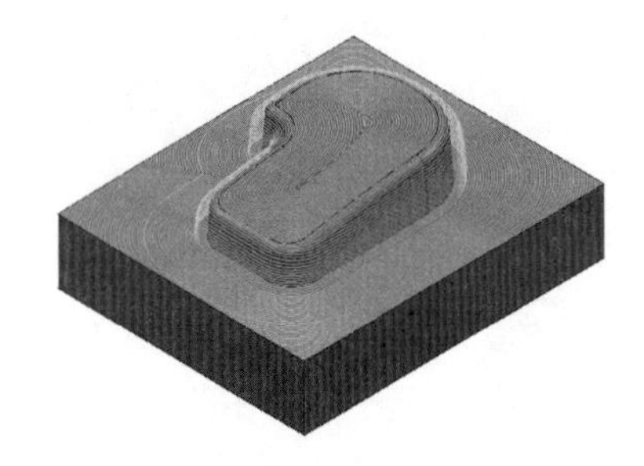

## 3.3.8 模擬刀具路徑（View mill simulation）

PowerMILL® 提供了兩種主要的刀具路徑模擬方法，一種是路徑線性模擬，其顯示刀具刀尖沿著路徑的運動軌跡（如同前述說明的粗加工線性模擬方式）；而另一種則提供了刀具切削素材材料的實體模擬。以下將針對實體模擬的操作做介紹：

1. 作動粗加工刀具路徑名稱 Rough。
2. 從主功能列中選取視角 > 工具列 > 實體模擬，開啓實體模擬工具列。

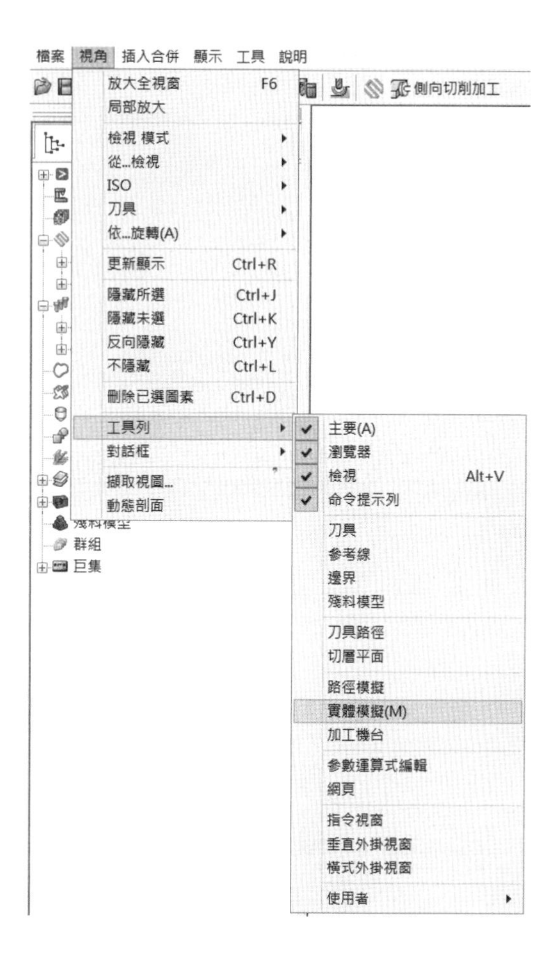


3. 實體模擬工具列即出現在螢幕，全部的圖示均呈灰色。

4. 點擊上圖第一個紅色按鈕，進入實體模擬模式，選項即變成亮綠色。

5. 接著點擊第四個單色顯示按鈕 。

6. 從樹狀管理列中的粗加工路徑 Rough 處，使用滑鼠右鍵開啓功能表，點選刀具起始位置選項。

7. 出現如下圖的路徑模擬工具列，即可點擊開始按鈕，執行粗加工的實體模擬。

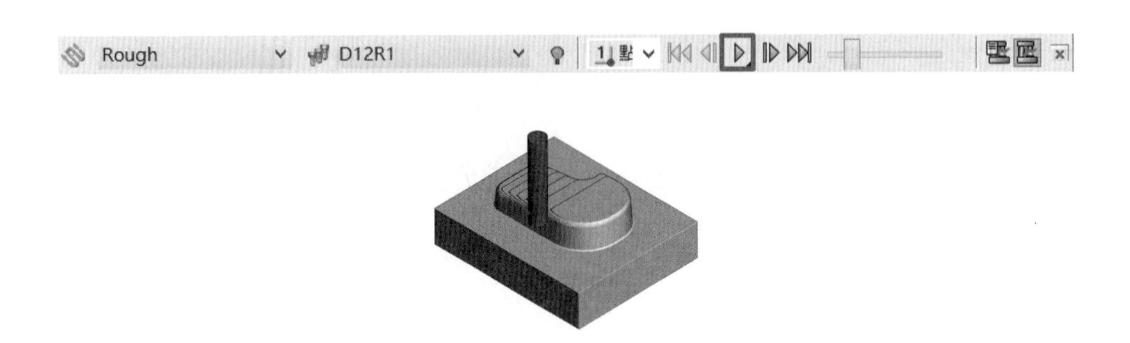


8. 完成粗加工模擬之後，在路徑模擬工具列中選取精加工路徑 Finishing。點擊 BN8 亮顯燈泡圖示，觀看其路徑的運行狀況，接著再點擊開始按鈕，精加工刀具路徑的實體模擬，如下圖所示。

9. 退出實體模擬，可點擊圖示 。

## 3.3.9 後處理輸出 NC 程式（Post process for NC program）

1. CAM 軟體產生的刀具路徑程式必須轉換成 NC 碼，才可以傳送到加工機上進行加工。（In order to be sent to machine-center, the tool path created with CAM software must be transformed into NC codes.）
2. 將滑鼠移至樹狀管理列中的 NC 程式按下右鍵，產生對話功能表，接著選擇設定選單，設定使用專案爲「開」。（Right click “NC Program”, Select “Preference” in the dialog-box; Define “Use project” as “on”.）

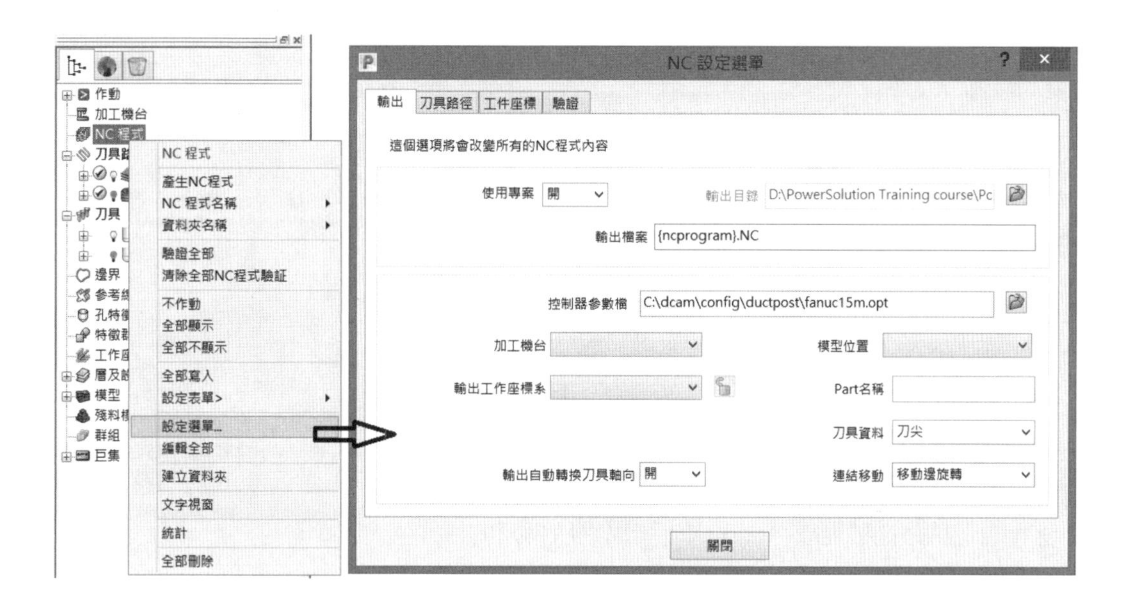


3. 選擇所要輸出目錄位置（即 NC 碼檔案的儲存位置）。（Select where to export the NC code files.）
4. 定義輸出檔案的 NC 名稱及確認副檔名。
5. 選擇控制器參數檔。（Select controler file.）
6. 關閉 NC 設定選單。（Close NC Preferences.）

補充說明：

以上的選單設定有記錄模式，可套用到每一條刀具路徑，不必逐一設定。

7. 從樹狀管理列中的刀具路徑處，使用滑鼠右鍵開啓功能表，點選產生獨立的 NC 程式選項，將看到所有的刀具路徑移至 NC 程式的樹狀列中。

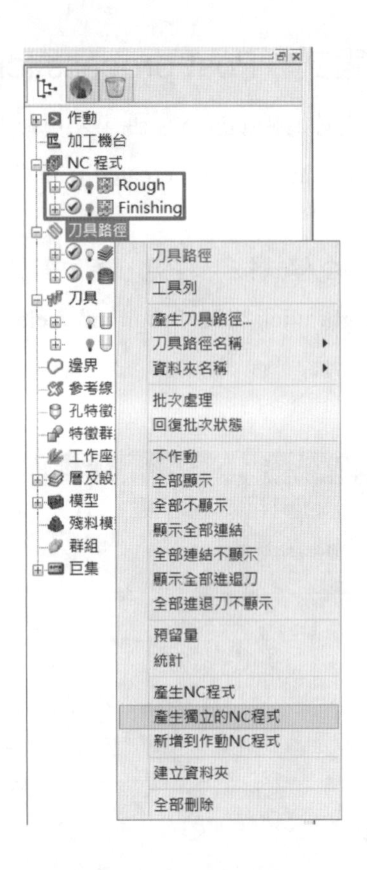


8. 同樣在樹狀管理列中的 NC 程式處，使用滑鼠右鍵開啓功能表，點選全部寫入選項，將看到所有的刀具路徑轉變成 NC 程式，輸出到所指定的目錄內。

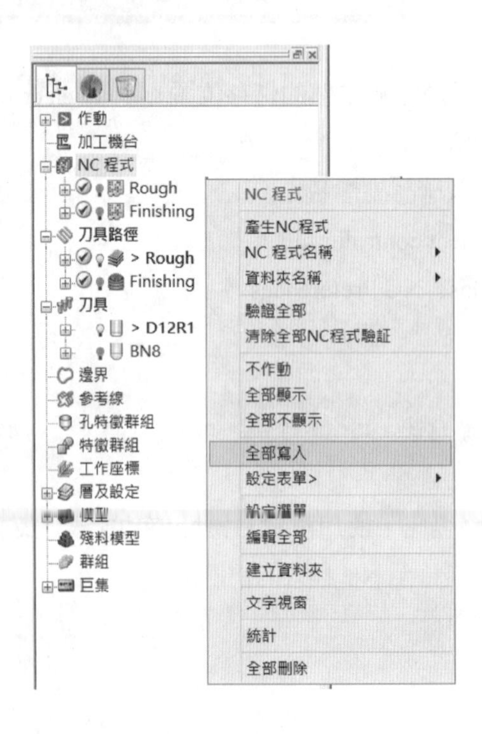

9. 後處理輸出完畢後，螢幕上會出現以下的資訊選單，該選單爲使用者提供了處理資訊及確認。

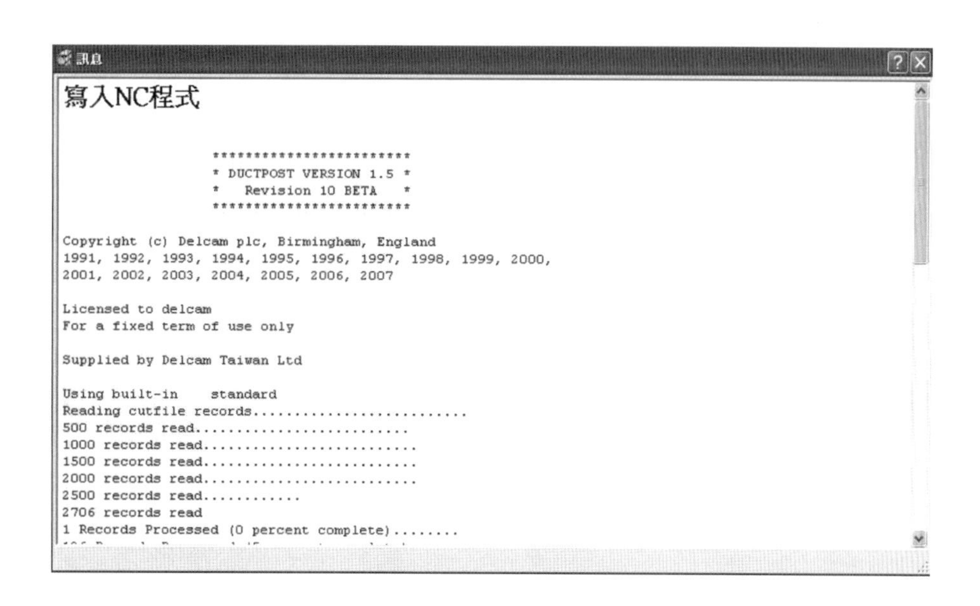


## 3.3.10 儲存 PowerMILL 專案 Save project

1. 點選主工具列中的第二個圖示，開啓儲存專案選單。

2. 如果先前已經儲存專案，系統將直接更新儲存專案，而不會開啓如下的另存專案選單。

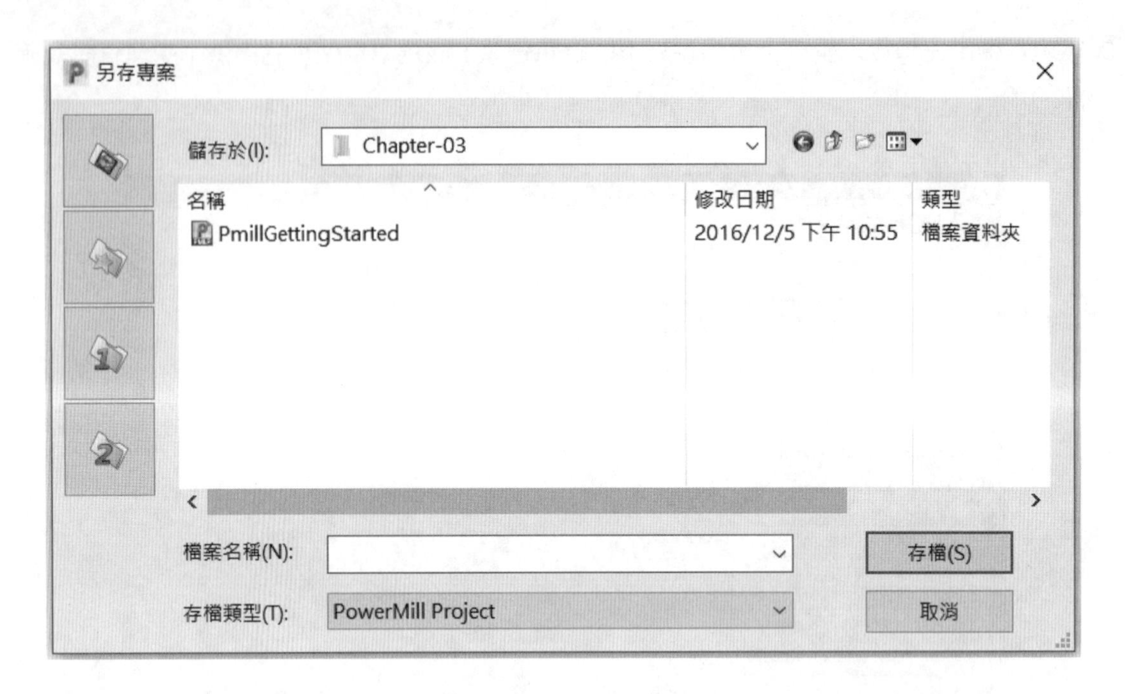


3. 從主功能列中點選檔案選擇關閉，此設定即可把樹狀管理列中的內容全部刪除。

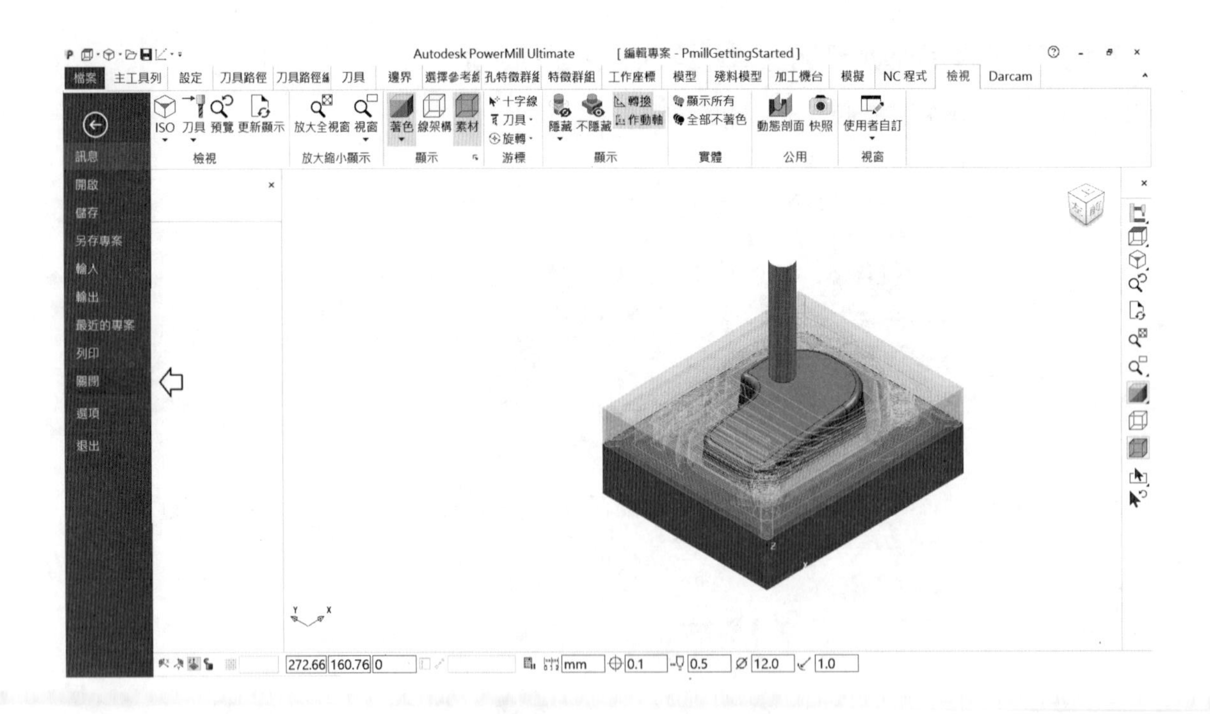

4. 若您要全部的選單都將重置回系統的預設狀態，那麼請如下的操作：

• 重置回復系統的預設狀態可從主功能列中點選檔案選擇選項，點擊重設選單參數。

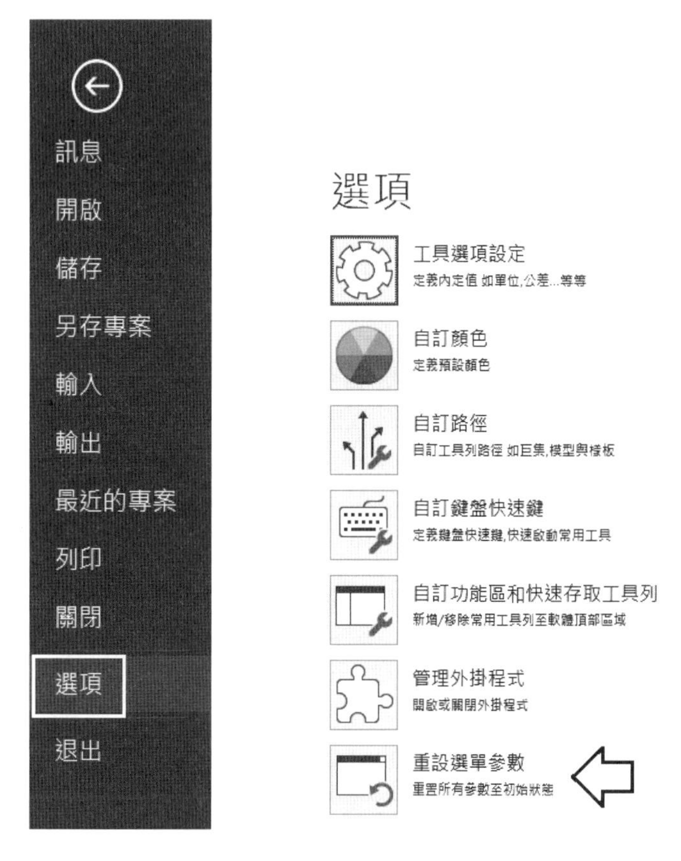


5. 本書中最常用的加工路徑工法策略：

4

# 2.5D 銑削與鑽孔加工（2.5D milling and drilling）

學習重點

- 4.1　簡介（Introduction）
- 4.2　基本設定（Basic set-up）
- 4.3　2D 平面加工（2D plane machining）
- 4.4　2.5D 粗加工（2.5D rough machining）
- 4.5　2.5D 精加工（2.5D finish machining）
- 4.6　倒斜角加工（Chamfer machining）
- 4.7　鑽孔加工（Drilling）
- 4.8　實體模擬加工（View mill simulation）

# 4.1 簡介（Introduction）

PowerMILL® 中包含有一系列的 2D 工法，這些工法可以直接透過曲線輸入或由曲線工具列繪製 2D 曲線，來進行 2.5D 粗加工、螺紋加工、導斜角加工、殘料加工、輪廓補正加工以及 G41 刀具自動補償輸出加工，以上工法都有選項功能可解決機台補正所造成的 Alarm 問題。此外，另一種方式是透過 3D 模型的輸入，PowerMILL® 提供相似性自動辨識特徵的功能，相同的尺寸特徵可一次性辨識，尤其對於多軸的零件特徵更能大幅度的節省編程操作，並快速產生刀具路徑。

孔加工的部分可透過點、線和曲面特徵來產生孔加工路徑。支援的孔加工類型有：標準鑽孔、槍鑽、螺旋擴孔、剛性攻牙以及內外螺紋加工等等。

以下的加工範例將使用 2D 曲線，且在無 3D 模型的狀況下，使用 2D 平面加工、2D 曲線粗加工、曲線外形加工和鑽孔工法等應用來產生加工程式的範例操作。

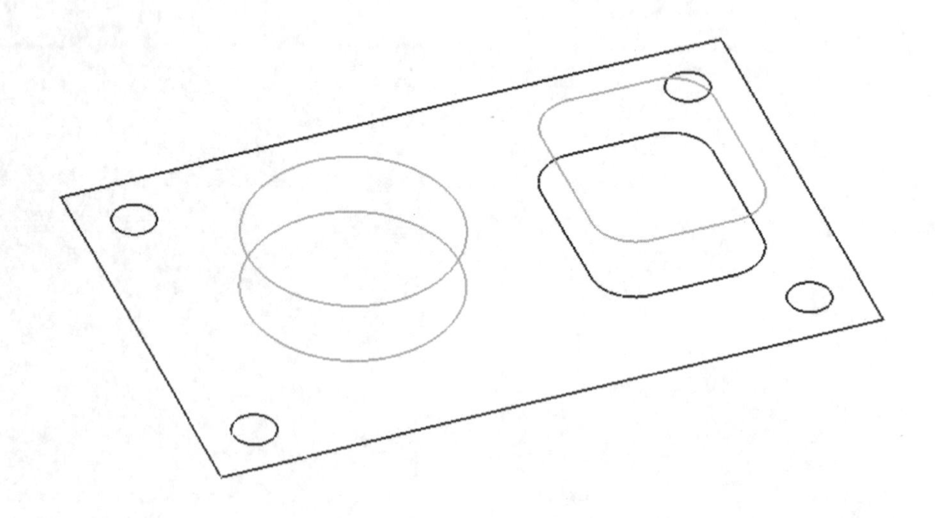

# 4.2 基本設定（Basic set-up）

## 4.2.1 輸入專案檔（Import project file）

從主功能表中選取檔案——開啓專案，從光碟目錄 Chapter-04 選取 2DMachiningStart 專案檔案。如下圖所示：

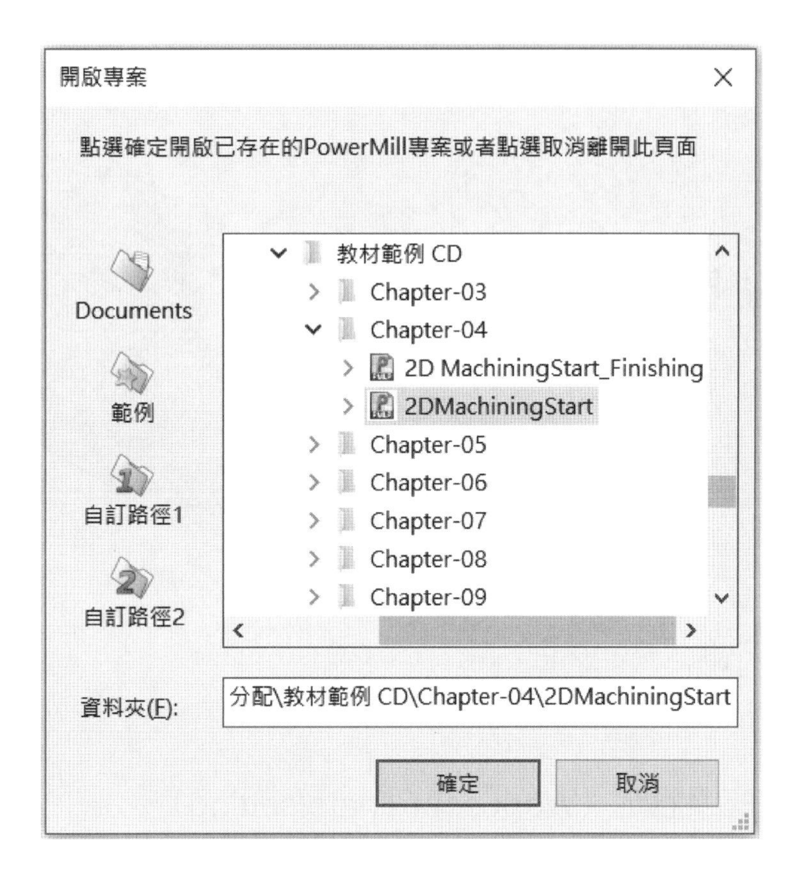


作動參考線 CurveAll（按滑鼠右鍵點選）。

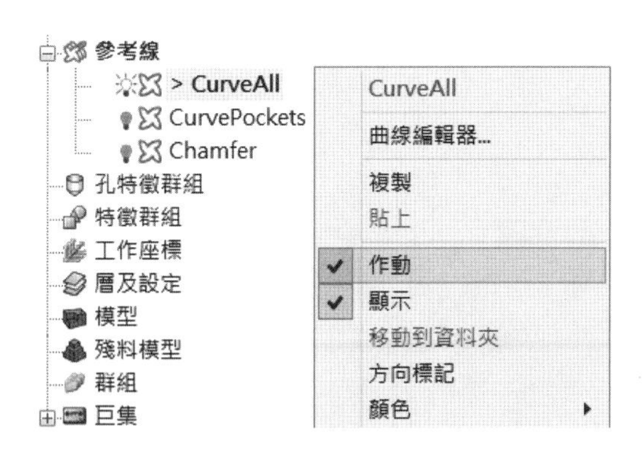


## 4.2.2 素材建立（Block creation）

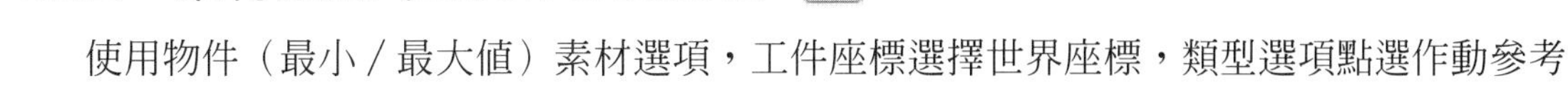

使用物件（最小 / 最大值）素材選項，工件座標選擇世界座標，類型選項點選作動參考線，接著點擊計算按鈕。Z 軸高度最大值輸入 22 mm，然後選取接受，關閉選單。

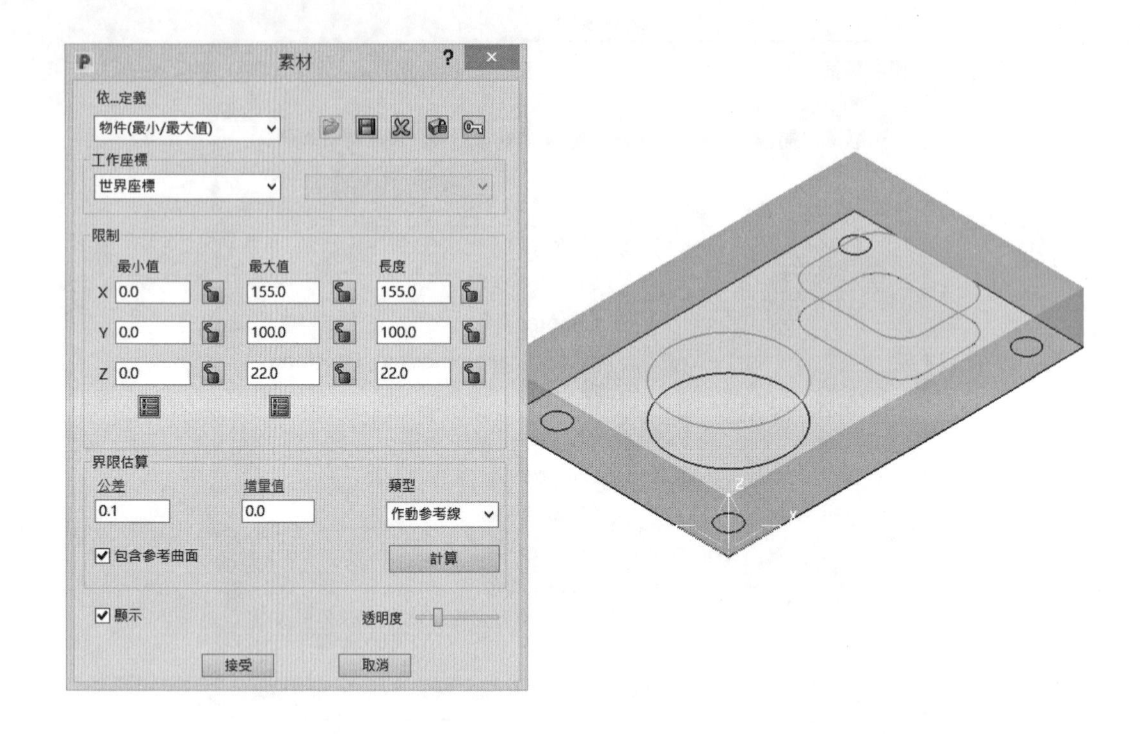


## 4.2.3　工作座標設定（Work coordinate setting）

點選物件管理列中的工作座標按滑鼠右鍵開啓次功能 > 建立和定位工作座標 > 使用素材定位工作座標。

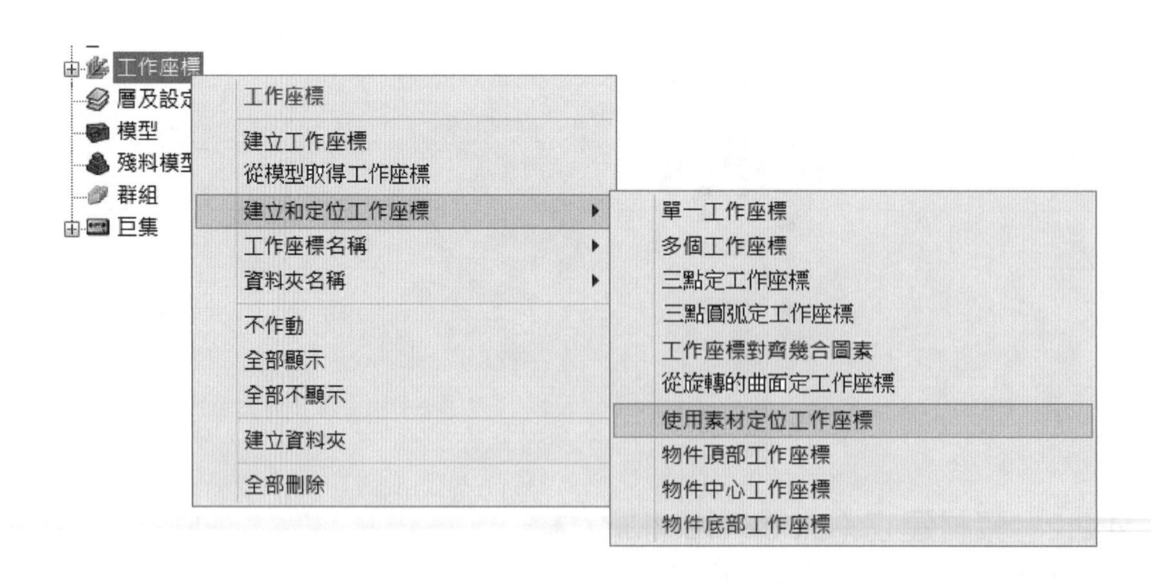

1. 滑鼠點擊下圖箭頭指引位置（素材中間頂部的點）。

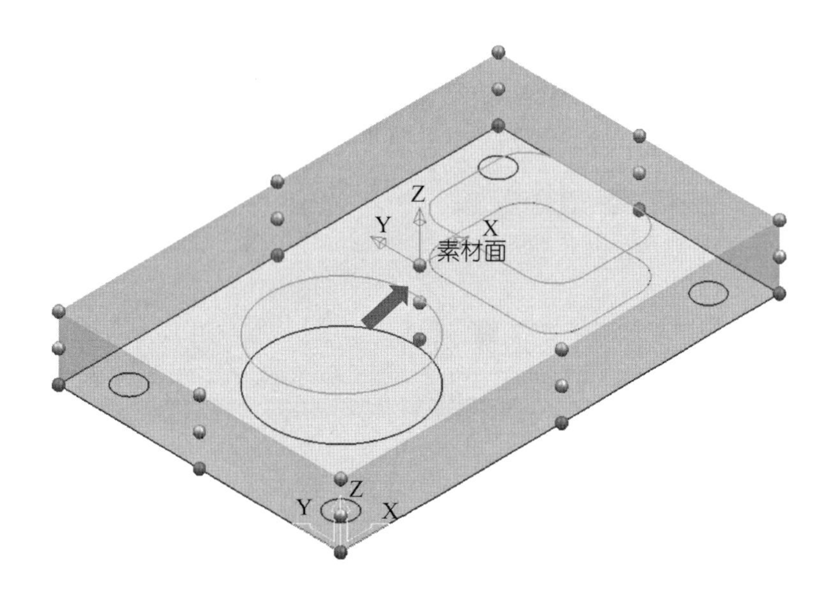


2. 工作座標重新命名為 G54，並作動此工作座標。

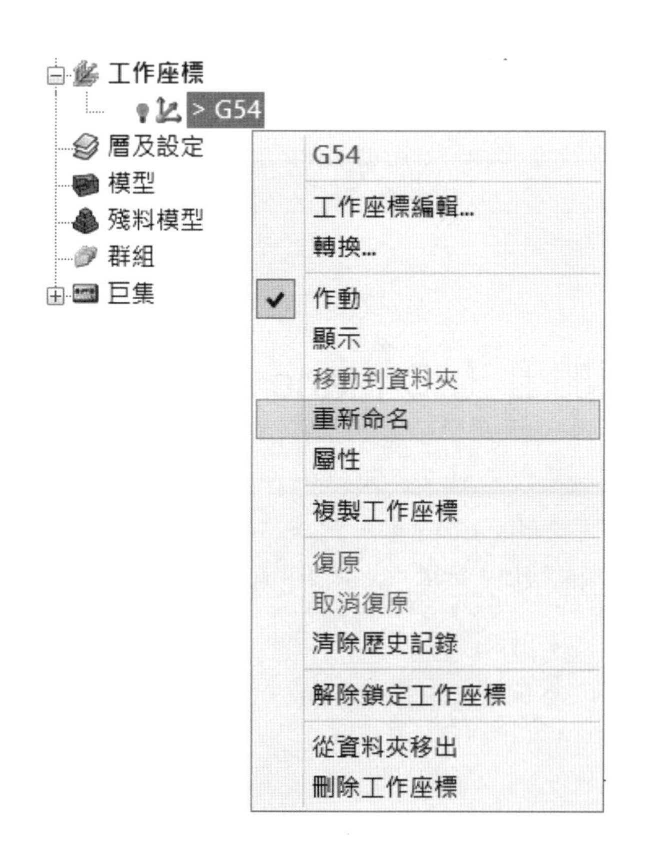

3. 從主要工具列中點選提刀高度圖示，選單中點擊計算安全高度，然後點擊接受。

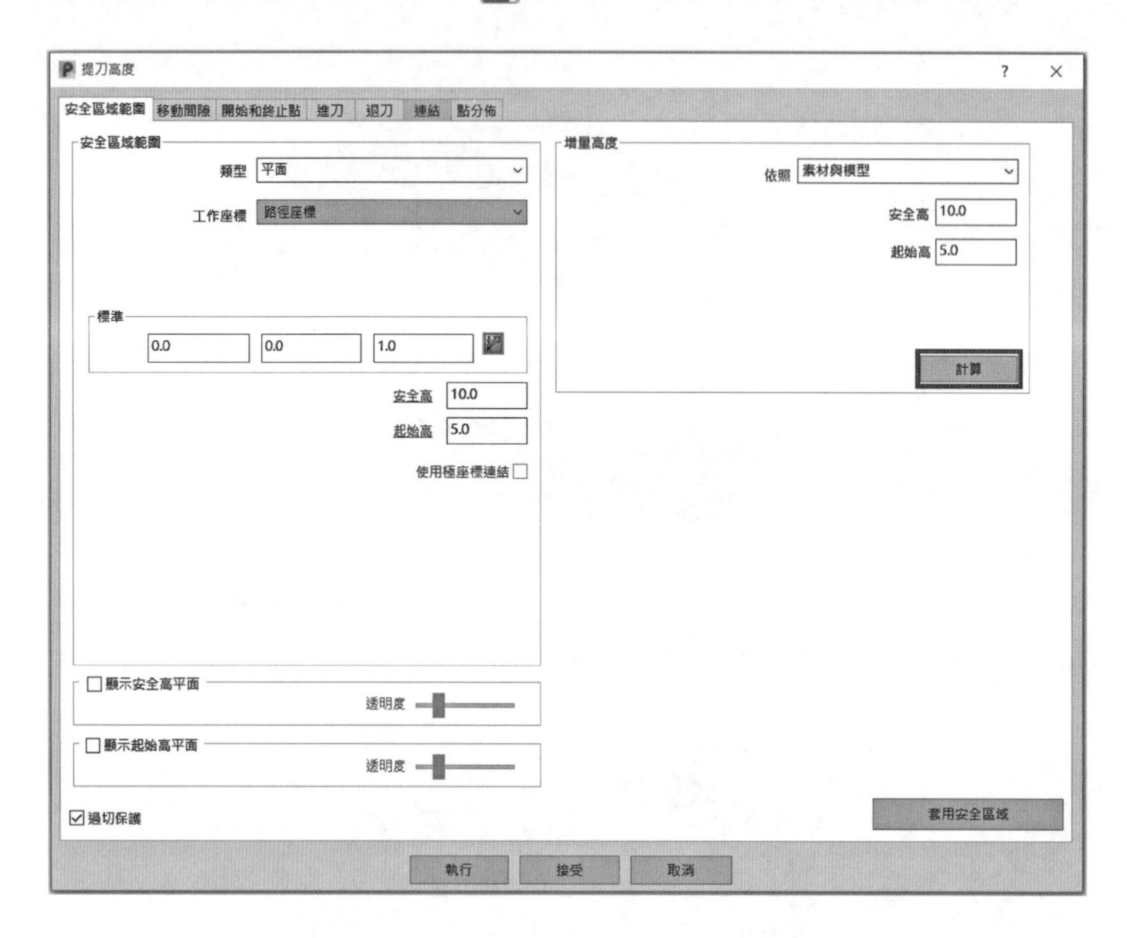


# 4.3　2D 平面加工（2D plane machining）

1. 作動加工刀具 D25T6 。
2. 從主要工具列，點擊刀具路徑工法選單。
3. 選取 2D 加工選單（或曲線加工選單），選擇平面加工（Face milling）工法選項。

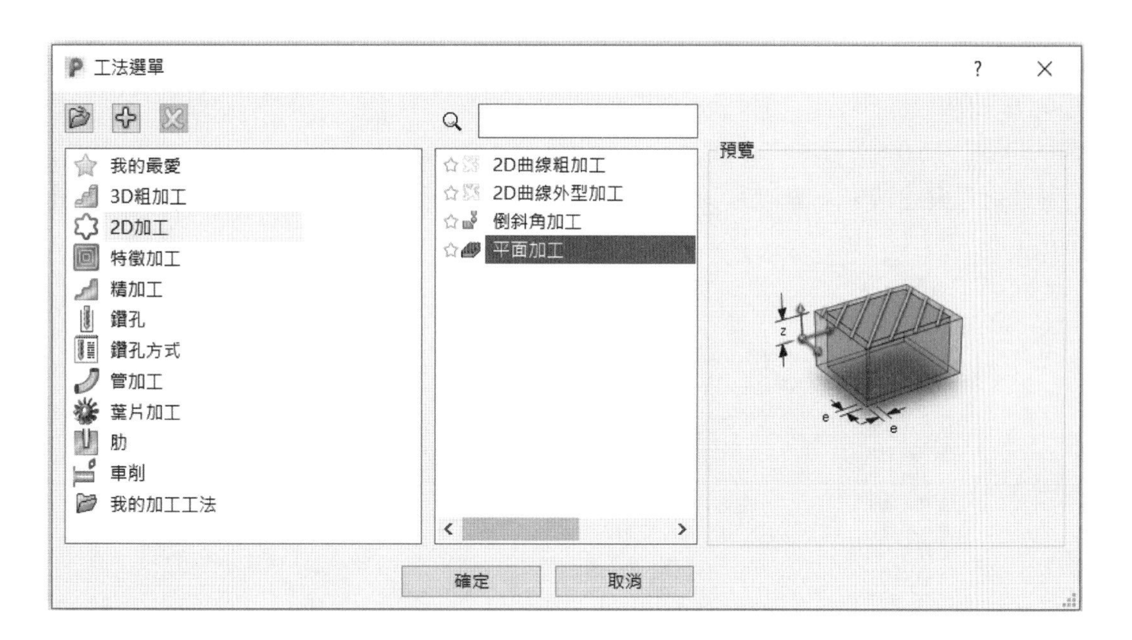


4. 開啟選單之後定義以下設定（如下圖所示）：

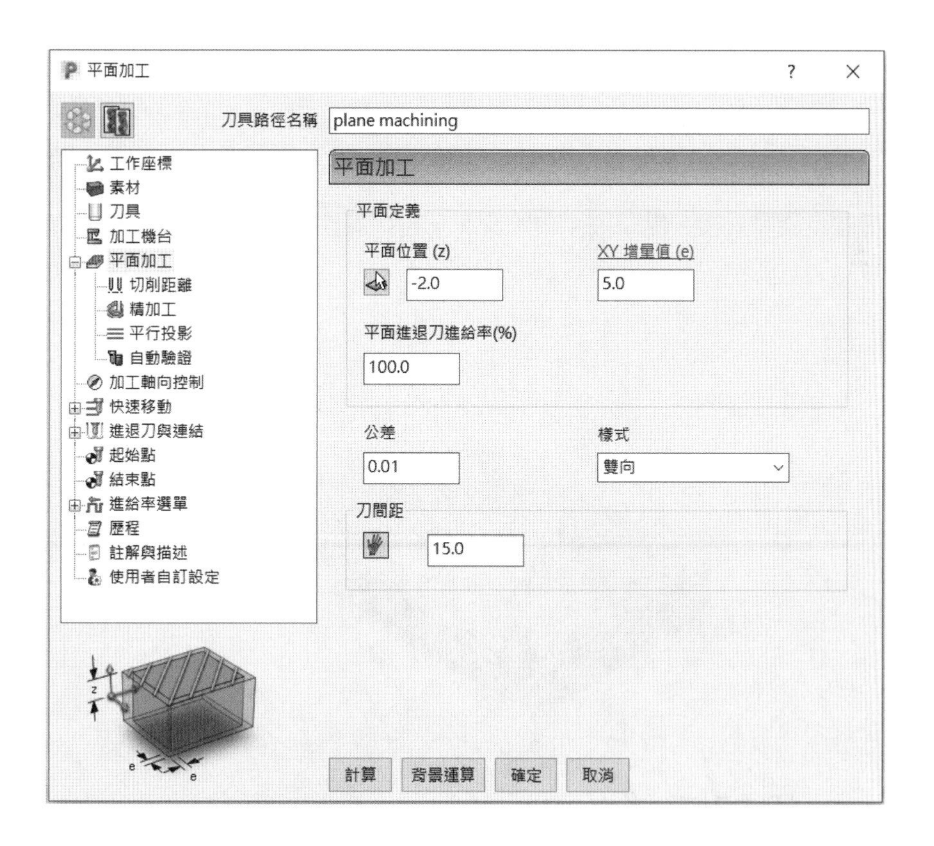


(1) 輸入刀具路徑名稱：plane machining。

(2) 平面位置（z）：–2.0。

(3) XY 增量值：5.0 mm。

(4) 公差：0.01。

(5) 刀間距：15.0。

5. 點選進退刀與連結中的連結選項，從第一選擇下拉功能中選擇圓弧，輸入連結的距離爲 40.0 mm。

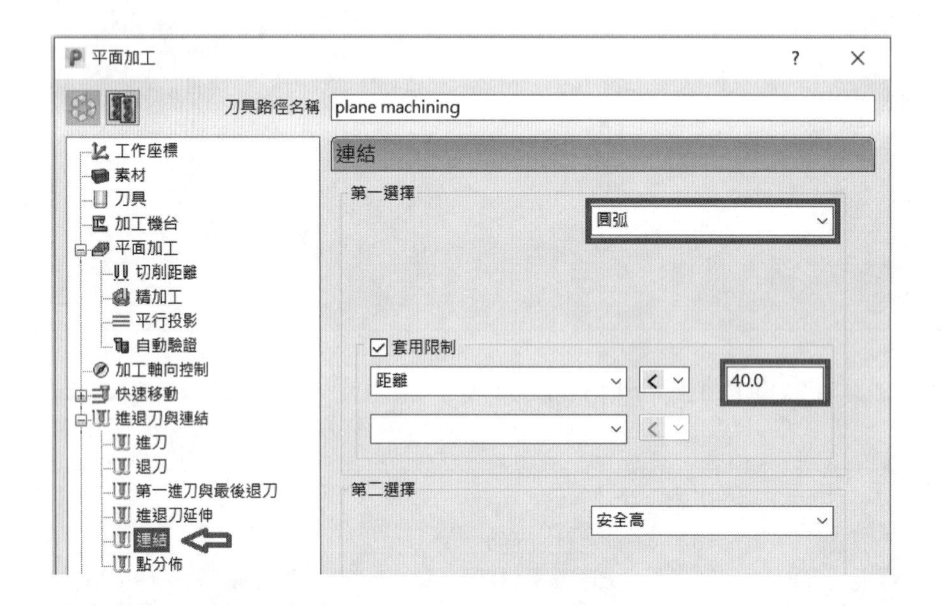


6. 以上加工參數定義完成後，點擊圖示中的計算，再按關閉。

7. 計算完成後的刀具路徑，如下圖所示。

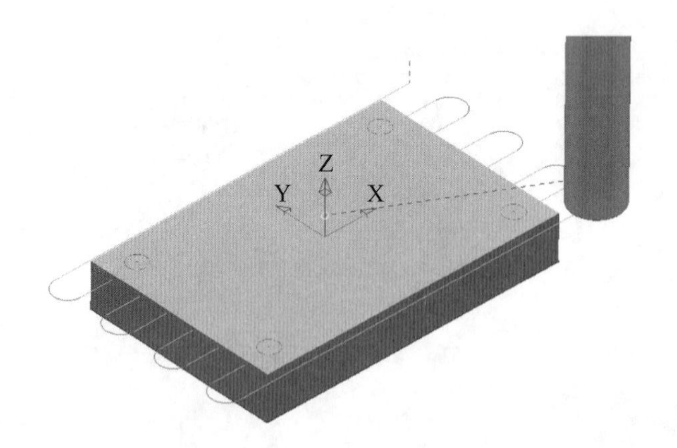


## 4.4 2.5D 粗加工（2.5D rough machining）

1. 作動加工刀具 D16T3。

2. 從 2D 加工工法選單中（或曲線加工選單），選擇 2D 曲線粗加工（2D curve area clearance）工法。

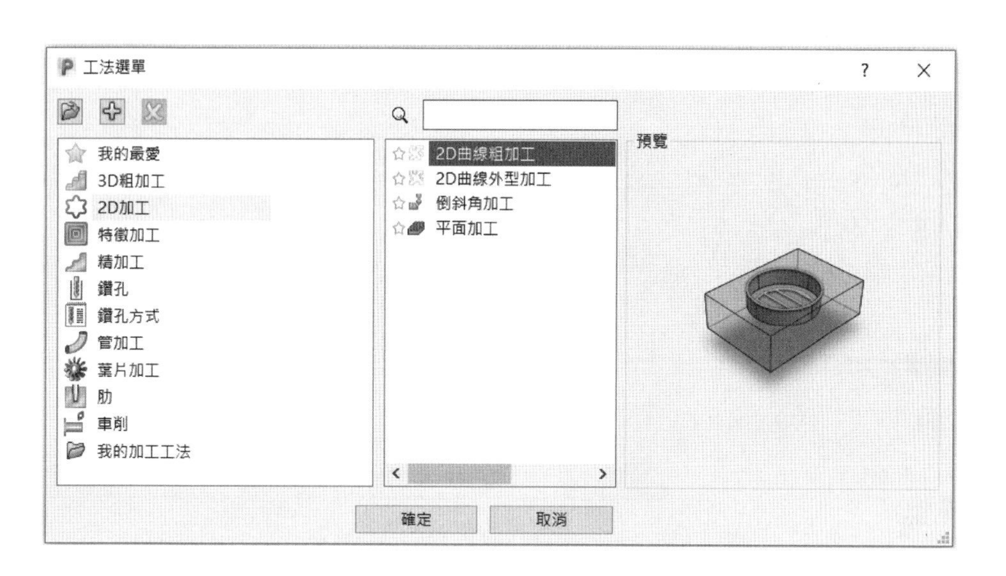


3. 開啓選單之後定義以下設定（如下圖所示）：

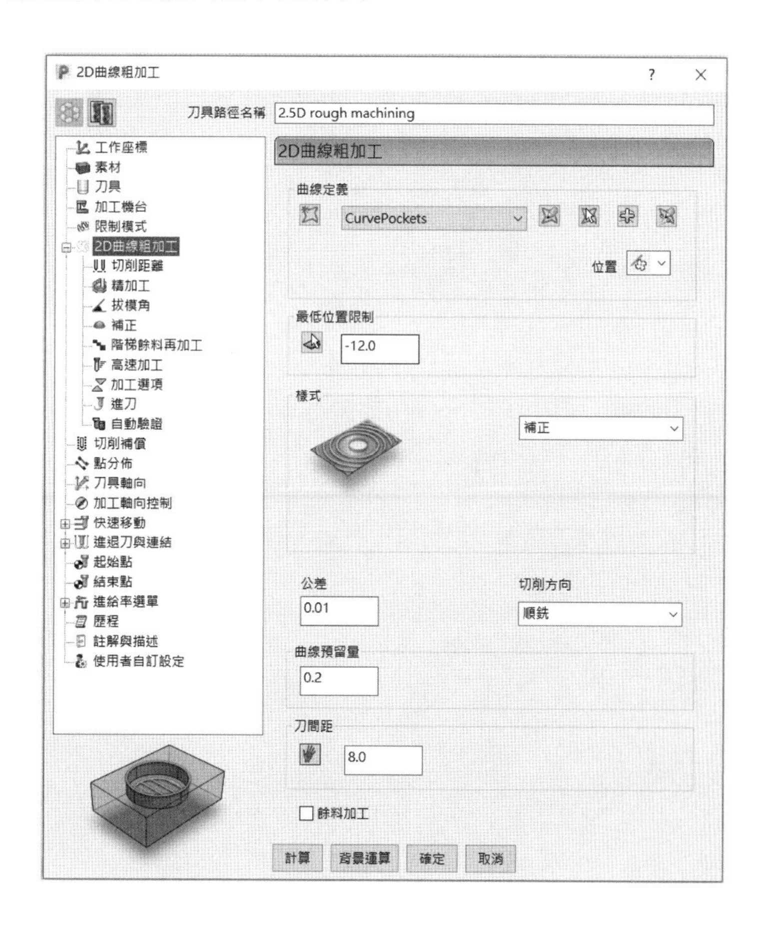

(1) 輸入刀具路徑名稱：2.5D rough machining。

(2) 曲線定義選取：CurvePockets。

(3) 最低位置限制：–12.0。

(4) 樣式：選取補正。

(5) 公差：0.01。

(6) 曲線預留量：0.2 mm。

(7) 刀間距：8.0。

4. 點選切削距離選項，加工範圍點選限制範圍，每層下刀 1.0 mm。

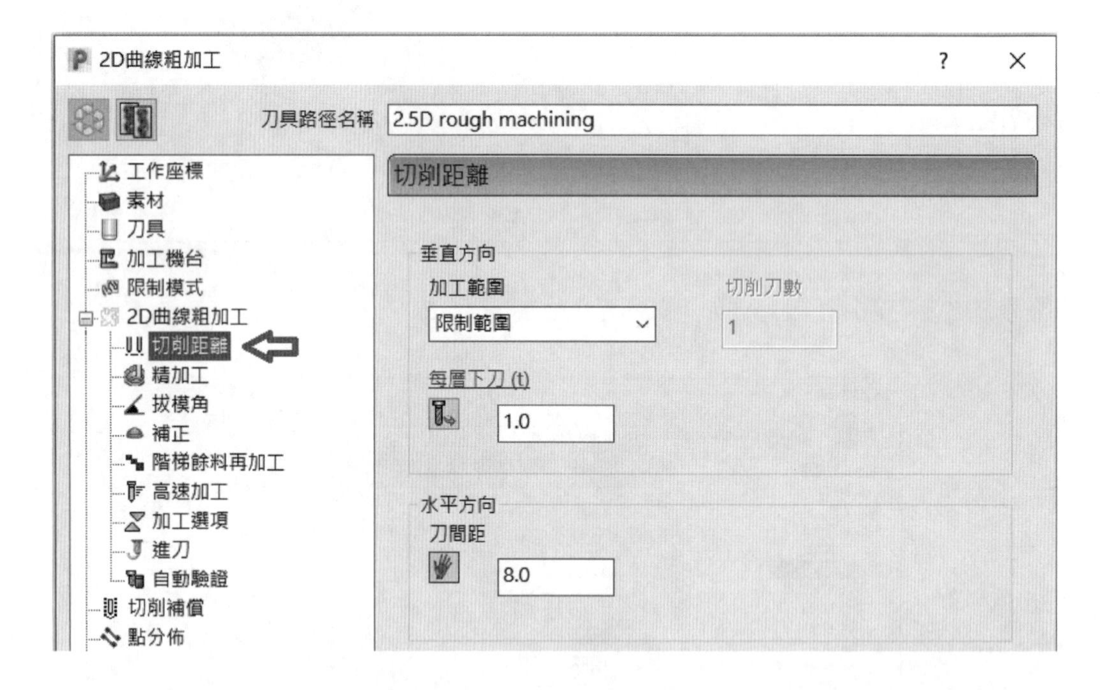


5. 點選進退刀與連結中的進刀選項，從下拉功能中選擇斜向下刀。再點選定義最大斜向角度 1.0，斜向高度 1.0 mm，然後按接受。

6. 以上加工參數定義完成後，點擊計算，再按關閉。

7. 計算完成的刀具路徑，如下圖所示。

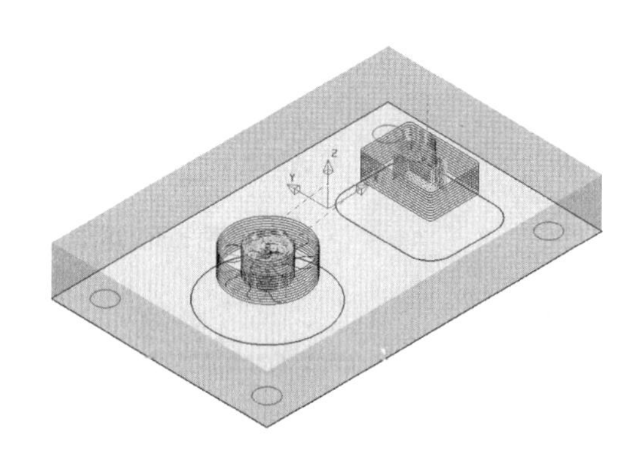

補充說明：

再次開啓 2D 曲線粗加工路徑的選單，點擊重新編輯刀具路徑，再點擊修改加工部分圖示。

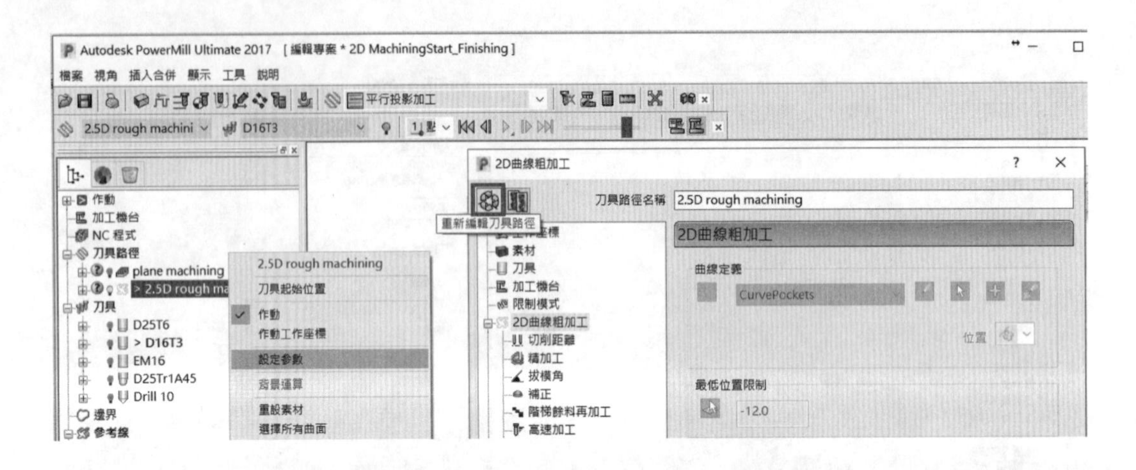


這個功能選項可控制刀具路徑依線的中心或左右切削方向，也可定義起始和終止點等。

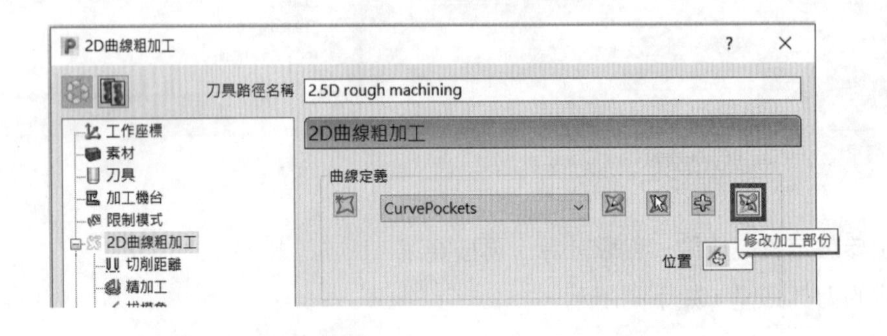

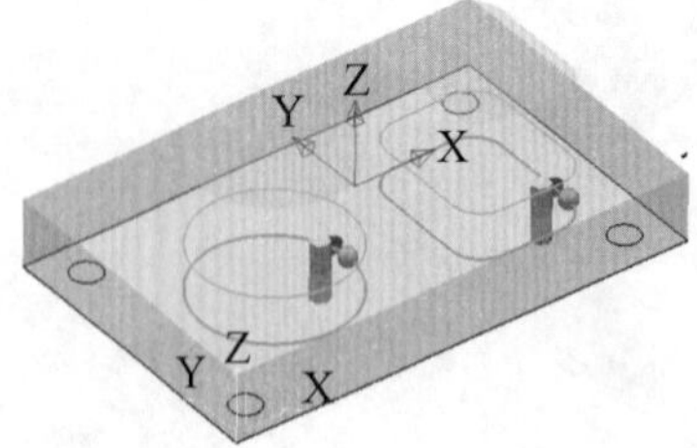


- 左列圖示中滑鼠點選刀具即可切換反向加工
- 拖拉綠色 mark 球即可移動下刀點

# 4.5　2.5D 精加工（2.5D finish machining）

1. 作動加工刀具 EM16。
2. 從 2D 加工工法選單中（或曲線加工選單），選擇 2D 曲線外型（2D Curve profile）加工工法。

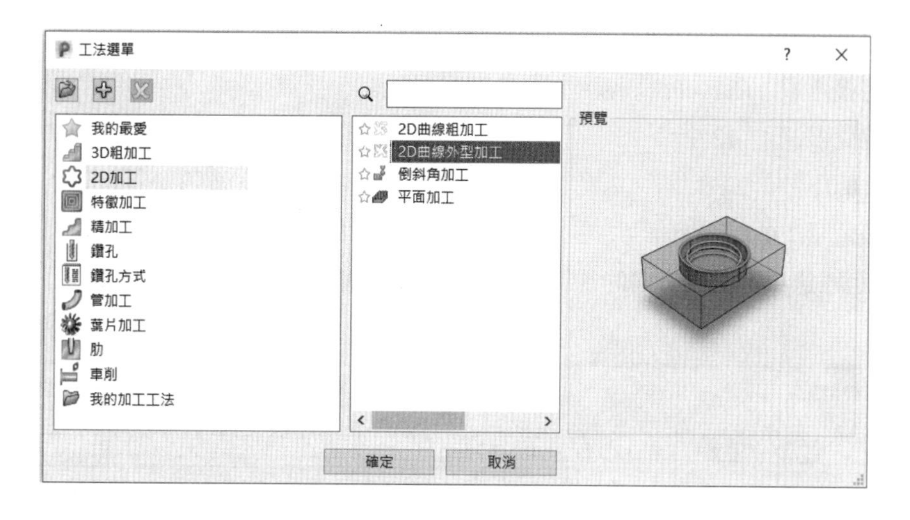


3. 開啓選單之後定義以下設定（如下圖所示）。

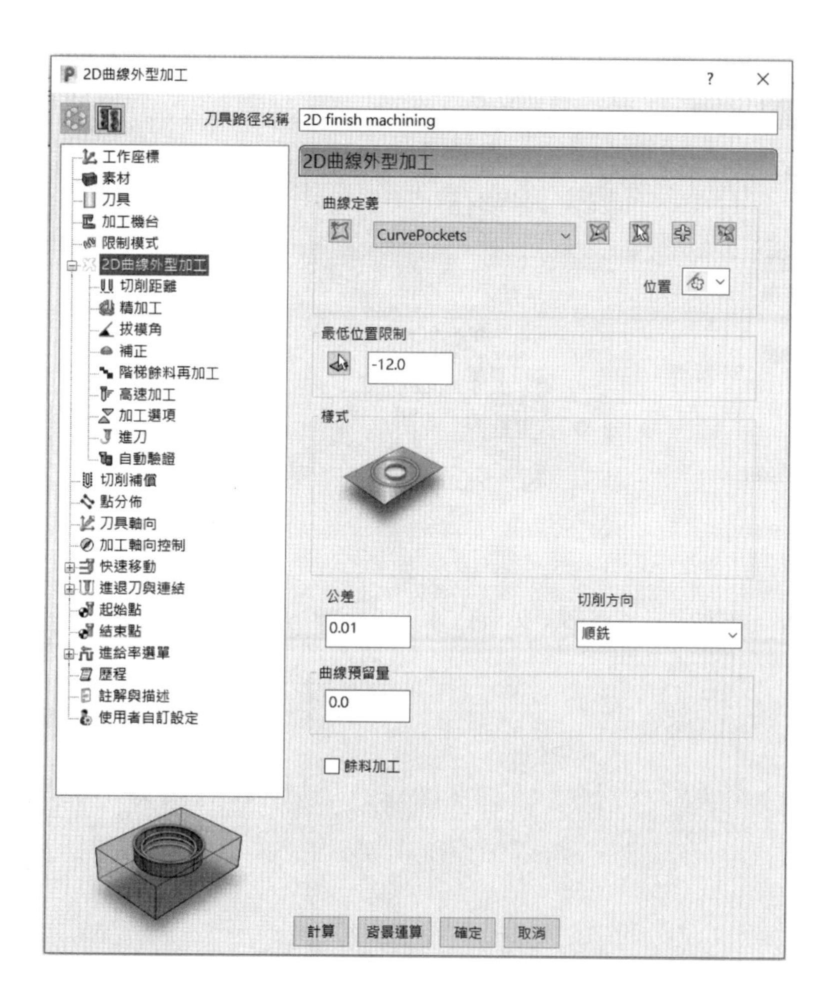

(1) 輸入刀具路徑名稱：2D finish machining。

(2) 曲線定義選取：CurvePockets。

(3) 最低位置限制：–12.0。

(4) 公差：0.01。

(5) 曲線預留量：0.0 mm。

4. 點選切削距離選項，垂直方向的加工範圍選擇切削刀數，切削刀數爲 1，每層下刀 1 mm。

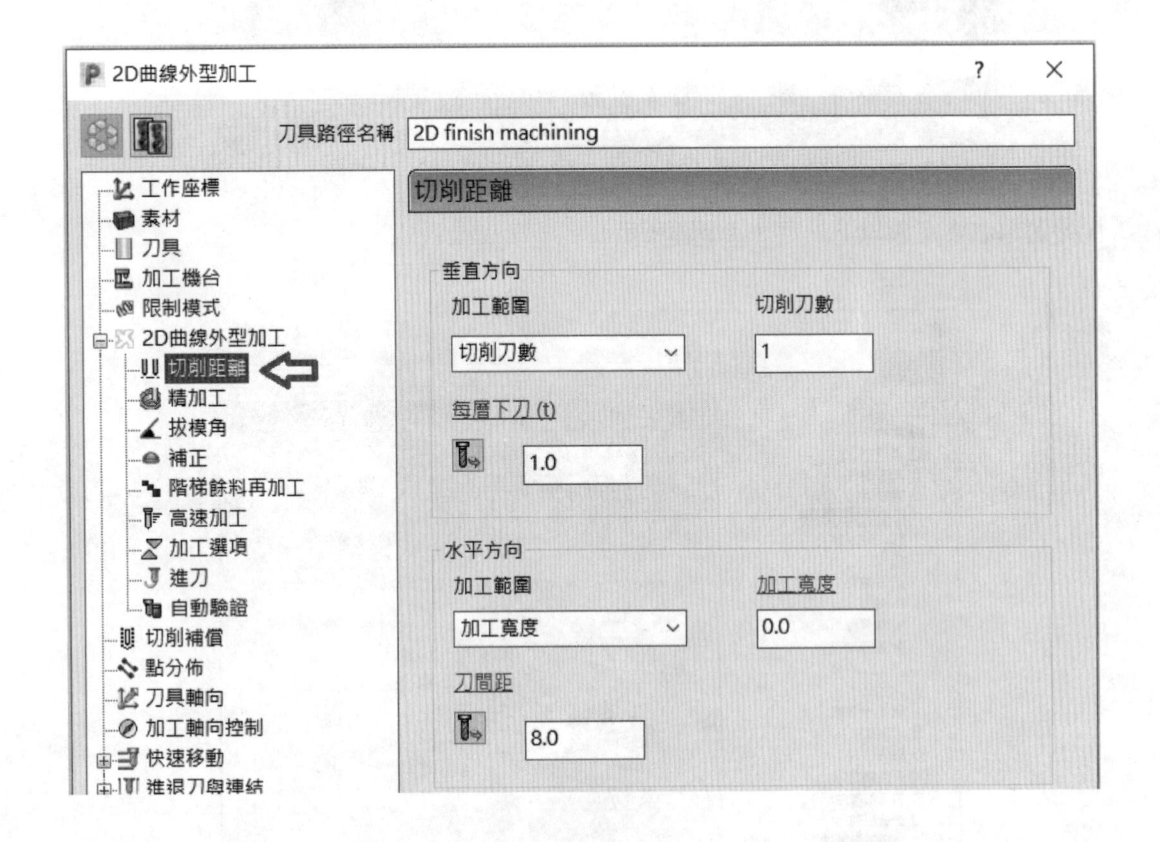


5. 點選進退刀與連結中的進刀選項，從下拉功能中選擇口袋中心點。再點選退刀與進刀相同的圖標。

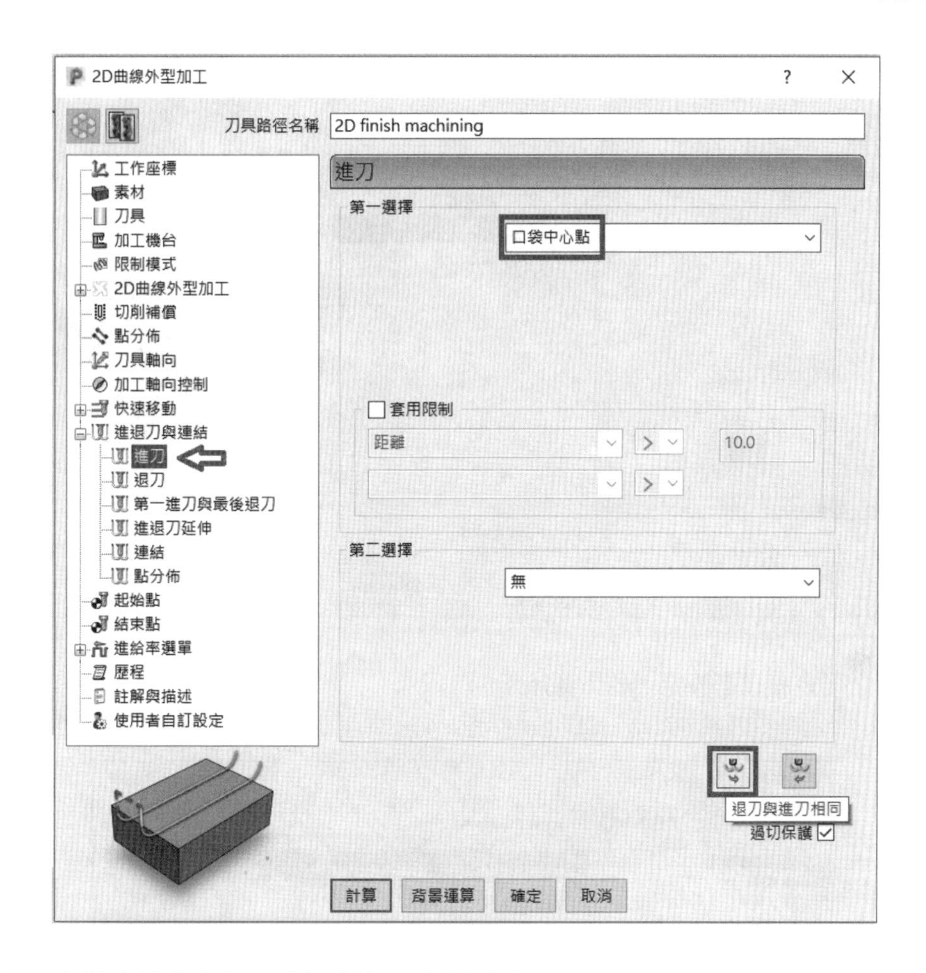


6. 以上加工參數定義完成後，點擊計算，再按關閉。
7. 計算完成的刀具路徑，如下圖所示。

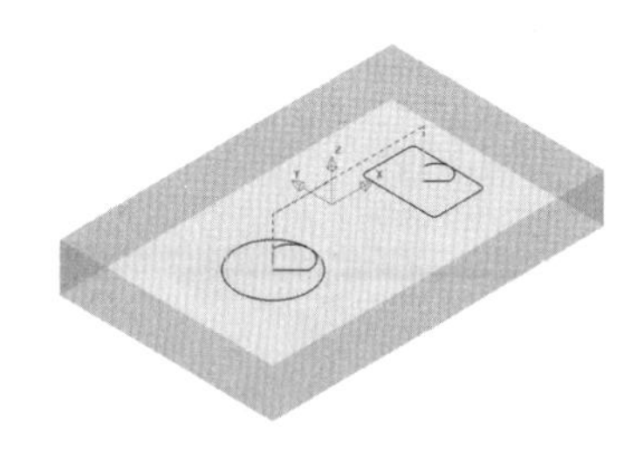

# 4.6 倒斜角加工（Chamfer machining）

1. 作動加工刀具 D25Tr1A45。
2. 從 2D 加工工法選單中（或曲線加工選單），選擇倒斜角加工（Chamfer milling）工法。

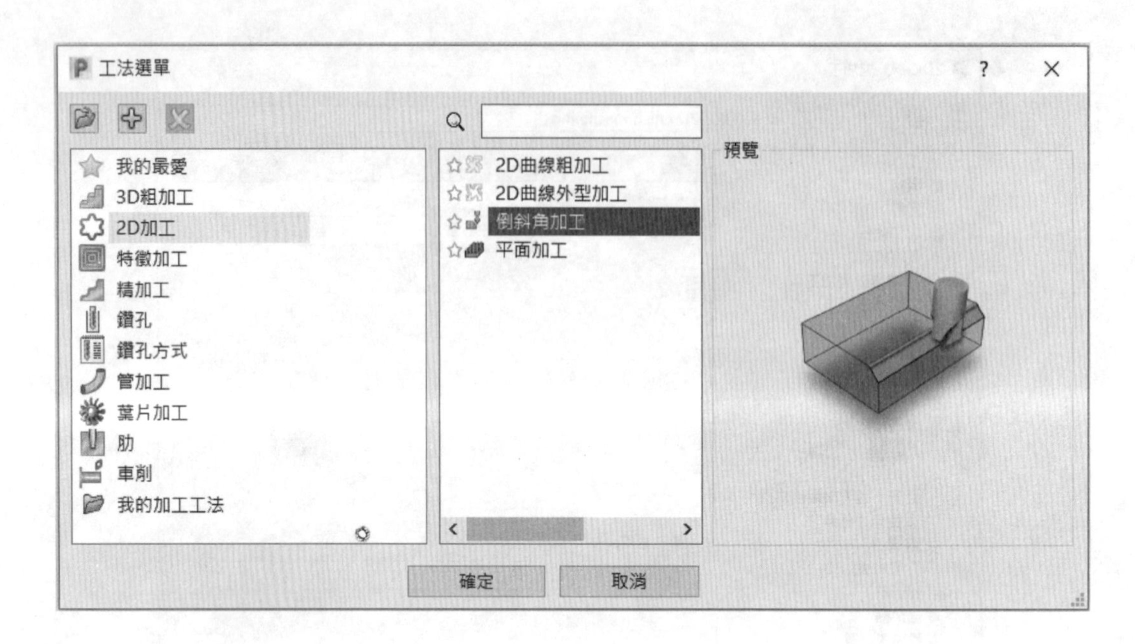


3. 開啓選單之後定義以下設定（如下圖所示）。

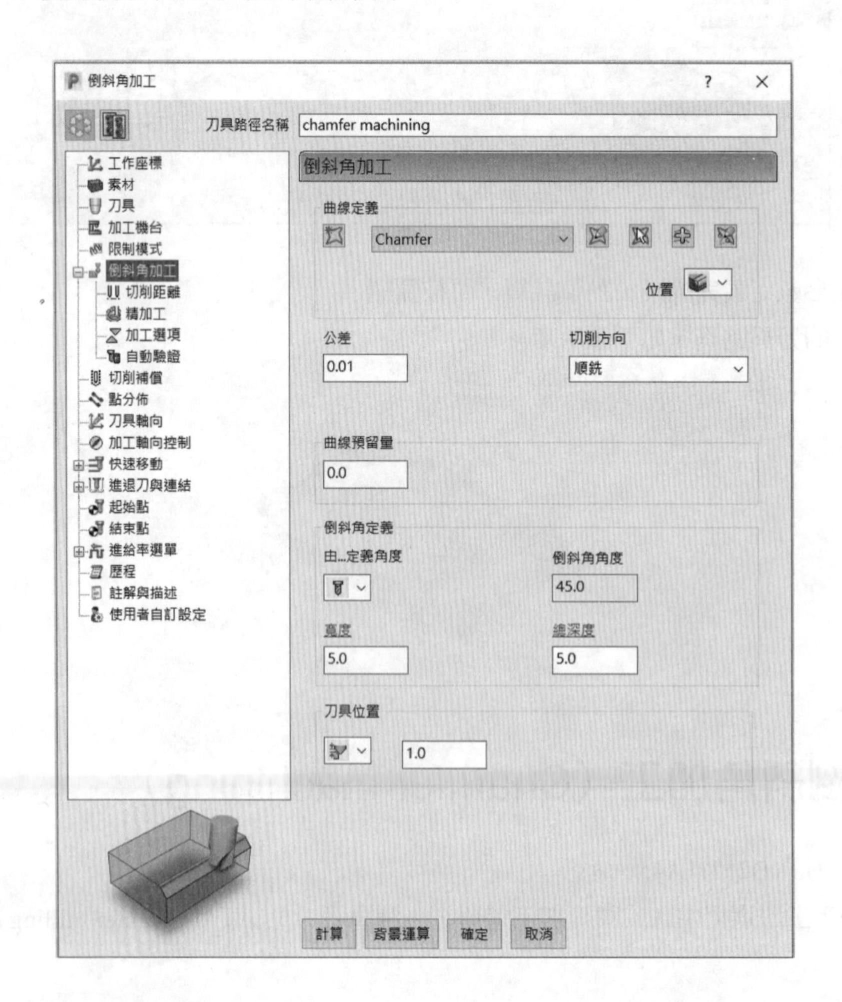

(1) 輸入刀具路徑名稱：chamfer machining。

(2) 曲線定義選取：Chamfer。

(3) 公差：0.01。

(4) 曲線預留量：0.0 mm。

(5) 寬度：5.0 mm、總深度：5.0 mm。

4. 點擊修改加工部分圖示。

5. 使用滑鼠點選刀具（或者點選反向加工圖標），切換反向加工。切換結果如下圖所示。

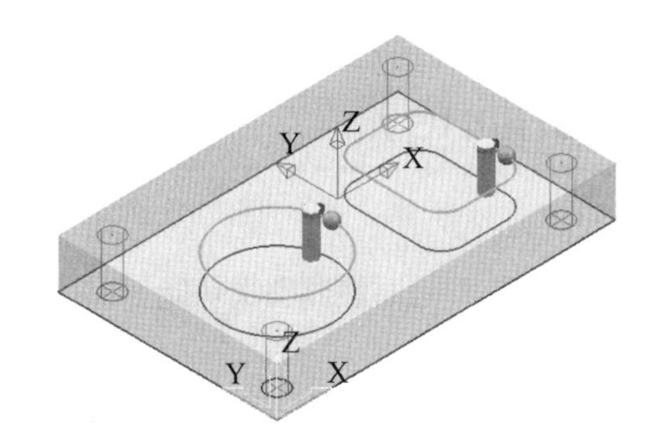


6. 以上加工參數定義完成後，點擊計算，再按關閉。

7. 計算完成的刀具路徑，如下圖所示。

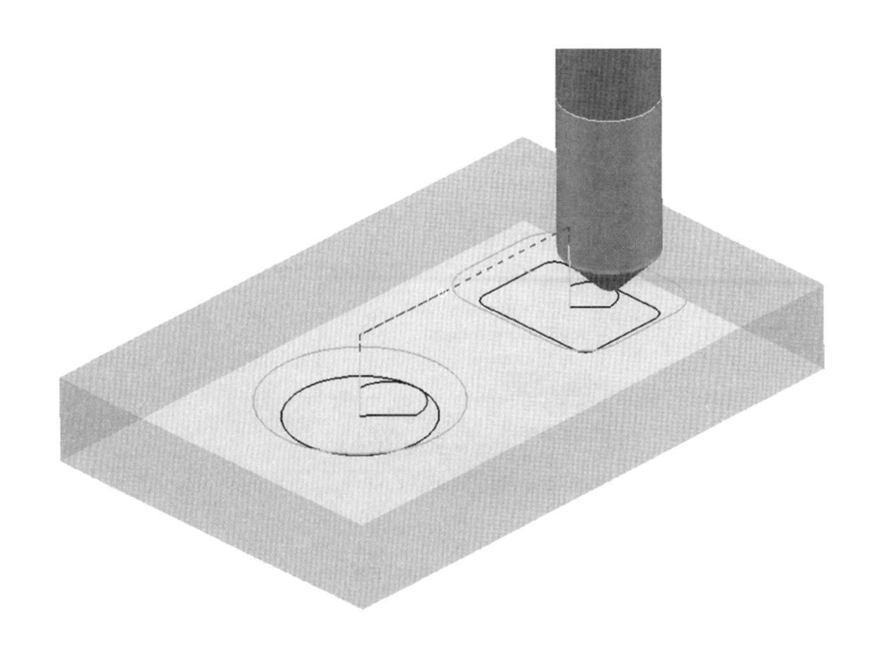

補充說明：

倒斜角加工工法選單中的刀具位置，可定義倒角部分與直壁邊底部的重疊高度位置。

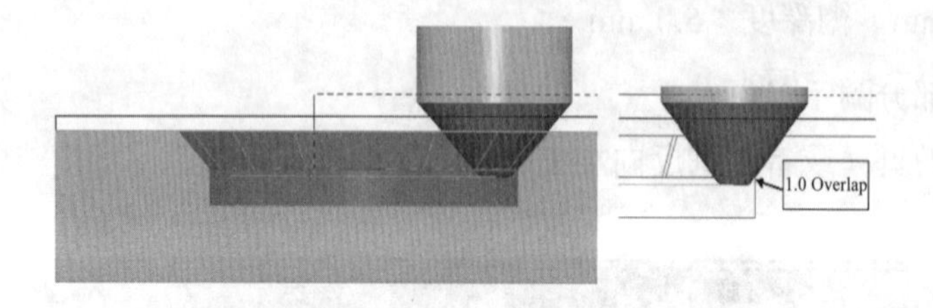


## 4.7　鑽孔加工（Drilling）

1. 作動加工刀具 Drill 10。
2. 點選物件管理列中的孔特徵群組 > 滑鼠右鍵開啓次功能 > 點擊建立孔。

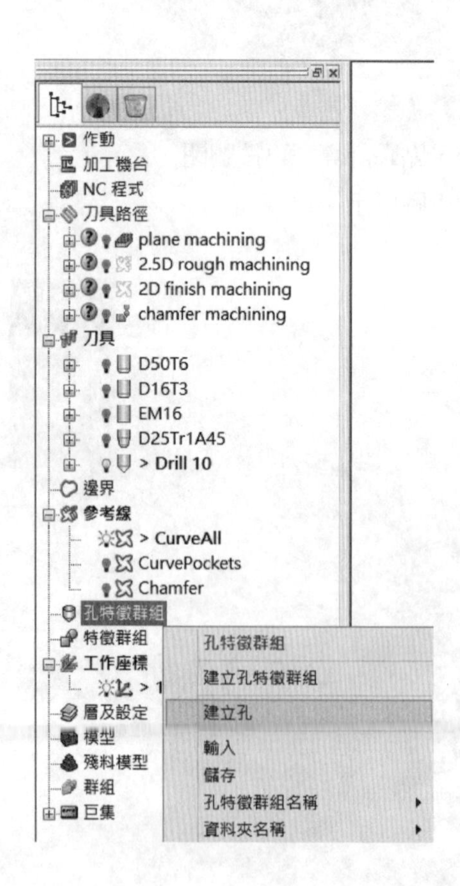

3. 輸入名稱 Drill，然後從選用的下拉功能中選取全圓曲線，從 ... 定義底部選取最小曲線 Z，如下圖所示。

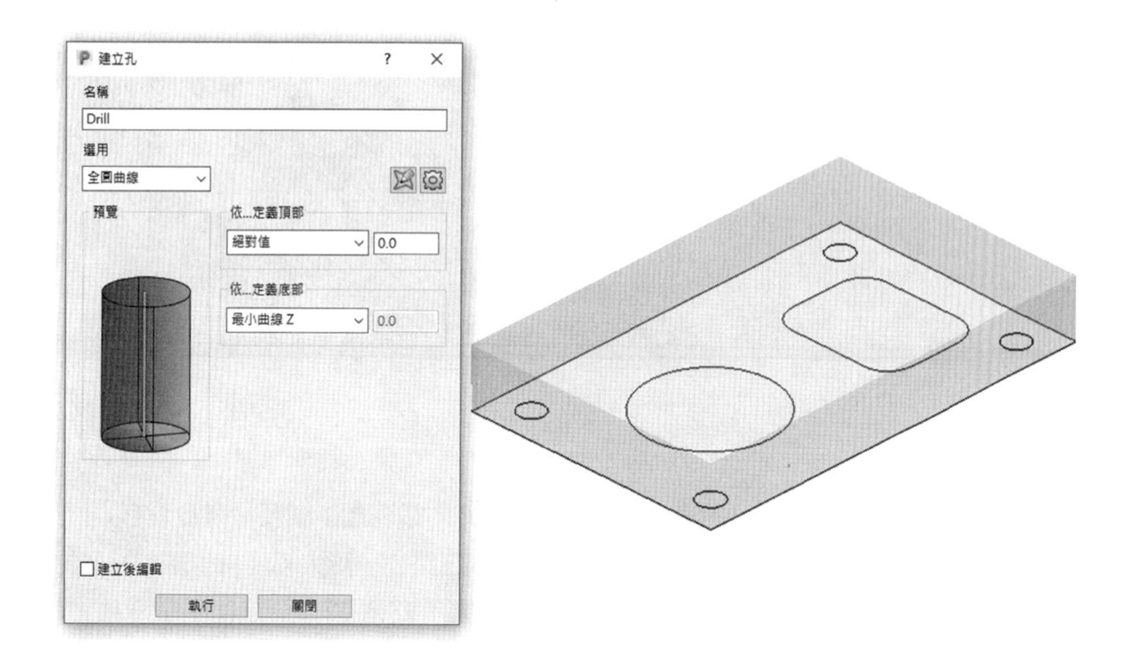


4. 接著按住鍵盤 Shift 配合滑鼠點選圖檔中四個角落的全圓曲線，選取後將會亮起黃色顯示。
5. 然後按執行方塊產生特徵孔，關閉建立孔選單。

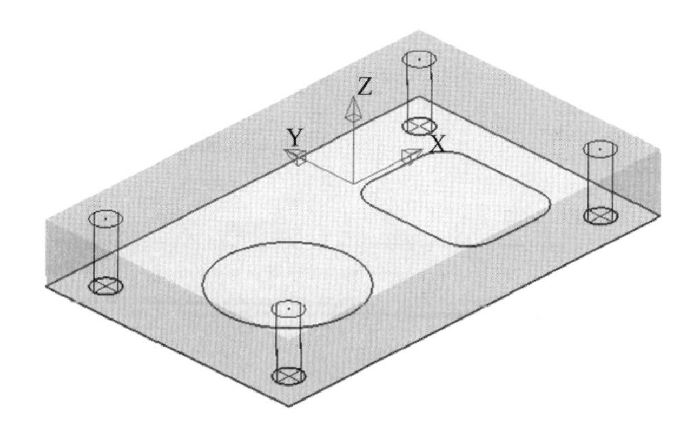


6. 從鑽孔工法選單中，選擇鑽孔加工（Drilling）工法。

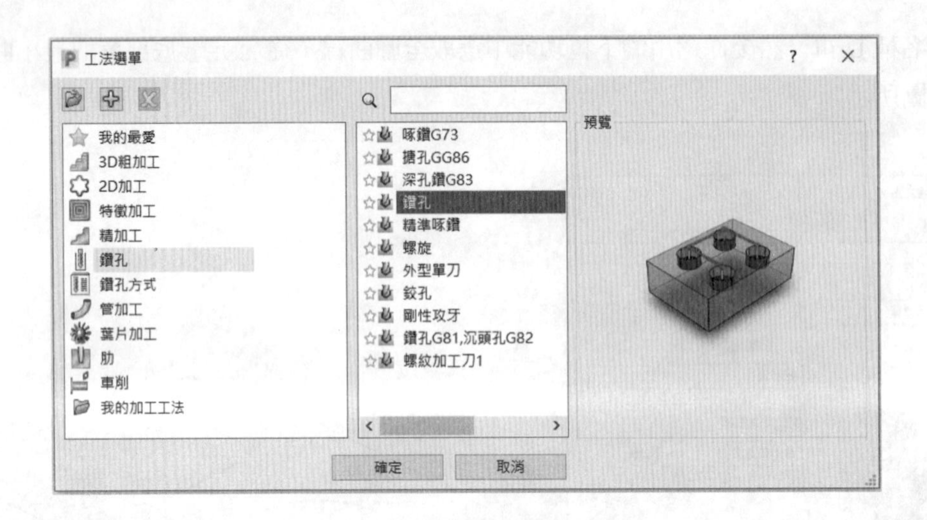


補充說明：

從「鑽孔方式」選單中看到的各式鑽孔工法為內定的鑽孔加工樣板。例如：選取攻牙，此樣板將一次性完成中心鑽、啄鑽和攻牙這三種孔加工路徑，可大幅度減少編程操作的時間。而選取表中的「鑽孔」可自行編排多種客製化的鑽孔路徑樣板。

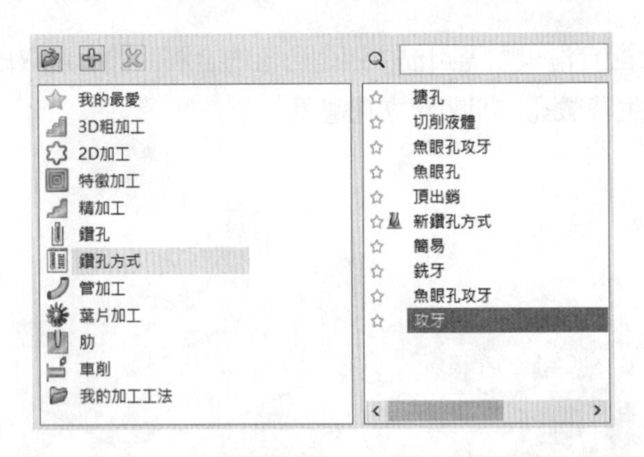


7. 開啓鑽孔選單之後定義以下設定（如下圖所示）。

(1) 輸入刀具路徑名稱：Drilling。

(2) 循環類型選取：啄鑽 G73。

(3) 加工物件選取：穿透孔深。

(4) 間隙：1.0 mm。

(5) 每次進給深度：0.5 mm。

(6) 公差：0.01。

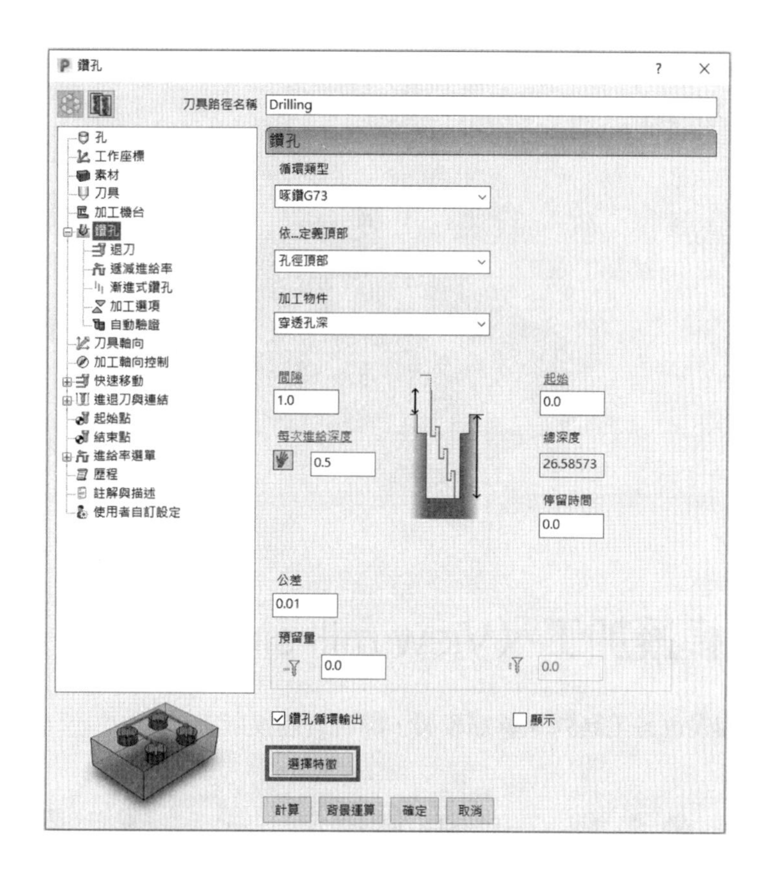


8. 使用滑鼠框選四個孔特徵或從鑽孔選單中點選「選擇特徵」，此功能針對多孔的類型，在選取上更加快速和方便。

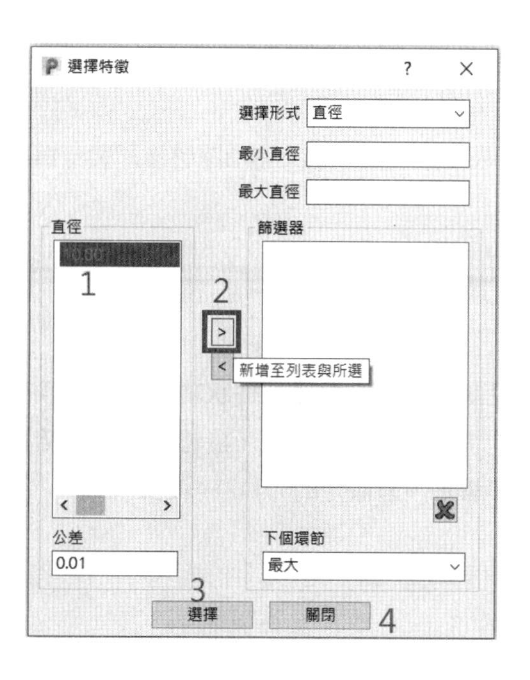

9. 以上加工參數定義完成後，點擊計算。
10. 計算完成後的刀具路徑，如下圖所示。

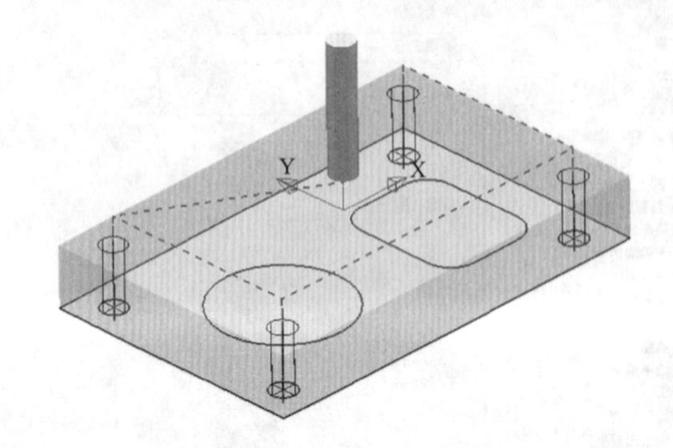


## 4.8 實體模擬加工（View mill simulation）

1. 主功能列中選取視角 > 工具列 > 實體模擬，開啓實體模擬工具列。

2. 一樣從主功能列選取視角 > 工具列 > 路徑模擬，開啓路徑模擬工具列。

3. 點擊第一個按鈕，進入實體模擬模式，選項開啓後即顯示爲綠燈。

4. 點擊上列圖示第六個彩色圖標按鈕，然後在樹狀功能表選擇第一個設定的刀具路徑按滑鼠右鍵，點選次功能的「刀具起始位置」選項，接著再路徑模擬工具列上點擊▶鈕；每個路徑依序選擇，將會逐一地顯示所有設定的刀具路徑之結果。

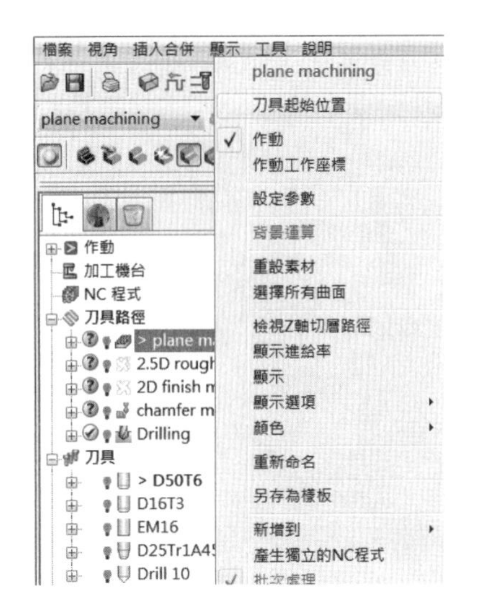


5. 進行實體模擬，模擬完成如下圖所示。

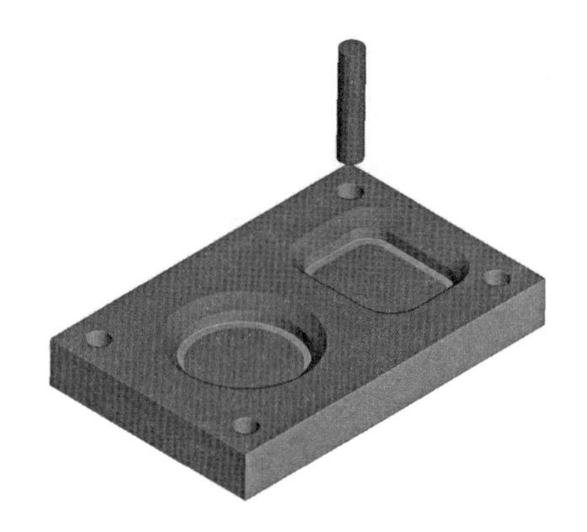

針對上述的操作範例是 PowerMILL® 透過曲線來進行基本的 2D 加工工法操作，如果要了解更多細節的 2D 功能操作（如：自動補償、殘料加工等等應用）和另一種使用 3D 模型的方式來自動辨識特徵，快速產生刀具路徑。建議可到達康科技的教學網站作了解。

補充說明：

內文中每條刀具路徑的切削參數條件（如：主軸轉速、切削速率等），建議可參考第二章的切削條件設定方式。

5

# 三軸銑削加工實習：瓶胚模（3 axis milling practice: preform mold）

## 學習重點

5.1　簡介（Introduction）
5.2　基本設定（Basic set-up）
5.3　模型粗加工（Model rough machining）
5.4　點投影中加工（Projection point semi machining）
5.5　點投影精加工（Projection point finish machining）
5.6　NC 程式輸出（Output NC program）

# 5.1 簡介（Introduction）

工法的靈活應用通常須根據個人對於加工模型的了解、軟體功能操作的熟悉度，以及加工觀念的基礎不同而定。程式的編程並無一定的標準規則，通常都是憑藉使用者的經驗累積與加工參數條件的設定而定。經過個人不同的經驗及參數設定後，通常都會影響工件的加工效率、刀具壽命與表面粗糙度的品質……等不同之加工結果。

接下來本書籍將針對每個章節，使用不同的範例介紹說明 PowerMILL® 在各個不同工法的應用與路徑編輯，由淺至深地讓學習者能更深一層的了解 PowerMILL® 在實務上的應用編程與加工安全性。

瓶胚模範例，如下圖所示。

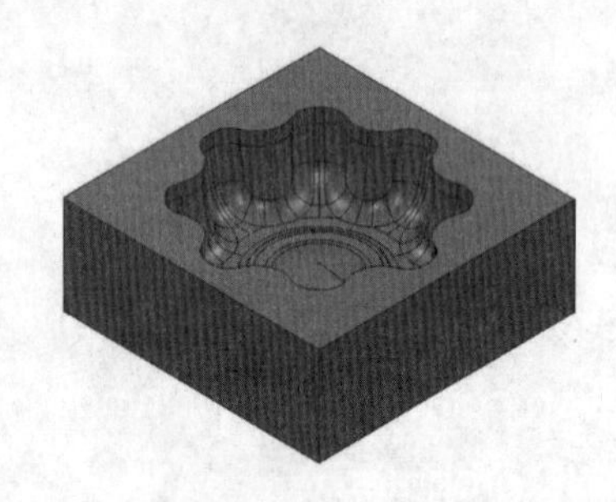

# 5.2 基本設定（Basic set-up）

## 5.2.1 輸入模型（Import model）

從主功能表中選取檔案－輸入模型，從光碟目錄 Chapter-05 選取 cavity.dgk 檔案。如下圖所示。

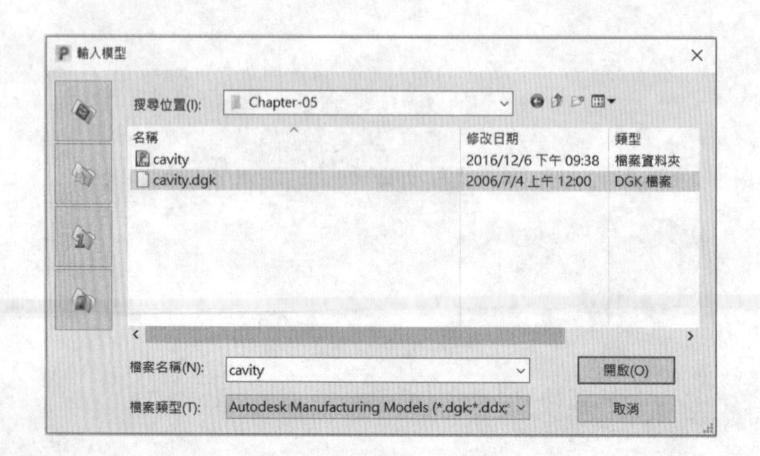

### 5.2.2 素材建立（Block creation）

開啓素材選單使用物件（最小／最大値）素材選項，點擊計算按鈕，然後選取接受，關閉選單。

### 5.2.3 設定安全提刀高度（Set safe area toolpath connections）

從主要工具列中點選提刀高度圖示，選單中點擊計算安全高度，安全高重設爲 30.0 mm、起始高設定 5.0 mm，增量高度的安全高定義爲 2.0 mm、起始高爲 1.0 mm，然後點擊接受。

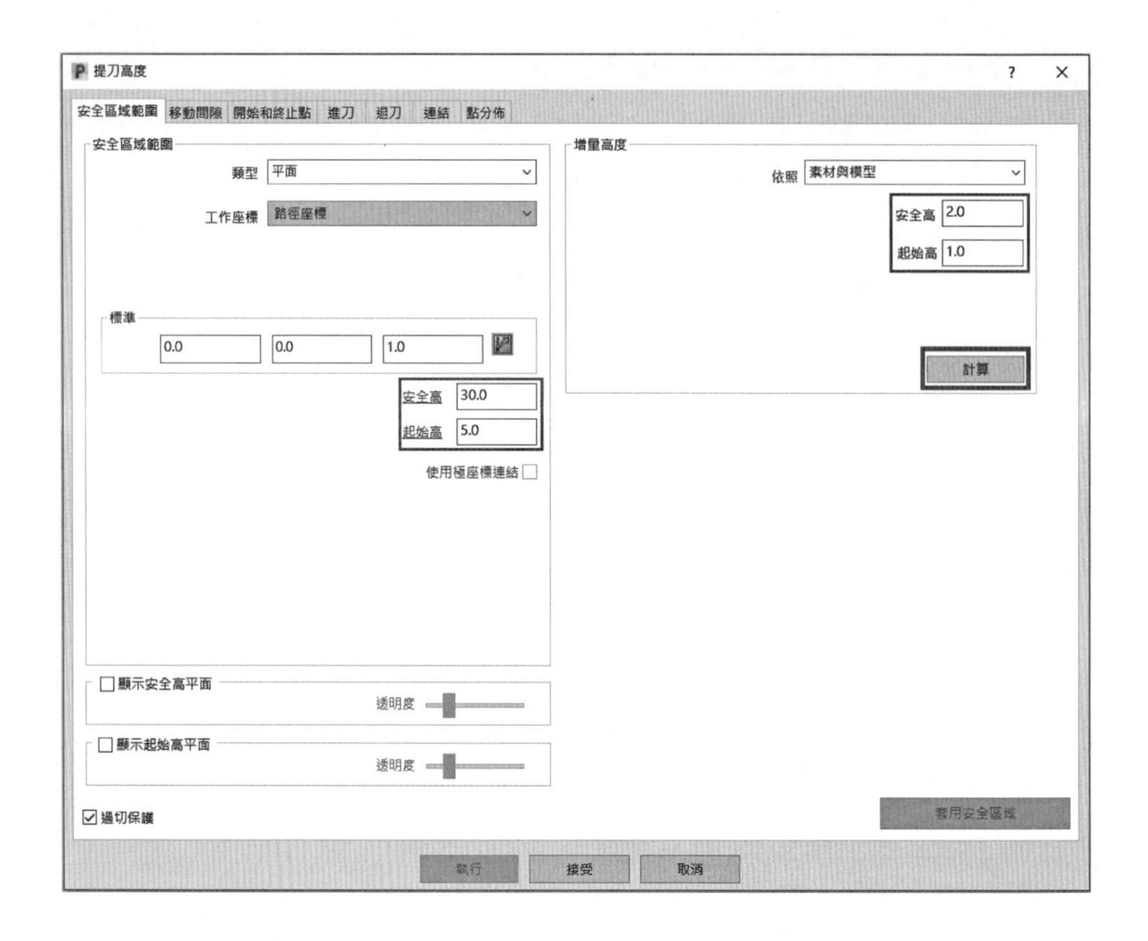


## 5.2.4　刀具設定（Setup for the tools）

從物件工具列中的刀具按滑鼠右鍵開啓次功能 > 產生刀具 > 從選單中選擇所需建立的刀具類型（如下圖的刀具類型）。

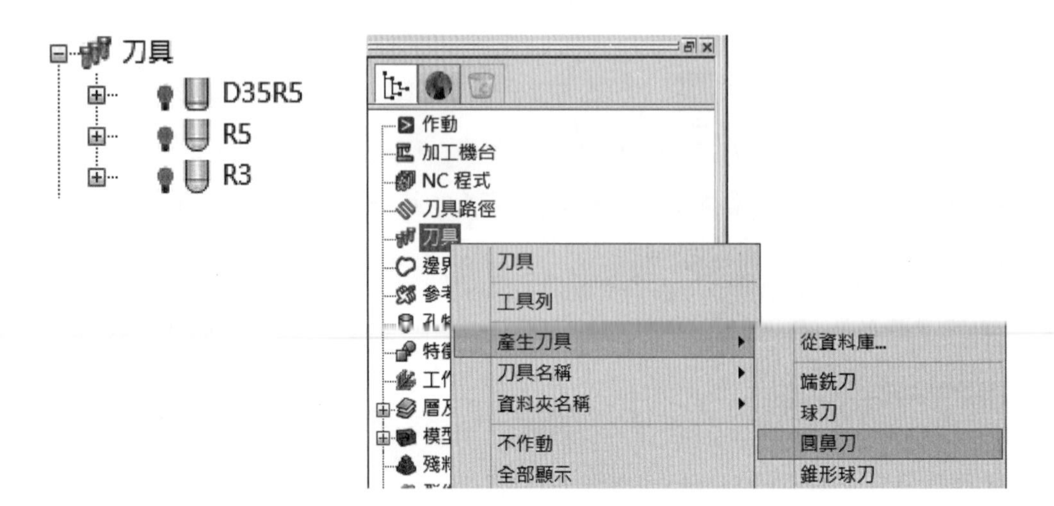

建立以下的刀具類型與切削參數：

1. 點選圓鼻刀類型，設定名稱為 D35R5、刀刃直徑為 35.0、圓鼻半徑為 5.0、刀具編號為 1、刀刃數為 3，從切削資料頁面的右下角處，取消勾選顯示進給量 / 每刃和切削深度數值 TDU、隱藏空的行列，在中間數列欄位（如輸入、操作、切削速度等）找尋輸入欄位為粗加工、操作欄位為整體之選項並按滑鼠左鍵 2 次點選進入選單，設定主軸轉速為 2000 rpm、切削進給率為 1200 mm/min，然後關閉。

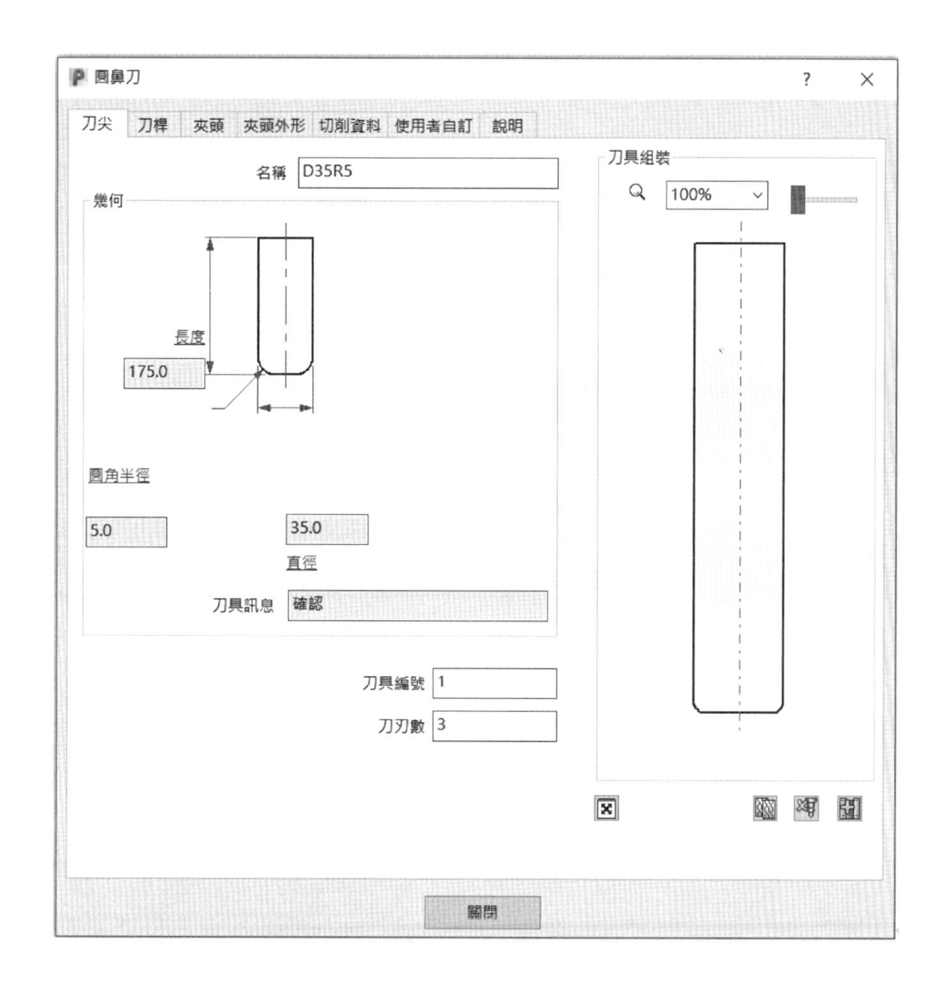

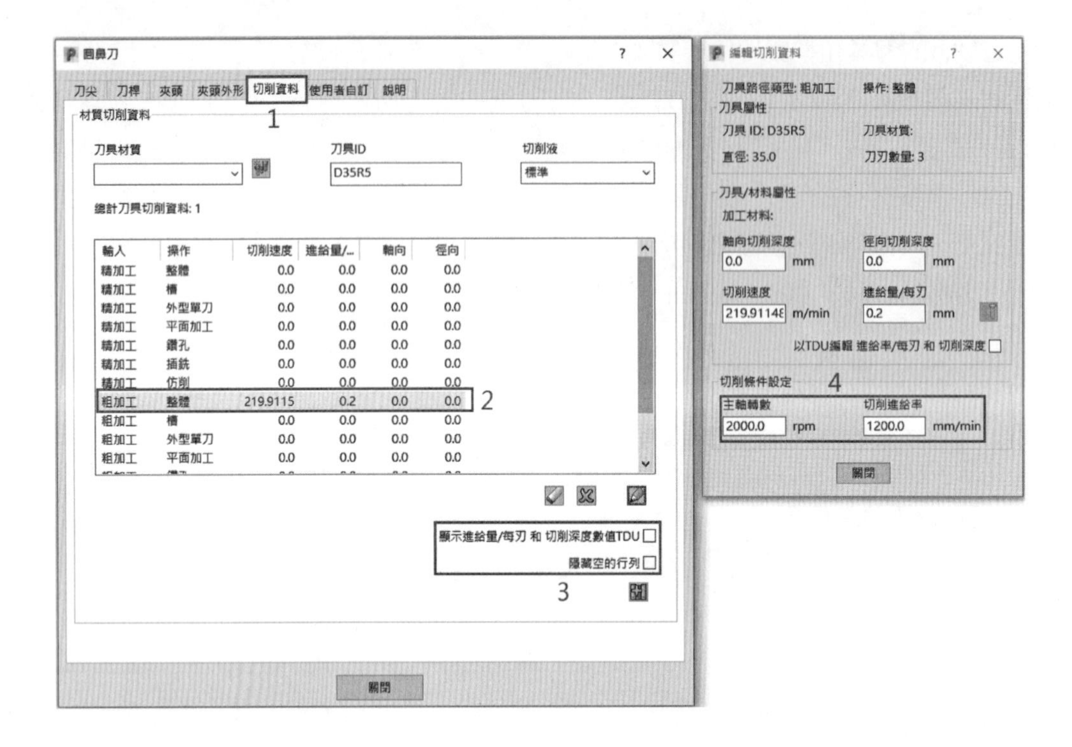

2. 點選球刀類型，設定名稱爲 R5、刀刃直徑爲 10.0、刀具編號爲 2、刀刃數爲 2，從切削資料頁面的中間數列欄位（如：輸入、操作、切削速度等）找尋輸入欄位爲精加工、操作欄位爲整體之選項並按滑鼠左鍵 2 次點選進入選單，設定主軸轉速爲 6000.0、切削進給率爲 1600.0，然後關閉。

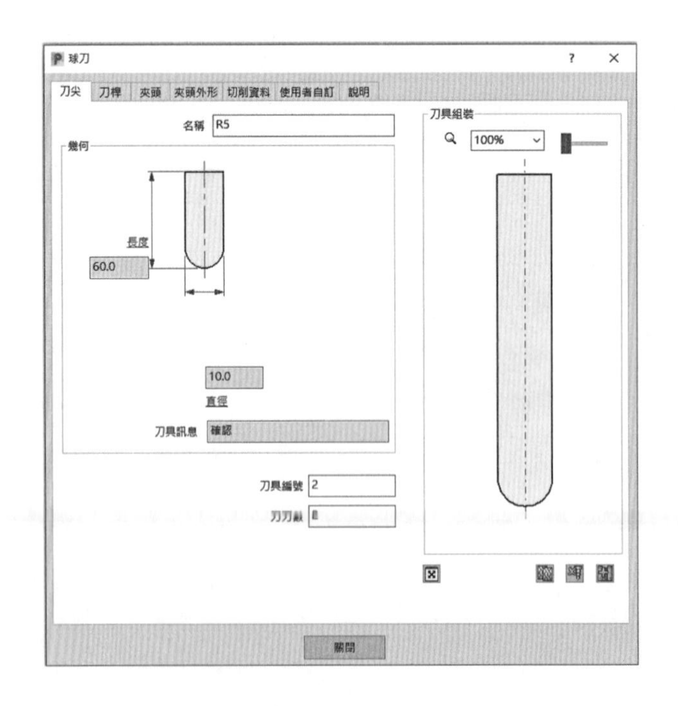

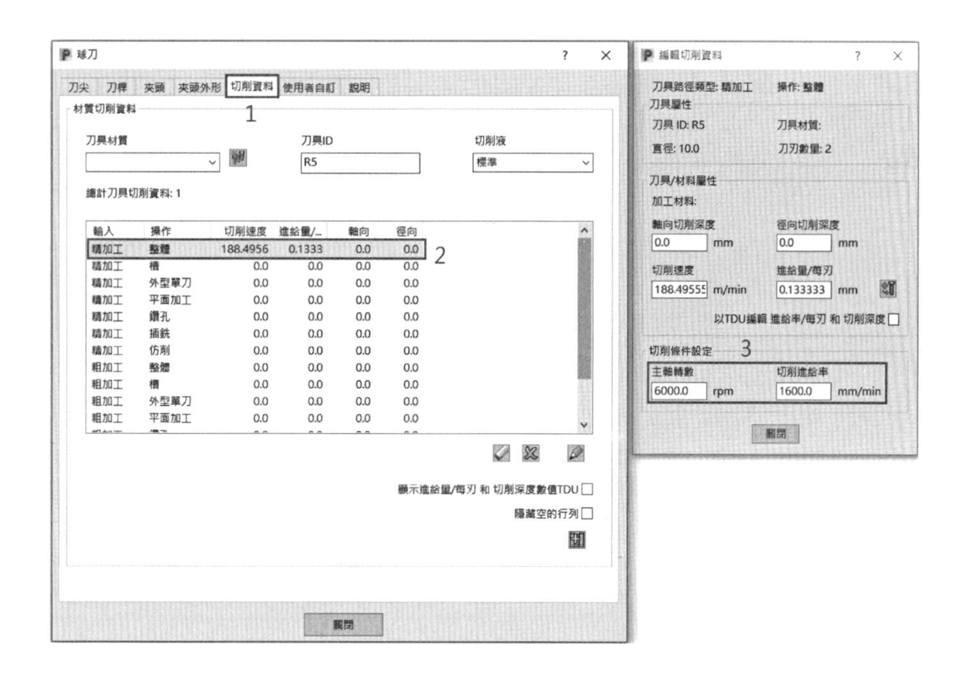


3. 點選球刀類型，設定名稱爲 R3、刀刃直徑爲 6.0、刀具編號爲 3、刀刃數爲 2，從切削資料頁面的中間數列欄位（如：輸入、操作、切削速度等）找尋輸入欄位爲精加工、操作欄位爲整體之選項並按滑鼠左鍵 2 次點選進入選單，設定主軸轉速爲 15000.0、切削進給率爲 800.0，然後關閉。

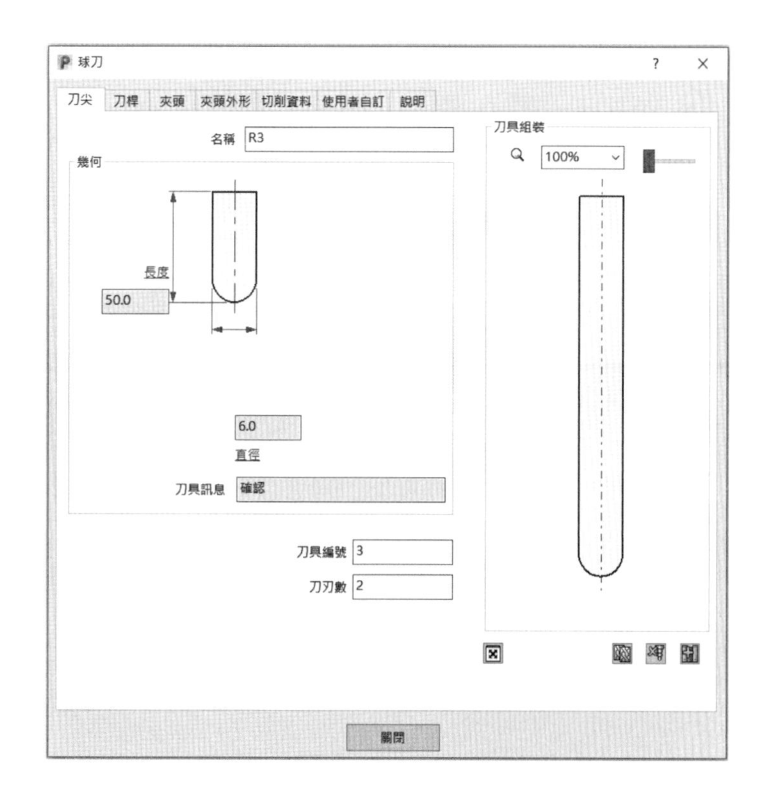

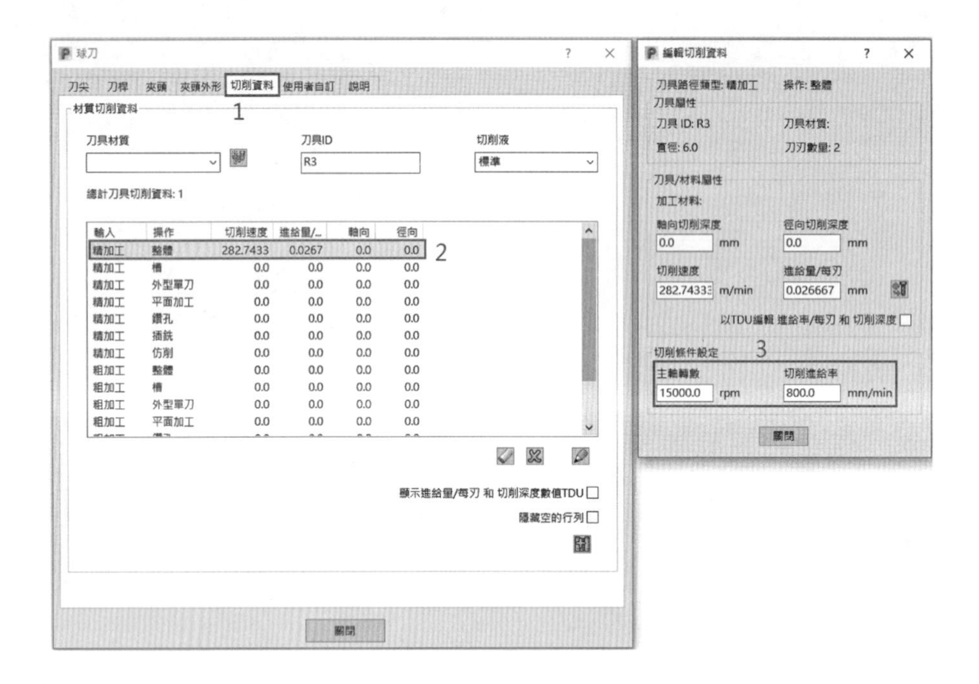

## 5.3　模型粗加工（Model rough machining）

1. 作動加工刀具 D35R5。

2. 從主要工具列中點選刀具路徑工法圖示 。

3. 選取 3D 粗加工 Area clearance 選單，選擇模型粗加工（Model area clearance）工法選項。

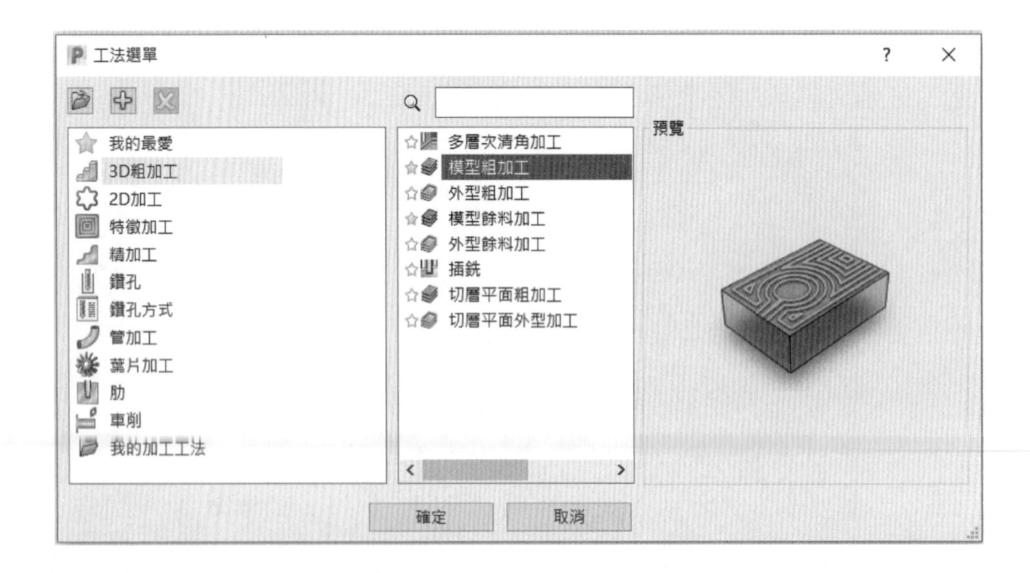

4. 開啓選單之後定義以下設定（如下圖所示）：

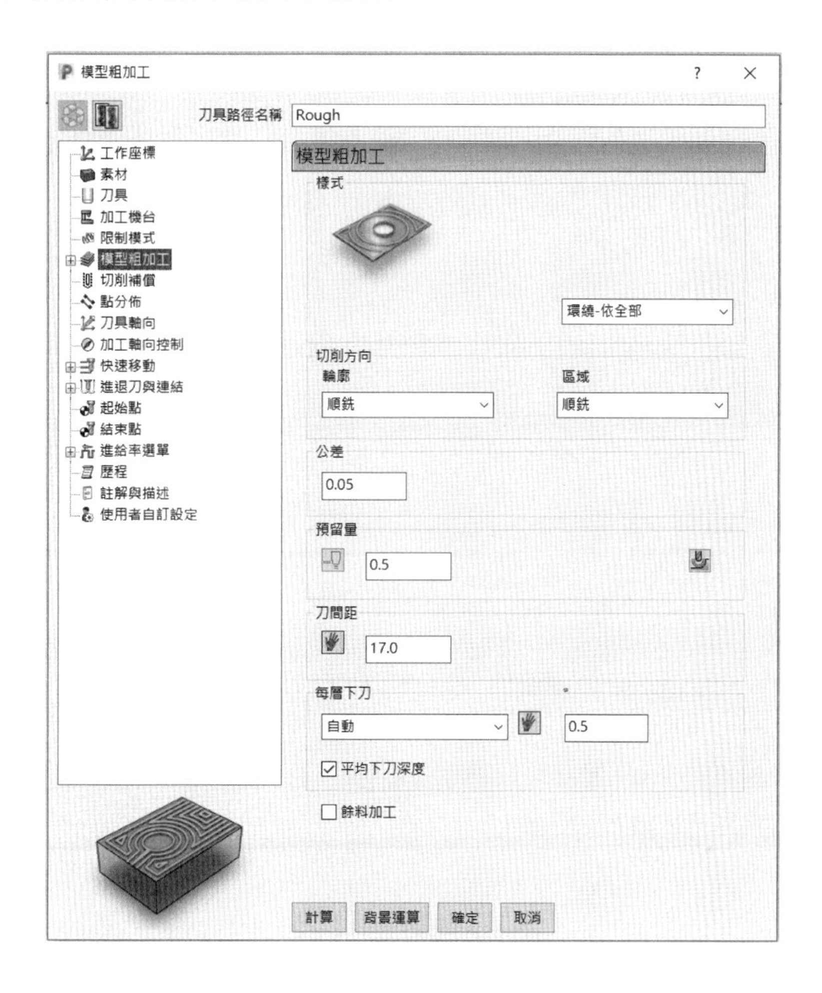


(1) 輸入刀具路徑名稱：Rough。

(2) 樣式：環繞 - 依全部。

(3) 公差：0.05。

(4) 預留量：0.5。

(5) 刀間距：17.0。

(6) 每層下刀：0.5。

5. 點選進退刀與連結中的進刀選項，從下拉功能中選擇斜向下刀。再點選定義最大斜向角度 1.0，斜向高度 1.0 mm，最後點擊接受。

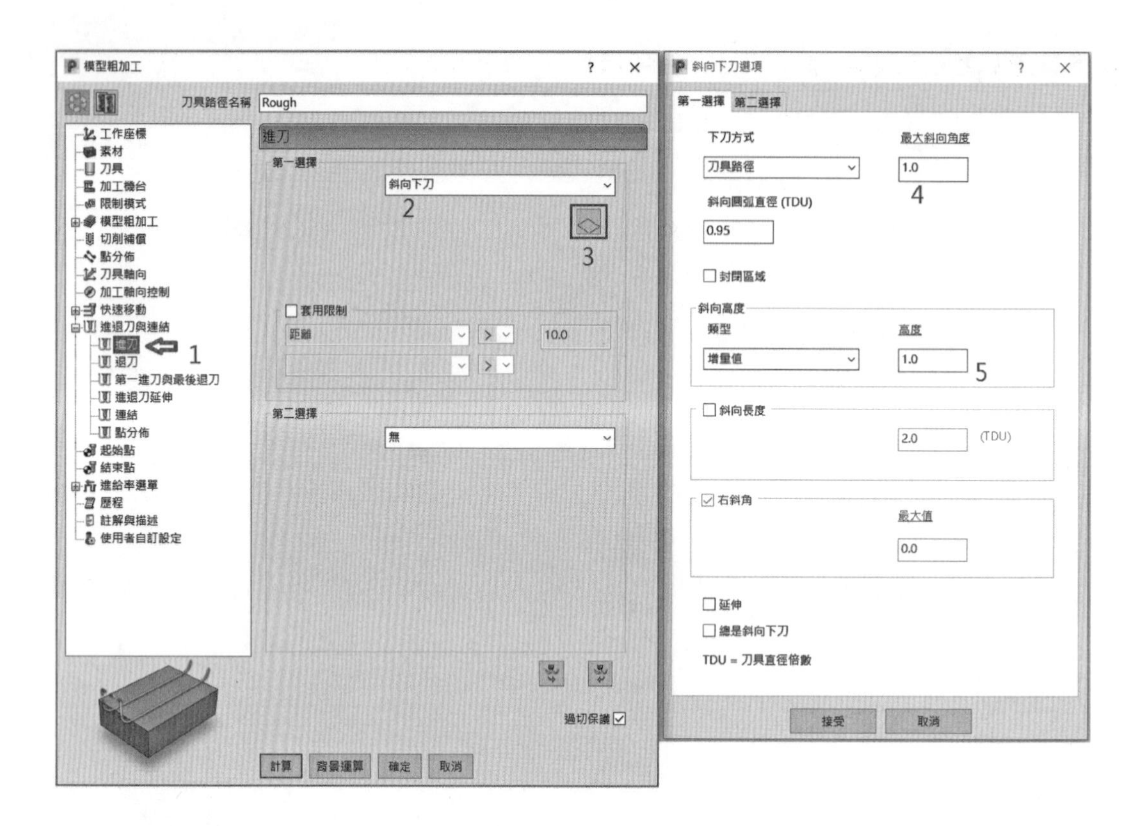


6. 以上加工參數定義完成後，點擊計算，再按關閉。
7. 計算完成的刀具路徑，如下圖所示。

## 5.4　點投影中加工（Projection point semi machining）

1. 作動加工刀具 R5。
2. 從主要工具列，點擊刀具路徑工法選單 。
3. 選取精加工 Finish 選單，選擇點投影加工（Point projection finishing）工法選項。

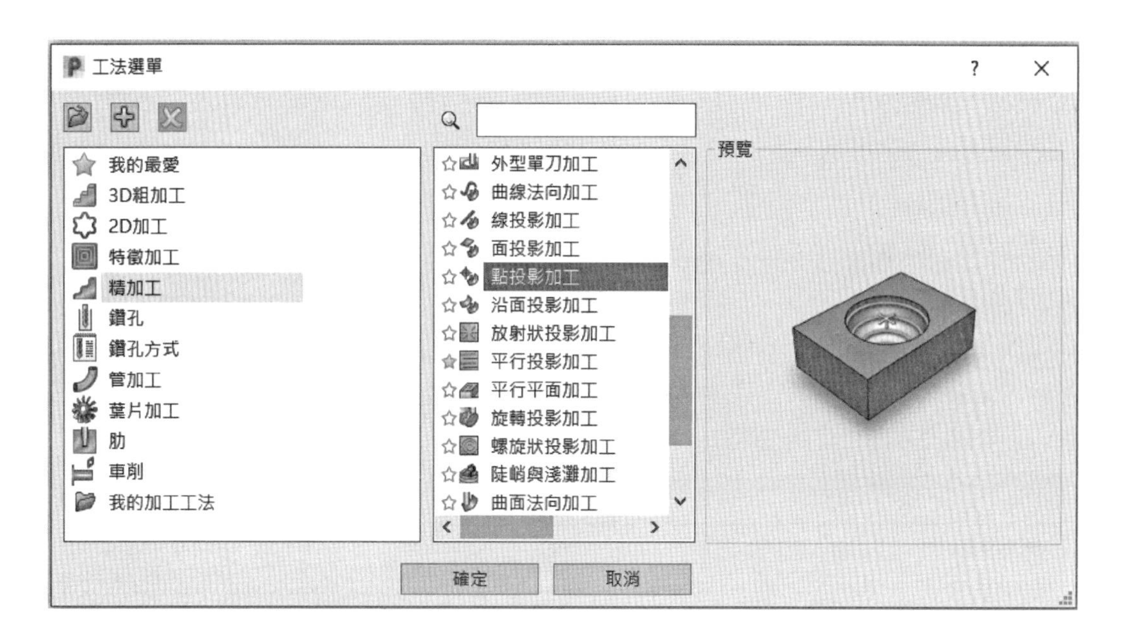


4. 開啓選單之後定義以下設定（如下圖所示）。

(1) 輸入刀具路徑名稱：Semi。

(2) 樣式：螺旋狀。

(3) 檢視方向：向外。

(4) 公差：0.01。

(5) 預留量：0.2。

(6) 角度間距：1.0。

5. 在左側工具列點選選擇參考線項目，定義方向爲逆時針 ( 此主要是定義參考線的投影順逆方向，當編程凹凸模型時須視所選擇的爲內或向外投影來決定此順逆銑設定。建議可預覽顯示參考線的方向和起始位置 )。

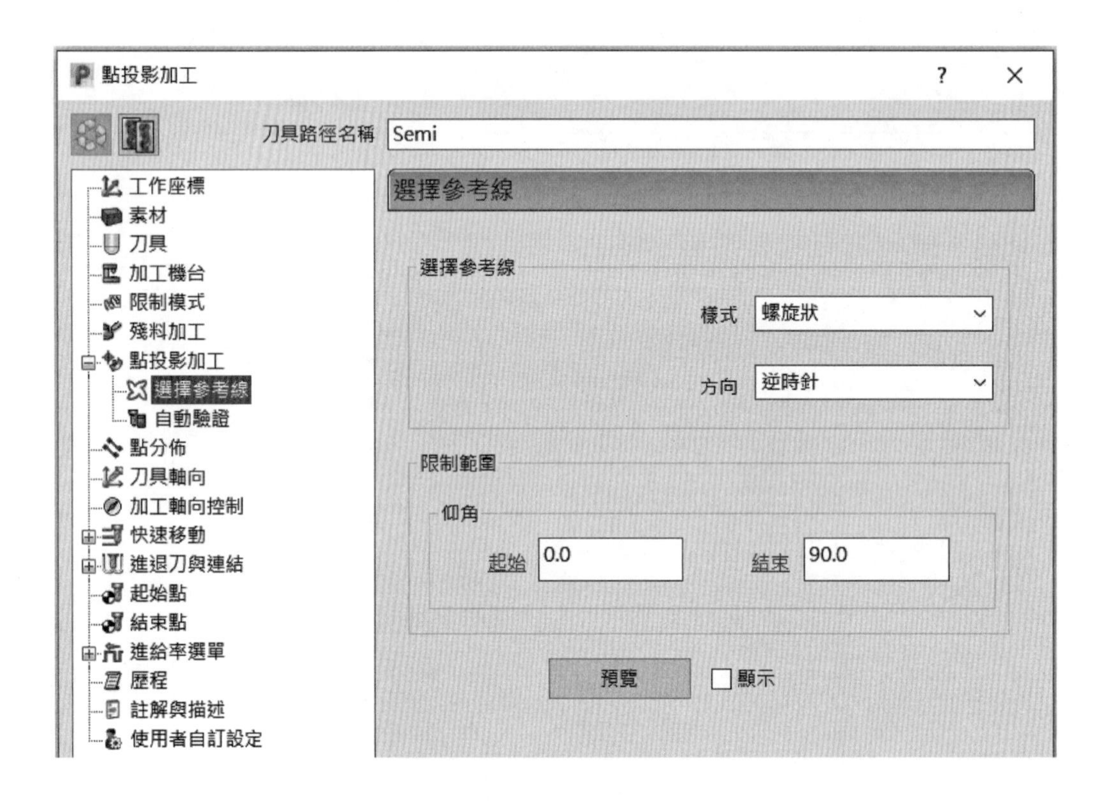


6. 點選進退刀與連結中的進刀選項，從第一選擇的下拉功能中選擇水平圓弧。定義角度 90.0 度、半徑 6.0。

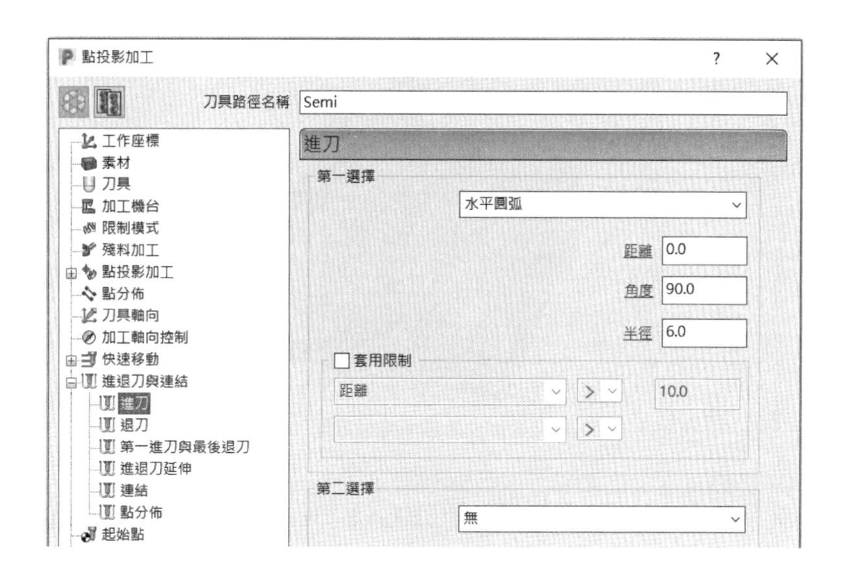


7. 再點選進退刀與連結中的退刀選項，從第一選擇的下拉功能中選擇曲面法線圓弧。定義角度 90.0 度、半徑 2.0（路徑的最後退刀點於底面，以此法線方向退刀較適合）。

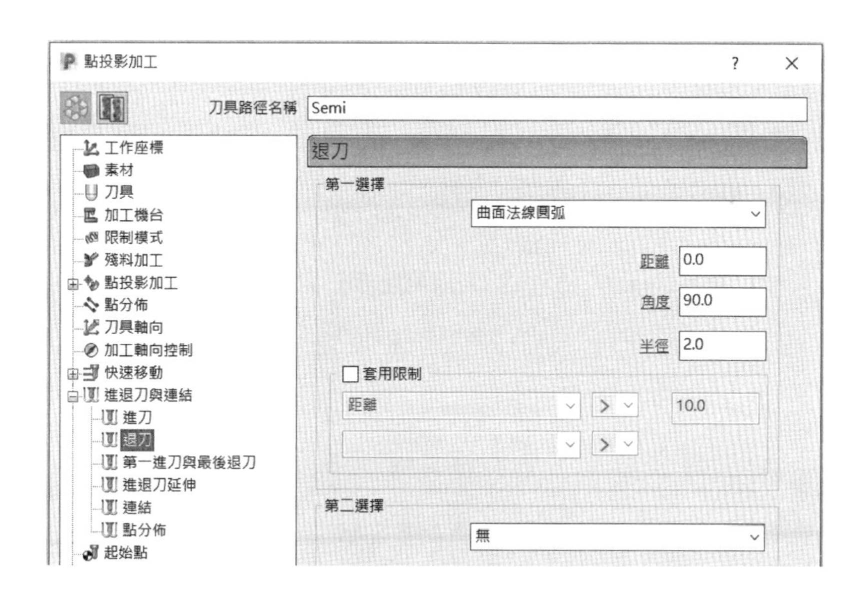


8. 以上加工參數定義完成後，點擊計算，再按關閉。

9. 計算完成的刀具路徑，如下圖所示。

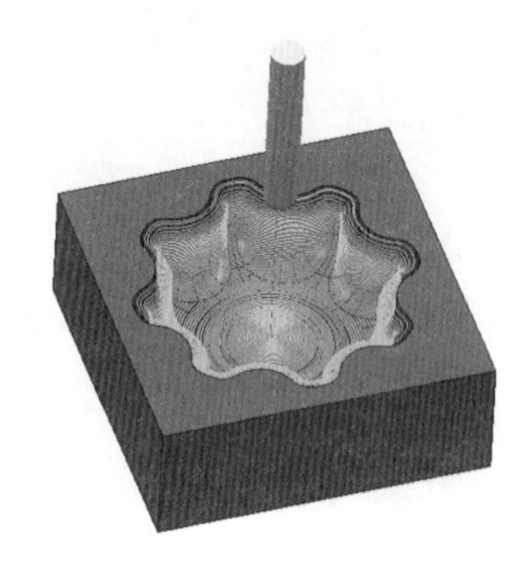

## 5.5　點投影精加工（Projection point finish machining）

1. 作動加工刀具 R3。
2. 從主要工具列，點擊刀具路徑工法選單。
3. 同樣選取精加工 Finish 選單，選擇點投影加工（Point projection finishing）工法選項。

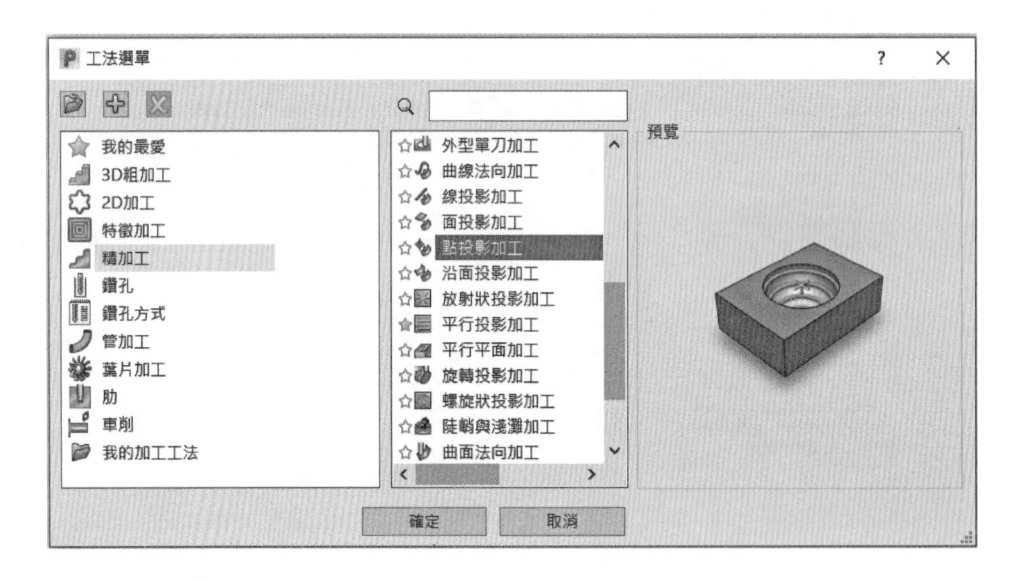


4. 開啓選單之後定義以下設定（如下頁圖所示）：
   (1) 輸入刀具路徑名稱：Finish。
   (2) 樣式：螺旋狀。
   (3) 檢視方向：向外。
   (4) 公差：0.01。
   (5) 預留量：0.0。
   (6) 角度間距：0.3。

5. 在左側工具列點選選擇參考線項目，定義方向爲逆時針與點投影中加工相同。（點投影精加工工法選單，亦可透過點投影中加工工法來複製路徑選單並修正參數）。

6. 進退刀與連結之設定維持不變與點投影中加工相同。

7. 以上加工參數定義完成後，點擊計算，再按關閉。

8. 計算完成的刀具路徑，如下圖所示。

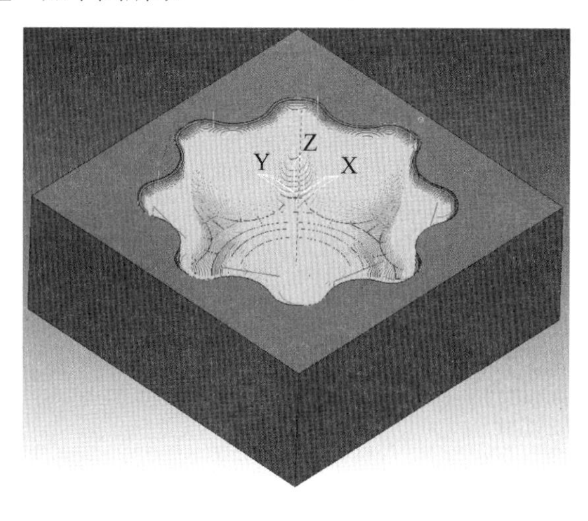

9. 如看到模口有斷續路徑（如下圖中的各橢圓框選處），可使用手動編輯挑選並進行刪除。

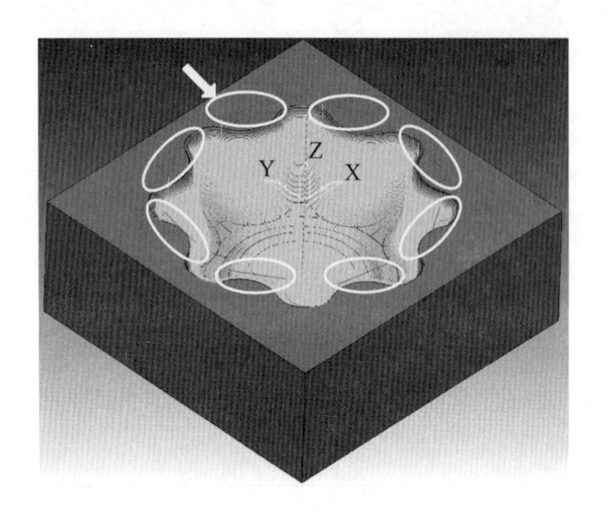


10. 操作方式：

步驟一：需刪除的斷續路徑請全部做選擇（建議可點選要加工的連續螺旋路徑，它將黃色亮顯顯示。接下來將滑鼠移動到該路徑上的任何位置，使用滑鼠右鍵開啓次功能列，系統會通知要選擇模型或此刀具路徑名稱（Finish），請點選此刀具路徑名稱，將會看到反向選擇的功能選項。接著點擊反向選擇功能，將會看到所有的斷續路徑將被全選，此操作方式可節省很多框選編輯路徑的時間）。

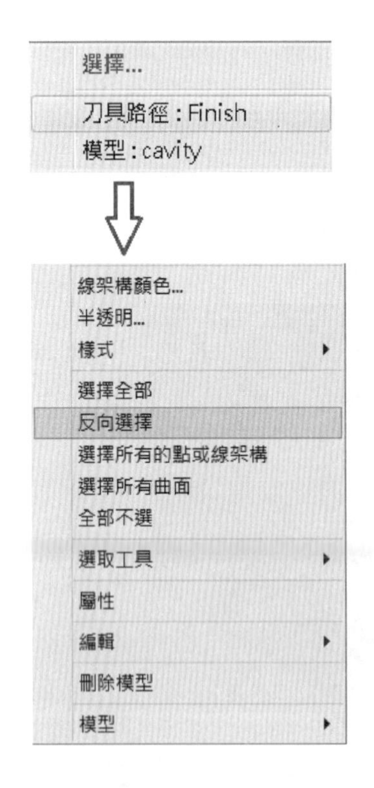


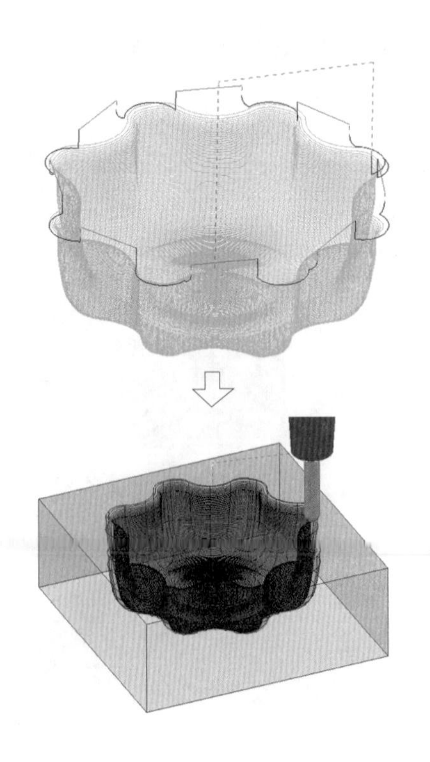

步驟二：同樣的操作方式，在此刀具路徑的次功能列 > 編輯 > 刪除已選。

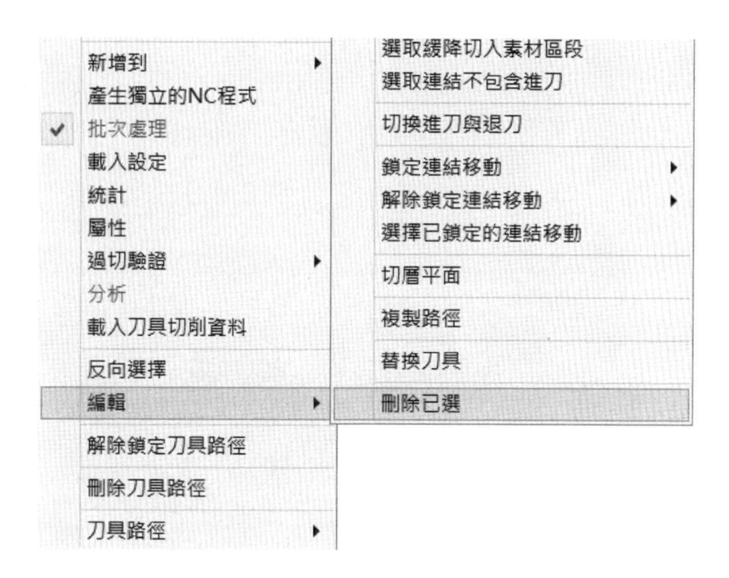


或者，從下拉式功能的視角 > 工具列 > 開啓刀具路徑工具列。

11. 選擇刀具路徑重新排序之選項，如下圖所示。

刀具路徑工具列

12. 使用滑鼠左鍵 + 鍵盤 shift 點選所有斷續的刀具路徑（#0～#7），以箭頭所指處直接點擊刪除，如下圖所示。

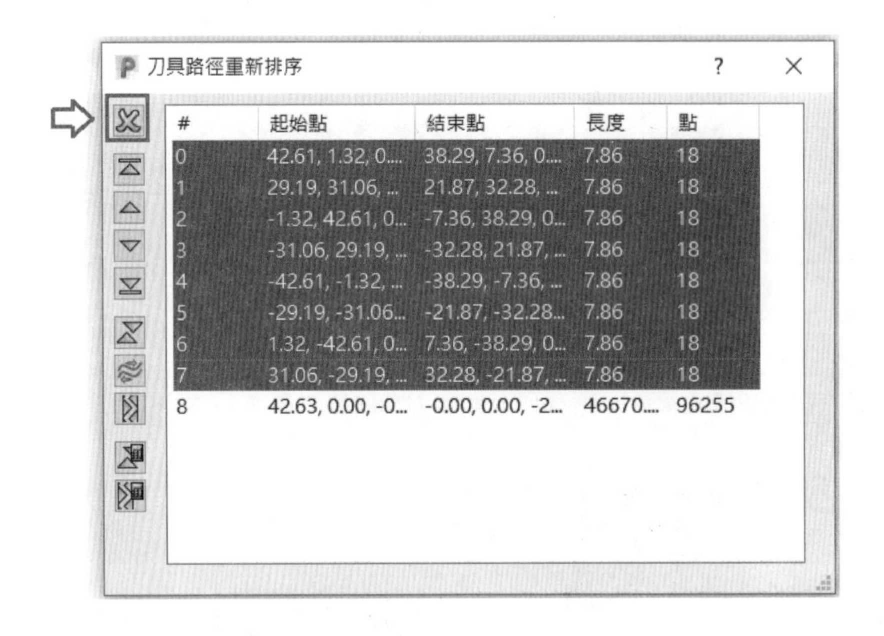


| # | 起始點 | 結束點 | 長度 | 點 |
|---|---|---|---|---|
| 0 | 42.61, 1.32, 0.... | 38.29, 7.36, 0.... | 7.86 | 18 |
| 1 | 29.19, 31.06, ... | 21.87, 32.28, ... | 7.86 | 18 |
| 2 | -1.32, 42.61, 0... | -7.36, 38.29, 0... | 7.86 | 18 |
| 3 | -31.06, 29.19, ... | -32.28, 21.87, ... | 7.86 | 18 |
| 4 | -42.61, -1.32, ... | -38.29, -7.36, ... | 7.86 | 18 |
| 5 | -29.19, -31.06... | -21.87, -32.28... | 7.86 | 18 |
| 6 | 1.32, -42.61, 0... | 7.36, -38.29, 0... | 7.86 | 18 |
| 7 | 31.06, -29.19, ... | 32.28, -21.87, ... | 7.86 | 18 |
| 8 | 42.63, 0.00, -0... | -0.00, 0.00, -2... | 46670.... | 96255 |

13. 完成刪除多餘的刀具路徑，如下圖所示。

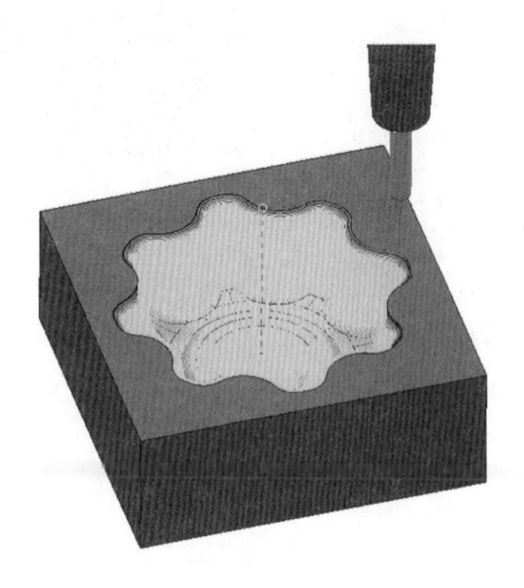

# 5.6 NC 程式輸出（Output NC program）

1. 從樹狀管理列中的 NC 程式選項，使用滑鼠右鍵開啓功能表，點選設定選單。

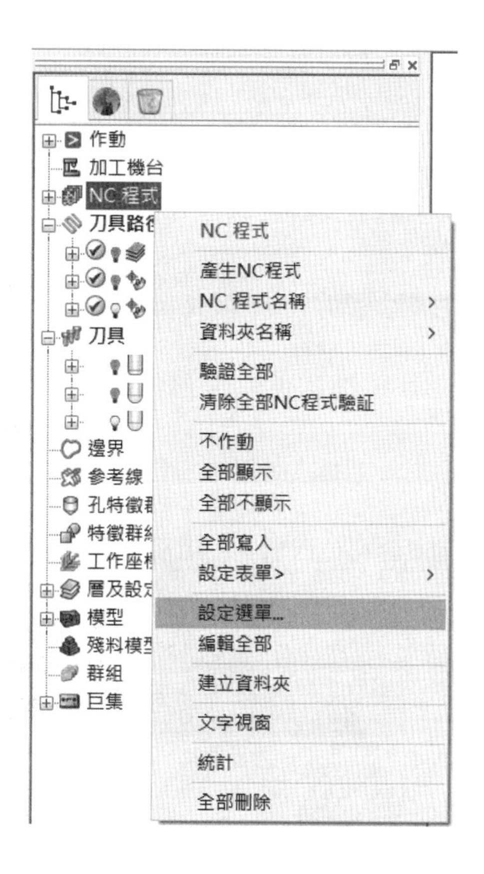


2. 定義 NC 程式輸出目錄位置（使用專案須定義爲關才可亮顯作定義）。
3. 輸出 NC 程式的副檔名，從輸出檔案的 {ncprogram} 位置後面輸入 .NC，之後的程式輸出，其每條程式的副檔名將爲 .NC（使用者可依所需的副檔名自行填入，如：.MPF）。
4. 接著點選設定控制器參數檔，選擇內定控制器的 POST 格式，再點選關閉。
5. NC 設定選單，如下圖所示。

6. 接下來從樹狀管理列中的刀具路徑位置處，使用滑鼠右鍵開啟功能表，點選產生獨立的 NC 程式。

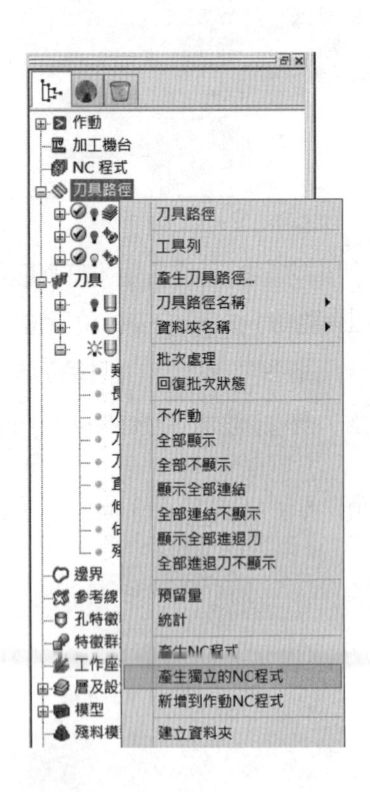

7. 再從樹狀管理列中的 NC 程式位置處，使用滑鼠右鍵開啟功能表，點選全部寫入，即完成每條 NC 程式的輸出。

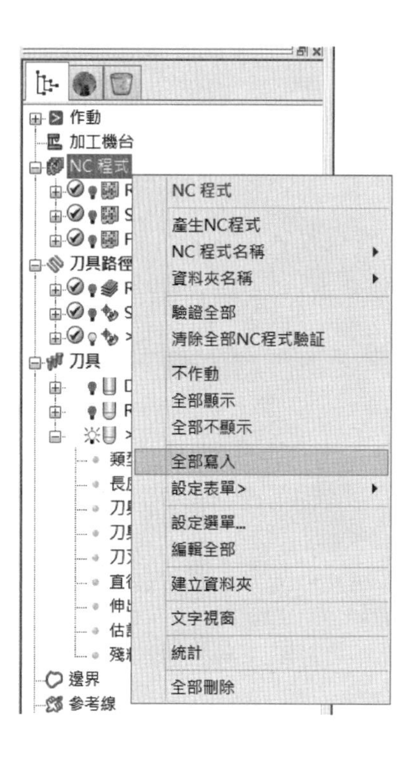


8. NC 程式輸出完成，將會出現已執行後處理之訊息，如下圖所示。

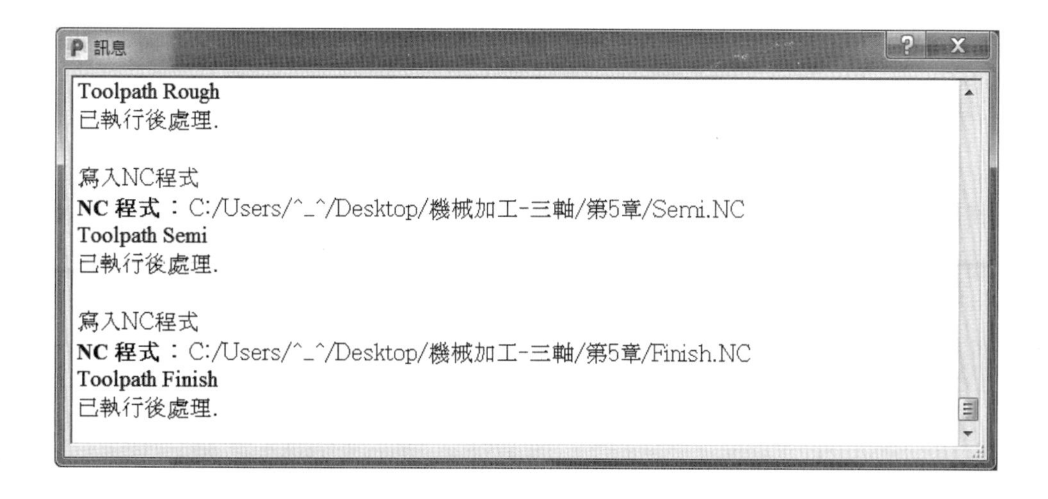

# 6

# 三軸銑削加工實習：弓形模（3D milling practice: arcuate mold）

學 習 重 點

- 6.1 簡介（Introduction）
- 6.2 基本設定（Basic set-up）
- 6.3 模型粗加工（Model rough machining）
- 6.4 平面精加工（Plane finish machining）
- 6.5 曲面側銑中加工（Swarf semi machining）
- 6.6 曲面側銑精加工（Swarf finish machining）
- 6.7 3D 等距加工（3D offset machining）
- 6.8 鑽孔加工（Drill machining）
- 6.9 實體模擬加工（Simulation）

# 6.1 簡介（Introduction）

這個章節的範例非常適合使用粗加工選項策略中的 Vortex 旋風加工，與傳統的粗加工方式比較，它大幅度提升百分之六十的粗加工效率。另外我們也介紹說明了曲面側銑專用的五軸工法策略應用在三軸加工上的好處。而在這個範例中有許多的特徵孔，也採用螺旋擴孔的加工方式以增加孔的加工精度。

弓形模範例，如下圖所示。

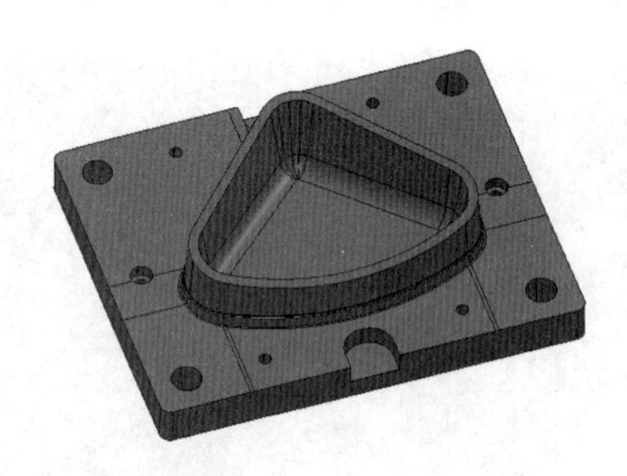

# 6.2 基本設定（Basic set-up）

## 6.2.1 輸入模型（Import model）

從主功能表中選取檔案—輸入模型，光碟目錄 Chapter-06 選取 corner_bow.dgk 檔案。如下圖所示。

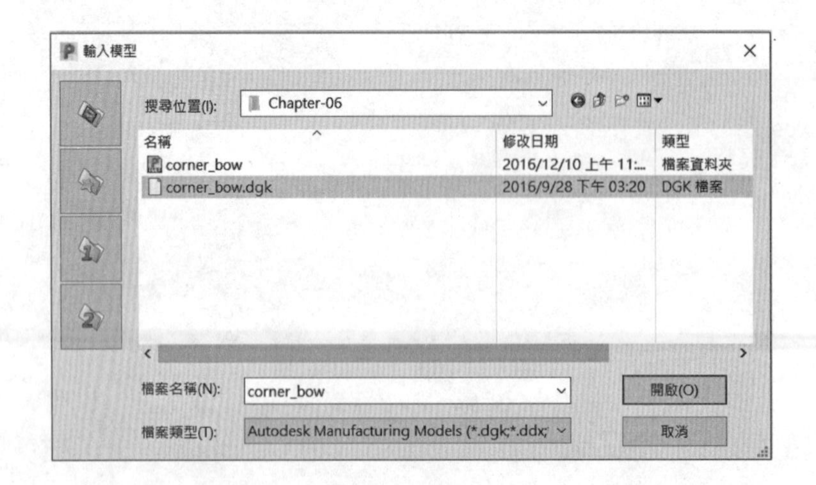

## 6.2.2 素材建立（Block creation）

開啓素材選單使用物件（最小 / 最大值）素材選項，點擊計算按鈕，Z 軸高度最大值輸入 45.0 mm，工作座標切換爲世界座標，然後選取接受，關閉選單。

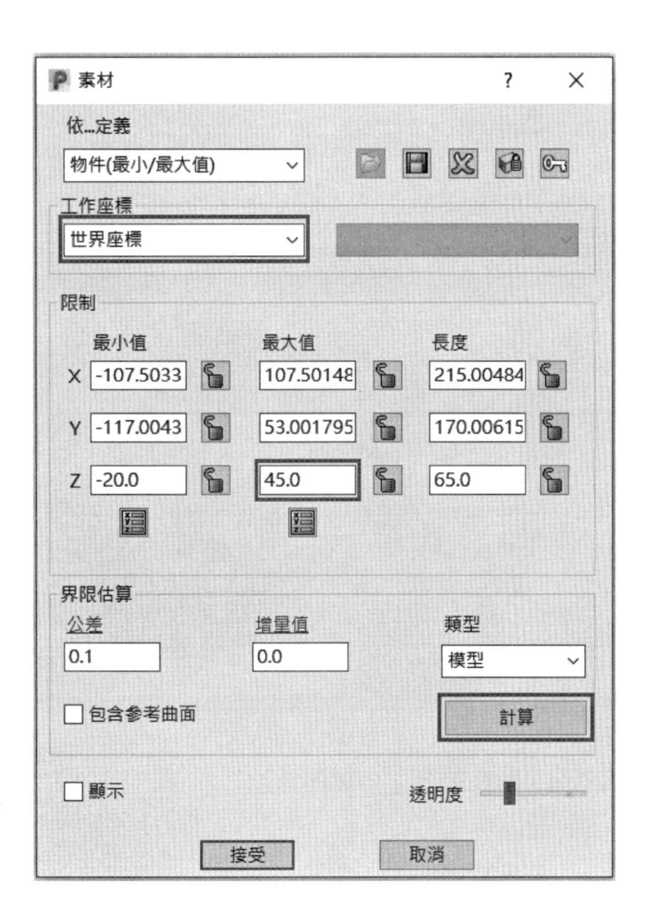


## 6.2.3 工作座標設定（Work coordinate setting）

點選物件管理列中的工作座標 > 滑鼠右鍵開啓次功能 > 建立和定位工作座標 > 使用素材定位工作座標。

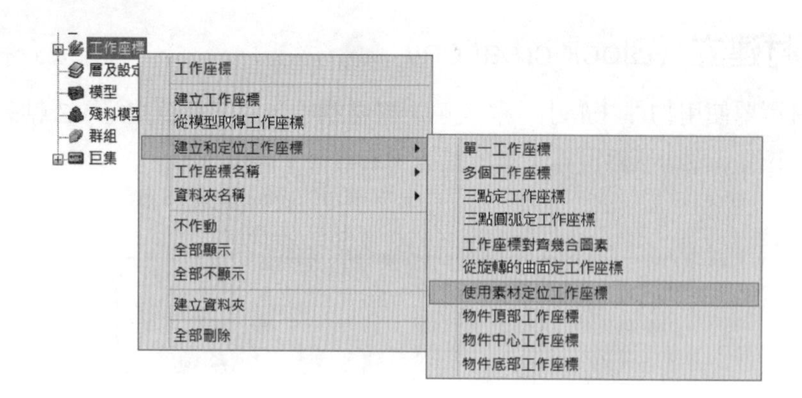


1. 滑鼠點擊下圖箭頭指引位置。

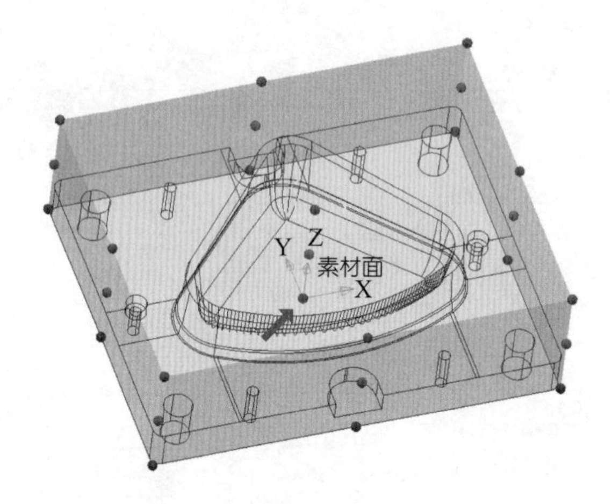


2. 工作座標重新命名為 G54，並作動此工作座標。

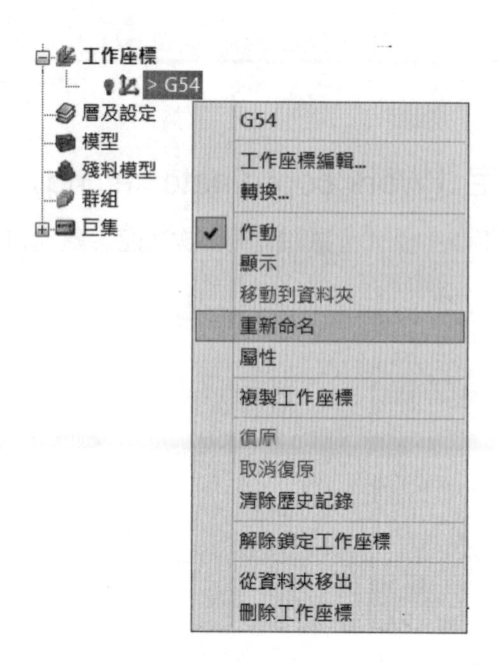

## 6.2.4 設定安全提刀高度（Set safe area toolpath connections）

從主要工具列中點選提刀高度圖示 ，選單中點擊計算安全高度，然後點擊接受。

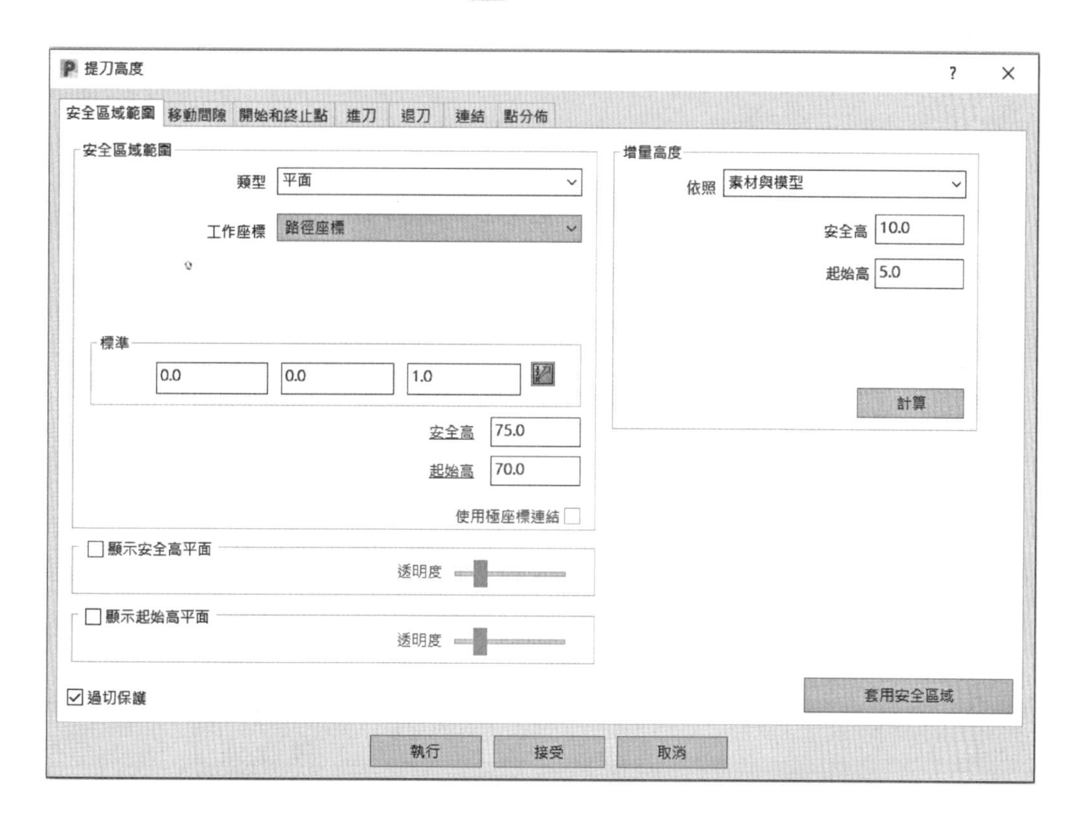


## 6.2.5 刀具設定（Setup for the tools）

從物件工具列中的刀具按滑鼠右鍵開啟次功能 > 產生刀具 > 從選單中選擇所需建立的刀具類型。

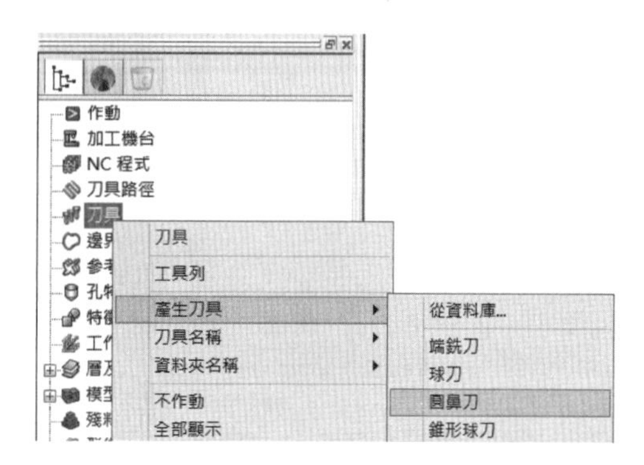

建立以下的刀具類型與切削參數：

1. 點選圓鼻刀類型，設定名稱為 D12R0.5、刀刃直徑為 12.0、圓鼻半徑為 0.5、刀具編號為 1、刀刃數為 4，從切削資料頁面的右下角處點選編輯刀具資料圖案，設定切削速度為 185.0 m/min、進給量 / 每刃為 0.13，然後關閉。

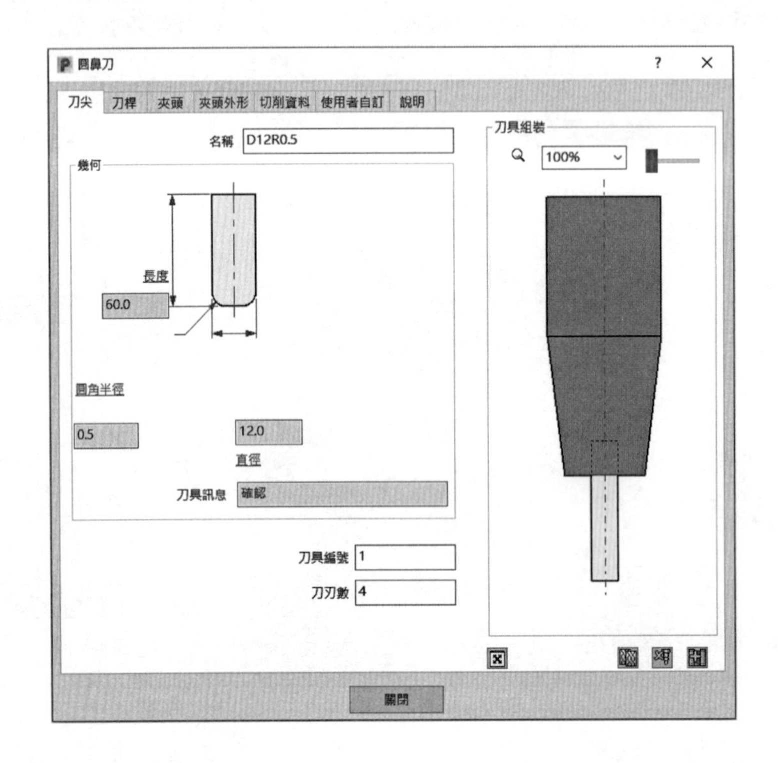


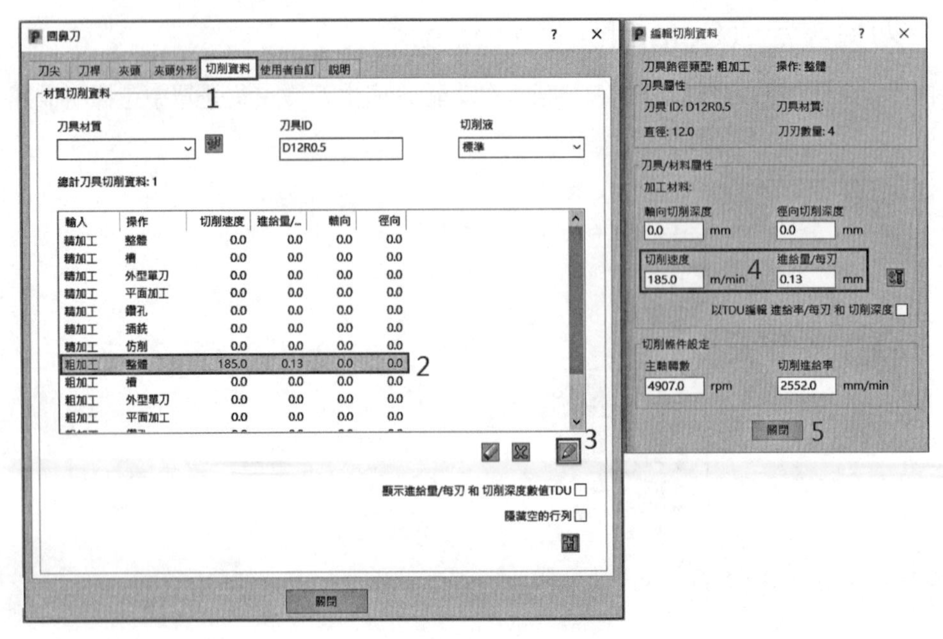

2. 點選圓鼻刀類型，設定名稱爲 D16R0.4、刀刃直徑爲 16.0、圓鼻半徑爲 0.4、刀具編號爲 2、刀刃數爲 4，從切削資料頁面的右下角處點選編輯刀具資料圖案，設定切削速度爲 135.0 m/min、進給量 / 每刃爲 0.1，然後關閉。

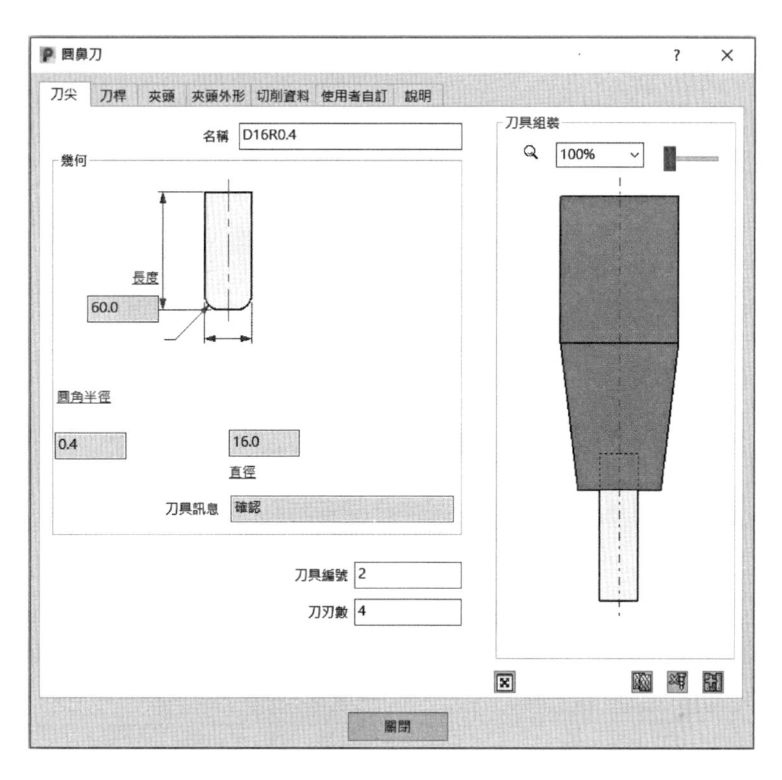


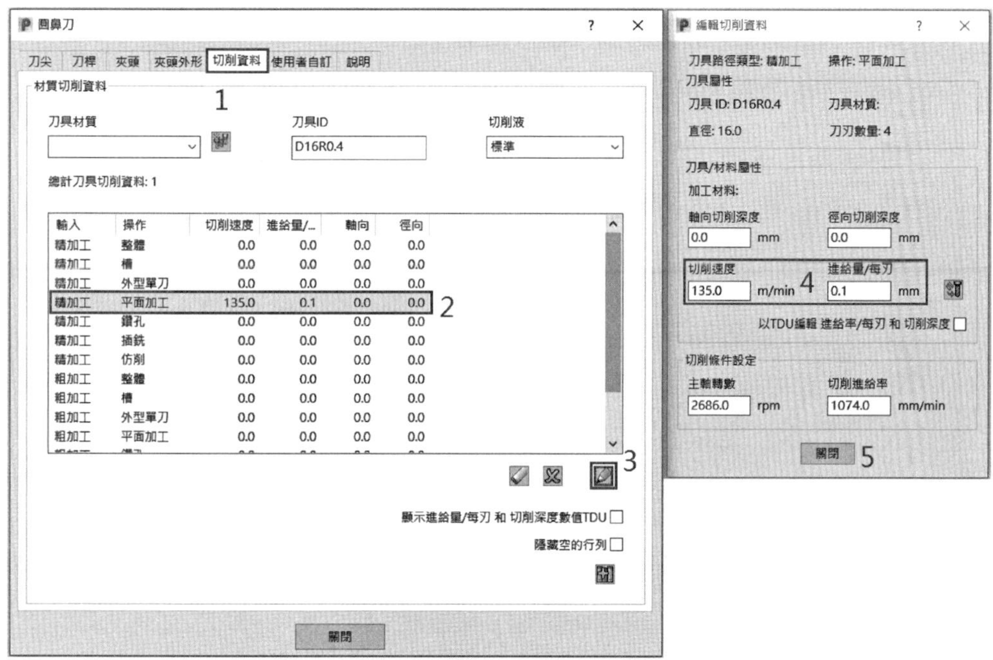

3. 點選端刀類型，設定名稱爲 D8、刀刃直徑爲 8.0、刀具編號爲 3、刀刃數爲 4，從切削資料頁面的右下角處點選編輯刀具資料圖案 。設定切削速度爲 115.0 m/min、進給量 / 每刃爲 0.06，然後關閉。

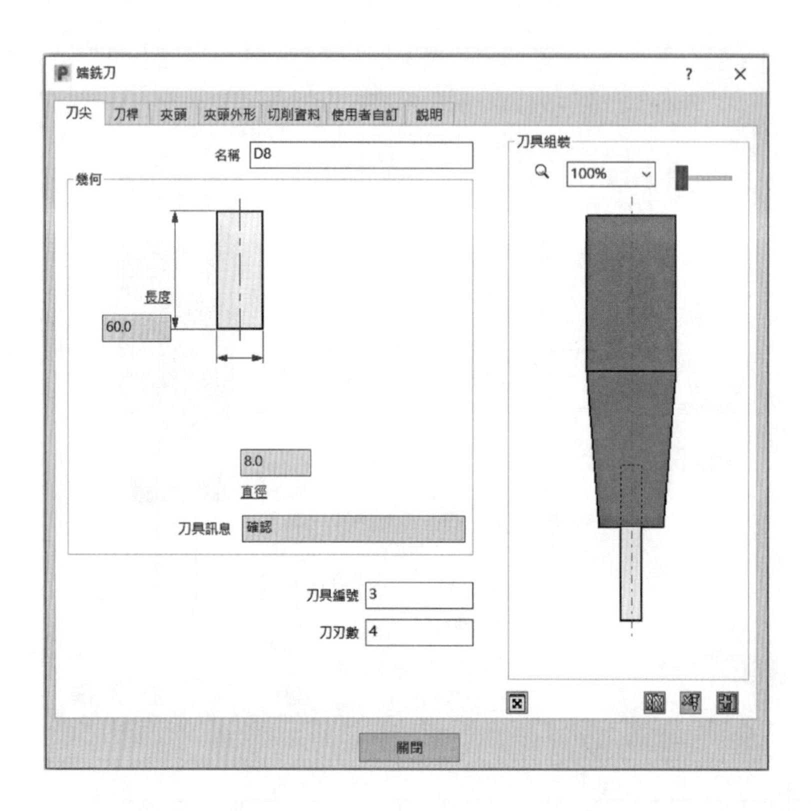


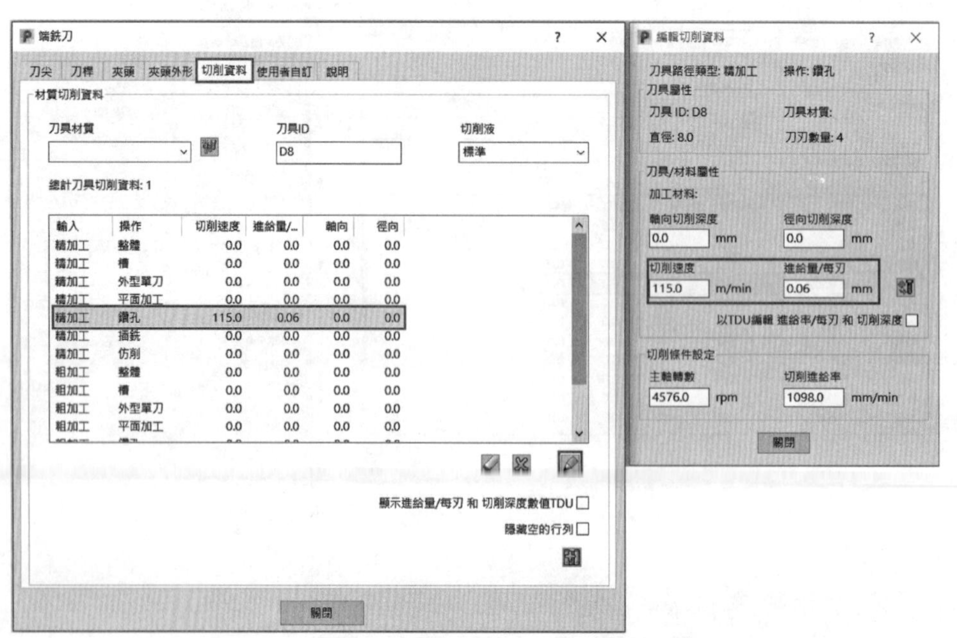

4. 點選球刀類型，設定名稱為 R8、刀刃直徑為 16.0、刀具編號為 4、刀刃數為 2，從切削資料頁面的右下角處點選編輯刀具資料圖案，設定切削速度為 270.0 m/min、進給量 / 每刃為 0.12，然後關閉。

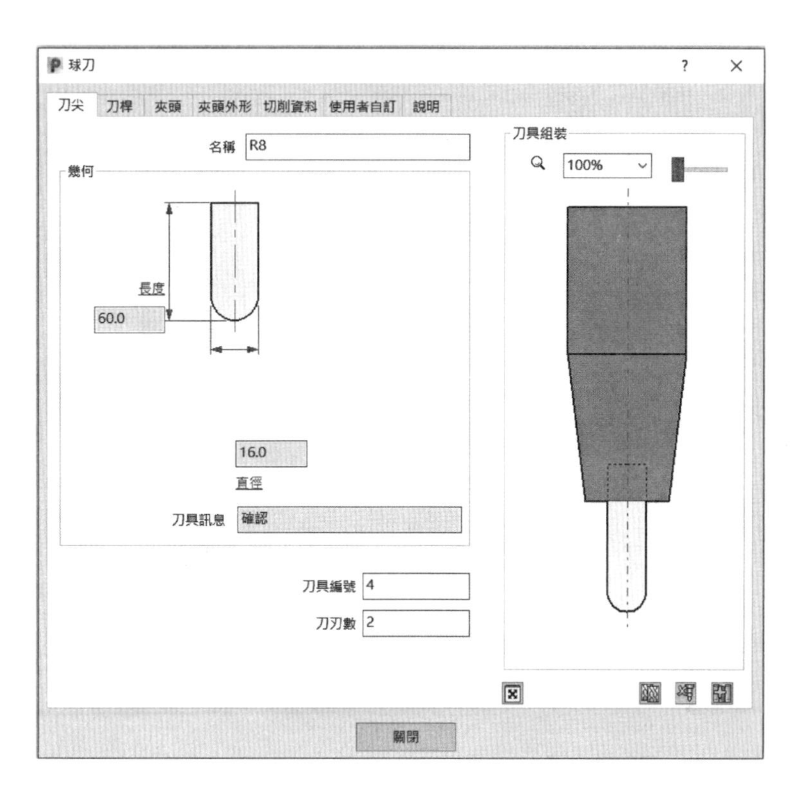


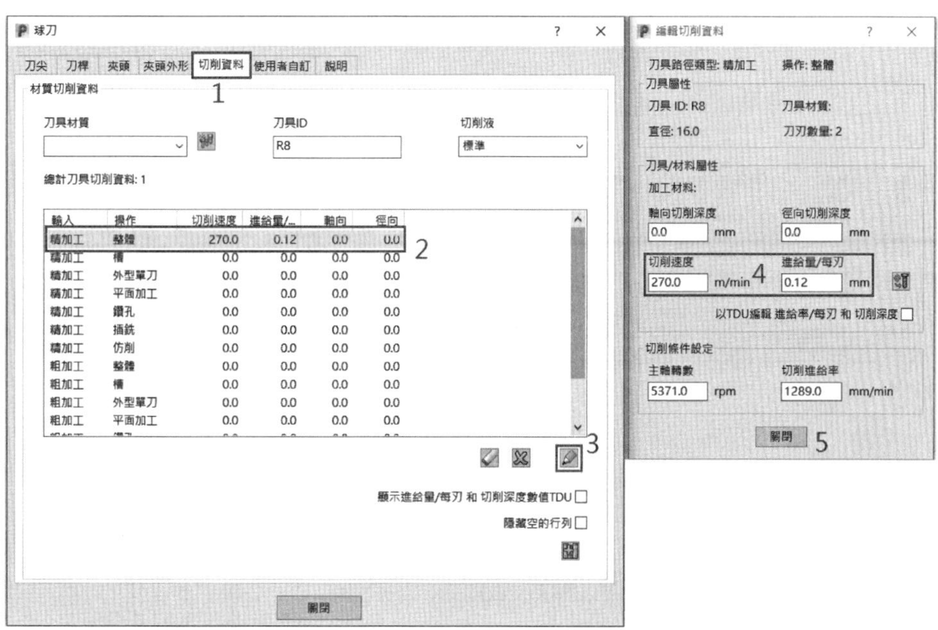

5. 點選鑽頭類型，設定名稱為 Drill5.8、刀刃直徑為 5.8、刀具編號為 5、刀刃數為 2，從切削資料頁面的右下角處點選編輯刀具資料圖案，設定切削速度為 35.0 m/min、進給量 / 每刃為 0.08，然後關閉。

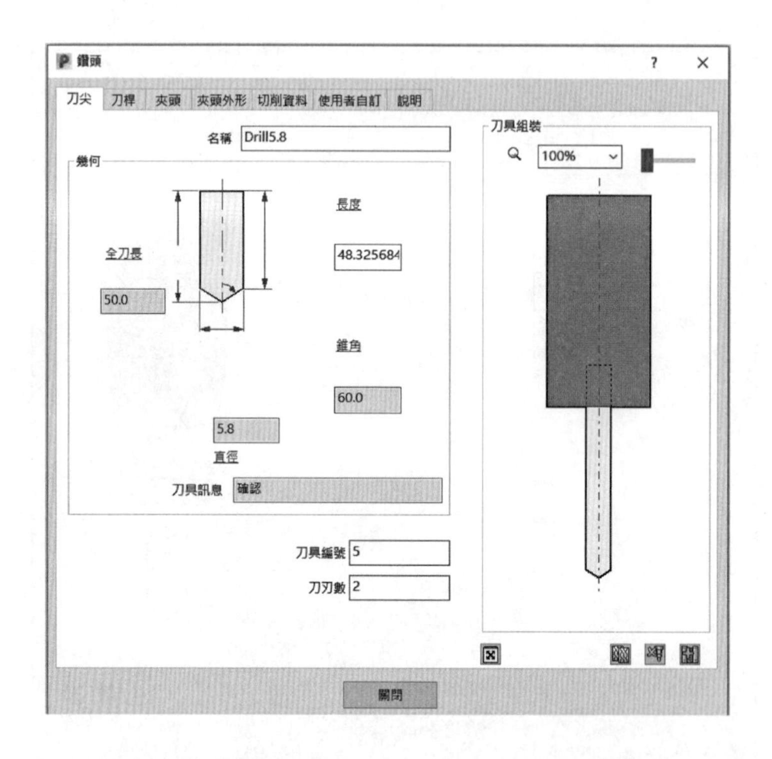


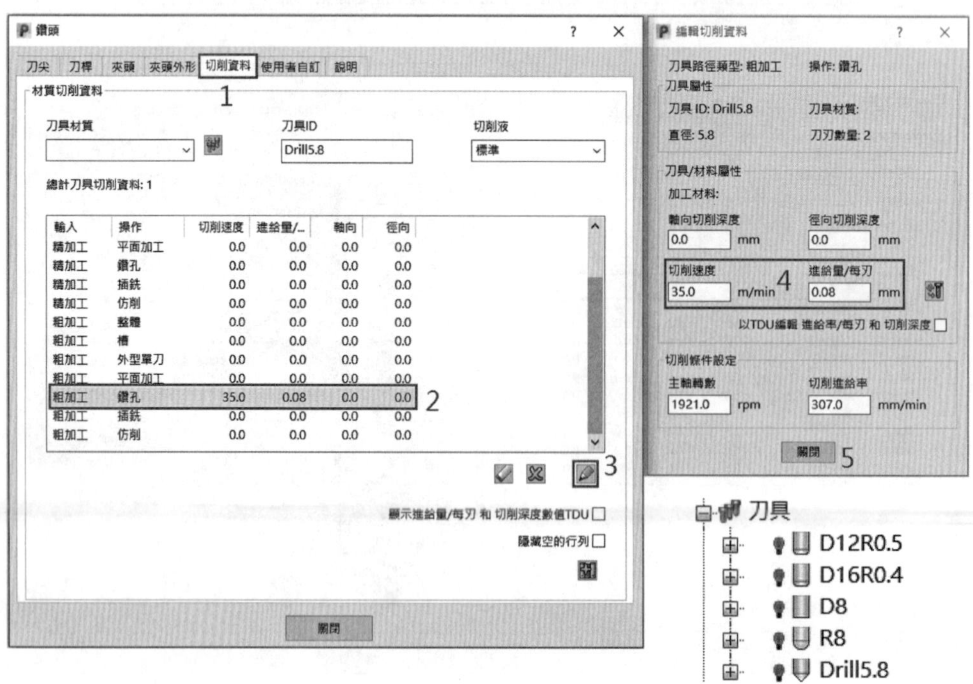

補充說明：

緩降下刀的速率可依刀具條件做定義，一般建議切削進給率約為 50～70 %。另外，夾頭大小、階數與刀具夾長讀者可自行做定義。

讀者所設定的刀具切削參數條件如需要自動地做載入，那麼讀者必須確認自動載入進給率的選項已被勾選。

從下拉式功能表中的工具 > 選項 > 刀具 > 進給率選單 > 勾選自動載入進給率。

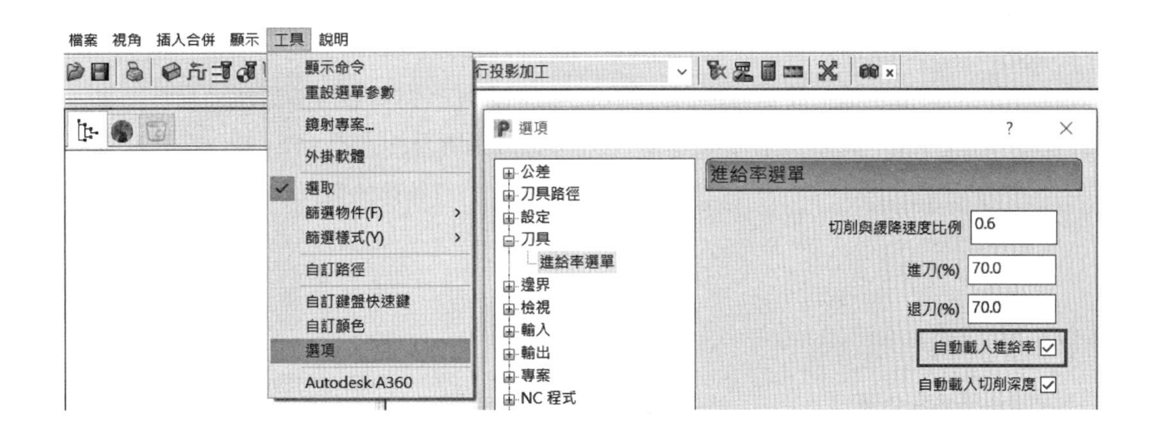


# 6.3 模型粗加工（Model rough machining）

**說明（Explanation）**

此模型的粗加工我們將採用 PowerMILL® 的旋風粗加工，此種加工工法比起一般的粗加工方式，更可提升百分之 60 % 的加工效率。主要兩個特點：維持最佳的切削角度 46° 、恆定的切削進給移除率。在刀具路徑運算之前，先做以下的說明。

## 6.3.1 刀具的切削建議

1. 需使用碳化鎢鋼刀具。
2. 切削深度：定義刀具直徑的 2 到 3 倍之間（視刀刃標準長而定）。
3. 刀間距：較硬的材料定義直徑 10% 至 20%（模具鋼、鈦、不銹鋼）。
4. 較軟的材料：定義直徑的 40 至 50%（鋁、銅）。

原則上刀具的切削條件，可參考刀具商的建議來做設定。

## 6.3.2　旋風加工影響加工效率的因素

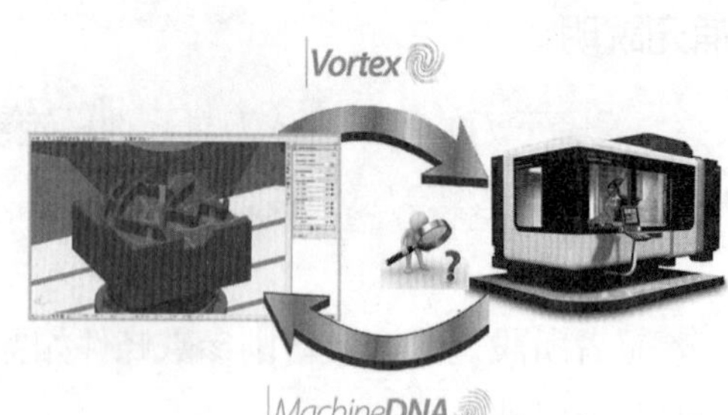
Vortex
MachineDNA

1. 最大切屑厚度。
2. 有效率的擺線軌跡。
3. 合理的點分布。
4. 圓弧、直線間的速率轉換。
5. 機台動平衡。

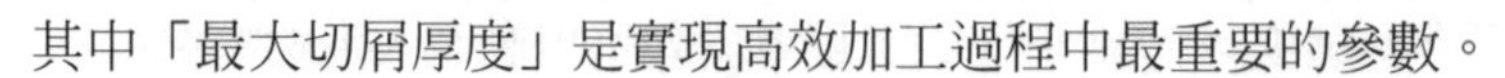

其中「最大切屑厚度」是實現高效加工過程中最重要的參數。

・太小 = 刀具無效切削、磨耗與加工硬化，降低刀具壽命。

・太大 = 刀具超負載、過熱和潛在造成刀具斷裂或破損。

所以最佳的切屑厚度，將是發揮有效的切削效率與延長刀具壽命的最重要參數。另外可透過 PowerMILL® 的「MachineDNA」功能，它可以取得機台性能的 DNA 數據，包括有最佳擺線半徑和最佳點距的取得，透過這些技巧可自動優化刀具路徑的最佳切削效能。

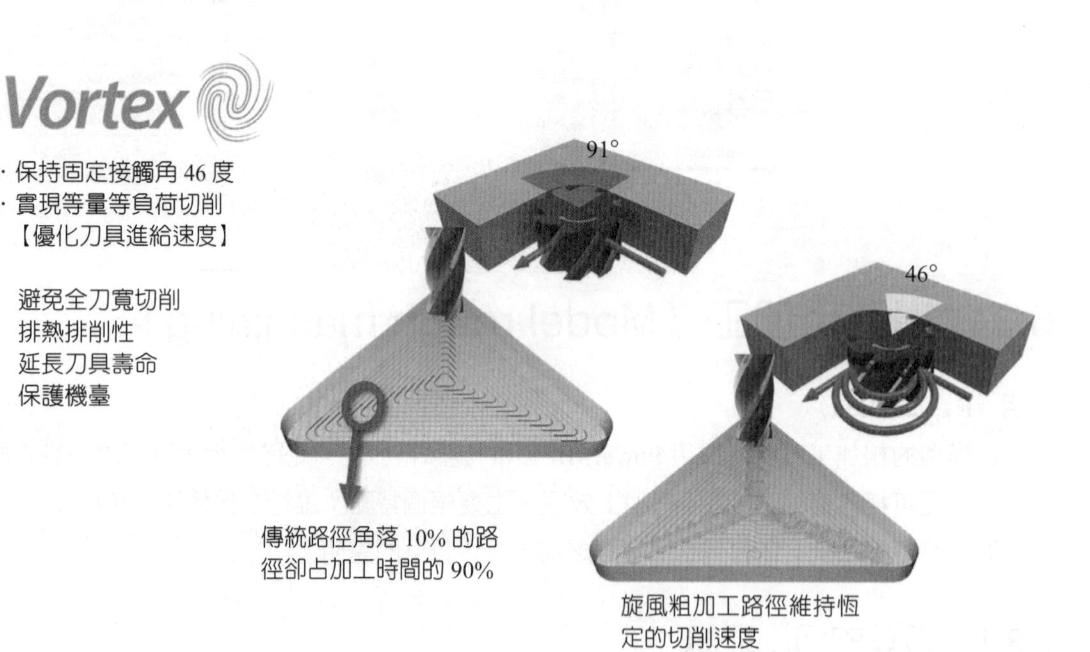
Vortex
・保持固定接觸角 46 度
・實現等量等負荷切削
【優化刀具進給速度】
避免全刀寬切削
排熱排削性
延長刀具壽命
保護機臺
91°
46°
傳統路徑角落 10% 的路徑卻占加工時間的 90%
旋風粗加工路徑維持恆定的切削速度

## 6.3.3　旋風粗加工的設定操作

1. 作動加工刀具 D12R0.5。
2. 從主要工具列，點擊刀具路徑工法選單。
3. 選取 3D 粗加工 Area clearance 選單，選擇模型粗加工（Model Area Clearance）工法選項。

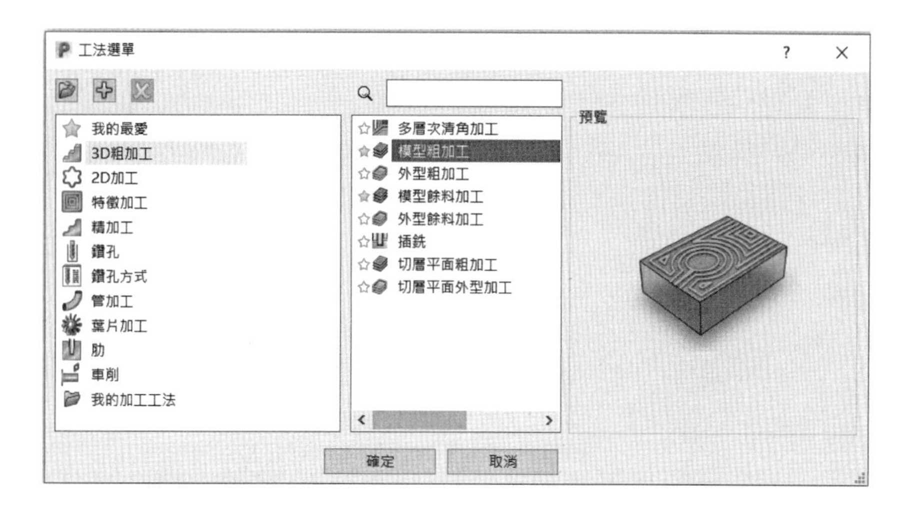


4. 開啓選單之後定義以下設定（如下圖所示）：

(1) 輸入刀具路徑名稱：Rough_Vortex。

(2) 樣式：旋風加工。

(3) 公差：0.1。

(4) 預留量：1.0。

(5) 刀間距：2.0。

(6) 每層下刀：20.0。

5. 進入旋風加工的設定頁面，最小半徑和最小點間距都依刀具的參數來自動運算，或者透過取得 MDNA 數據做套用。勾選空切移動抬刀高度和勾選空刀移動進給速度，此兩個參數可依需求再自行修改。

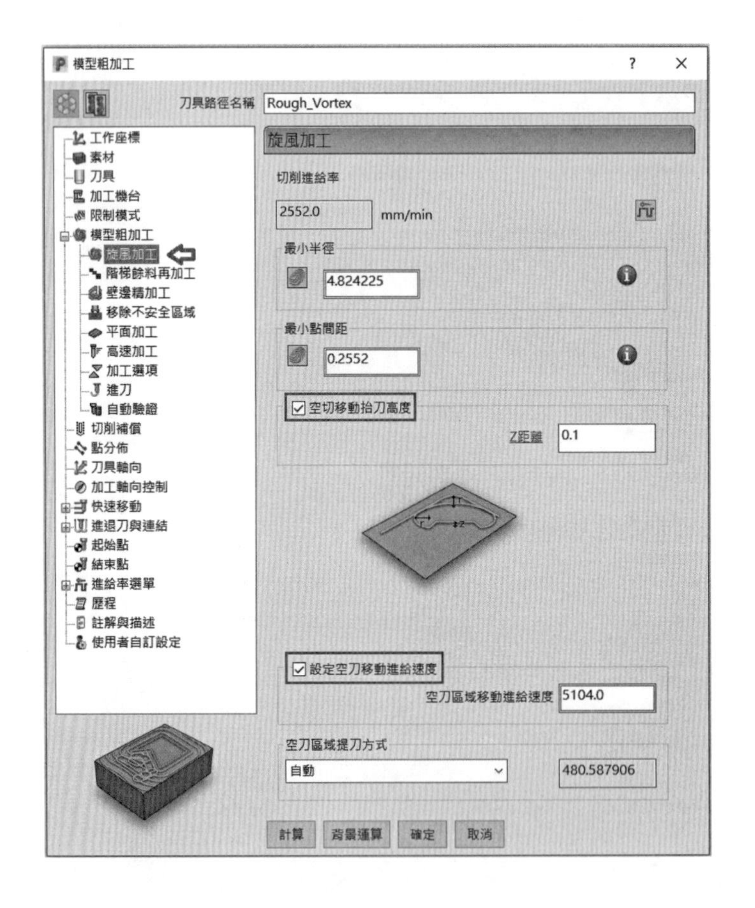


6. 點選階梯餘料再加工的選項，從頁面中勾選階梯餘料再加工和固定移除餘料來增加切削進給速率。定義每層下刀爲 1.0 mm、忽略殘料少於定義爲 0.0、補正重疊距離定義爲 1.0。

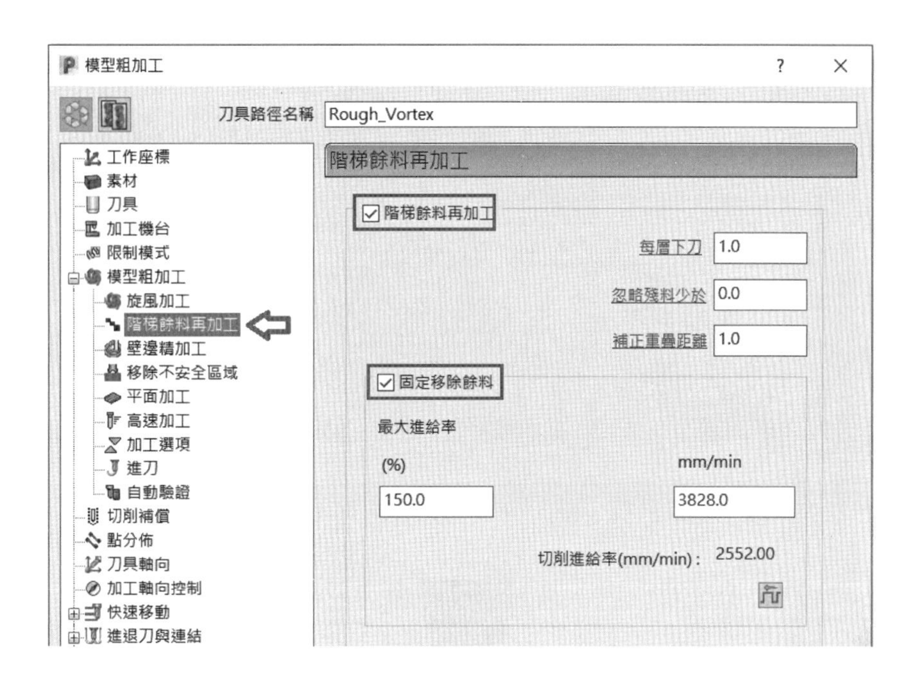


7. 點選移除不安全區域的選項，從頁面中勾選移除小於刀具區域。此功能選項主要在於避免刀具切削時，進入到小的區域，造成刀具的負載或損耗。

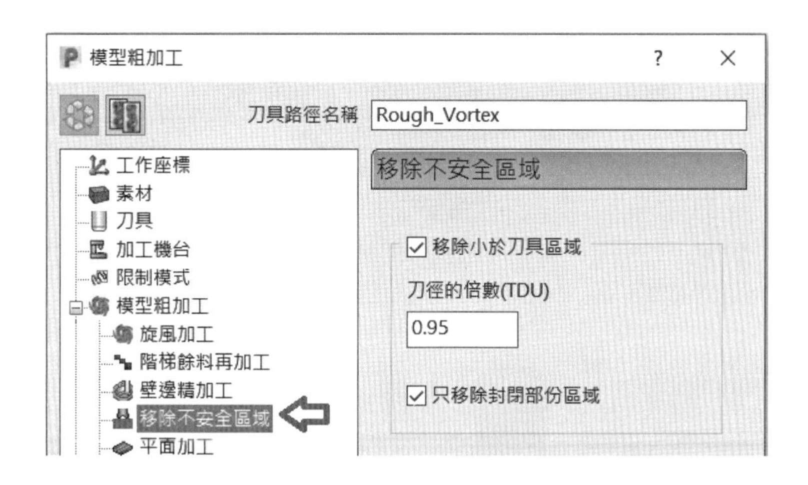


8. 點選進刀的選項，從頁面中移動類型選擇螺旋下刀，最大斜向角度定義爲 1.0，高度定義爲 1.0。

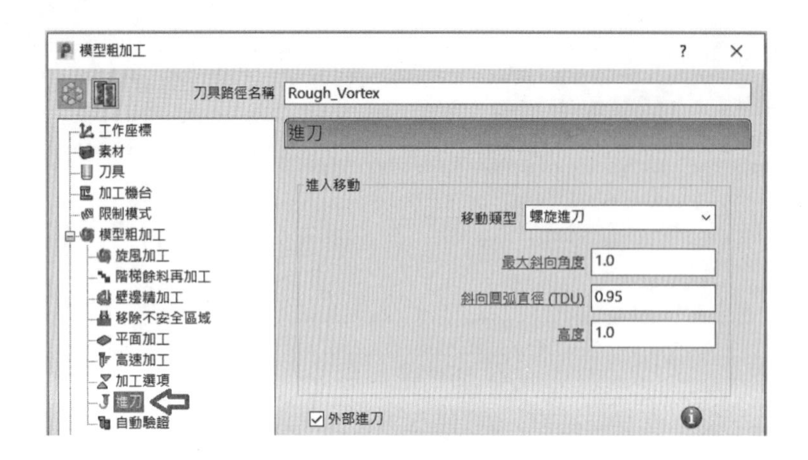


9. 定義加工參數完成後，點擊計算。計算完成的刀具路徑，如下圖所示。

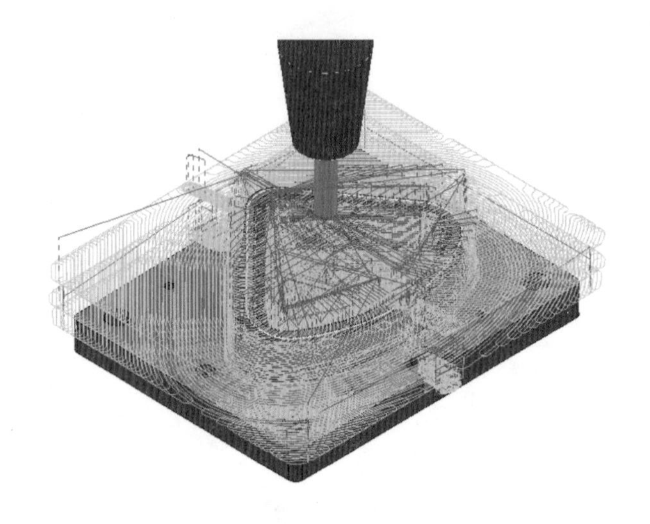

此外，讀者可透過實體模擬來觀看旋風粗加工路徑的加工結果。

# 6.4 平面精加工（Plane finish machining）

1. 作動加工刀具 D16R0.4。
2. 從主要工具列，點擊刀具路徑工法選單。
3. 選取精加工 Finish 選單，選擇等距平面加工（Offset flat finishing）工法選項。

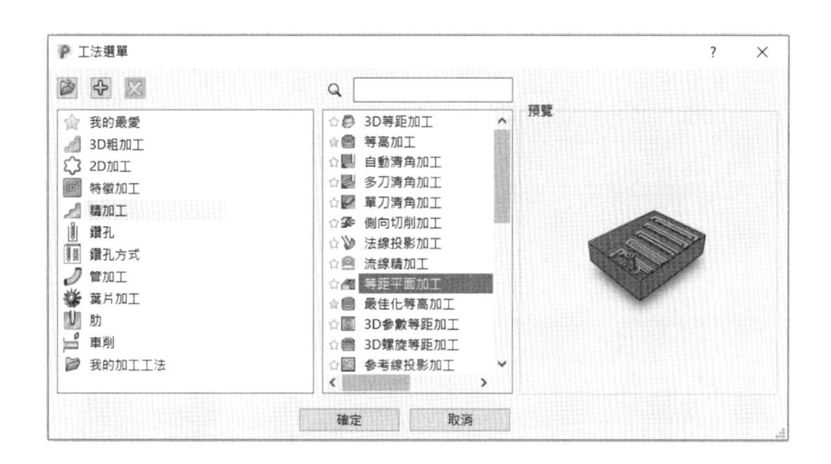


4. 開啓選單之後定義以下設定（如下圖所示）：

(1) 輸入刀具路徑名稱：Plane finish。

(2) 公差：0.01。

(3) 預留量：定義徑向預留 0.6、軸向預留 0.0。

(4) 刀間距：9.0 mm。

5. 點選進退刀與連結中的進刀選項，從下拉功能中選擇直線。定義長度值爲 10.0，角度值爲 0.0 mm。再點選退刀與進刀相同選項按鈕。

6. 點選進退刀與連結中的連結選項，從第一選擇下拉功能中選擇圓弧連結。定義距離值爲30.0。

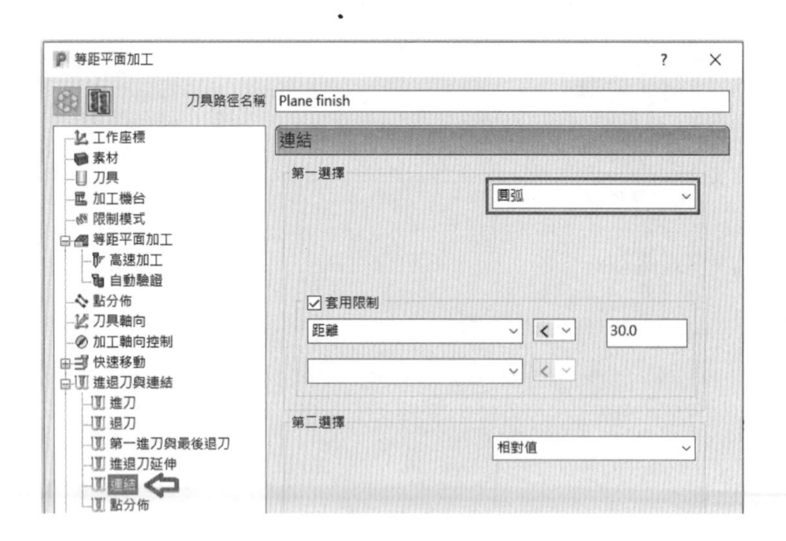


7. 定義加工參數完成，點擊計算。

8. 計算完成的刀具路徑，如下圖所示。

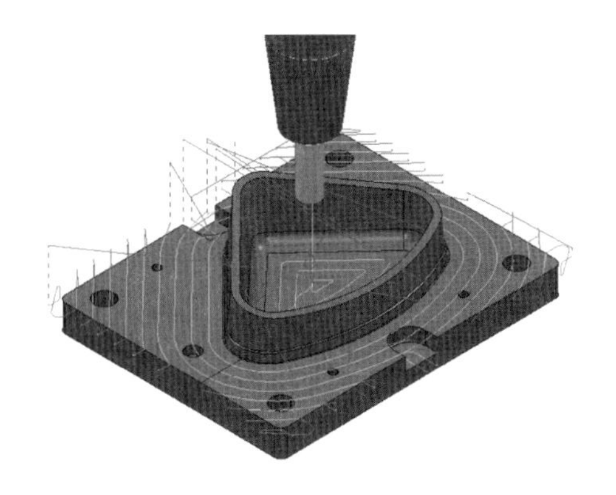

# 6.5 曲面側銑中加工（Swarf semi machining）

## 6.5.1 模型成品外側

1. 作動加工刀具 D16R0.4。
2. 從主要工具列，點擊刀具路徑工法選單。
3. 選取精加工 Finish 選單，選擇曲面側銑加工（Swarf finishing）工法選項。

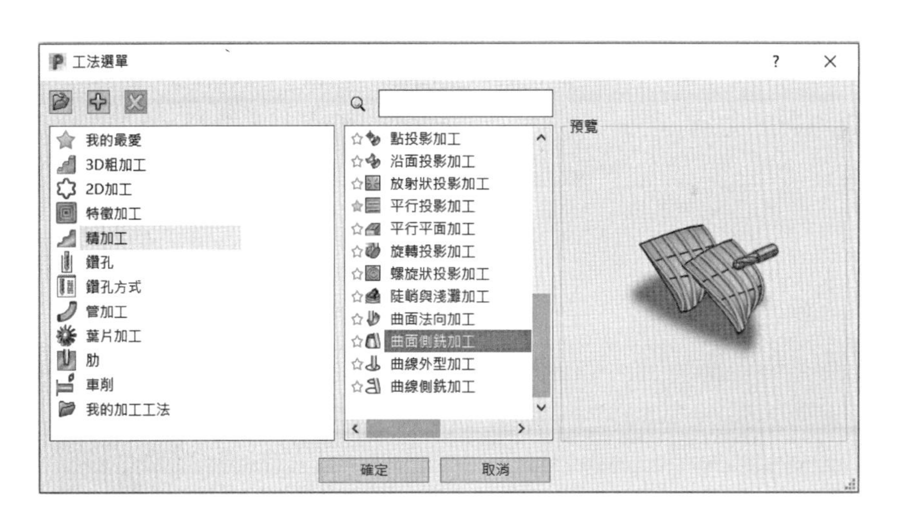


4. 開啓選單之後定義以下設定（如下頁圖所示）：
   (1) 輸入刀具路徑名稱：Swarf semi。
   (2) 公差：0.01。
   (3) 預留量：0.2。

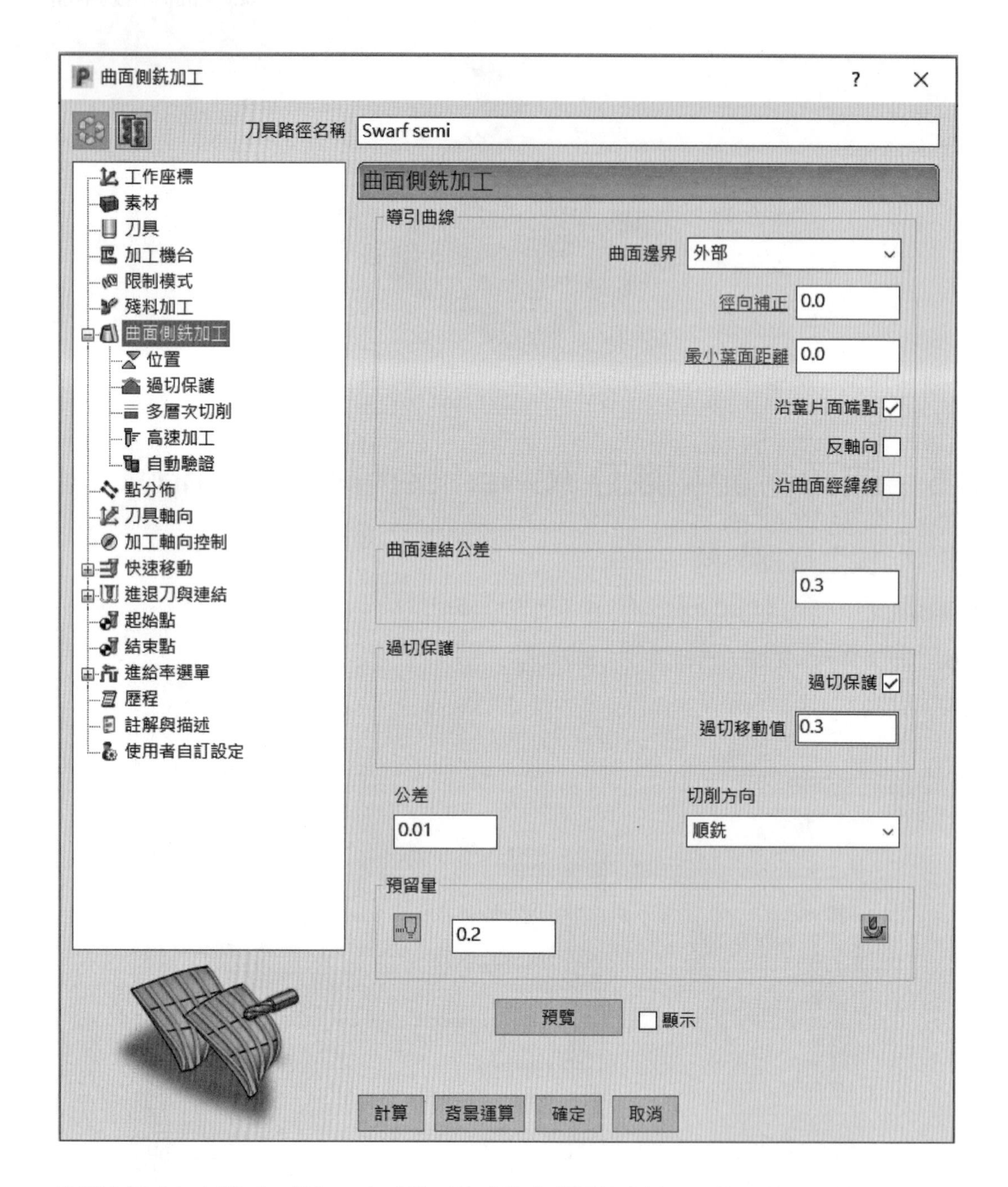


5. 點選多層次切削選項，從加工方式的下拉功能中選擇往上補正。輸入補正距離 0.2 mm，此設定主要是在增加路徑的起始加工高度值。最大切削深度定義 0.4 mm。

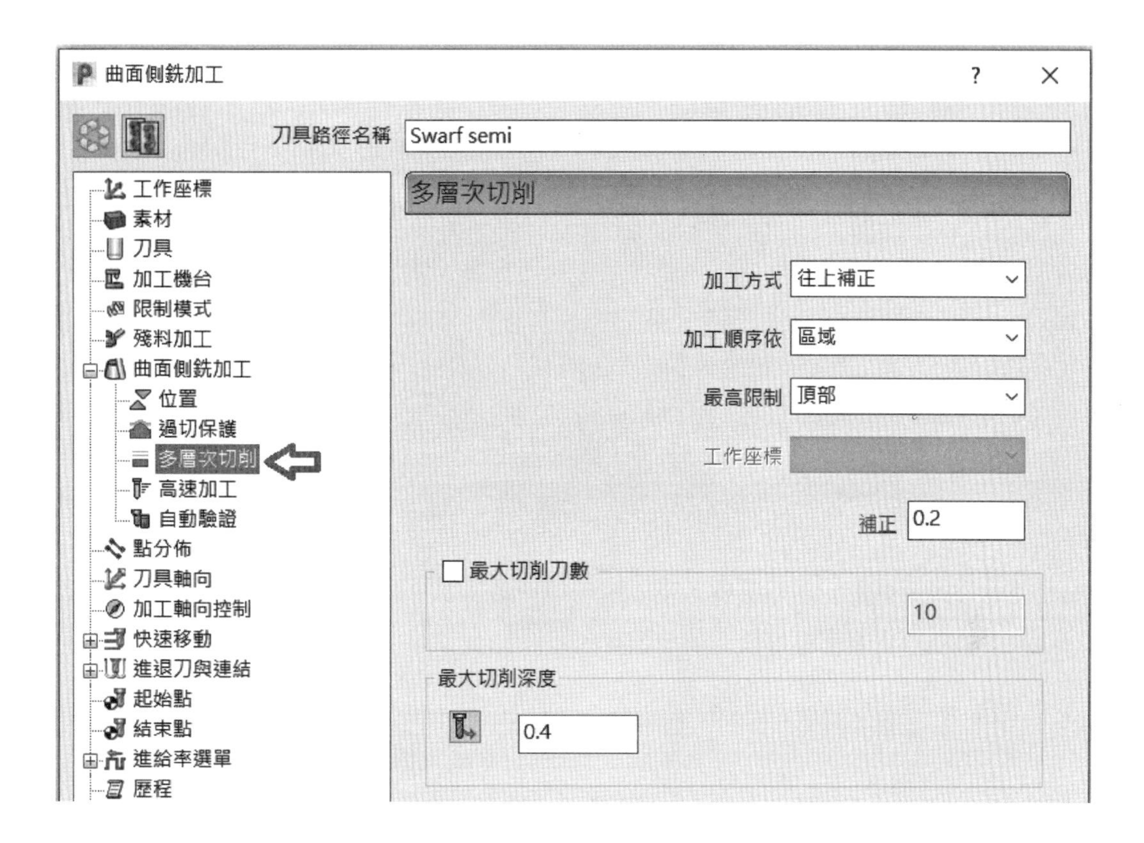


6. 點選刀具軸向選項，將側銑加工內定的刀具軸向—自動，從下拉功能中選擇垂直方向。

7. 點選快速移動（+）選項，從移動間隙選單頁面中，緩降距離定義為 1.0 mm。

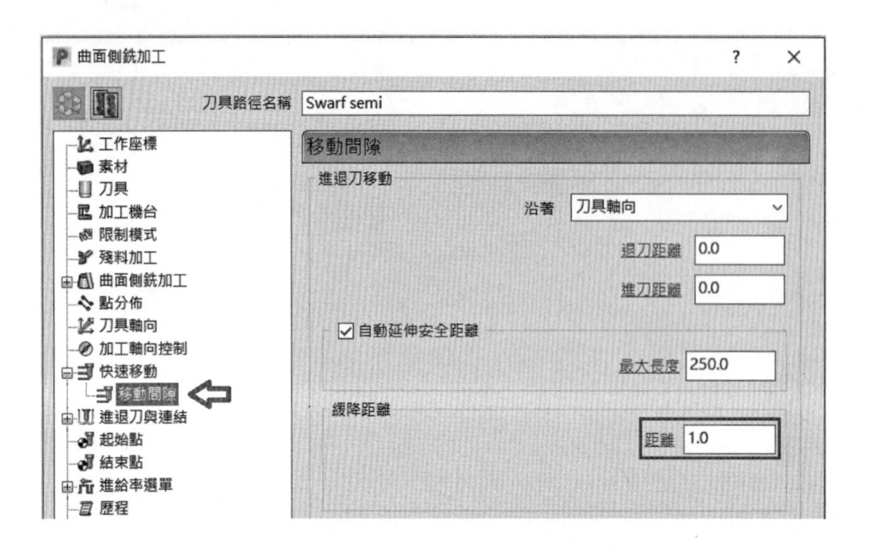


8. 點選進退刀與連結中的進刀選項，從下拉功能中選擇水平圓弧。定義角度爲 90.0，半徑爲 3.0 mm，再點選退刀與進刀相同選項按鈕。

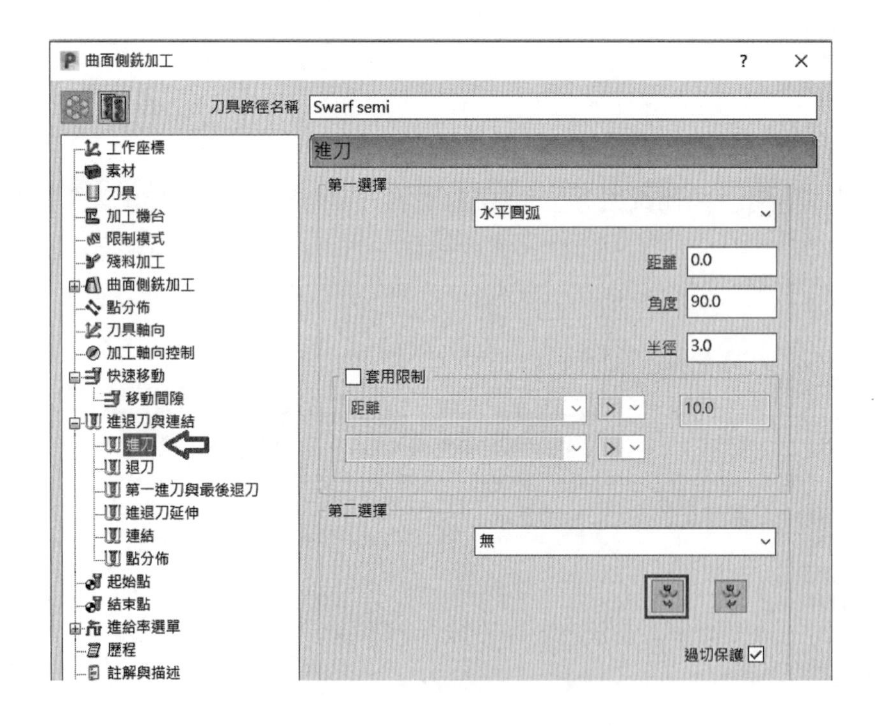


9. 點選進退刀與連結中的連結選項，從第一選擇下拉功能中選擇圓弧。定義距離爲 30.0。

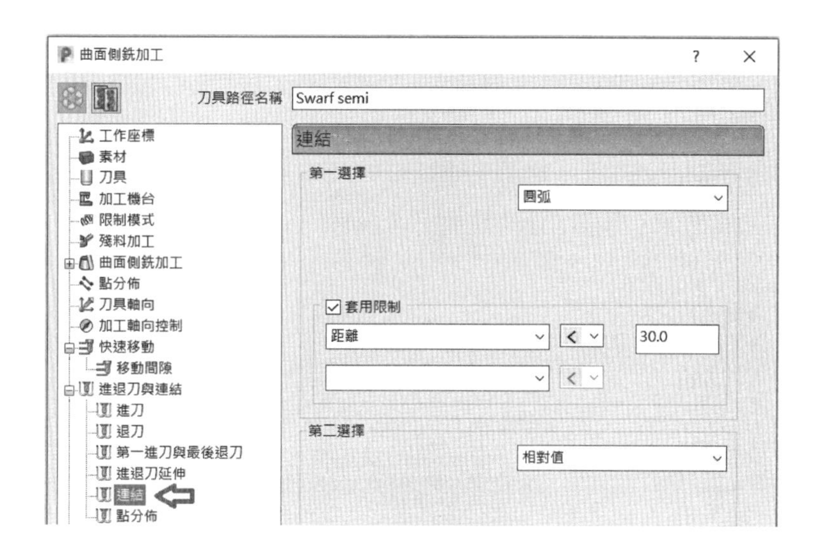


10. 框選所要加工的曲面，如下圖所示。

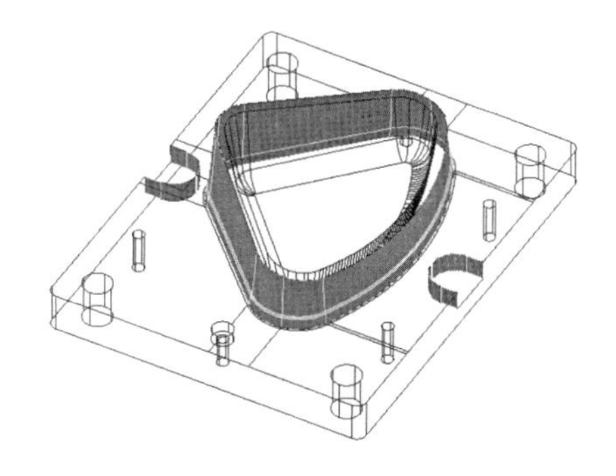

11. 定義加工參數完成，點擊計算。計算完成的刀具路徑，如下圖所示。

## 6.5.2　模型成品內側

1. 作動加工刀具 R8。

2. 從主要工具列，點擊刀具路徑工法選單 。

3. 選取精加工 Finish 選單，選擇曲面側銑加工（Swarf finishing）工法選項。

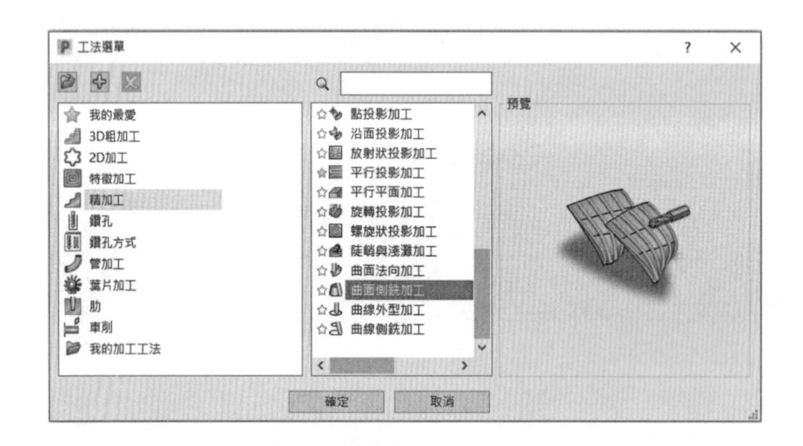


4. 開啓選單之後定義以下設定（如下圖所示）：

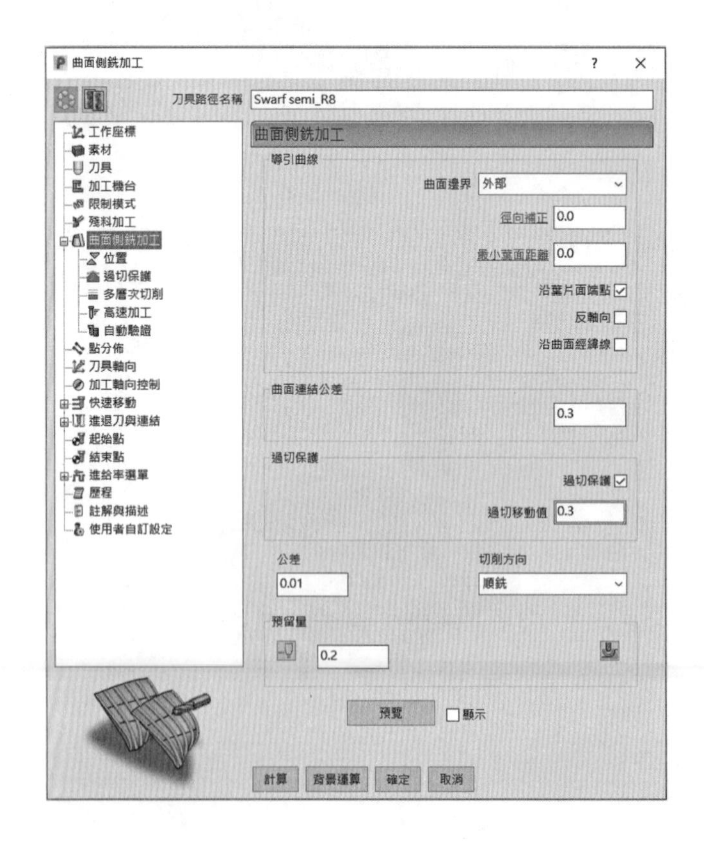

(1) 輸入刀具路徑名稱：Swarf semi_R8。

(2) 公差：0.01。

(3) 預留量：0.2。

5. 點選位置選項，從頁面中的補正選項功能輸入 –10.0 mm，此設定主要是在增加刀具路徑的底部 R 角處做加工。

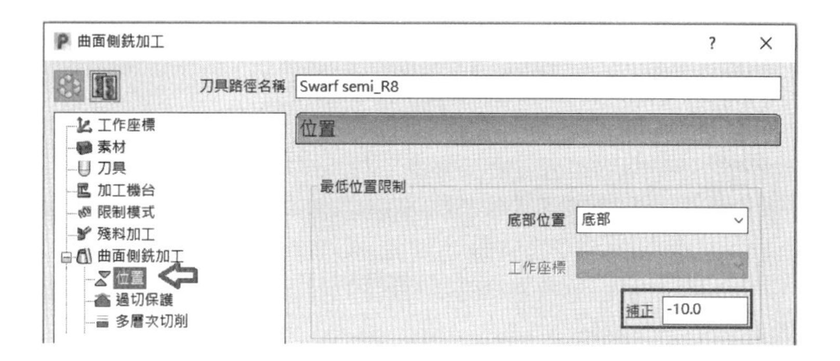


6. 點選多層次切削選項，從加工方式的下拉功能中選擇往上補正。輸入補正距離 1.0 mm，此設定主要是在增加路徑的起始加工高度值。最大切削深度定義 0.4 mm。

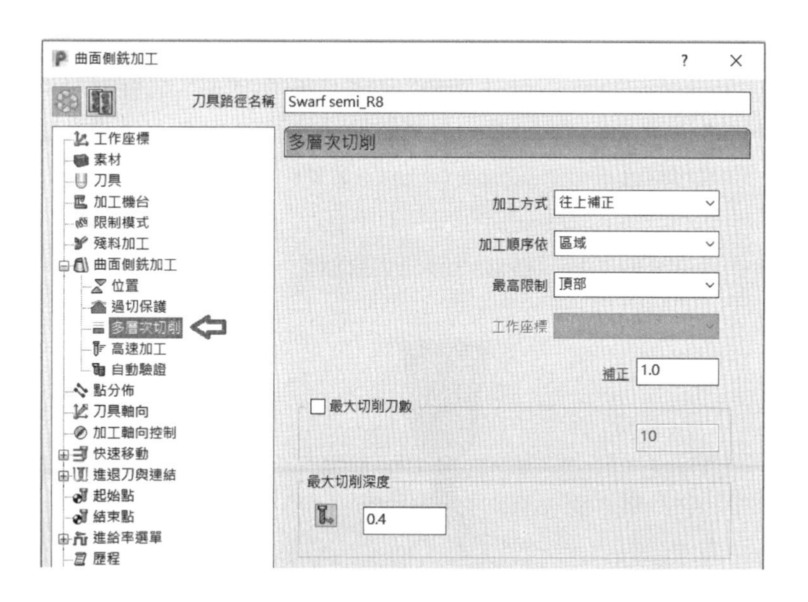


7. 點選高速加工選項，從頁面中勾選使用轉角 R。

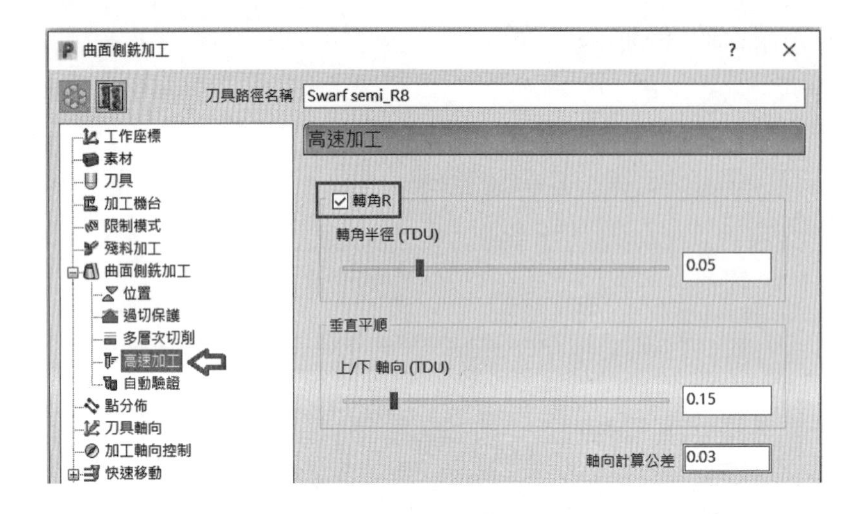


8. 進退刀與連結中的進刀選項，與 Swarf semi 刀具路徑相同。

9. 選取所要加工的曲面，如下圖所示。

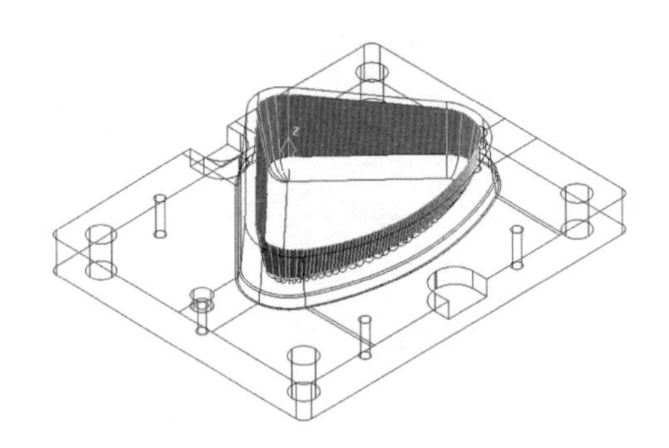

10. 定義加工參數完成，點擊計算。計算完成的刀具路徑，如下圖所示。

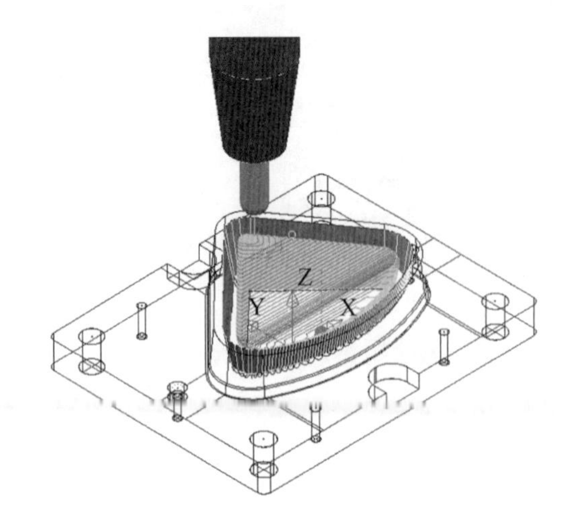

# 6.6 曲面側銑精加工（Swarf finish machining）

## 6.6.1 模型成品外側

1. 作動加工路徑 Swarf semi。
2. 將滑鼠移至此刀具路徑的名稱處，使用滑鼠右鍵開啓次功能 > 點擊設定參數。

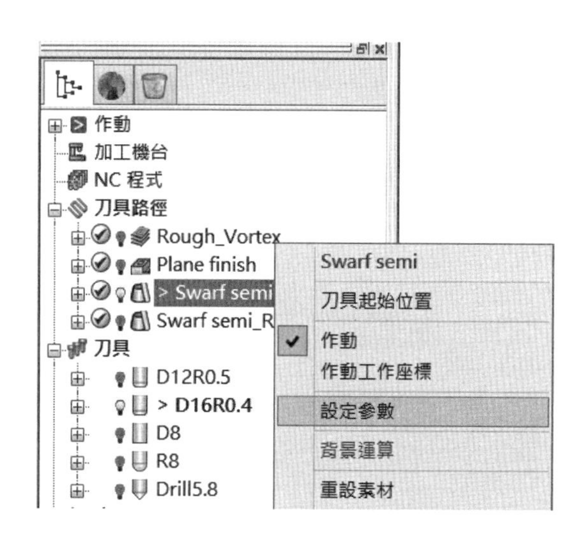


3. 開啓選單之後，點擊複製此刀具路徑。

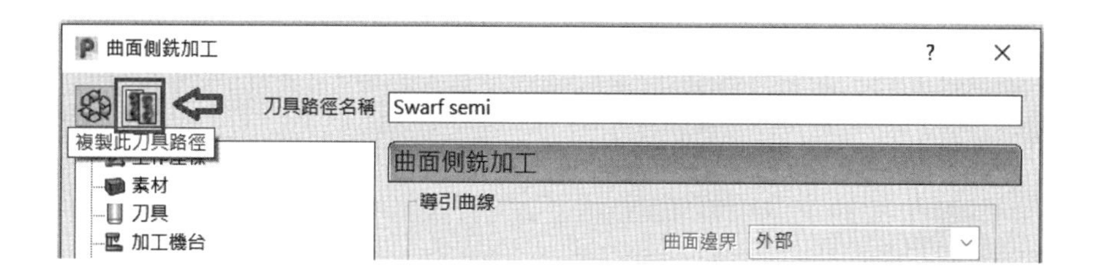


4. 定義以下設定（如下頁圖所示）：

   (1) 輸入刀具路徑名稱：Swarf finish。

   (2) 公差：0.01。

   (3) 預留量：0.0。

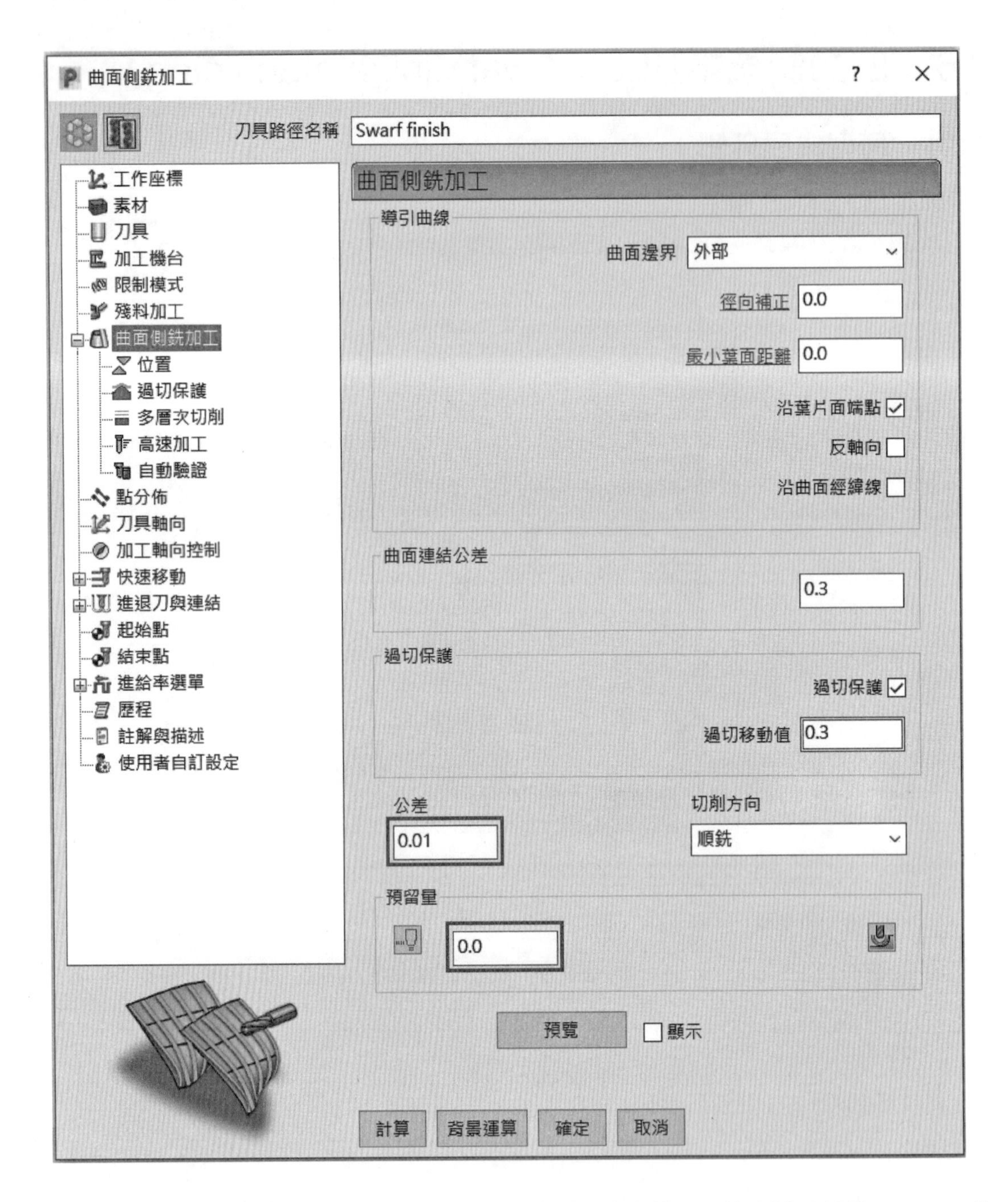


5. 點選多層次切削選項，從加工方式的下拉功能中選擇往上補正。輸入補正距離 0.2 mm，此設定主要在增加路徑的起始加工高度值。最大切削深度定義 0.2 mm。

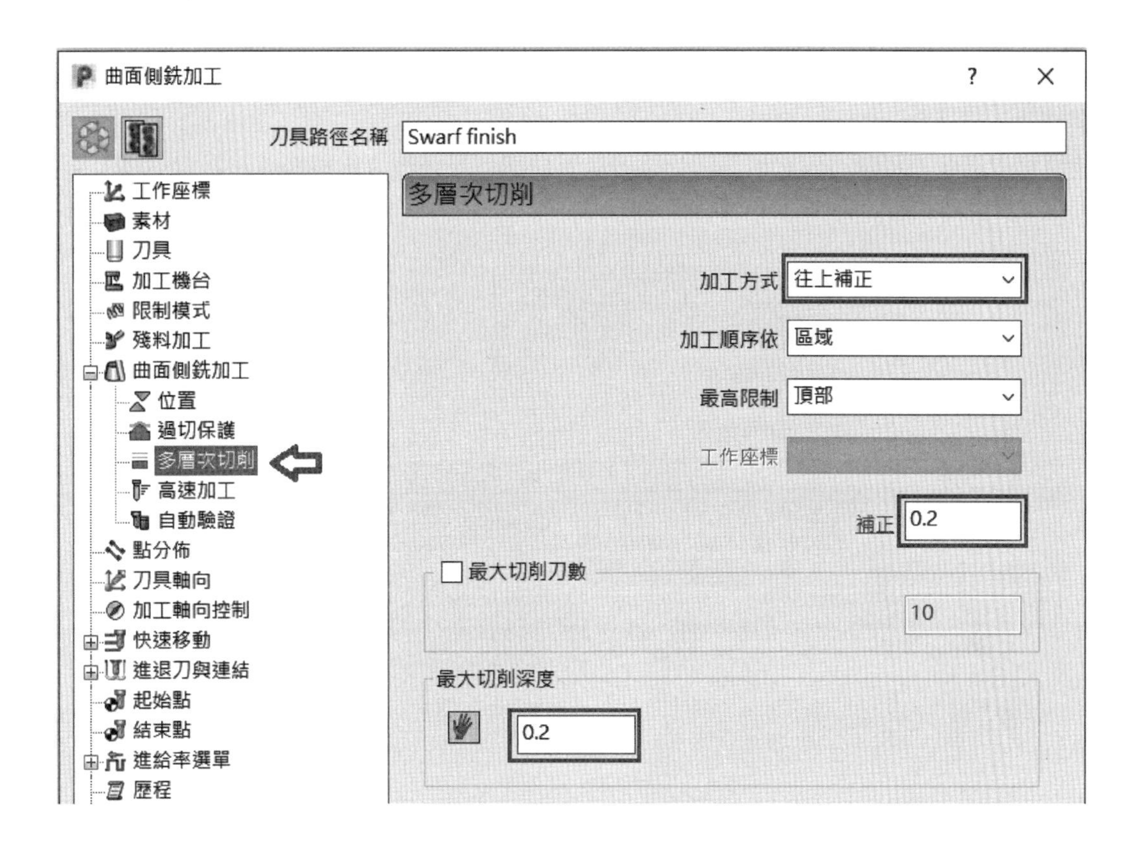


補充說明：

除了預留量與切削深度之外，其餘的定義參數條件都與曲面側銑外側的中加工都相同。

6. 定義加工參數完成，點擊計算。計算完成的刀具路徑，如下圖所示。

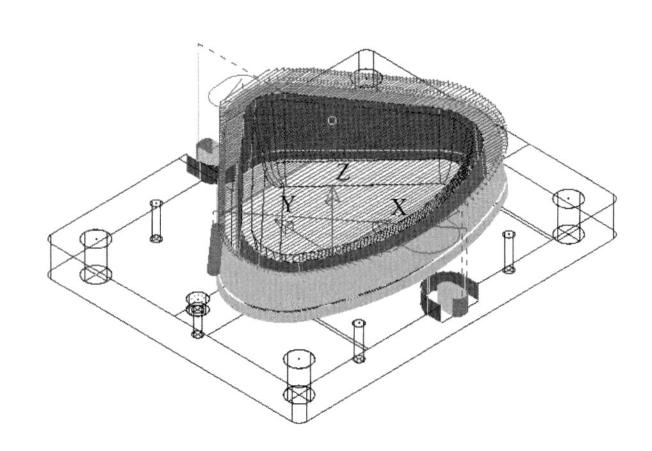

## 6.6.2 模型成品內側

1. 作動加工路徑 Swarf semi_R8。
2. 將滑鼠移至此刀具路徑的名稱處，使用滑鼠右鍵開啓次功能 > 點擊設定參數。

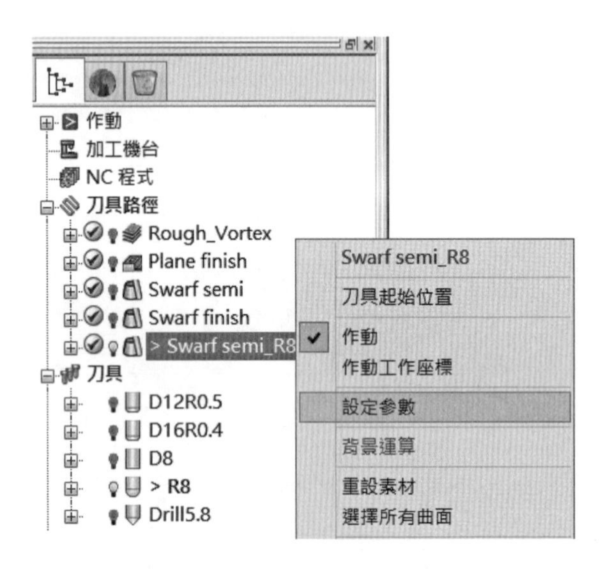


3. 開啓選單之後，點擊複製此刀具路徑。

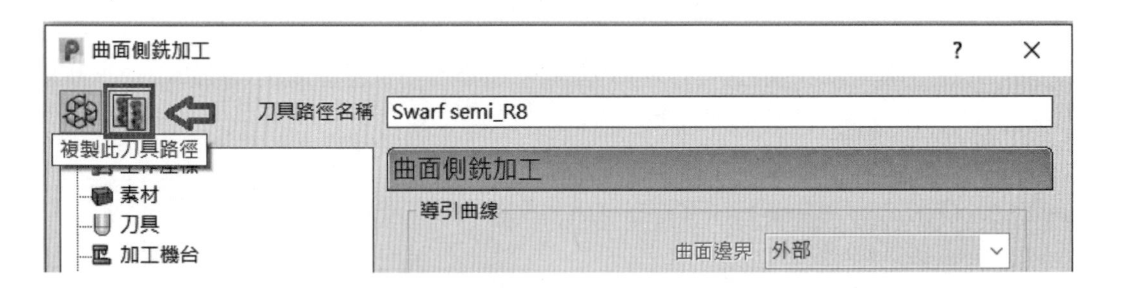


4. 定義以下設定（如下頁圖所示）：

(1) 輸入刀具路徑名稱：Swarf finish_R8。

(2) 公差：0.01。

(3) 預留量：0.0。

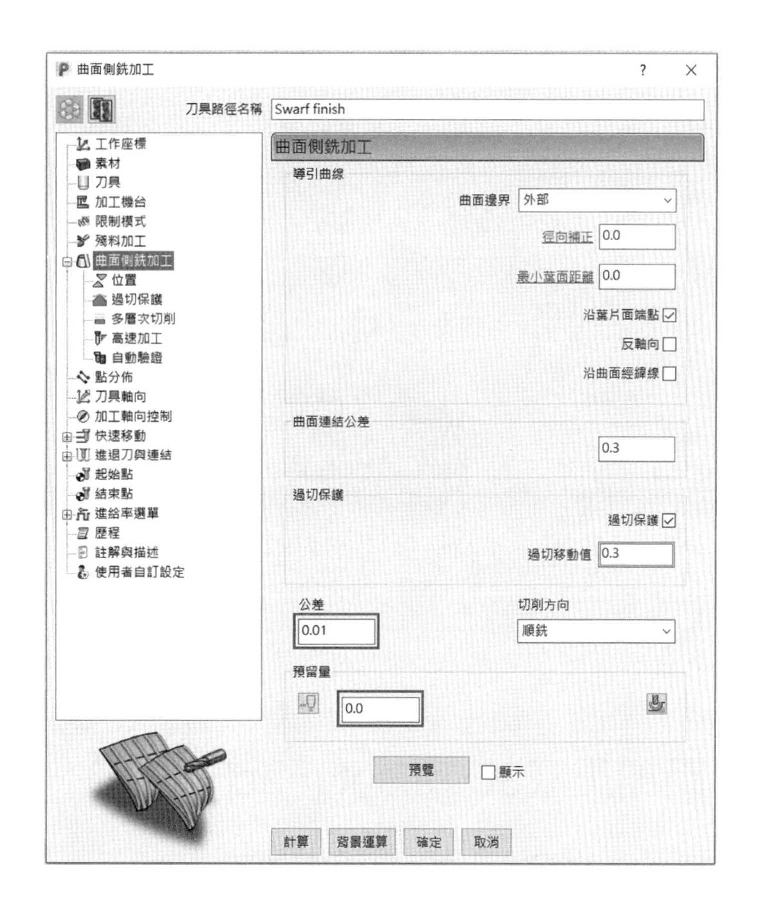


5. 點選多層次切削選項，從加工方式的下拉功能中選擇往上補正。輸入補正距離 0.2 mm，此設定主要在增加路徑的起始加工高度值。最大切削深度定義 0.2 mm。

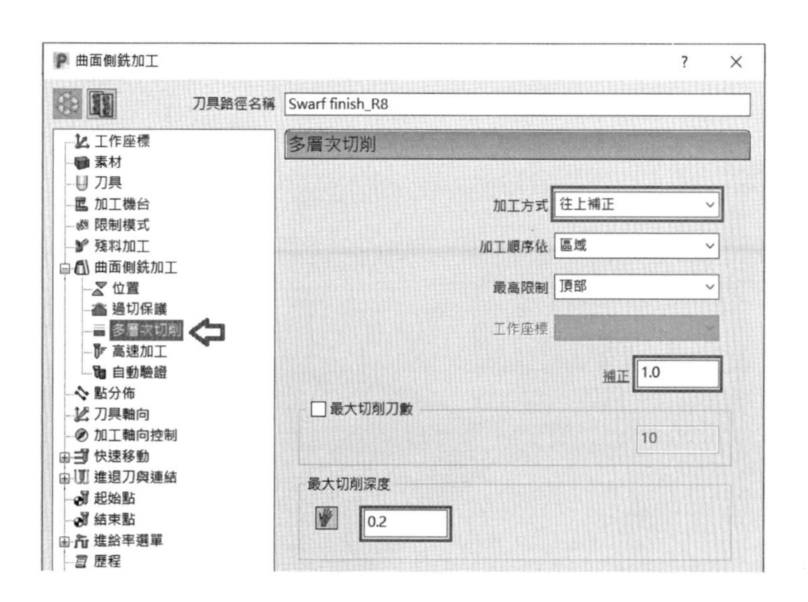

補充說明：

> 除了預留量與切削深度之外，其餘的定義參數條件都與曲面側銑外側的中加工都相同。

6. 定義加工參數完成，點擊計算。計算完成的刀具路徑，如下圖所示。

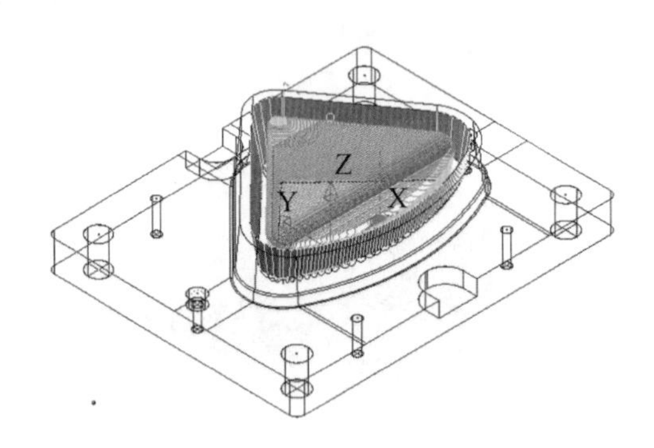


# 6.7　3D 等距加工（3D offset machining）

## 6.7.1　模型成品上端曲面——3D 等距中加工

1. 作動加工刀具 R8。
2. 從物件管理列中點選邊界選項，使用滑鼠右鍵開啓次功能 > 點選邊界建立 > 點擊選擇曲面邊界 > 再點選成品上端的曲面執行運算。

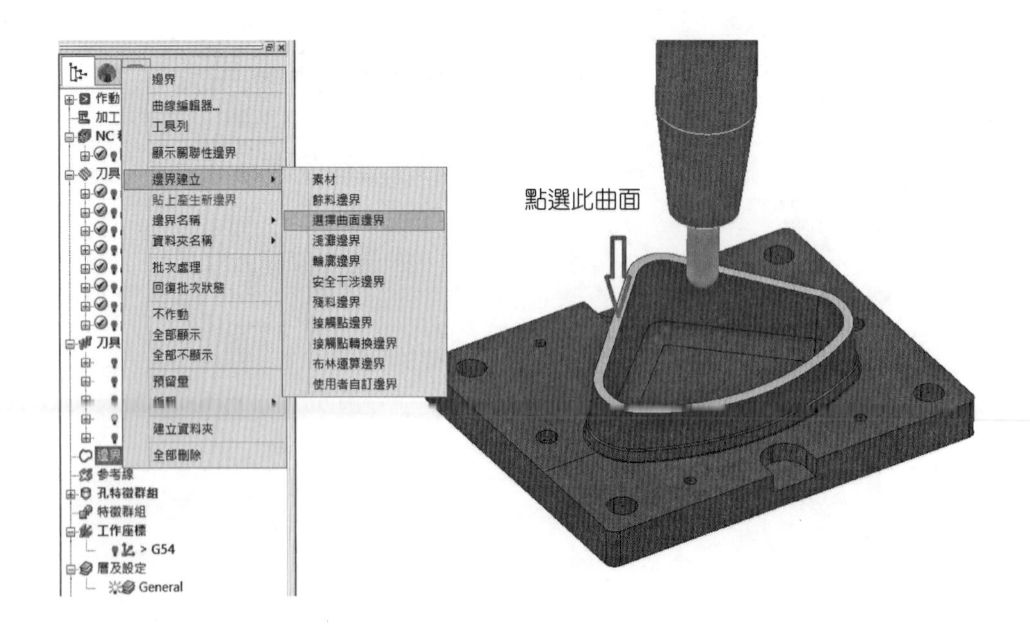

3. 從選擇曲面邊界選項中，將預留量定義爲 0.0，不勾選建立關聯邊界，接著點選執行，然後接受。

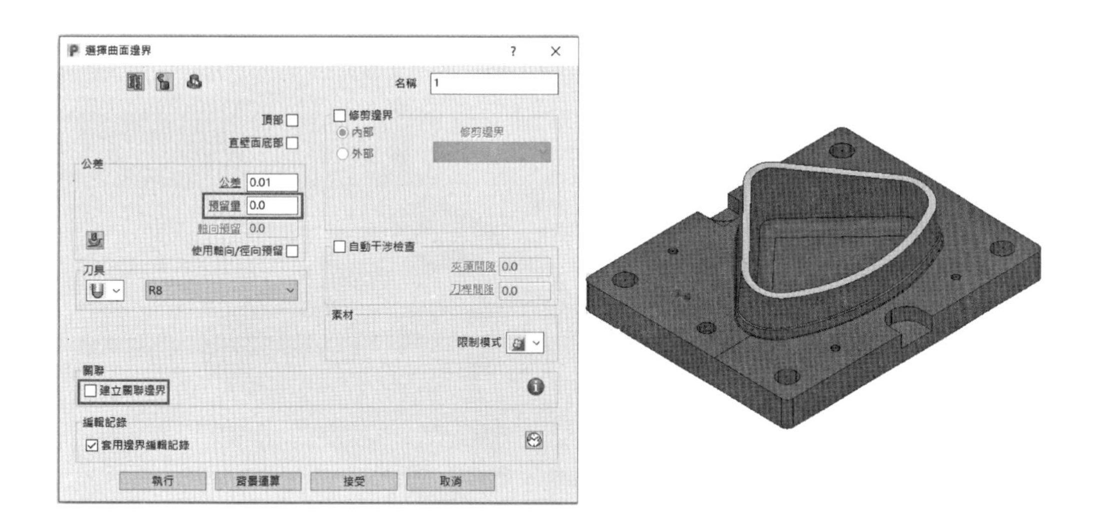


4. 執行選擇曲面邊界的運算結果如下圖所示。

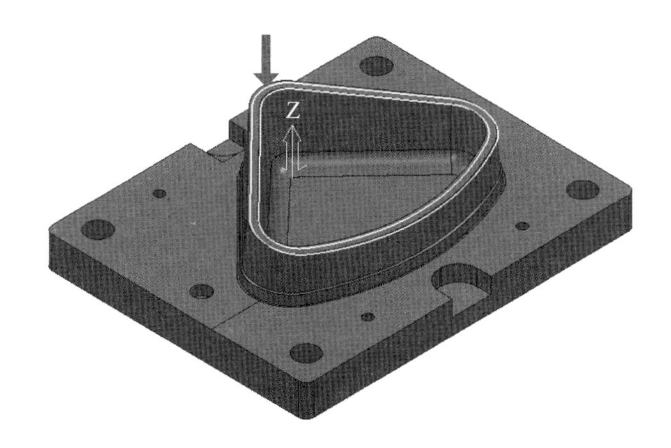


建議將邊界往外補正一個數値以達完全的加工，避免邊緣處留有殘餘料的問題發生。

5. 從物件管理列中點選邊界選項，使用滑鼠右鍵開啓次功能 > 確認作動 1 號邊界 > 點選曲線編輯器 > 點擊使用補正功能 > 再點選 3D 平順選項 > 輸入數値 0.2 > 執行運算。如下步驟圖所示。

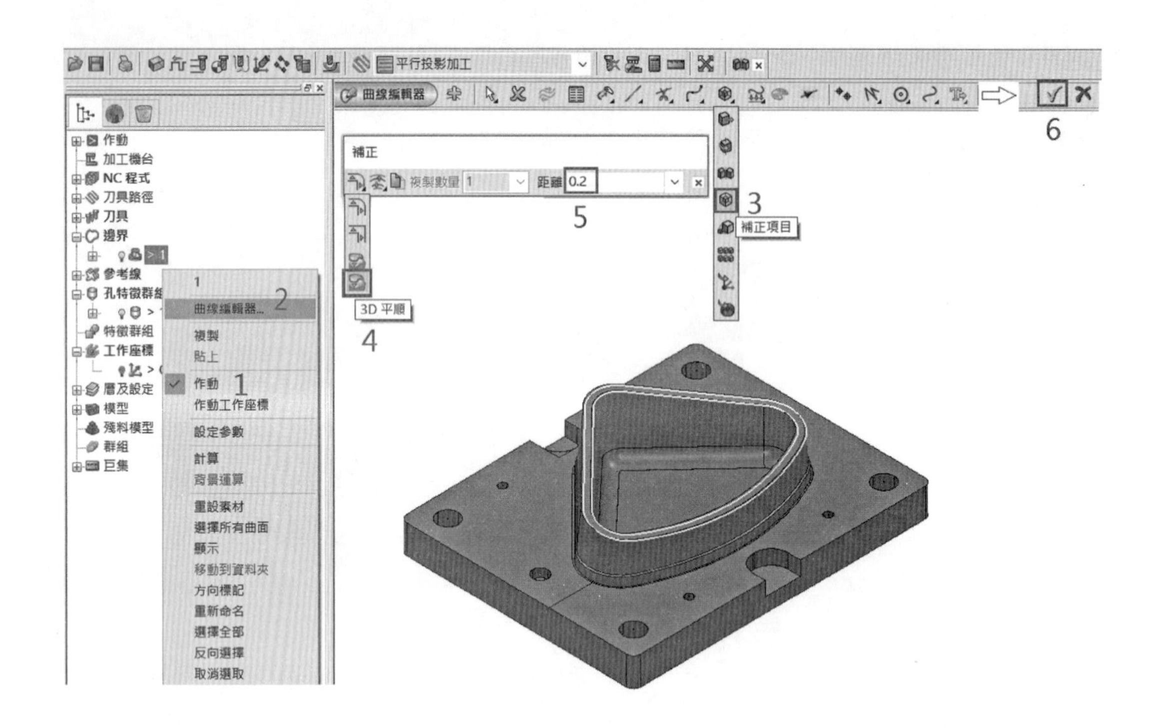


6. 從工作視窗中點選邊界名稱，使用滑鼠右鍵開啓次功能 > 點選複製。此主要用意在於將邊界進行複製轉貼到參考線做 3D 補正時，可經由此曲線做沿外形運算，當作起始等間距使用。

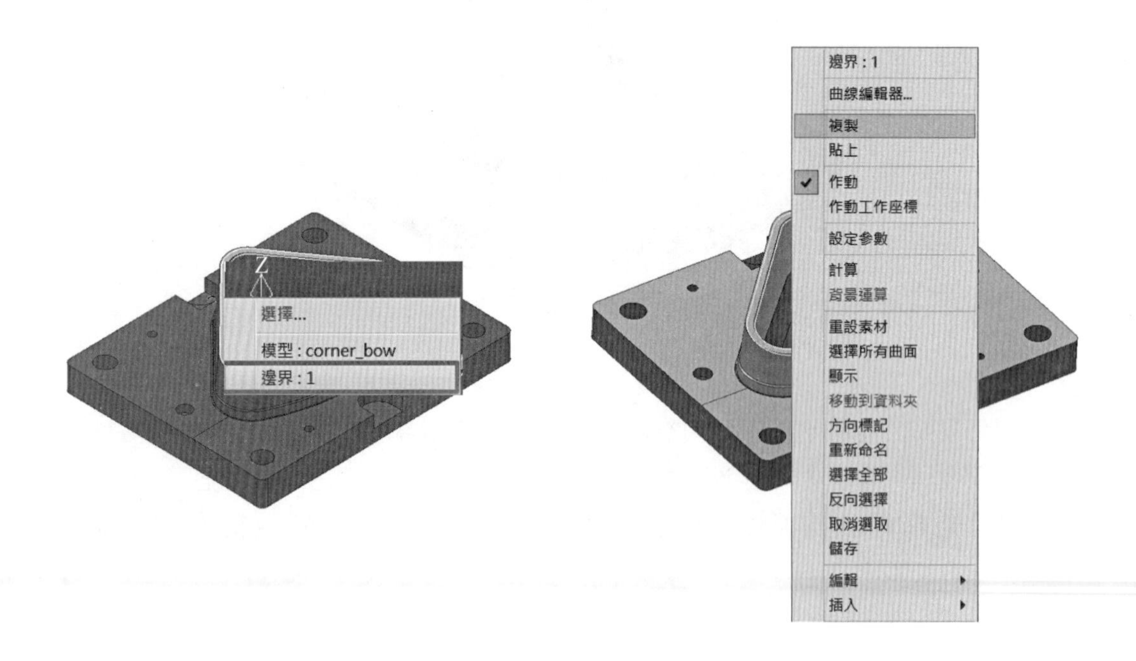


7. 從物件管理列中點選參考線，使用滑鼠右鍵開啓次功能 > 點選貼上產生新參考線。

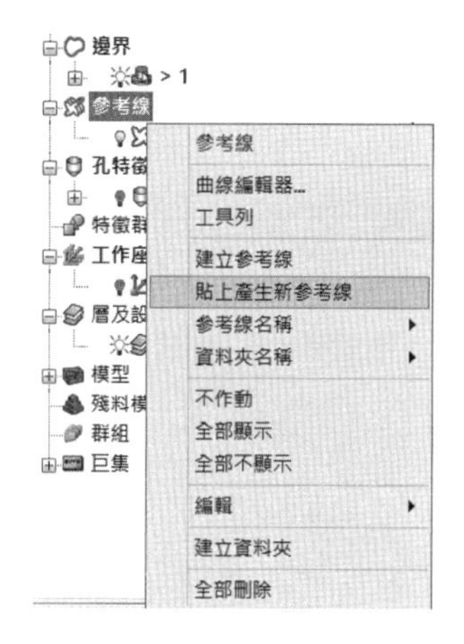


8. 關掉邊界的燈泡，點選參考線 1 名稱中的其中一條參考線移除它。

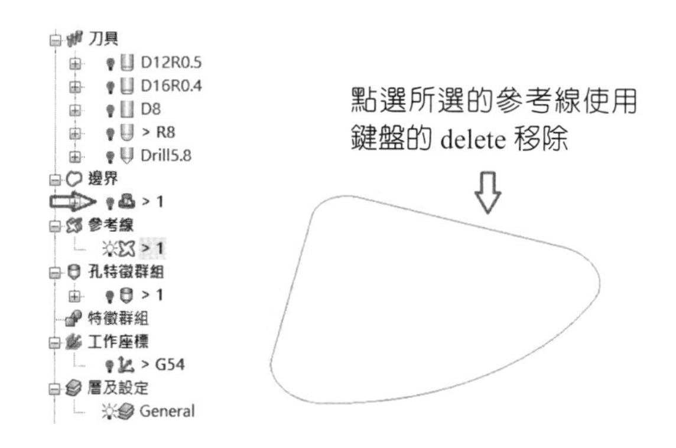


9. 從主要工具列，點擊刀具路徑工法選單 。

10. 選取精加工 Finish 選單，選擇 3D 等距加工（3D offset finishing）工法選項。

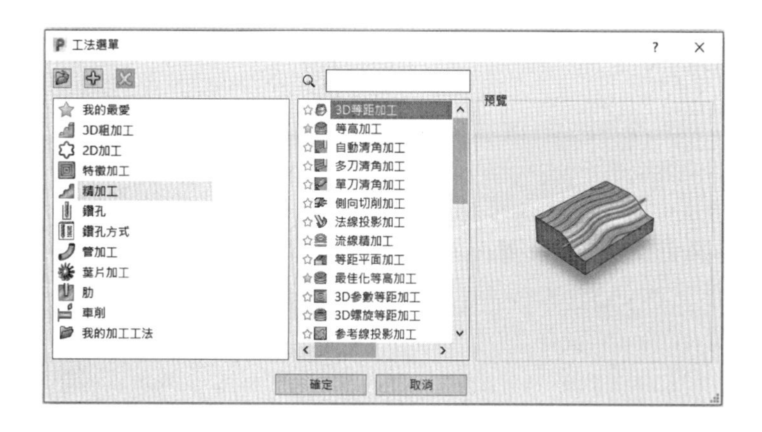

11. 開啓選單之後定義以下設定（如下圖所示）：

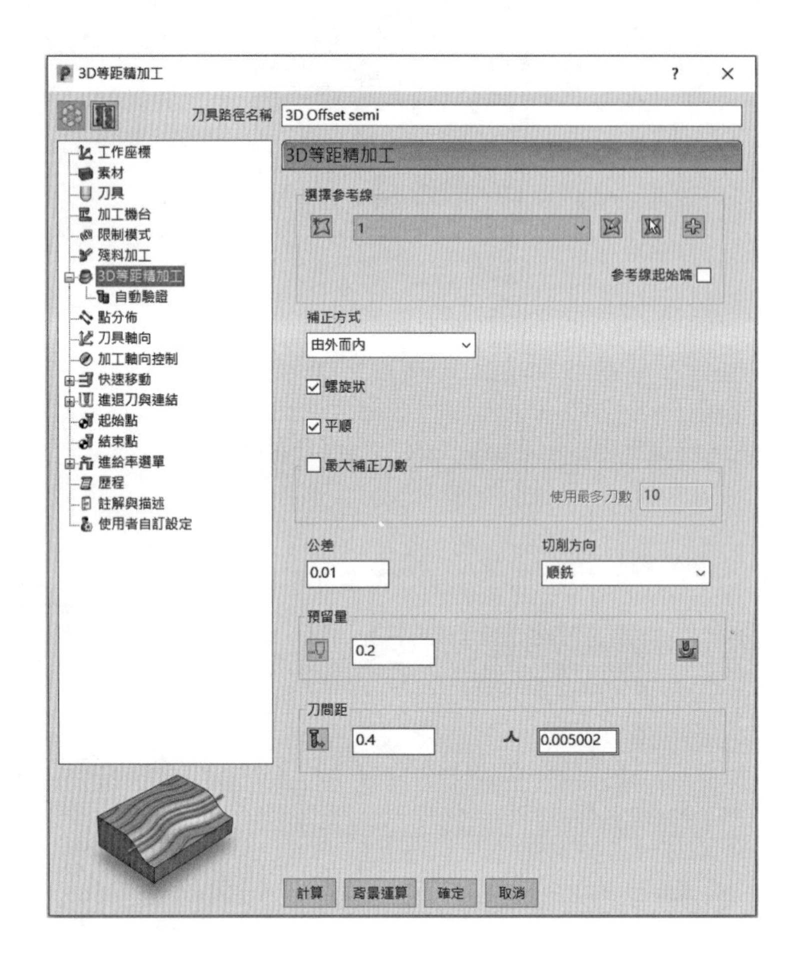


(1) 輸入刀具路徑名稱：3D Offset semi。

(2) 選擇參考線：1。

(3) 勾選螺旋狀與平順。

(4) 公差：0.01。

(5) 預留量：0.2。

(6) 刀間距：0.4。

(7) 定義加工參數完成，點擊計算。

12. 出現如下圖警告訊息，直接點擊確定（此不影響加工路徑）。

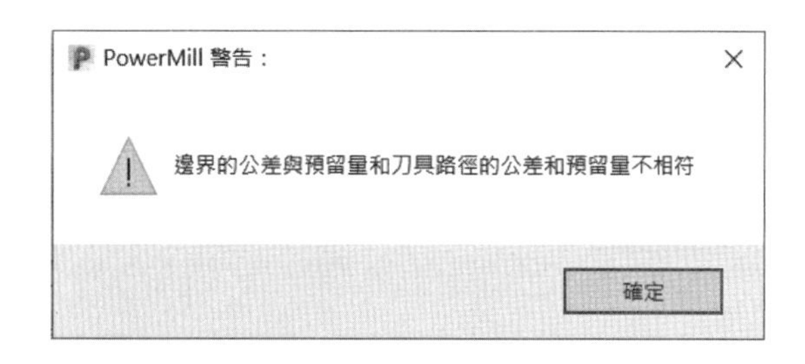


13. 計算完成的刀具路徑，如下圖所示。

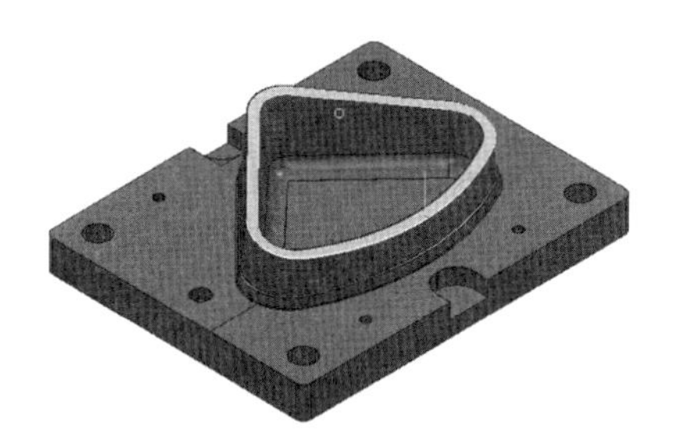

14. 路徑的加工軌跡是以端面的外形做 3D 等距補正加工，此應該是最好的沿面加工方式。

## 6.7.2 模型成品上端曲面——3D 等距精加工

1. 將滑鼠移至 3D offset semi 刀具路徑的名稱處，使用滑鼠右鍵開啓次功能 > 點擊設定參數。

2. 開啓選單之後，點擊複製此刀具路徑。

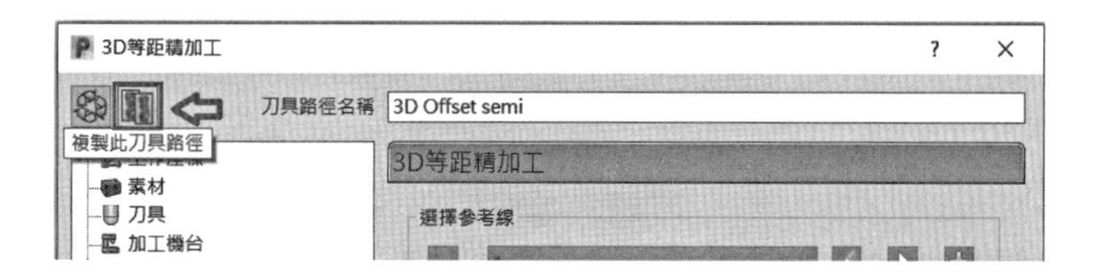

3. 開啓選單之後定義以下設定（如下圖所示）：

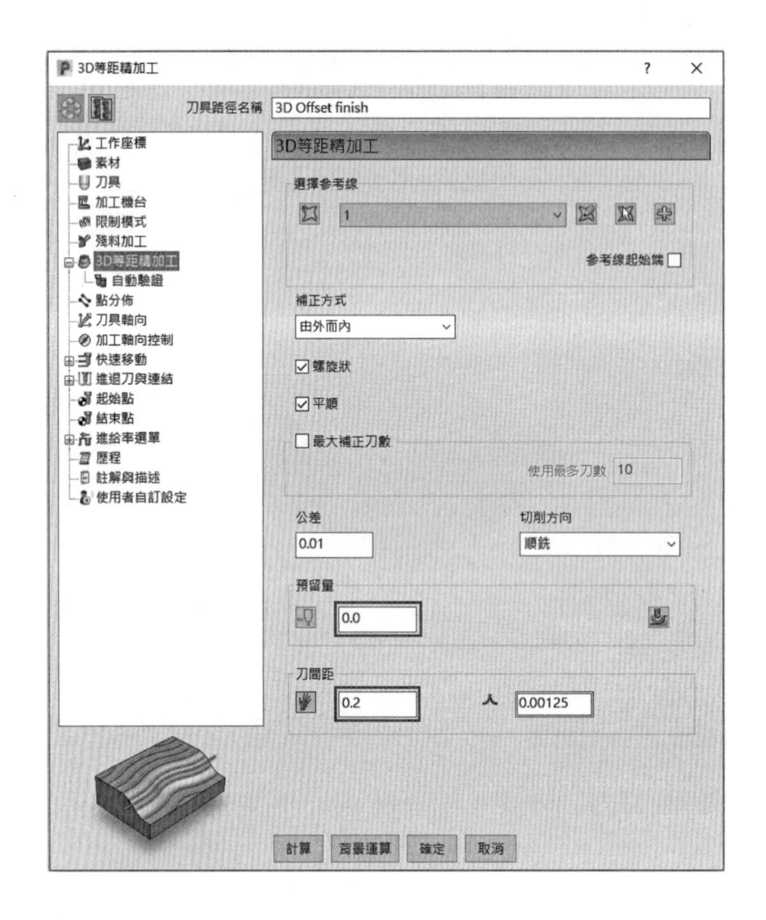


(1) 輸入刀具路徑名稱：3D Offset finish。

(2) 選擇參考線：1。

(3) 勾選螺旋狀與平順。

(4) 公差：0.01。

(5) 預留量：0.0。

(6) 刀間距：0.2。

補充說明：

除了預留量與刀間距之外，其餘的定義參數條件都與 3D 等距的中加工都相同。

4. 定義加工參數完成，點擊計算。計算完成的刀具路徑，如下圖所示。

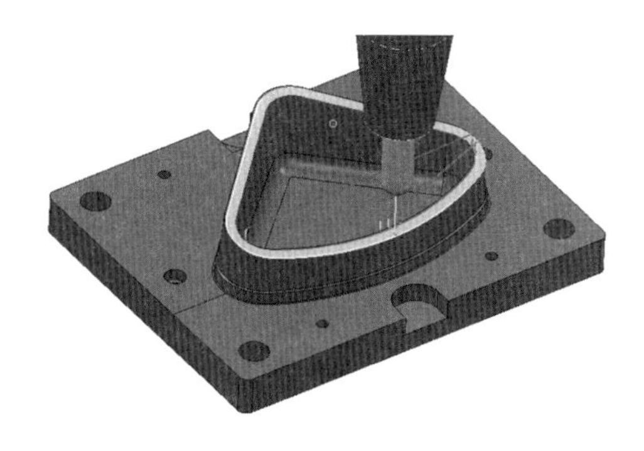

補充說明：

有多餘的斷續路徑可自行刪除。

# 6.8 鑽孔加工（Drill machining）

## 6.8.1 針對模型的所有孔進行啄鑽加工（G73）

1. 作動加工刀具 Drill5.8。
2. 點選物件管理列中的孔特徵群組 > 使用滑鼠右鍵開啓次功能 > 點擊建立孔。

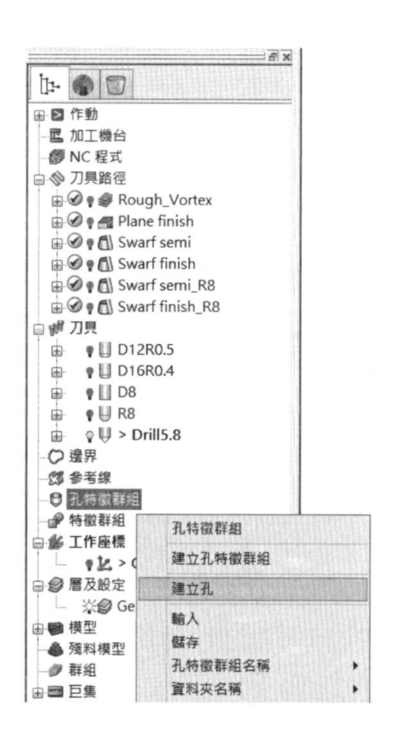

3. 從建立孔選單中，輸入建立孔名稱 Hole，依內定選用模型來建立特徵，使用滑鼠框選整個模型，選取後將以黃色亮顯顯示。勾選僅使用作動工作座標，接著按執行，然後關閉。

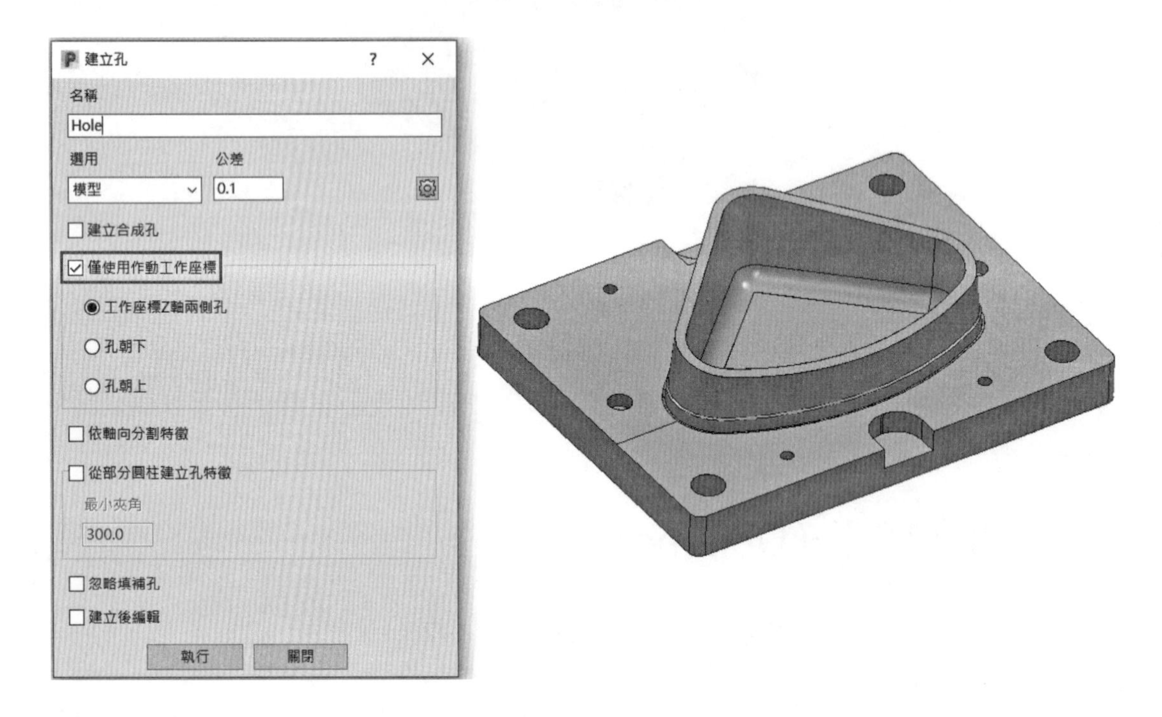


4. 產生的特徵孔須注意中心點是否有反向的問題，它將會造成路徑由下往上進刀的問題發生。如有反向的特徵孔，我們需要將這些特徵孔來進行反向處理，讀者才能進行鑽孔路徑的運算。

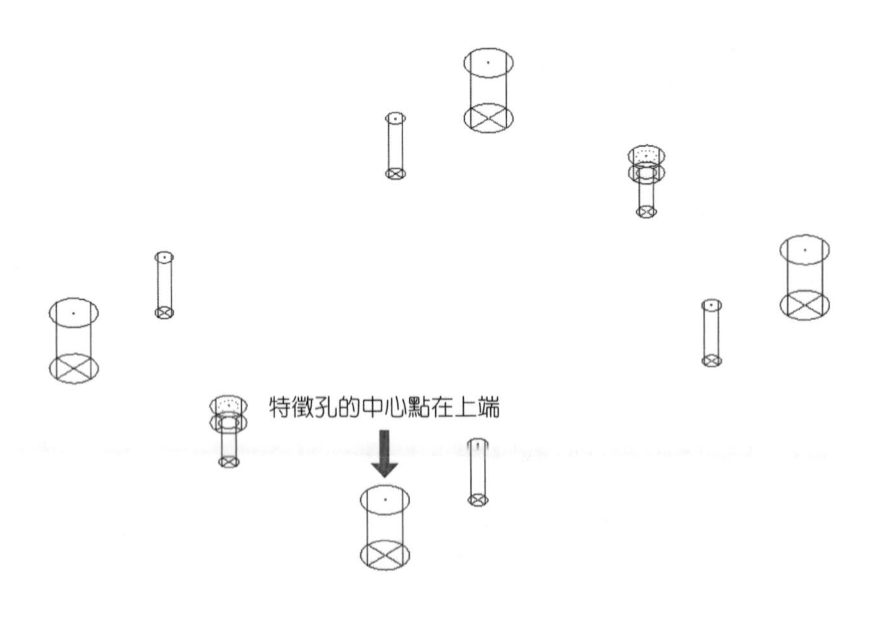

5. 如發生特徵孔反向可從物件管理列中的孔特徵群組 > 使用滑鼠右鍵在孔特徵名稱的次功能列 > 點選編輯 > 點擊反向所選特徵孔。

6. 從主要工具列，點擊刀具路徑工法選單。

7. 從鑽孔工法 Drilling 選單中，選擇鑽孔加工工法 Drilling。

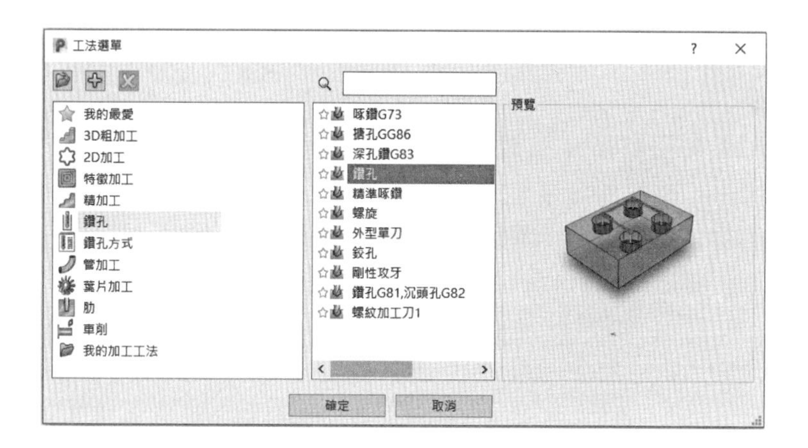


8. 開啓鑽孔選單之後定義以下設定（如下圖所示）：

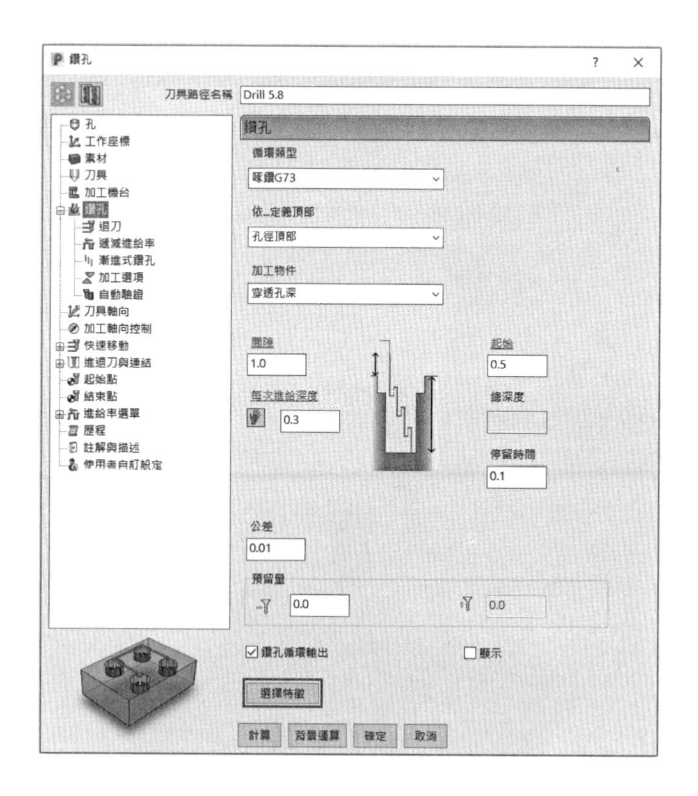

(1) 輸入刀具路徑名稱：Drill5.8。

(2) 循環類型選取：啄鑽 G73。

(3) 加工物件選取：穿透孔深。

(4) 間隙：1.0 mm、起始：0.5、停留時間：0.1。

(5) 每次進給深度：0.3 mm。

(6) 公差：0.01。

(7) 預留量：0.0。

9. 從鑽孔選單中點選「選擇特徵」，按 Shift 將所有的特徵孔做選擇，點擊新增列表與所選，然後關閉。

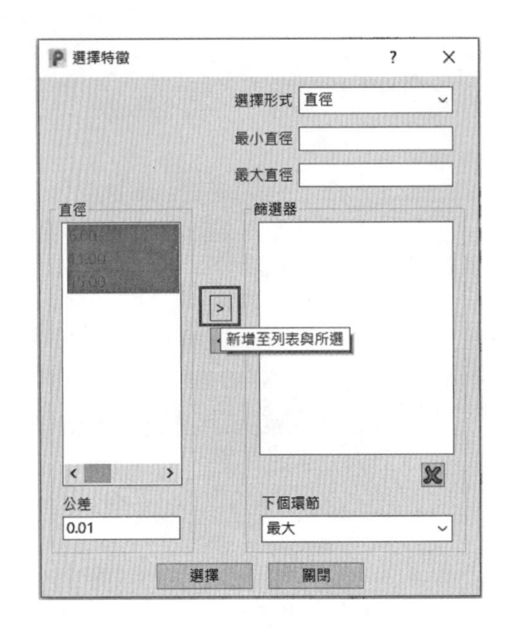


10. 定義加工參數完成，點擊計算。

11. 計算完成的刀具路徑，如下圖所示。

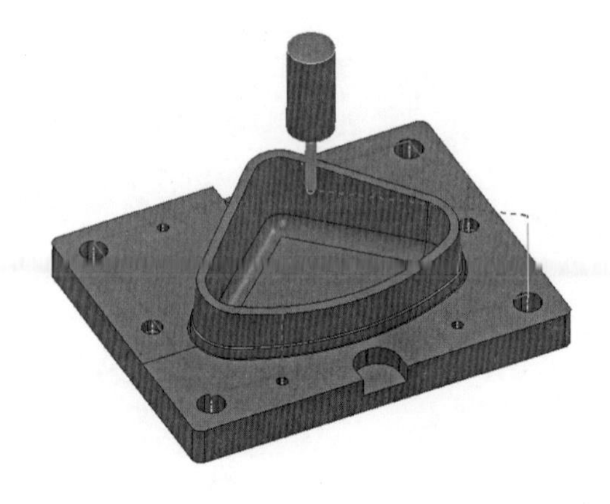

## 6.8.2 針對模型的孔直徑 ø11 及 ø15 進行螺旋擴孔加工

1. 作動加工刀具 D8。
2. 從主要工具列，點擊刀具路徑工法選單 。
3. 從鑽孔工法 Drilling 選單中，選擇鑽孔加工工法 Drilling。

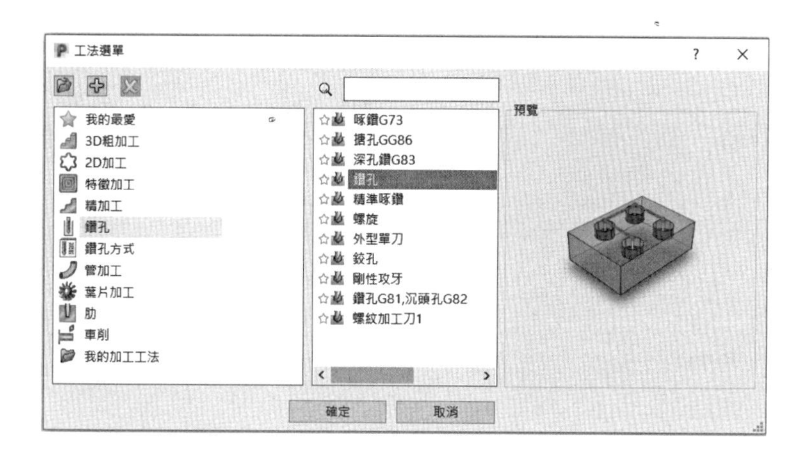


4. 開啓鑽孔選單之後定義以下設定（如下圖所示）：

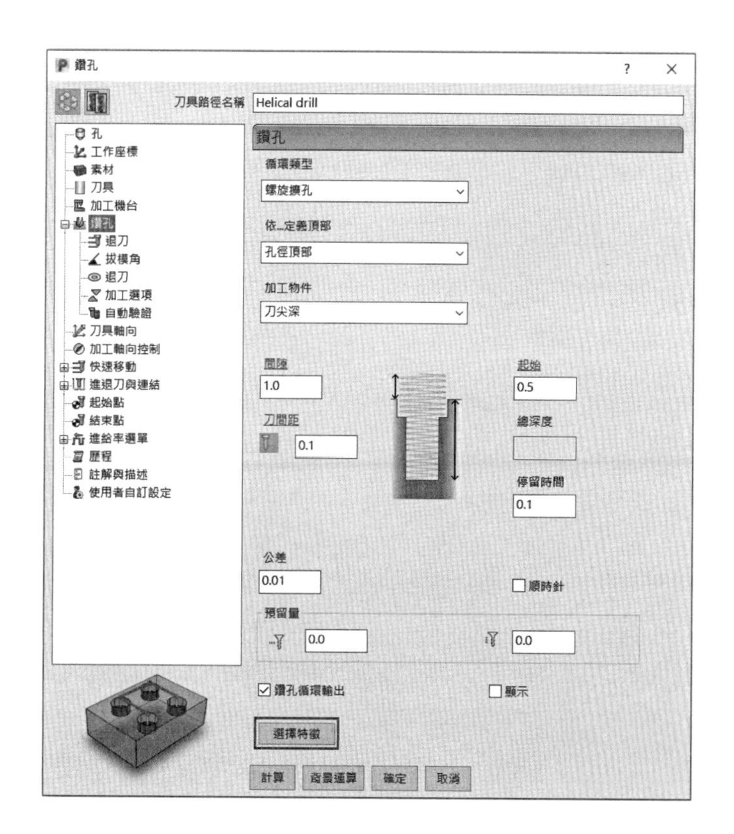

(1) 輸入刀具路徑名稱：Helical drill。

(2) 循環類型選取：螺旋擴孔。

(3) 加工物件選取：刀尖深。

(4) 間隙：1.0 mm、起始：0.5 、停留時間：0.1 。

(5) 刀間距：0.1 mm。

(6) 公差：0.01 。

(7) 預留量：0.0 。

5. 從鑽孔選單中點選「選擇特徵」，將直徑為 $\phi$6 的特徵孔，點擊移除所選，然後關閉。

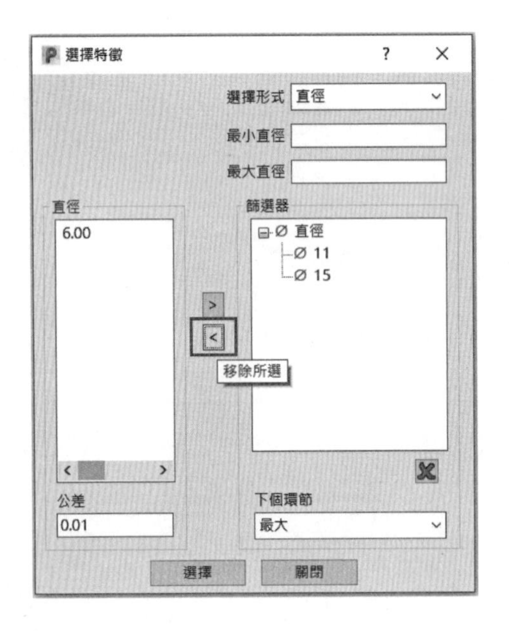


6. 定義加工參數完成，點擊計算。

7. 計算完成的刀具路徑，如下圖所示。

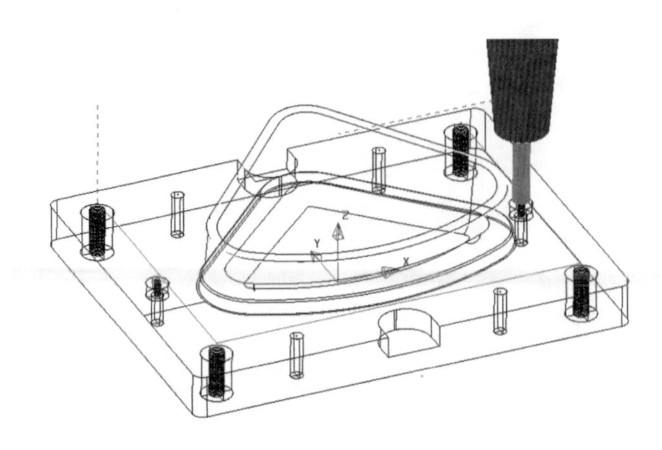

# 6.9 實體模擬加工（Simulation）

1. 從主功能列中選取視角 > 工具列 > 實體模擬，開啓實體模擬工具列。
2. 點擊第一個按鈕 ，進入實體模擬模式，選項即被亮顯。

3. 點擊上列圖示第六個彩色圖標按鈕，然後在樹狀功能表選擇第一個設定的刀具路徑按滑鼠右鍵，點選次功能的「刀具起始位置」選項，接著在路徑模擬工具列上點擊▶鈕；每個路徑依序選擇，將會逐一地顯示所有設定的刀具路徑之結果。
4. 完成模擬如下圖示（如不逐步模擬，可將所有的路徑移至 NC 程式做串刀模擬）。

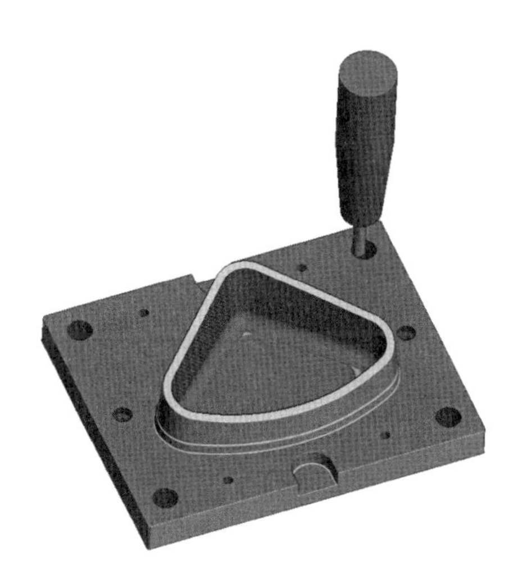

針對上述的操作補充說明：

1. 使用 Vortex 旋風擺線加工可大幅度提高粗加工的切削效益，尤其是在幾何零件類的模型，其中以汽機車零件最多。
2. 模型內外側使用曲面側銑中與精加工，可解決一般使用等高加工造成的鄰面尖角處倒角精度的問題，以及上端面路徑無法等距的問題。
3. 因此，分區加工處理的方式，選擇使用最合適的工法將可確保優良的加工品質。

# 7

# 三軸銑削加工實習：管形模（3D milling practice: tubular mold）

學習重點

7.1 簡介（Introduction）
7.2 基本設定（Basic set-up）
7.3 模型粗加工（Model rough machining）
7.4 模型餘料加工（Model rest machining）
7.5 最佳化等高中加工（Optimised constant Z semi machining）
7.6 最佳化等高精加工（Optimised constant Z finish machining）

# 7.1 簡介（Introduction）

本章節範例的主要重點在於介紹最佳化等高加工工法與接觸點邊界的應用，以單一的工法路徑來完成中精銑加工編程。當然讀者也可以選擇分區域的方式，使用不同的工法策略來完成這個模型的加工。

管形模範例，如下圖所示。

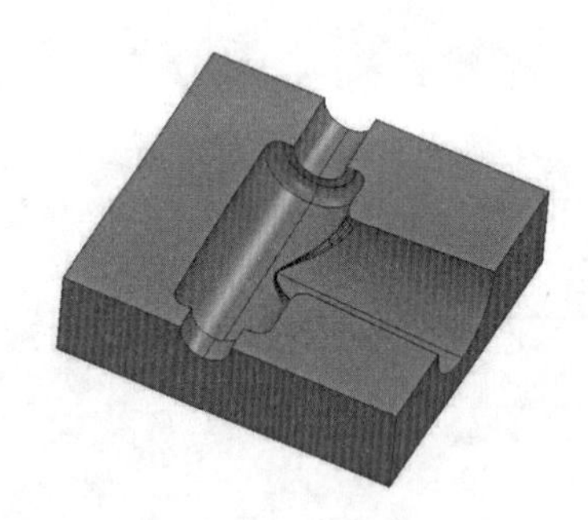

# 7.2 基本設定（Basic set-up）

## 7.2.1 輸入模型（Import model）

從主功能表中選取檔案－輸入模型，光碟目錄 Chapter-07 選取 Tubular.dgk 檔案。如下圖所示。

### 7.2.2 素材建立（Block creation）

開啓素材選單使用物件（最小 / 最大值）素材選項，點擊計算按鈕，Z 軸高度最大值爲 35.0 mm，工作座標切換爲世界座標，然後選取接受，關閉選單。

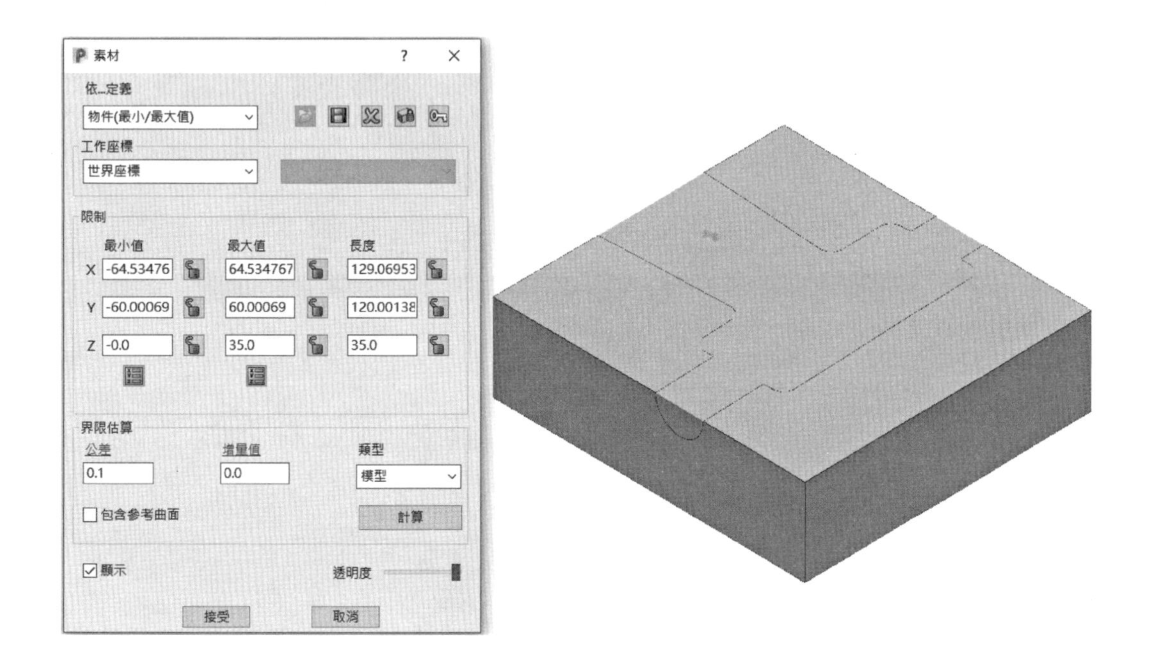


### 7.2.3 工作座標設定（Work coordinate setting）

點選物件管理列中的工作座標 > 滑鼠右鍵開啓次功能 > 建立和定位工作座標 > 使用素材定位工作座標。

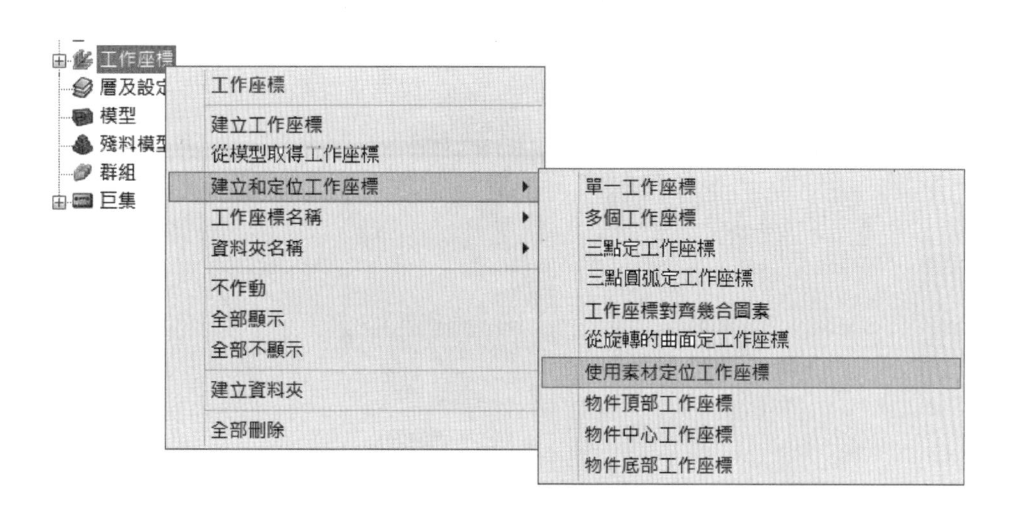

1. 滑鼠點擊下圖箭頭指引位置。

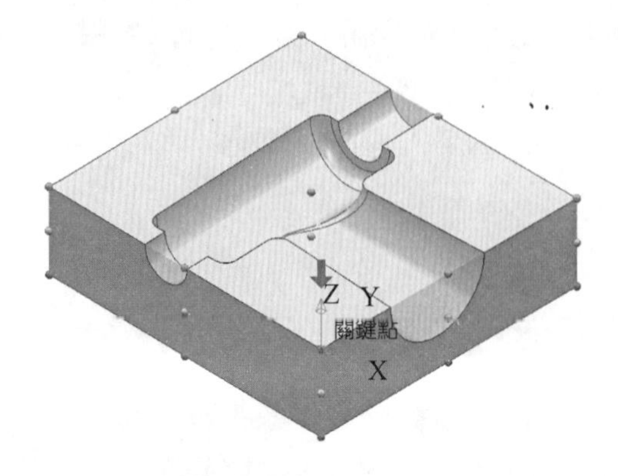


2. 工作座標重新命名爲 G54，並作動此工作座標。

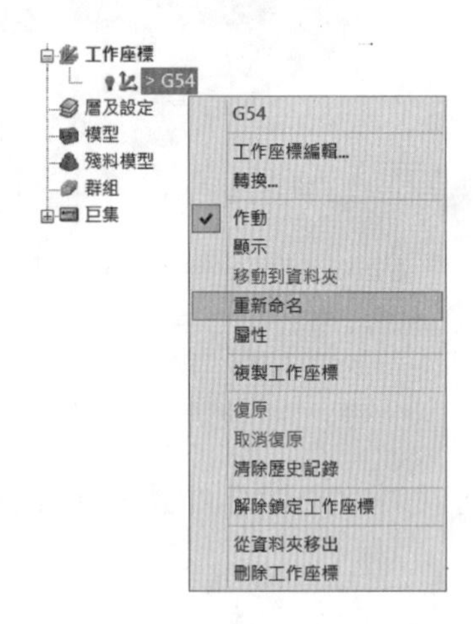


3. 點選物件管理列中的 G54 工作座標 > 滑鼠右鍵開啓次功能 > 工作座標編輯。

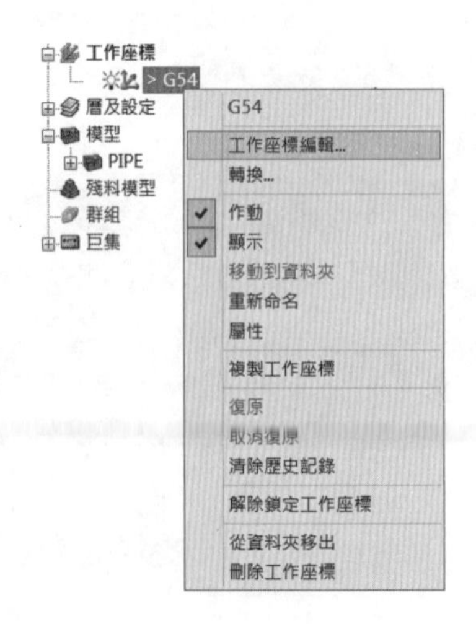

4. 將顯示工作座標編輯器工具列。

5. 從工作座標編輯器工具列中，點選繞 Z 旋轉 90 度（編輯座標方向可讓操作者面對機台加工時更清楚觀看內部）。

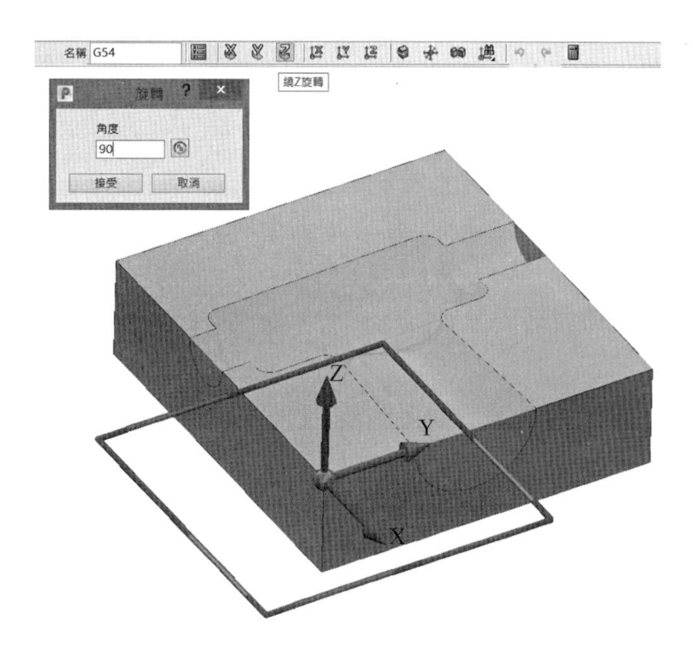


6. 從工作座標編輯器工具列中，點選接受按鈕。

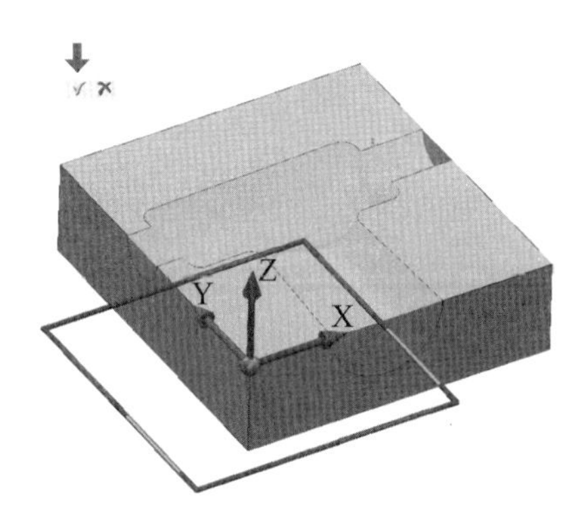


## 7.2.4 設定安全提刀高度（Set safe area toolpath connections）

從主要工具列中點選提刀高度圖示，選單中點擊計算安全高度，然後點擊接受。

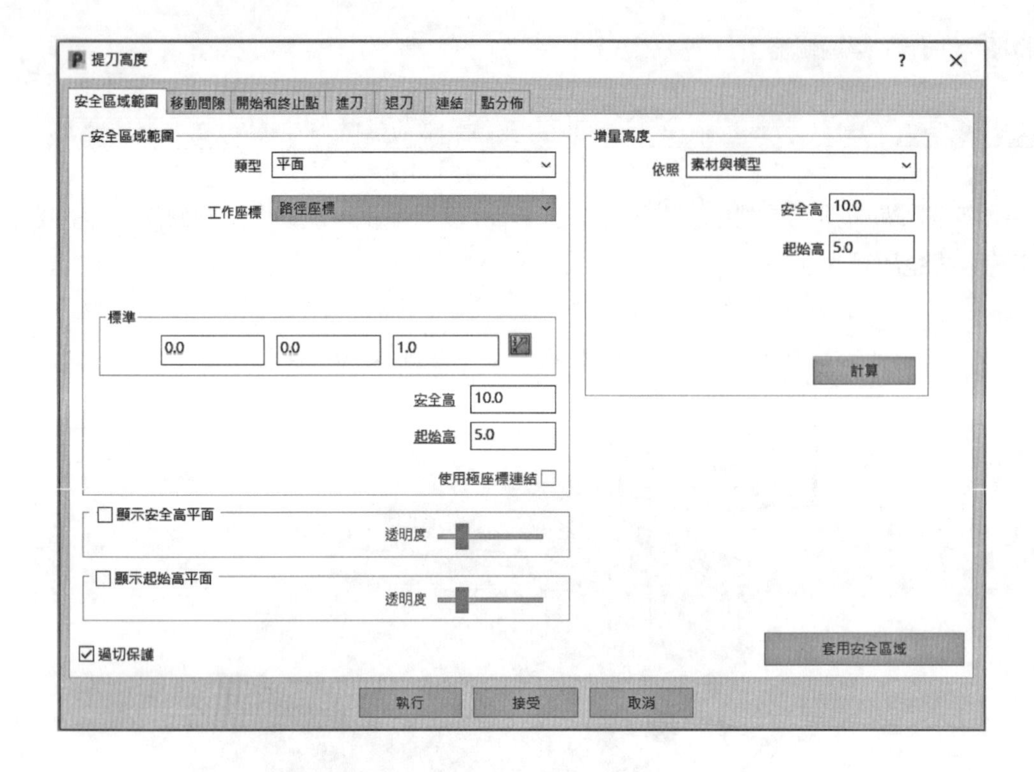


## 7.2.5　刀具設定（Setup for the tools）

從物件工具列中的刀具處按滑鼠右鍵開啓次功能 > 產生刀具 > 從選單中選擇所需建立的刀具類型（如下頁的刀具類型）。

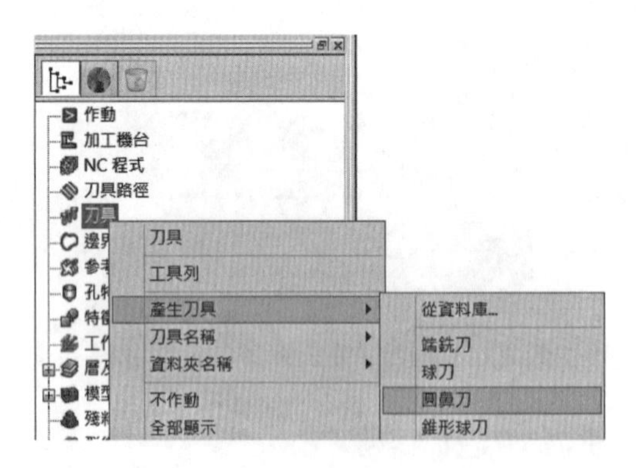


**建立以下的刀具類型與切削參數：**

(1) 點選圓鼻刀類型，設定名稱爲 D16R0.4、刀刃直徑爲 16.0、圓鼻半徑爲 0.4、刀具編號爲 1、刀刃數爲 4，從切削資料頁面的右下角處點選編輯刀具資料圖案，設定切削速度爲 145.0 m/min、進給量 / 每刃爲 0.12，然後關閉。

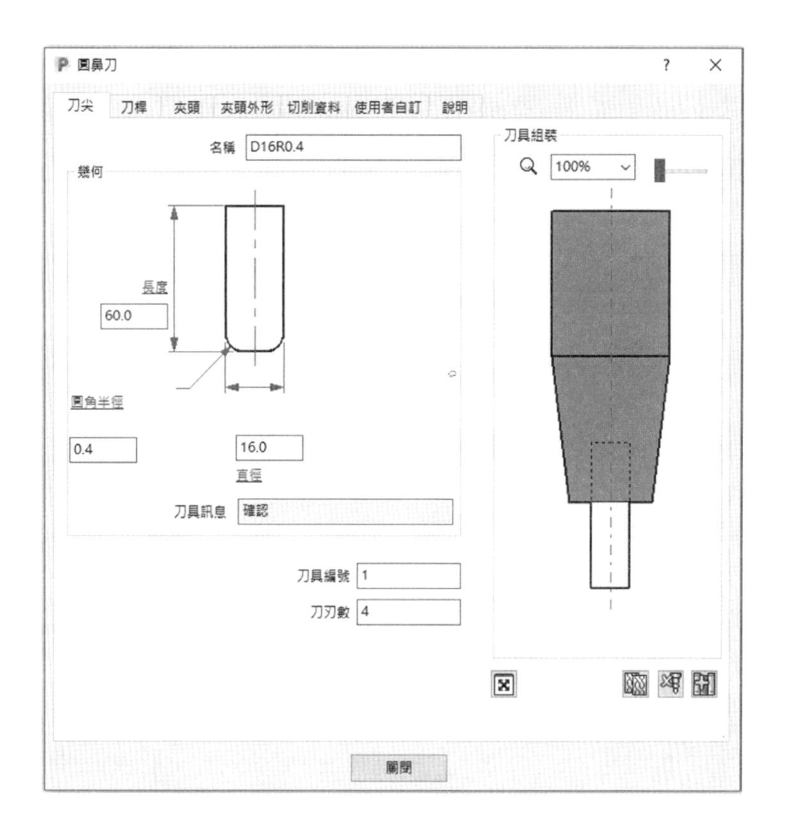
圓鼻刀
刀尖
刀桿
夾頭
夾頭外形
切削資料
使用者自訂
說明
名稱
D16R0.4
幾何
長度
60.0
圓角半徑
0.4
16.0
直徑
刀具訊息
確認
刀具編號
1
刀刃數
4
刀具組裝
100%
關閉

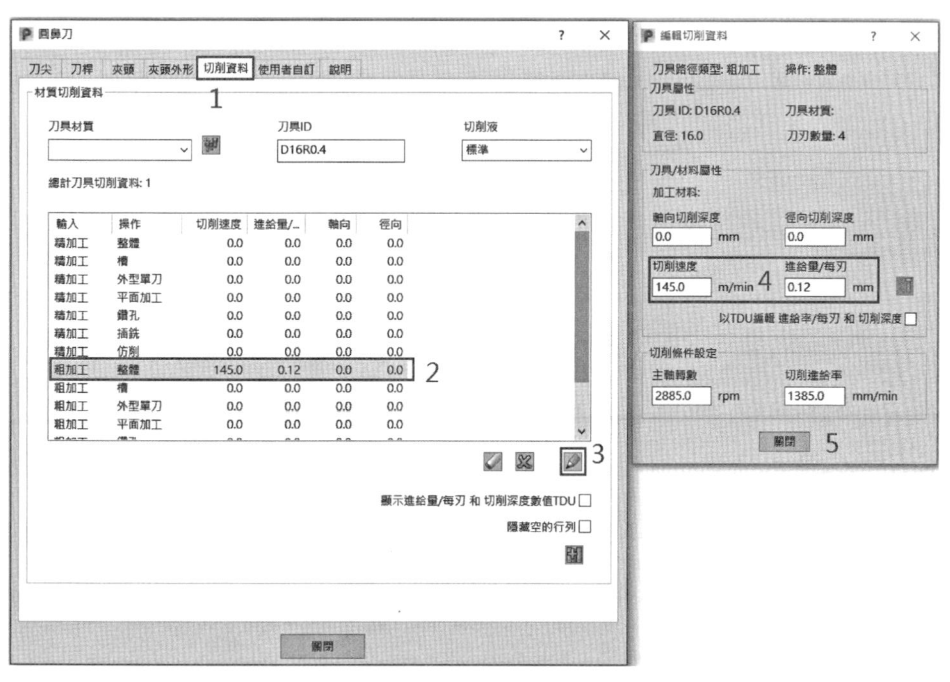
圓鼻刀
刀尖
刀桿
夾頭
夾頭外形
切削資料
使用者自訂
說明
1
材質切削資料
刀具材質
刀具ID
D16R0.4
切削液
標準
總計刀具切削資料: 1
輸入
操作
切削速度
進給量/...
軸向
徑向
粗加工
整體
145.0
0.12
2
3
顯示進給量/每刃 和 切削深度數值TDU
隱藏空的行列
關閉
編輯切削資料
刀具路徑類型: 粗加工
操作: 整體
刀具屬性
刀具 ID: D16R0.4
刀具材質:
直徑: 16.0
刀刃數量: 4
刀具/材料屬性
加工材料:
軸向切削深度
徑向切削深度
切削速度
145.0
m/min
4
進給量/每刃
0.12
mm
以TDU編輯 進給率/每刃 和 切削深度
切削條件設定
主軸轉數
2885.0
rpm
切削進給率
1385.0
mm/min
關閉
5

(2) 點選圓鼻刀類型，設定名稱爲 D6R0.5、刀刃直徑爲 6.0、圓鼻半徑爲 0.5、刀具編號爲 2、刀刃數爲 4，從切削資料頁面的右下角處點選編輯刀具資料圖案，設定切削速度爲 135.0 m/min、進給量 / 每刃爲 0.1，然後關閉。

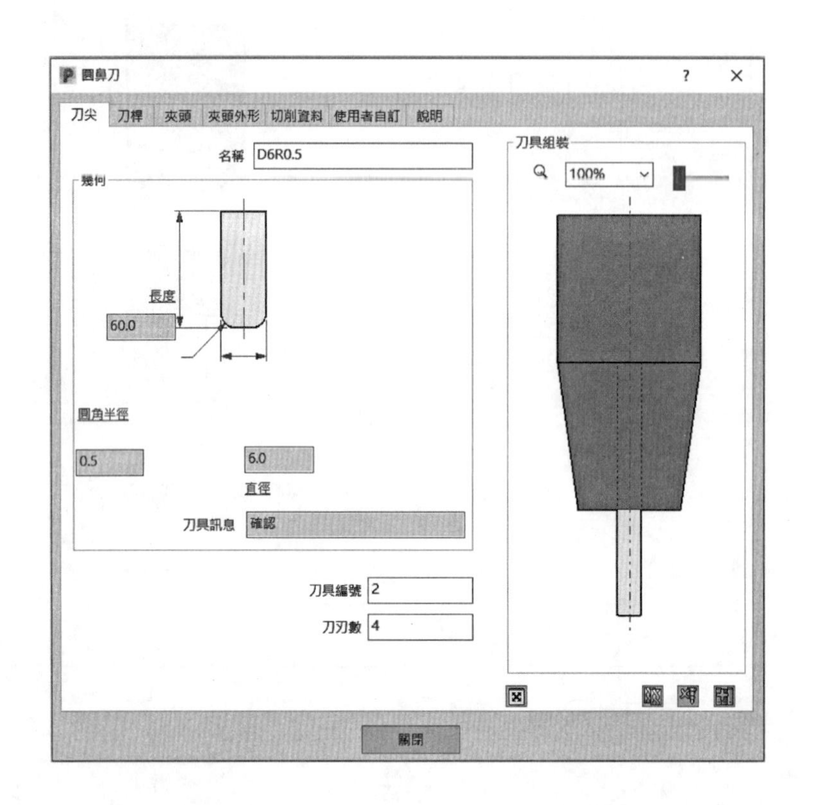


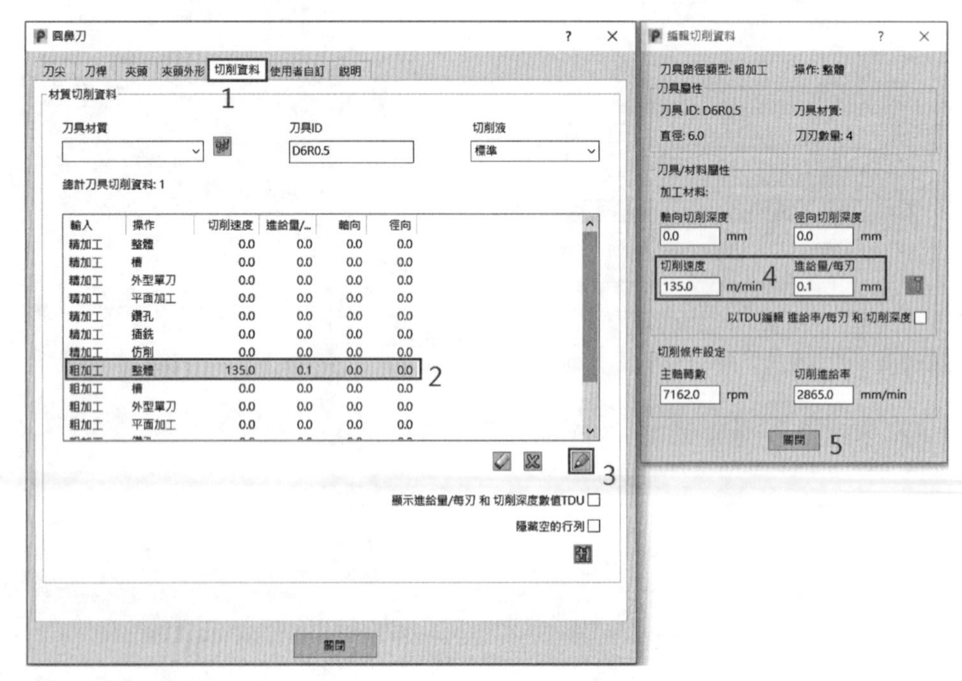

(3) 點選球刀類型，設定名稱爲 R5、刀刃直徑爲 10.0、刀具編號爲 3、刀刃數爲 2，從切削資料頁面的右下角處點選編輯刀具資料圖案，設定切削速度爲 135.0 m/min、進給量 / 每刃爲 0.18，然後關閉。

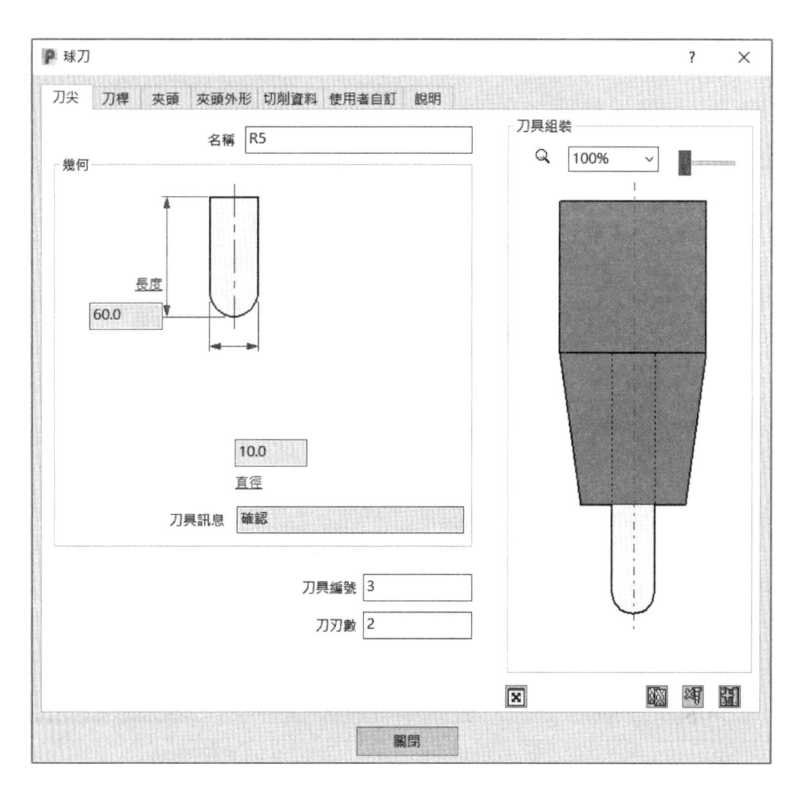


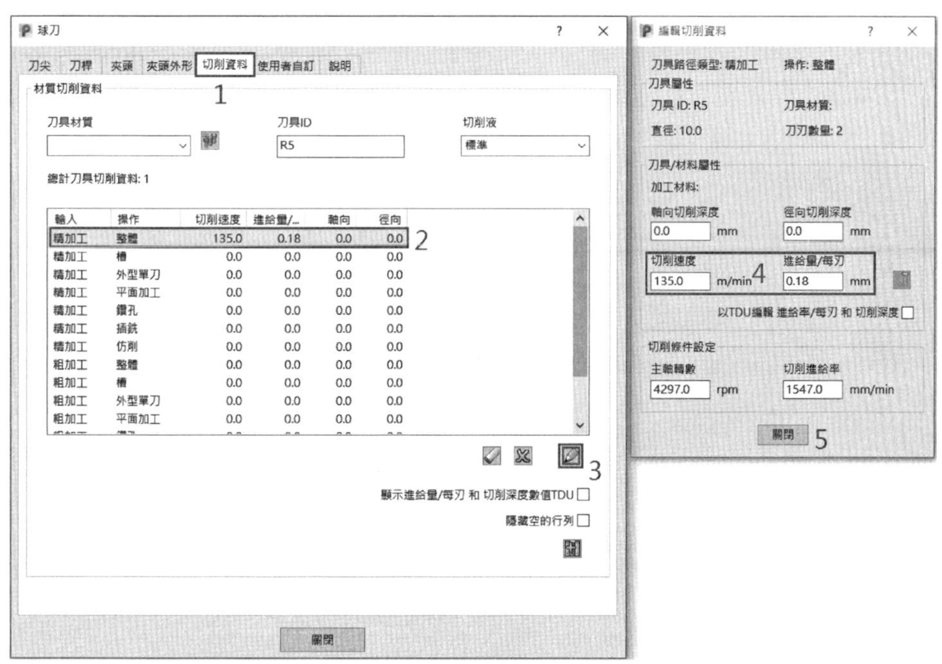

(4) 點選球刀類型，設定名稱爲 R3、刀刃直徑爲 6.0、刀具編號爲 4、刀刃數爲 2，從切削資料頁面的右下角處點選編輯刀具資料圖案，設定切削速度爲 155.0 m/min、進給量 / 每刃爲 0.1，然後關閉。

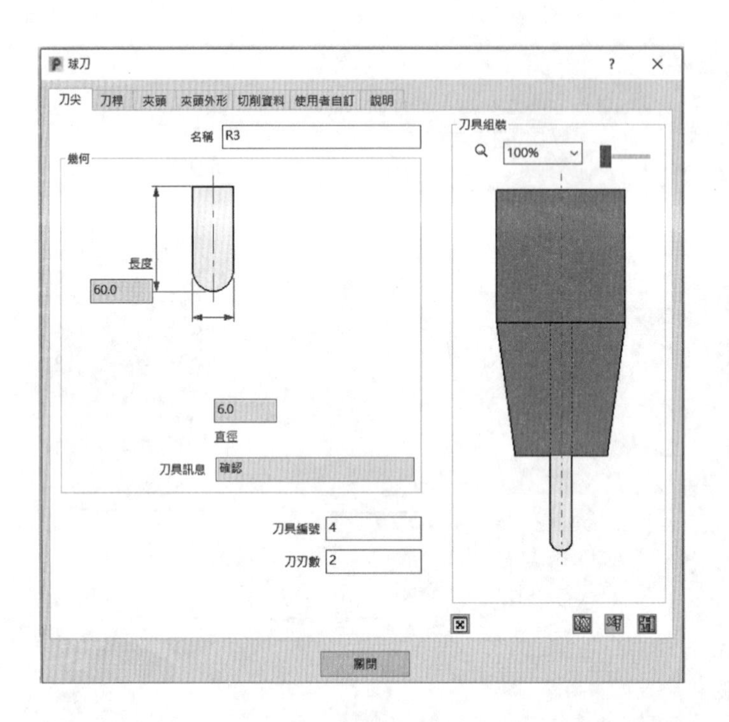


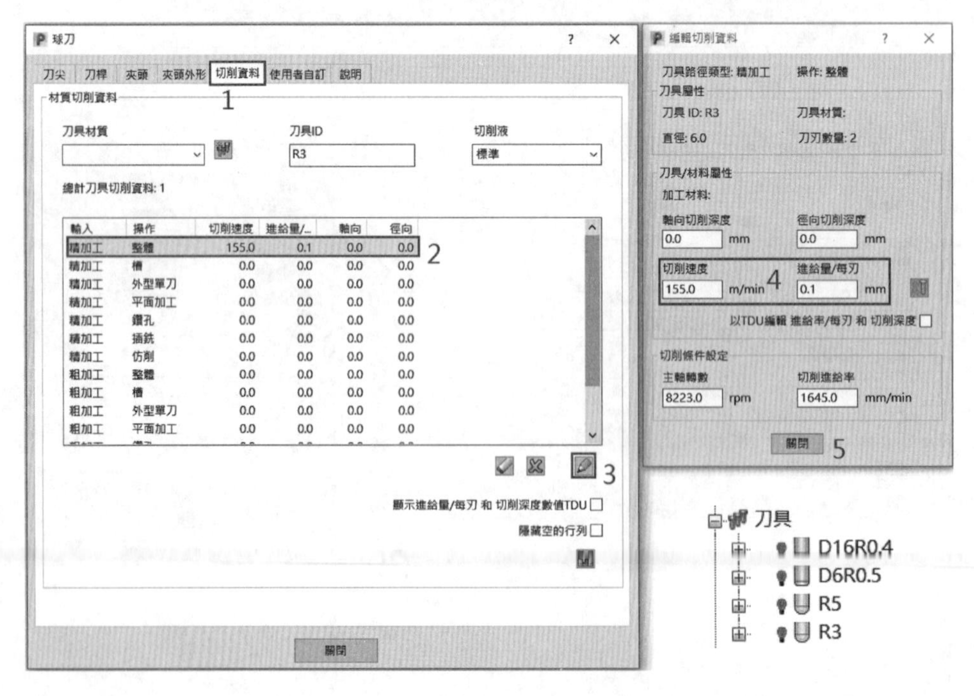

補充說明：

一般圓鼻刀有 2 刃與 4 刃，移除率與切削條件異同。當操作者從刀具設定選單中輸入刃數時，所換算的主軸轉速與切削進給也會有所差異。夾頭夾持刀具的伸出長越短，相對的可增加主軸轉速與切削進給率比。

# 7.3 模型粗加工（Model rough machining）

## 7.3.1 說明（Explanation）

此模型的粗加工我們將採用 PowerMILL® 的環繞粗加工，主要是模型管底是圓弧狀，若選擇旋風加工比較不合適。

## 7.3.2 環繞粗加工的設定操作

1. 作動加工刀具 D16R0.4。
2. 從主要工具列，點擊刀具路徑工法選單 。
3. 選取 3D 粗加工 Area clearance 選單，選擇模型粗加工（Model area clearance）工法選項。

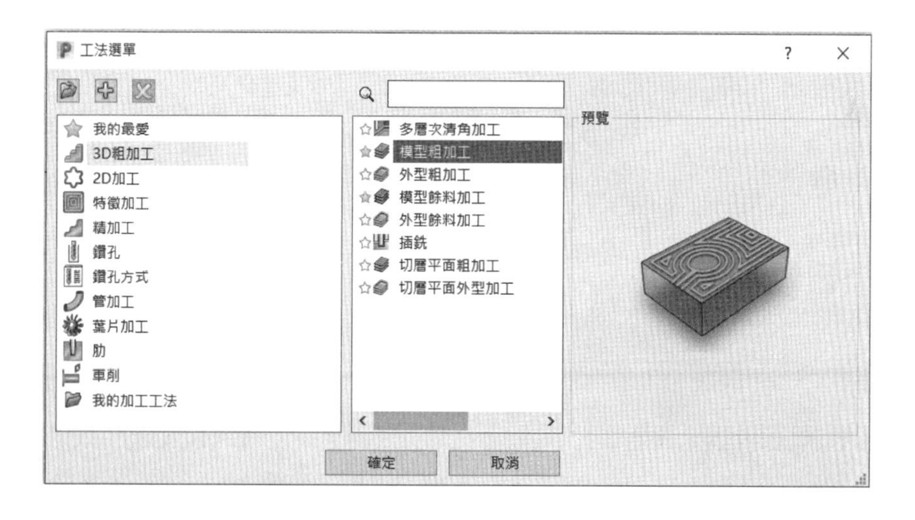


4. 開啓選單之後定義以下設定（如下頁圖所示）：
   (1) 輸入刀具路徑名稱：Rough_offset。
   (2) 樣式：環繞 - 依全部。
   (3) 公差：0.05。

(4) 預留量：0.5。

(5) 刀間距：9.0。

(6) 每層下刀：0.5。

5. 點選進退刀與連結中的進刀選項，從下拉功能中選擇斜向下刀，再點選定義最大斜向角度 1.0，斜向高度 1.0 mm，然後接受。

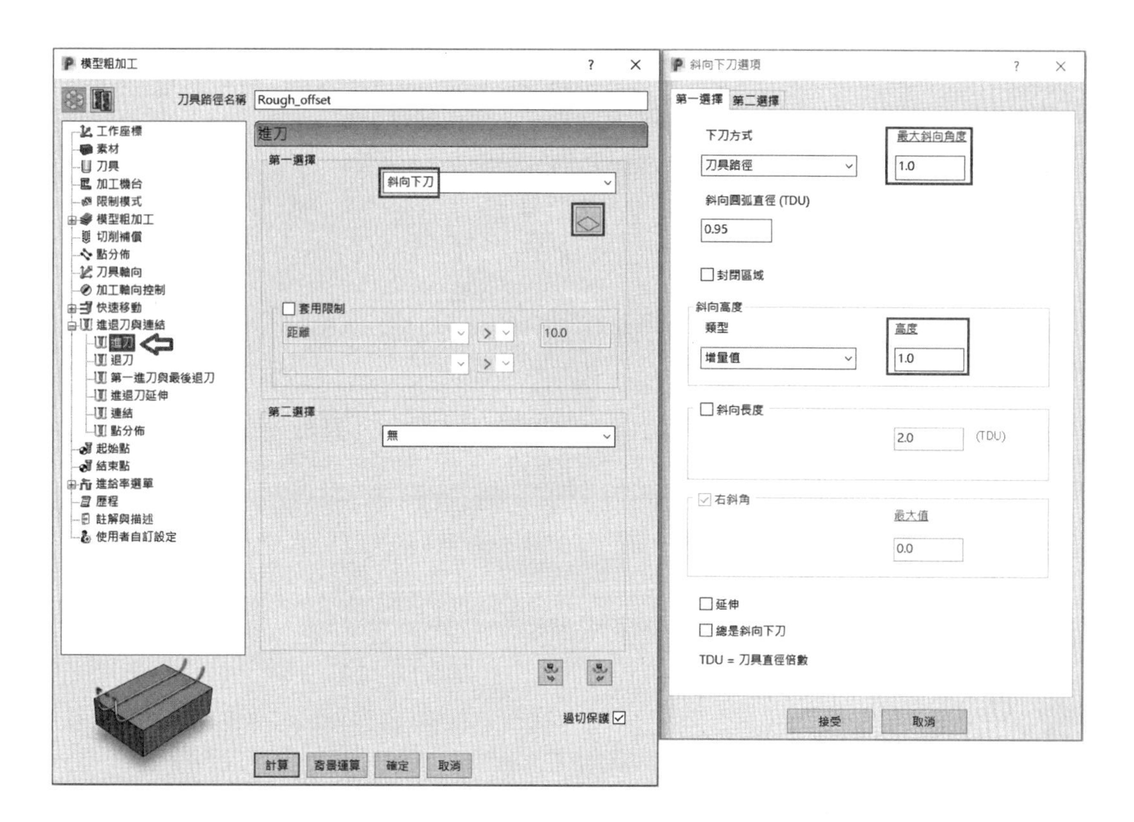


6. 定義加工參數完成，點擊計算。
7. 計算完成的刀具路徑，如下圖所示。

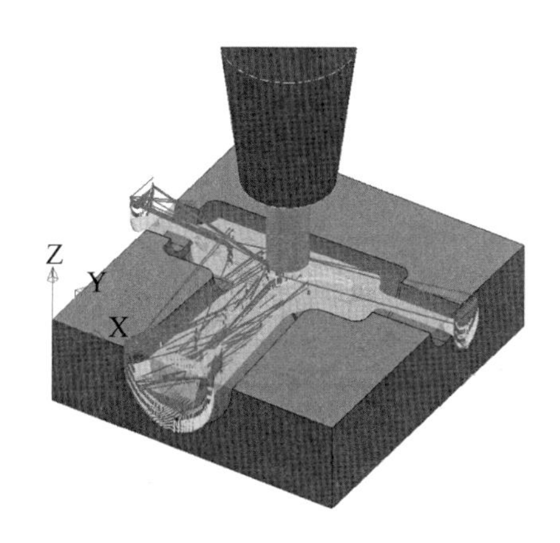


接下來進行粗加工後殘料模型的計算。

8. 點選物件管理列中的殘料模型 > 滑鼠右鍵開啓次功能 > 建立殘料模型。

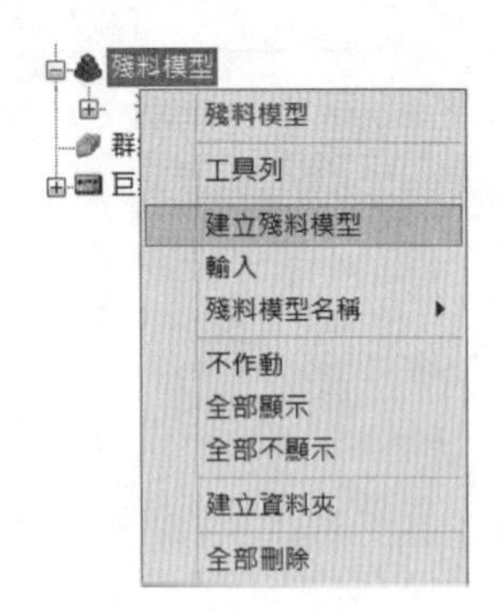


9. 將顯示殘料模型的設定選單如下圖所示，接著定義刀間距 0.2，點選接受。

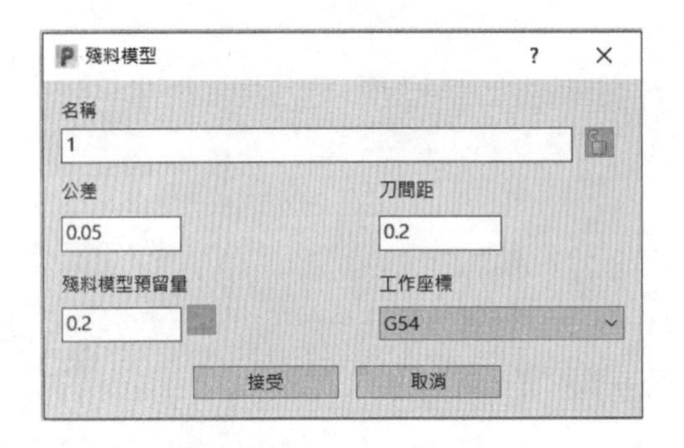


10. 點選殘料模型名稱 1 > 滑鼠右鍵開啓次功能 > 執行第一刀具路徑。

11. 再次點選殘料模型名稱 1 > 滑鼠右鍵開啓次功能 > 點選計算。

12. 計算後即可看到 D16R0.4 刀具粗加工之後，所產生的殘餘料狀況，如下圖所示。

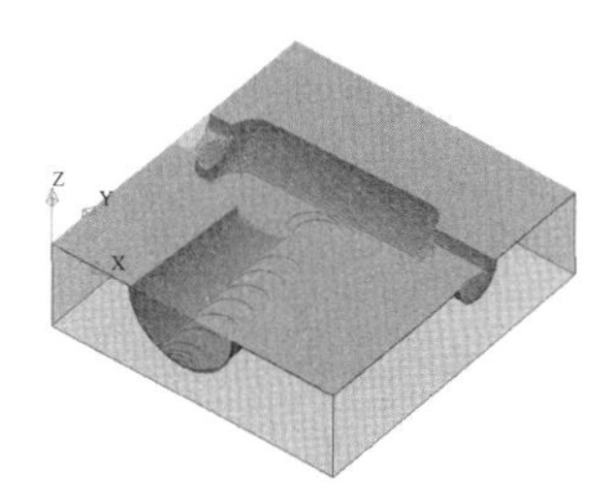


13. 此外，可點選殘料模型名稱 1 > 滑鼠右鍵開啓次功能 > 顯示選項 > 勾選顯示餘料區域。

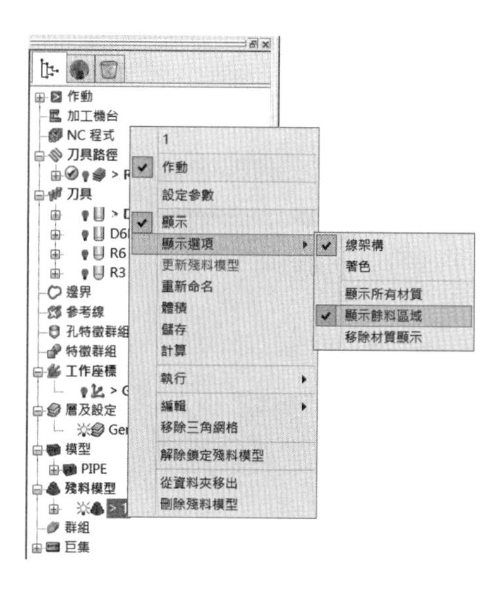

14. 顯示的餘料區域狀況，結果如下圖所示（從殘料模型的設定選單中，可定義殘料模型預留量來顯示幾 mm 以上的殘料分析）。

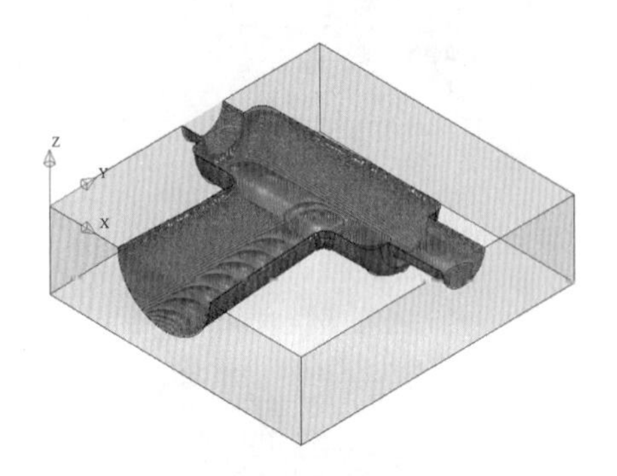


## 7.4　模型餘料加工（Model rest machining）

經過殘料模型的運算之後，可事先清楚的了解殘料的狀況。接續將此殘料模型作爲下一把刀具的加工依據，再進行粗加工之運算。

1. 作動加工刀具 D6R0.5。
2. 從主要工具列，點擊刀具路徑工法選單。
3. 選取 3D 粗加工 Area clearance 選單，選擇模型餘料加工（Model rest area clearance）工法選項。

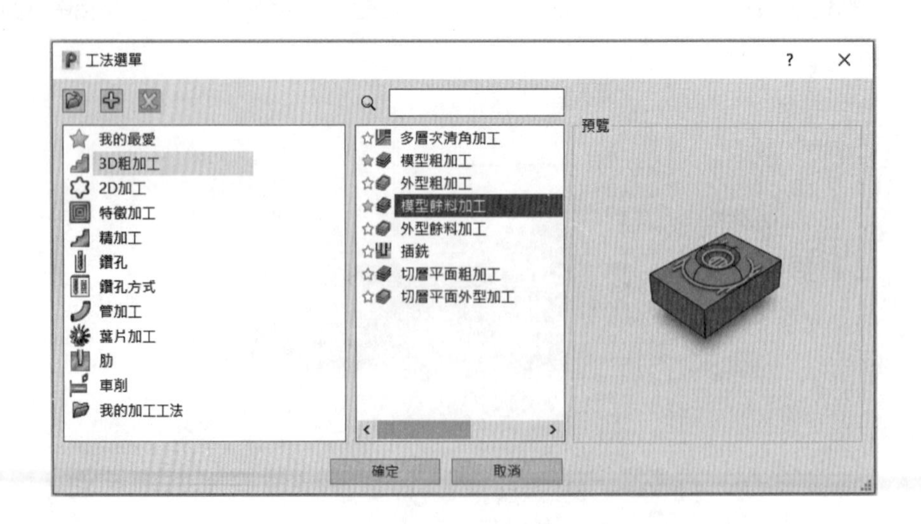


4. 開啓選單之後定義以下設定（如下圖所示）：

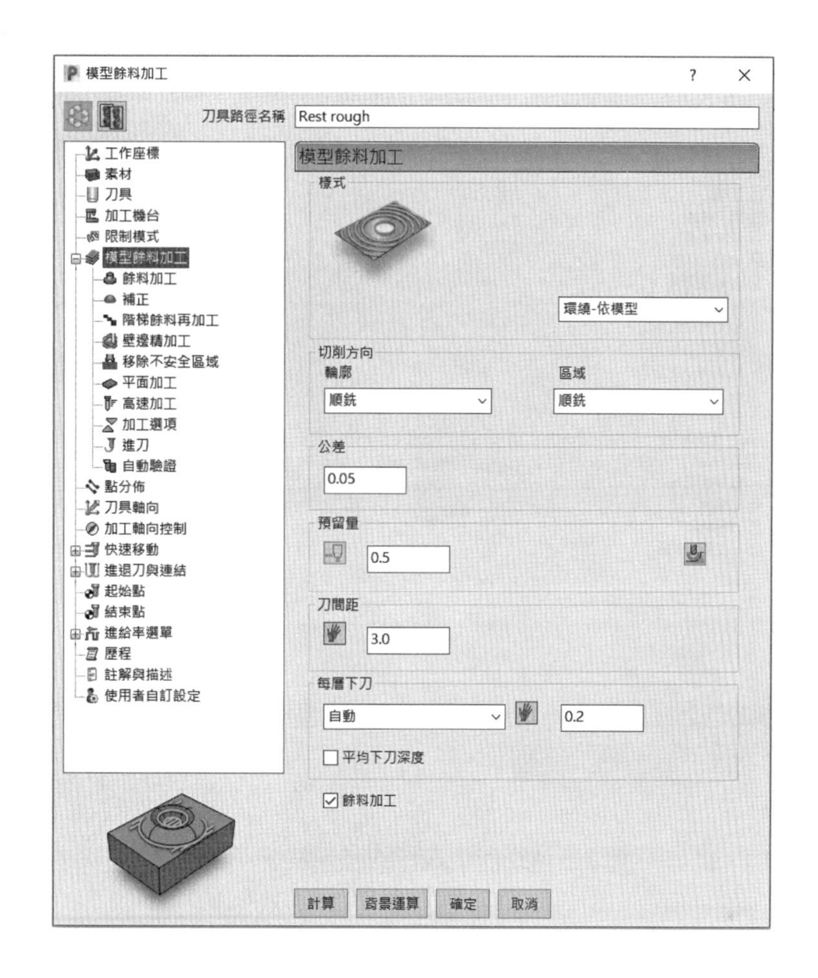


(1) 輸入刀具路徑名稱：Rest rough。

(2) 樣式：環繞 - 依模型。

(3) 公差：0.05。

(4) 預留量：0.5。

(5) 刀間距：3.0。

(6) 每層下刀：0.2。

5. 點選餘料加工選項，從選單下拉功能中選擇殘料模型和 1，定義最小刀間距長度為 30，勾選參考之前 Z 軸高度項目。

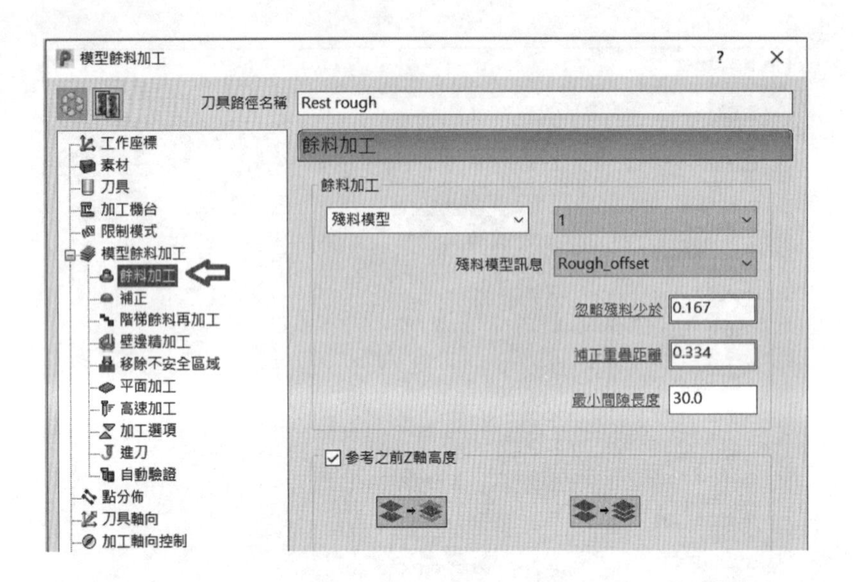


補充說明：

使用最小刀間距之長度設定，可將斷續的刀具路徑直接做連結以做連續性的加工，並大幅度減少提刀之狀況。

6. 點選連結的選項，從第一選擇下拉功能中選擇圓弧連結。

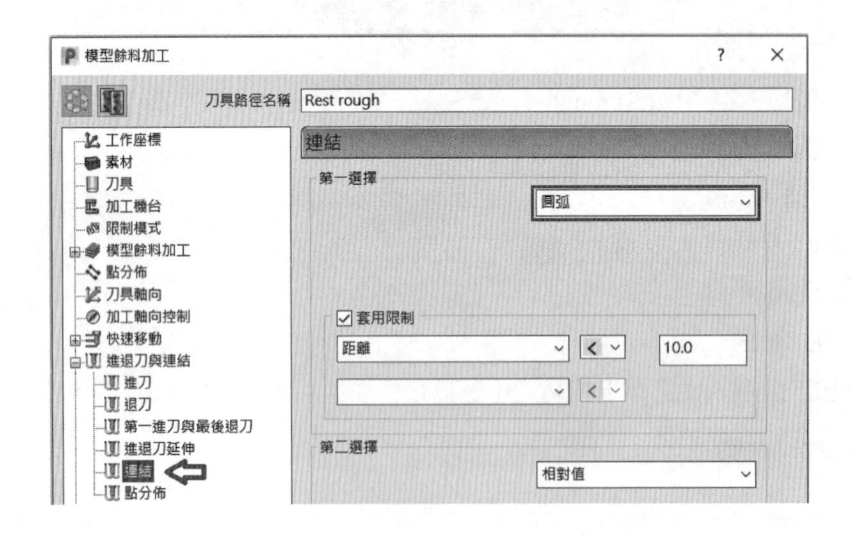


補充說明：

此設定可將角落處的路徑做順銑連結而不提刀。

7. 定義加工參數完成，點擊計算。

8. 計算完成的刀具路徑，如下圖所示。

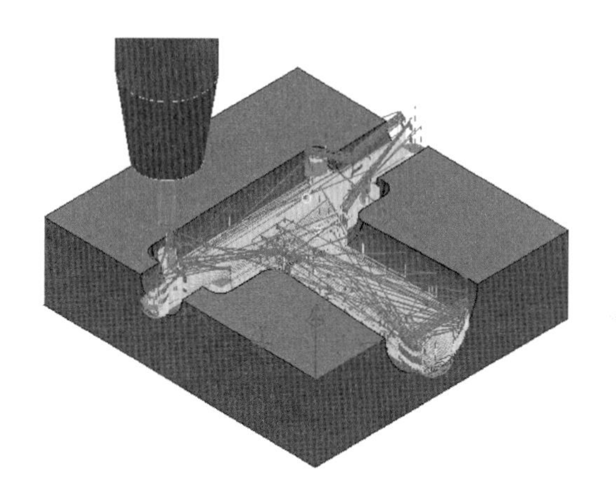

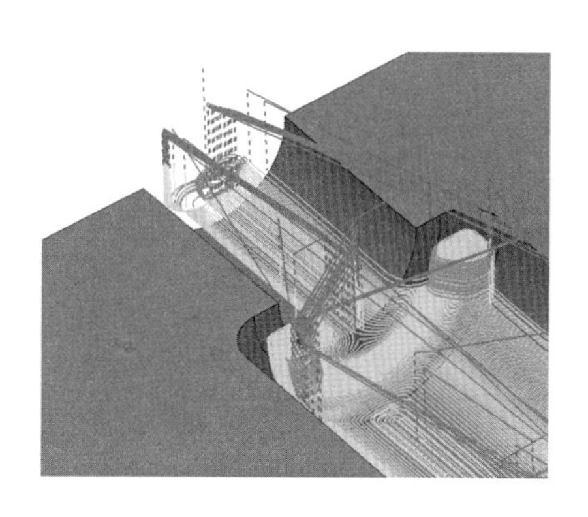

9. 點選路徑名稱 Rest rough > 滑鼠右鍵開啓次功能 > 點擊新增到殘料模型。

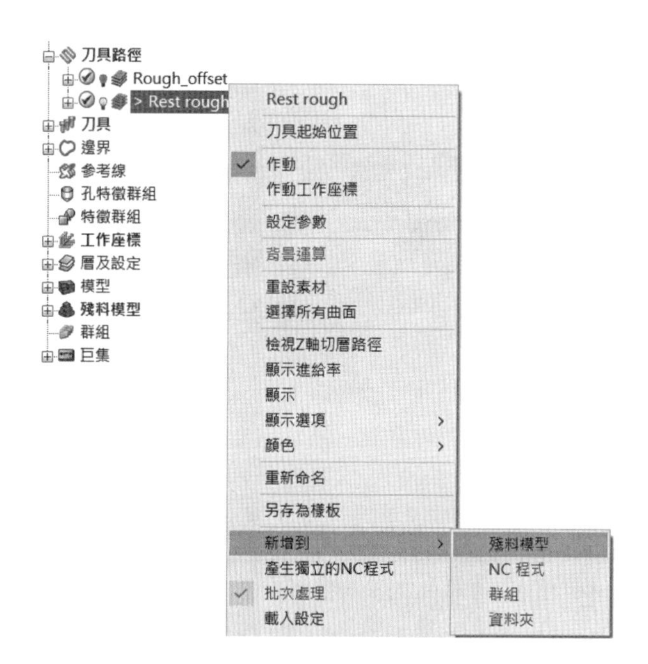


10. 再次點選殘料模型名稱 1 > 滑鼠右鍵開啓次功能 > 點選計算。

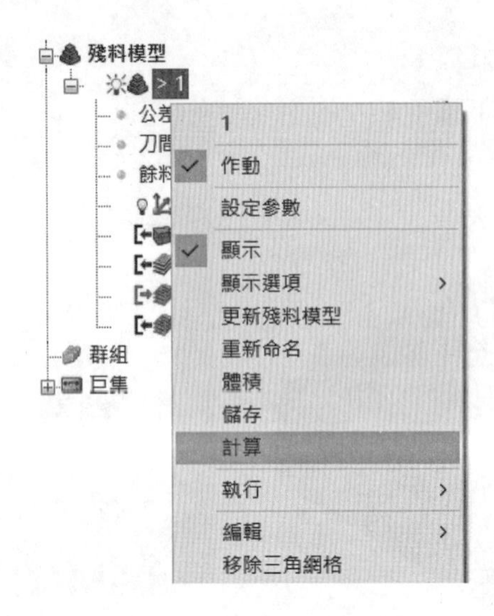


11. 計算後可看到 D6R0.5 的刀具在餘料加工後，所產生的殘餘料狀況。結果如下圖所示。

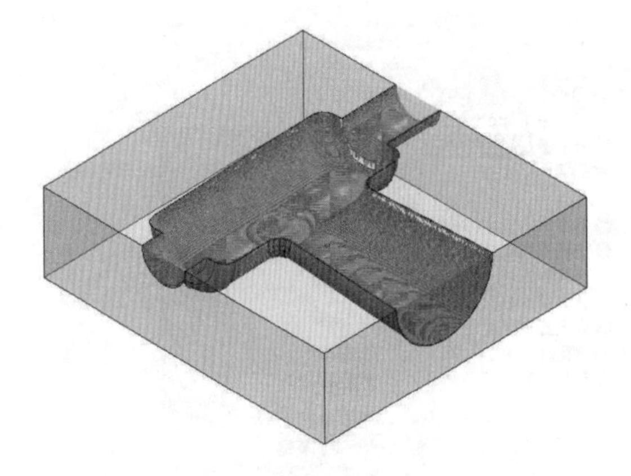

補充說明：

同一殘料模型名稱可依續將所有的路徑都加入進行運算。

# 7.5 最佳化等高中加工（Optimised constant Z semi machining）

1. 作動加工刀具 R5。
2. 從主要工具列，點擊刀具路徑工法選單。
3. 選取精加工 Finish 選單，選擇最佳化等高加工（Optimised constant Z finishing）工法選項。

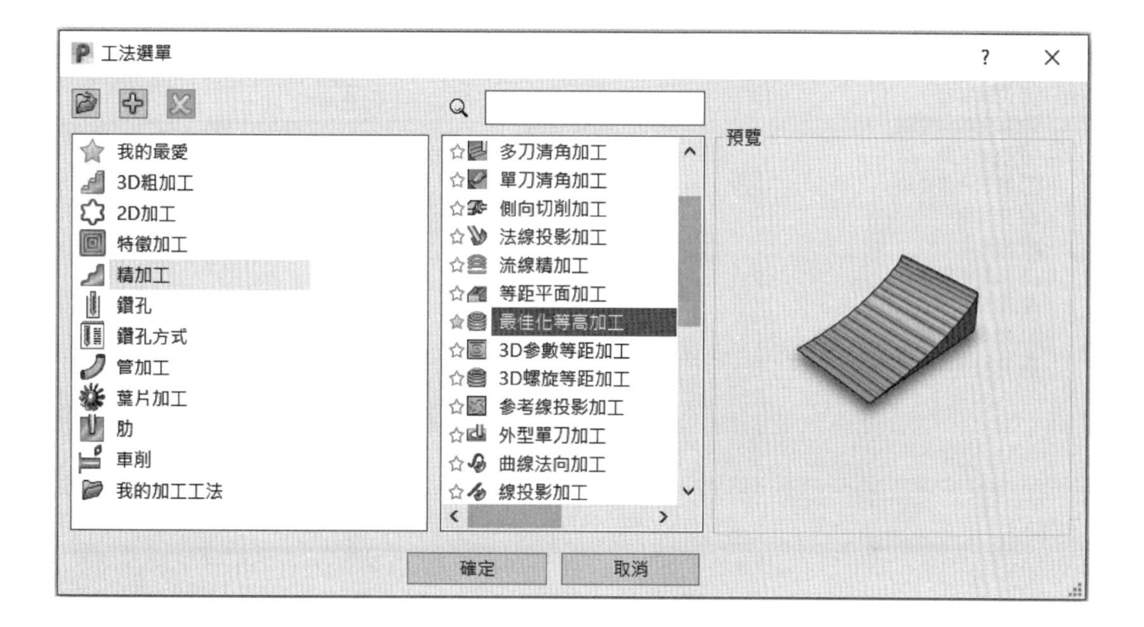


4. 開啓選單之後定義以下設定（如下頁圖所示）：
   (1) 輸入刀具路徑名稱：Semi machining。
   (2) 勾選平順選項。
   (3) 切削方向：雙向。
   (4) 公差：0.01。
   (5) 預留量：0.2。
   (6) 刀間距：0.5。

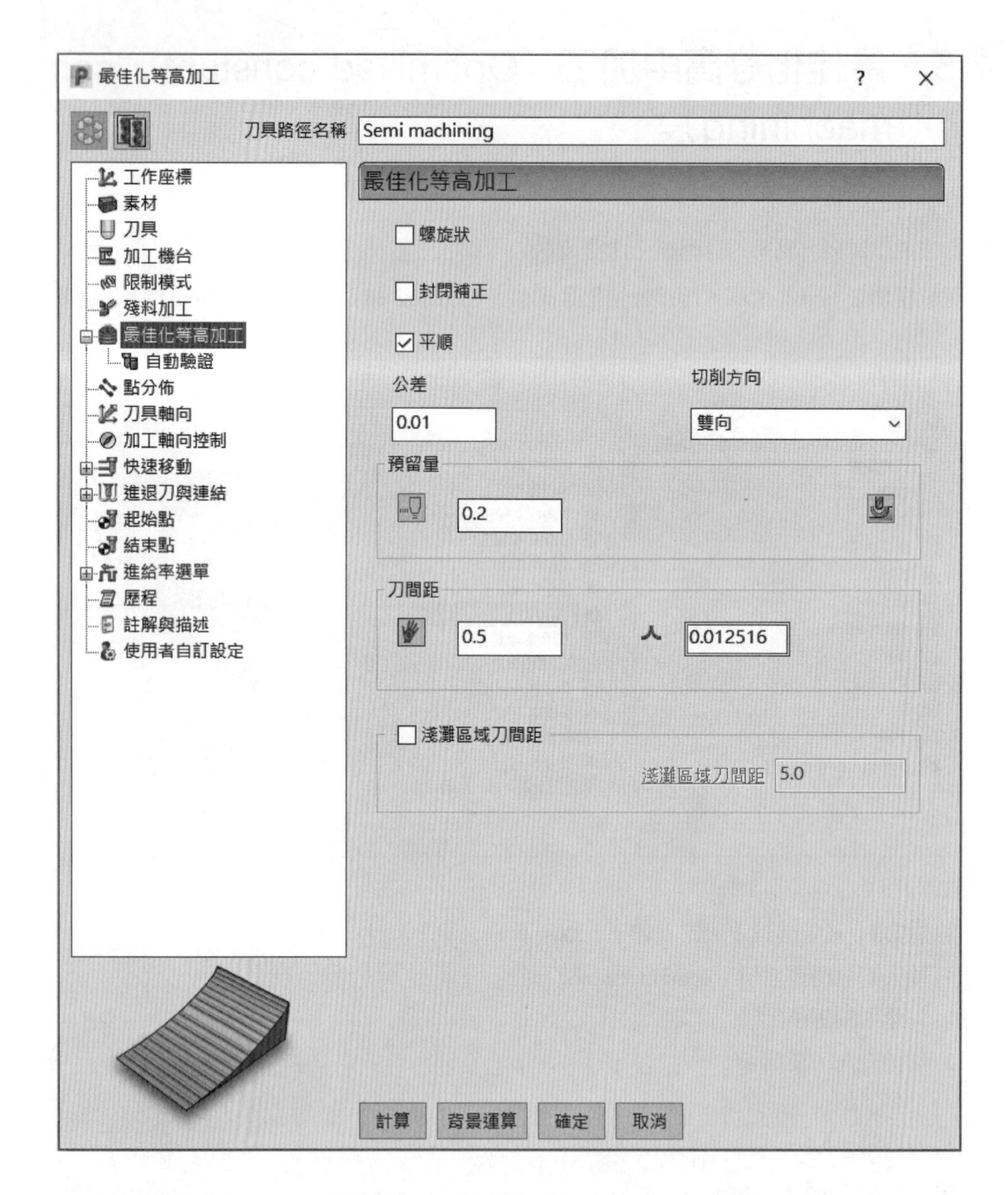


5. 點選限制模式選項，在邊界修剪處的下拉功能選擇保持外部，並從邊界下拉功能中選擇建立接觸點邊界。

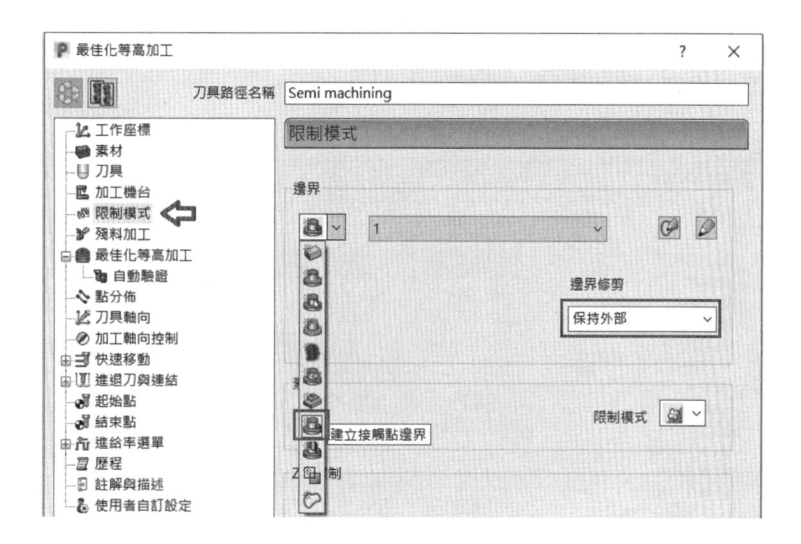


6. 從接觸點邊界選項中不勾選建立關聯邊界，點選模型最上端的曲面，點擊載入模型。

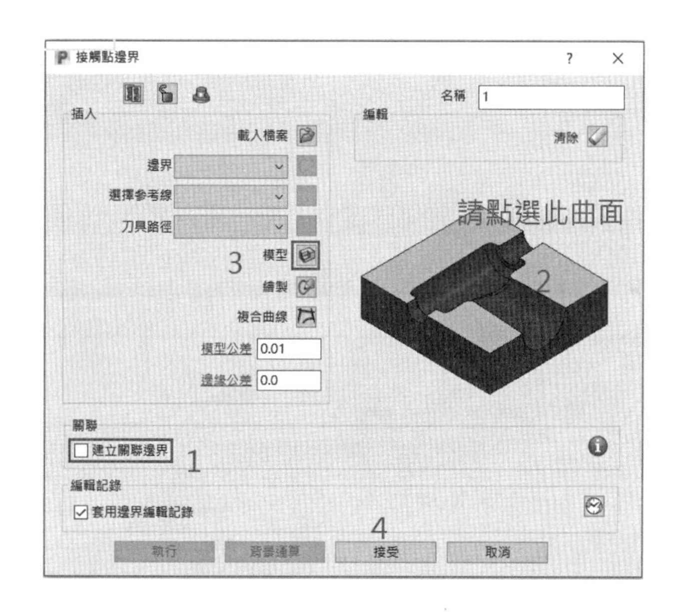


7. 執行接觸點邊界運算的結果，如下圖所示。

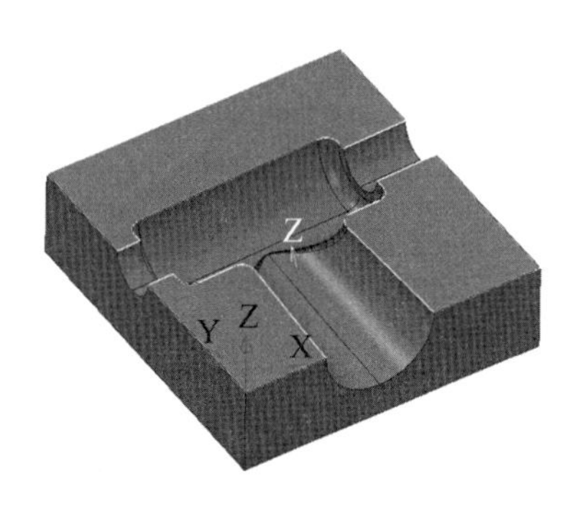

8. 點選進退刀與連結中的進刀選項，從下拉功能中選擇曲面法線圓弧。定義角度 90.0 度、半徑 3.0。再點選退刀與進刀相同選項按鈕。

9. 點選進退刀與連結中的連結選項，從第一選擇下拉功能中選擇沿曲面連結。定義距離值為 30.0。

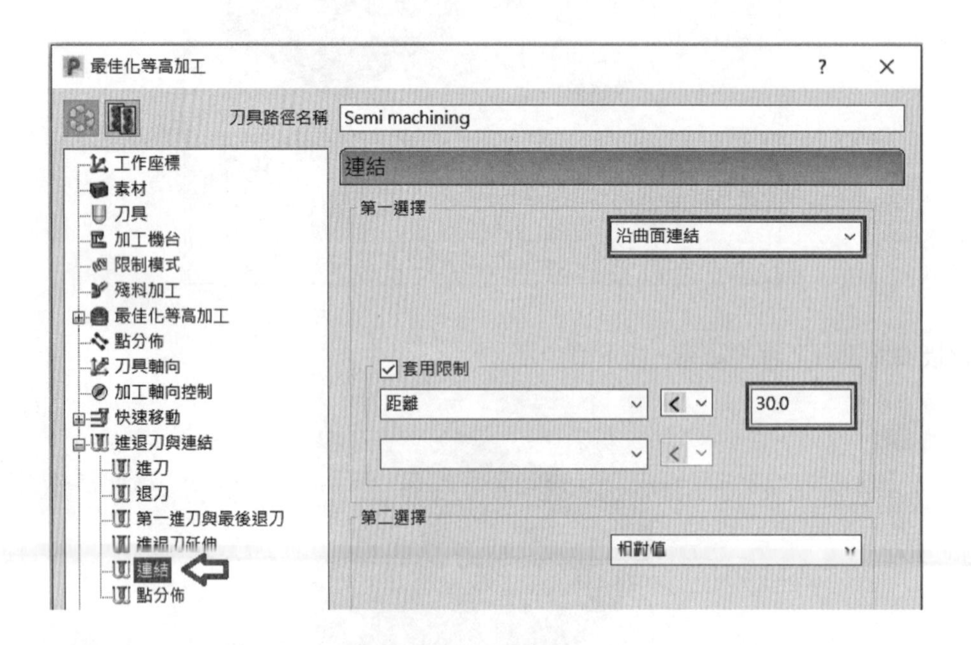

10. 定義加工參數完成，點擊計算。
11. 計算完成的刀具路徑，如下圖所示。

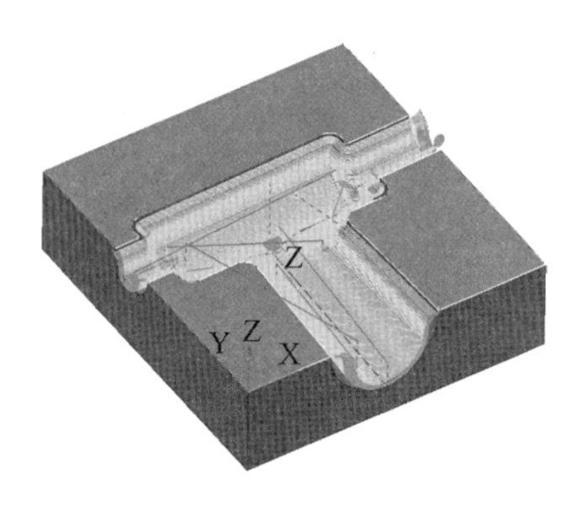


# 7.6 最佳化等高精加工（Optimised constant Z finish machining）

1. 作動加工刀具 R3。
2. 從主要工具列，點擊刀具路徑工法選單。
3. 選取精加工 Finish 選單，選擇最佳化等高加工（Optimised constant Z finishing）工法選項。

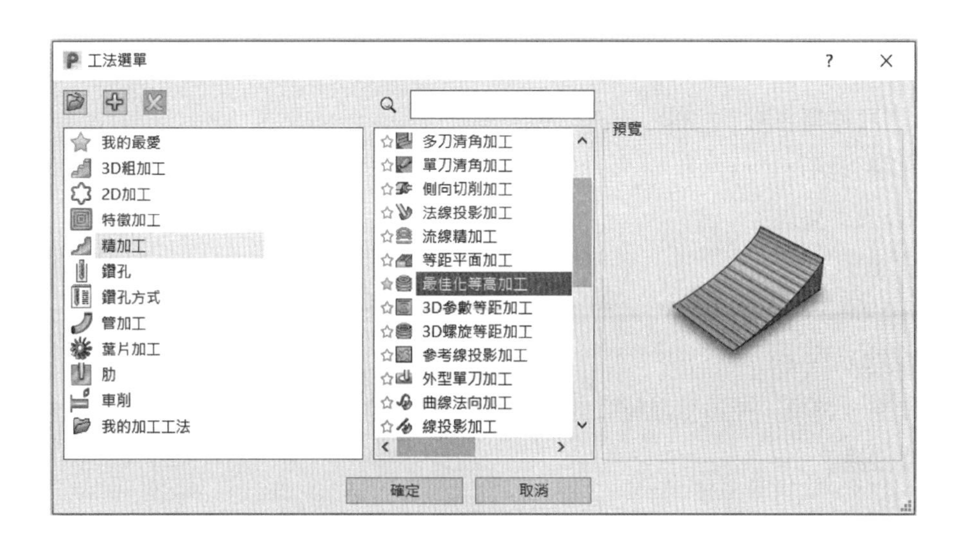


4. 開啓選單之後定義以下設定（如下圖所示）：

(1) 輸入刀具路徑名稱：Finish machining。

(2) 勾選平順選項。

(3) 切削方向：雙向。

(4) 公差：0.01。

(5) 預留量：0.0。

(6) 刀間距：0.15。

5. 點選限制模式選項，在邊界修剪處的下拉功能選擇保持外部，並從邊界下拉功能中選擇建立接觸點邊界。

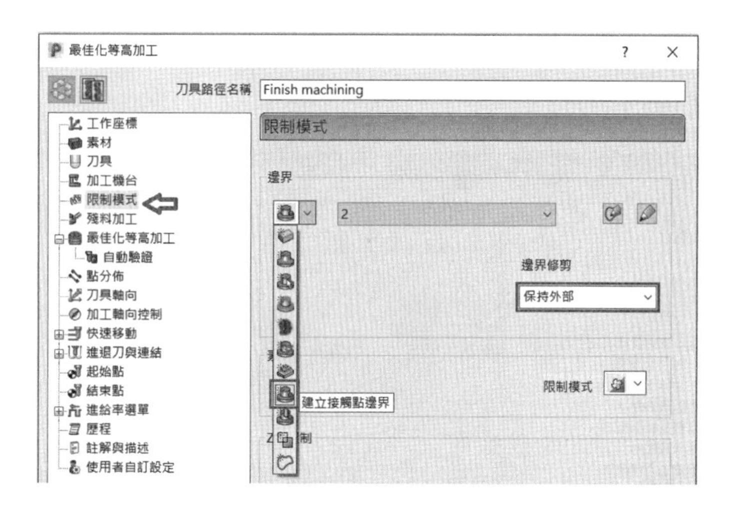


6. 從接觸點邊界選項中不勾選建立關聯邊界，點選模型最上端的曲面，點擊載入模型。

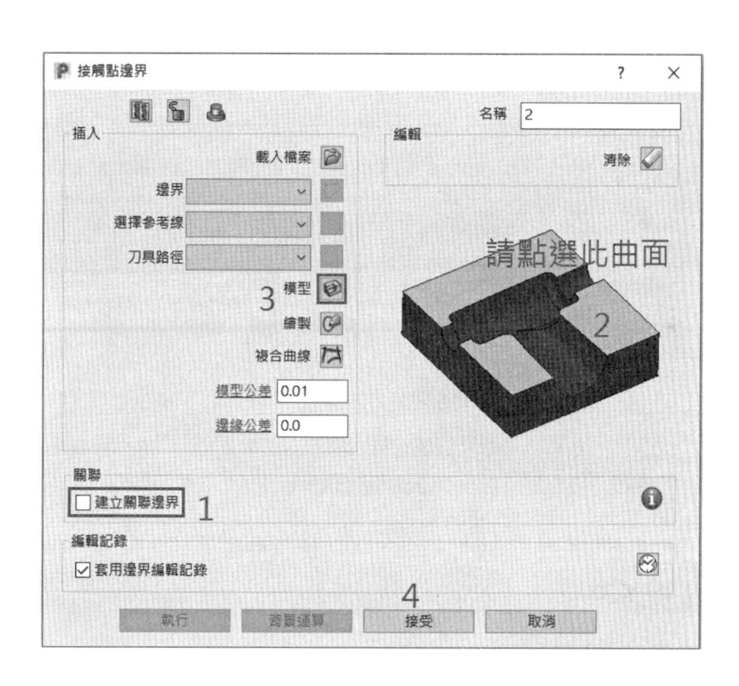


7. 執行接觸點邊界運算的結果，如下圖所示（不同的刀具直徑需要重新運算接觸點邊界，或使用接觸點轉換邊界功能來進行刀具直徑的加工範圍補正）。

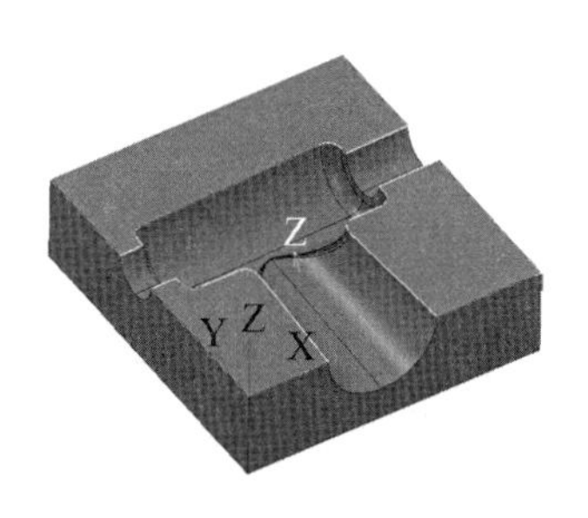

8. 點選進退刀與連結中的進刀選項，確認定義的參數與中加工相同。

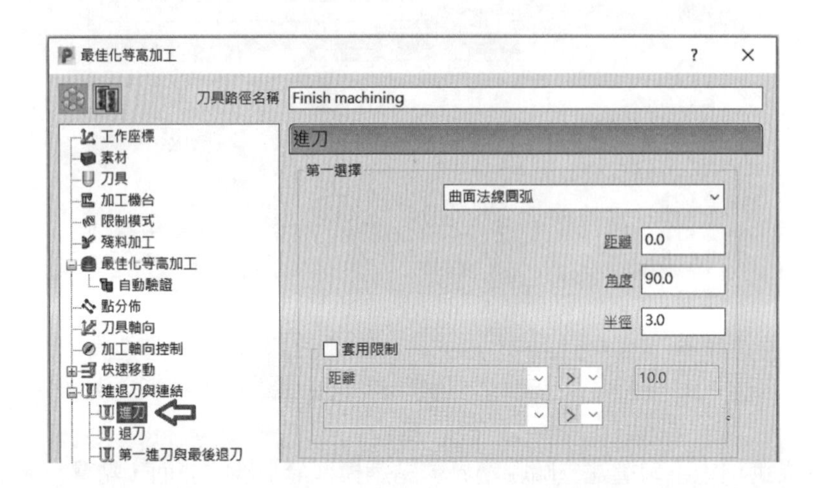


9. 點選進退刀與連結中的連結選項，從第一選擇下拉功能中選擇圓弧，定義距離值爲 10.0。

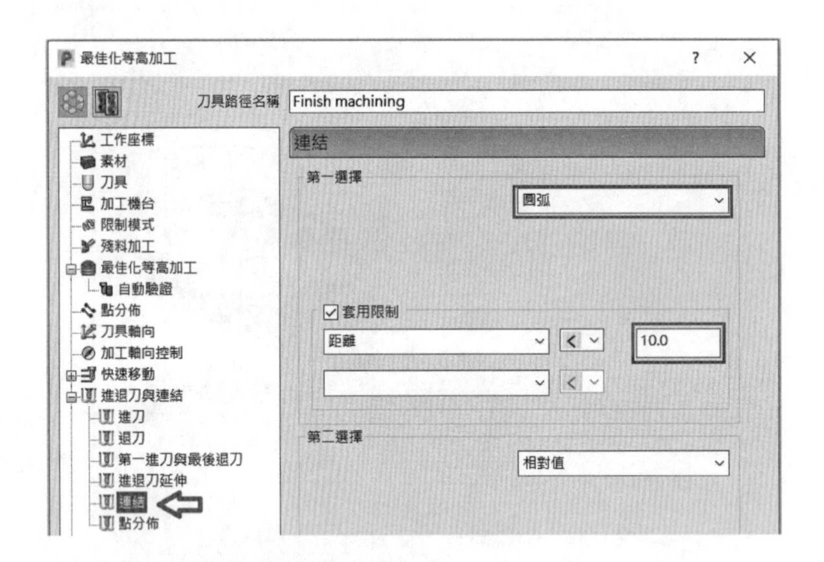


10. 定義加工參數完成，點擊計算。
11. 計算完成的刀具路徑，如下圖所示。

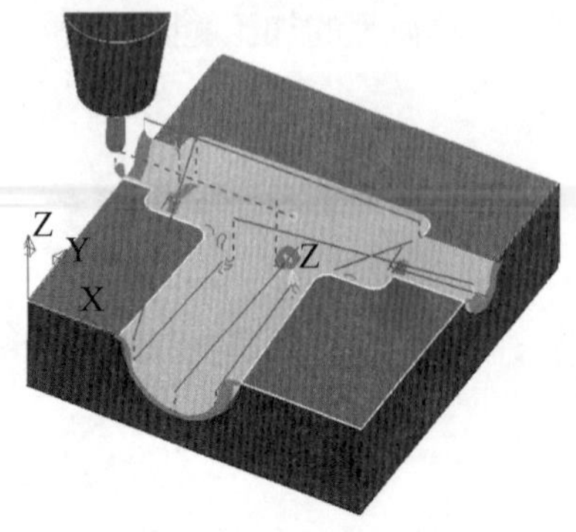

補充說明：

> 建議有些上端邊緣的斷續路徑可手動移除。

12. 進行實體模擬完成，如下圖所示。

# 8

# 三軸銑削加工實習：沖壓模（3D milling practice: stamping die）

## 學習重點

8.1 簡介（Introduction）
8.2 基本設定（Basic set-up）
8.3 模型粗加工（Model rough machining）
8.4 模型餘料加工（Model rest machining）
8.5 平面精加工（Plane finish machining）
8.6 等高中精加工（Constant Z finishing）
8.7 曲面法向加工（Surface finishing）
8.8 沿面清角加工（Corner finishing）
8.9 電極加工應用（Electrode machining）

# 8.1　簡介（Introduction）

這個章節範例的主要重點在於介紹幾個工法路徑如何編輯連結以減少提刀，和直接選擇曲面即可產生路徑的曲面法向工法與清角應用。

沖壓模範例，如下圖所示。

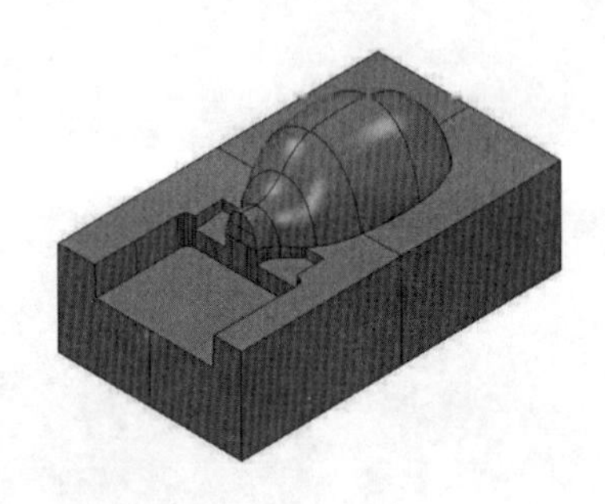

# 8.2　基本設定（Basic set-up）

## 8.2.1　輸入模型（Import model）

從主功能表中選取檔案－輸入模型，光碟目錄 Chapter-08 選取 WingMirrorPunch.dgk 檔案。如下圖所示。

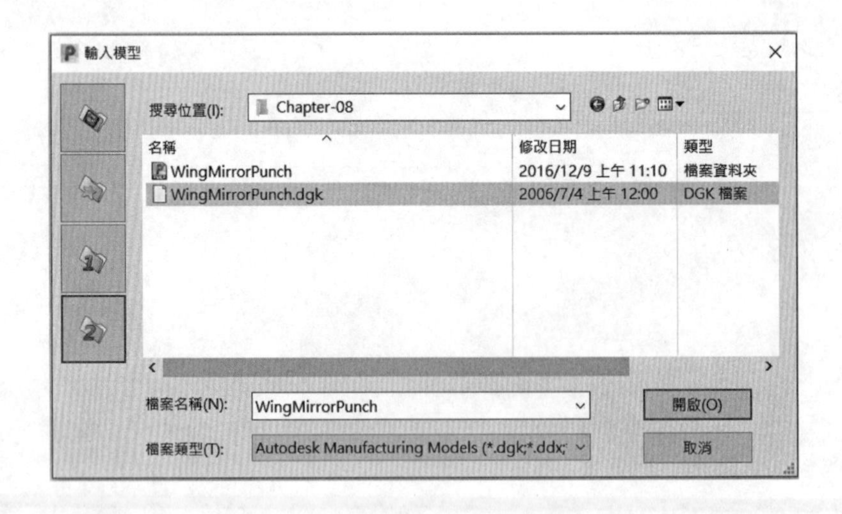

## 8.2.2 素材建立（Block creation）

使用物件（最小／最大值）素材選項，工件座標選擇世界座標，接著點擊計算按鈕，Z 軸高度最大值輸入 0.0 mm，然後選取接受，關閉選單。

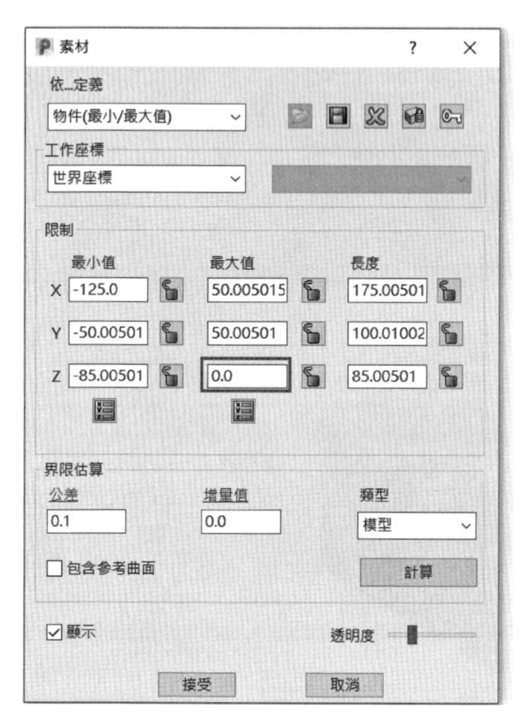


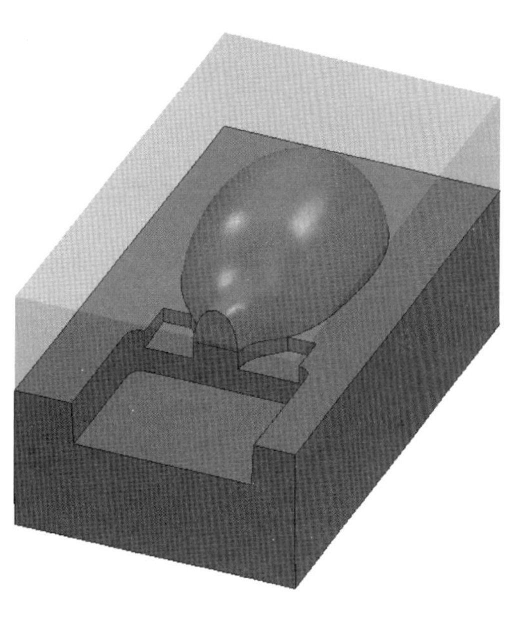

補充說明：

若操作者在步驟一開始就先行建立工作座標，然後再產生素材，便無須切換到世界座標。但是，當使用多軸多座標做加工時，建議使用世界座標之選項，因為當切換不同座標時才不會發生素材因軸向而造成錯位問題，且還需要再重新計算素材。

## 8.2.3 工作座標設定（Work coordinate setting）

點選物件管理列中的工作座標按滑鼠右鍵開啓次功能 > 建立和定位工作座標 > 使用素材定位工作座標。

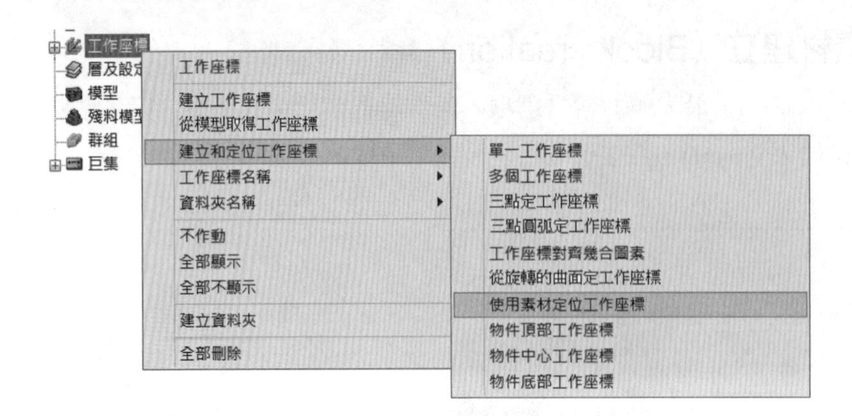


1. 滑鼠點擊下圖箭頭指引位置（素材左下底邊的點）。

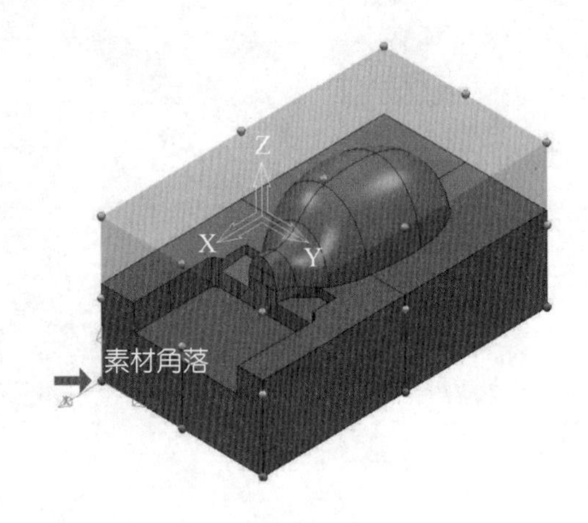


2. 工作座標重新命名爲 G54，並作動此工作座標。

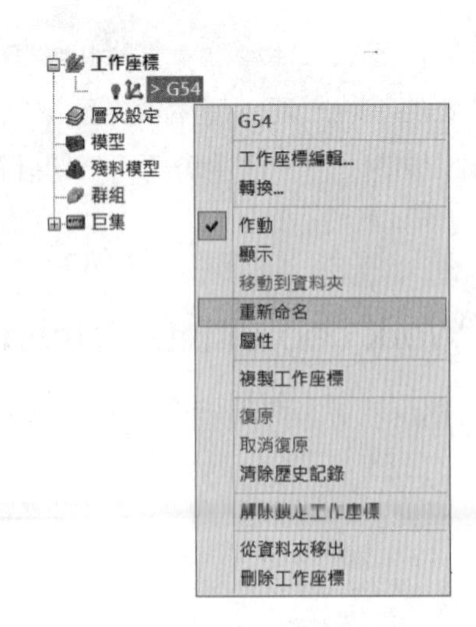

3. 如果需要變更工作座標到不同的位置點，可將滑鼠移至此座標位置處，使用滑鼠左鍵快擊兩下即可編輯此座標的移動。

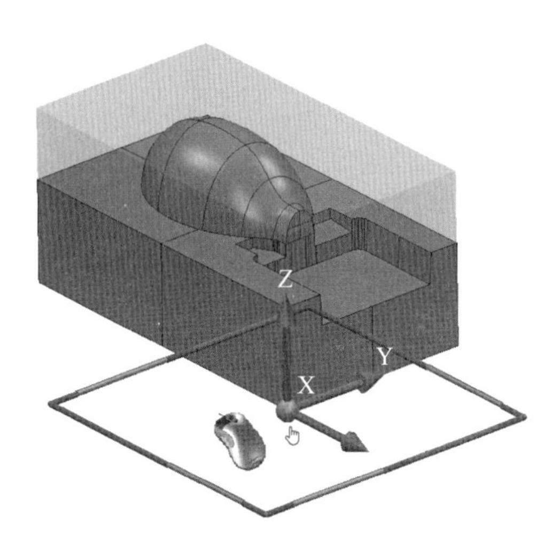


4. 使用滑鼠將此工作座標拖曳到下圖的關鍵位置點，從工作座標編輯器工具列中，點選接受按鈕，即完成此工作座標的變動。

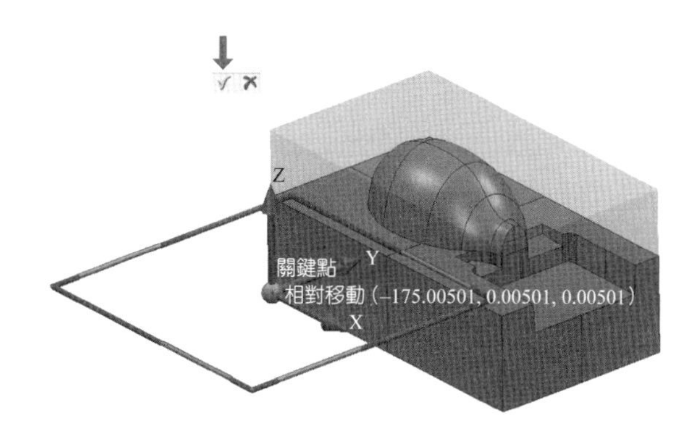


## 8.2.4 設定安全提刀高度（Set safe area toolpath connections）

從主要工具列中點選提刀高度圖示，選單中點擊計算安全高度，若安全高及起始高非整數値，可修改爲整數値，然後點擊接受。

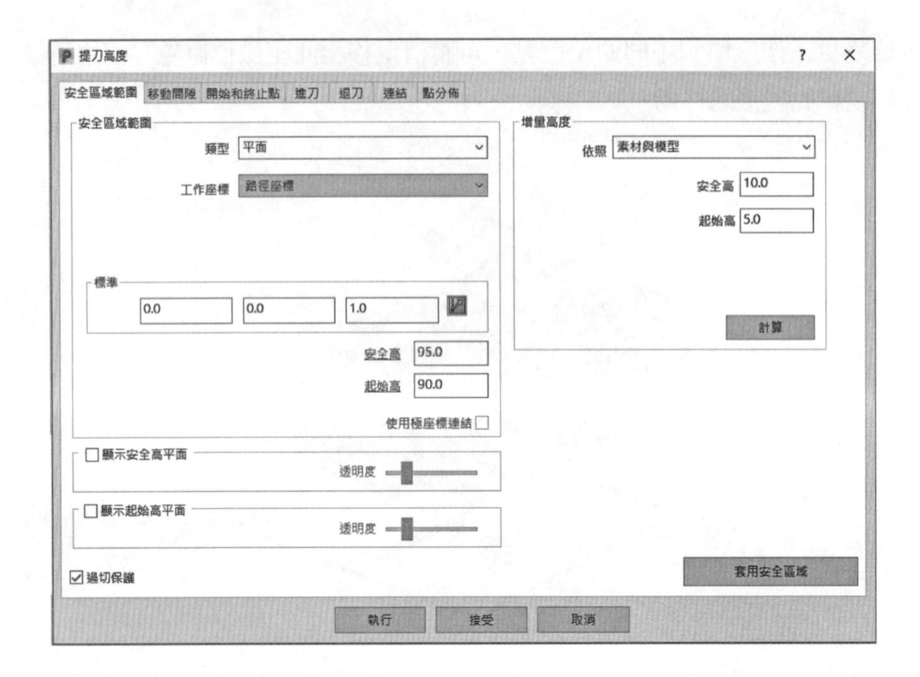


## 8.2.5 刀具設定（Setup for the tools）

從物件工具列中的刀具按滑鼠右鍵開啓次功能 > 產生刀具 > 從選單中選擇所需建立的刀具類型（如下頁的刀具類型）。

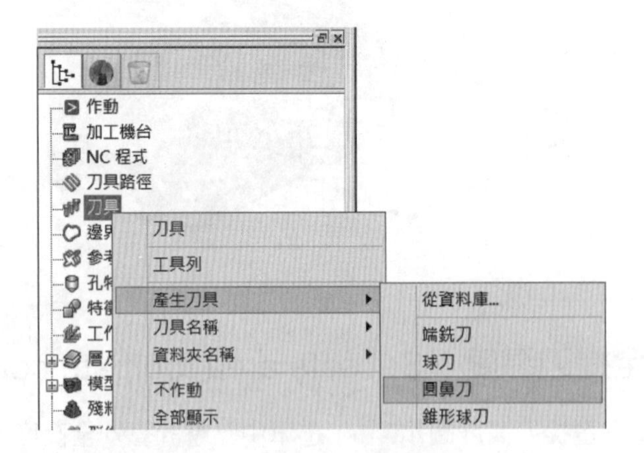


1. 建立以下的刀具類型與切削參數：

   (1) 點選圓鼻刀類型，設定名稱爲 D12R0.5、刀刃直徑爲 12.0、圓鼻半徑爲 0.5、刀具編號爲 1、刀刃數爲 4，從切削資料頁面的右下角處點選編輯刀具資料圖案，設定切削速度爲 180.0 m/min、進給量 / 每刃爲 0.13，然後關閉。

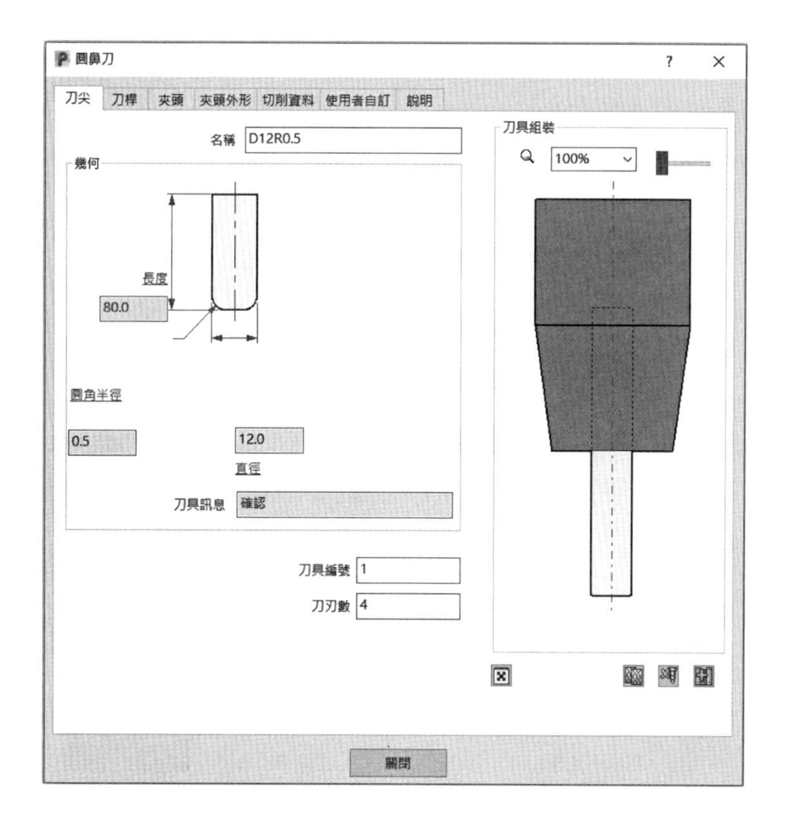
圓鼻刀
刀尖
刀桿
夾頭
夾頭外形
切削資料
使用者自訂
說明
名稱
D12R0.5
幾何
長度
80.0
圓角半徑
0.5
12.0
直徑
刀具訊息
確認
刀具編號
1
刀刃數
4
刀具組裝
100%
關閉

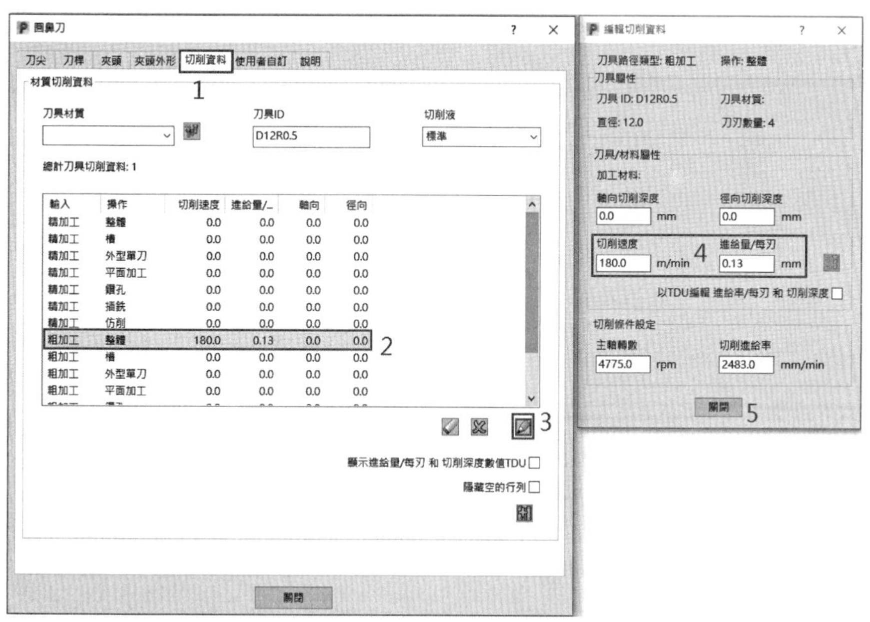
圓鼻刀
刀尖
刀桿
夾頭
夾頭外形
切削資料
使用者自訂
說明
1
材質切削資料
刀具材質
刀具ID
D12R0.5
切削液
標準
總計刀具切削資料: 1
輸入
操作
切削速度
進給量/...
軸向
徑向
精加工
整體
槽
外型單刀
平面加工
鑽孔
插銑
仿削
粗加工
180.0
0.13
2
3
顯示進給量/每刃 和 切削深度數值TDU
隱藏空的行列
關閉
編輯切削資料
刀具路徑類型: 粗加工
操作: 整體
刀具屬性
刀具 ID: D12R0.5
刀具材質:
直徑: 12.0
刀刃數量: 4
刀具/材料屬性
加工材料:
軸向切削深度
徑向切削深度
0.0
mm
切削速度
180.0
m/min
4
進給量/每刃
0.13
以TDU編輯 進給率/每刃 和 切削深度
切削條件設定
主軸轉數
4775.0
rpm
切削進給率
2483.0
mm/min
5

(2) 點選圓鼻刀類型，設定名稱為 D6R0.2、刀刃直徑為 6.0、圓鼻半徑為 0.2、刀具編號為 2、刀刃數為 4，從切削資料頁面的右下角處點選編輯刀具資料圖案，設定切削速度為 110.0 m/min、進給量 / 每刃為 0.08，然後關閉。

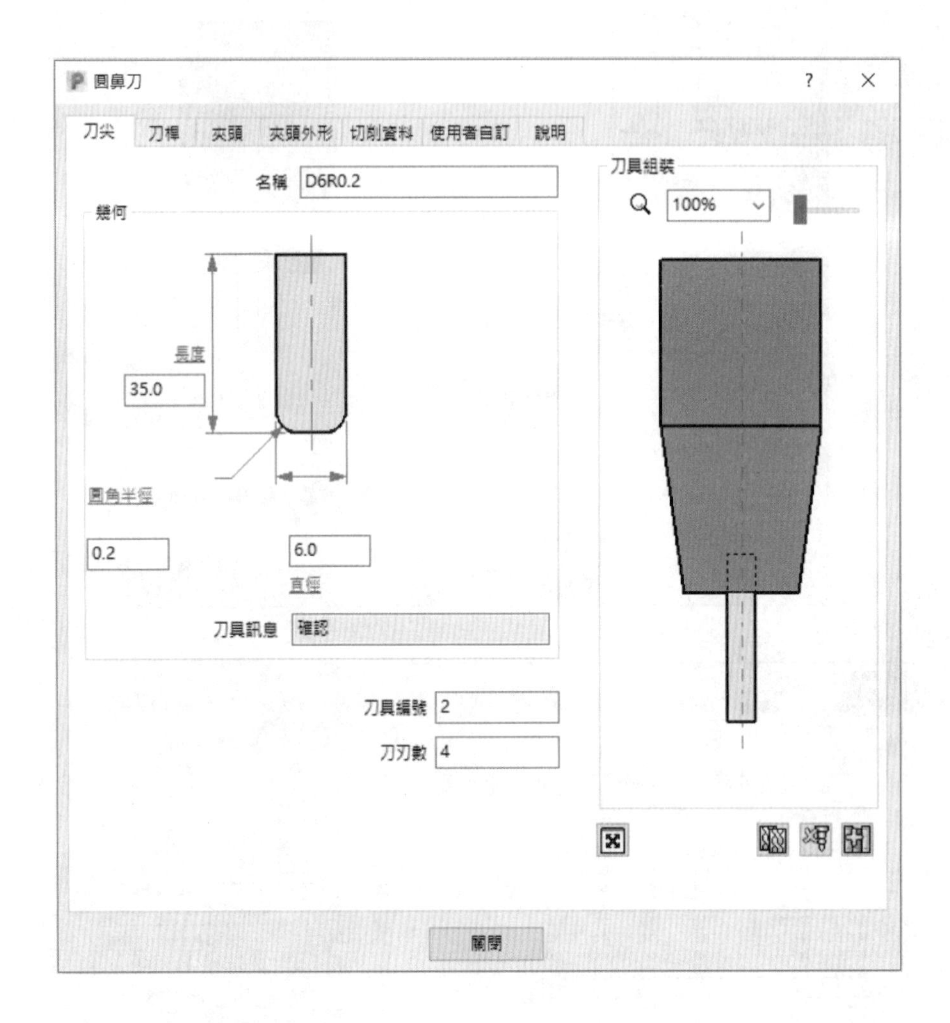

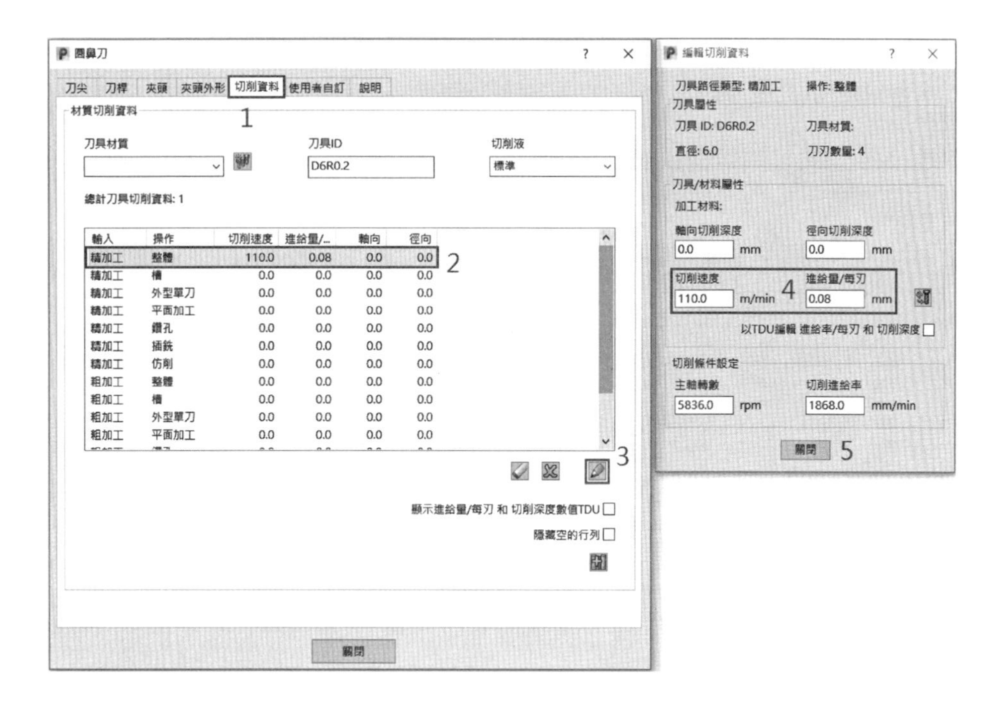


(3) 點選球刀類型，設定名稱為 R2、刀刃直徑為 4、刀具編號為 5、刀刃數為 2，從切削資料頁面的右下角處點選編輯刀具資料圖案，設定切削速度為 135.0 m/min、進給量／每刃為 0.06，然後關閉。

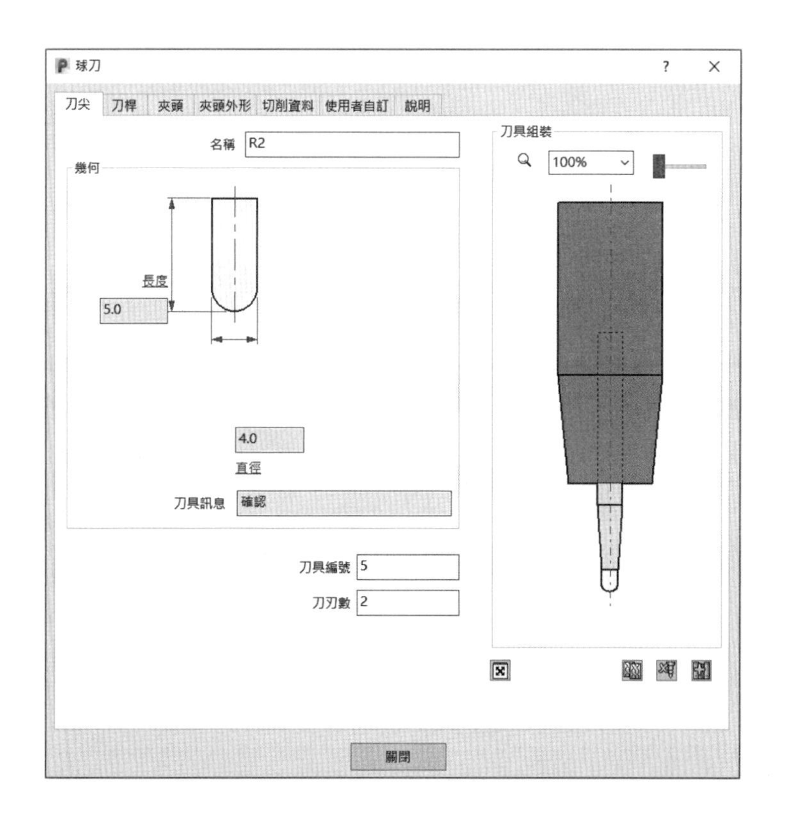

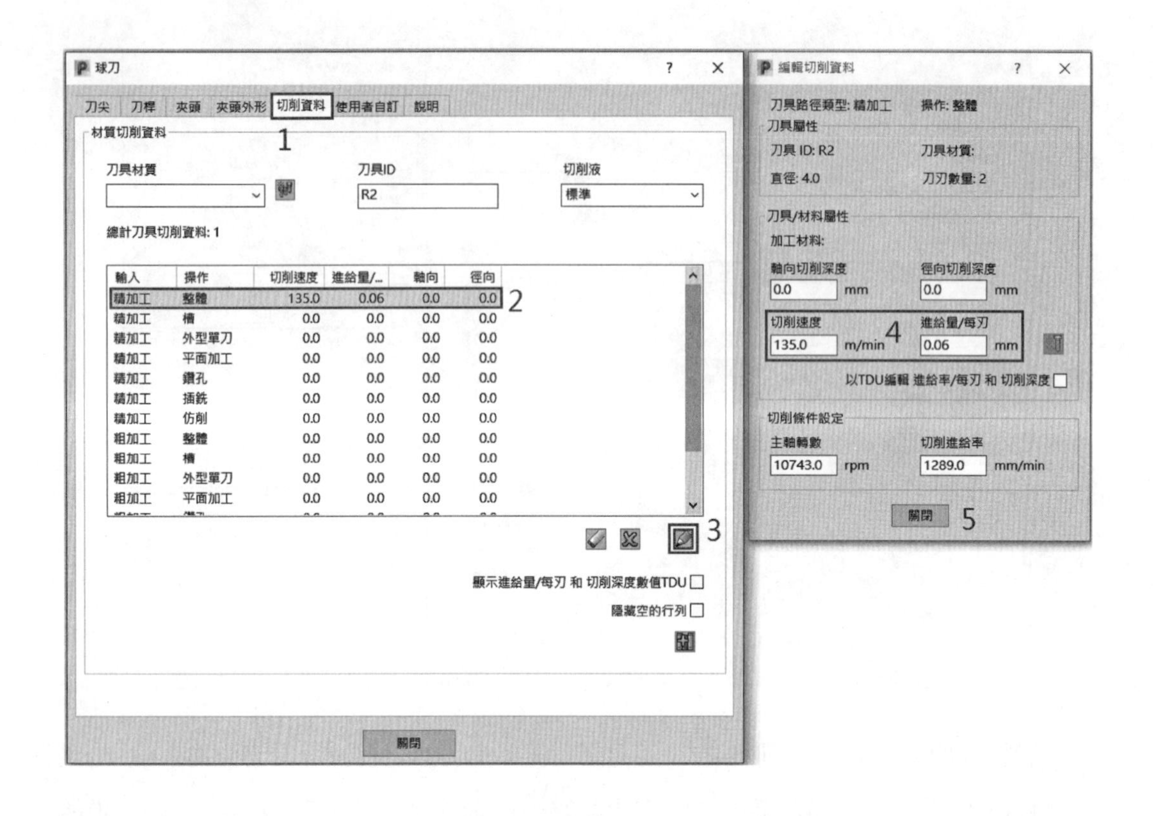


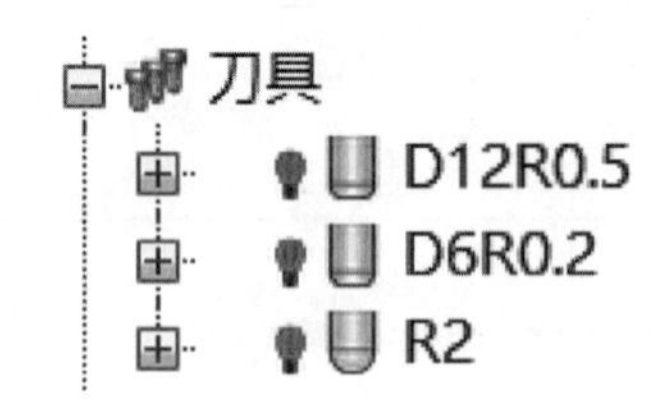


# 8.3 模型粗加工（Model rough machining）

**說明 Explanation**

此模型的粗加工我們將採用 PowerMILL® 的旋風粗加工，主要是模型底部爲平面適用於旋風粗加工的工法。設定操作如下：

1. 作動加工刀具 D12R0.5（鎢鋼刀具）。
2. 從主要工具列中點選刀具路徑工法圖示 。
3. 選取 3D 粗加工 Area clearance 選單，選擇模型粗加工（Model area clearance）工法選項。

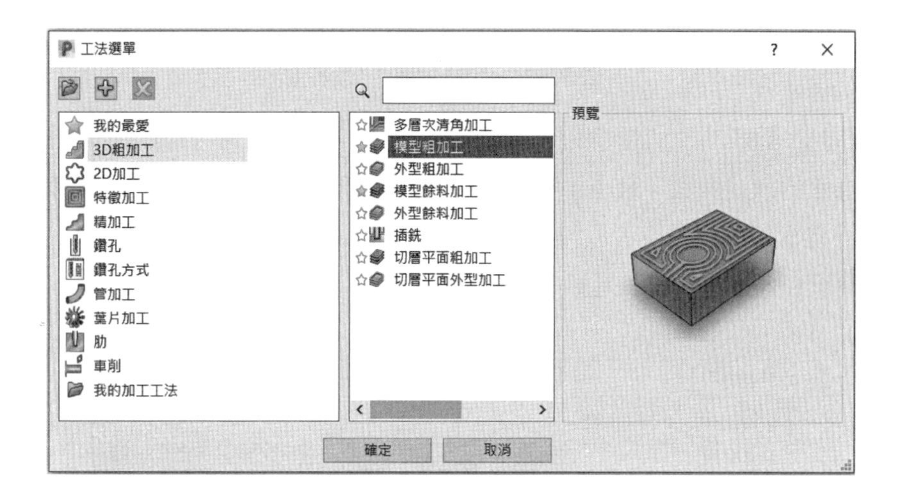


4. 開啟選單之後定義以下設定（如下圖所示）：

(1) 輸入刀具路徑名稱：Rough_Vortex。

(2) 樣式：旋風加工。

(3) 公差：0.1。

(4) 預留量：0.5。

(5) 刀間距：2.4。

(6) 每層下刀：13.0。

5. 進入旋風加工的設定頁面，最小半徑和最小點間距都依刀具的參數來自動運算（此兩參數可依需求再自行修改測試或者取得機台最佳的 Machine DNA 數據來做套用），勾選空切移動抬刀高度和勾選空刀移動進給速度（依內定值）。

6. 點選階梯餘料再加工的選項，從頁面中勾選使用階梯餘料再加工和固定移除餘料來增加切削進給速率，定義每層下刀爲 1.0 mm、忽略殘料少於定義爲 0.0、補正重疊距離定義爲 1.0。

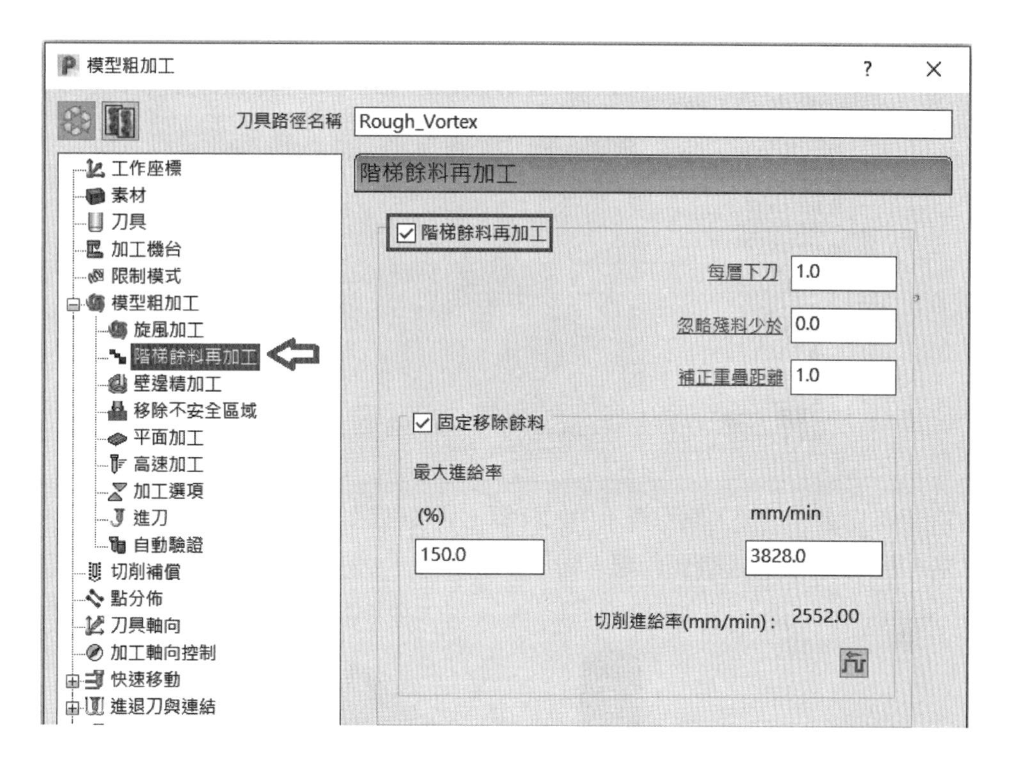


7. 點選高速加工的選項，從頁面可看到內定值 0.05 的轉角圓弧半徑，使用滑鼠左鍵按住控制，將轉角半徑拉到最大值 0.2。

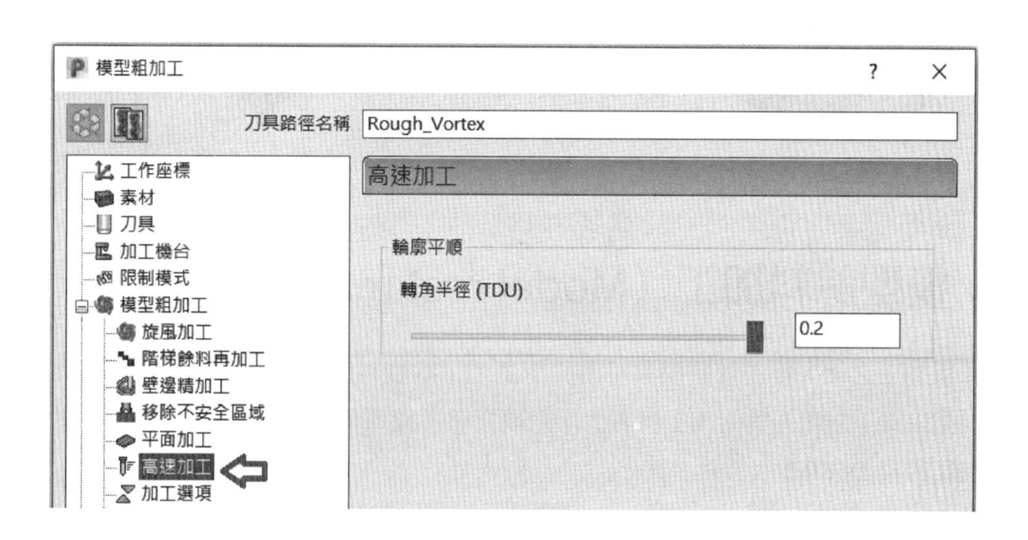


8. 點選進刀的選項，從頁面中移動類型選擇螺旋進刀，最大斜向角度定義為 1.0，高度定義為 1.0。

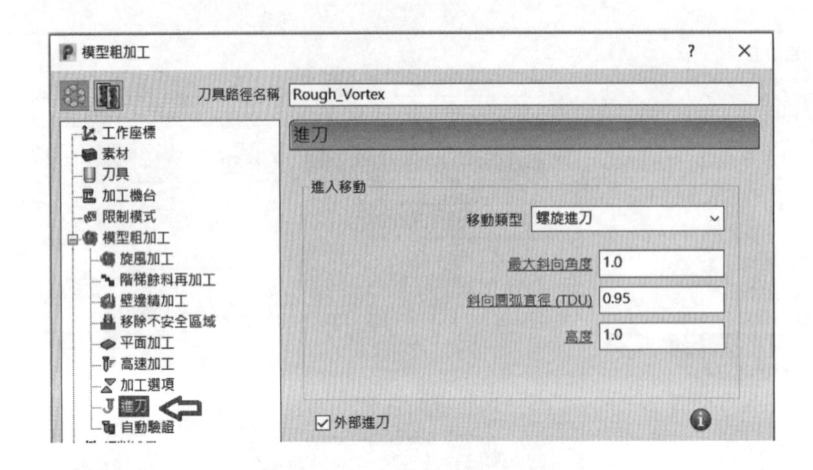


9. 以上加工參數定義完成後，點擊圖示中的計算，再按關閉。
10. 計算完成後的刀具路徑和實體模擬，如下圖所示。

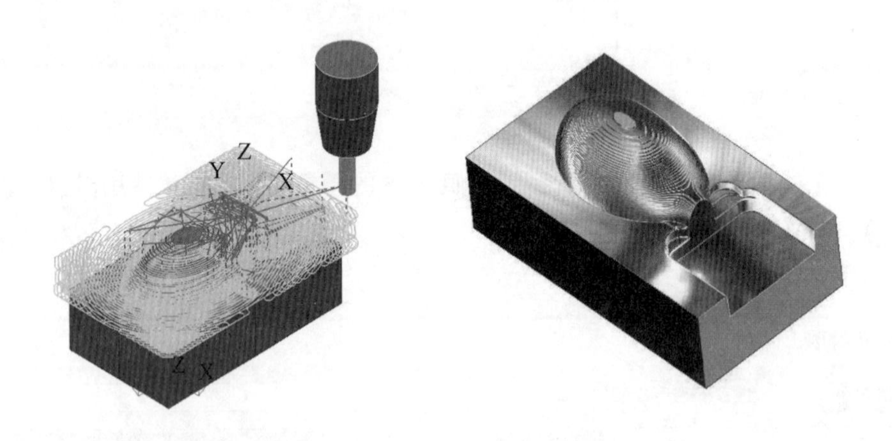


# 8.4 模型餘料加工（Model rest machining）

旋風粗加工之後，經由實體模擬可事先清楚地了解殘料的狀況。接下來，本章節將不使用殘料模型來做下一把刀具的加工參考，而是直接參考旋風粗加工的路徑來運算餘料加工。

1. 作動加工刀具 D6R0.2。
2. 從主要工具列，點擊刀具路徑工法選單[icon]。
3. 選取 3D 粗加工 Area clearance 選單，選擇模型餘料加工（Model rest area clearance）工法選項。

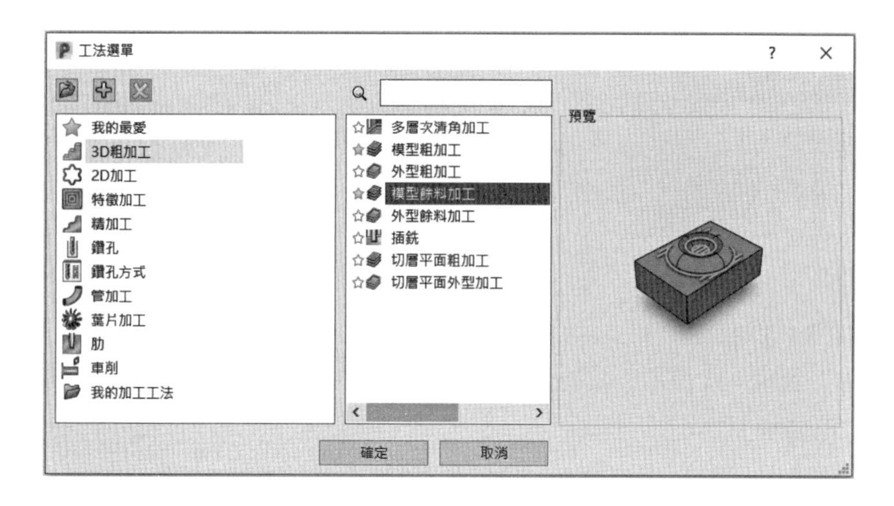


4. 開啓選單之後定義以下設定（如下圖所示）：

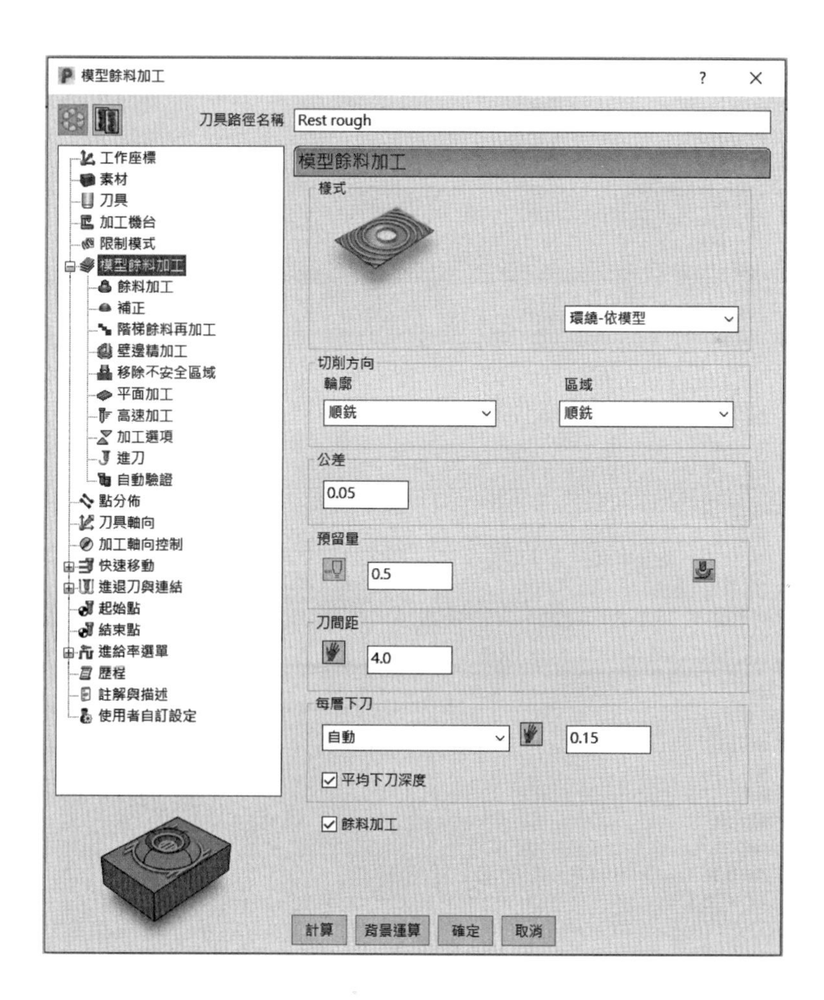

(1) 輸入刀具路徑名稱：Rest rough。

(2) 樣式：環繞 - 依模型。

(3) 公差：0.05。

(4) 預留量：0.5。

(5) 刀間距：4.0。

(6) 每層下刀：0.15。

(7) 確認勾選使用餘料加工。

5. 點選餘料加工選項，從選單下拉功能中選擇參考刀具路徑和點選 Rough_Vortex 粗加工路徑。定義忽略殘料少於 0.3。

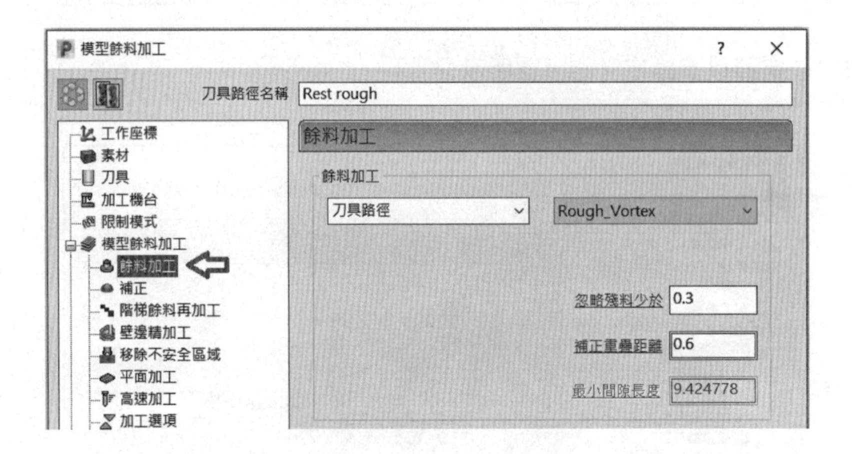


6. 點選進刀的選項，從下拉功能中選擇無，再點選退刀與進刀相同選項按鈕。

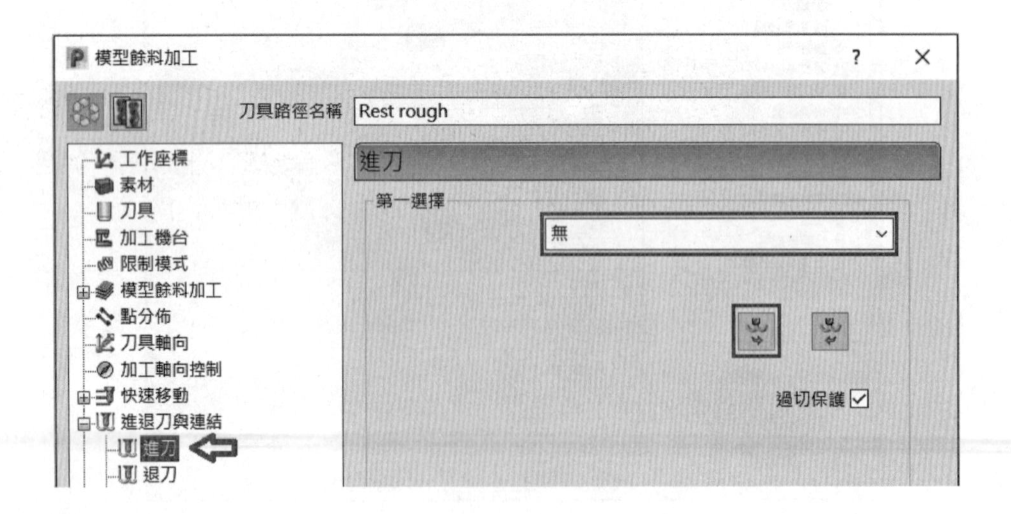

7. 點選連結的選項，從第一選擇下拉功能中選擇圓弧連結。

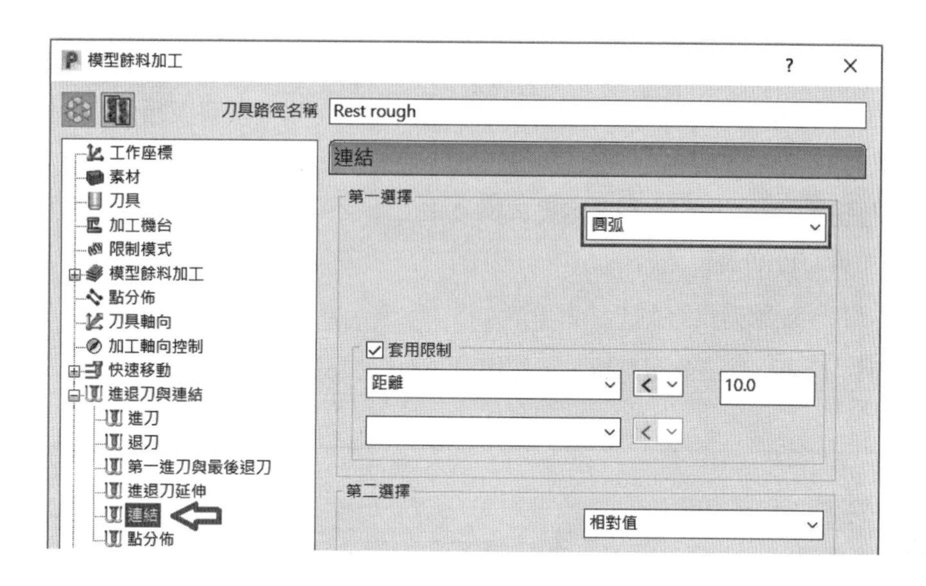


8. 以上加工參數定義完成後，點擊圖示中的計算，再按關閉。
9. 計算完成後的刀具路徑，如下圖所示。

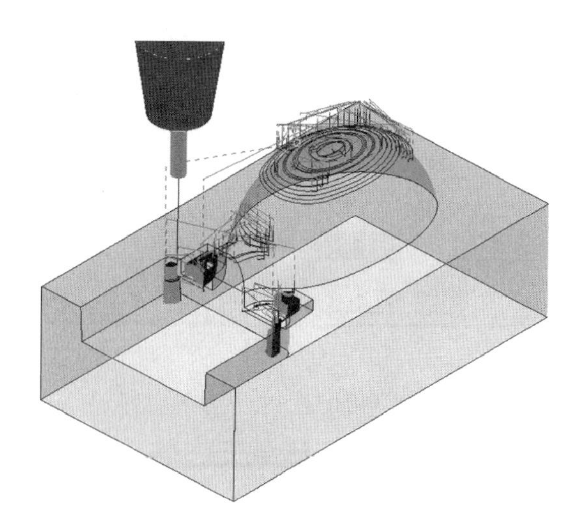

補充說明：

操作者可定義進退刀的連結選項來減少提刀的次數，以順銑的連結方式做連續性不提刀的加工。

## 8.5 平面精加工（Plane finish machining）

餘料粗加工之後接下來的加工方式，可先進行平面的加工區域。各平面的高度將以多層多刀的加工方式，加工到預留量爲 0，需要注意的是粗加工的殘留料與預留量。當模型區域有直壁面時如果平面加工的軸、徑向預留量爲 0，將會導致刀桿磨耗到壁邊，造成刀具或模具過切的問題發生。所以操作者需要定義 PowerMILL®的不等預留量功能來避免此問題發生。

1. 選用作動刀具 D12R0.5。
2. 從主要工具列，點擊刀具路徑工法選單。
3. 選取 3D 粗加工 Area clearance 選單，選擇切層平面粗加工（Slice area clearance）工法選項。

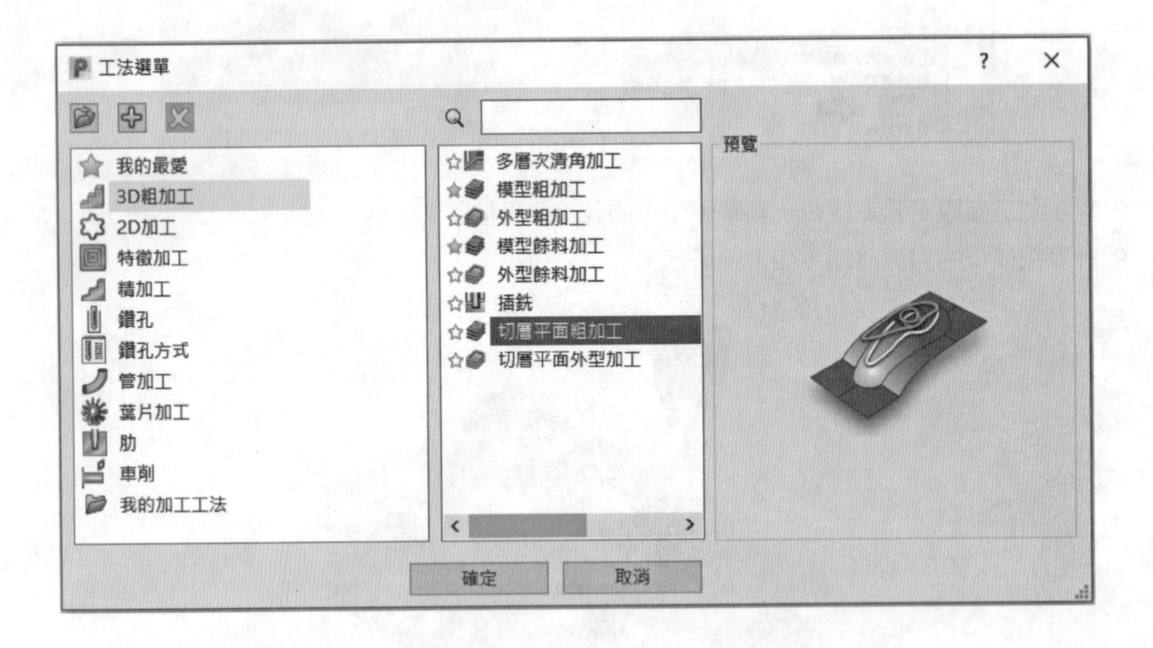


4. 開啟選單之後定義以下設定（如下頁圖所示）：
   (1) 輸入刀具路徑名稱：Plane finish。
   (2) 切層平面：從下拉式功能中選擇平面。
   (3) 工法方式：選擇環繞 - 依全部。
   (4) 公差：0.005。
   (5) 點擊預留量 icon：定義徑向預留 0.6、軸向預留 0。
   (6) 刀間距：7.0 mm。

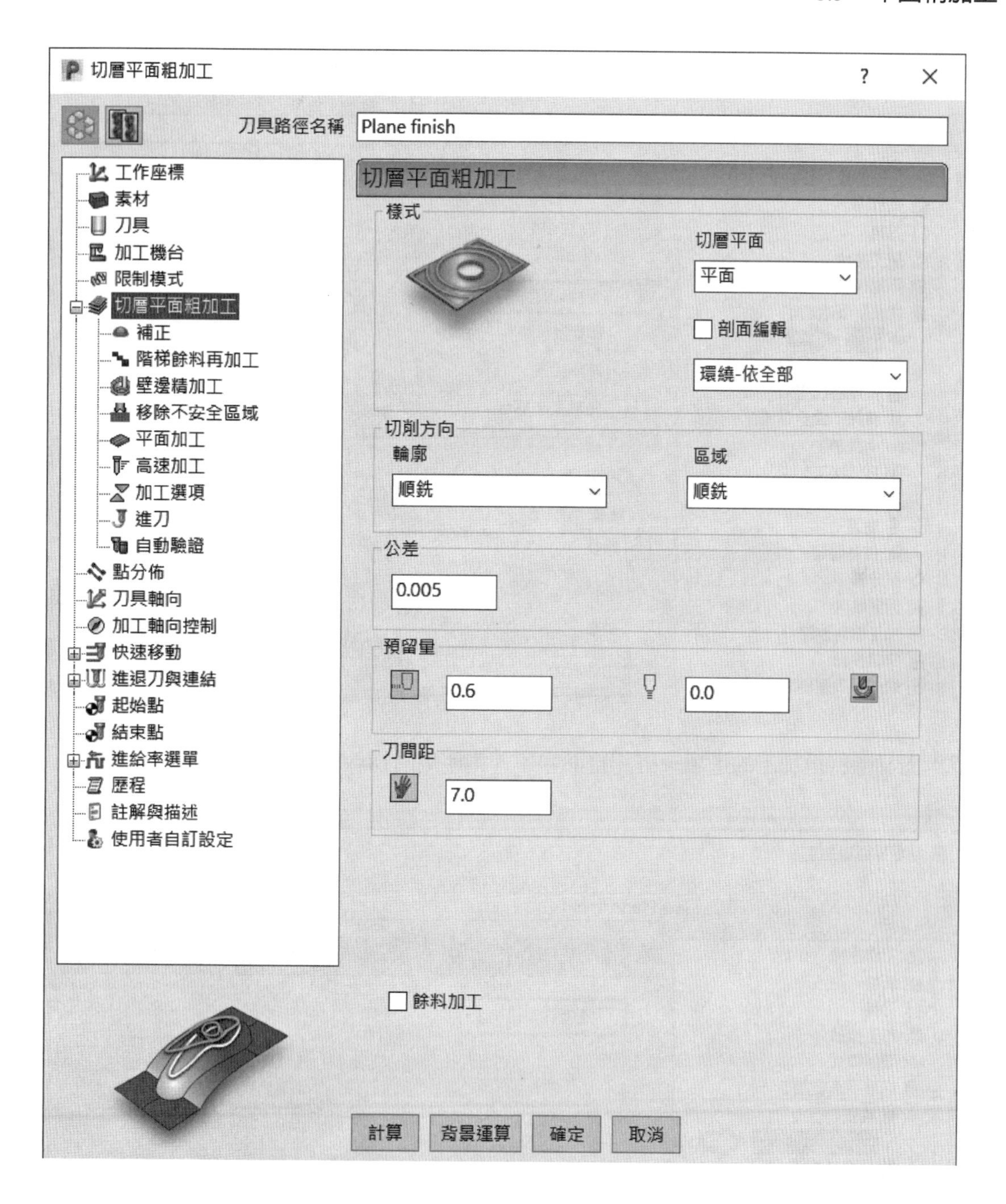


5. 取消勾選餘料加工。

6. 點選補正選項，不勾選保持切削方向，方向改爲由外而內。

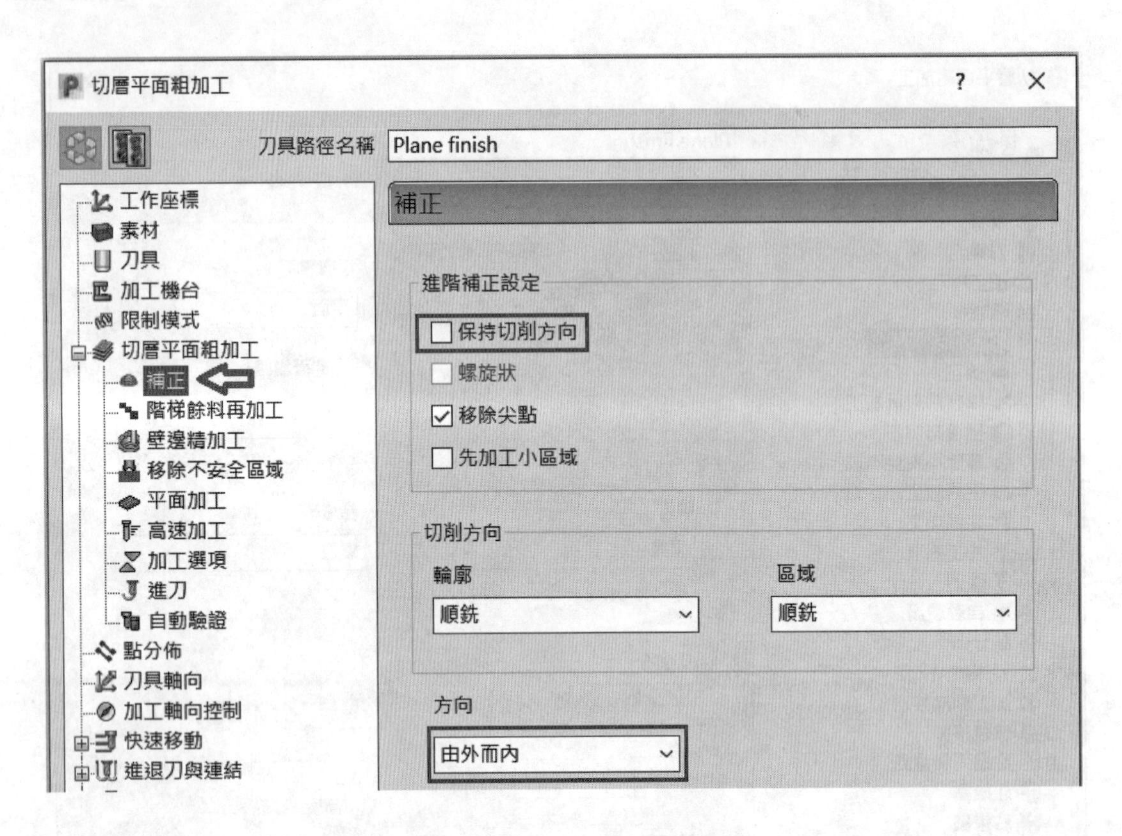


7. 點選階梯餘料再加工的選項，確認頁面中不勾選使用階梯餘料再加工的選項功能。

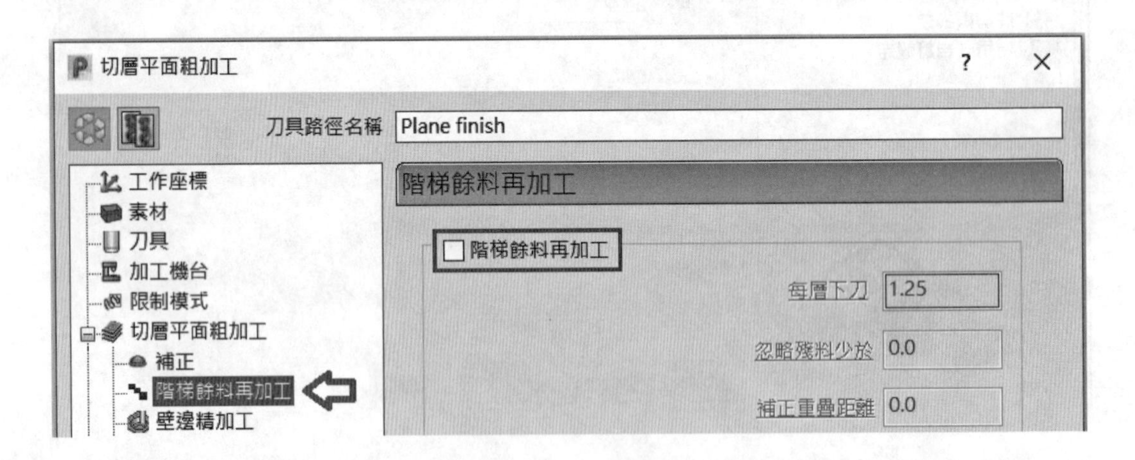


8. 點選平面加工的選項，從頁面中勾選使用多層次切削加工，切削刀數定義爲 2，每層下刀定義爲 0.2，勾選最後一層預留高度 0.05。

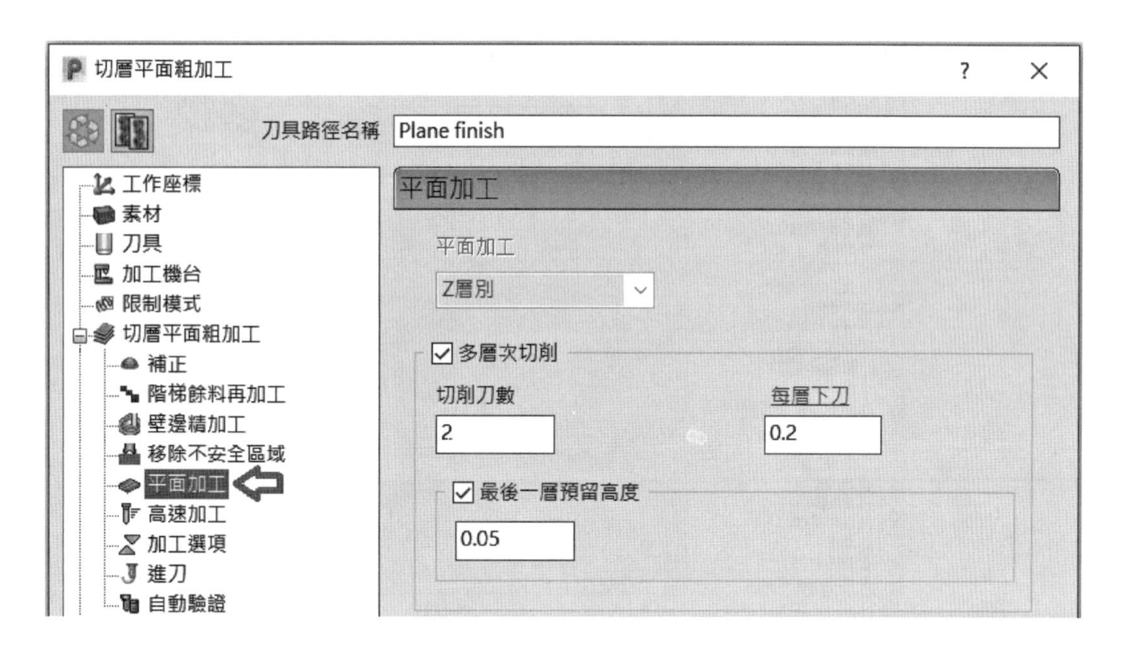


9. 在物件管理列中的快速移動的選單裡，點選移動間隙的選項，從頁面中的緩降距離定義為1.0，再從依照的下拉式功能中選用刀具接觸點（此刀具接觸點功能可依路徑點來降低緩降距離的高度值）。

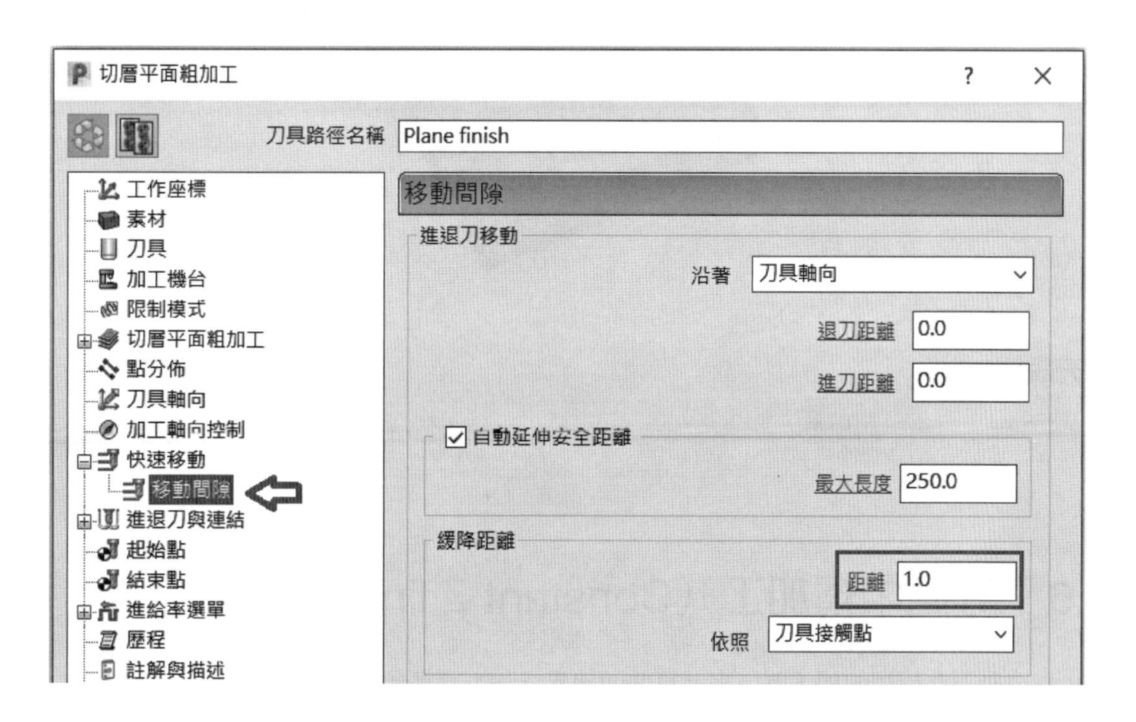


10. 點選進退刀與連結中的進刀選項，從下拉功能中選擇水平圓弧。定義角度為 90.0，半徑為 5.0 mm，再點選退刀與進刀相同選項按鈕。

11. 以上加工參數定義完成後，點擊圖示中的計算，再按關閉。
12. 計算完成後的刀具路徑，如下圖所示。

補充說明：

多層多刀的平面加工——路徑將一次性地完成中精銑。

## 8.6 等高中精加工（Constant Z finishing）

首先針對此模型的加工區域來運算曲面邊界（如下圖箭頭所指的區域範圍）。

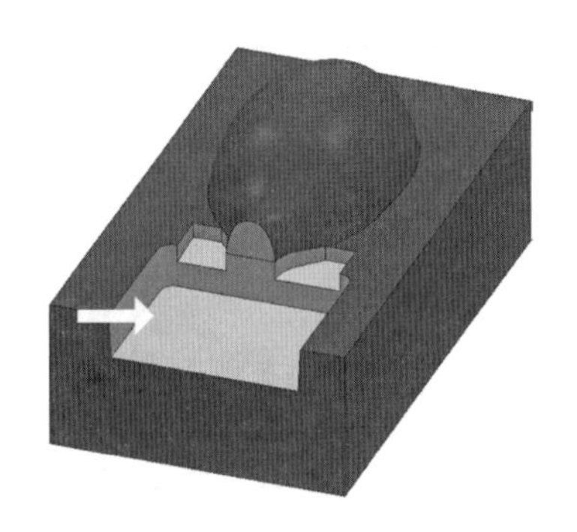

1. 使用滑鼠左鍵直接點選曲面 + shift 可做多曲面的複選。
2. 作動刀具 D6R0.2。
3. 使用滑鼠移至物件工具列中的邊界處，使用滑鼠右鍵功能點選邊界，將滑鼠移至邊界建立，從右鍵下拉功能的選單中點選選擇曲面邊界。

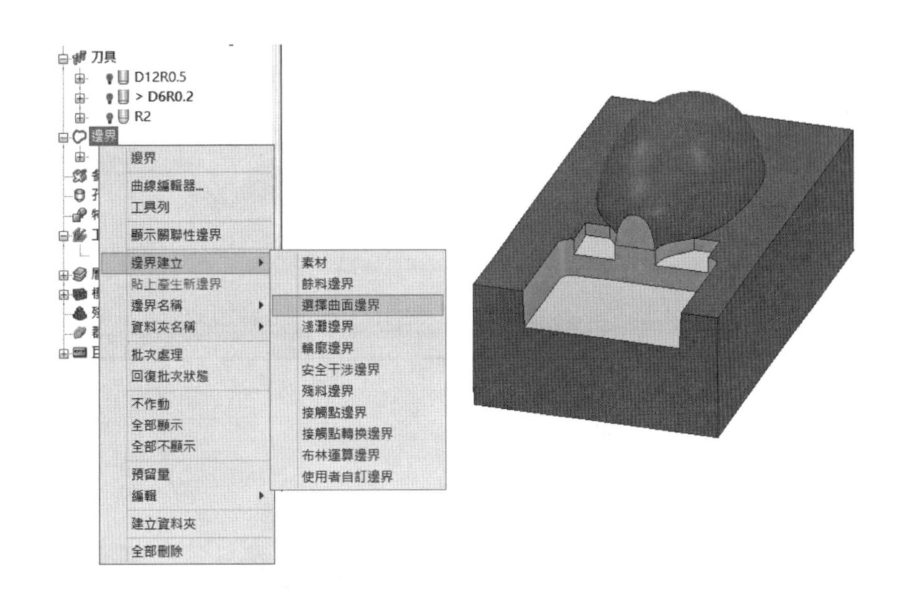


4. 開啓選單之後定義以下設定：
   (1) 勾選頂部和直壁面底部。
   (2) 公差：0.01。
   (3) 預留量定義爲 0.0。
   (4) 取消勾選使用軸向 / 徑向預留。
   (5) 不勾選關聯邊界。
   (6) 點擊選單中的執行，再按接受。

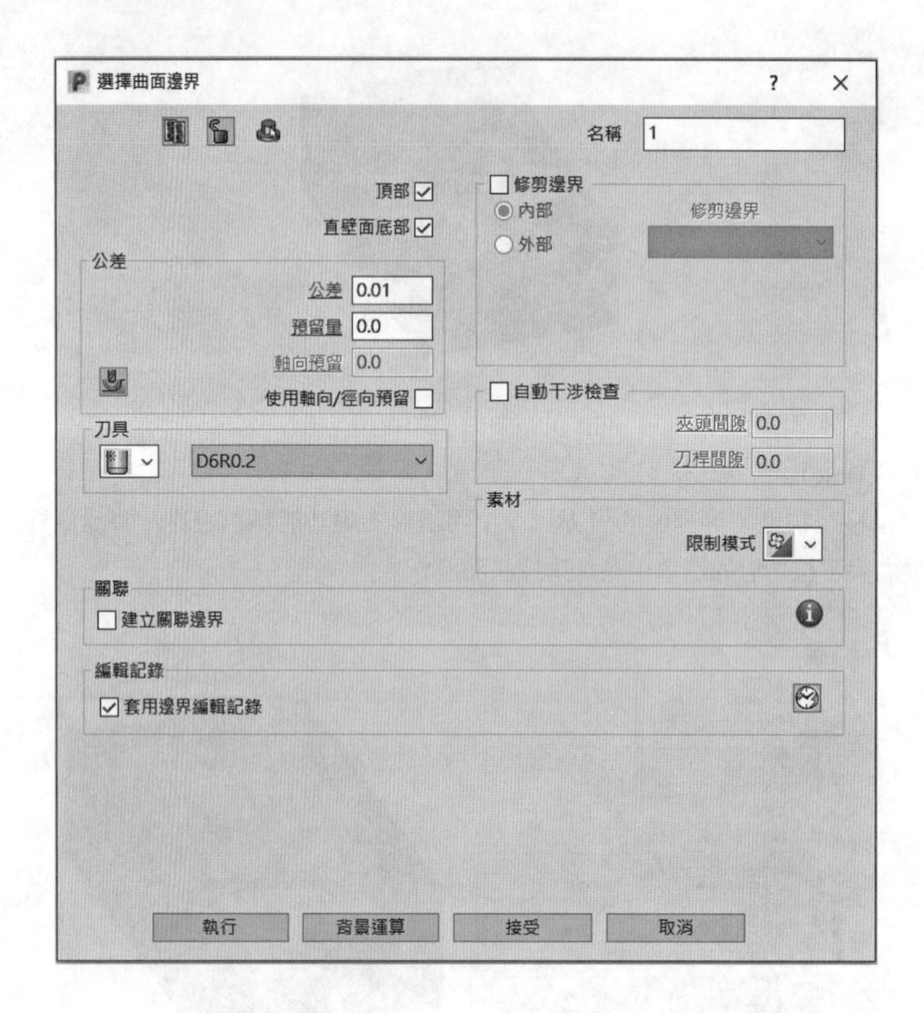


5. 計算完成後的加工區域邊界，如下圖所示。

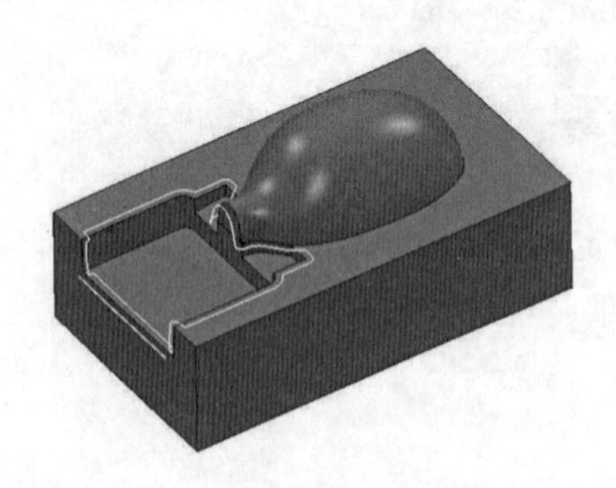

6. 從主要工具列，點擊刀具路徑工法選單。

7. 同樣選取精加工 Finish 選單，選擇等高加工（Constant Z finishing）工法選項。

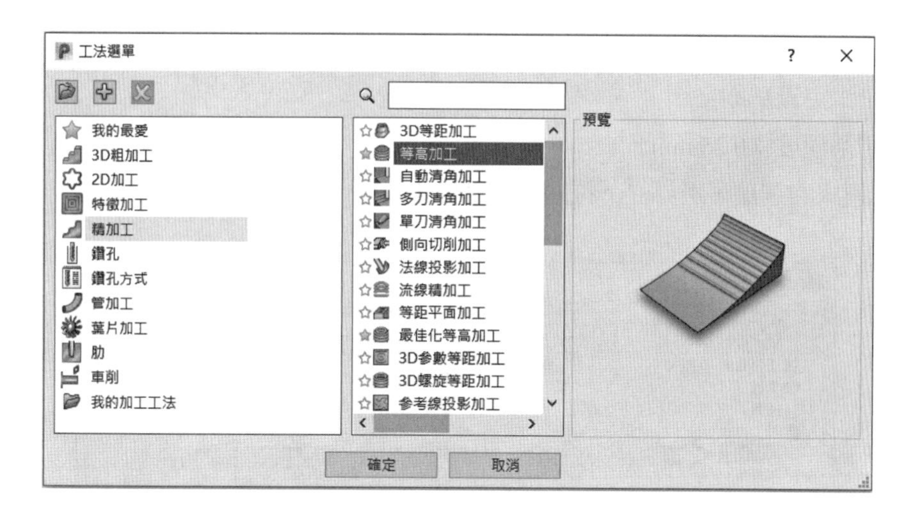


8. 開啓選單之後定義以下設定（如下圖所示）：

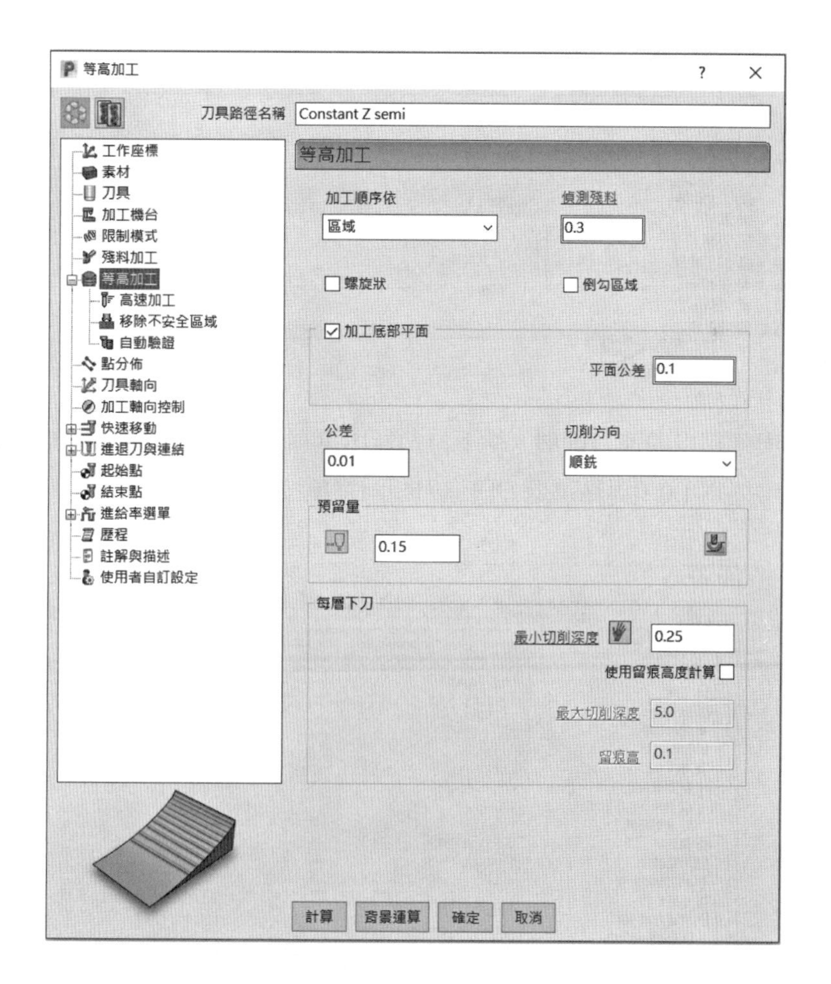


(1) 輸入刀具路徑名稱：Constant Z semi。

(2) 勾選加工底部平面。

(3) 公差：0.01。

(4) 預留量：定義爲 0.15。

(5) 最小切削深度：0.25 mm。

9. 點選限制模式的選項，邊界從下拉功能中選擇 1，邊界修剪選擇加工內部。

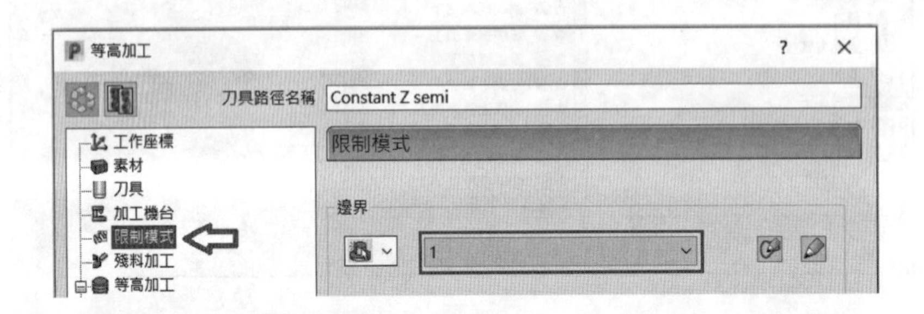


10. 點選高速加工選項，勾選轉角 R。

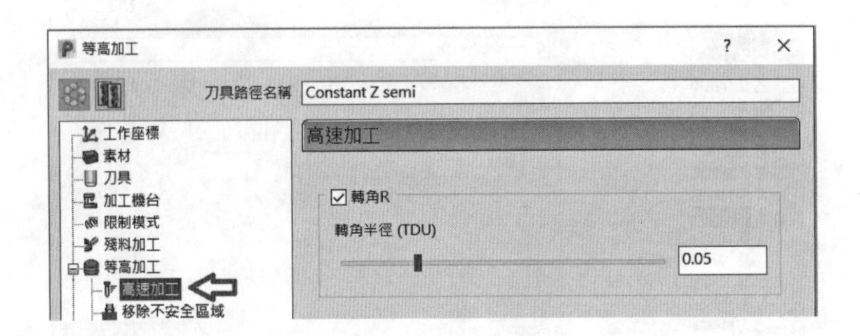


11. 點選進退刀與連結中的進刀選項，從下拉功能中選擇水平圓弧。定義延伸距離爲 1.0、角度爲 90.0、半徑爲 1.0，再點選退刀與進刀相同選項按鈕。

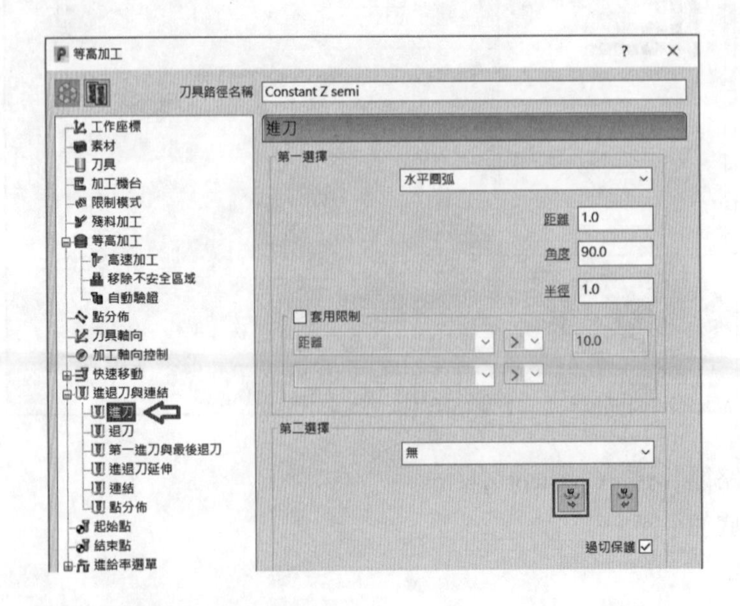

12. 點選第一進刀與最後退刀的選項，勾選第一進刀並從下拉功能中選擇水平圓弧。定義延伸距離為 1.0、角度為 90.0、半徑為 5.0，再點選套用第一進刀類型至最後退刀選項按鈕。

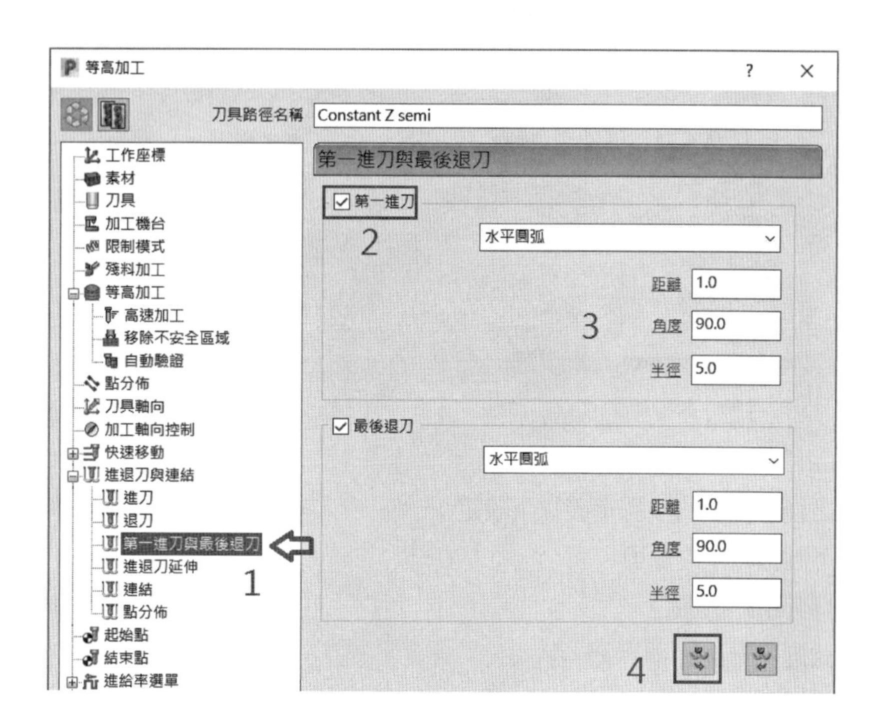


13. 點選連結的選項，從第一選擇下拉功能中選擇沿曲面連結，套用距離定義為 80.0。

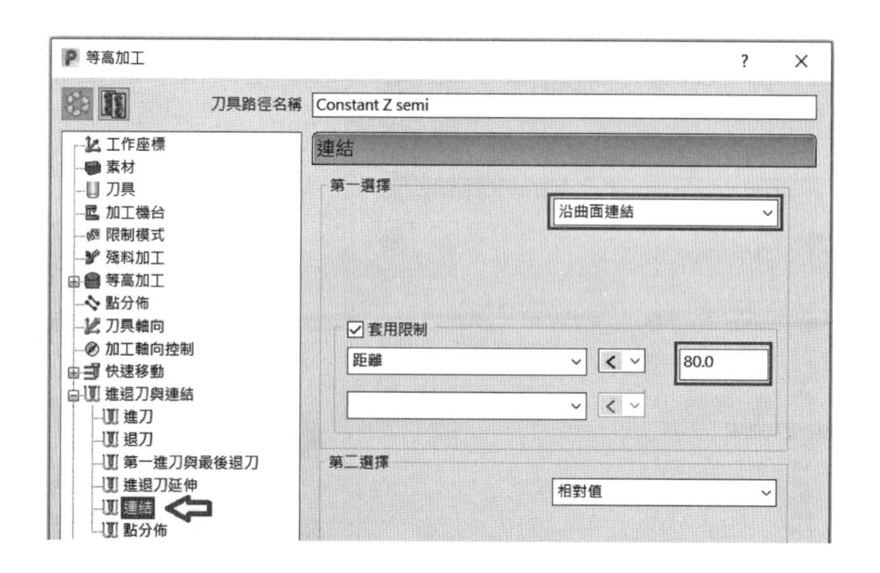


14. 點選切換回等高加工的選項頁面，從頁面中點擊預留量進階設定。

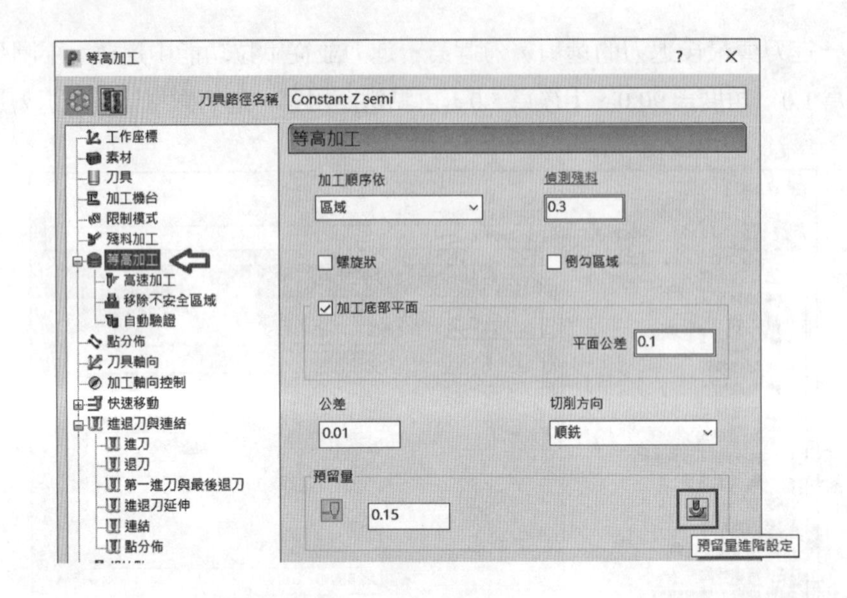


15. 開啓選單之後依下圖的步驟定義以下設定：

(1) 點擊如下圖標號 1 的曲面。

(2) 自訂選擇其中一個顏色。

(3) 加工方式選擇干涉。

(4) 點擊取得組件。

(5) 執行。

(6) 再按接受。

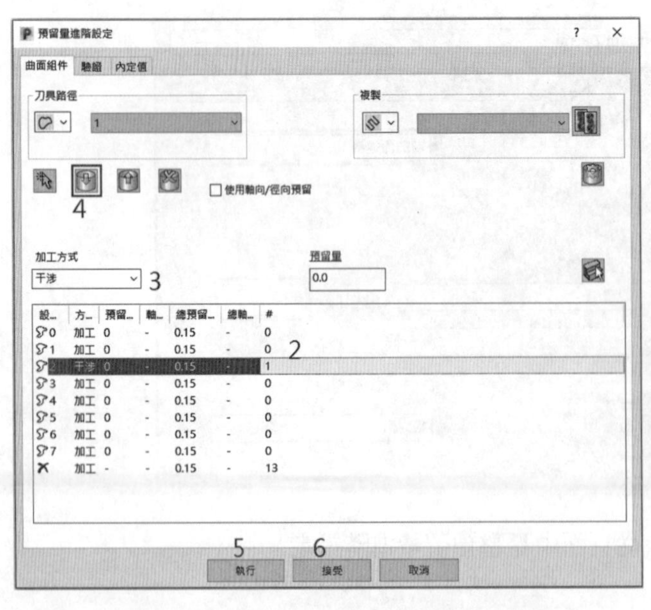


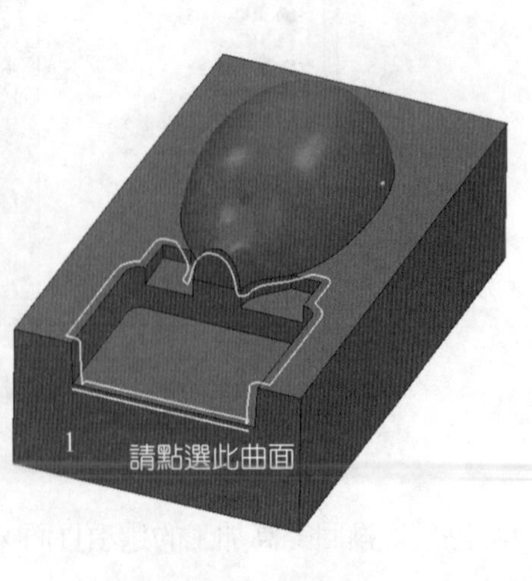

16. 以上加工參數定義完成後，點擊圖示中的計算，再按關閉。
17. 計算完成後的刀具路徑，如下圖所示。

補充說明：

計算完成的路徑，於上端有幾處斷續的路徑可編輯刪除之，它們並不影響加工的完整性。

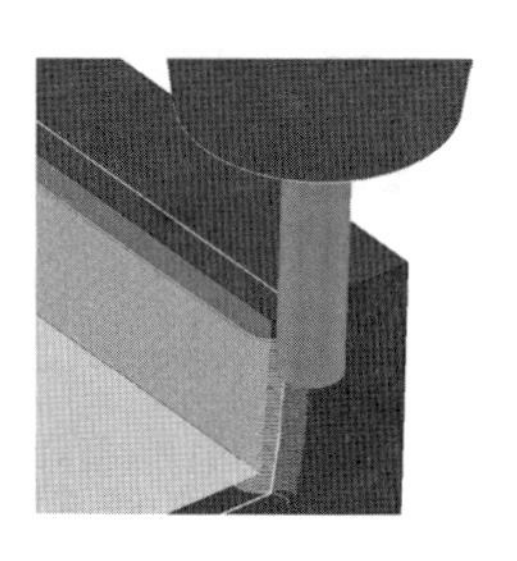

如果沒有定義干涉曲面，由左列圖示可發現加工路徑會有過圓角的問題產生，且有可能造成加工上無法維持曲面相鄰的尖角。

接續針對此模型同樣的區域進行等高精加工。

18. 將滑鼠移至 Constant Z semi 刀具路徑的名稱處，使用滑鼠右鍵開啓次功能 > 點擊設定參數。

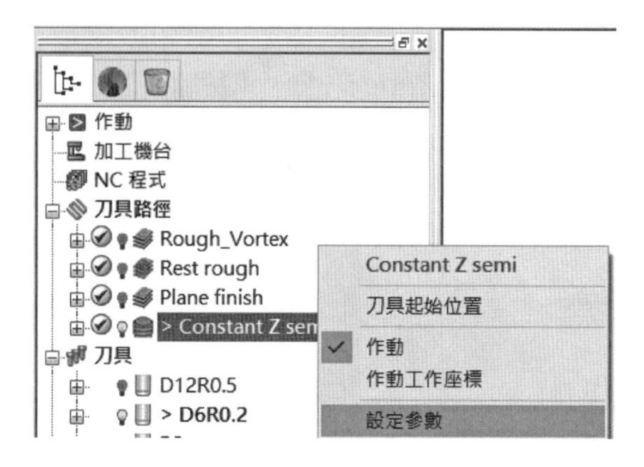

開啓選單之後，點擊複製此刀具路徑的功能。

19. 定義如下圖示的設定：

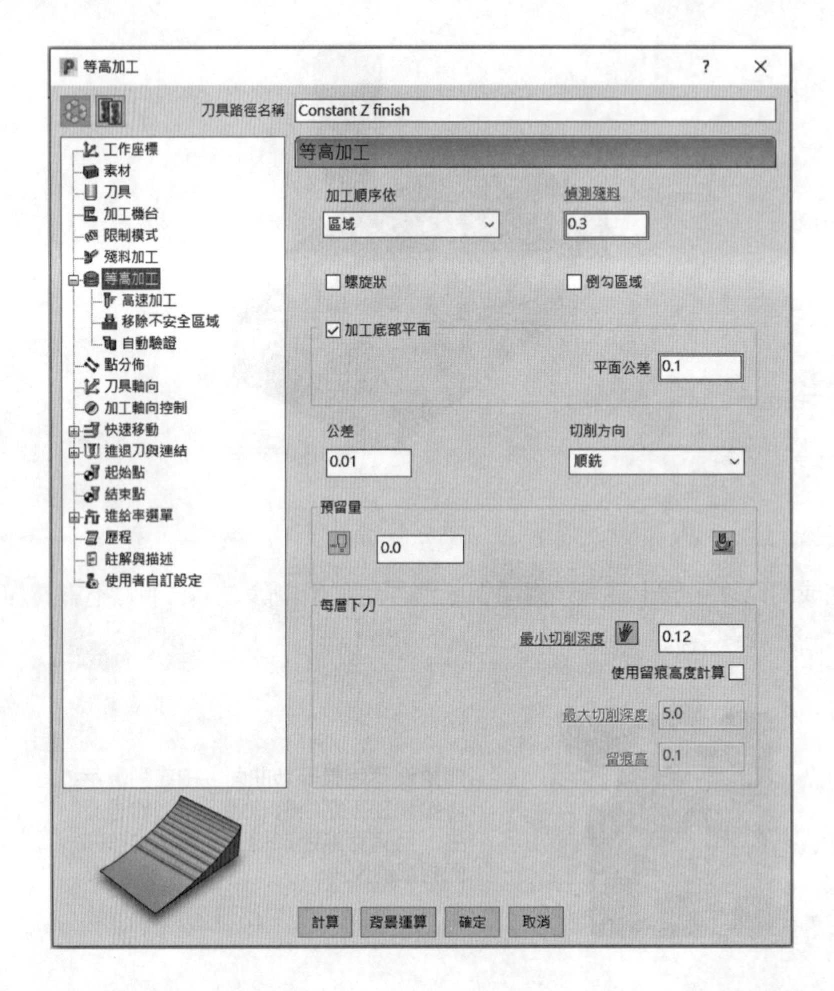


(1) 輸入刀具路徑名稱：Constant Z finishing。

(2) 公差：0.01。

(3) 預留量：定義為 0.0。

(4) 最小切削深度：0.12 mm。

20. 以上加工參數定義完成後，點擊圖示中的計算，再按關閉。

21. 計算完成後的刀具路徑，如下圖所示。

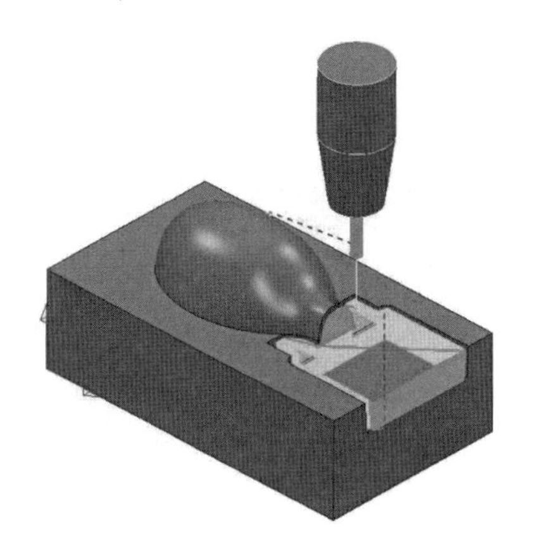

補充說明：

計算完成的路徑，在上端有幾處斷續的路徑可編輯刪除之，其並不會影響加工的完整性。

## 8.7 曲面法向加工（Surface finishing）

此工法方式只需要點選要加工的曲面，然後定義UV的加工方向。操作方式如下的說明：

1. 選用作動刀具 R2。
2. 點選如下圖的單一曲面。

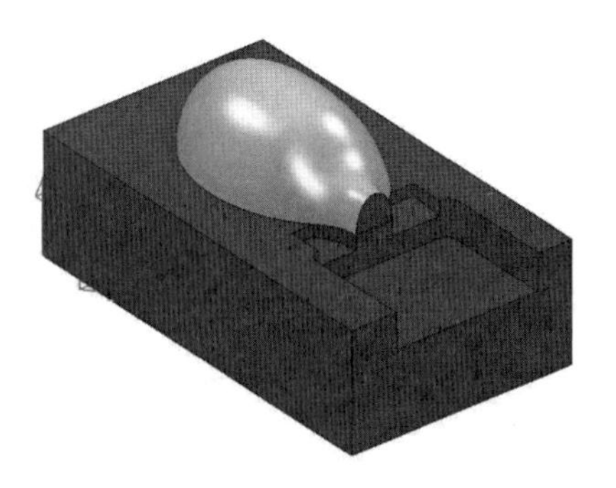

3. 從主要工具列，點擊刀具路徑工法選單。
4. 同樣選取精加工 Finish 選單，選擇曲面法向加工（Surface finishing）工法選項。

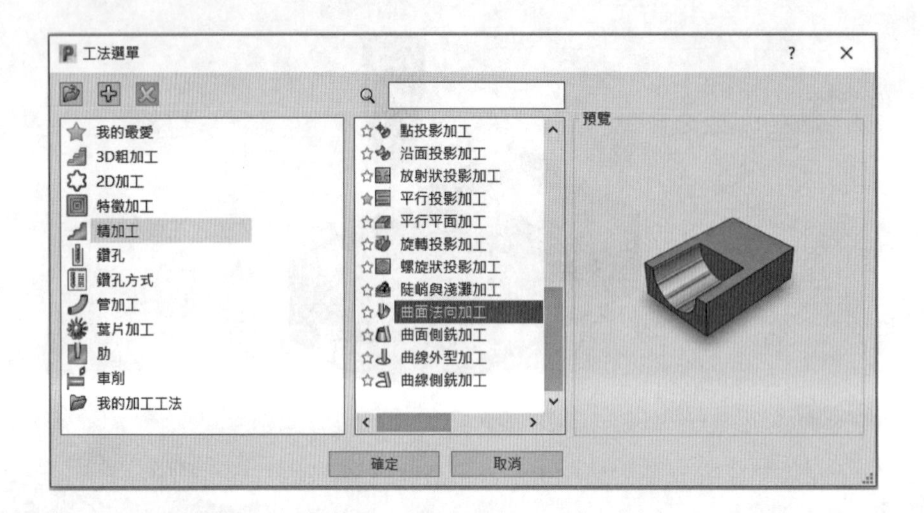


5. 開啓選單之後定義以下設定（如下圖所示）：

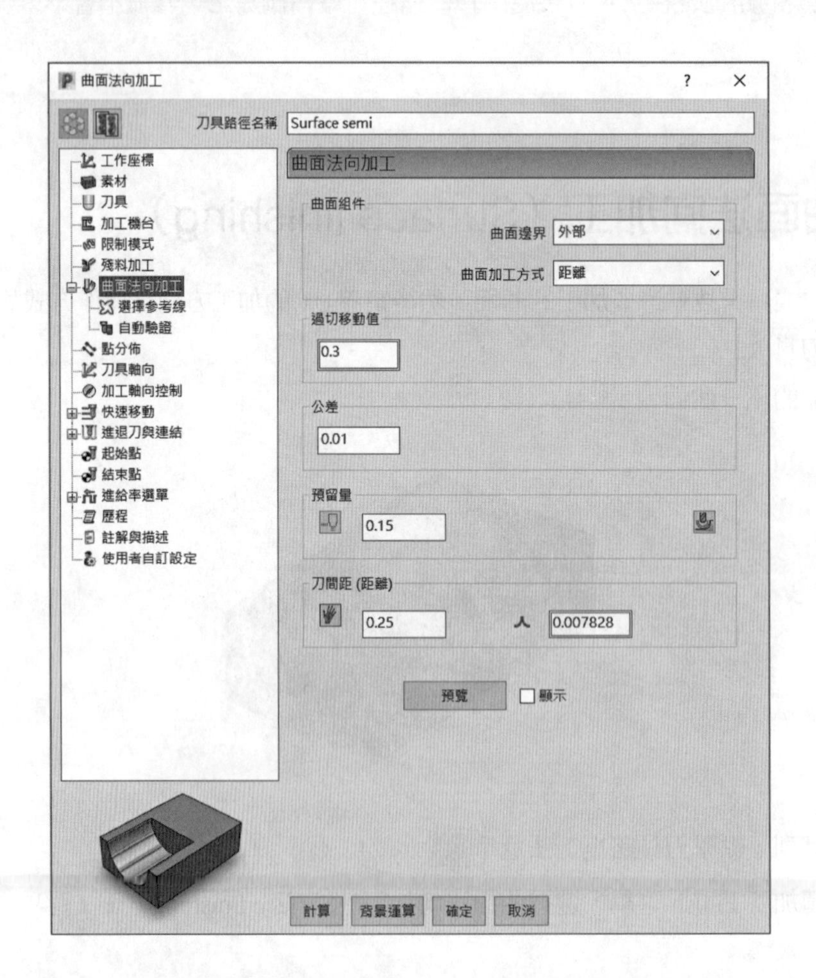

(1) 輸入刀具路徑名稱：Surface semi。

(2) 公差：0.01。

(3) 預留量：定義爲 0.15。

(4) 刀間距（距離）：0.25 mm。

6. 點選選擇參考線的選項，從右側的選擇參考線方向點選 V，路徑順序點選雙向。

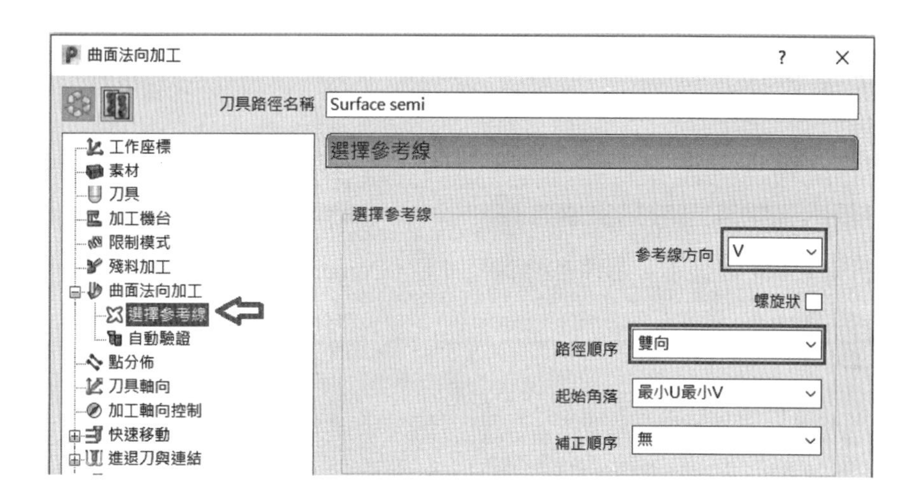


7. 以上加工參數定義完成後，點擊圖示中的計算，再按關閉。

8. 計算完成後的刀具路徑，如下圖所示。

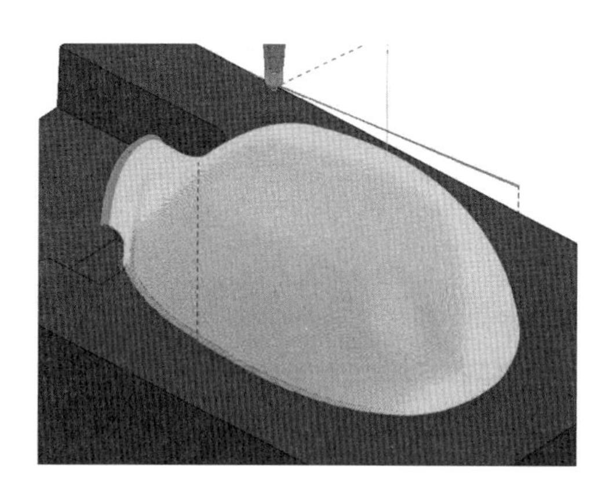

補充說明：

針對此模型的同樣區域，可使用相同的曲面法向加工方式，變更預留量與加工的刀間距來完成精加工。這個操作方式等同上述的曲面法向精加工操作方式，請作爲自我練習。

## 8.8 沿面清角加工（Corner finishing）

PowerMILL® 提供多的自動清角工法技巧，雖然一般使用者都習慣使用等高加工來加工角落的殘料區域或精加工。但是並非所有的加工區域都能適用於等高工法來做清角加工，比如平面、淺灘區域或殘料多的角落就比較不適合。而這些殘料區域是需要選擇特定的清角工法，才能符合加工的安全性及維持良好的表面加工品質。接下來，本章節將針對此模型於第六節的加工路徑所使用的 R2 球刀，進行無加工到的區域做沿面清角加工。操作方式如下的說明：

1. 選用作動刀具 D6R0.2。
2. 從主要工具列，點擊刀具路徑工法選單。
3. 同樣選取精加工 Finish 選單，選擇自動清角加工（Corner finishing）工法選項。

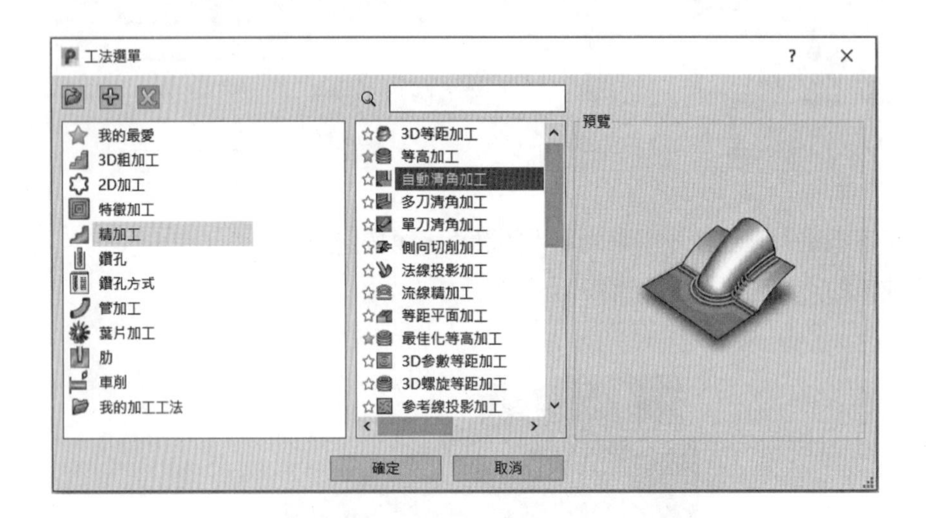


4. 開啓選單之後定義以下設定（如下頁圖所示）：
   (1) 輸入刀具路徑名稱：Corner finishing。
   (2) 輸出（陡峭 / 淺灘）：選擇兩者。
   (3) 區分角度：定義爲 0（表示 0 度以上都歸類爲陡峭區域來做運算，如果讀者定義角度爲 30 度，有可能造成某些區域產生不連續的路徑而提刀）。
   (4) 公差：0.01。
   (5) 預留量：定義爲 0.0。
   (6) 留痕高：0.01（= 刀間距 0.06）。
   (7) 切削方向：順銑。

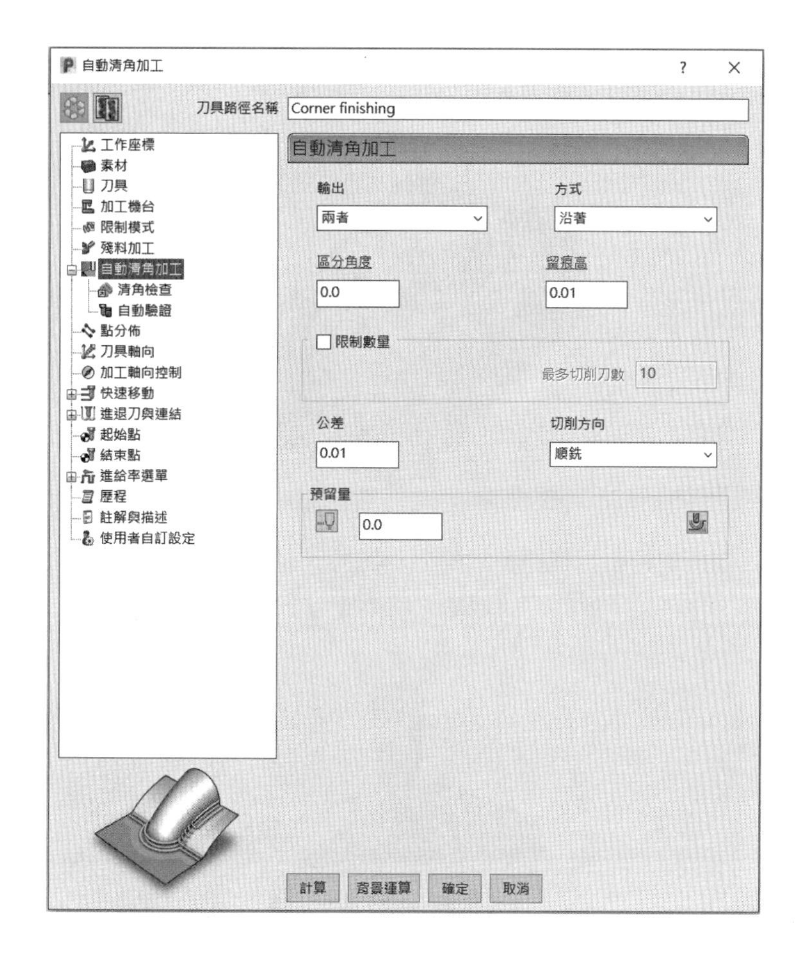


5. 點選清角檢查的選項，從右側的參考刀具選擇 R2，重疊補正，距離定義爲 0.3。

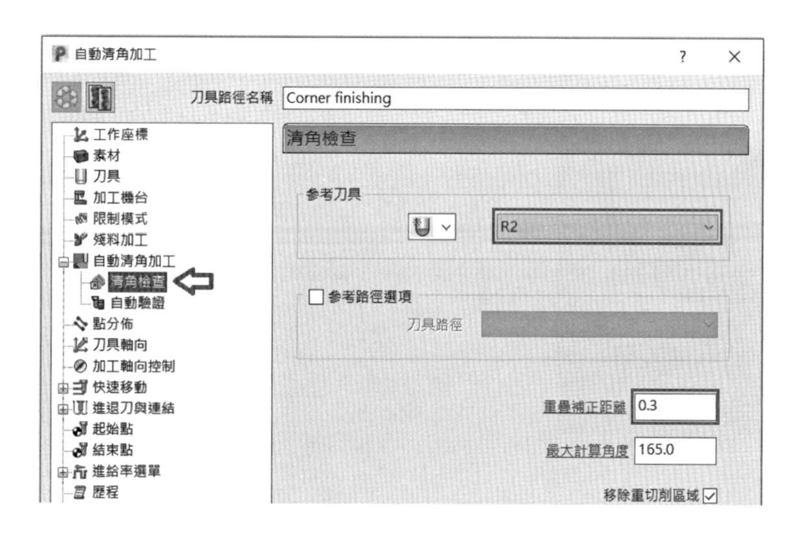

6. 以上加工參數定義完成後，點擊圖示中的計算，再按關閉。
7. 計算完成後的刀具路徑，如下圖所示。

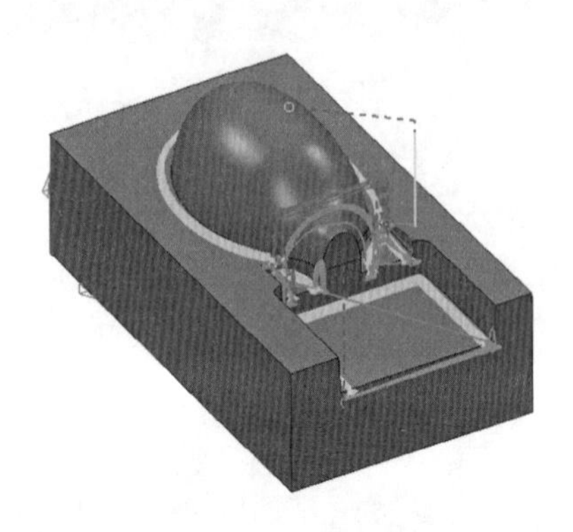

8. 相信使用者已經知道如何編輯刪除多餘的刀具路徑，請刪除不需要的加工區域，如下所完成的圖示（另外，也可以使用路徑的編輯修剪來完成）。

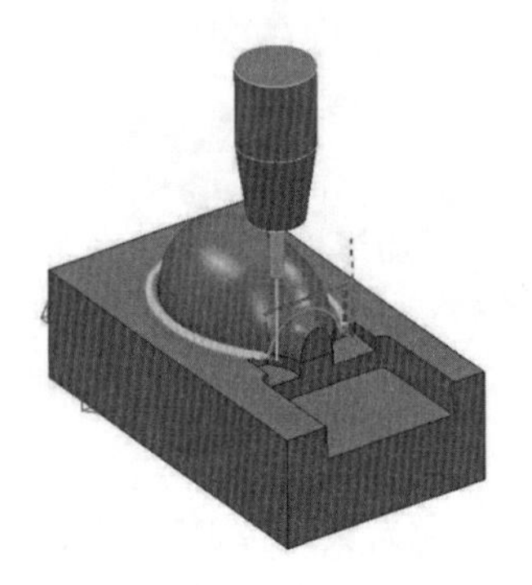

補充說明：

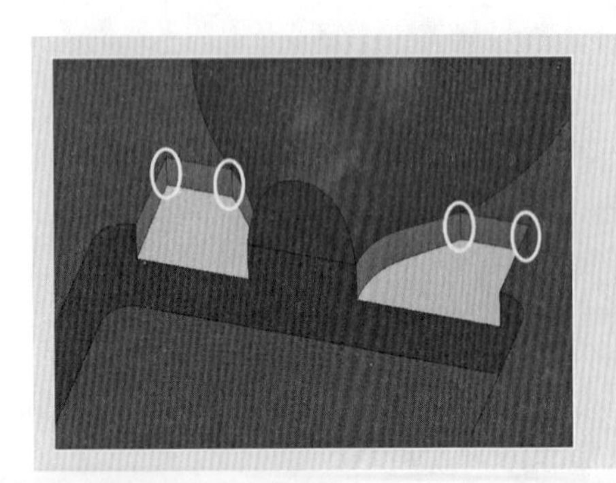

左圖示可發現相鄰面有尖角（圈選處），這些區域通常會採用放電加工方式做處理。下頁將說明概略介紹電極的加工應用。

# 8.9 電極加工應用（Electrode machining）

所謂拆電極是模具零件依工具機加工之後，區域無法加工到位的地方才做電極以進行放電加工處理。

放電加工（Electrical Discharge Machining, EDM），是一種藉由放電產生火花，使工件成爲所需形狀的一種製造工藝。

放電加工在製造業中有多種應用：

1. 模具製造：鍛造、鑄造、射出成型。
2. 加工深細孔、異形孔、深槽、窄縫和切割薄片等。
3. 公差小的硬材。
4. 微小元件。
5. 精細區段及脆弱的材料加工；刀具及加工面距離不夠無法直接加工。

此章節的範例依據上一頁補充說明所圈選處的角落區域範圍，在 CNC 加工下，它們是無法加工到的地方，此時就需要拆電極做放電加工處理。拆電極之後，其形狀就跟產品形狀幾乎相同，只是多做了曲面延伸、基座的建立與放電間隙的預留。通常放電加工處理一般會視加工區域的殘餘料狀況來區分爲粗中細進行放電加工。

此範例的拆電極完成圖和電極表單，如下圖所示供參考（讀者可做分拆進行再以同基座的設計方式進行放電或者分別分開個別角落拆電極和放電處理）。

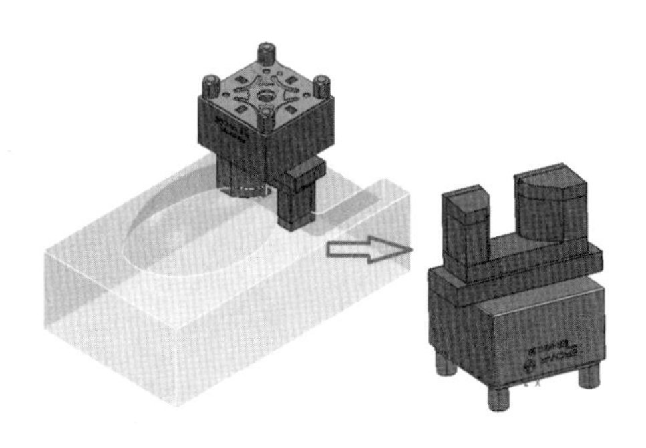

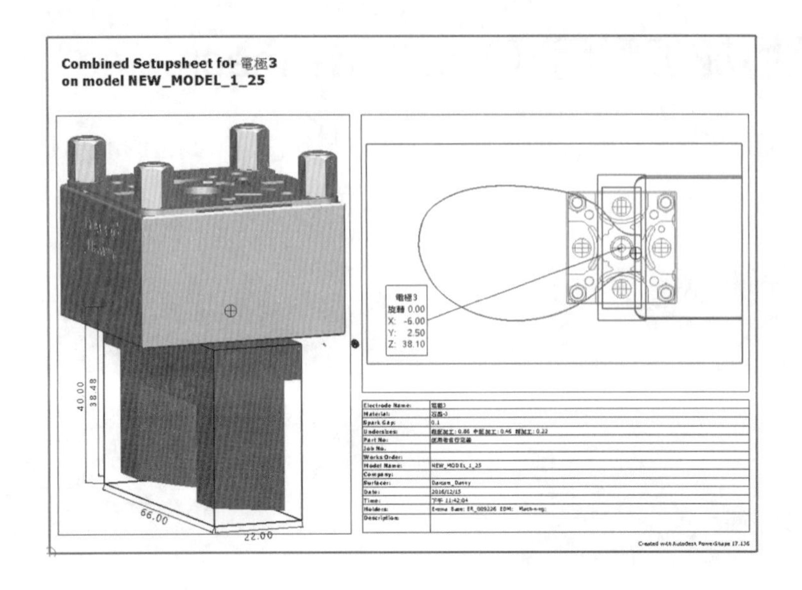


我們來了解整個電極加工所包含的製程，達康科技提供集合了完整電極設計、製造、檢測和放電整個流程的軟體解決方案供參考。

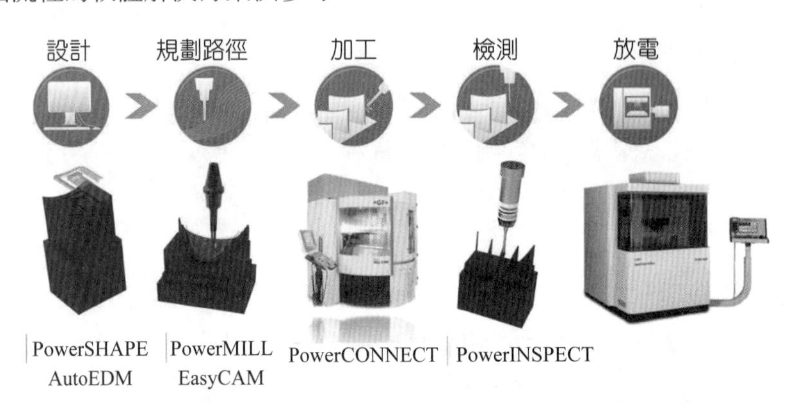


**(1) PowerSHAPE 電極設計：**

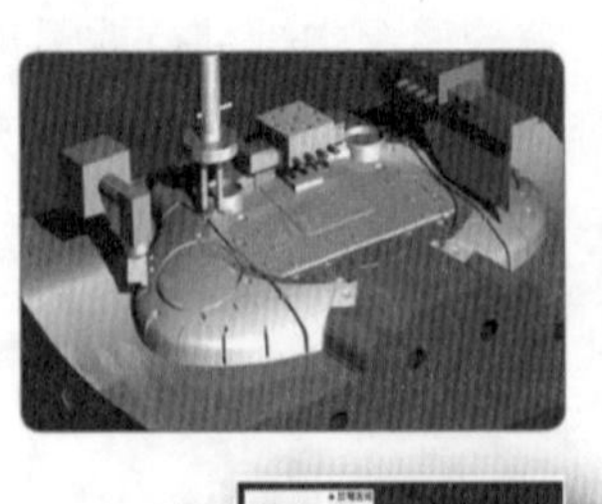

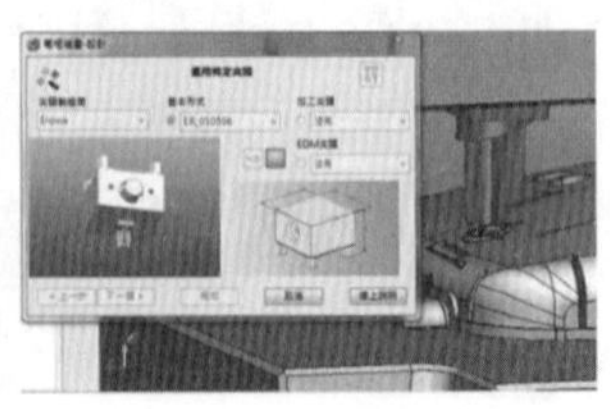

- 直接建模
  - 快速擷取實體直接編輯完成電極設計
- 電極精靈定義放電
  - 基座、放電中心、EDM 夾頭 ……
  - 側放電極設計
  - 建立量測檢測點
  - 輸出 EDM 放電程式
  - 輸出放電客製表單
  - 支援外部電極 CAD 直接輸出

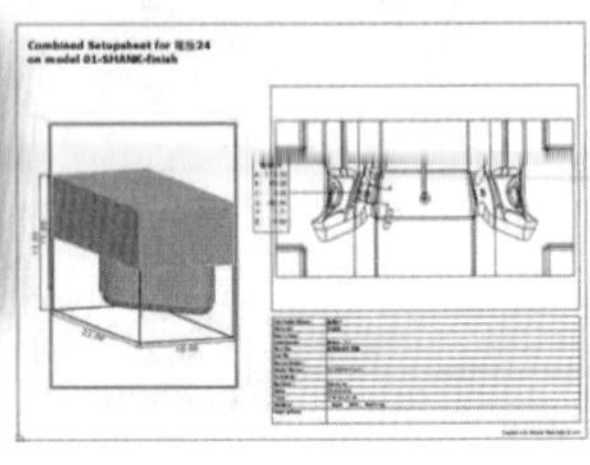

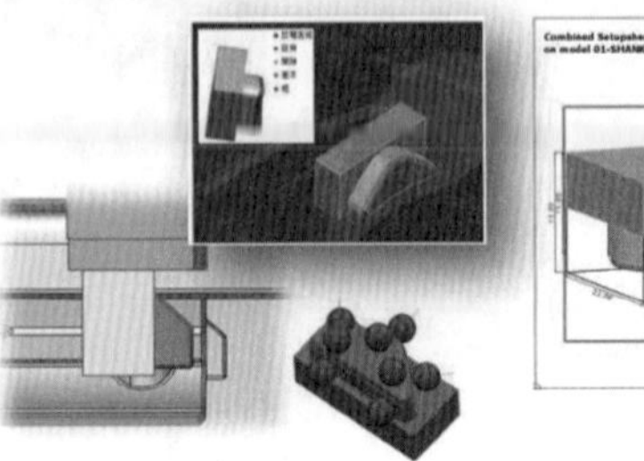

**(2) 同步支援 EDM script 放電程式輸出：**

— 避免人為錯誤問題
— 輸出放電程式
 ‧ 放電位置
 ‧ 電極和模具材質條件
 ‧ 放電粗／中／細大小
 ‧ 表面光潔粗糙度參數
 ‧ 放電區域面積
— 客製化的 AutoEDM 一鍵式自動輸出多電極表單及放電程式

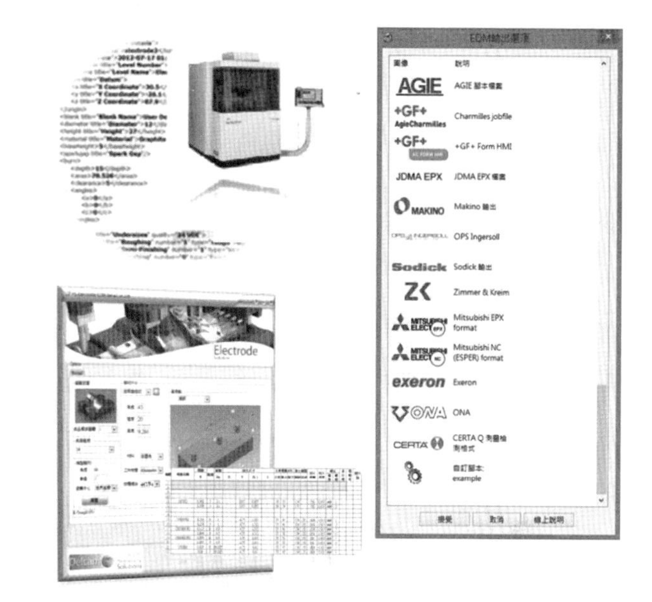


**(3) PowerMILL 編程自動化：**

EasyCAM 自動電極編程系統
 ‧ 單／多類型電極自動運算
 ‧ 自動分析電極（R 角／間隙……）
 ‧ 自動輸出 NC 檔和程式表單
 ‧ 自動專案儲存與資料管理
 ‧ 加工樣板經驗保存

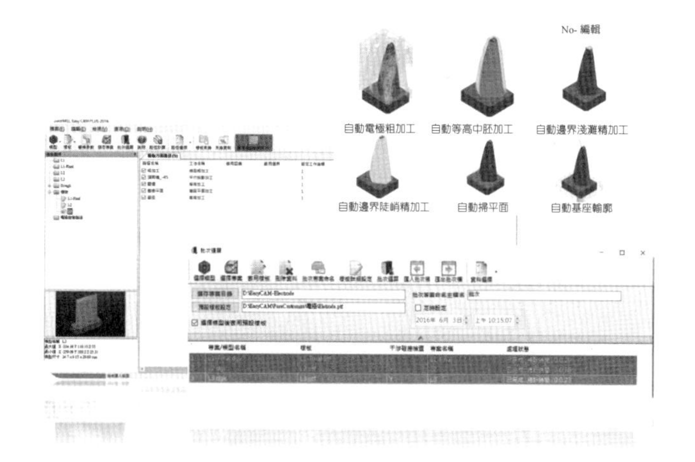

**(4) PowerCONNECT 機台製造資訊管理系統：**

提供

- 掌握現場即時加工資訊
- 異警處理與異常分析
- 遠端編程與 NC 管理
- 與 MES、ERP 的整合
- 即時稼動率的統計
- 機器操作紀錄與加工分析
- 刀具管理
- 生產分析

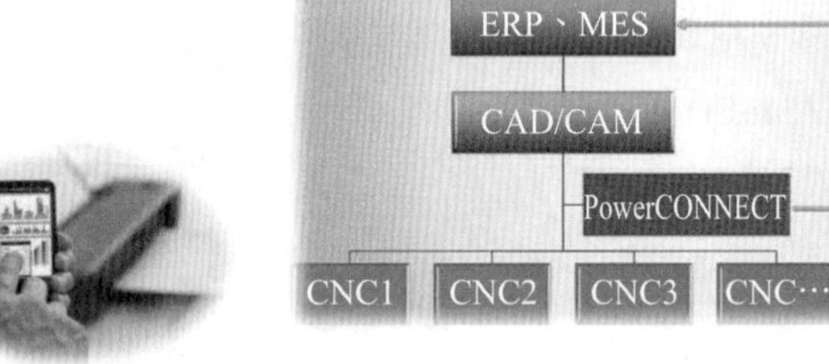


**(5) PowerINSPECT 自動機上電極檢測：**

自動機上檢測程序

- 避免上下工件之人力與時間耗費
- 避免上下工件對位產生誤差
- 自動建立檢測報告
- 誤差補正輸出至放電機

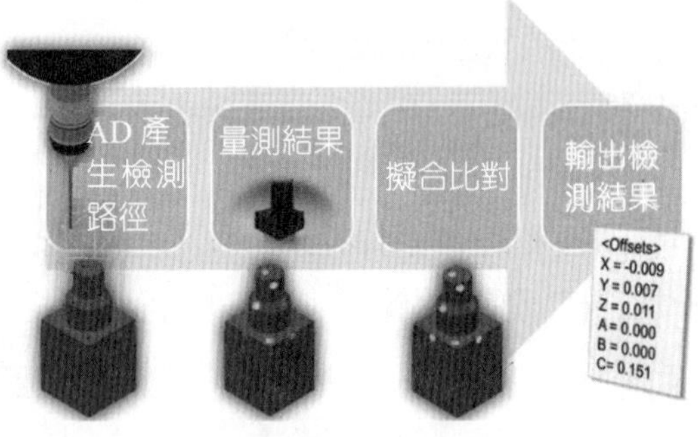


自動電極檢測流程

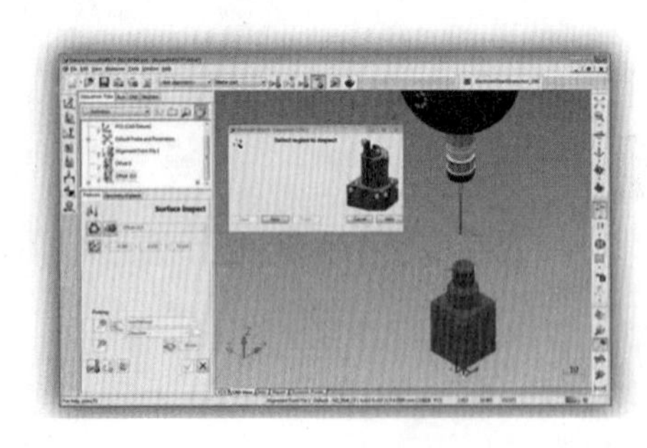

9

# 三軸銑削加工實習：相機模（3D milling practice: camera mold）

## 學習重點

- 9.1 簡介（Introduction）
- 9.2 基本設定（Basic set-up）
- 9.3 模型粗加工（Model rough machining）
- 9.4 平面精加工（Plane finish machining）
- 9.5 最佳化等高精加工（Optimised constant Z finishing）
- 9.6 平行投影精加工（Raster finishing）
- 9.7 曲面法向精加工（Surface finishing）
- 9.8 曲面側銑精加工（Swarf finishing）
- 9.9 等高清角加工（Constant Z finishing）

# 9.1　簡介（Introduction）

這個章節範例將針對各個不同的區域範圍，使用不同的工法策略來運算刀具路徑。並且也將著重於介紹邊界的使用方式與路徑的編輯應用。

瓶胚模範例，如下圖所示。

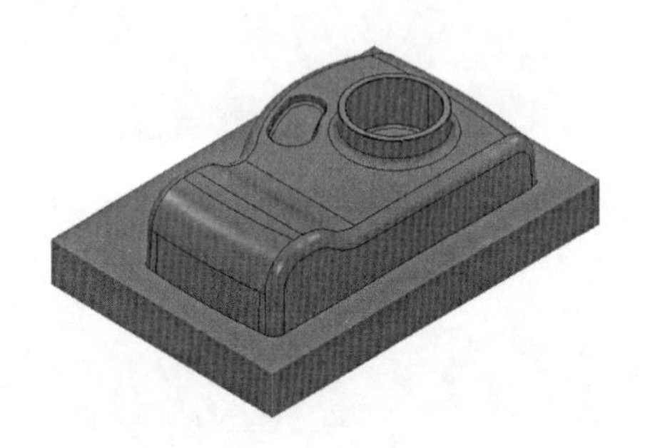

# 9.2　基本設定（Basic set-up）

## 9.2.1　輸入模型（Import model）

從主功能表中選取檔案－輸入模型，從光碟目錄 Chapter-09 選取 camera.dgk 檔案。如下圖所示。

## 9.2.2 素材建立（Block creation）

開啓素材選單使用物件（最小 / 最大值）素材選項，點擊計算按鈕，然後選取接受，關閉選單。

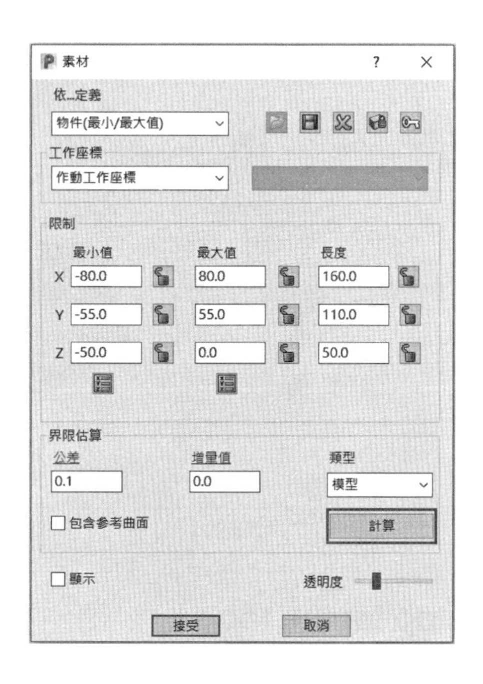


補充說明：

此模型的工作座標將不作更動定義，將依 CAD 設計時所定義的世界座標原點作爲基準工作座標。

## 9.2.3 設定安全提刀高度（Set safe area toolpath connections）

從主要工具列中點選提刀高度圖示，再次確認安全高與起始高是否於輸入模型時已自動做套用執行。因爲當 PowerMILL 輸入模型時，系統的內定將會自動依模型的最高値加「+5 mm」作爲起始高，加「+10 mm」作爲安全高。此內定的安全運算值絕對是安全的，但通常安全高的值依使用者的習慣通常都會再修正增加個「+30～50 mm」，讓操作人員能夠確保移動的安全。另外讀者可從下圖的頁面中勾選顯示安全高平面和顯示起始高平面，這個顯示功能對於多軸向的加工移動安全，更能讓讀者直觀的做檢查以確認安全的移動。

請確認和點擊接受。

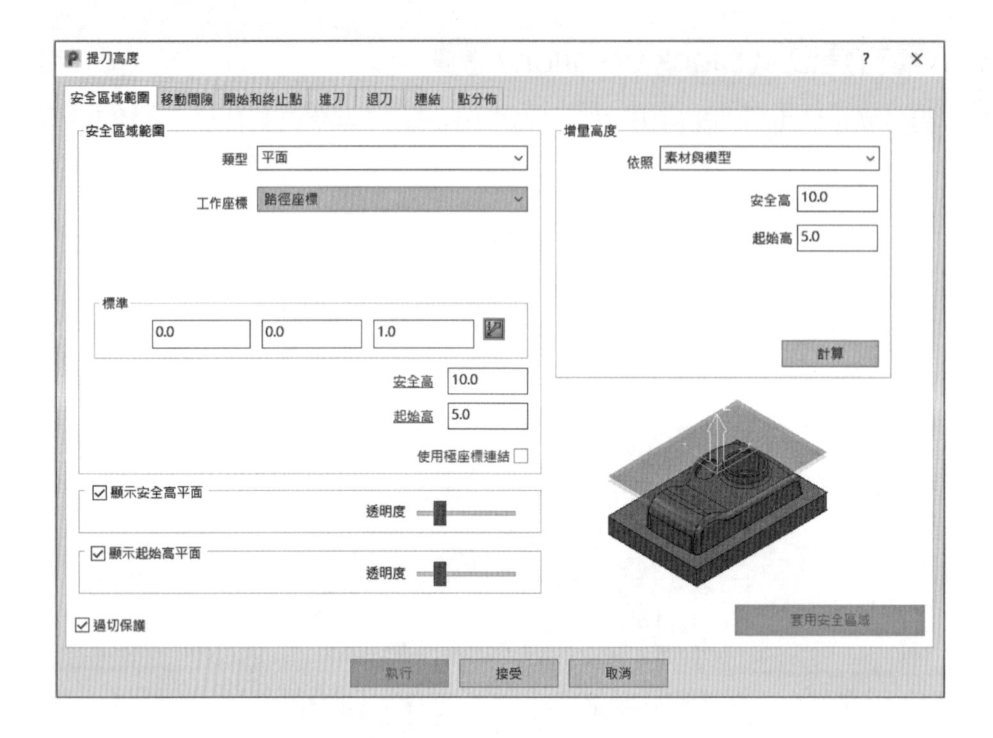


## 9.2.4 刀具設定（Setup for the tools）

從物件工具列中的刀具按滑鼠右鍵開啓次功能 > 產生刀具 > 從選單中選擇所需建立的刀具類型（如下所示的刀具類型）。

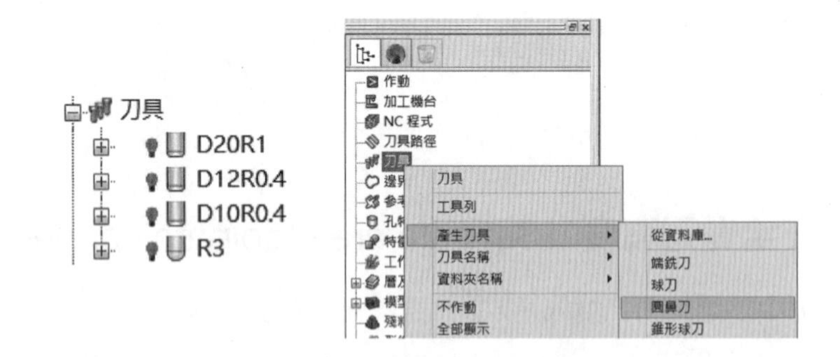


建立以下的刀具類型與切削參數：

1. 點選圓鼻刀類型，設定名稱爲 D20R1、刀刃直徑爲 20.0、圓鼻半徑爲 1.0、刀具編號爲 1、刀刃數爲 3，讀者可自行定義夾頭的尺寸階數與夾持的長度。從切削資料頁面的右下角處，取消勾選顯示進給量 / 每刃和切削深度數值 TDU、隱藏空的行列，在中間的數列欄位（如輸入、操作、切削速度等）找尋輸入欄位爲粗加工、操作欄位爲整體之選項並按滑鼠左鍵 2 次點選進入選單，設定切削速度爲 125.0 m/min、進給量 / 每刃爲 0.25，然後關閉。

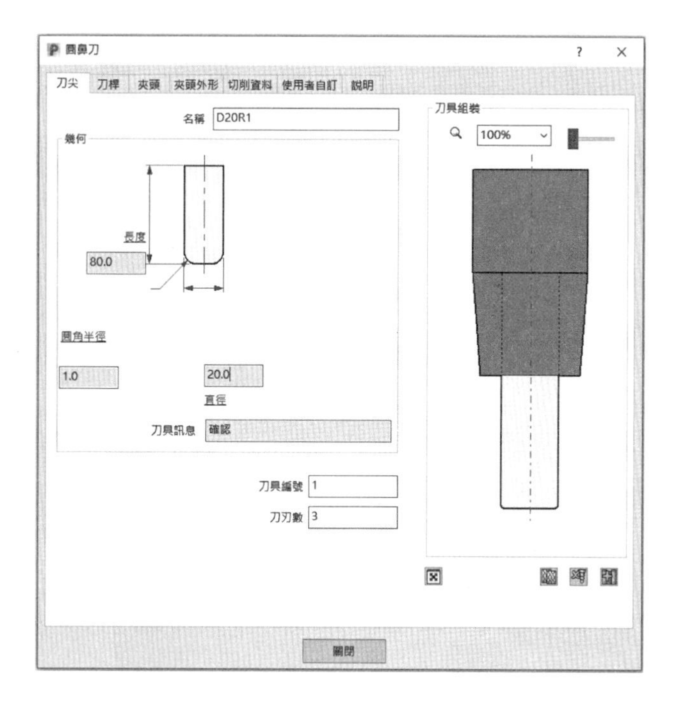
圓鼻刀
刀尖
刀桿
夾頭
夾頭外形
切削資料
使用者自訂
說明
名稱
D20R1
幾何
長度
80.0
圓角半徑
1.0
20.0
直徑
刀具訊息
確認
刀具編號
1
刀刃數
3
刀具組裝
100%
關閉

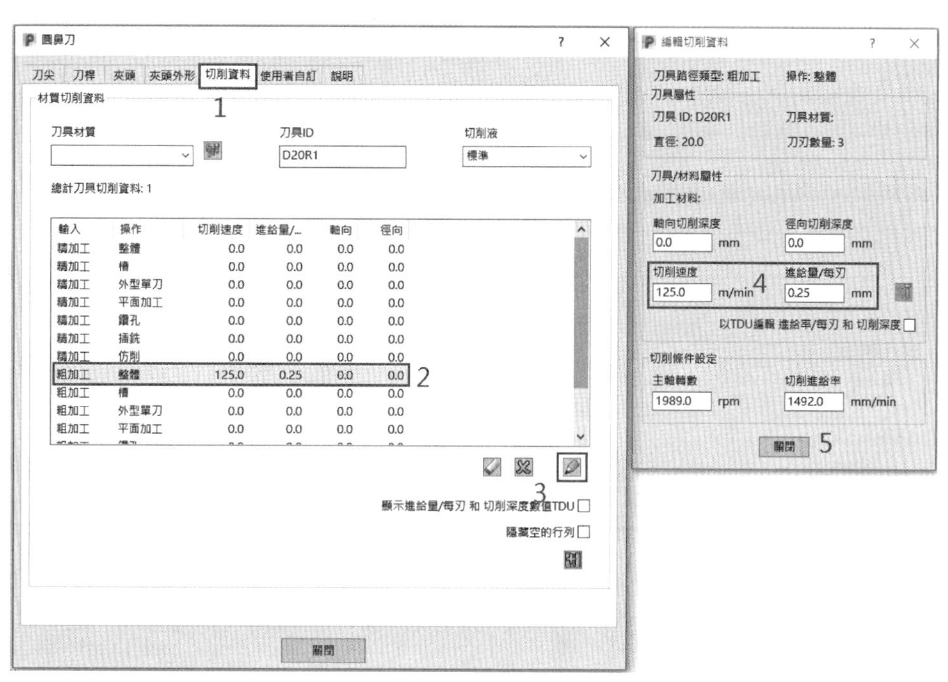
圓鼻刀
刀尖
刀桿
夾頭
夾頭外形
切削資料
使用者自訂
說明
1
材質切削資料
刀具材質
刀具ID
D20R1
切削液
標準
總計刀具切削資料: 1
輸入
操作
切削速度
進給量/...
軸向
徑向
精加工
整體
槽
外型單刀
平面加工
鑽孔
插銑
仿削
粗加工
125.0
0.25
0.0
2
3
顯示進給量/每刃 和 切削深度數值TDU
隱藏空的行列
關閉
編輯切削資料
刀具路徑類型: 粗加工
操作: 整體
刀具屬性
刀具 ID: D20R1
刀具材質:
直徑: 20.0
刀刃數量: 3
刀具/材料屬性
加工材料:
軸向切削深度
0.0
mm
徑向切削深度
切削速度
125.0
m/min
4
進給量/每刃
0.25
以TDU編輯 進給率/每刃 和 切削深度
切削條件設定
主軸轉數
1989.0
rpm
切削進給率
1492.0
mm/min
關閉
5

2. 點選圓鼻刀類型，設定名稱爲 D12R0.4、刀刃直徑爲 12.0、圓鼻半徑爲 0.4、刀具編號爲 2、刀刃數爲 2，讀者可自行再定義夾頭的尺寸階數與夾持長度。從切削資料頁面的中間數列欄位（如輸入、操作、切削速度等）找尋輸入欄位爲精加工、操作欄位爲整體之選項並按滑鼠左鍵 2 次點選進入選單，設定切削速度爲 125.0 m/min、進給量 / 每刃爲 0.2，然後關閉。

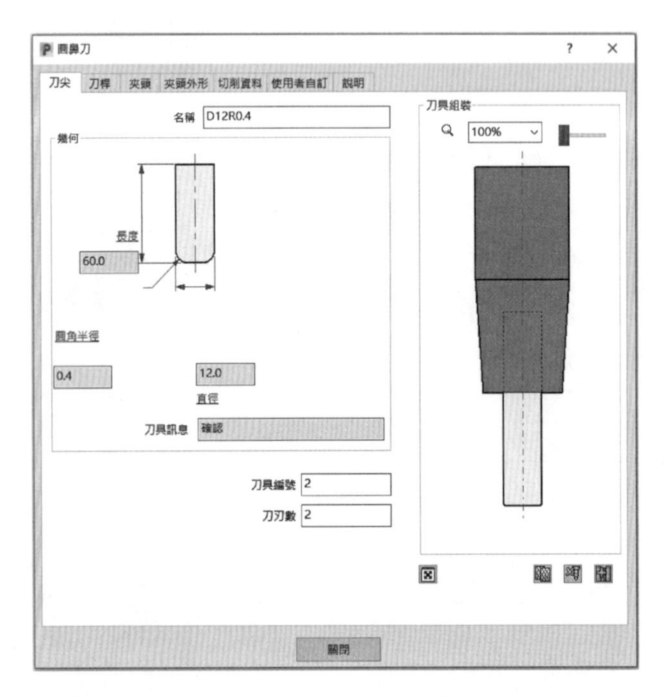


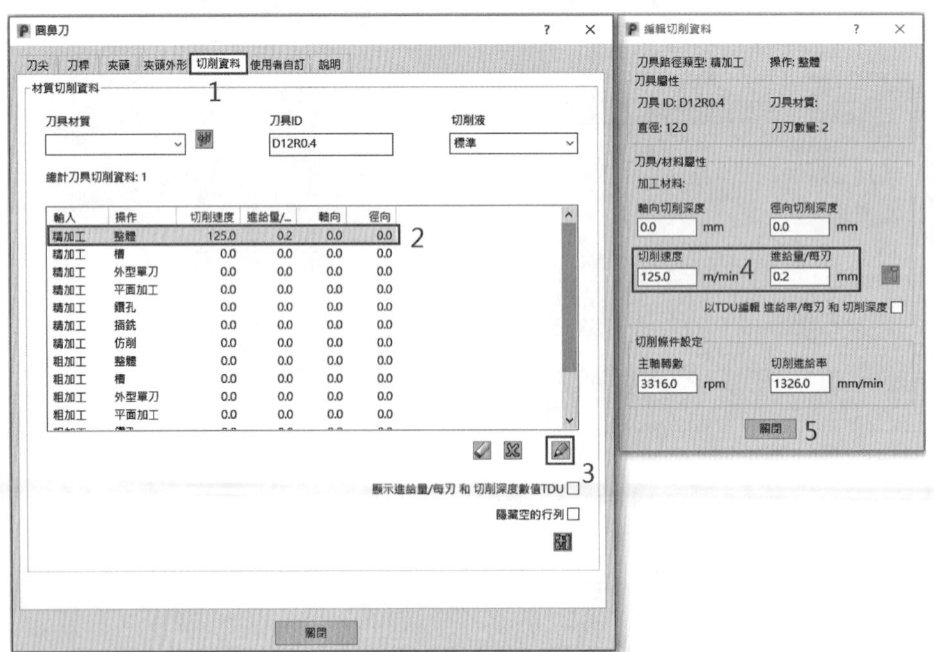

3. 點選圓鼻刀類型，設定名稱為 D10R0.4、刀刃直徑為 10.0、圓鼻半徑為 0.4、刀具編號為 3、刀刃數為 2，讀者可自行再定義夾頭的尺寸階數與夾持長度。從切削資料頁面的中間數列欄位（如輸入、操作、切削速度等）找尋輸入欄位為精加工、操作欄位為整體之選項並按滑鼠左鍵 2 次點選進入選單，設定切削速度為 125.0 m/min、進給量 / 每刃為 0.15，然後關閉。

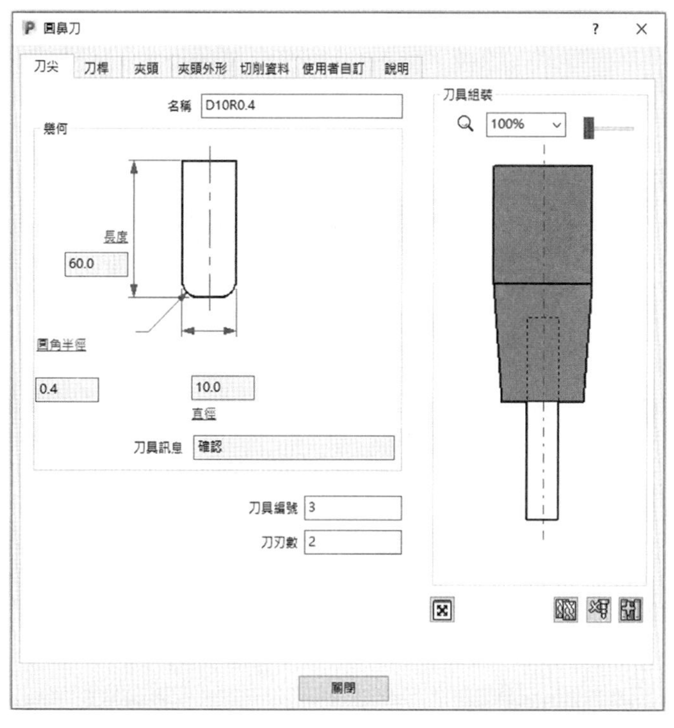


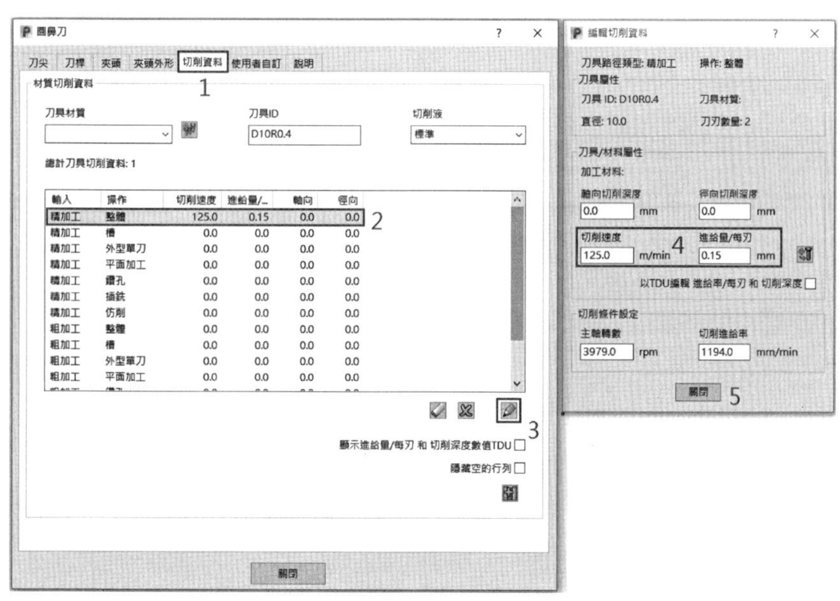

4. 點選球刀類型，設定名稱為 R3、刀刃直徑為 6.0、刀具編號為 4、刀刃數為 2，從切削資料頁面的中間數列欄位（如輸入、操作、切削速度等）找尋輸入欄位為精加工、操作欄位為整體之選項並按滑鼠左鍵 2 次點選進入選單，設定切削速度為 280.0 m/min、進給量 / 每刃為 0.06，然後關閉。

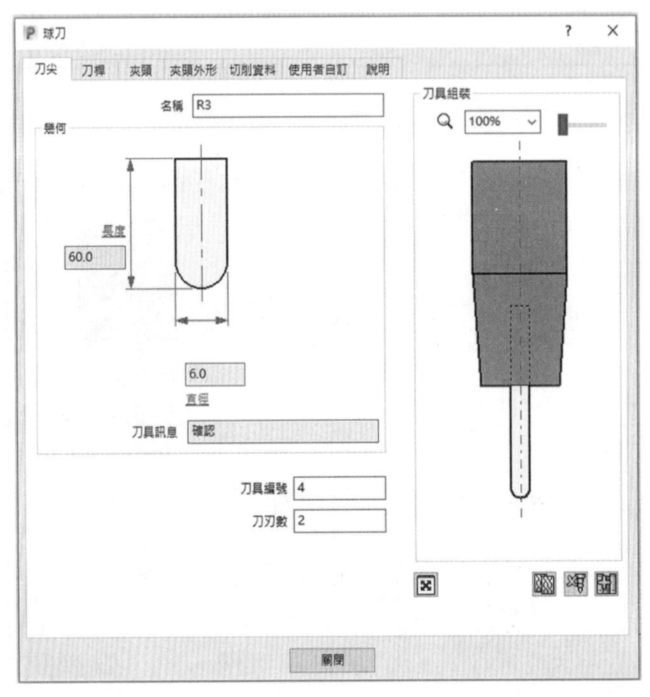


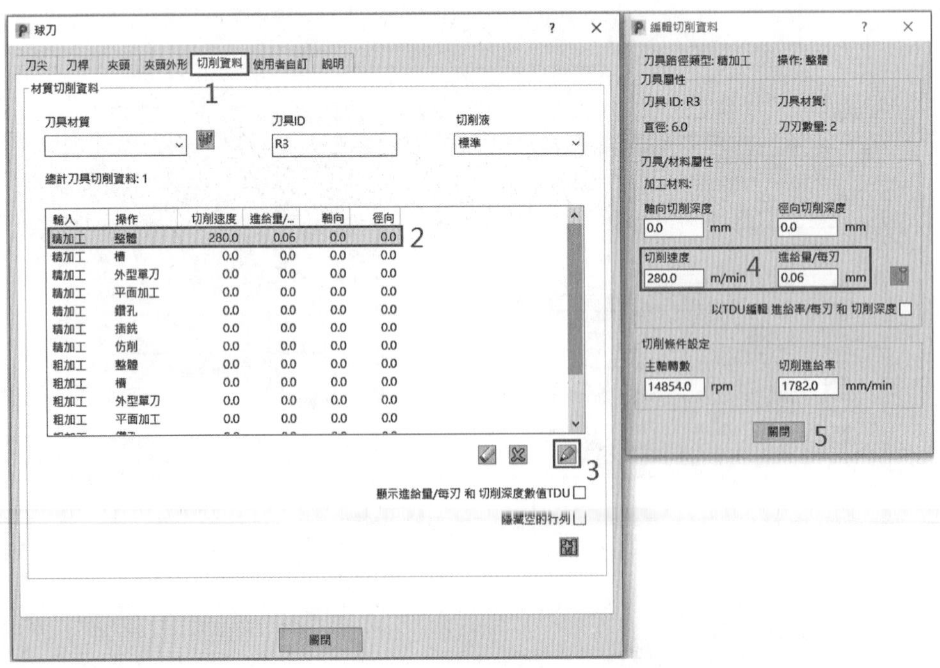

# 9.3 模型粗加工（Model rough machining）

1. 作動加工刀具 D20R1。
2. 從主要工具列中點選刀具路徑工法圖示 。
3. 選取 3D 粗加工 Area clearance 選單，選擇模型粗加工（Model area clearance）工法選項。

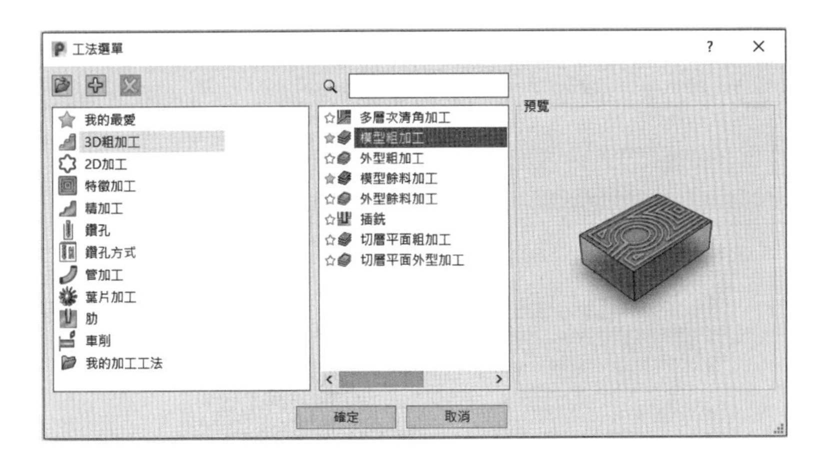


4. 開啓選單之後定義以下設定（如下圖所示）：

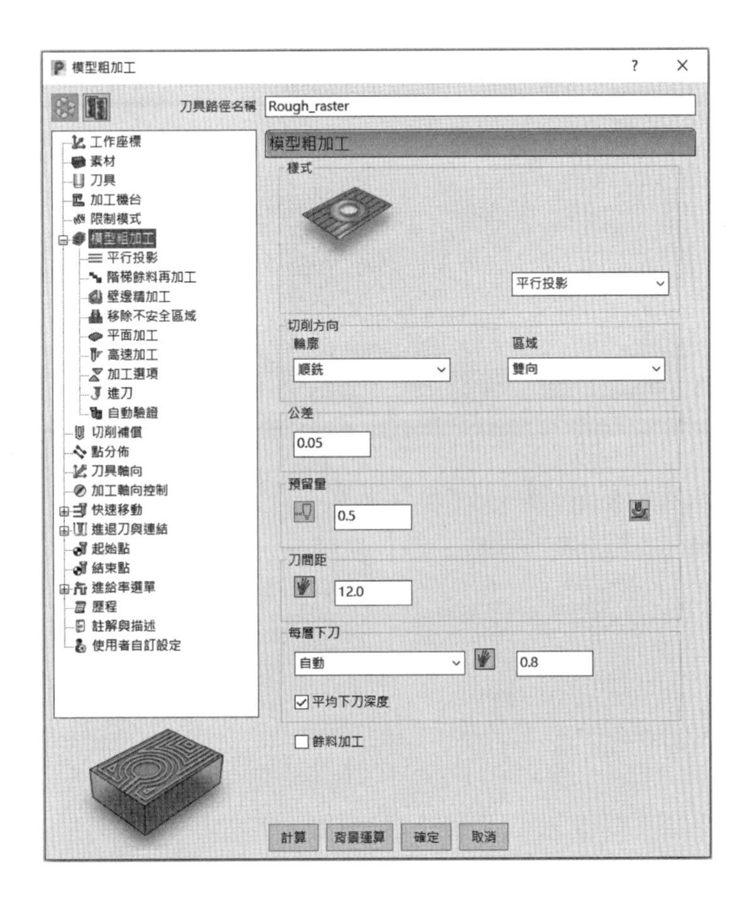

(1) 輸入刀具路徑名稱：Rough_raster。

(2) 樣式：平行投影。

(3) 區域：雙向。

(4) 公差：0.05。

(5) 預留量：0.5。

(6) 刀間距：12.0。

(7) 每層下刀：0.8。

5. 點選進退刀與連結中的進刀選項，從下拉功能中選擇斜向下刀。再點選定義最大斜向角度 1.0，斜向高度 1.0 mm，最後點擊接受。

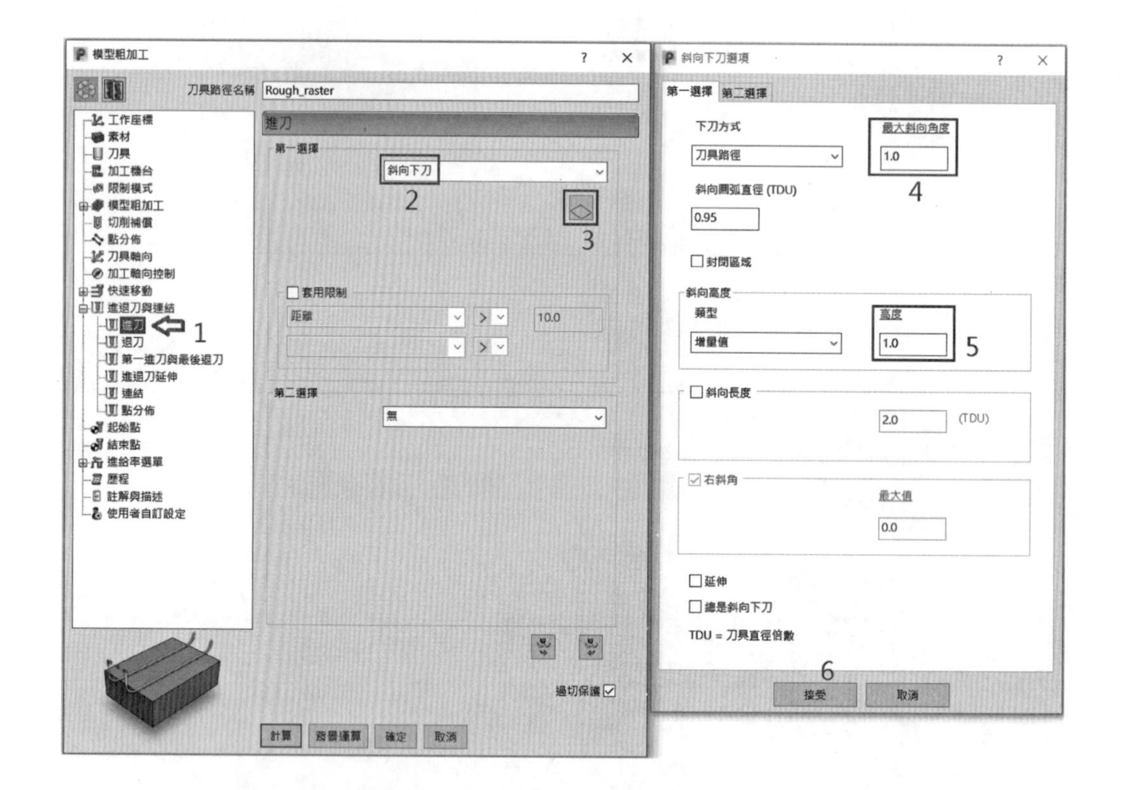


6. 以上加工參數定義完成後，點擊計算，再按關閉。

7. 計算完成的刀具路徑，如下圖所示。

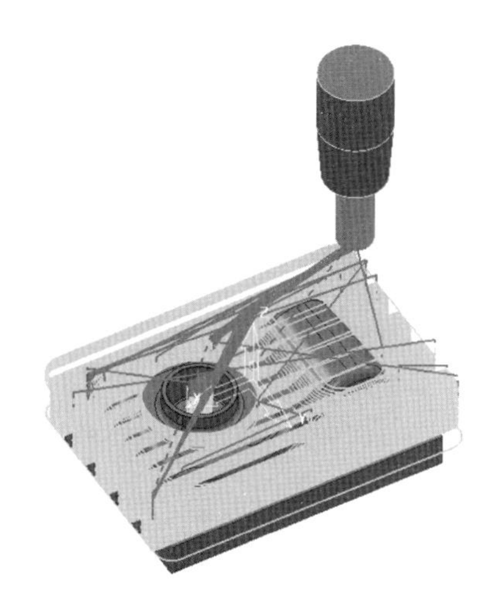

# 9.4 平面精加工（Plane finish machining）

1. 作動加工刀具 D12R0.4。
2. 從主要工具列，點擊刀具路徑工法選單 。
3. 選取精加工 Finish 選單，選擇等距平面加工（Offset flat finishing）工法選項。

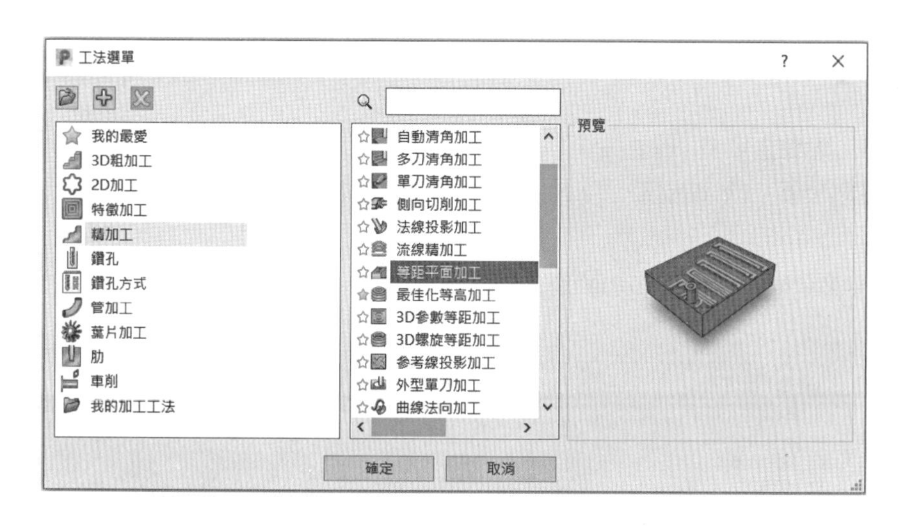


4. 開啓選單之後定義以下設定（如下頁圖所示）：

(1) 輸入刀具路徑名稱：Plane_Finishing。

(2) 公差：0.01。

(3) 預留量：點擊預留量 icon。

(4) 定義徑向預留 0.6、軸向預留 0.0。

(5) 刀間距：7.0。

5. 點選移動間隙的選項，從頁面中的緩降距離定義爲 1.0。

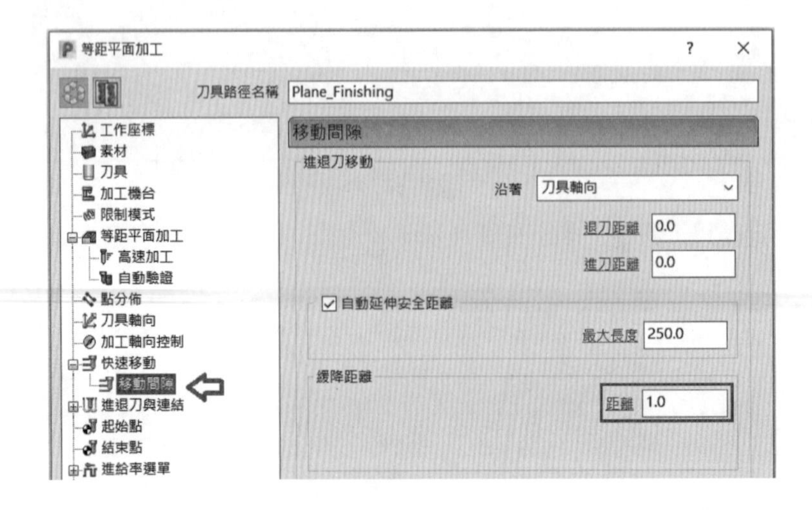

6. 以上加工參數定義完成後，點擊計算，再按關閉。
7. 計算完成的刀具路徑，如下圖所示。

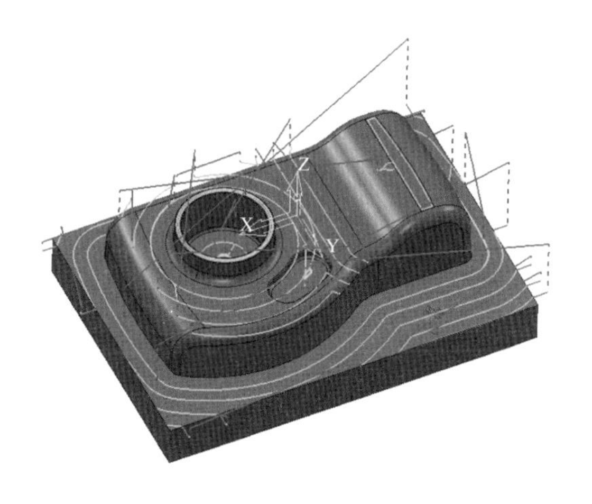


補充說明：

建議讀者可將一些多餘的平面路徑作移除（如下圖方框處），主要的用意在於這些區域比較適合於中精銑的路徑來進行加工，無須區分加工區域以減少接刀的問題衍生。

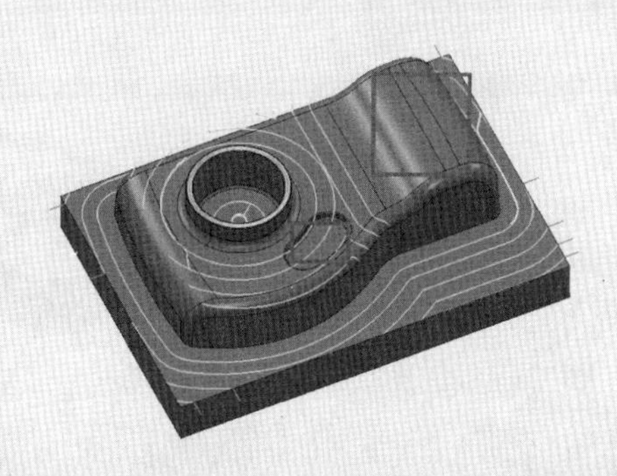

另外補充，此模型的平面加工我們選用精加工的等距平面加工策略，此工法並沒有粗加工平面選項的多層多刀加工功能。建議讀者可增加一條中銑的平面加工路徑，定義預留量 0.05 mm 來進行。

# 9.5　最佳化等高精加工（Optimised constant Z finishing）

首先針對此模型的加工區域來運算加工邊界（如下圖的鏡頭與閃光燈座區域範圍）。

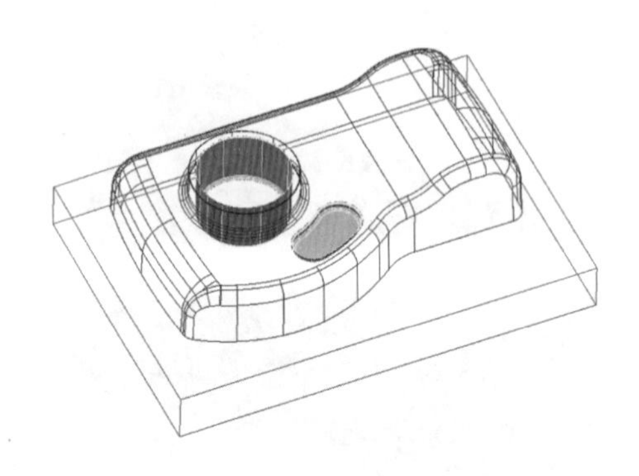

1. 作動加工刀具 D10R0.4。
2. 選擇如下圖亮顯得區域曲面，再使用滑鼠移至物件工具列中的邊界處，使用滑鼠右鍵功能點選邊界，將滑鼠移至邊界建立，從右鍵下拉功能的選單中點選接觸點邊界。

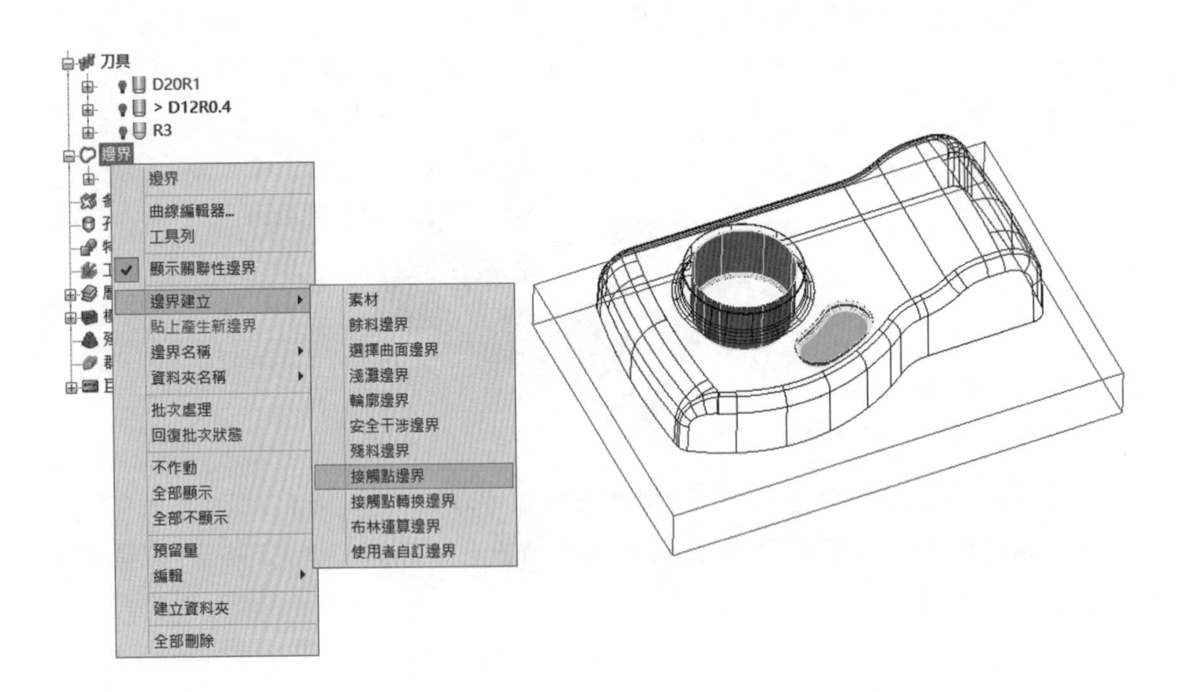


3. 開啓選單之後定義以下設定：

   (1) 不勾選建立關聯邊界。

   (2) 點擊選單中的模型 icon ，再按接受。

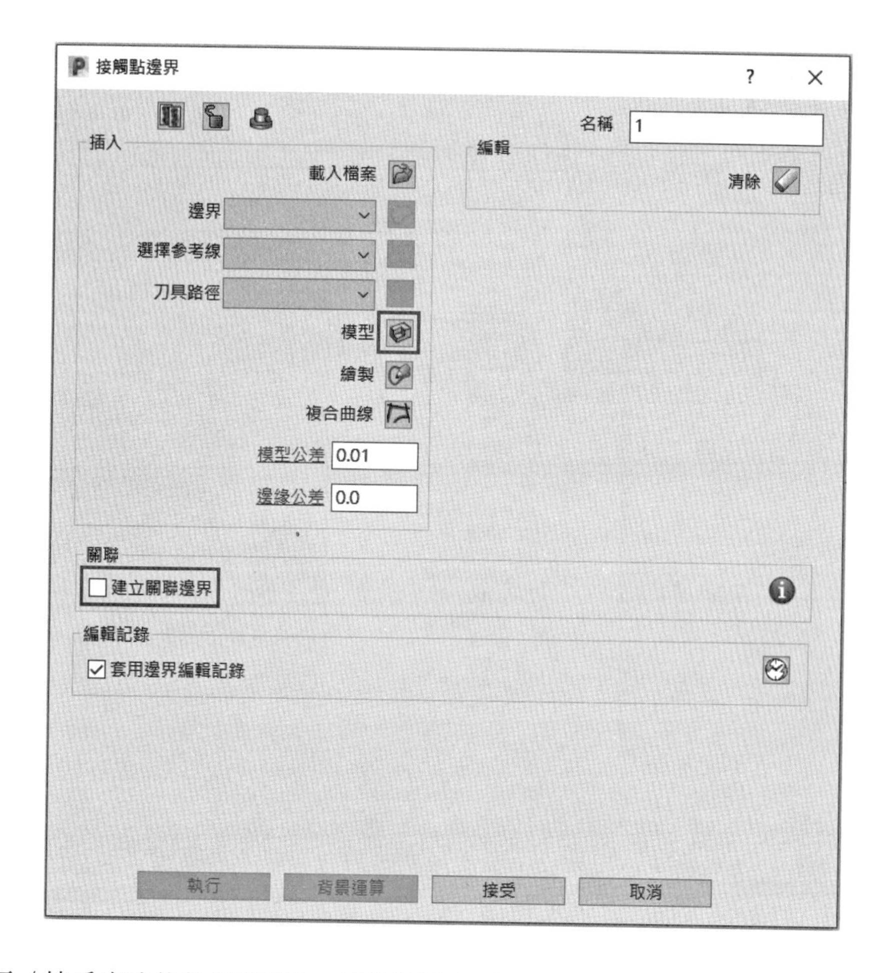


(3) 執行 / 接受完成後的接觸點加工區域邊界，如下圖所示（使用接觸點邊界，它會依讀者所選用的刀具，在刀具路徑運算時，會依刀具的半徑自動地做邊界補正運算）。

(4) 如何取消內定的建立關聯邊界。讀者可從下拉式功能表的工具 > 選項 > 邊界 > 關聯邊界 > 不勾選新邊界為關聯邊界。

如下圖所示操作步驟。

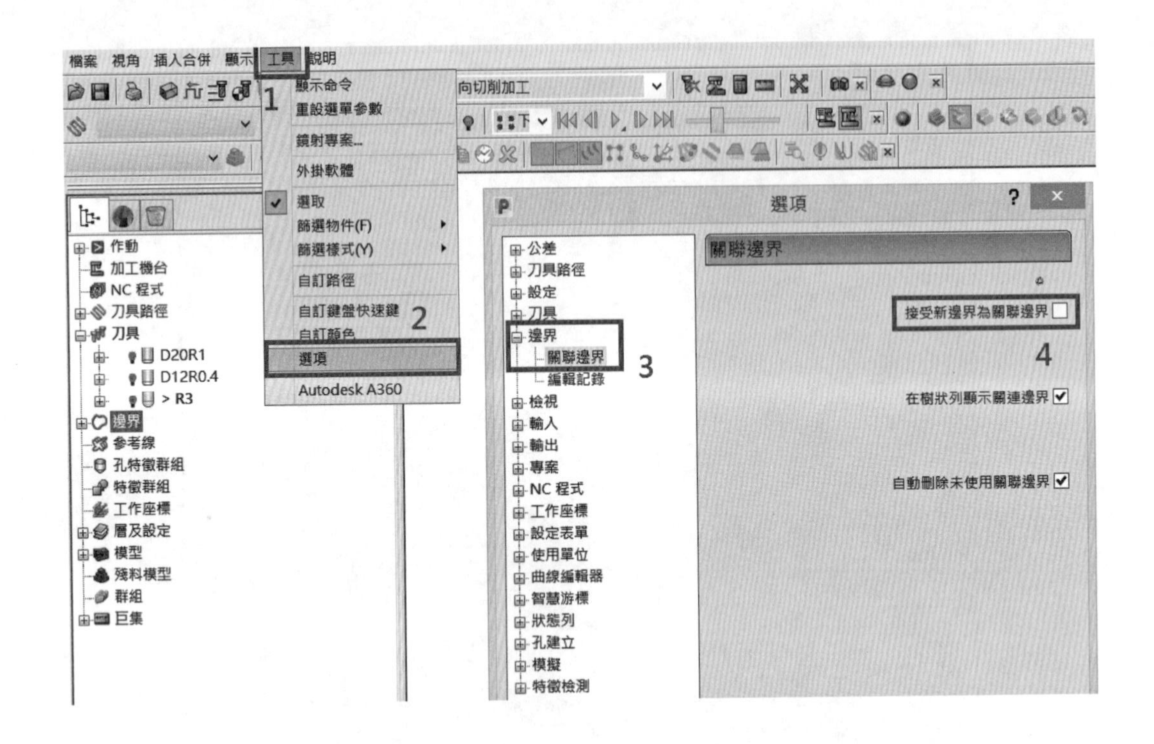


補充說明：

當使用者建立邊界時，可以指定邊界成為關聯邊界或是一般邊界。在這個階段中，邊界尚未與刀具路徑產生關聯。一旦勾選使用關聯邊界於刀具路徑中，則該條邊界名稱將與刀具路徑產生關聯綁定。

建立關聯邊界 - 勾選使用關聯邊界，當讀者的路徑公差、預留量、刀具直徑做變動時，此路徑邊界將自動地重新做計算，主要的好處是可讓讀者減少許多不必要的邊界再來做刪除。但此路徑所產生的關聯邊界不能套用到其他的路徑上作使用。若使用者想在其他路徑使用相同的邊界，必須將此邊界作複製。

4. 從主要工具列，點擊刀具路徑工法選單 。

5. 同樣選取精加工 Finish 選單，選擇最佳化等高加工 Optimised constant Z finishing 工法選項。

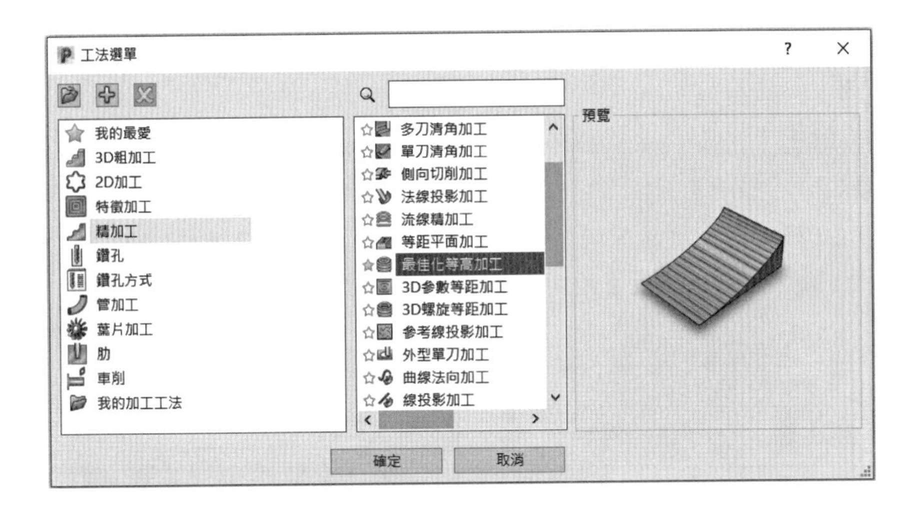


6. 開啓選單之後定義以下設定（如下圖所示）。

(1) 輸入刀具路徑名稱：Optimised Constant Z Semi。

(2) 勾選螺旋狀。

(3) 勾選封閉補正。

(4) 勾選平順。

(5) 公差：0.01。

(6) 預留量：0.15。

(7) 刀間距：0.25。

7. 點選限制模式的選項，邊界從下拉功能中選擇 1，邊界修剪選擇保持內部。

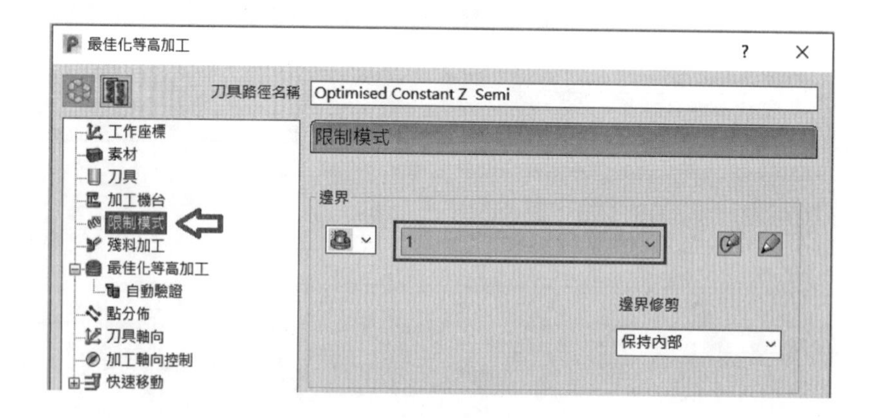


8. 點選進退刀與連結中的進刀選項，從下拉功能中選擇曲面法線圓弧。定義角度爲 90.0、半徑爲 3.0，再點選退刀與進刀相同選項按鈕。

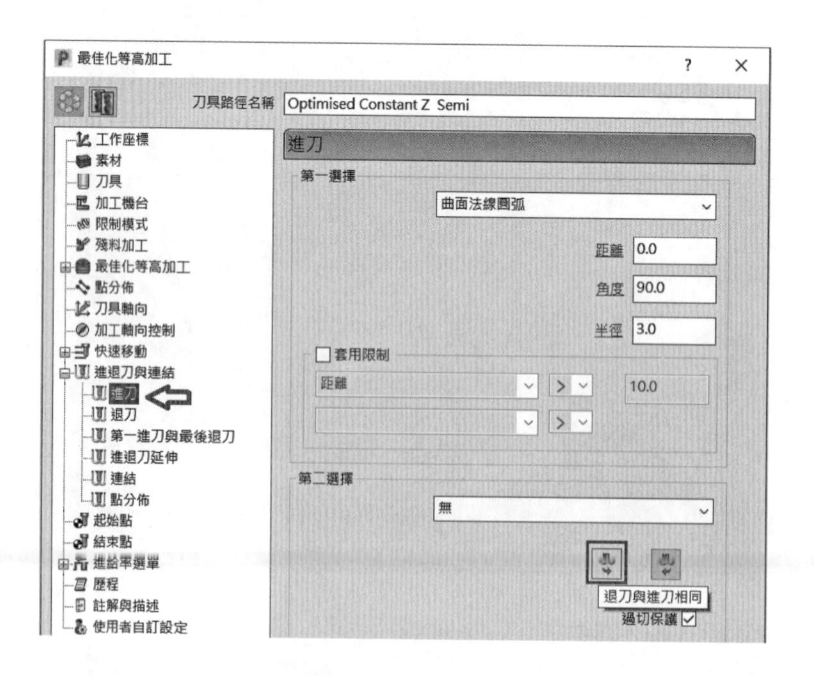

9. 以上加工參數定義完成後，點擊計算，再按關閉。

10. 計算完成的刀具路徑，如下圖所示。

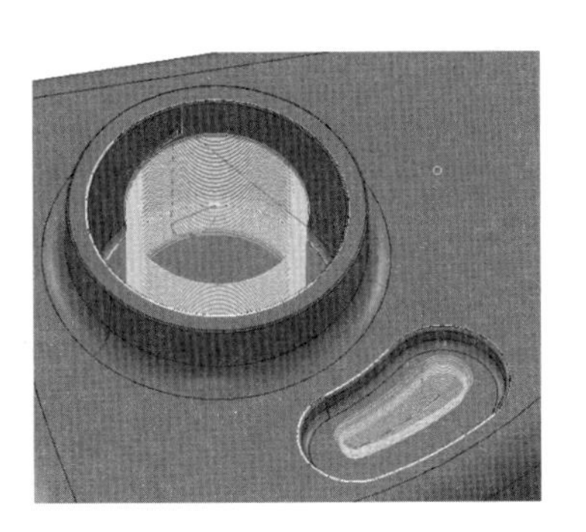

補充說明：

針對此模型的同樣區域，讀者可使用相同的加工工法，變更預留量與加工的刀間距來完成精加工。這個操作方式等同上述的 Optimized constant Z semi 路徑操作方式，請作爲自我練習。

接下來，針對此模型下圖示中箭頭所指的區域範圍做加工，區域邊界同樣使用接觸點邊界來運算。

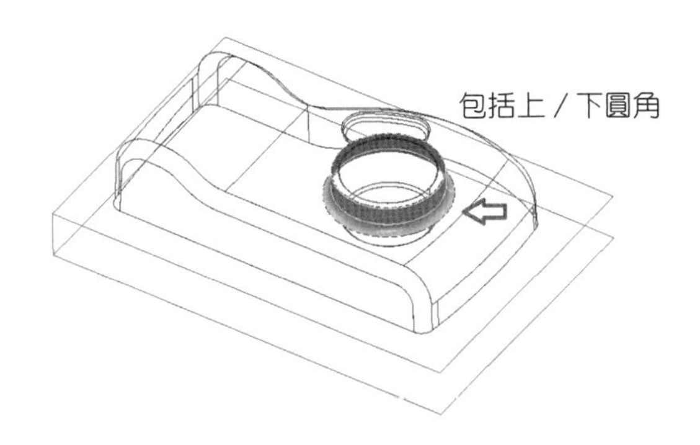


11. 作動加工刀具 R3。

12. 選擇上圖箭頭所指的區域曲面（包含上下的圓角），再使用滑鼠移至物件工具列中的邊界處，使用滑鼠右鍵功能點選邊界，將滑鼠移至邊界建立，從右鍵下拉功能的選單中點選接觸點邊界。

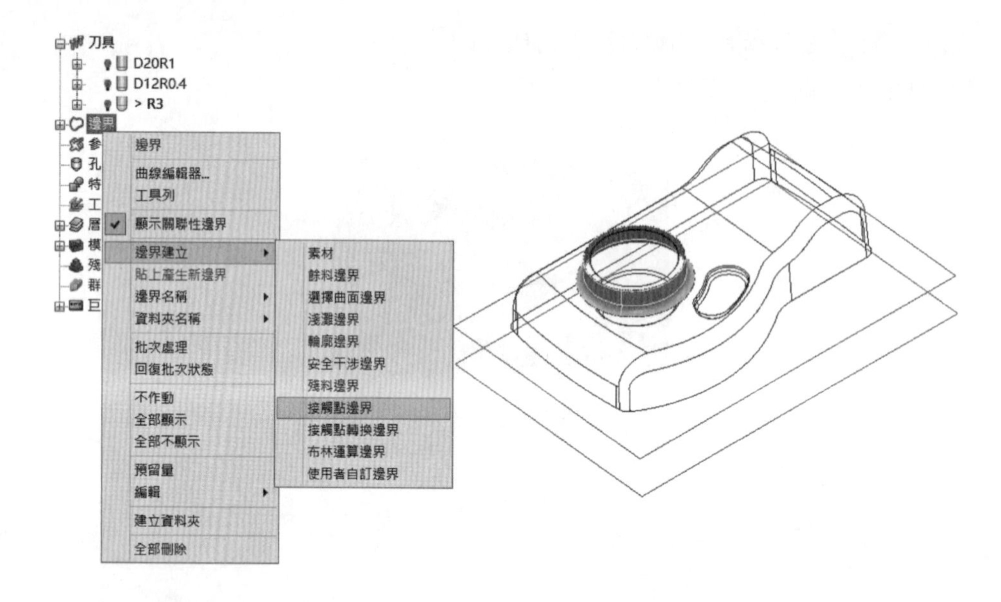


13. 開啓選單之後定義以下設定：

(1) 不勾選建立關聯邊界。

(2) 點擊選單中的模型 icon ，再按接受。

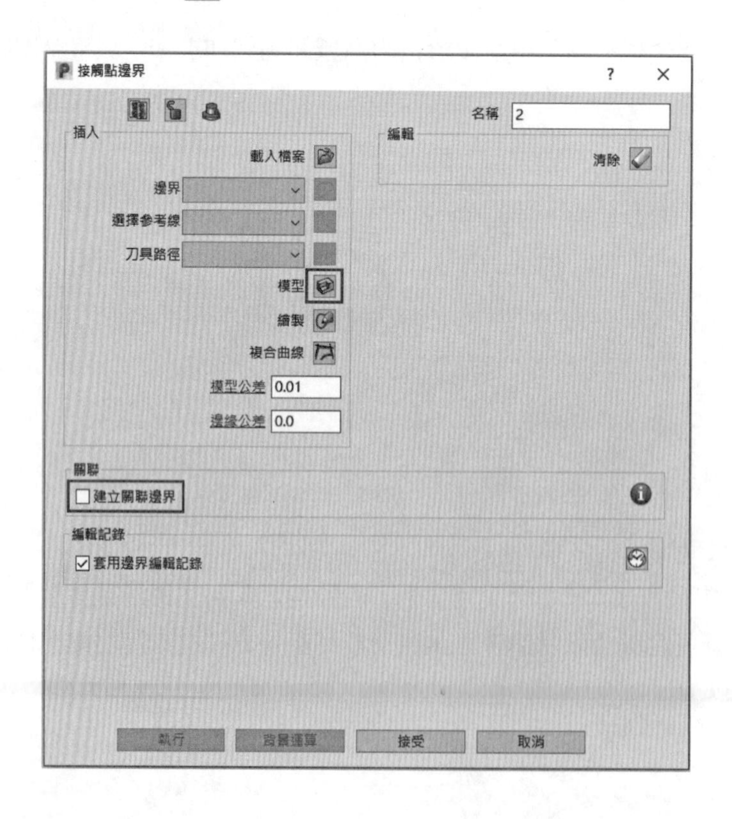

14. 執行 / 接受完成後的接觸點加工區域邊界，如下圖所示。

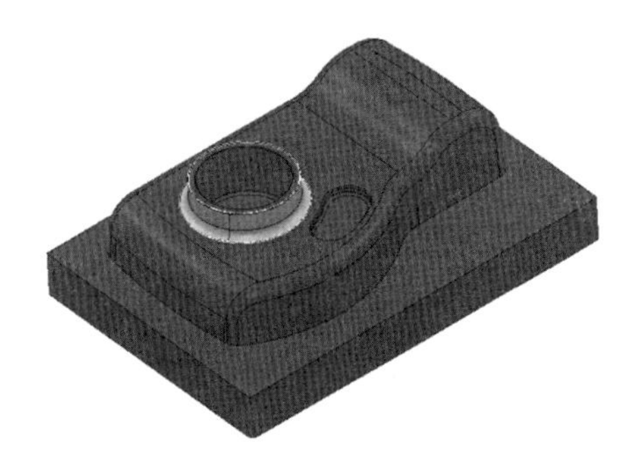

15. 從主要工具列，點擊刀具路徑工法選單。

16. 同樣選取精加工 Finish 選單，選擇最佳化等高加工（Optimised constant Z finishing）工法選項。

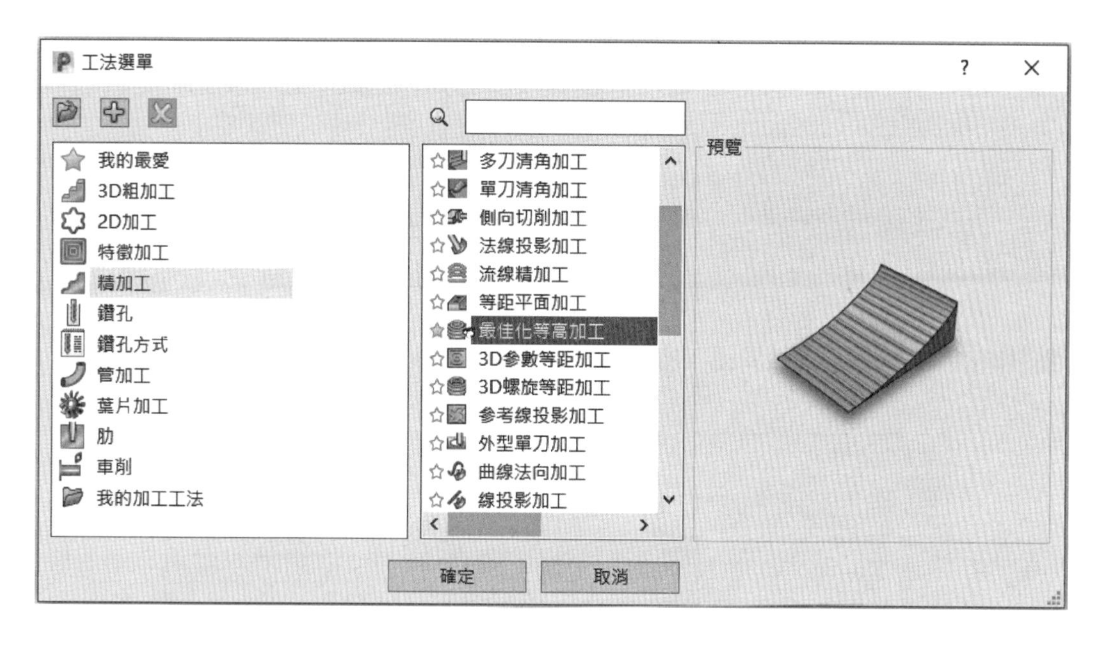


17. 開啓選單之後定義以下設定（如下頁圖所示）：

(1) 輸入刀具路徑名稱：Optimised Constant Z Semi_1。

(2) 勾選螺旋狀。

(3) 公差：0.01。

(4) 預留量：0.15

(5) 刀間距：0.25

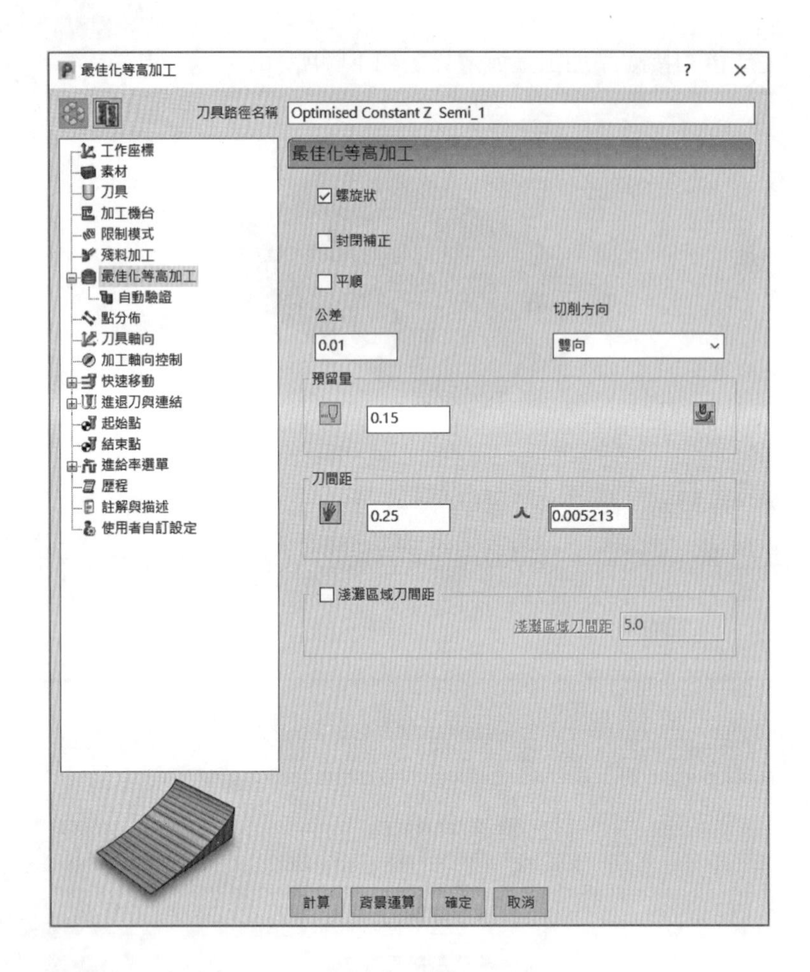


18. 點選限制模式的選項，邊界從下拉功能中選擇 2，邊界修剪選擇保持內部。

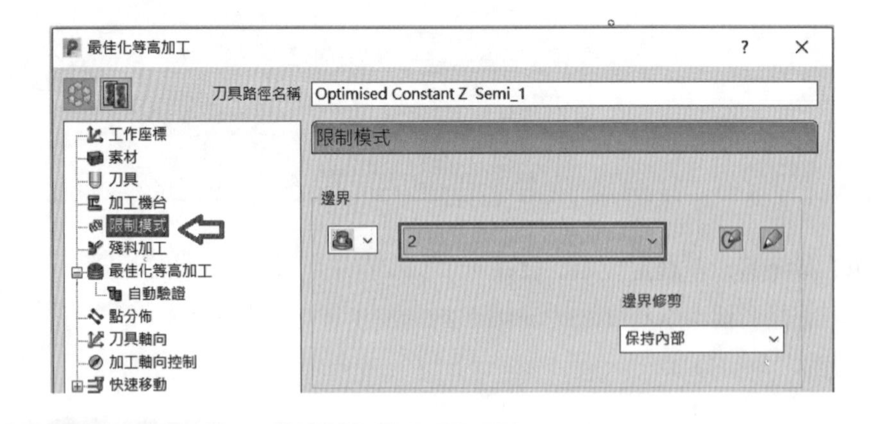


19. 以上加工參數定義完成後，點擊計算，再按關閉。

20. 計算完成的刀具路徑，如下圖所示。

21. 由上圖所計算完成的刀具路徑，如箭頭所指的上端切層有些斷續的路徑，請手動移除之。完成後如下圖所示。

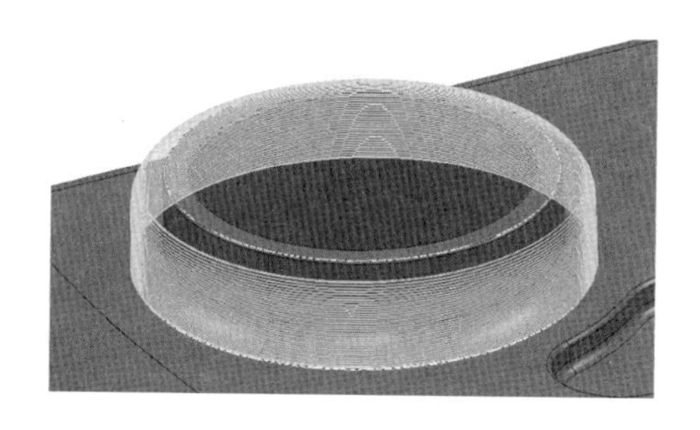

22 另外，要如何得知計算完成的刀具路徑可完全加工到位，可藉由 PowerMILL 所提供的這個功能，讀者可從下拉式功能表的視角 > 工具列 > 勾選刀具路徑。將顯示如下圖的工具列，點選顯示接觸點。透過此接觸點的顯示可讓讀者明確的瞭解加工區域或不同的加工區域是否重疊完全。

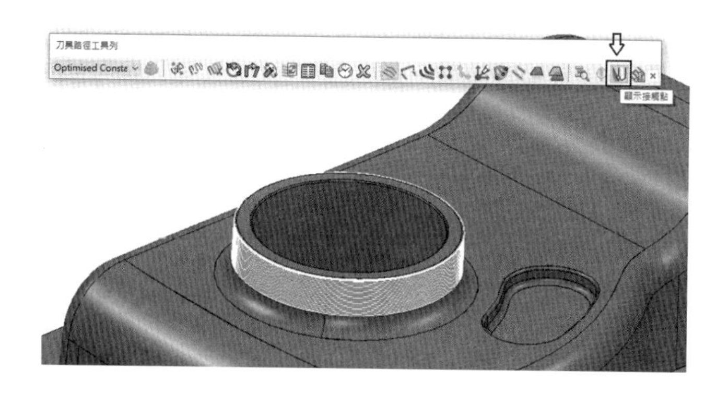


補充說明：

針對此模型的同樣區域，讀者可使用相同的加工工法，變更預留量與加工的刀間距來完成精加工。這個操作方式等同上述的 Optimized Constant Z Semi_1 路徑操作方式，請作爲自我練習。

# 9.6 平行投影精加工（Raster finishing）

再接下來，針對此模型下圖示中所點選的區域範圍做加工，區域邊界同樣使用接觸點邊界來運算。

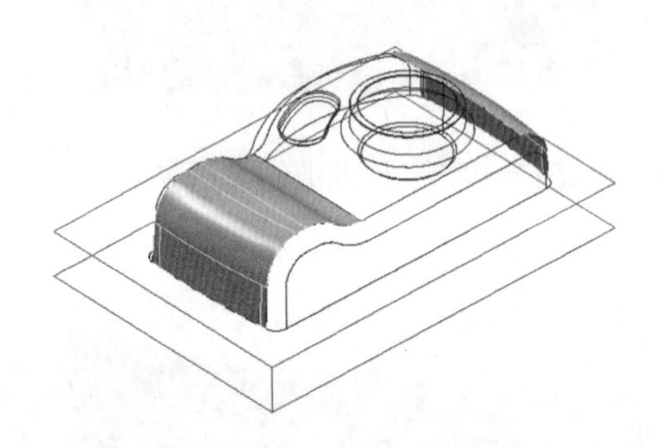

1. 作動加工刀具 R3。
2. 選擇下圖所點選的區域曲面，再使用滑鼠移至物件工具列中的邊界處，使用滑鼠右鍵功能點選邊界，將滑鼠移至邊界建立，從右鍵下拉功能的選單中點選接觸點邊界。

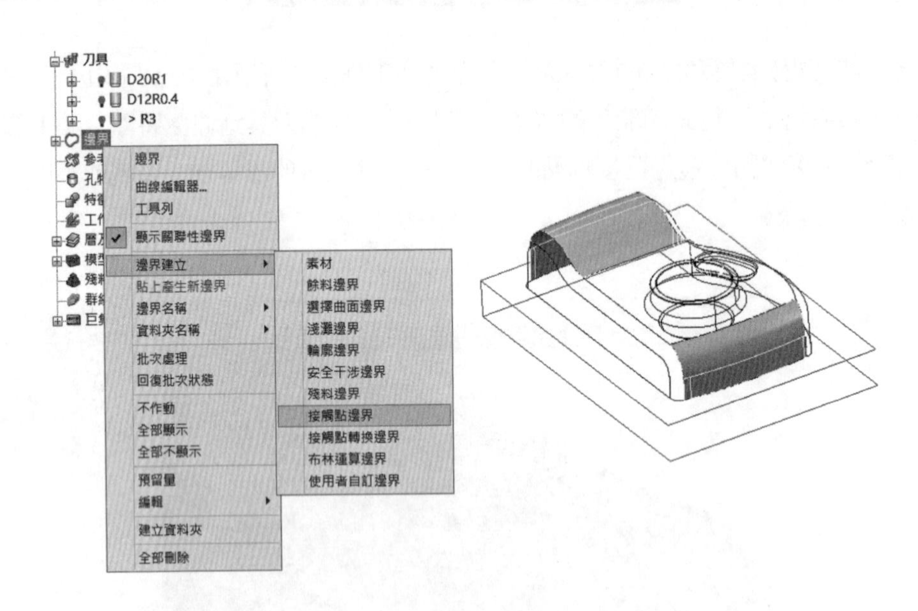


3. 開啓選單之後定義以下設定：

   (1) 不勾選建立關聯邊界。

   (2) 點擊選單中的模型 icon ，再按接受。

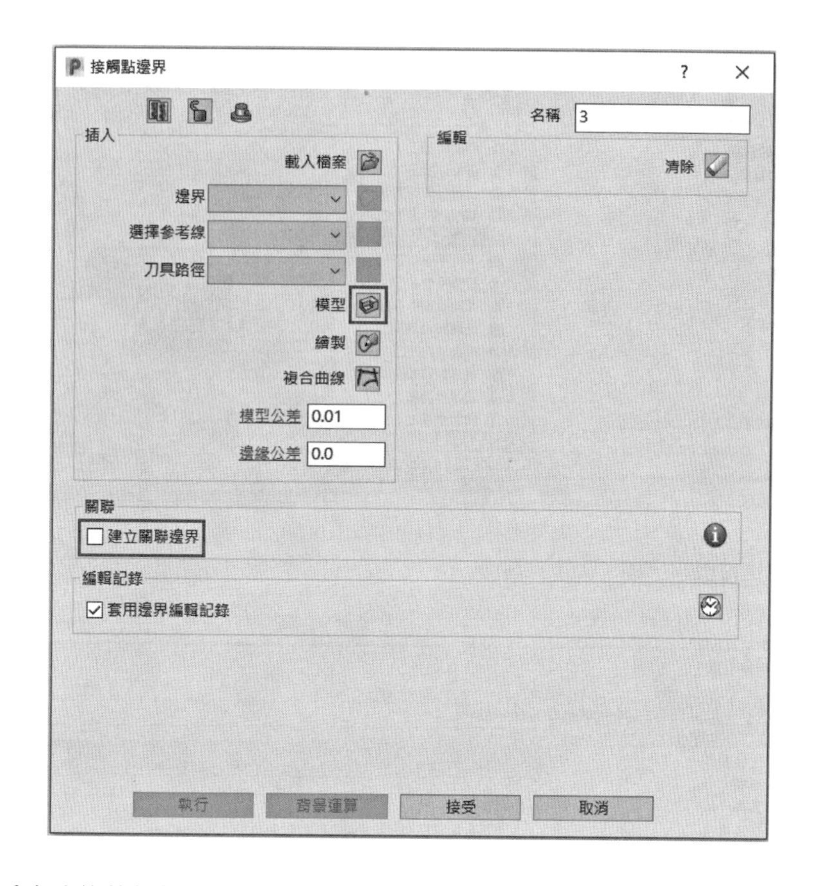


4. 執行／接受完成後的接觸點加工區域邊界，如下圖所示。

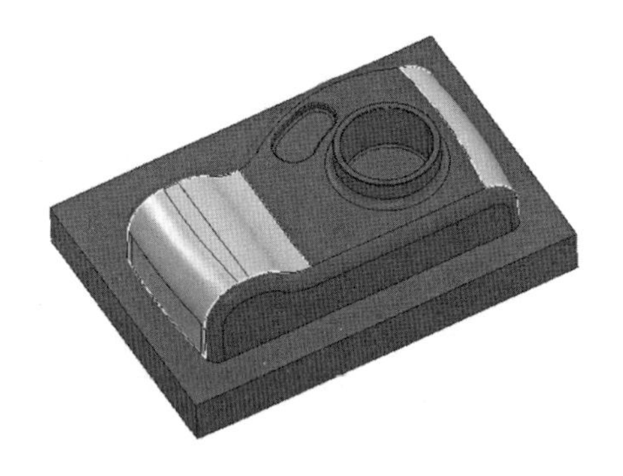

5. 從主要工具列，點擊刀具路徑工法選單 。
6. 同樣選取精加工 Finish 選單，選擇平行投影加工（Raster finishing）工法選項。

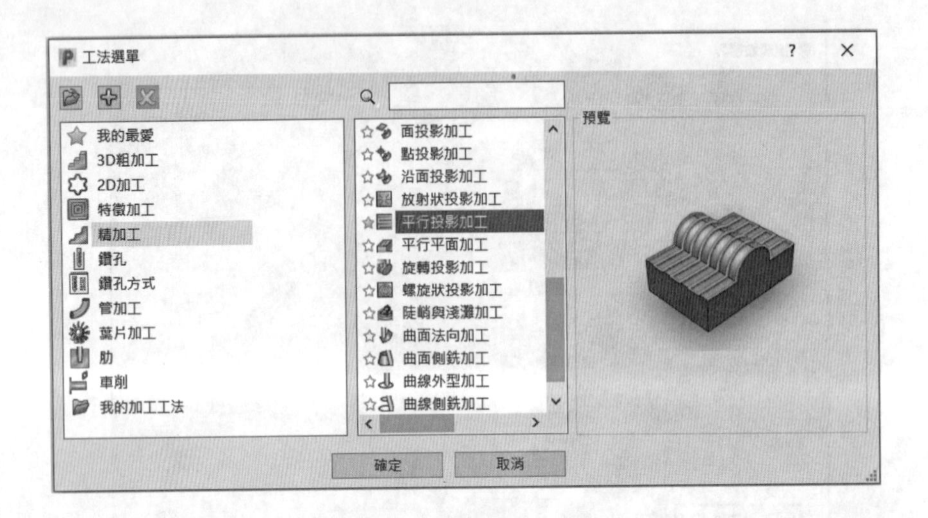


7. 開啓選單之後定義以下設定（如下圖所示）：

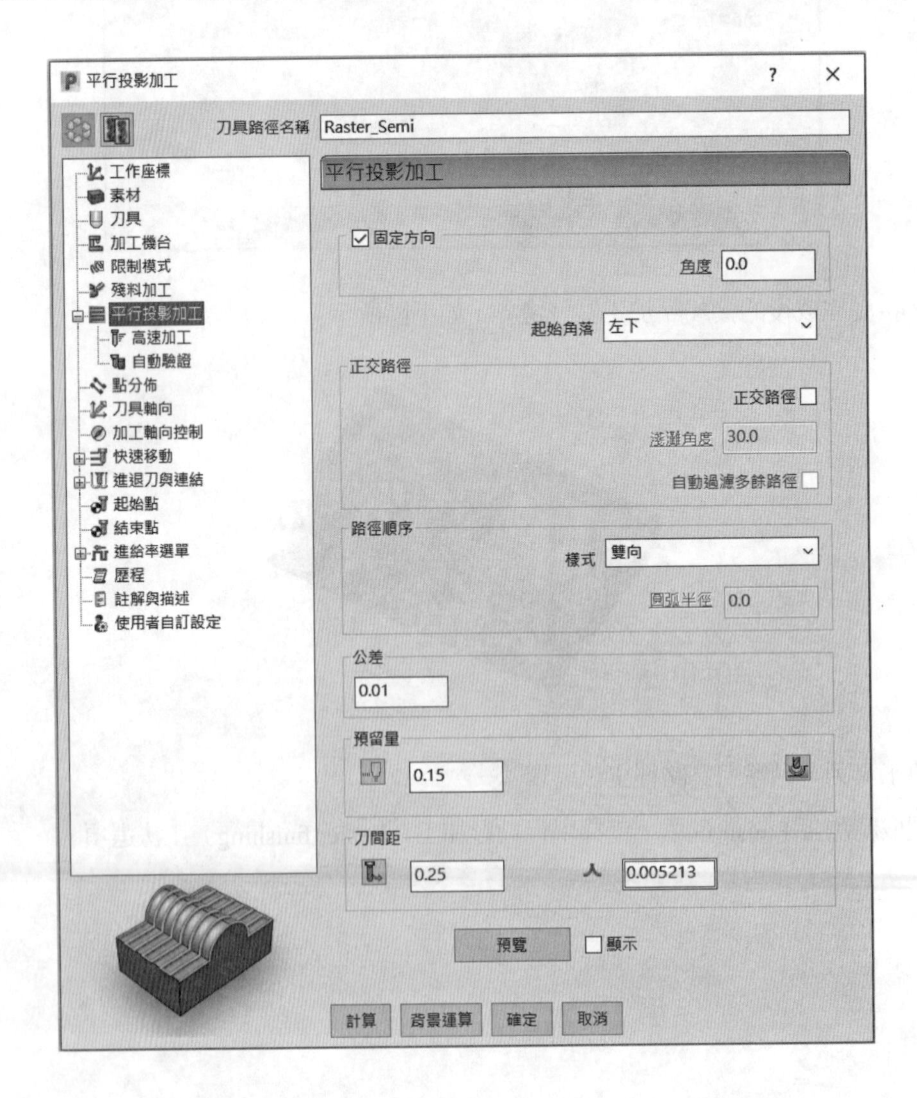

(1) 輸入刀具路徑名稱：Raster_Semi。

(2) 路徑順序樣式：雙向。

(3) 公差：0.01。

(4) 預留量：0.15。

(5) 刀間距：0.25。

8. 點選限制模式的選項，邊界從下拉功能中選擇 3，邊界修剪選擇保持內部。

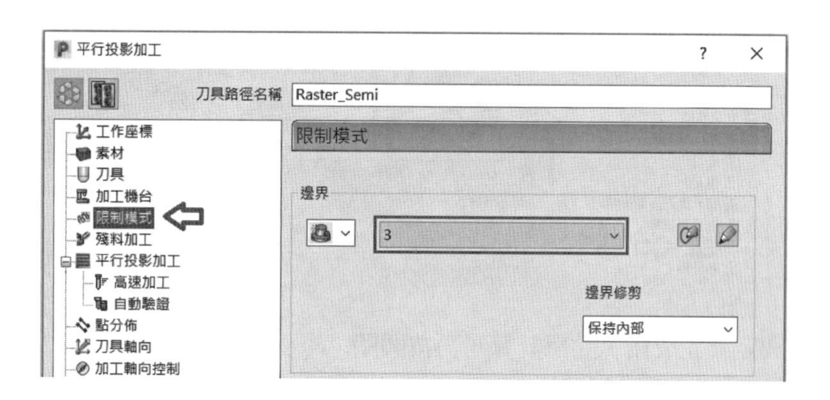


9. 點選進退刀與連結中的進刀選項，從下拉功能中選擇曲面法線圓弧。定義距離 0.5、角度為 30.0、半徑為 1.0，再點選退刀與進刀相同選項按鈕。

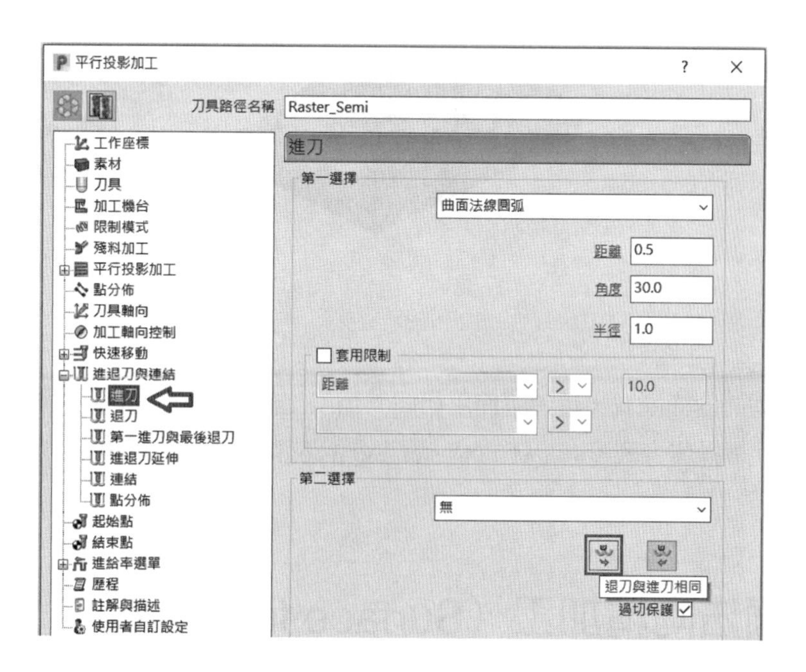

10. 點選連結選項，從第一選擇下拉功能中選擇圓弧連結。

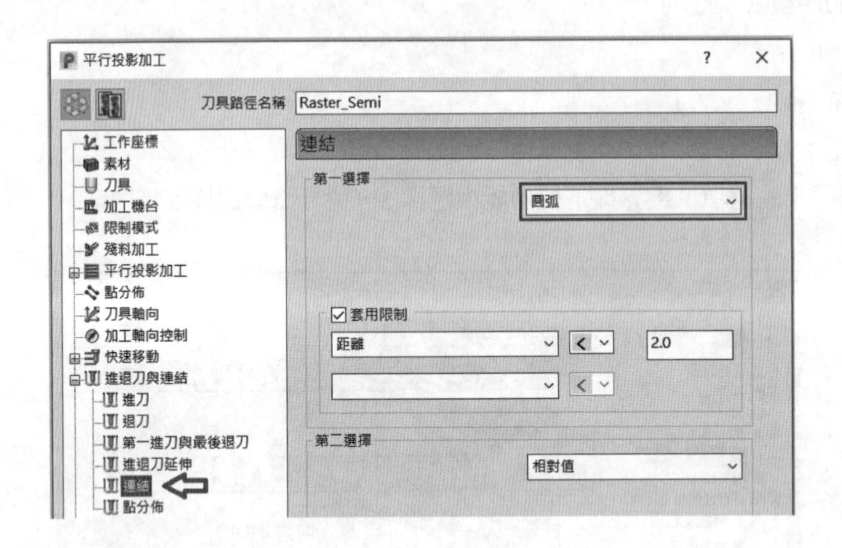


11. 以上加工參數定義完成後，點擊計算，再按關閉。
12. 計算完成的刀具路徑，如下圖所示。

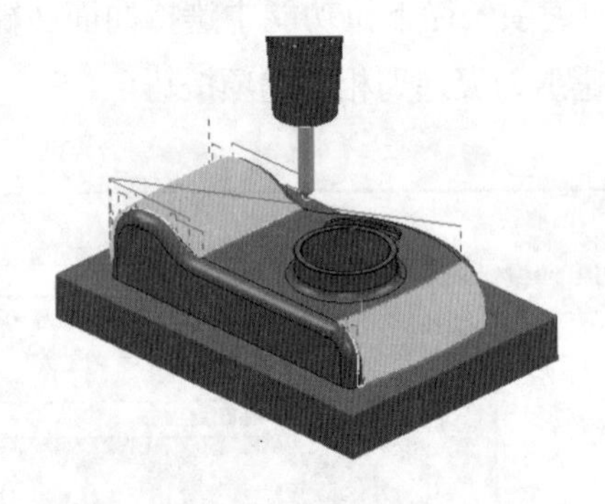

補充說明：

針對此模型的同樣區域，讀者可使用相同的加工工法，變更預留量與加工的刀間距來完成精加工。這個操作方式等同上述的 Raster_Semi 路徑操作方式，請作爲自我練習。

## 9.7　曲面法向精加工（Surface finishing）

此工法策略可應用到此模型的兩側圓角區域（如下圖所點選的區域範圍）。

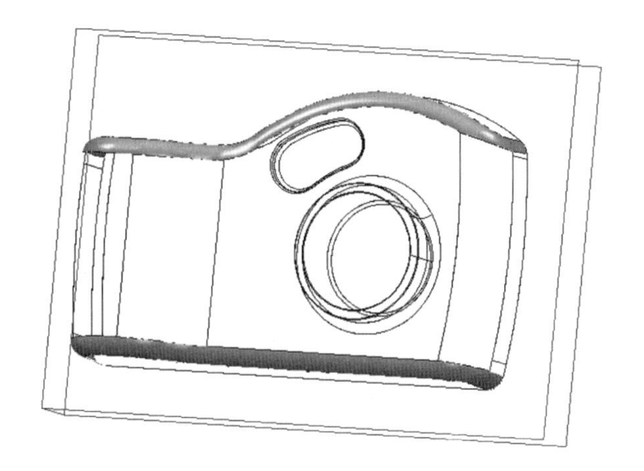

1. 作動加工刀具 R3。
2. 從主要工具列，點擊刀具路徑工法選單 。
3. 同樣選取精加工 Finish 選單，選擇曲面法向加工（Surface finishing）工法選項。

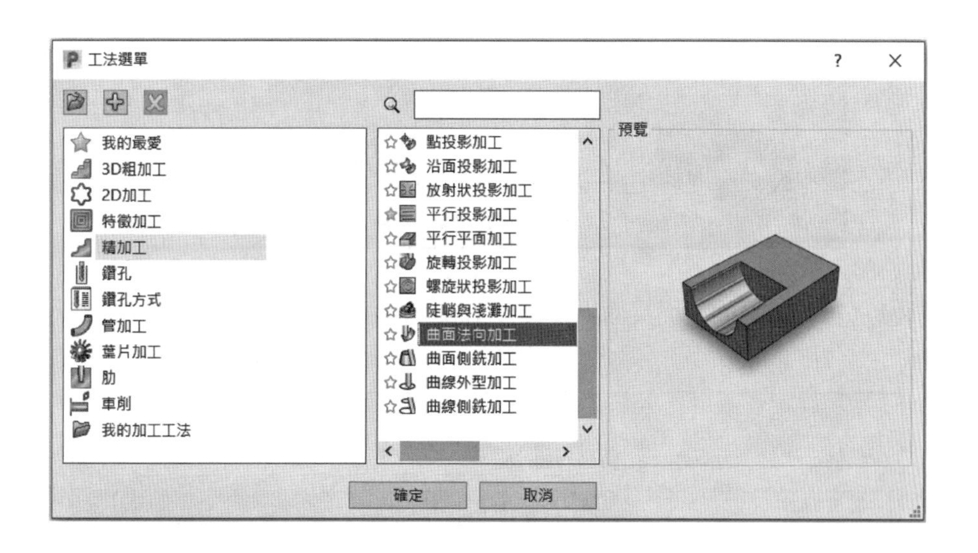


4. 開啓選單之後定義以下設定（如下圖所示）：

   (1) 輸入刀具路徑名稱：Surface Finishing_1。

   (2) 過切移動値：依內定 0.3。

   (3) 公差：0.01。

   (4) 預留量：0.15。

   (5) 刀間距：0.25。

   註 : 須取消前面刀具路徑所設定的限制模式。

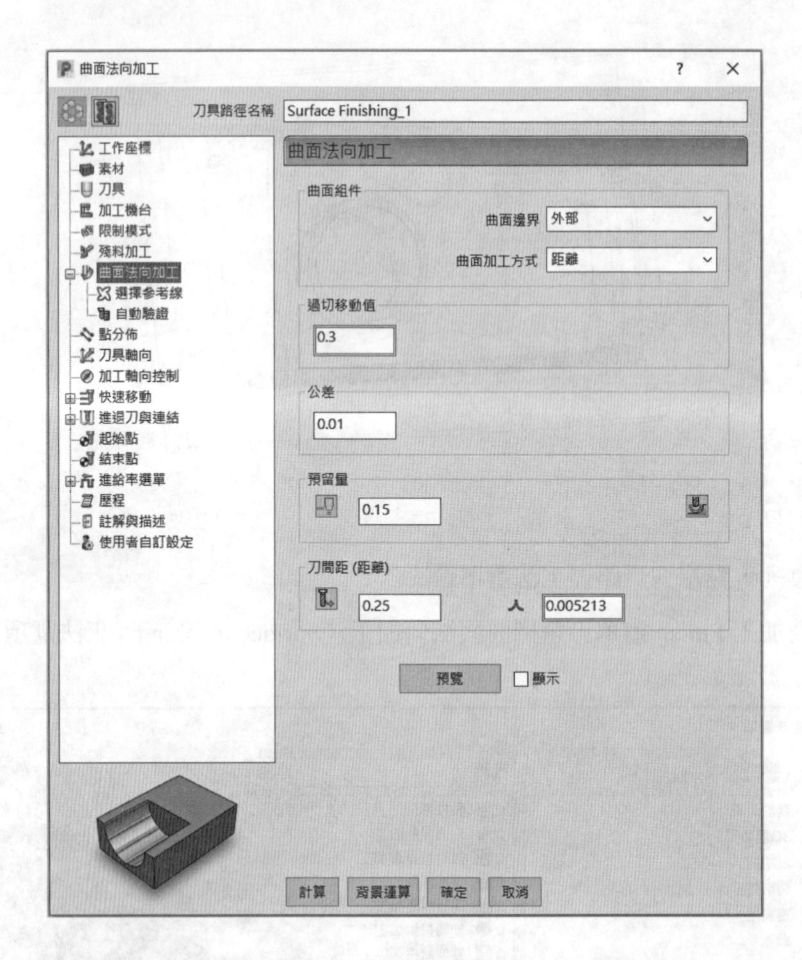


5. 點選選擇參考線選項頁面，從頁面中定義參考線方向爲 U、路徑順序爲雙向。

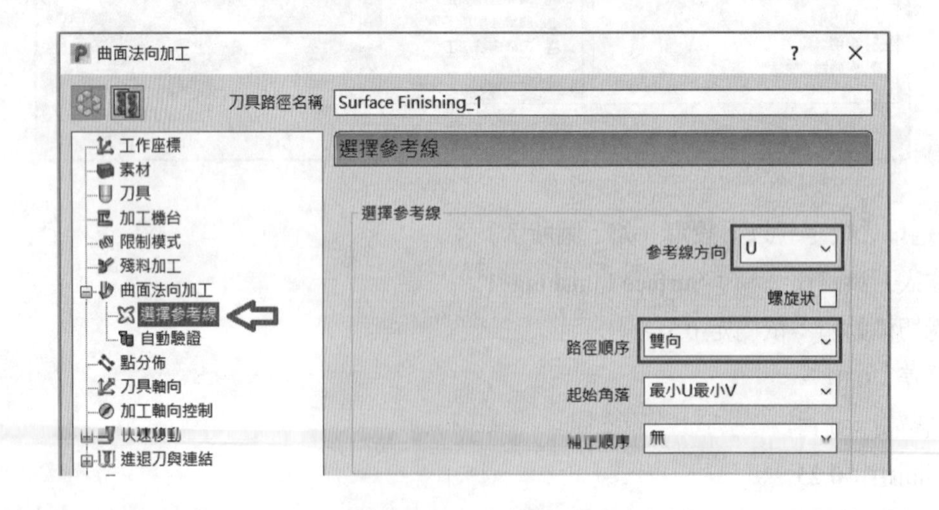

6. 點選進退刀與連結中的進刀選項，從下拉功能中選擇無，再點選退刀與進刀相同選項按鈕。

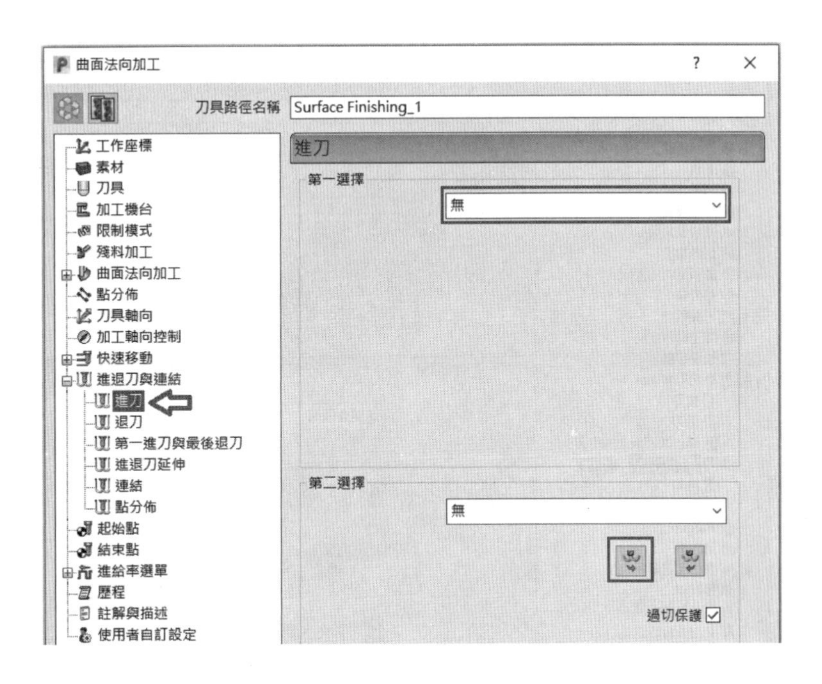


7. 點選第一進刀與最後退刀的選項頁面，勾選第一進刀、從下拉功能中選擇直線、長度定義爲 0.5，再點選套用第一進刀與最後退刀的選項按鈕。

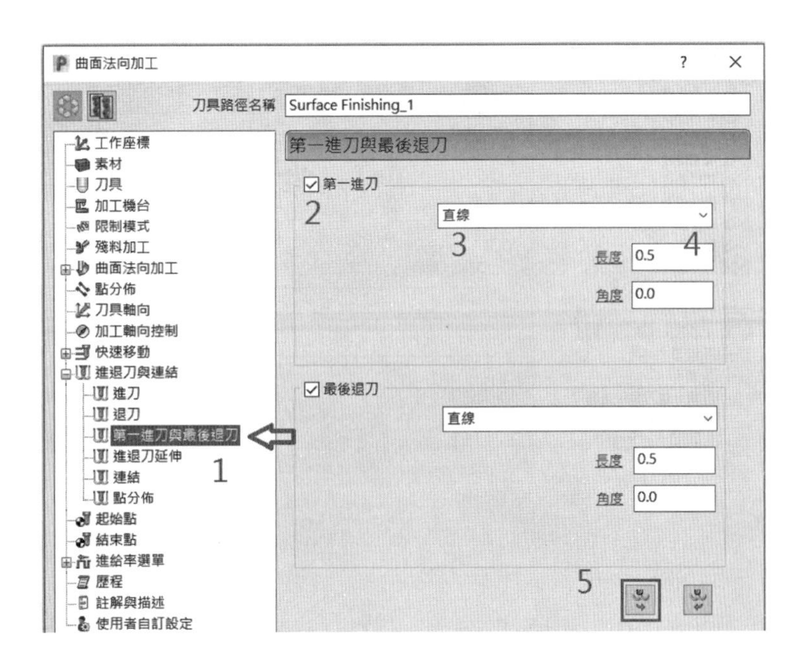

8. 點選進退刀延伸的選項頁面，從下拉功能中選擇垂直圓弧、角度定義爲 90.0、半徑爲 3.0，再點選套用進刀到退刀的選項按鈕。

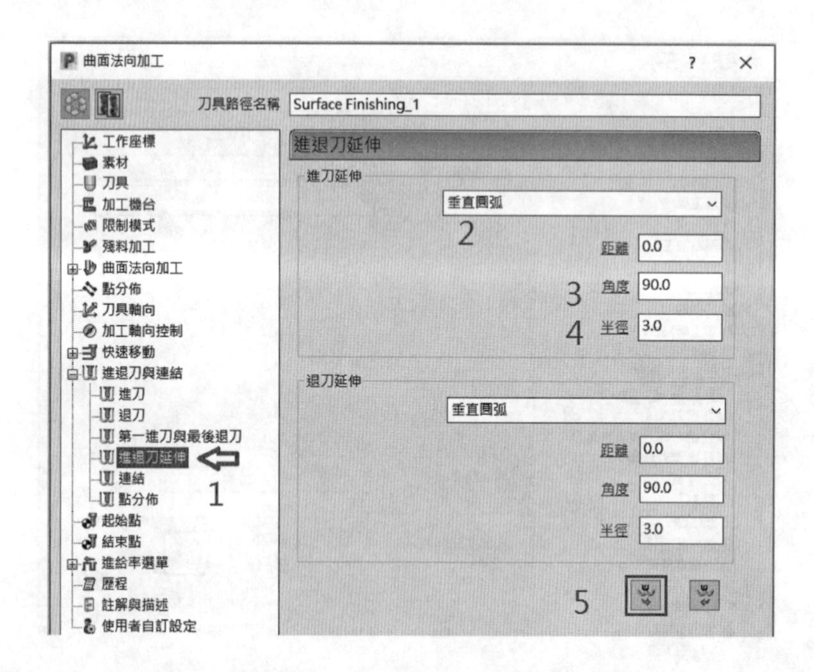


9. 點選連結選項，從第一選擇下拉功能中選擇沿曲面連結。

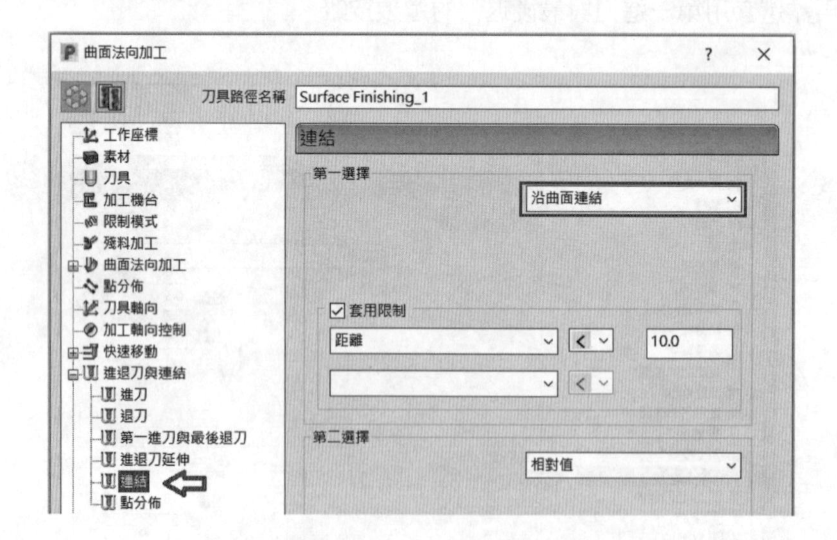

10. 此工法無須定義邊界，請直接選擇要加工的曲面做路徑運算。
11. 以上加工參數定義完成後，點擊計算，再按關閉。
12. 計算完成的刀具路徑，如下圖所示。

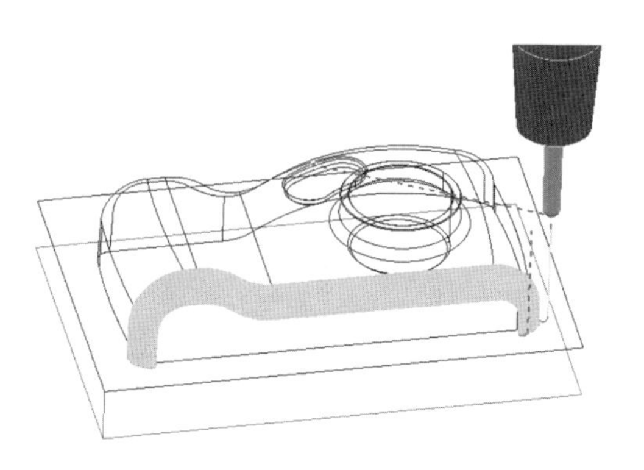

補充說明：

針對此模型另一邊的圓角區域，讀者可使用相同的加工工法。請複製 Surface Finishing_1 ，直接選擇圓角曲面來做路徑運算，完成如下圖兩邊的圓角區域刀具路徑。

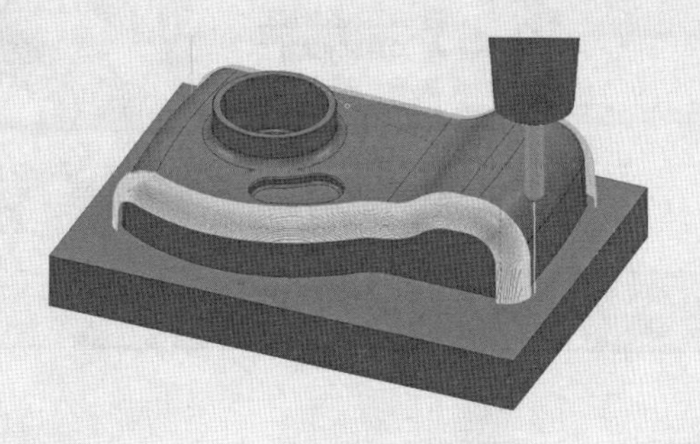

另外讀者還可變更預留量與加工的刀間距來完成精加工。這個操作方式等同上述的路徑，請作爲自我練習。

# 9.8　曲面側銑精加工（Swarf finishing）

模型的兩個側邊區域，我們將選擇使用曲面側銑的工法策略來運算刀具路徑，此工法無須建立邊界作範圍限制，只要點選要加工的曲面即可。（如下圖所點選的區域範圍）

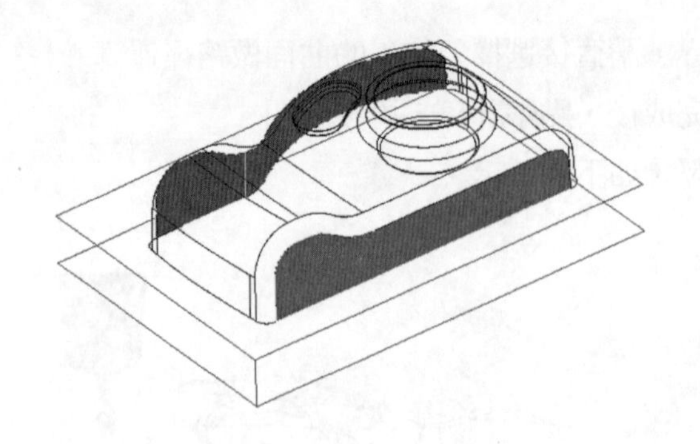

1. 作動加工刀具 R3。
2. 從主要工具列，點擊刀具路徑工法選單。
3. 同樣選取精加工 Finish 選單，選擇曲面側銑加工（Swarf finishing）工法選項。

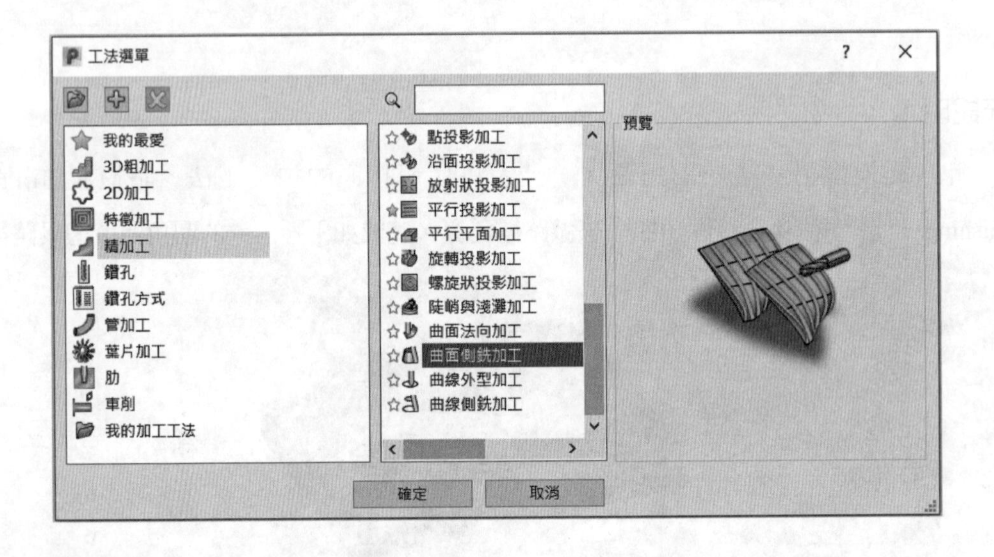


4. 開啓選單之後定義以下設定（如下圖所示）。
   (1) 輸入刀具路徑名稱：Swarf Finishing。
   (2) 曲面邊界：外部。
   (3) 公差：0.01。
   (4) 預留量：0.15。
   (5) 切削方向：雙向。

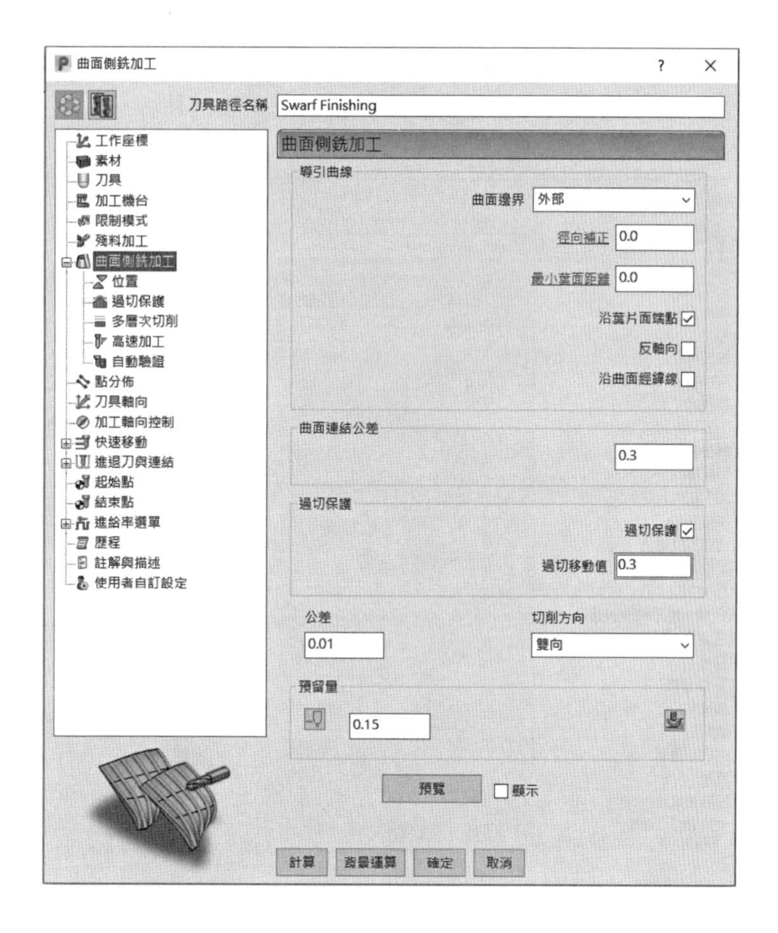


5. 點選多層次切削的選項頁面，加工方式從下拉功能中選擇往上補正、定義補正為 1.0（此選項定義的目的是將刀具路徑再往上延伸 1 mm），最大切削深度為 0.25。

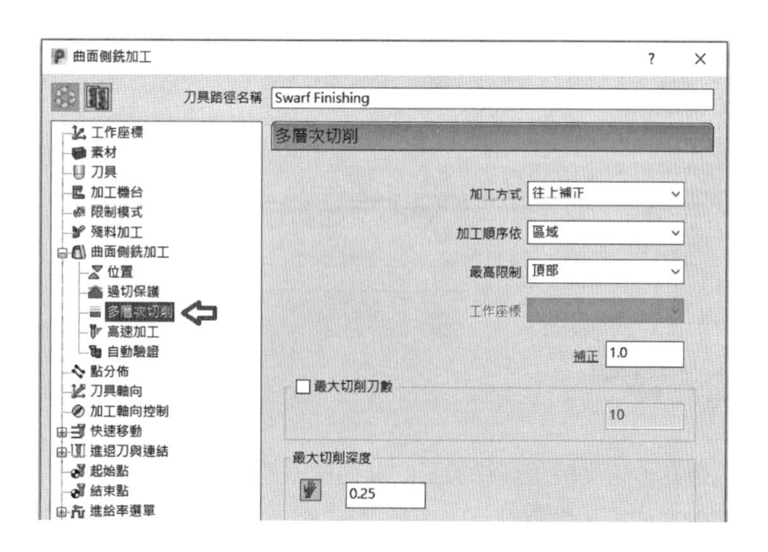

6. 點選進退刀與連結中的進刀選項，從下拉功能中選擇曲面法線圓弧、距離定義為 0.5、角度為 90.0、半徑為 0.5，再點選套用退刀與進刀相同的選項按鈕。

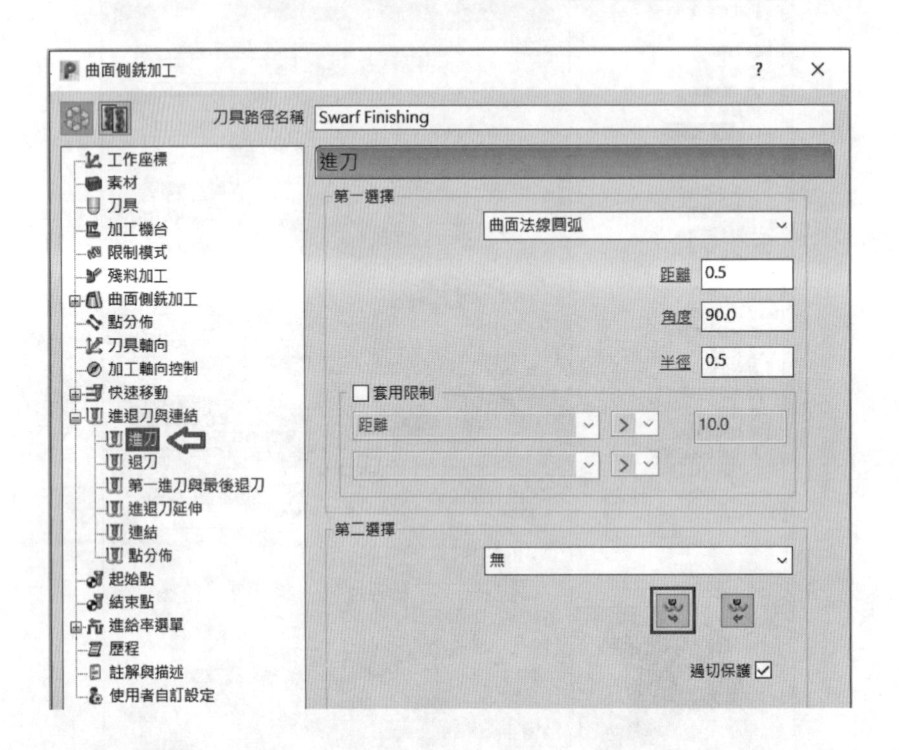


7. 點選連結選項，從第一選擇下拉功能中選擇圓弧連結。

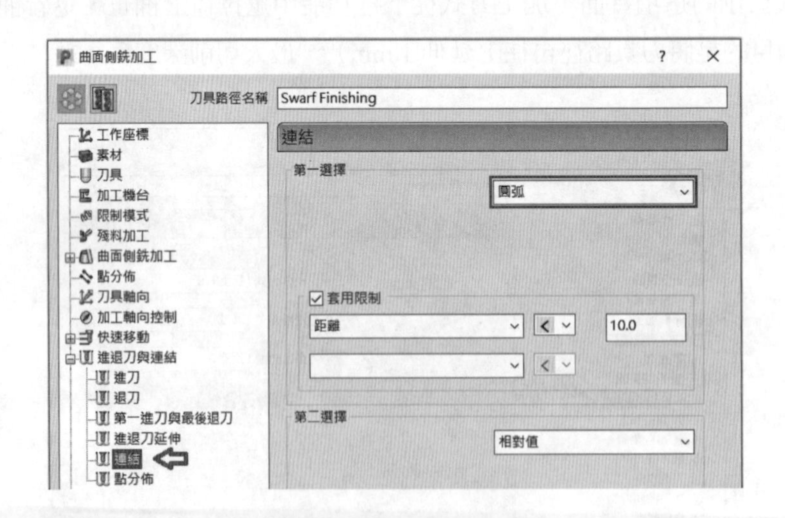


8. 此工法無須定義邊界，請直接選擇要加工的曲面做路徑運算（可以多個曲面作選取運算）。

9. 以上加工參數定義完成後，點擊計算，再按關閉。

10. 計算完成的刀具路徑，如下圖所示。

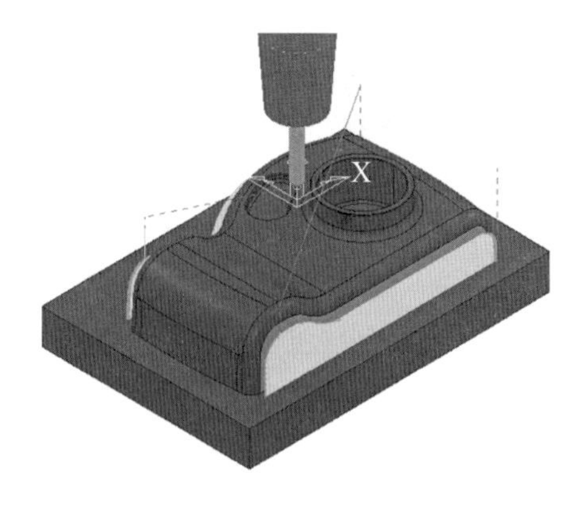


11. 由計算完成的刀具路徑，讀者可發現兩側各有一處的提刀，爲求連續性的加工，讀者可即時的做路徑方向的編輯且無須重新運算路徑。操作方式如下：從刀具路徑編輯工具列中點選刀具路徑重新排列 > 框選兩側需要變更方向的刀具路徑 > 再從選單中點選方向顛倒的功能。

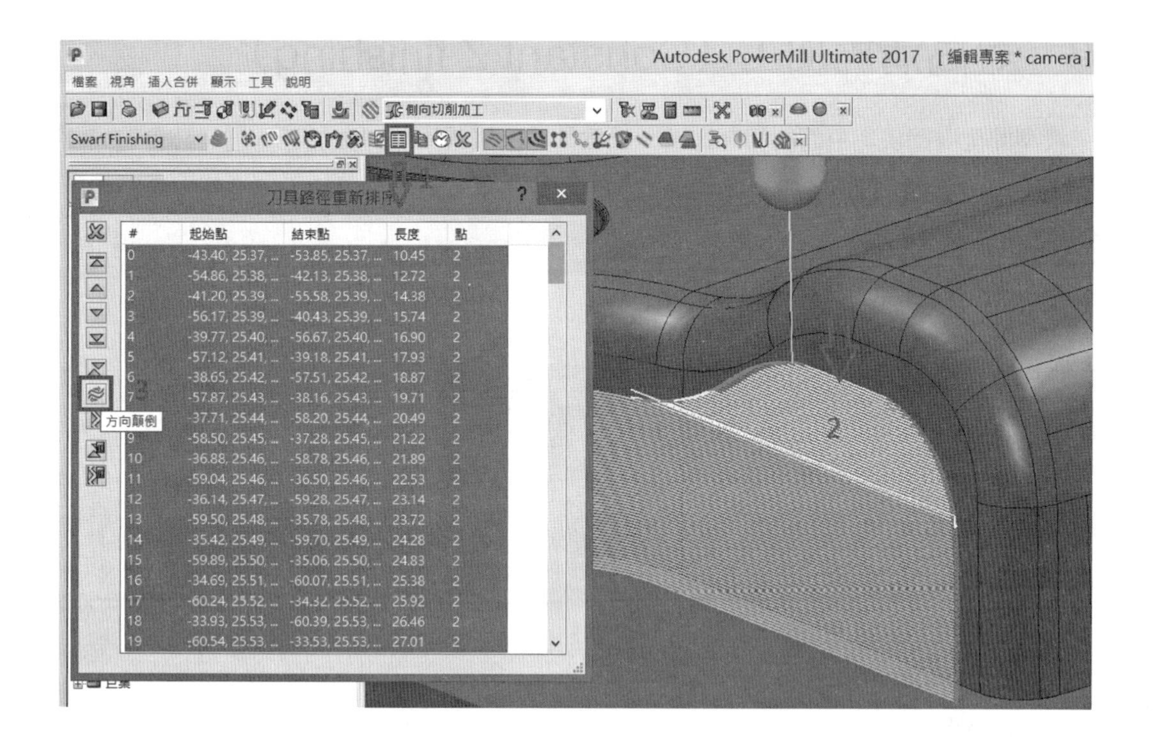


12. 編輯完成的連續性刀具路徑，如下圖所示。

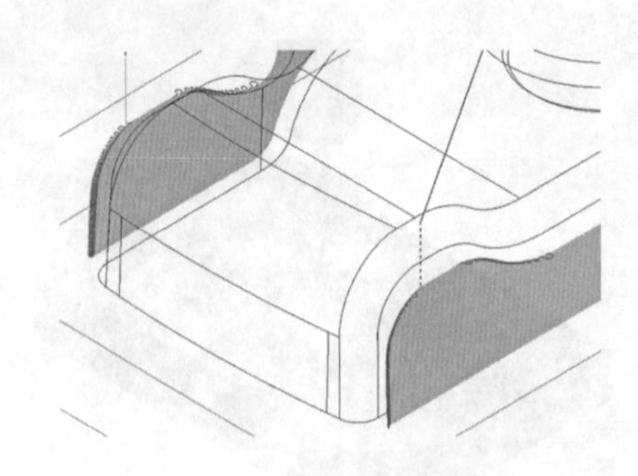

補充說明：

讀者可變更預留量與加工的刀間距來完成精加工。這個操作方式等同上述的路徑，請作為自我練習。

## 9.9　等高清角加工（Constant Z finishing）

模型的全周壁邊與平面的相鄰區域，因為某些區域選用球刀做加工，這勢必會造成角落的殘料產生，所以我們將增加一條等高加工的刀具路徑來進行清角加工。（如下圖箭頭所指的全周角落的區域範圍）

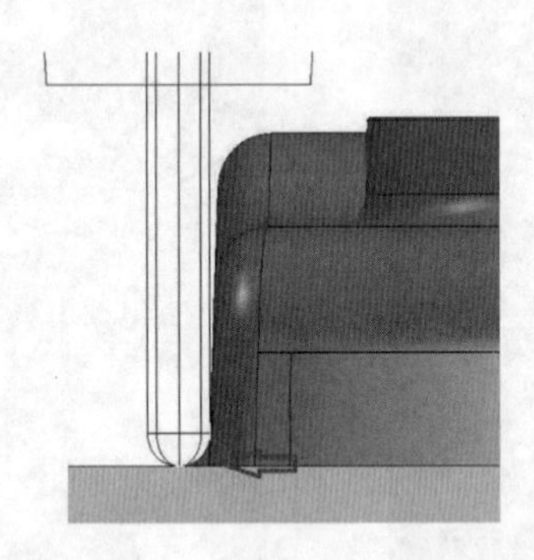

1. 作動加工刀具 D12R0.4。
2. 使用滑鼠移至物件工具列中的邊界處，使用滑鼠右鍵功能點選邊界，將滑鼠移至邊界建立，從右鍵下拉功能的選單中點選餘料邊界。

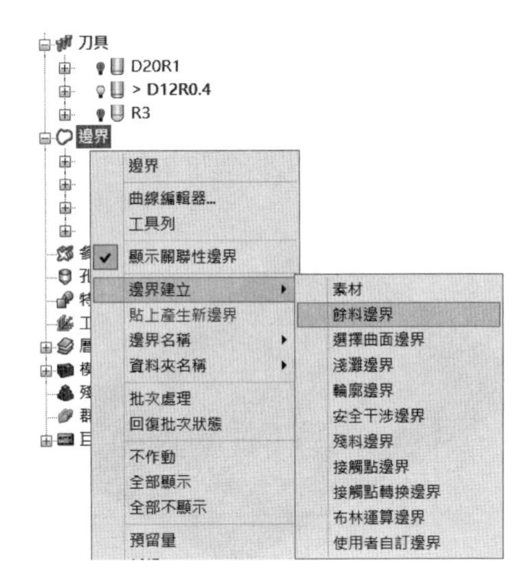


3. 開啓選單之後定義以下設定（如下圖所示）：

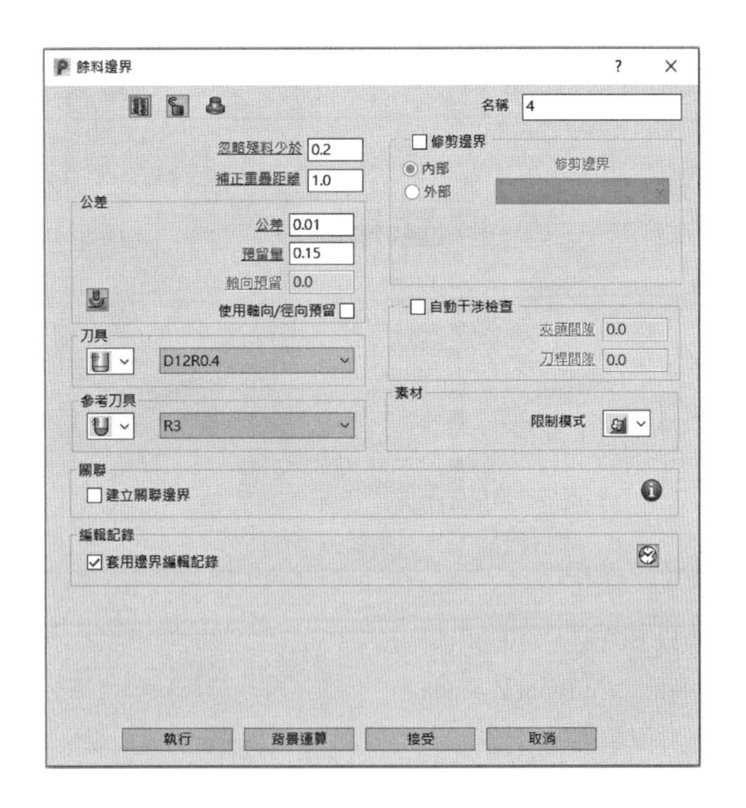


(1) 忽略殘料少於：0.2。

(2) 補正重疊距離：1.0。

(3) 公差：0.01。

(4) 預留量：0.15。

(5) 參考刀具：R3。

4. 執行／接受完成後的餘料加工區域邊界，如下圖所示。

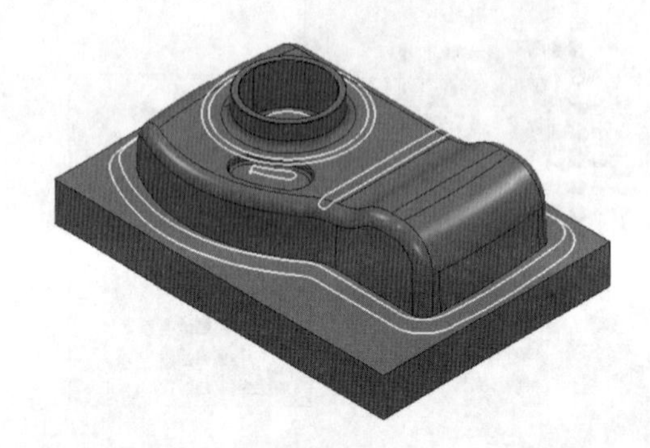

5. 從主要工具列，點擊刀具路徑工法選單。

6. 同樣選取精加工 Finish 選單，選擇等高加工 Constant Z finishing 工法選項。

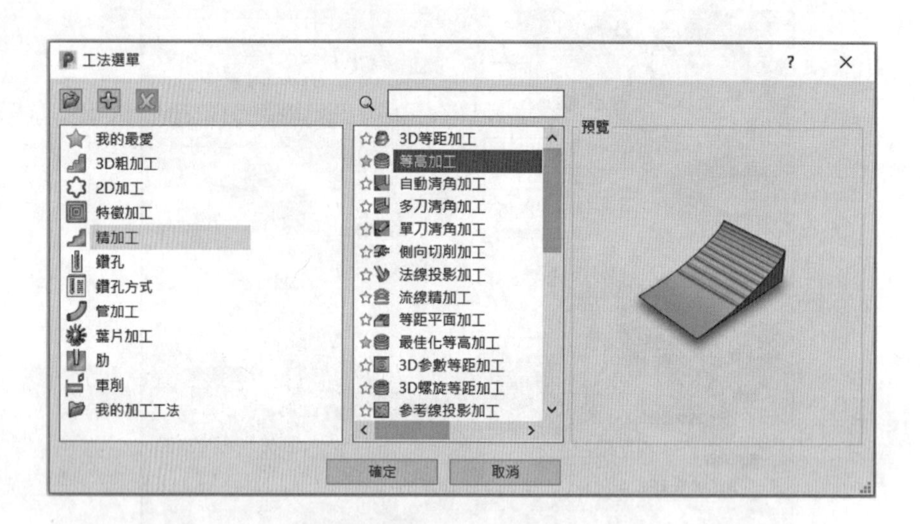


7. 開啓選單之後定義以下設定（如下頁圖所示）：

(1) 輸入刀具路徑名稱：Constant Z pencil。

(2) 勾選螺旋狀。

(3) 公差：0.01。

(4) 預留量：0.15。

(5) 最小切削深度：0.25。

(6) 進退刀的選項設定同上一條曲面側銑加工路徑。

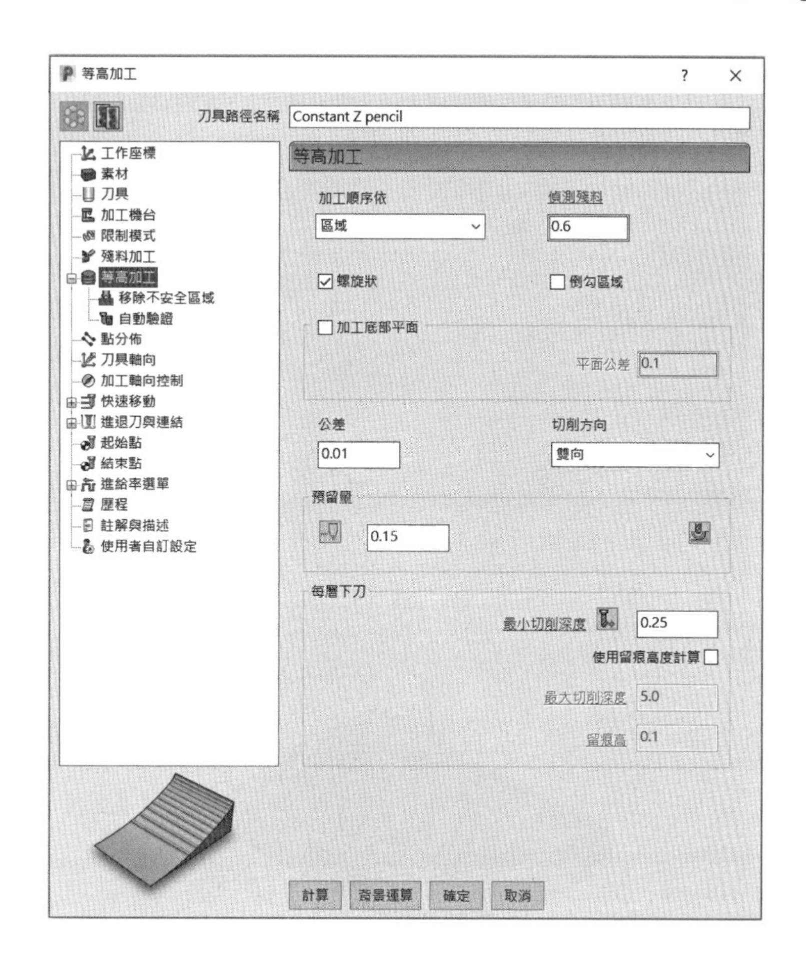


8. 計算完成的餘料邊界有些並非是我們所需要的加工區域，讀者可手動來框選它們，使用鍵盤的 Delete 功能來做刪除。或者讀者可直接使用滑鼠框選讀者要加工的邊界，如下圖箭頭所指的邊界。

9. 點選限制模式的選項，邊界從下拉功能中選擇 4，邊界修剪選擇保持內部。

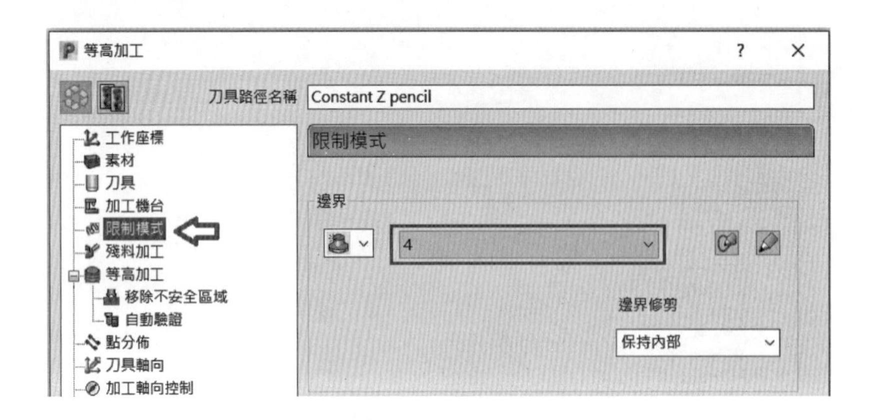


10. 以上加工參數定義完成後，點擊計算，再按關閉。
11. 計算完成的刀具路徑，如下圖所示。

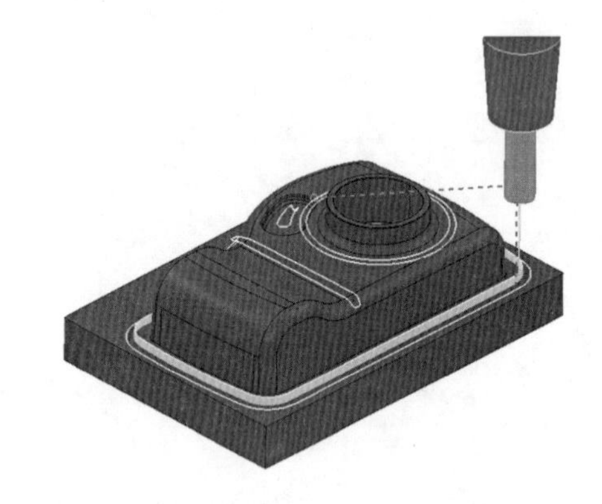

補充說明：

讀者可變更預留量與加工的刀間距來完成精加工。這個操作方式等同上述的路徑，請作爲自我練習。

# 10

# 三軸銑削加工實習：倒勾結構件（3D milling practice: overhanging structure）

學習重點

10.1 簡介（Introduction）

10.2 基本設定（Basic set-up）

10.3 模型粗加工（Model rough machining）

10.4 等高中加工（Constant Z semi machining）

10.5 線投影中加工（Projection line semi machining）

10.6 線投影細加工（Projection line finish machining）

# 10.1 簡介（Introduction）

倒勾結構件的範例將說明如何以 3 軸的加工應用，透過梯形刀具來產生投影加工路徑。倒勾結構件範例，如下圖所示。

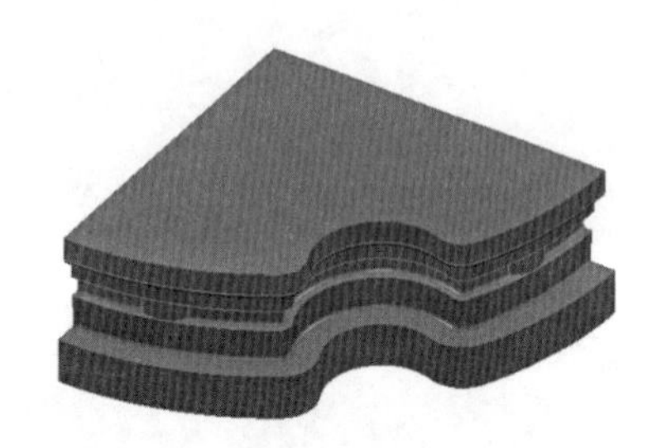

# 10.2 基本設定（Basic set-up）

## 10.2.1 輸入模型（Import model）

從主功能表中選取檔案－輸入模型，從光碟目錄 Chapter-10 選取 ucut_proj.dgk 檔案。如下圖所示。

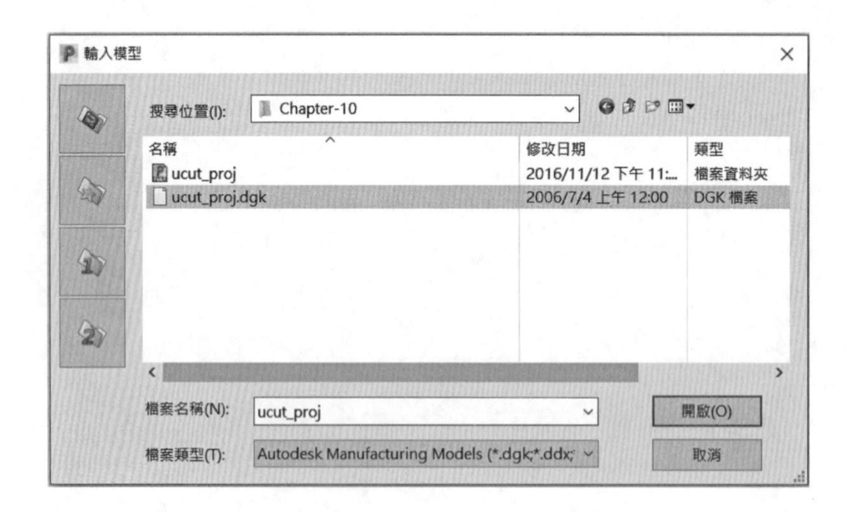


## 10.2.2 素材建立（Block creation）

開啓素材選單使用加工模型（形狀素材）選項，工作座標切換爲世界座標、點選由檔案載入素材，再由 Chapter-10 目錄點選擇 ucut_proj.stl 檔案做開啓，然後選取接受，關閉選單。

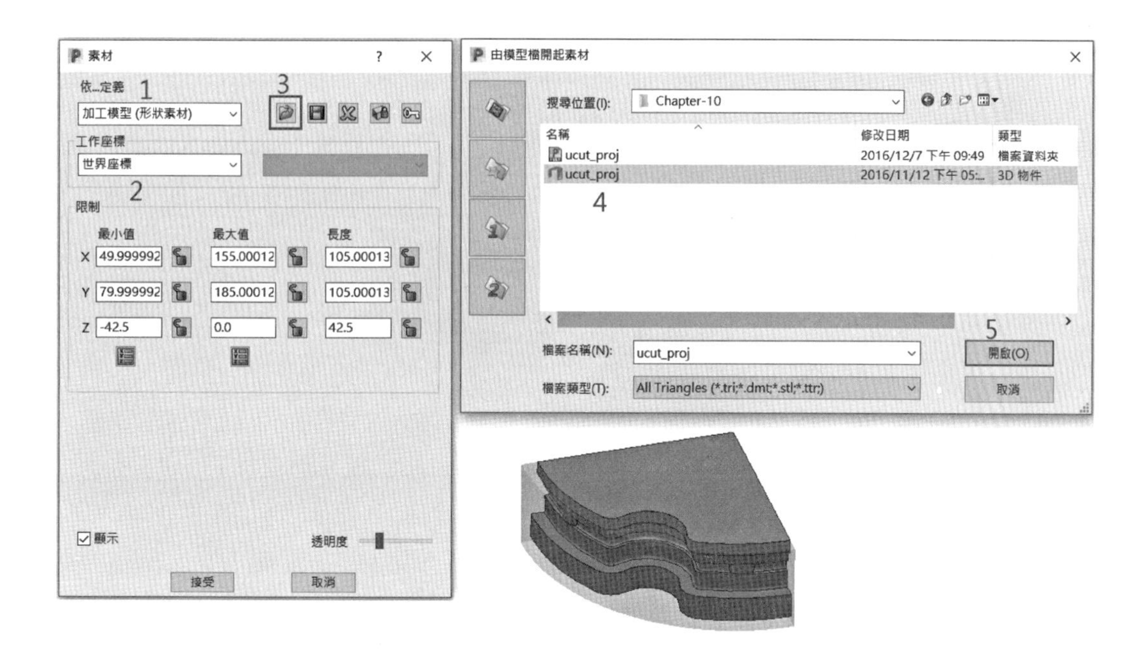


## 10.2.3 工作座標設定（Work coordinate setting）

1. 點選物件管理列中的工作座標 > 滑鼠右鍵開啓次功能 > 建立和定位工作座標 > 使用素材定位工作座標。

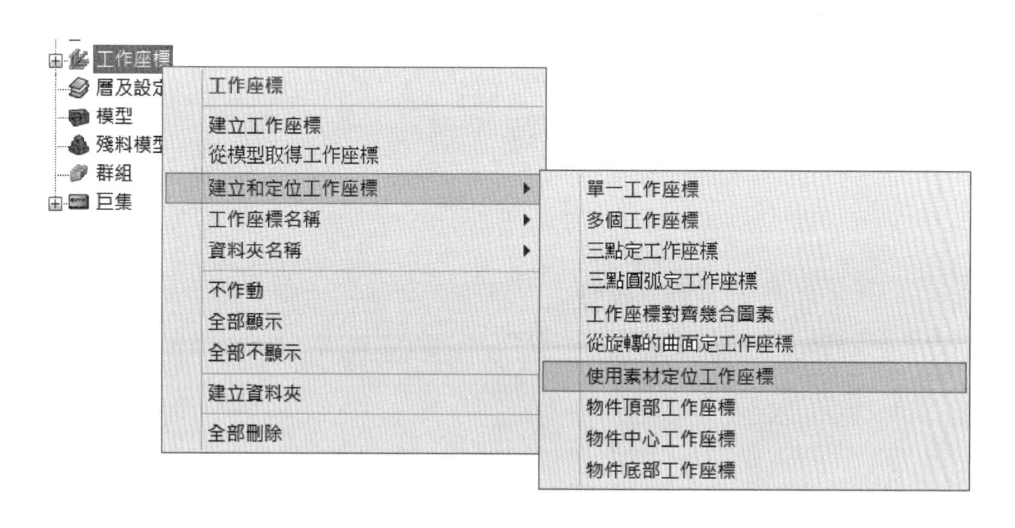


2. 滑鼠點擊下圖箭頭的指引位置。

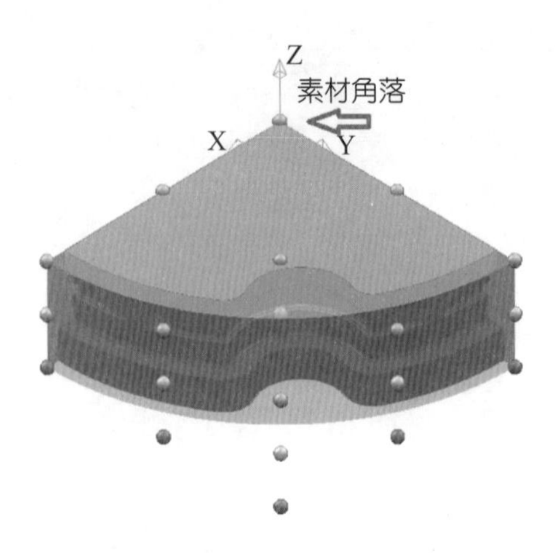


3. 工作座標重新命名爲 G54，並作動此工作座標。

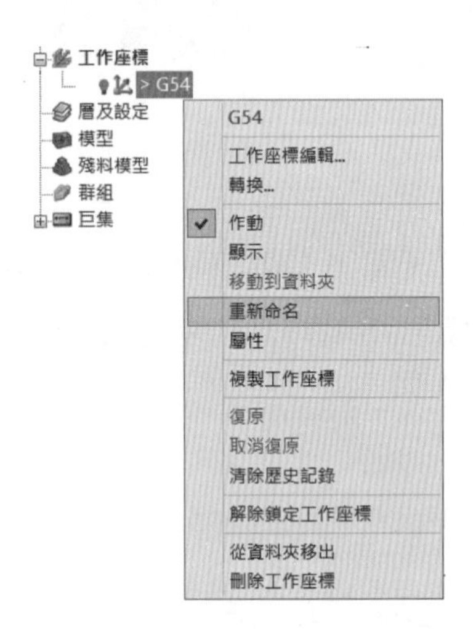


4. 點選物件管理列中的 G54 工作座標 > 滑鼠右鍵開啓次功能 > 工作座標編輯。

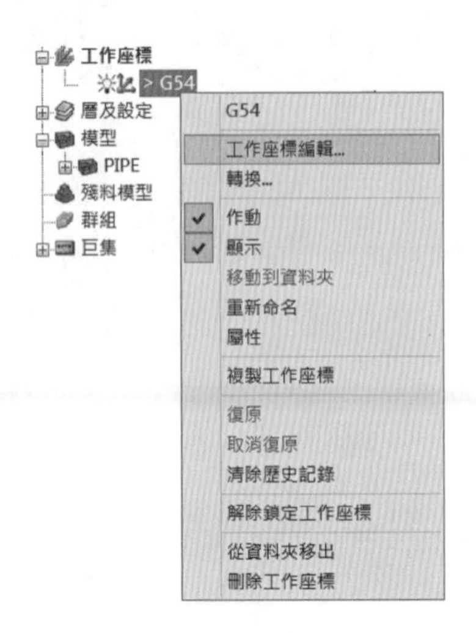

將顯示工作座標編輯器工具列：

5. 從工作座標編輯器工具列中，點選繞 Z 旋轉 90 度，點選接受（編輯座標方向可讓讀者在面對機台加工時更清楚的觀看內部）。

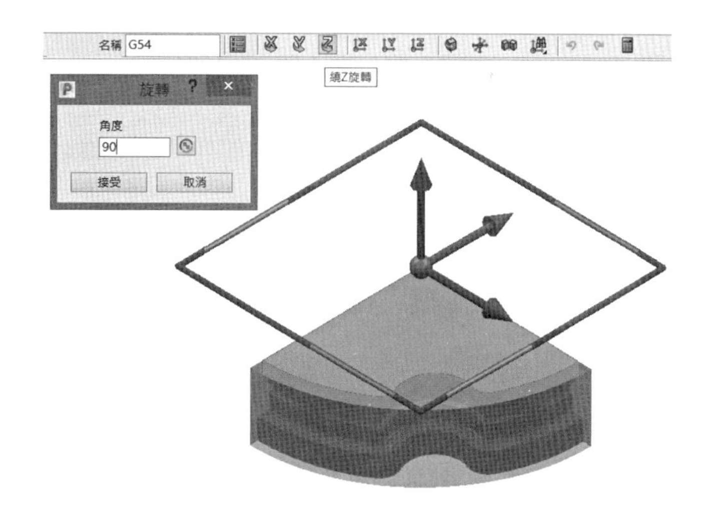


## 10.2.4 設定安全提刀高度（Set safe area toolpath）connections）

從主要工具列中點選提刀高度圖示定義安全高為 30，套用執行，點擊接受關閉此選項視窗。

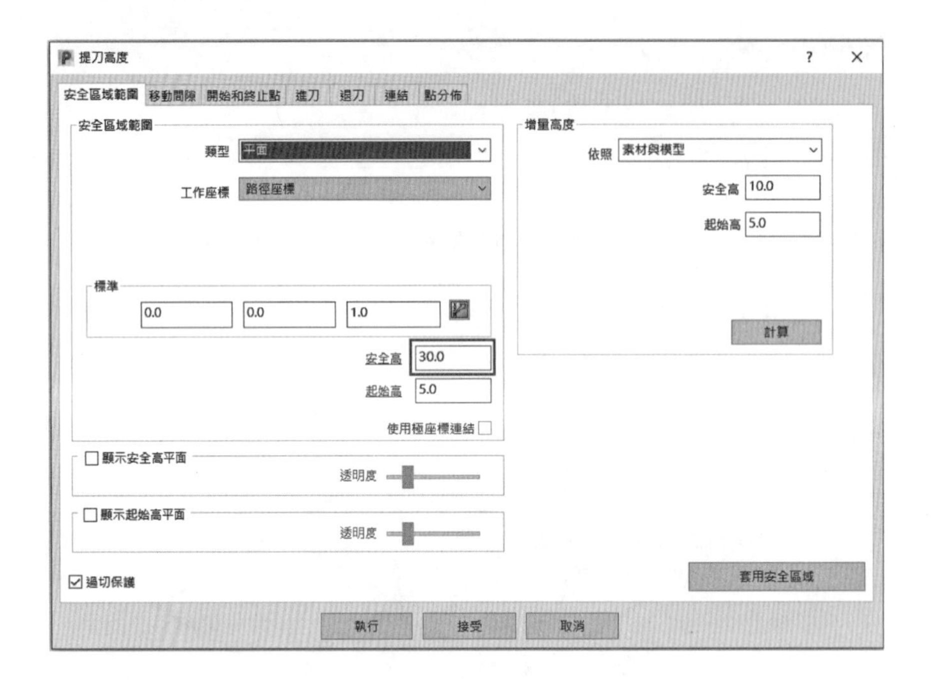


## 10.2.5 刀具設定（Setup for the tools）

從物件工具列中的刀具按滑鼠右鍵開啟次功能 > 產生刀具 > 從選單中選擇所需建立的刀具類型（如下頁的刀具類型）。

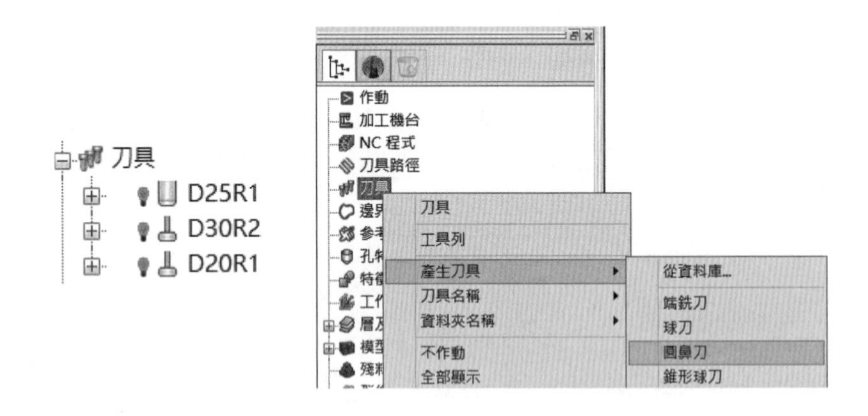


建立以下的刀具類型與切削參數：

1. 點選圓鼻刀類型，設定名稱為 D25R1、刀刃直徑為 25.0、圓鼻半徑為 1.0、刀具編號為 1、刀刃數為 3，讀者可自行定義夾頭的尺寸階數與夾持的長度。從切削資料頁面中點選粗加工的項目，於右下角處點選編輯刀具資料，進入選單中定義切削速度為 250.0、進給量 / 每刃定義為 0.15，它將自動換算出主軸轉速為 3183.0 rpm、切削進給率為 1432.0 mm/min，然後關閉。

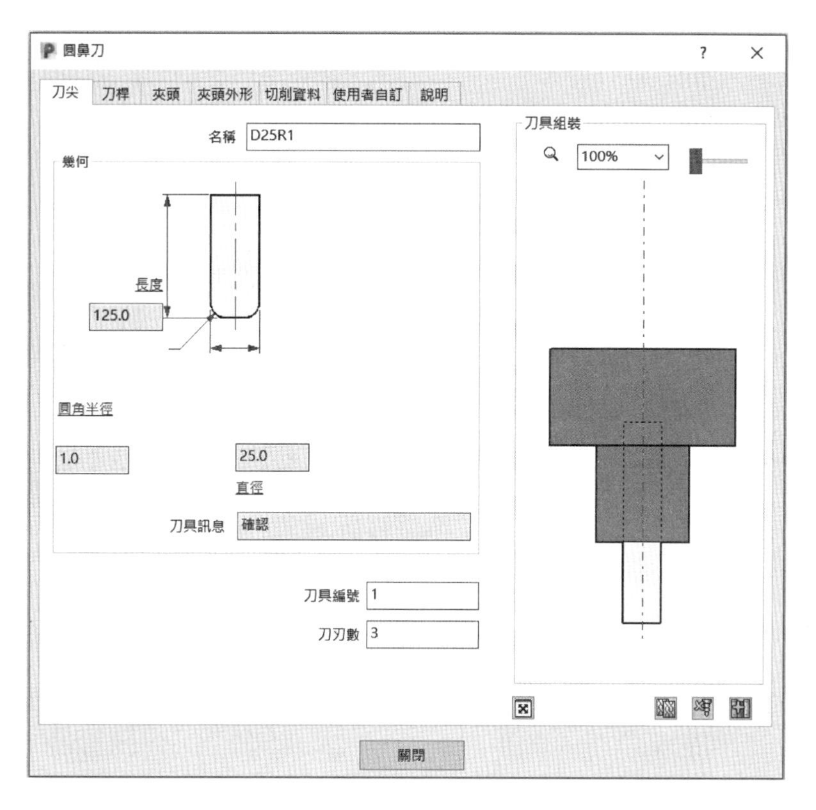
圓鼻刀
?
刀尖
刀桿
夾頭
夾頭外形
切削資料
使用者自訂
說明
名稱
D25R1
幾何
長度
125.0
圓角半徑
1.0
25.0
直徑
刀具訊息
確認
刀具編號
1
刀刃數
3
刀具組裝
100%
關閉

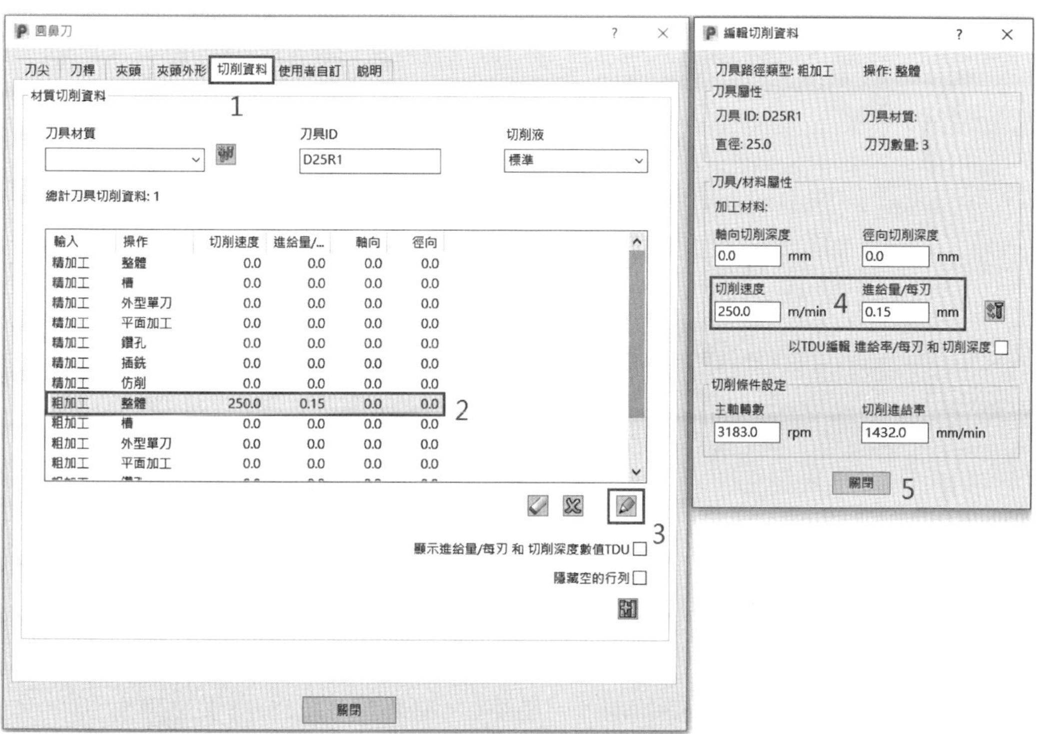
圓鼻刀
?
刀尖
刀桿
夾頭
夾頭外形
切削資料
使用者自訂
說明
材質切削資料
1
刀具材質
刀具ID
D25R1
切削液
標準
總計刀具切削資料: 1
輸入
操作
切削速度
進給量/...
軸向
徑向
精加工 整體 0.0 0.0 0.0 0.0
精加工 槽 0.0 0.0 0.0 0.0
精加工 外型單刀 0.0 0.0 0.0 0.0
精加工 平面加工 0.0 0.0 0.0 0.0
精加工 鑽孔 0.0 0.0 0.0 0.0
精加工 插銑 0.0 0.0 0.0 0.0
精加工 仿削 0.0 0.0 0.0 0.0
粗加工 整體 250.0 0.15 0.0 0.0
2
粗加工 槽 0.0 0.0 0.0 0.0
粗加工 外型單刀 0.0 0.0 0.0 0.0
粗加工 平面加工 0.0 0.0 0.0 0.0
3
顯示進給量/每刃 和 切削深度數值TDU
隱藏空的行列
關閉
編輯切削資料
?
刀具路徑類型: 粗加工
操作: 整體
刀具屬性
刀具 ID: D25R1
刀具材質:
直徑: 25.0
刀刃數量: 3
刀具/材料屬性
加工材料:
軸向切削深度
0.0
mm
徑向切削深度
0.0
mm
切削速度
250.0
m/min
4
進給量/每刃
0.15
mm
以TDU編輯 進給率/每刃 和 切削深度
切削條件設定
主軸轉數
3183.0
rpm
切削進給率
1432.0
mm/min
關閉
5

接下來從產生刀具的下拉選單中，選用梯形刀。

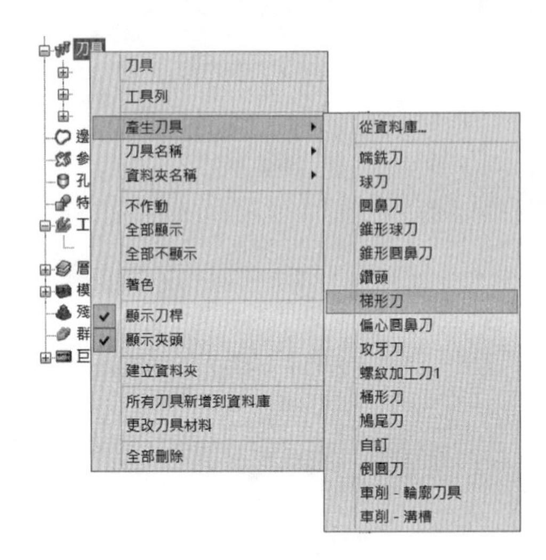


2. 點選梯形刀類型，開啓選單設定名稱爲 D30R2、刀刃直徑爲 30.0、圓鼻半徑爲 2.0、長度爲 6.0、刀具編號爲 2 和刀刃數爲 1。

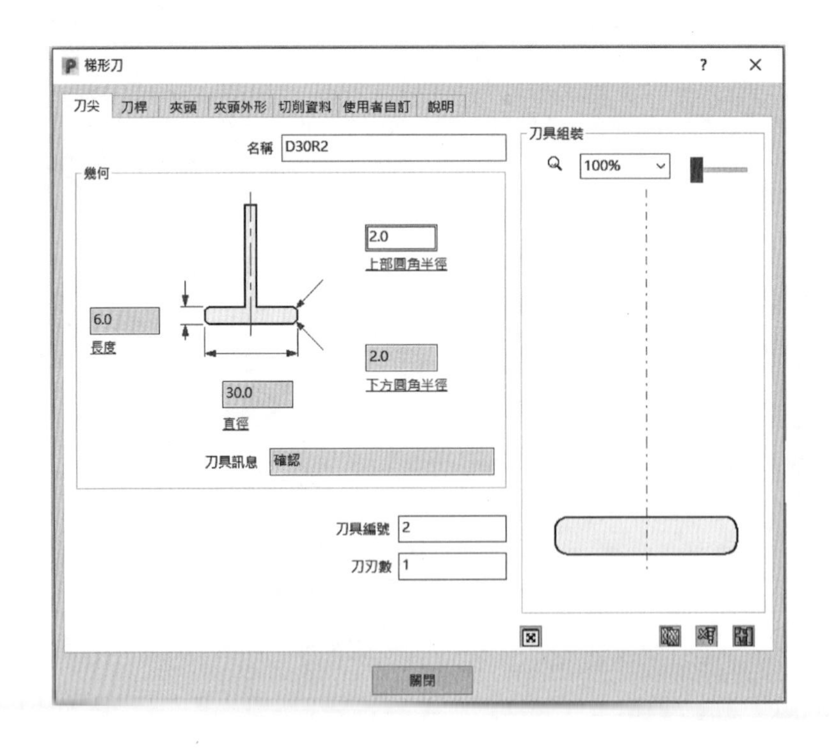


切換到刀桿的設定頁面，點擊新增組件，定義上 / 底部直徑爲 15.0、長度爲 50.0。

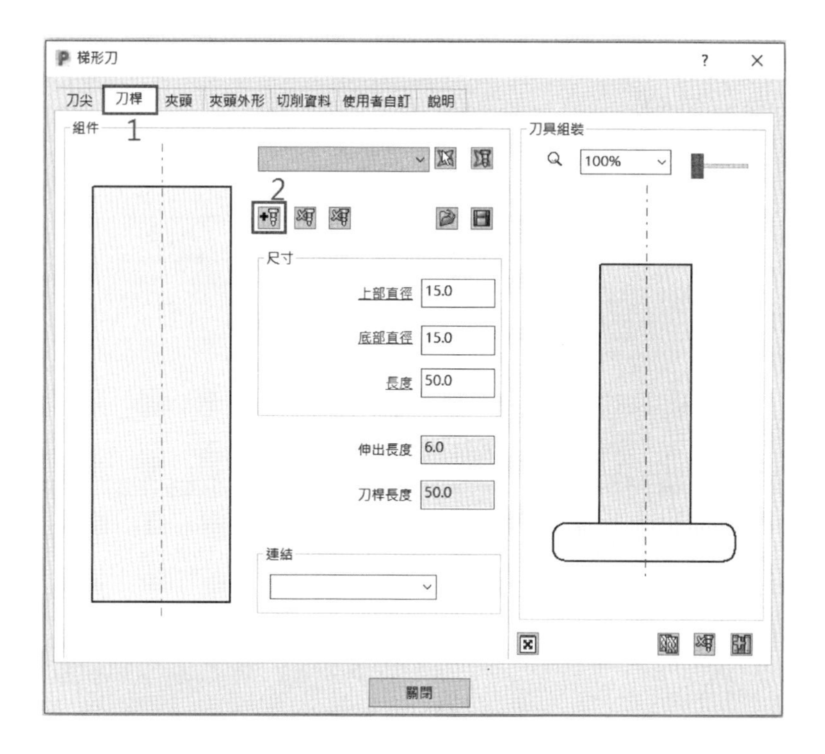


切換到夾頭的設定頁面，點擊新增組件，定義上 / 底部直徑為 35.0、長度為 50.0，伸出長度為 45.0。

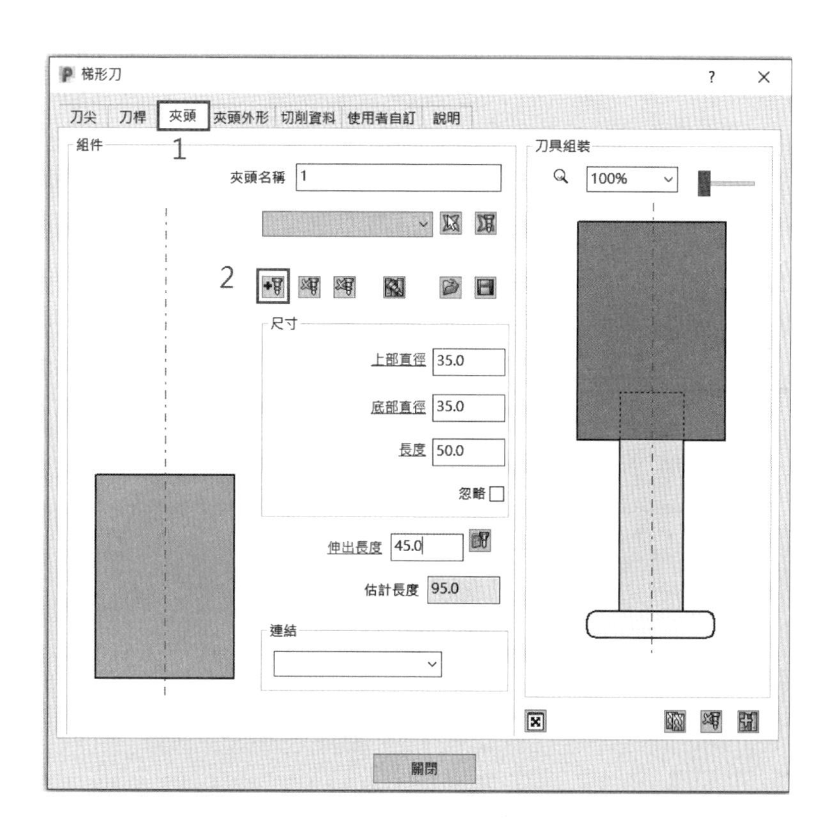

從切削資料頁面中的編輯刀具資料，點擊進入選單內定義切削速度爲 170.0、進給量 / 每刃定義爲 0.35，然後關閉。

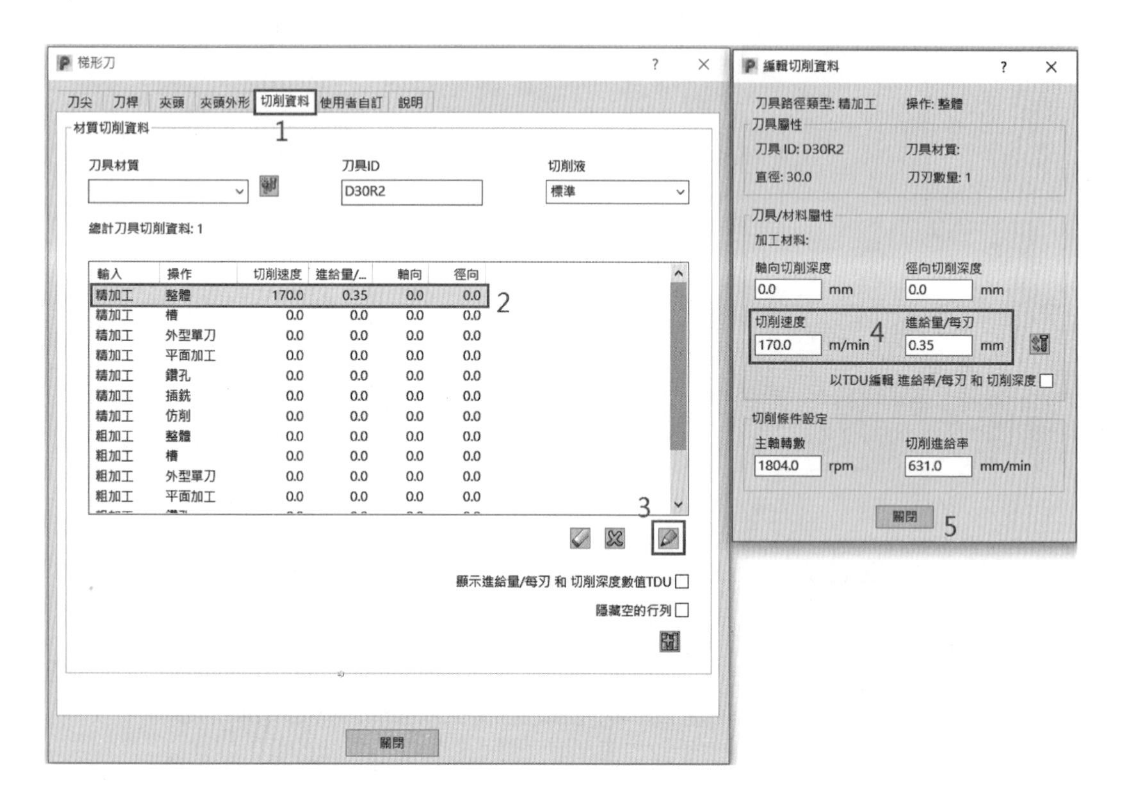


再從產生刀具的下拉選單中，選用梯形刀。

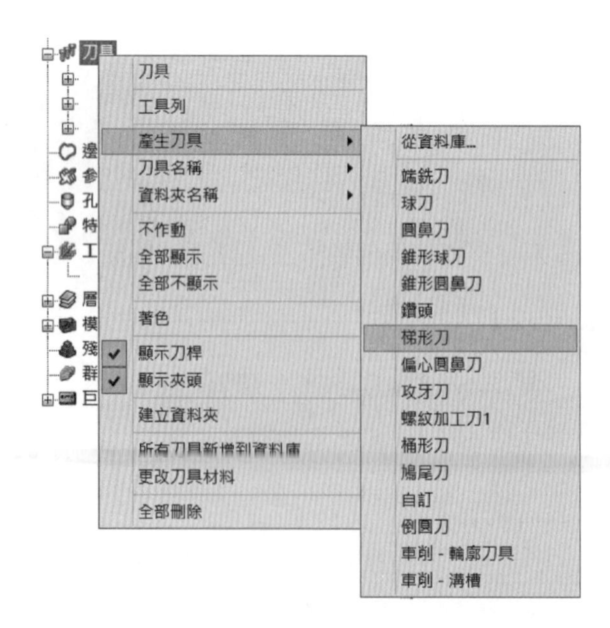

3. 同樣的點選梯形刀類型，開啓選單設定名稱爲 D20R0.5、刀刃直徑爲 20.0、圓鼻半徑爲 0.5、長度爲 3.0、刀具編號爲 3 和刀刃數爲 1。

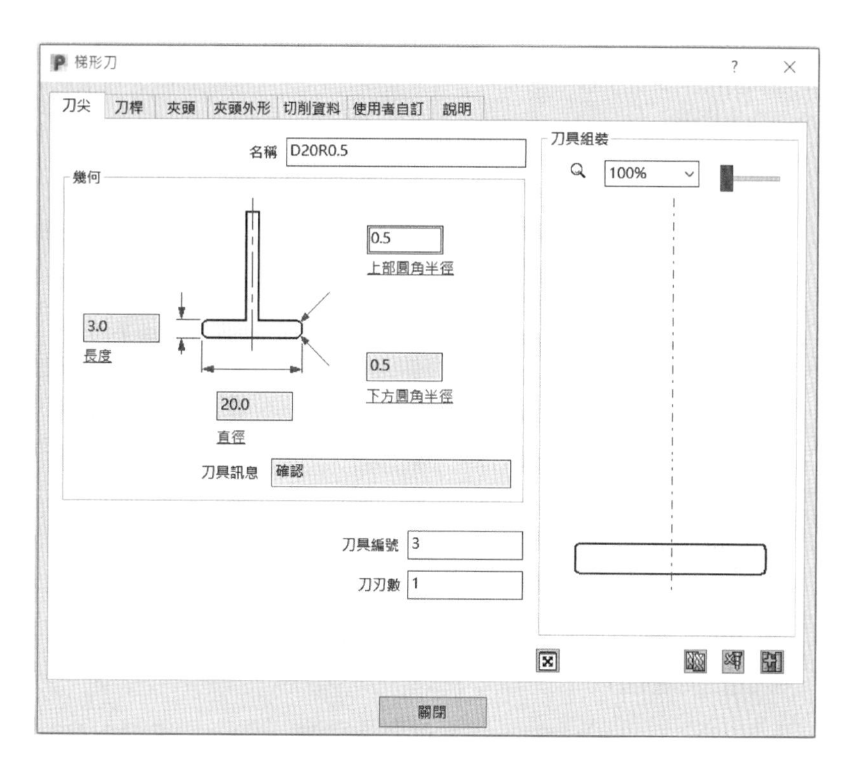


切換到刀桿的設定頁面，點擊新增組件，定義上 / 底部直徑爲 6.5、長度爲 50.0。

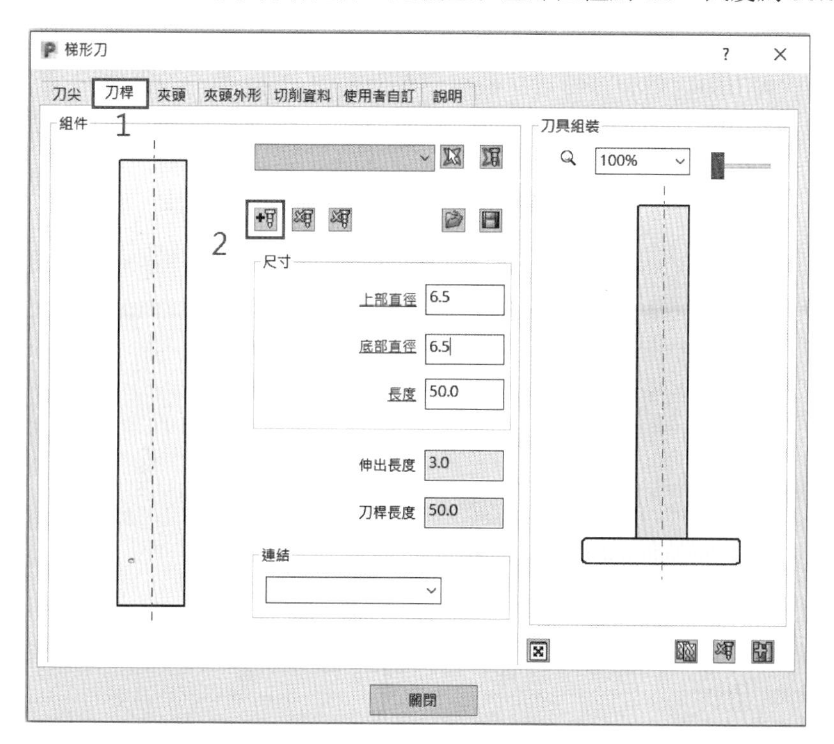

切換到夾頭的設定頁面，點擊新增組件，定義上 / 底部直徑為 25.0、長度為 50.0，伸出長度為 42.0。

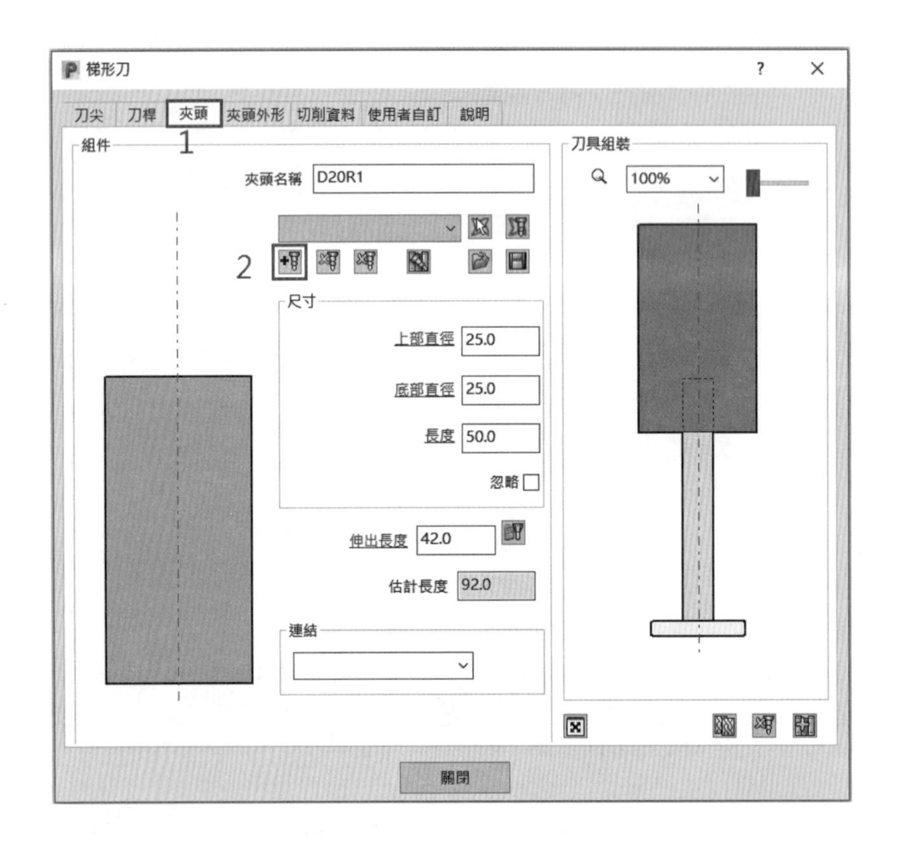


從切削資料頁面中的編輯刀具資料，點擊進入選單內定義切削速度為 115.0、進給量 / 每刃定義為 0.3，然後關閉。

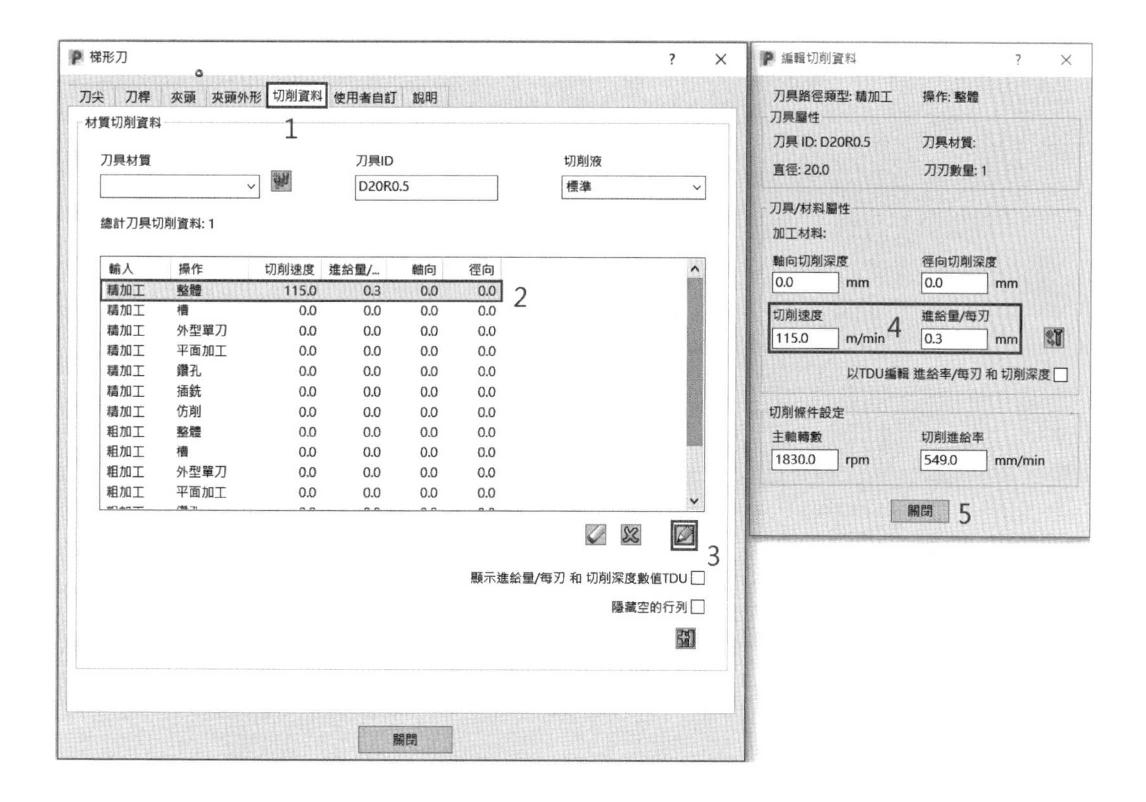


# 10.3 模型粗加工（Model rough machining）

1. 作動加工刀具 D25R1。
2. 從主要工具列中點選刀具路徑工法圖示。
3. 選取 3D 粗加工 Area clearance 選單，選擇模型粗加工（Model area clearance）工法選項。

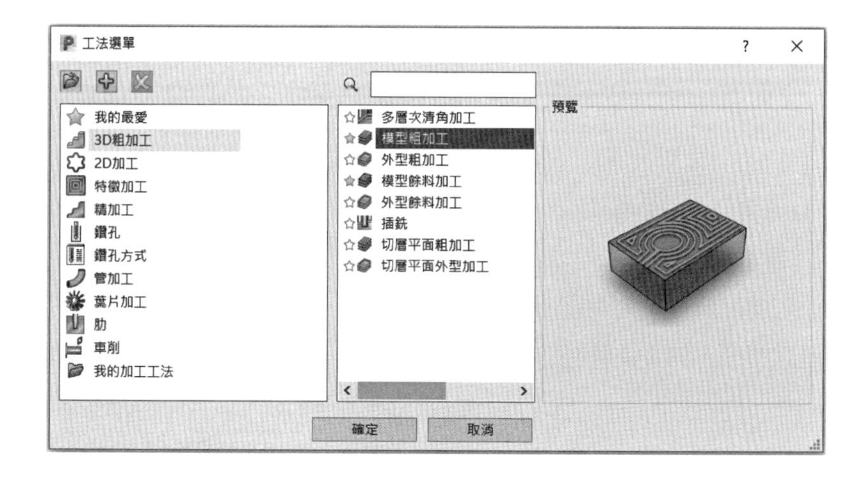

4. 開啓選單之後定義以下設定（如下圖所示）：

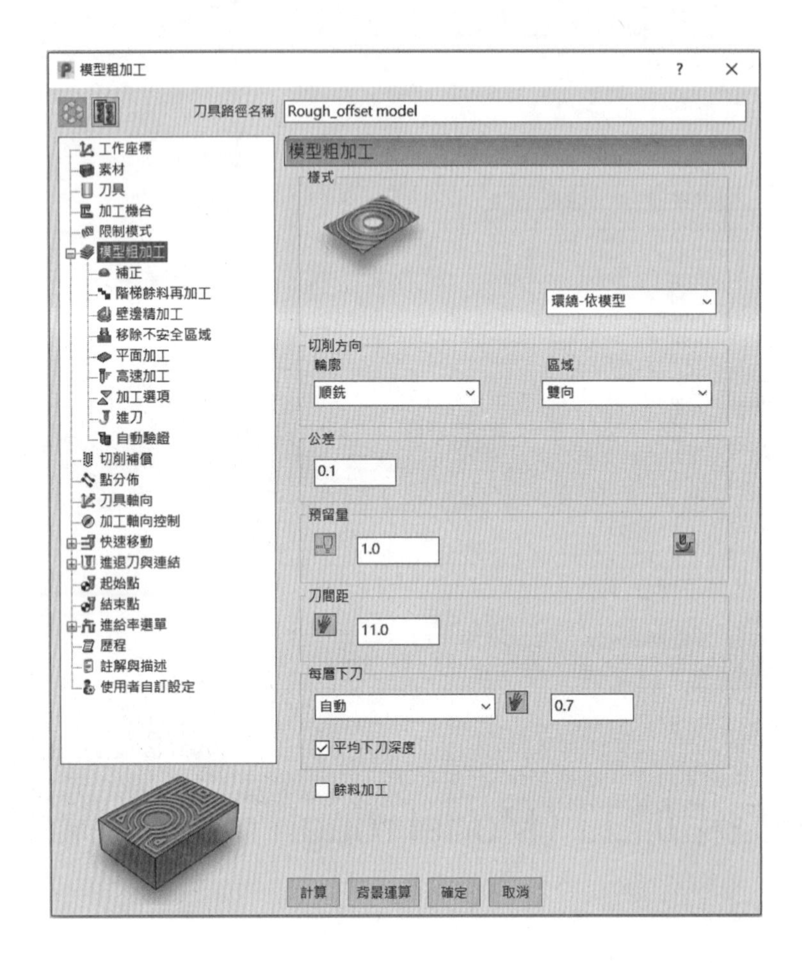


(1) 輸入刀具路徑名稱：Rough_offset model。

(2) 樣式：環繞 - 依模型。

(3) 輪廓：順銑。

(4) 區域：雙向。

(5) 公差：0.1。

(6) 預留量：1.0。

(7) 刀間距：11.0。

(8) 每層下刀：0.7。

5. 以上加工參數定義完成後，點擊計算，再按關閉。

6. 計算完成的刀具路徑，如下頁圖所示。

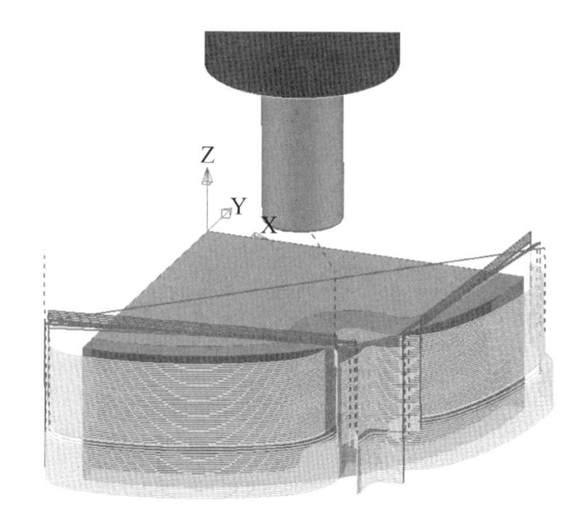


# 10.4 等高中加工（Constant Z semi machining）

1. 作動加工刀具 D30R2。
2. 從主要工具列，點擊刀具路徑工法選單 。
3. 同樣選取精加工 Finish 選單，選擇等高加工（Constant Z finishing）工法選項。

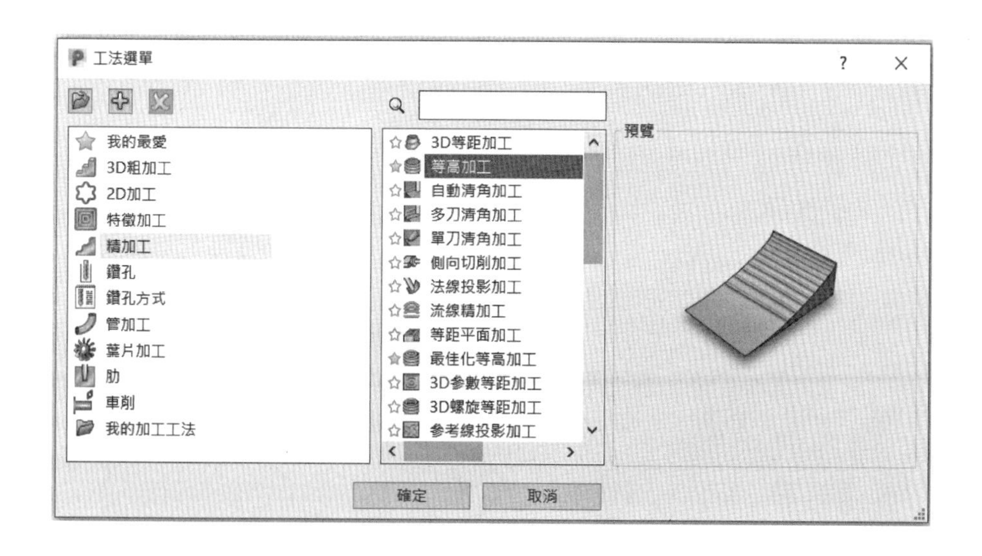


4. 開啓選單之後定義以下設定（如下頁圖所示）：

 (1) 輸入刀具路徑名稱：Constant Z semi。

 (2) 勾選倒勾區域選項。

 (3) 公差：0.01。

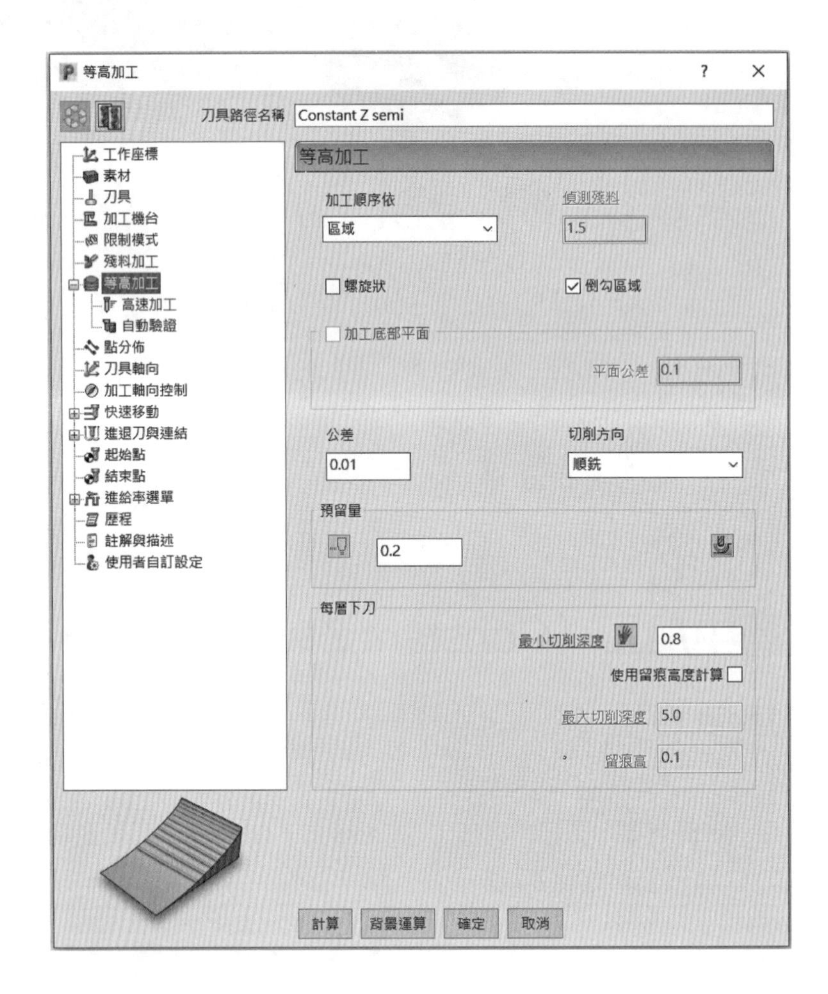


(4) 切削方向：順銑。

(5) 預留量：0.2。

(6) 最小切削深度：0.8。

5. 點選高速加工的選項，從頁面中勾選轉角 R。

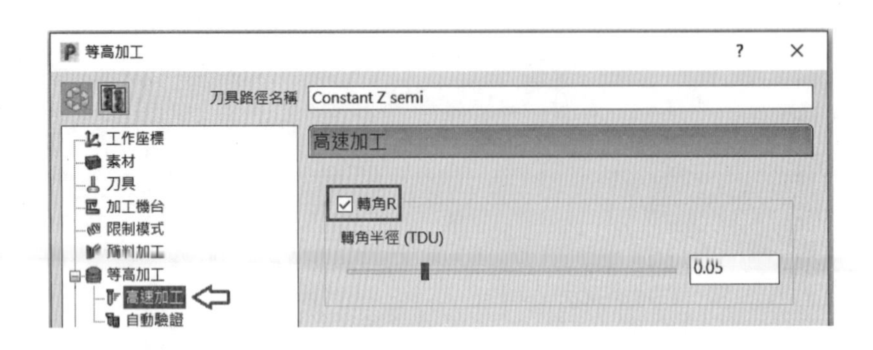

6. 點選限制模式的選項，定義限制模式爲素材外部。

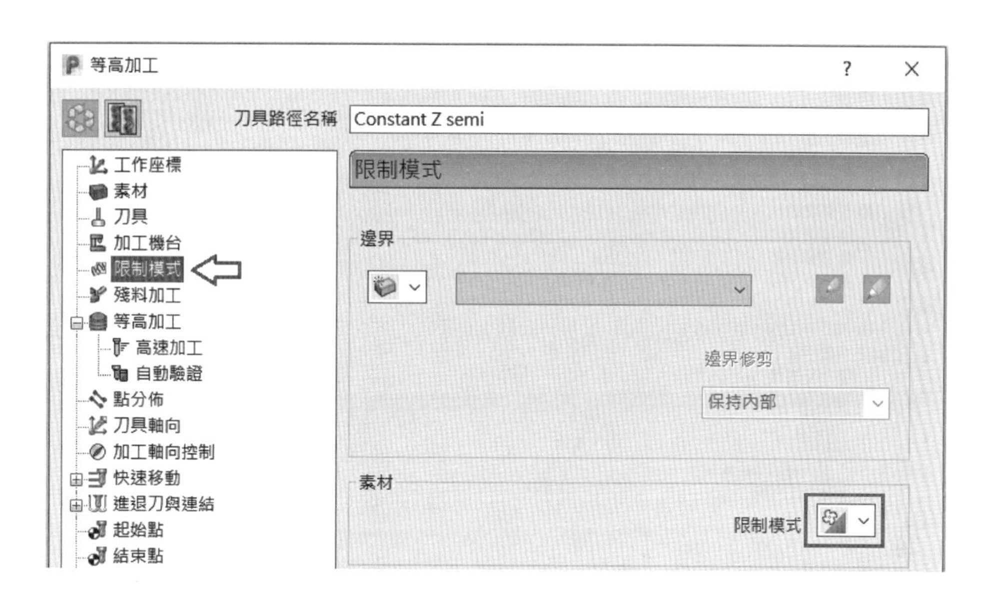


7. 點選移動間隙的選項，定義緩降距離 1.0。

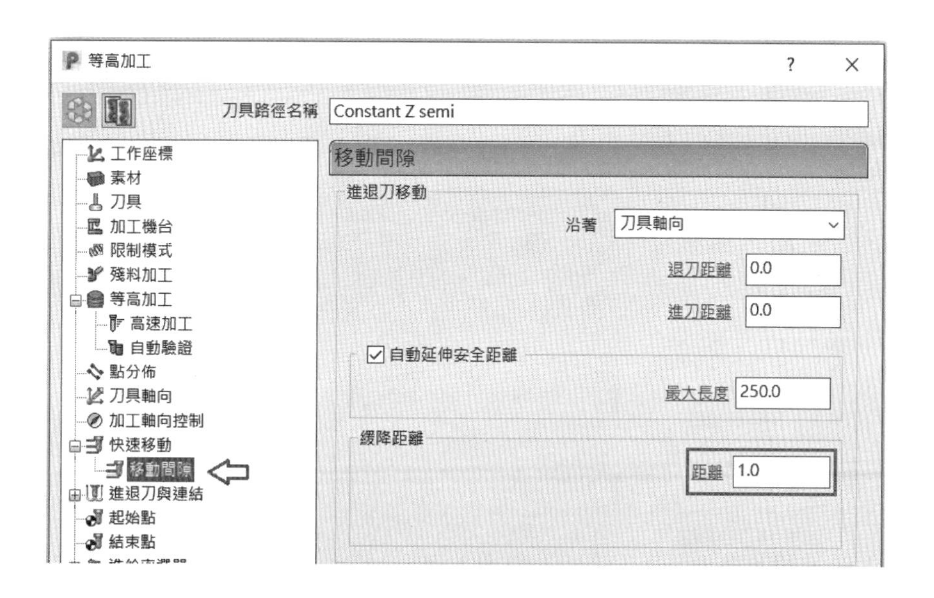


8. 點選進退刀與連結中的進刀選項，從下拉功能中選擇水平圓弧。定義角度值爲 90.0、半徑值爲 2.0，再點選退刀與進刀相同選項按鈕。

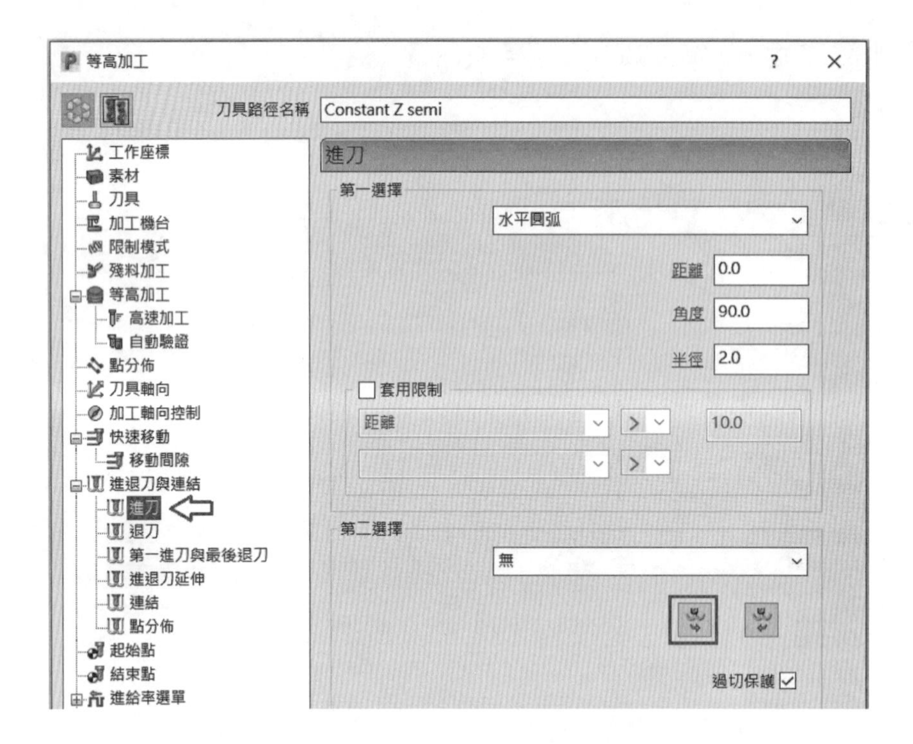


9. 點選連結選項，從第一選擇下拉功能中選擇圓弧連結。

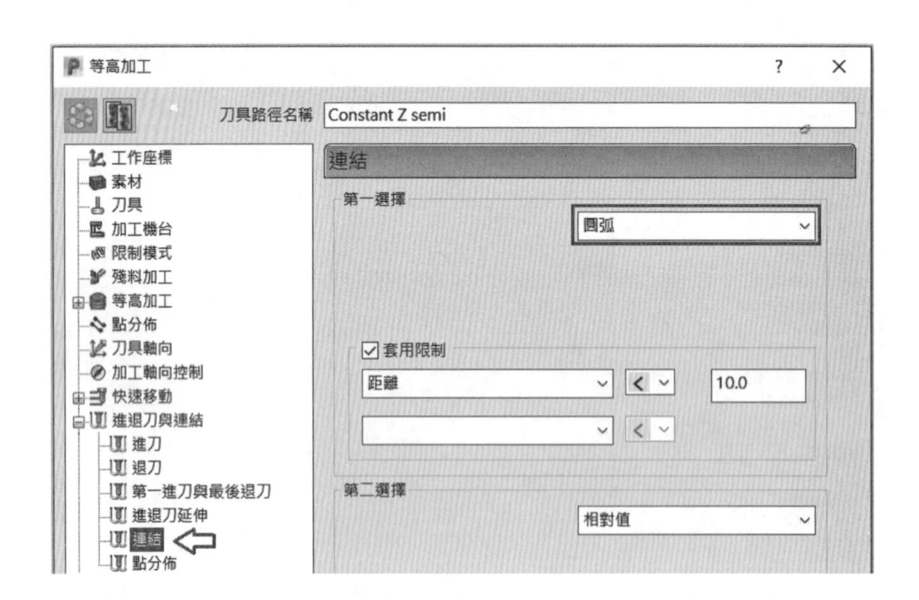


10. 以上加工參數定義完成後，點擊計算，再按關閉。

11. 計算完成的刀具路徑，如下圖所示。

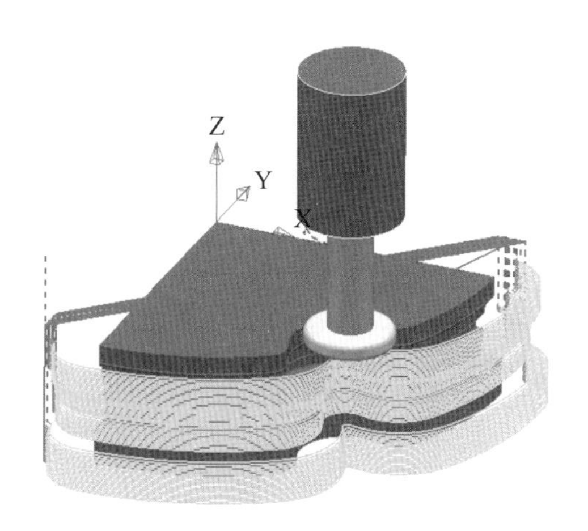


# 10.5 線投影中加工（Projection line semi machining）

產生此線投影中加工的主要目的是因爲等高中加工使用 D30R2 的梯形刀高度值 6.0 較大，衍生造成中間的倒勾區域處無法完全清除殘料。假若讀者所使用的 D30R2 梯形刀高度值厚度較小（如：5 mm），那就無須再增加此中加工的路徑來產生平均的加工留料。

1. 作動加工刀具 D20R0.5。
2. 從主要工具列，點擊刀具路徑工法選單。
3. 選取精加工選單，選擇加工工法選項。
4. 同樣選取精加工 Finish 選單，選擇線投影加工（Projection line finishing）工法選項。

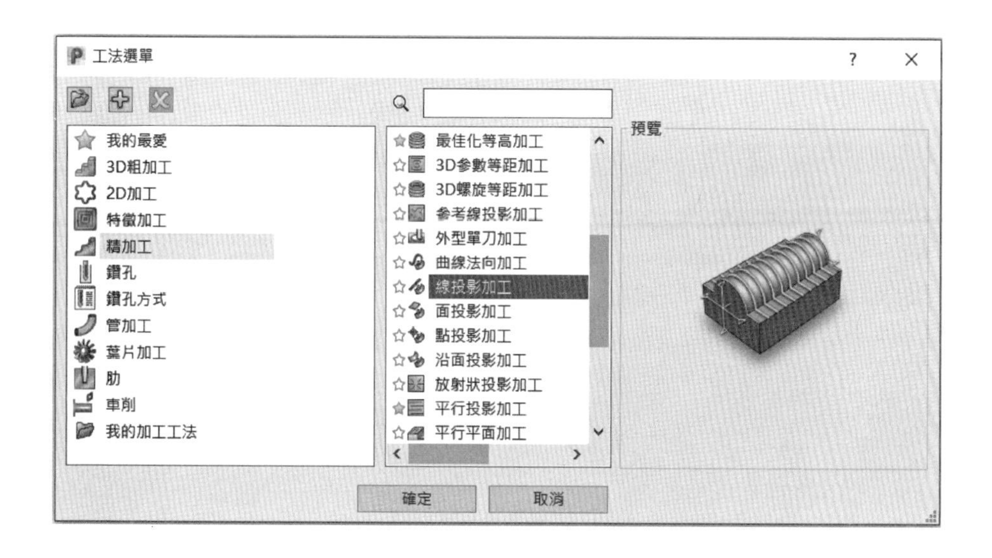

5. 開啓選單之後定義以下設定（如下圖所示）：

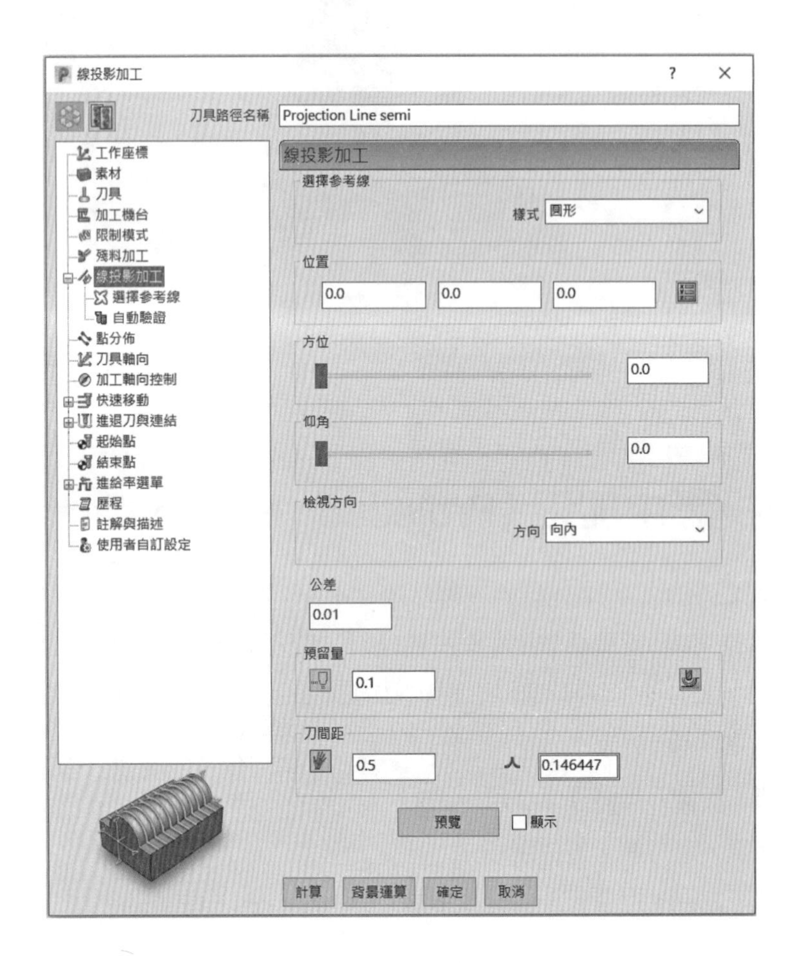


(1) 輸入刀具路徑名稱：Projection Line semi。

(2) 樣式：圓形。

(3) 方向：向內。

(4) 公差：0.01。

(5) 預留量：0.1。

(6) 刀間距：0.5。

6. 點選選擇參考線的選項，從路徑順序下拉功能中選擇雙向。定義限制範圍方位角為起始 0.0、結束 –270.0，高度起始 –10.0、結束 –27.5。

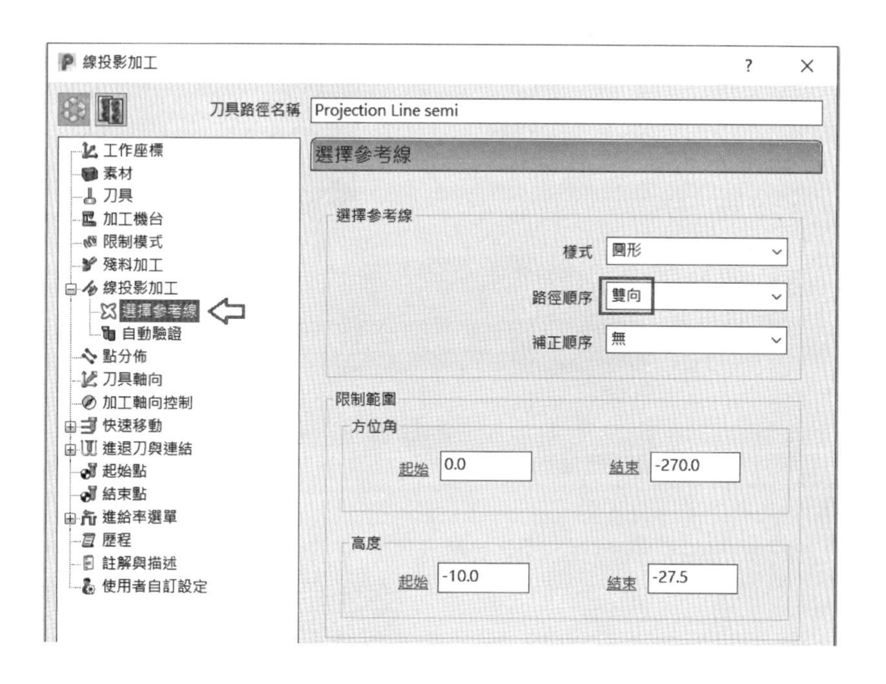


7. 點選進退刀與連結中的進刀選項，從下拉功能中選擇水平圓弧。定義角度為 90.0、半徑為 5.0，再點選退刀與進刀相同選項按鈕。

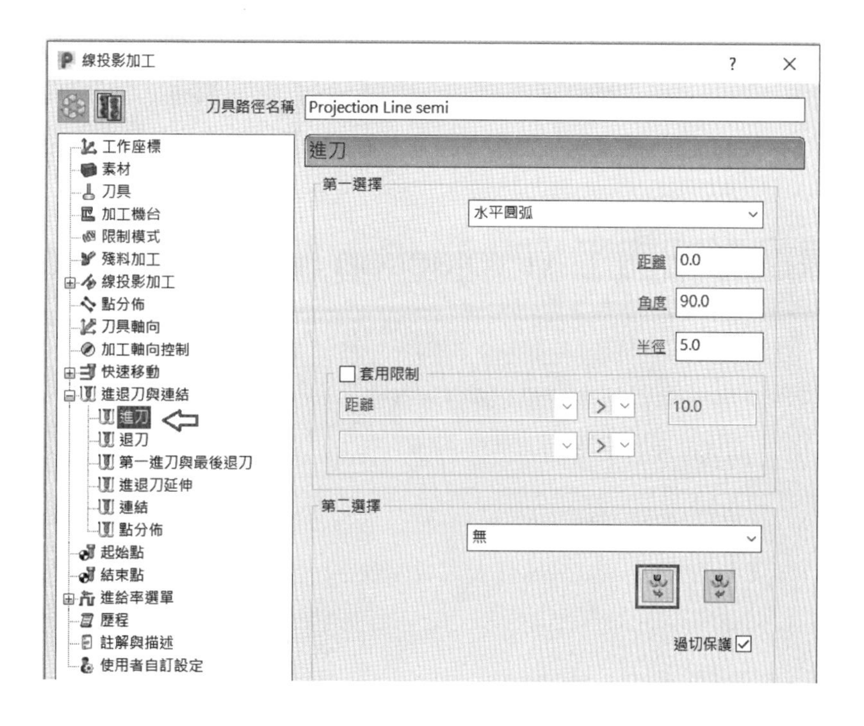

8. 以上加工參數定義完成後，點擊計算，再按關閉。
9. 計算完成的刀具路徑，如下圖所示。

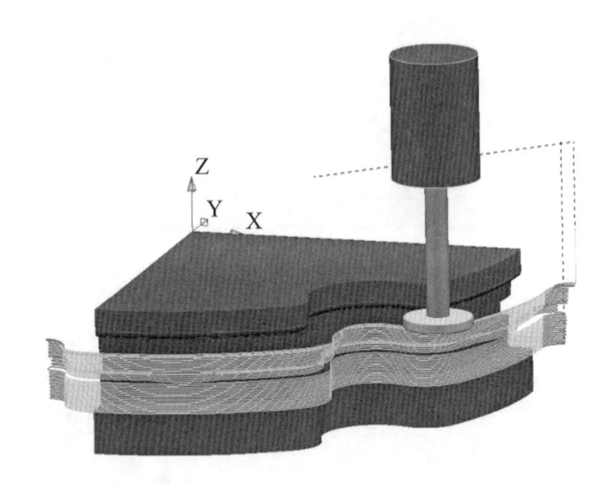


讀者可將以上的所有路徑，建立殘料模型做計算，完成的殘料模型如下圖所示。

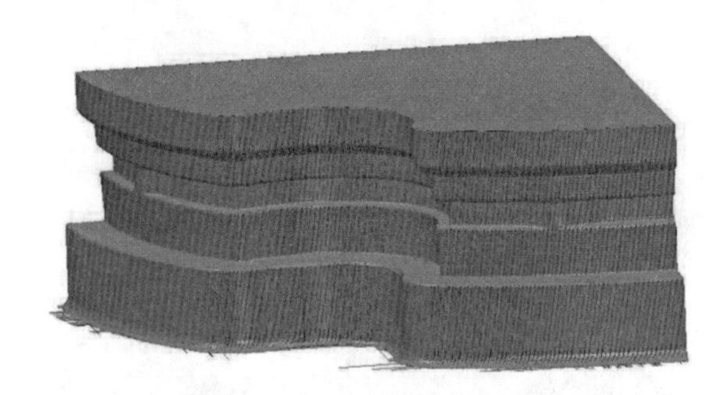

## 10.6　線投影細加工（Projection line finish machining）

1. 同樣作動加工刀具 D20R0.5。
2. 從主要工具列，點擊刀具路徑工法選單。
3. 同樣選取精加工 Finish 選單，選擇線投影加工（Projection line finishing）工法選項。

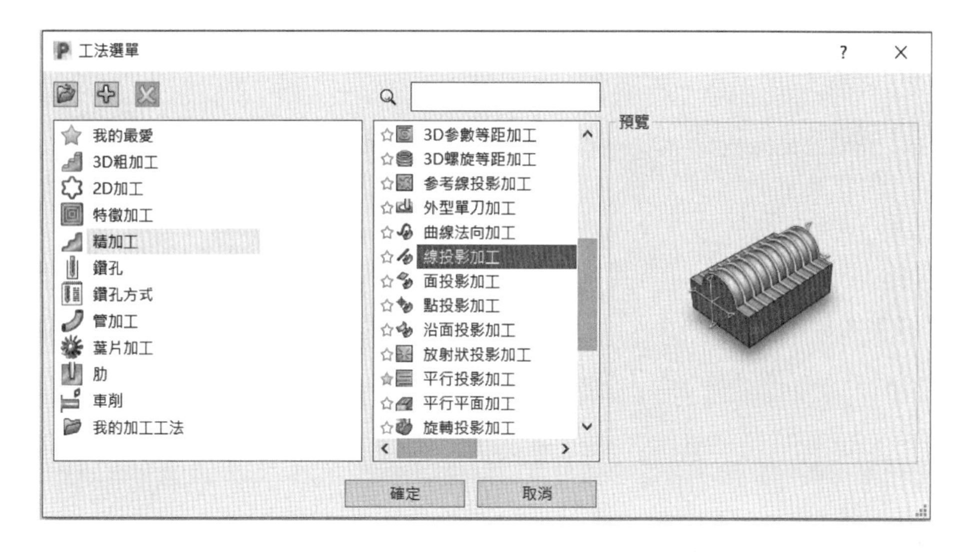


4. 開啓選單之後定義以下設定（如下圖所示）：

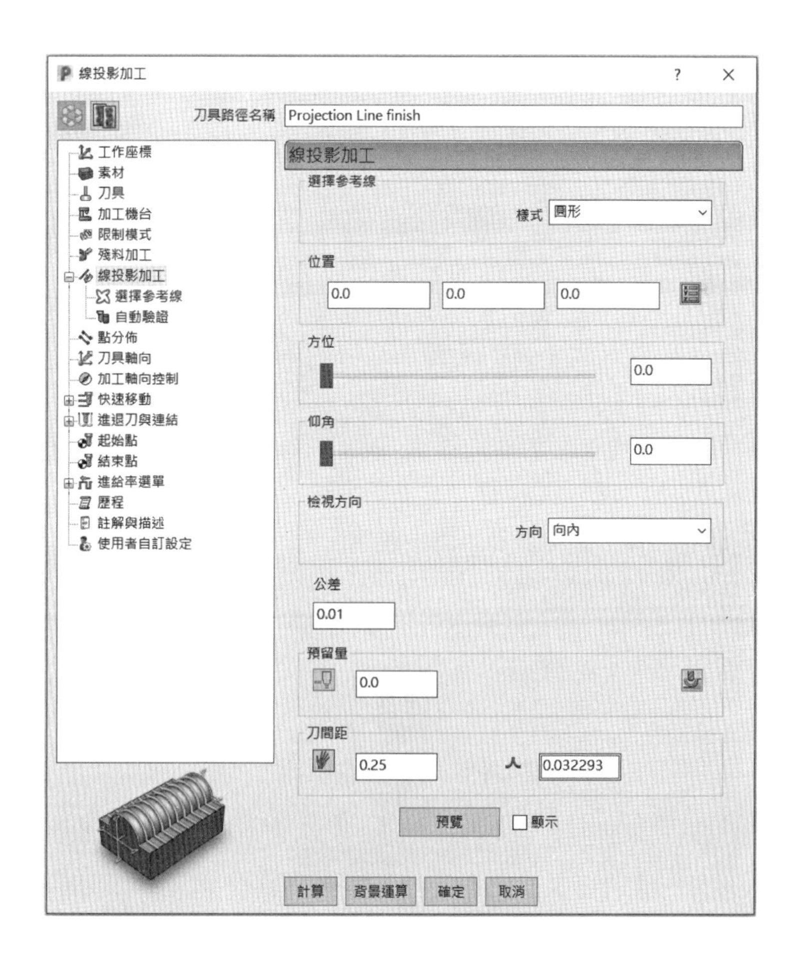

(1) 輸入刀具路徑名稱：Projection Line finish。

(2) 樣式：圓形。

(3) 方向：向內。

(4) 公差：0.01。

(5) 預留量：0.0。

(6) 刀間距：0.25。

5. 點選選擇參考線的選項，從路徑順序下拉功能中選擇雙向。定義限制範圍方位角爲起始 0.0、結束 –270.0，高度起始 0.0、結束 –41.0。

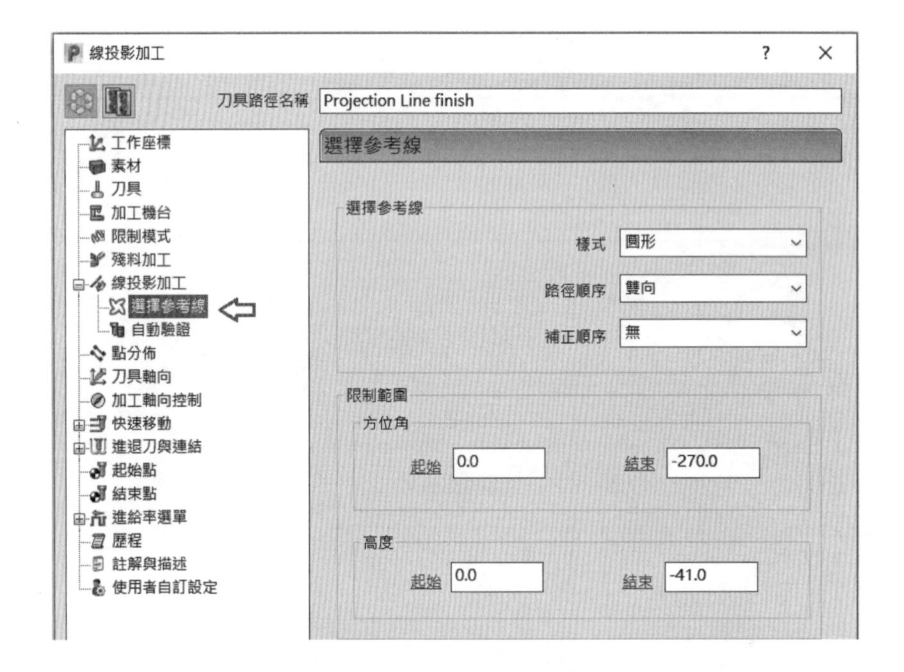


6. 以上加工參數定義完成後，點擊計算，再按關閉。

7. 計算完成的刀具路徑，如下圖所示。

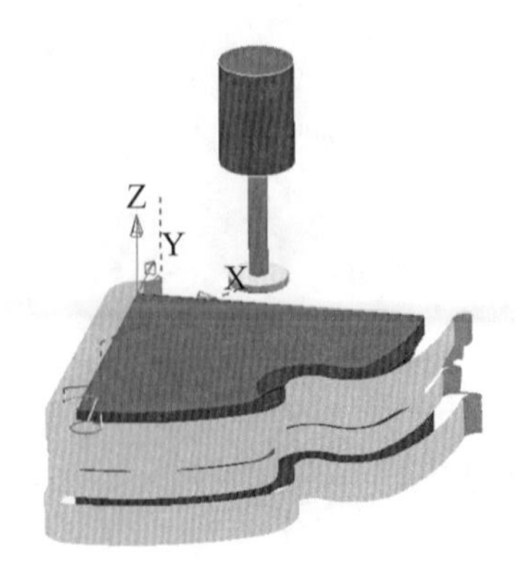

8. 計算完成的刀具路徑，讀者會發現在側邊有多餘的路徑，讀者可從刀具路徑編輯工具列中的修剪刀具路徑功能來將多餘的路徑作移除。路徑修剪視窗如下圖所示。

路徑修剪
修剪方式 平面
平面
類型 X軸平面
點
0.0 0.0 -25.0
標準
1.0 0.0 0.0
邊界
邊界
多軸投影-面 作動工作座標
刪除原始的 儲存 外部
重新排序
執行 取消

9. 定義修剪方式爲平面、類型爲 X 軸平面、點 X 爲 0.0、儲存定義爲外部，勾選刪除原始的，點擊執行。

修剪完成的刀具路徑，如下圖所示。另外，在紅圈區有多餘未修剪完全的路徑，讀者可手動挑選刪除之。

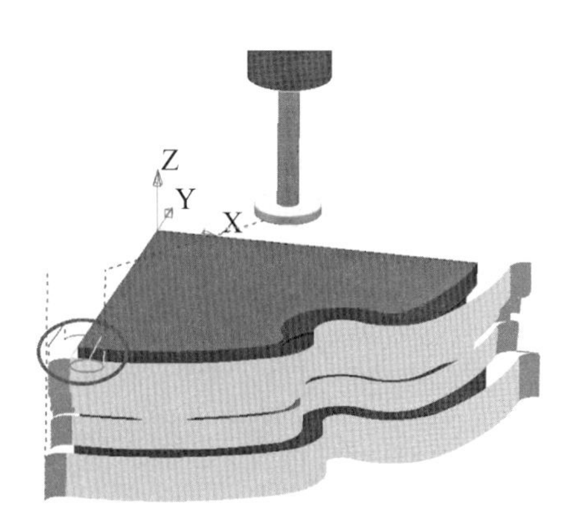

完成的刀具路徑，如下圖所示。

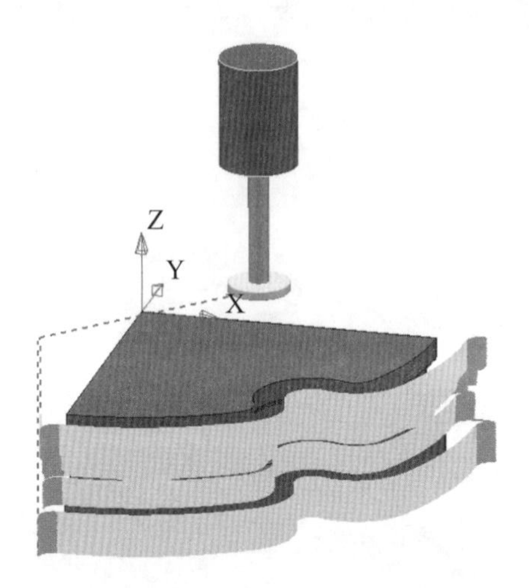


10. 另外，建議進／退刀的距離參數可修改設定為 1.0，路徑將可作延伸加工以避免加工不完全的問題產生。

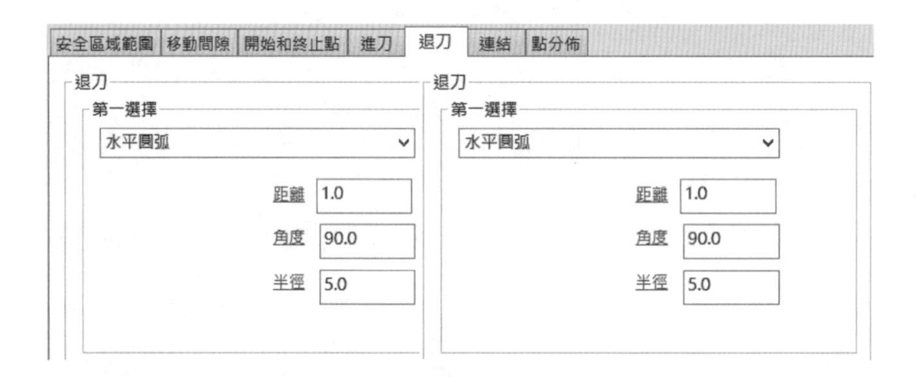

# 11

# 三軸銑削加工實習：賓士模（3D milling practice: mercedes mold）

學習重點

- 11.1　簡介（Introduction）
- 11.2　基本設定（Basic set-up）
- 11.3　模型粗加工（Model rough machining）
- 11.4　模型餘料加工（Model rest machining）
- 11.5　模型二次餘料加工（Model rest machining once more）
- 11.6　平面精加工（Plane finish machining）
- 11.7　陡峭與淺灘中加工（Steep and shallow semi）
- 11.8　最佳化等高精加工（Optimised constant Z finishing）
- 11.9　自動清角加工（Corner finishing）
- 11.10　平行投影精加工（Raster finishing）

# 11.1　簡介（Introduction）

這個章節的範例是非常典型用來測試加工精度的賓士模，在此將針對各個不同的區域範圍，使用不同的工法策略來運算最佳的刀具路徑，並且也更深入地說明幾種邊界的使用方式。

賓士模範例，如下圖所示。

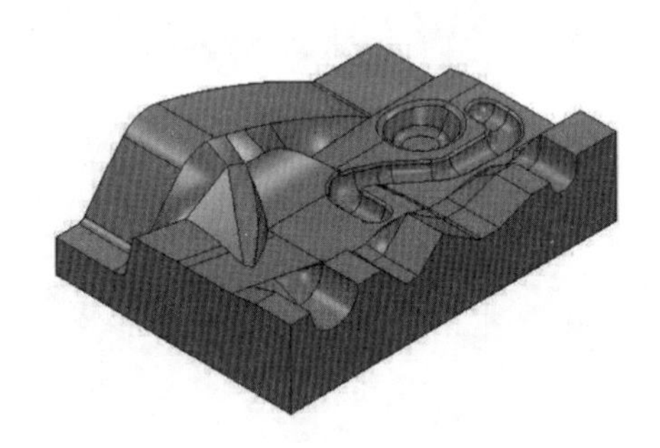

# 11.2　基本設定（Basic set-up）

## 11.2.1　輸入模型（Import model）

從主功能表中選取檔案－輸入模型，從光碟目錄 Chapter-11 選取 BENZ.dgk 檔案。如下圖所示。

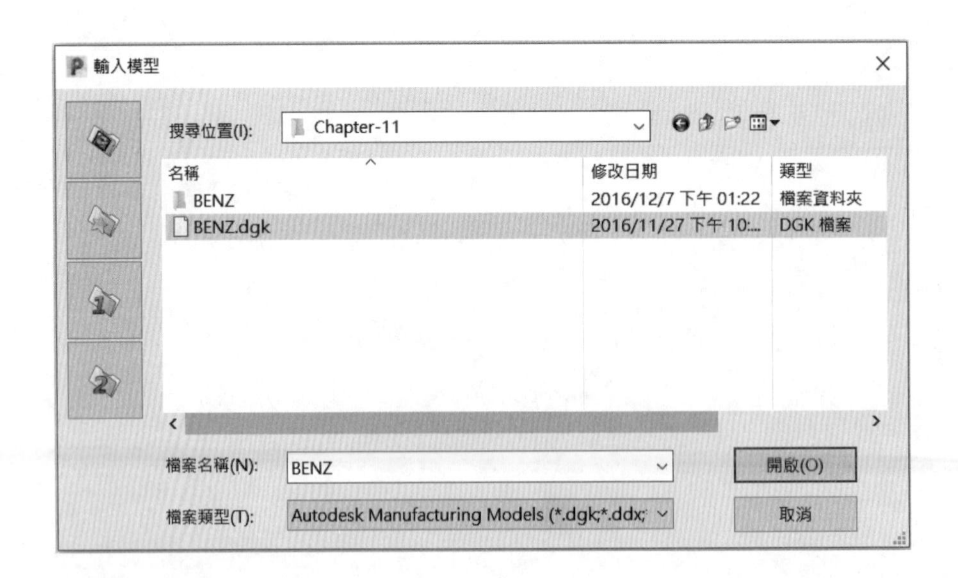

## 11.2.2 素材建立（Block creation）

1. 於物件管理列中的工作座標 G54 處，按滑鼠右鍵開啓右鍵功能表，作動此模型的工作座標 G54。

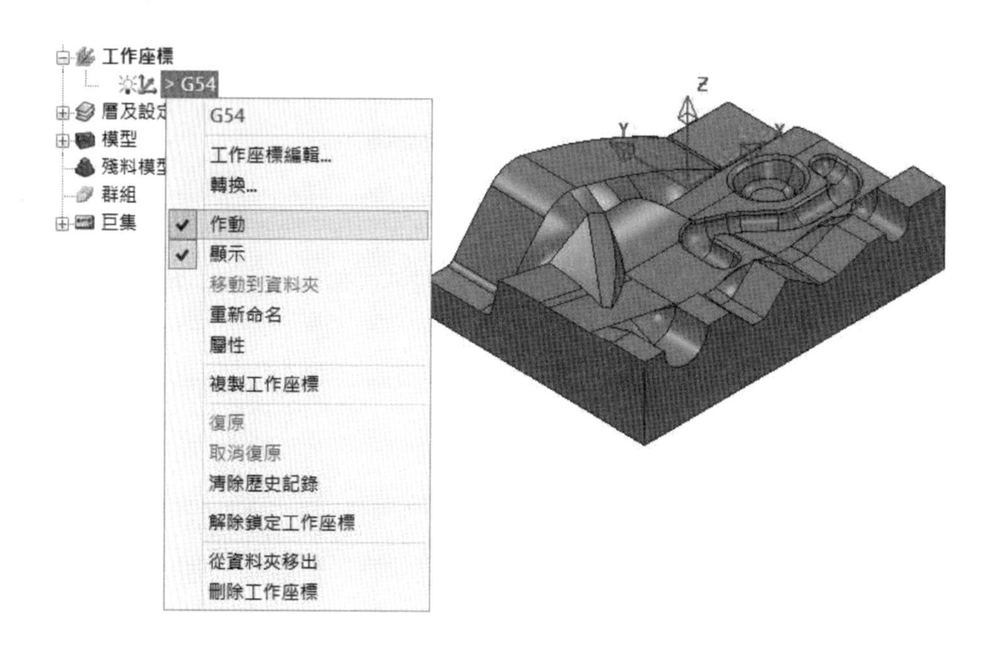


2. 開啓素材選單使用物件（最小 / 最大值）素材選項，選用作動工作座標，點擊計算按鈕。接下來將 Z 的最小值鎖定、修正長度爲 X200/Y150/Z60，然後選取接受，關閉選單。

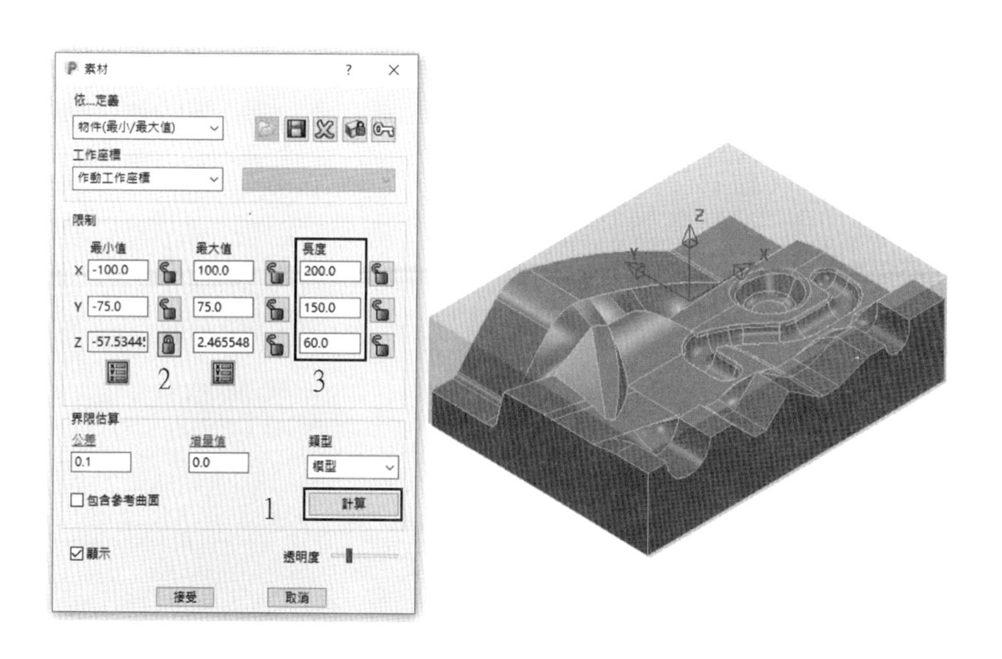

## 11.2.3　設定安全提刀高度（Set safe area toolpath connections）

從主要工具列中點選提刀高度圖示 ，再次確認安全高與起始高並修正安全高的值為 30.0 mm，起始高的值為 5.0 mm。請確認並點擊接受。

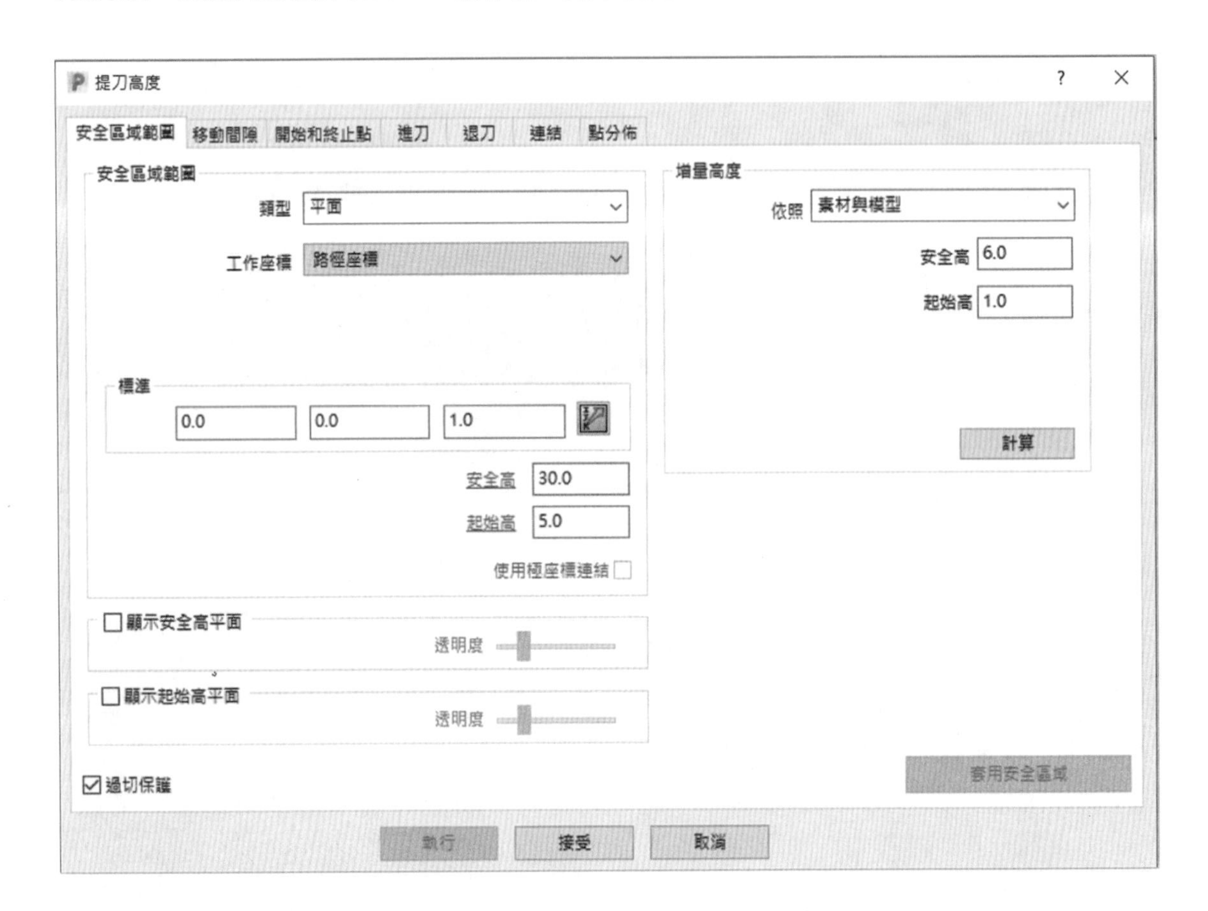


補充說明：

從**移動間隙**頁面中的緩降距離與**開始和終止點**的選項頁面內，讀者可自行設定所需要的參數值。

## 11.2.4　刀具設定（Setup for the tools）

從物件工具列中的刀具處，按滑鼠右鍵開啓次功能 > 產生刀具 > 從下拉選單中選擇**從資料庫**，挑選如下圖直徑的刀具做使用。

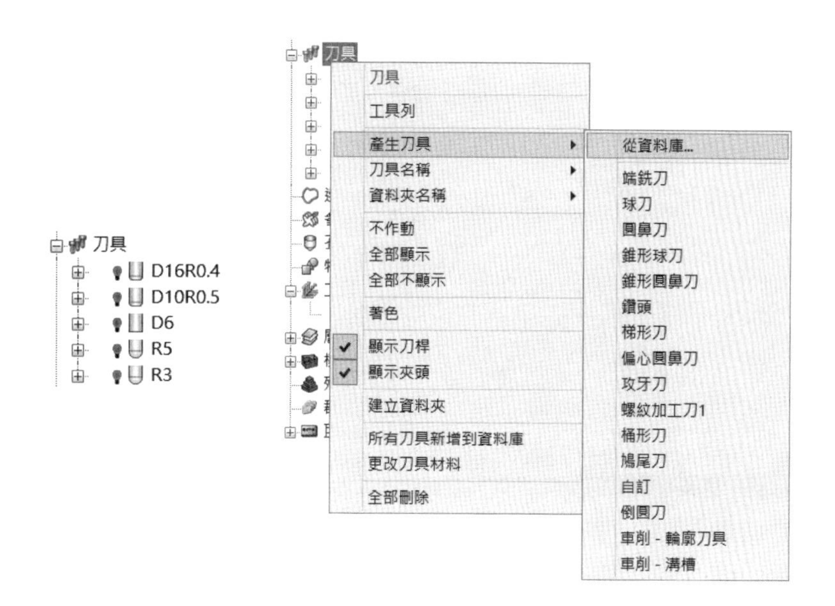


1. 從刀具資料庫選單中挑選讀者所需要使用的刀具，依所點選使用的刀具名稱處，使用滑鼠左鍵快按兩下即可產生刀具到樹狀列或點選右下角處的產生刀具亦同。

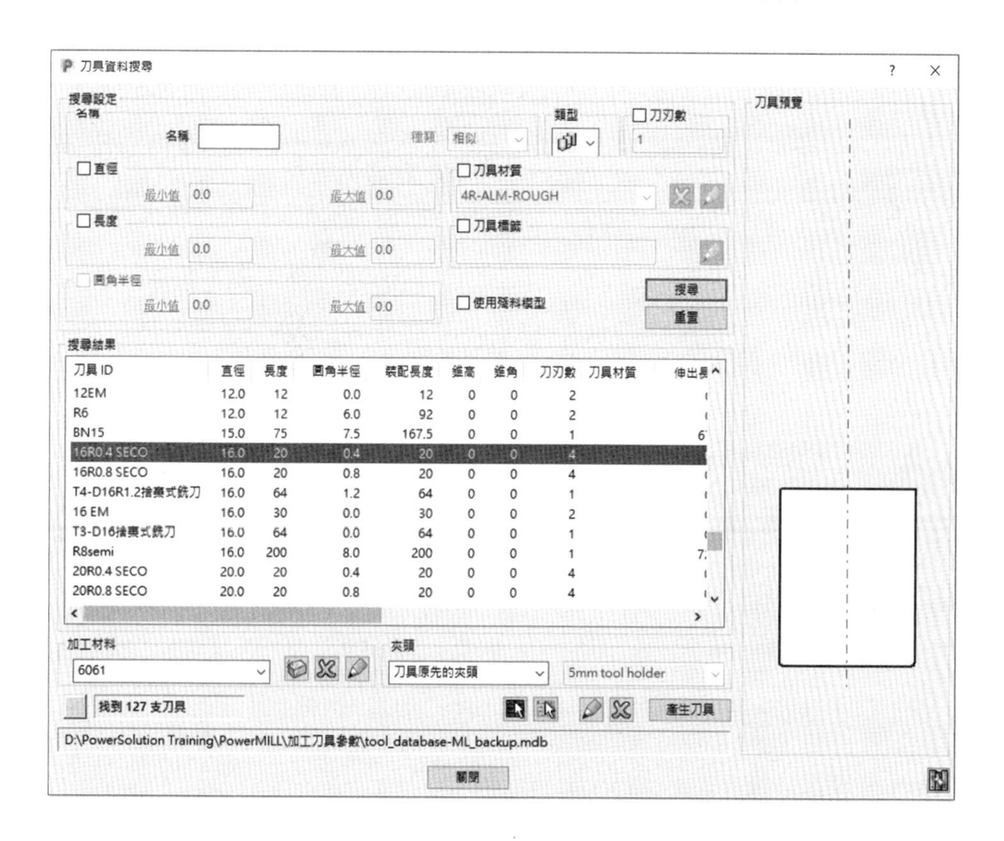


如刀具資料庫無所選的刀具，讀者也可從物件工具列中的刀具按滑鼠右鍵開啓次功能 > 產生刀具 > 從選單中選擇所需建立的刀具類型。

2. 建立以下的刀具類型與切削參數：

(1) 點選圓鼻刀類型，設定名稱為 D16R0.4、刀刃直徑為 16.0、圓鼻半徑為 0.4、刀具編號為 1、刀刃數為 3，讀者可自行定義夾頭的尺寸階數與夾持的長度。從切削資料頁面中挑選粗加工－整體，於右下角處點擊編輯刀具資料，設定切削速度為 160.0 m/min、進給量 / 每刃為 0.15，然後關閉（此切削速度和進給量 / 每刃的條件讀者可經由刀具廠商所提供的型錄取得來參考）。

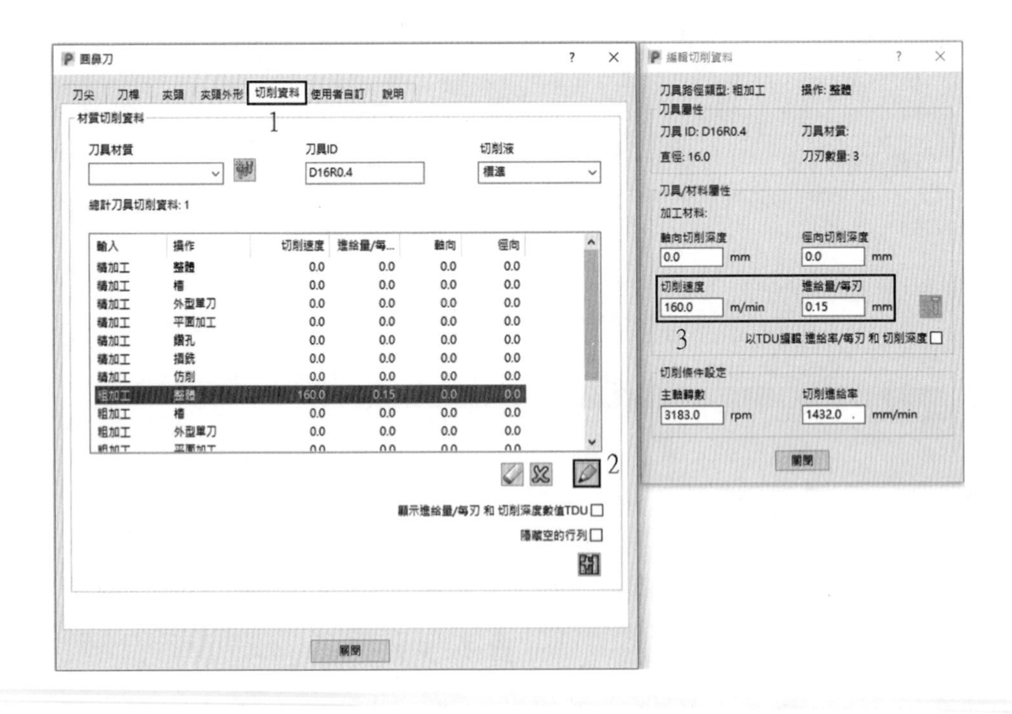


(2) 請參考上述做法依序建立產生以下刀具：

a. 點選圓鼻刀類型，設定名稱為 D10R0.5、刀刃直徑為 10.0、圓鼻半徑為 0.5、刀具編號為 2、刀刃數為 3，讀者可自行定義夾頭的尺寸階數與夾持的長度。從切削資料頁面中挑選粗加工－整體，於右下角處點擊編輯刀具資料，設定切削速度爲 110.0 m/min、進給量 / 每刃爲 0.12，然後關閉。

b. 點選端刀類型，設定名稱爲 D6、刀刃直徑爲 6.0、刀具編號爲 3、刀刃數爲 3，讀者可自行定義夾頭的尺寸階數與夾持的長度。從切削資料頁面中挑選精加工－平面，於右下角處點擊編輯刀具資料，設定切削速度爲 100.0 m/min、進給量 / 每刃爲 0.06，然後關閉。

c. 點選球刀類型，設定名稱爲 R5、刀刃直徑爲 10.0、刀具編號爲 4、刀刃數爲 2，讀者可自行定義夾頭的尺寸階數與夾持的長度。從切削資料頁面中挑選精加工－整體，於右下角處點擊編輯刀具資料，設定切削速度爲 210.0 m/min、進給量 / 每刃爲 0.18，然後關閉。

d. 點選球刀類型，設定名稱爲 R3、刀刃直徑爲 6.0、刀具編號爲 5、刀刃數爲 2，讀者可自行定義夾頭的尺寸階數與夾持的長度。從切削資料頁面中挑選精加工－整體，於右下角處點擊編輯刀具資料，設定切削速度爲 210.0 m/min、進給量 / 每刃爲 0.06，然後關閉。

# 11.3 模型粗加工（Model rough machining）

1. 作動加工刀具 D16R0.4。
2. 從主要工具列中點選刀具路徑工法圖示 。
3. 選取 3D 粗加工 Area clearance 選單，選擇模型粗加工（Model area clearance）工法選項。

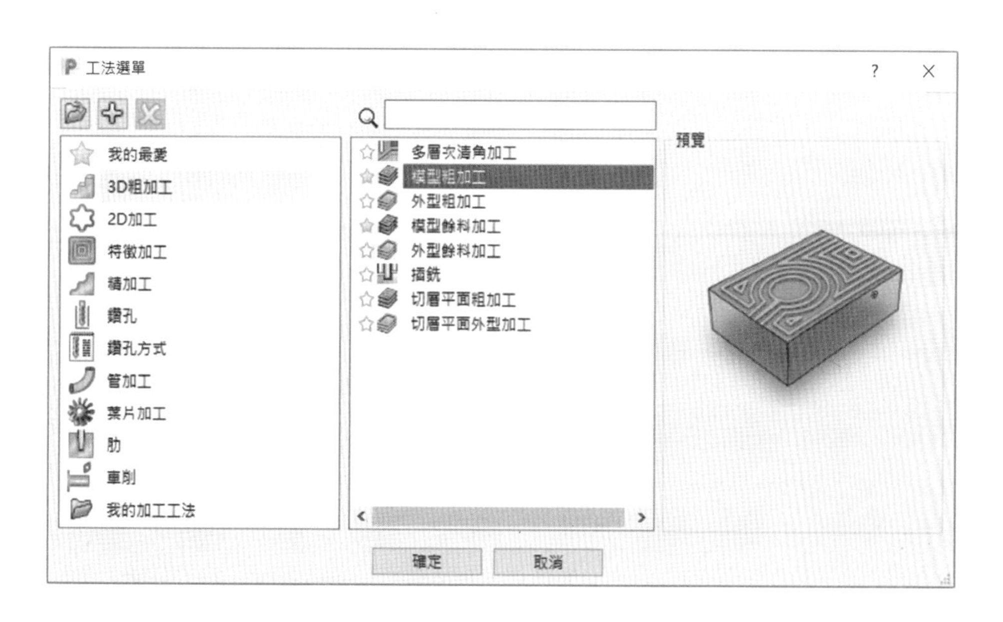

4. 開啓選單之後定義以下設定（如下圖所示）：

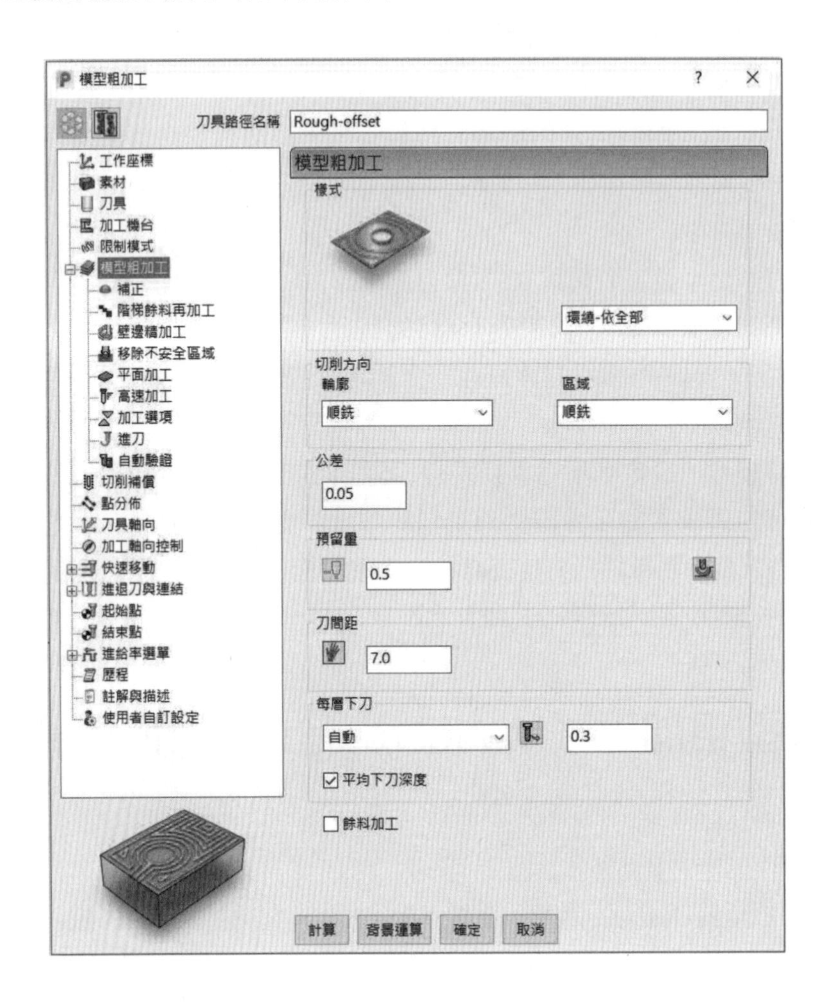


(1) 輸入刀具路徑名稱：Rough_offset。

(2) 樣式：環繞—依全部。

(3) 區域：順銑。

(4) 公差：0.05。

(5) 預留量：0.5。

(6) 刀間距：7.0。

(7) 每層下刀：0.3。

5. 點選補正選項，從右邊的選項功能中不勾選保持切削方向。

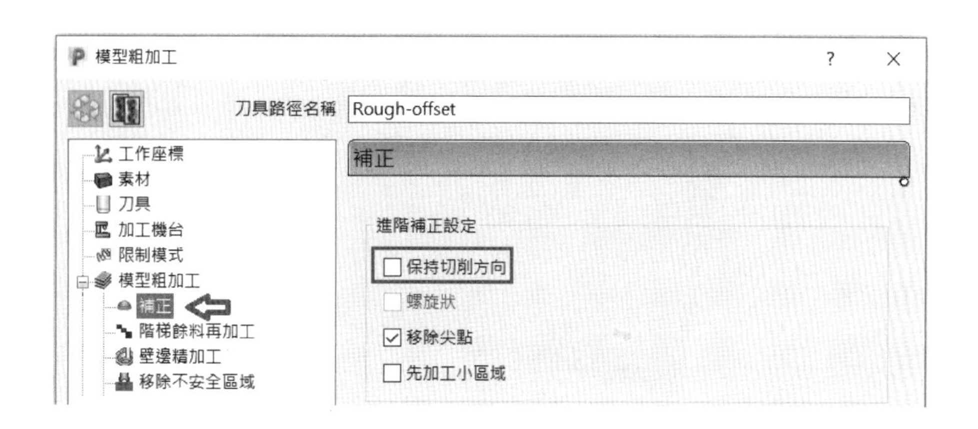


6. 點選進退刀與連結中的進刀選項，從下拉功能中選擇斜向下刀。再點選 定義最大斜向角度 1.0，斜向高度 1.0 mm，最後點擊接受。

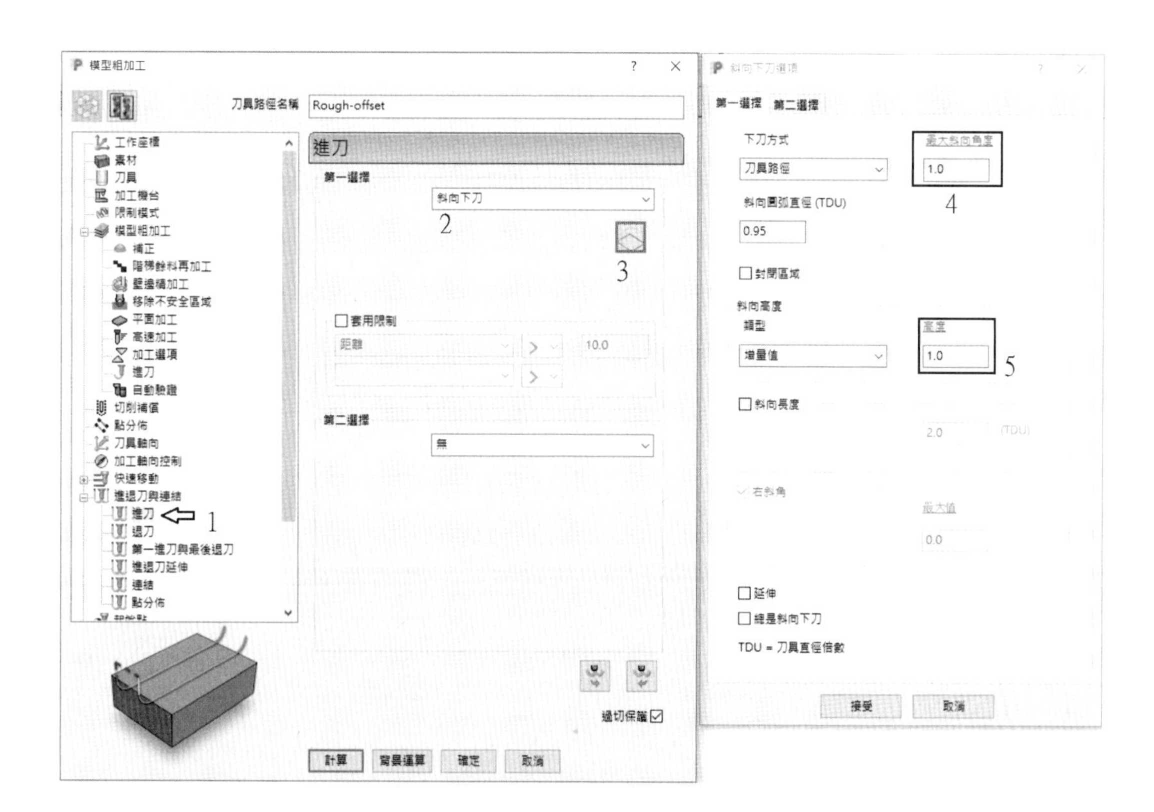


7. 以上加工參數定義完成後，點擊計算，再按關閉。
8. 計算完成的刀具路徑，如下圖所示。

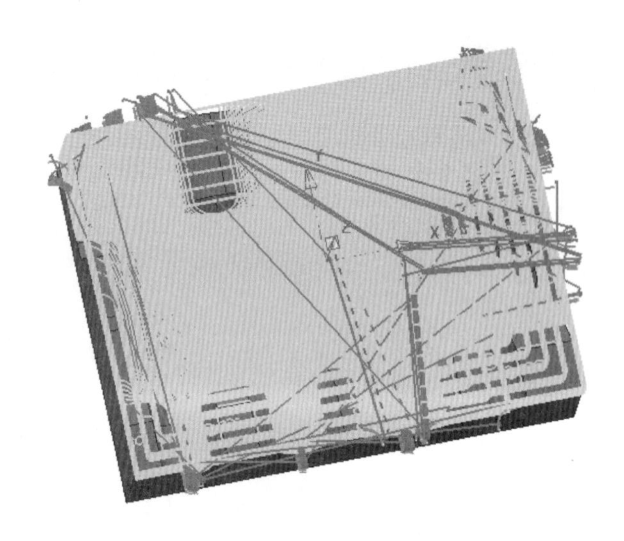

## 11.4 模型餘料加工（Model rest machining）

進行粗加工之後，接下來需要建立殘料模型來作爲下一把刀具的加工參考。

補充說明：

如果讀者的實際加工素材大小與 CAD 不符合，那麼就需要確認自己的作業模式。可用以下幾種方式：

方案一：如果素材的大小與上述的粗加工設定相同較大時，那麼可以將手上的 CAD 檔四周圍曲面做延伸。

方案二：或者需要多一條刀具路徑做外框尺寸的加工。

方案三：如果採用方案二的作法，那麼只需要定義手上的素材大小與 CAD 一致。

方案四：假如不採用方案三的作法，可選擇使用邊界的方式來限制殘料路徑的加工範圍。

方案五：如果方案三、四的作法都不用，那麼也可以完全地運算出刀具路徑後，再將外圍有多餘的路徑做框選移除。

以下我們將選用方案三的方式，使用素材的大小來限制範圍，首先讀者需將粗加工路徑於定義素材時，有增值的 X/Y 尺寸部分重新作定義。

1 開啓素材選單點擊刪除素材選項，點擊計算按鈕。接下來將 Z 的最小值鎖定、修正長度爲 Z60，然後選取接受，關閉選單。

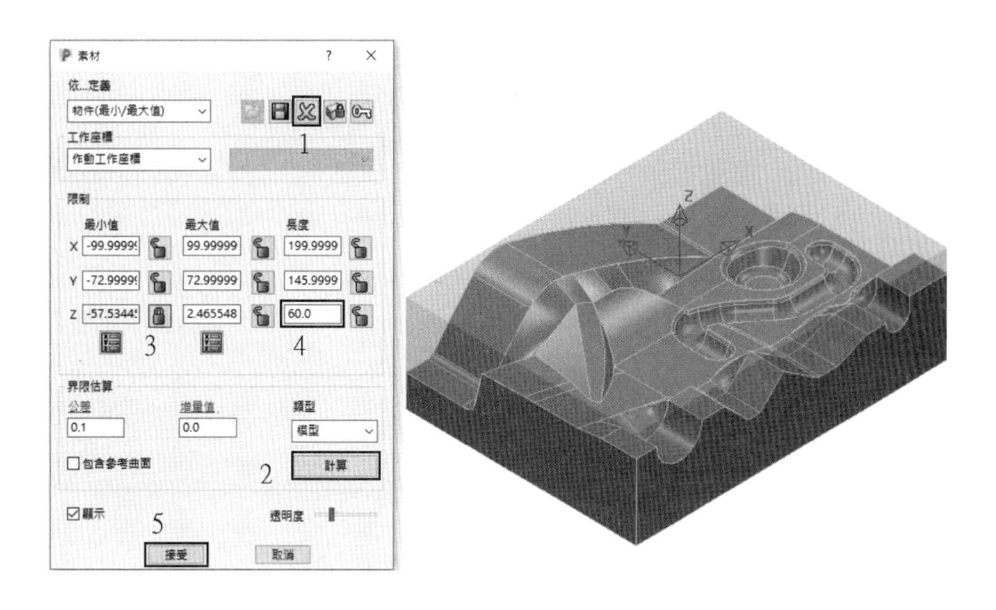


接下來，點選物件管理列中的殘料模型 > 滑鼠右鍵開啓次功能 > 建立殘料模型 Create stock model。

2. 將顯示殘料模型的設定選單如下圖，定義刀間距 0.2，點選接受。

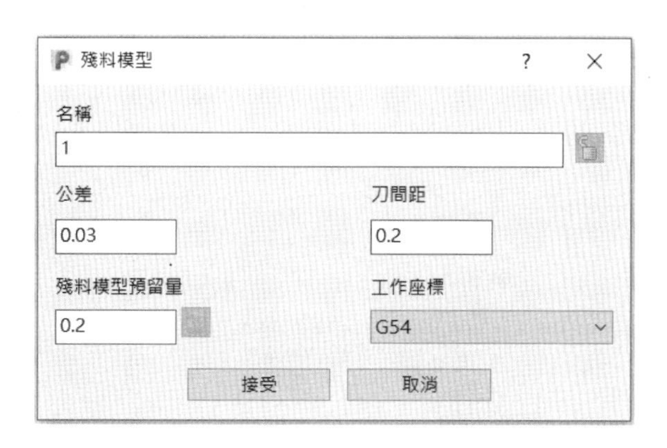

3. 點選殘料模型名稱 1 > 滑鼠右鍵開啟次功能 > 執行 > 第一刀具路徑。

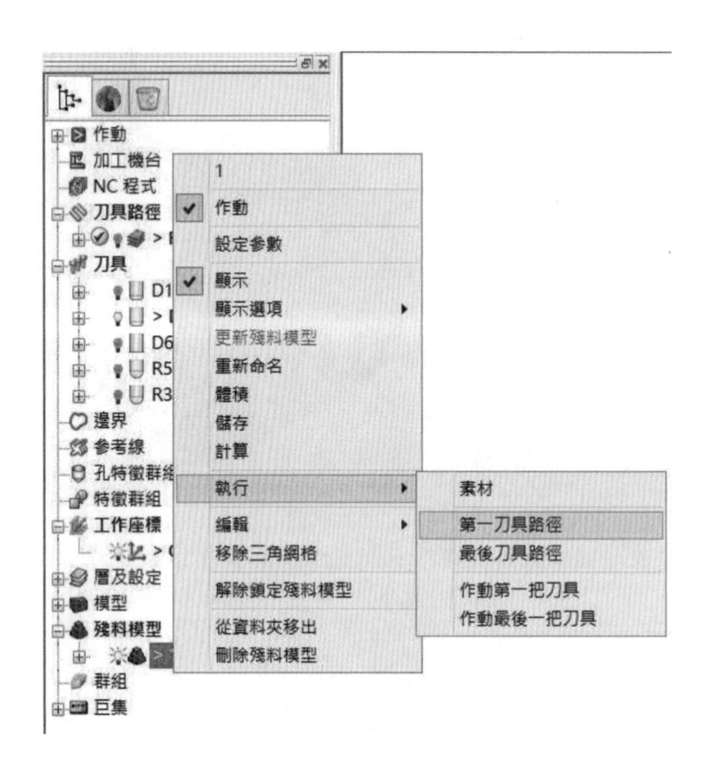


4. 再次點選殘料模型名稱 1 > 滑鼠右鍵開啟次功能 > 點選計算。

5. 計算後讀者可看到 D16R0.4 刀具粗加工之後，所產生的殘餘料狀況。結果如下圖：

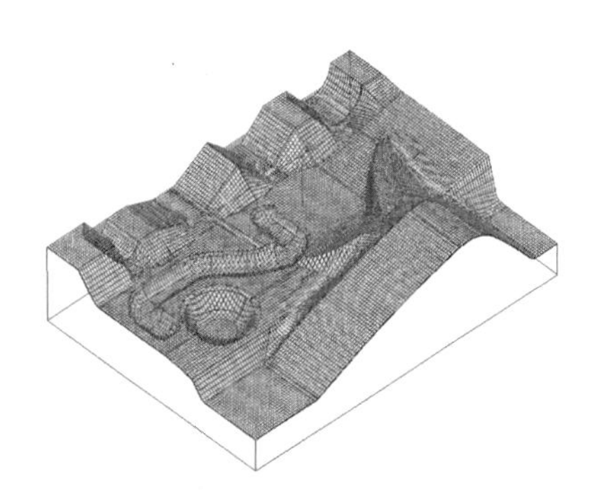

6. 作動加工刀具 D10R0.5。
7. 從主要工具列，點擊刀具路徑工法選單 。
8. 選取 3D 粗加工 Area clearance 選單，選擇模型餘料加工（Model rest area clearance）工法選項。

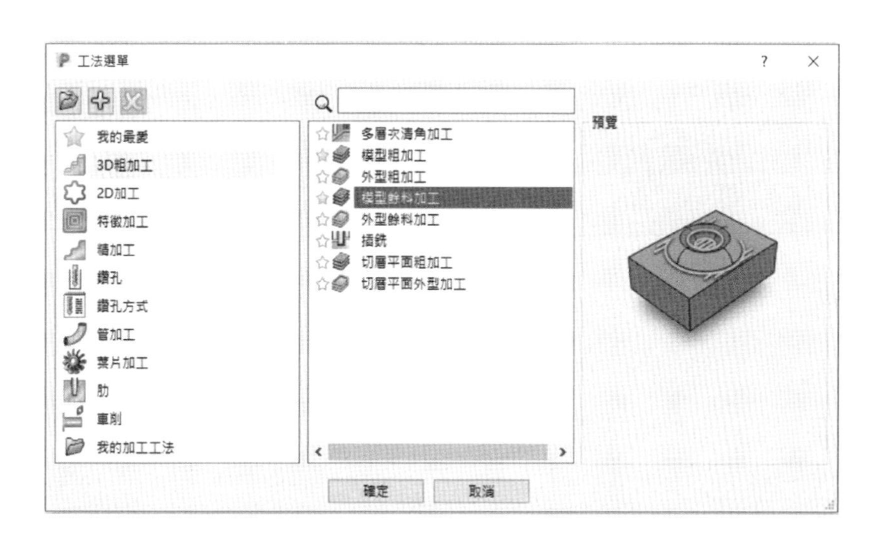


9. 開啓選單之後定義以下設定（如下頁圖所示）：
   (1) 輸入刀具路徑名稱：Rest rough。
   (2) 樣式：環繞－依全部。
   (3) 切削方向：輪廓與區域都定義爲雙向。
   (4) 公差：0.03。
   (5) 預留量：0.3。
   (6) 刀間距：5.0。
   (7) 每層下刀：0.15。
   (8) 確認勾選使用餘料加工。

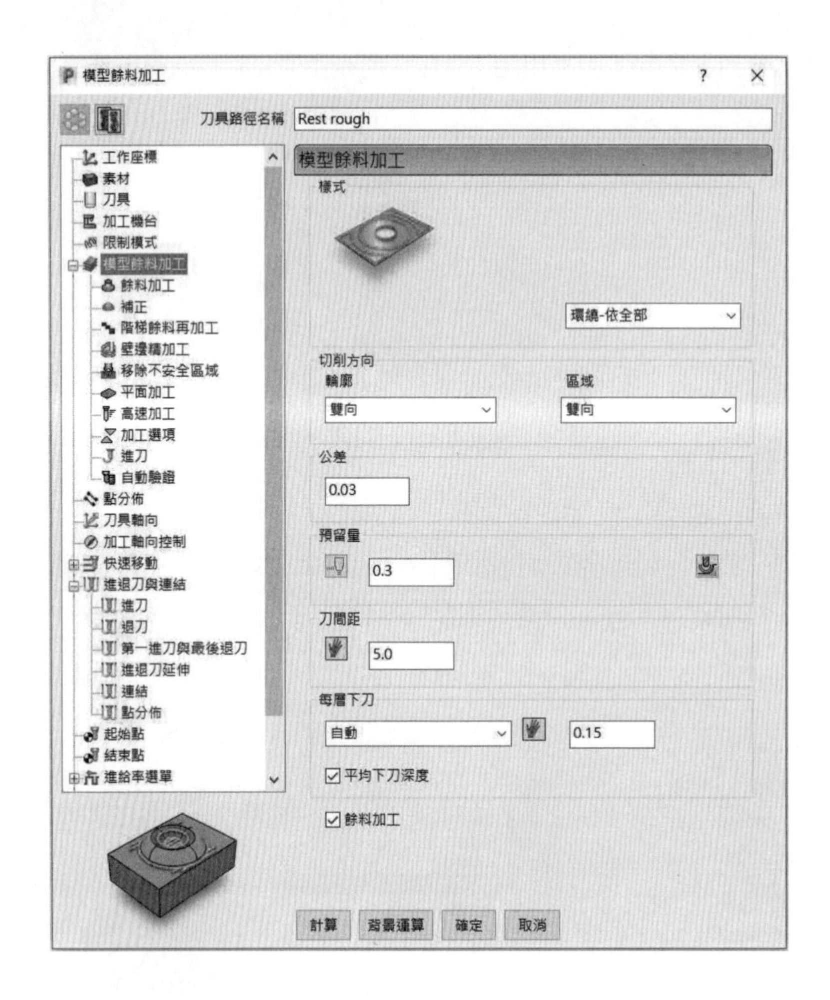


補充說明：

此餘料加工路徑的預留量定義爲（0.3 mm）與粗加工定義爲（0.5 mm）設定不同，讀者會發現所運算出的餘料加工路徑，它將會依預留量的定義有所不同，以整體模型來做等層的路徑加工，且在多的餘料區域也採用多層多刀的路徑做加工。這種預留量的定義方式等同於再次粗加工加上等高路徑的加工方式。

10. 點選餘料加工選項，從選單下拉功能中選擇參考殘料模型和點選 1> 定義忽略殘料少於 0.15 > 勾選參考之前 Z 軸高度。

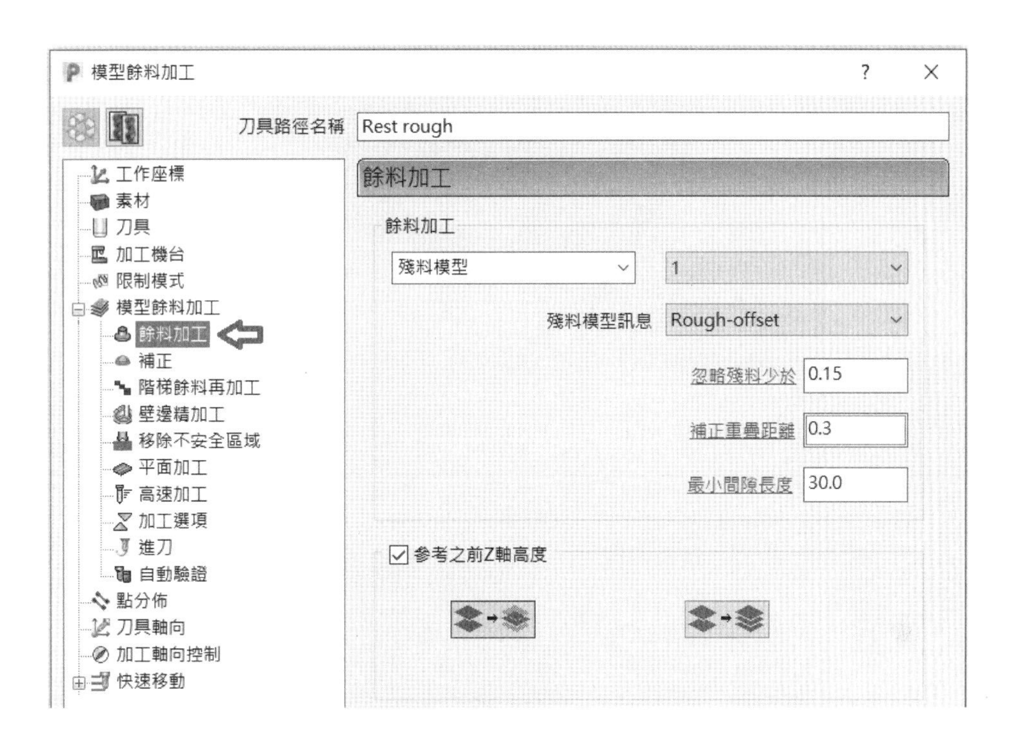


11. 點選連結的選項，從選單第一選擇下拉功能中選擇圓弧。

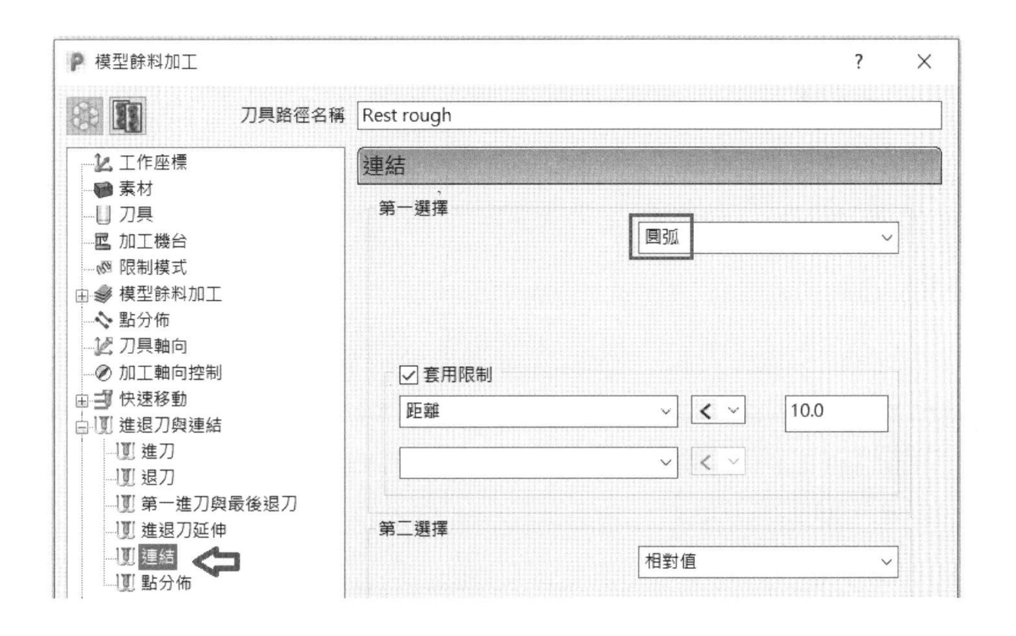


12. 以上加工參數定義完成後，點擊圖示中的計算，再按關閉。

13. 計算完成後的刀具路徑，如下圖所示。

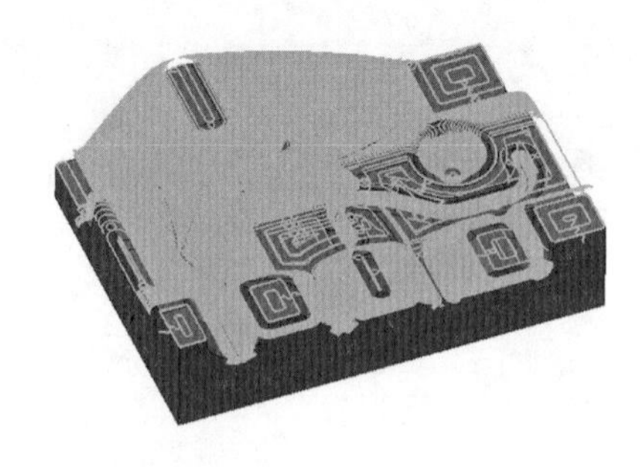

14. 將餘料加工路徑新增到殘料模型做計算，完成後的殘料模型如下圖所示。

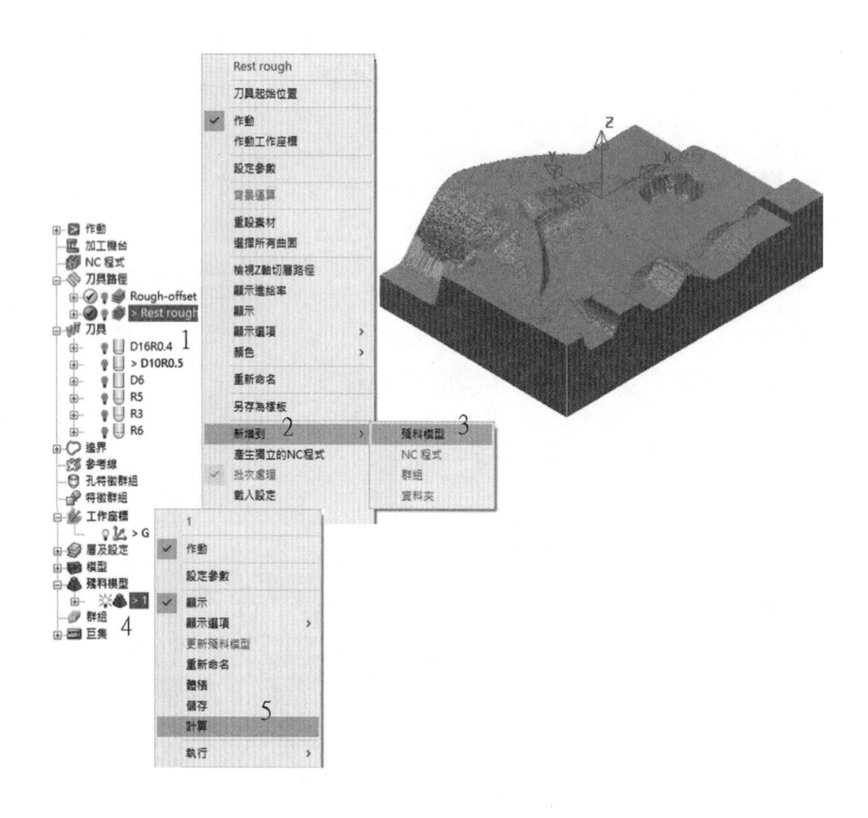


## 11.5 模型二次餘料加工（Model rest machining once more）

進行再粗加工之後，接下來讀者可再依殘料模型來作爲下一把刀具的加工參考。

1. 作動加工刀具 R3。
2. 從主要工具列，點擊刀具路徑工法選單 。
3. 選取 3D 粗加工 Area Clearance 選單，選擇模型餘料加工（Model rest area clearance）工法選項。

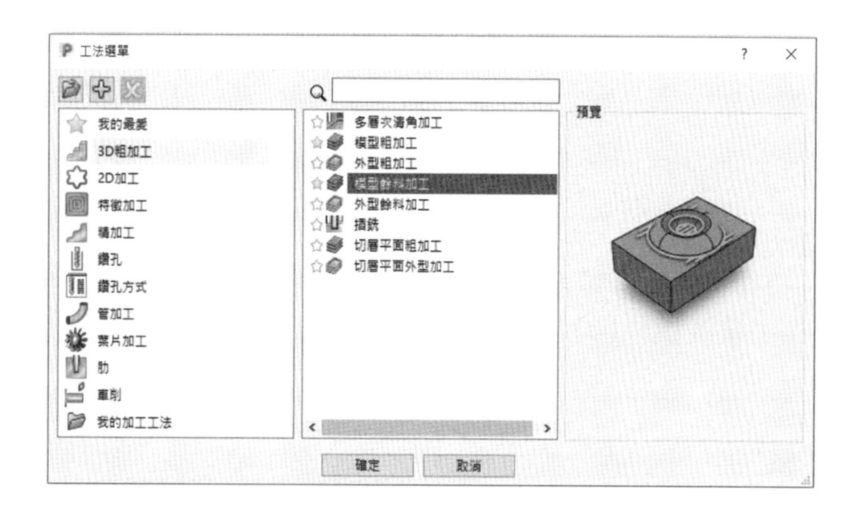


4. 開啓選單之後定義以下設定（如下圖所示）：

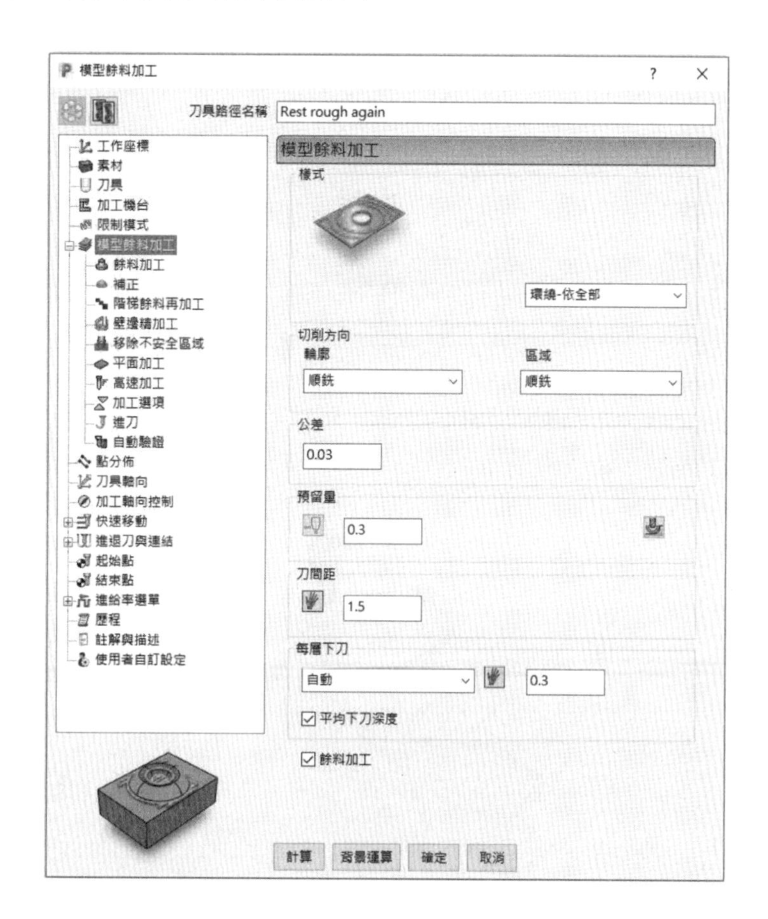


(1) 輸入刀具路徑名稱：Rest rough again。

(2) 樣式：環繞 - 依全部。

(3) 切削方向：輪廓與區域都定義爲順銑。

(4) 公差：0.03。

(5) 預留量：0.3。

(6) 刀間距：1.5。

(7) 每層下刀：0.3。

(8) 確認勾選使用餘料加工。

5. 點選餘料加工選項，從選單下拉功能中選擇參考殘料模型和點選 1 > 定義忽略殘料少於 0.3 > 定義最小間隙長度爲 10 > 不勾選參考之前 Z 軸高度。

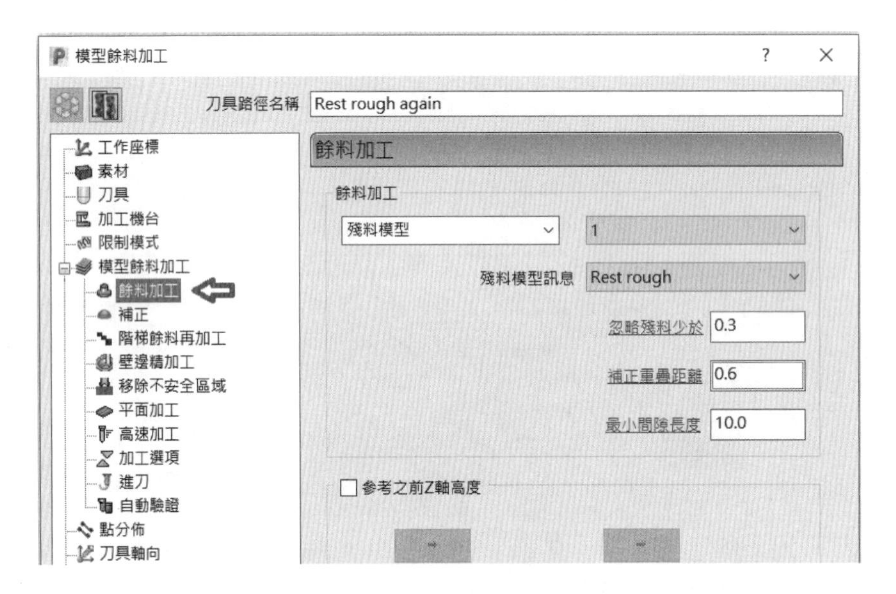


6. 以上加工參數定義完成後，點擊圖示中的計算，再按關閉。

7. 計算完成後的刀具路徑，如下圖所示。

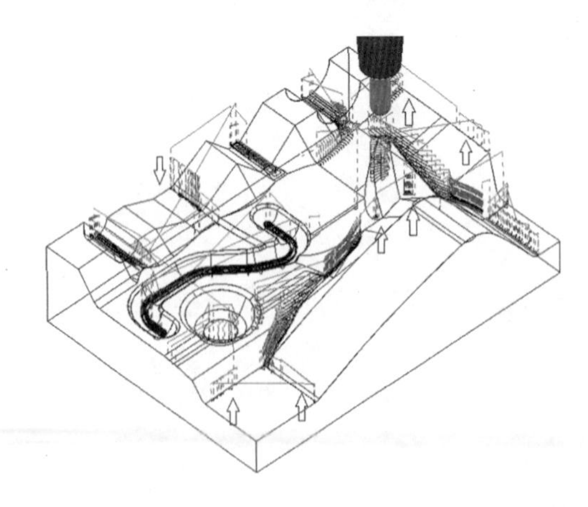

8. 從 R5 刀具的再次餘料粗加工路徑，讀者將會發現有許多短的路徑和角落提刀過多的情形（如上圖箭頭所指處區域）。

9. 許多短的路徑：建議讀者可局部或框選刪除它們，將滑鼠移置於有刪除路徑的某處，接下來按滑鼠右鍵將會出現如下圖的右鍵功能表。點擊**編輯** > 再從功能選項中點選**刪除已選**。

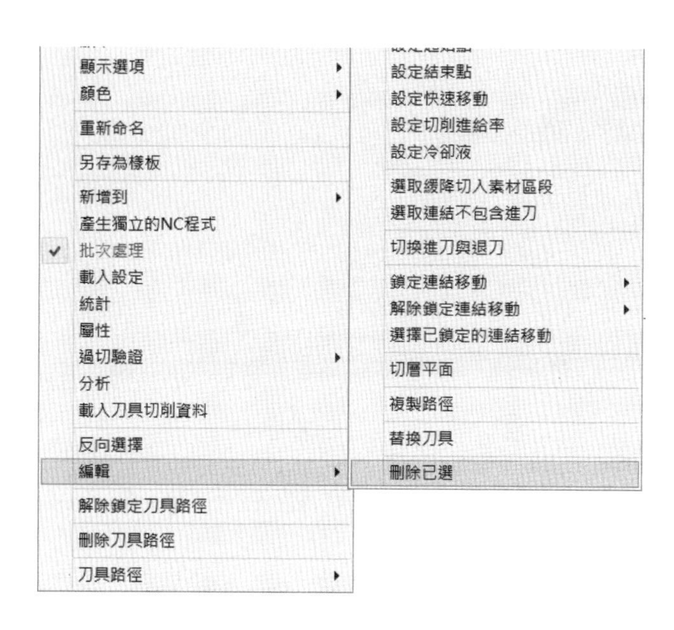


10. 整理刪除已選的刀具路徑如下圖所示。

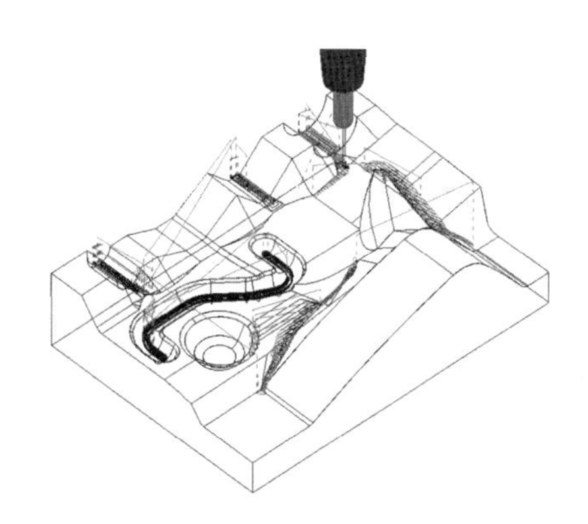

11. 另外些區域角落提刀過多，建議可框選編輯，將這些路徑直接作順銑連結且無須重新運算路徑，如下圖所示圓圈框選處。

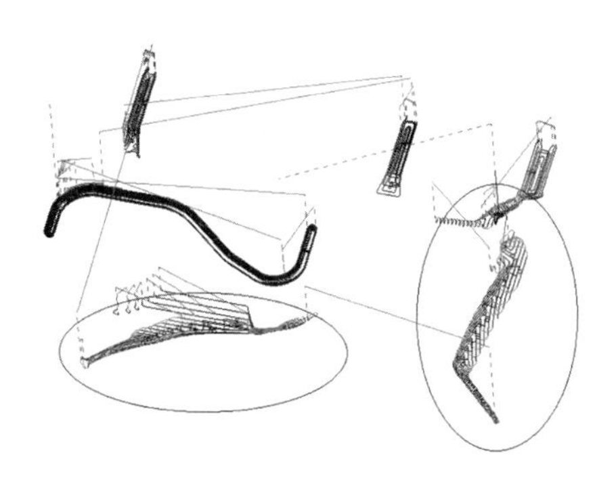

12. 再點選 進退刀與連結的選項功能，從進刀的頁面中將斜向下刀改為無，再點擊連結選項將第一選擇改為圓弧，距離定義為 10.0 mm 做路徑連結。
13. 執行並接受，關閉選單。

14. 執行完成後的優化順銑連結刀具路徑，如下圖所示。

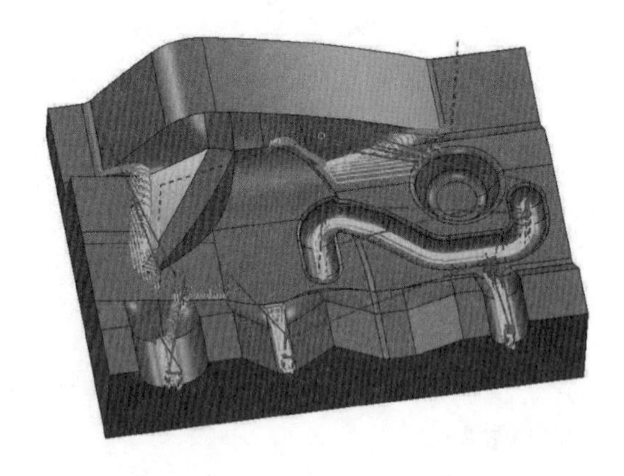

15. 可將此條餘料加工的路徑再新增到殘料模型做計算，完成後的殘料模型可著色顯示來確認餘料狀況，如下圖所示。

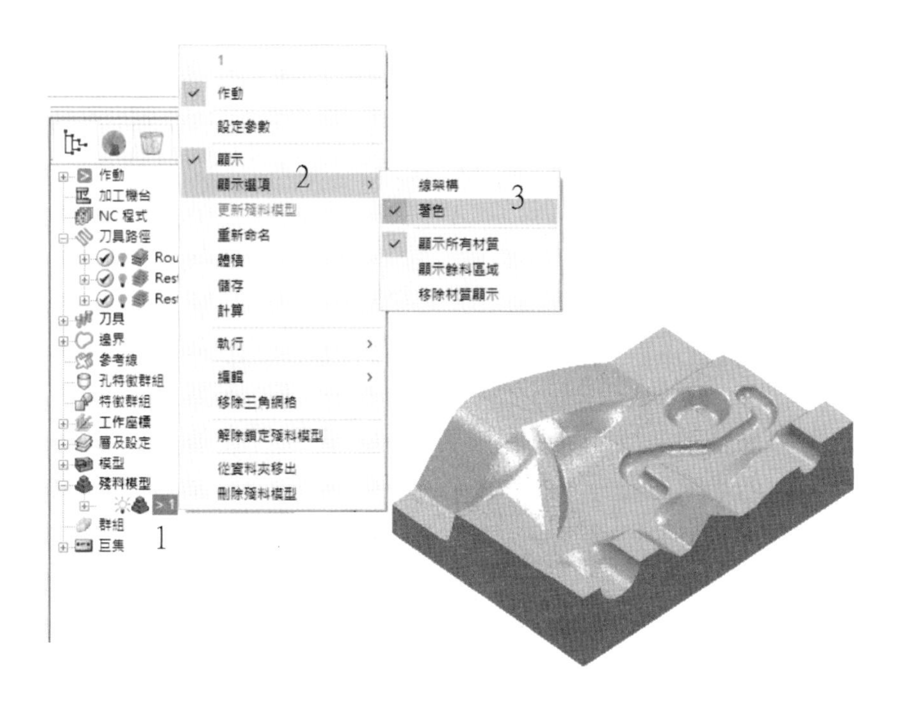


16. 另外如果須得知多少 mm 以上的餘料區域作顯示，可依如下操作：

(1) 點選殘料模型名稱 1 > 滑鼠右鍵開啓次功能 > 點擊設定參數 > 將殘料模型的預留量修改爲比當下的餘料粗加工路徑預留量多或相同即可。點擊計算關閉選單。

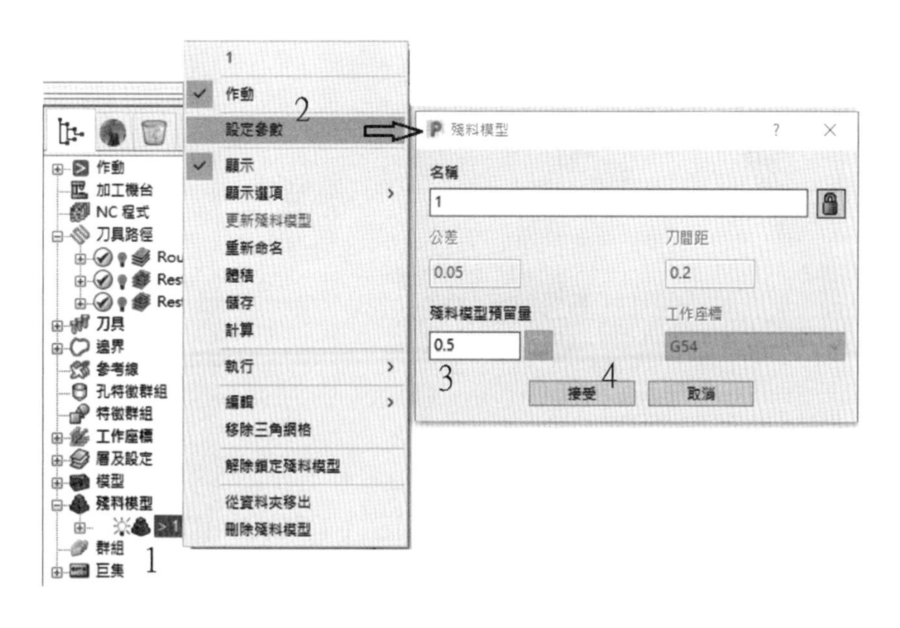


(2) 再次點選殘料模型名稱 1 > 滑鼠右鍵開啓次功能 > 點擊顯示選項 > 顯示餘料區域（殘料模型的預留量有變動，讀者需要再次地點擊更新殘料模型）。

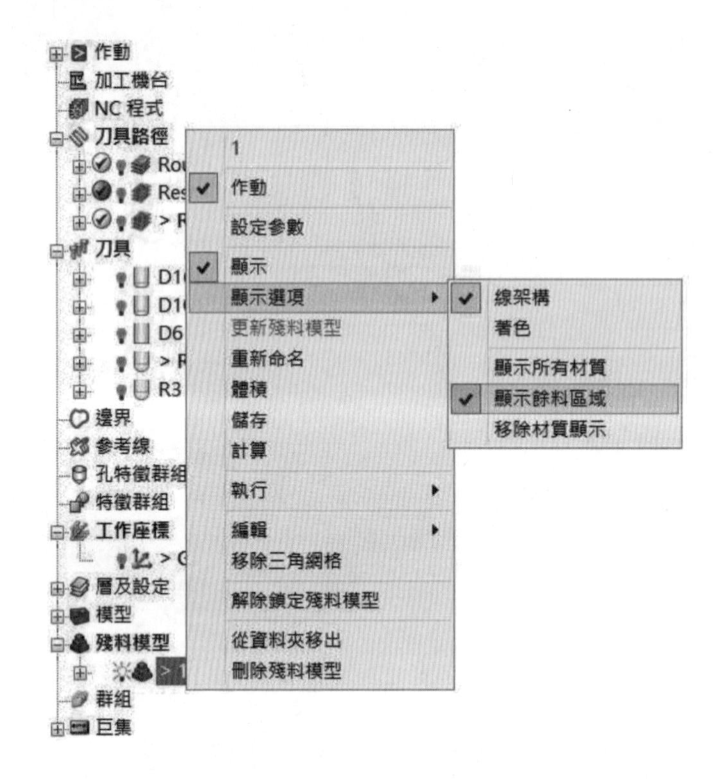


(3) 顯示 0.5 mm 殘料模型的預留量，結果如下圖示。透過這個殘料預留的顯示功能，可讓讀者清楚的判別下一條路徑該選用何把刀具直徑和工法的選擇。

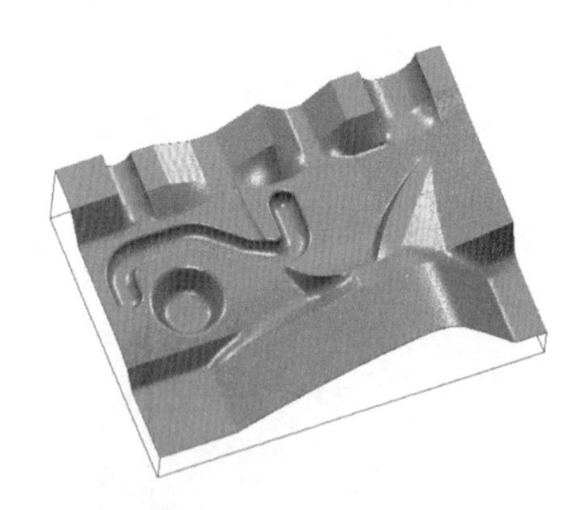

## 11.6 平面精加工（Plane finish machining）

1. 作動加工刀具 D6。
2. 從主要工具列，點擊刀具路徑工法選單 。
3. 選取粗加工 3D area clearance 選單，選擇切層平面粗加工（Slice area clearance）工法選項。

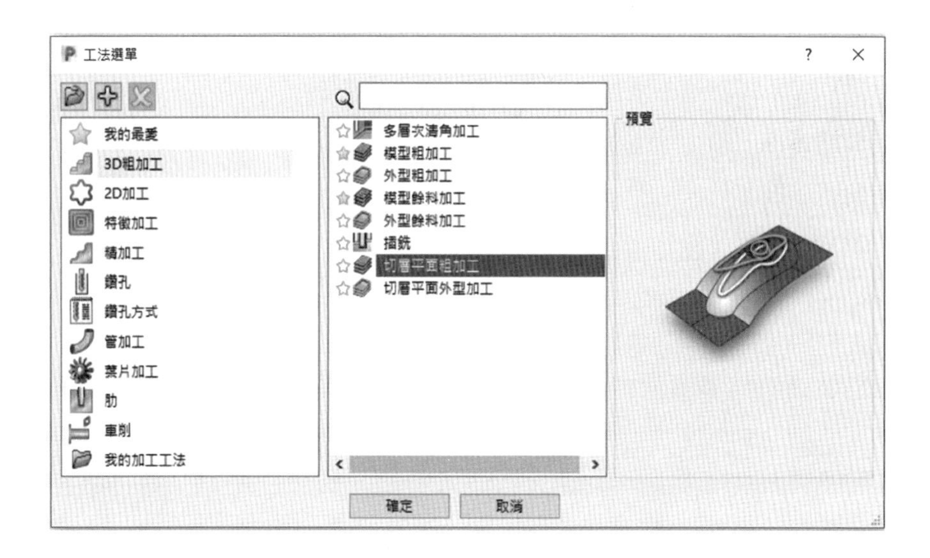


4. 開啓選單之後定義以下設定（如下圖所示）：

(1) 輸入刀具路徑名稱：Plane_Finishing。

(2) 切層平面：從下拉選項中選擇平面。

(3) 粗加工策略類型：環繞－依全部。

(4) 切削方向：順銑。

(5) 公差：0.005。

(6) 預留量：0.0。

(7) 刀間距：4.0。

5. 點選限制模式的選項，從頁面中素材限制模式的下拉選項中點選允許刀具在素材外部。

6. 點選補正的選項，從頁面中保持切削方向不勾選，方向改為由外而內。

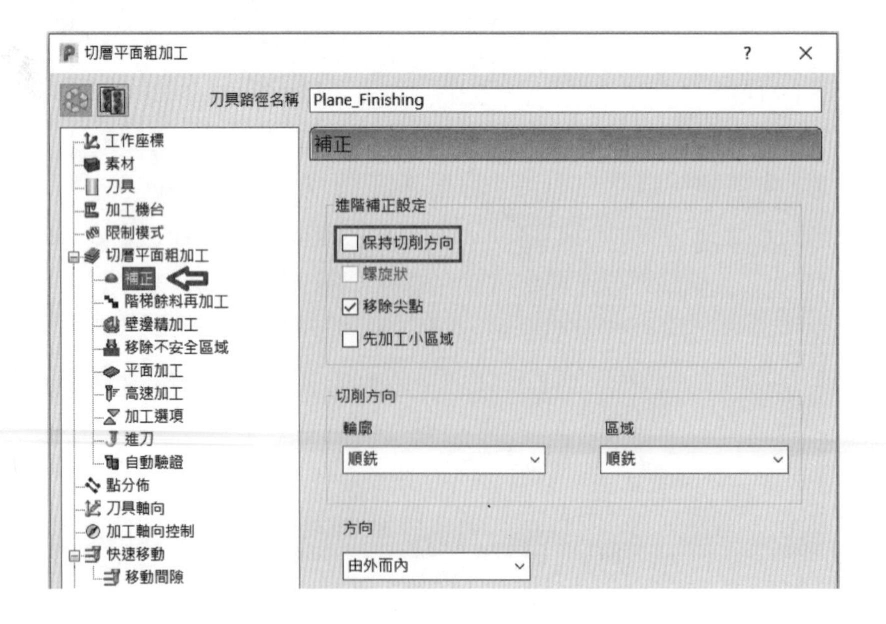

7. 點選平面加工的選項，從頁面中勾選使用多層次切削加工，切削刀數定義為 2，每層下刀定義為 0.2，勾選最後一層預留高度 0.05。

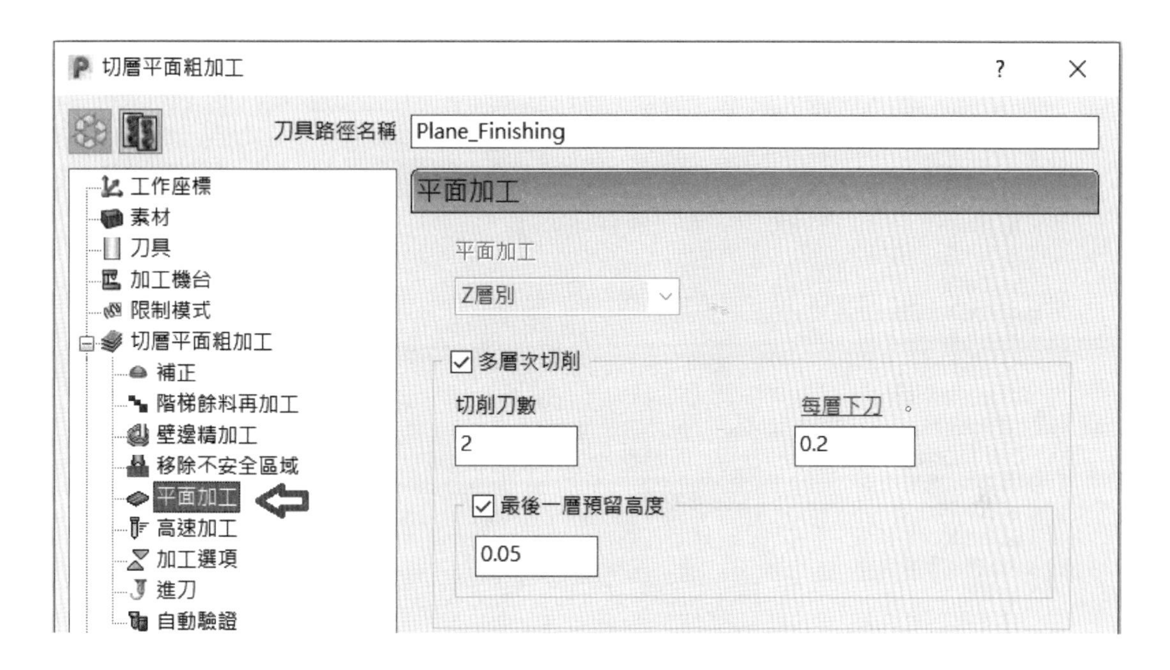


8. 點選高速加工的選項，從頁面中的連結下拉選項中選擇直線。

9. 點選移動間隙的選項，從頁面中的緩降距離定義爲 1.0，再從下拉式功能中選用刀具接觸點（此刀具接觸點功能可依路徑點來降低緩降距離的高度值）。

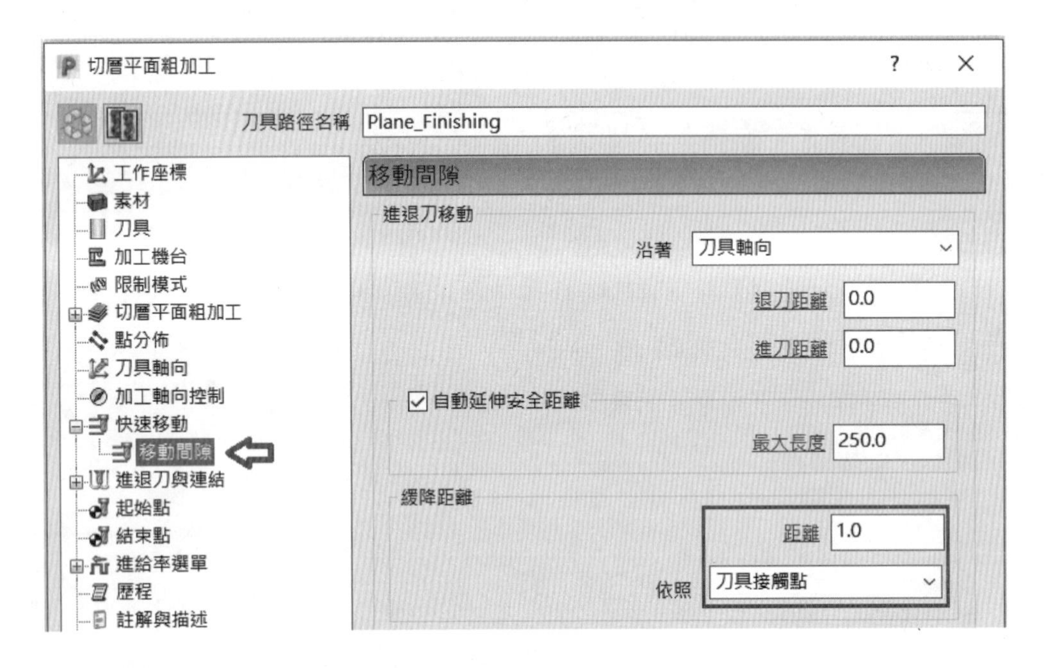


10. 點選進退刀與連結中的進刀選項，從下拉功能中選擇斜向下刀。再點選 定義最大斜向角度 1.0，斜向高度 1.0 mm，最後點擊接受。

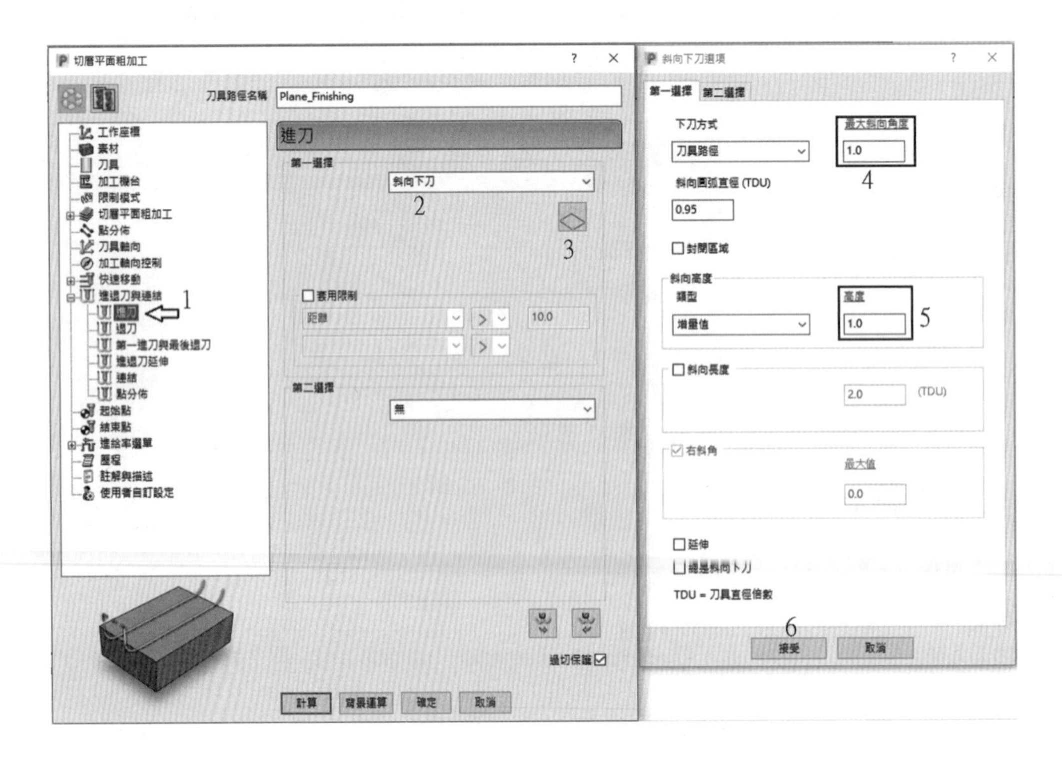

11. 以上加工參數定義完成後，點擊計算，再按關閉。
12. 計算完成的刀具路徑，如下圖所示。

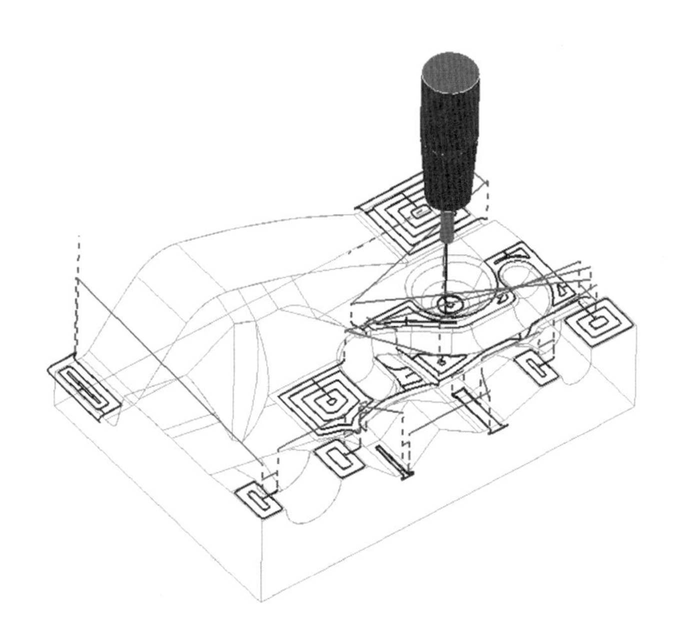

# 11.7 陡峭與淺灘中加工（Steep and shallow semi）

首先針對此模型的加工區域來運算加工邊界，包括如何自動運算平面區域的邊界、接觸點邊界和布林運算邊界，透過這三個邊界應用來產生作爲陡峭與淺灘加工所需的加工區域範圍。

## 一、如何自動運算平面區域的邊界？

因爲前工序的平面加工路徑（Plane_Finishing）只侷限在各個平面的區域範圍。但通常爲求各個分區的加工路徑範圍能夠完全加工到位，必須讓路徑之間有重疊加工，這樣可以避免產生加工不全的殘餘料狀況。方式有以下兩種：

(1) 讀者可將運算出的邊界從曲線編輯中做 2D/3D 補正。

(2) 使用稍大尺寸的刀具做運算。

1. 以這個範例的邊界應用我們選擇 (2) 的方式，請在從刀具庫挑選或自行建立一把刀具直徑 D12(R6) 的球刀。
2. 從物件工具列中，使用滑鼠右鍵功能點選邊界，滑鼠移置邊界建立，從右鍵下拉功能的選單中點選淺灘邊界。

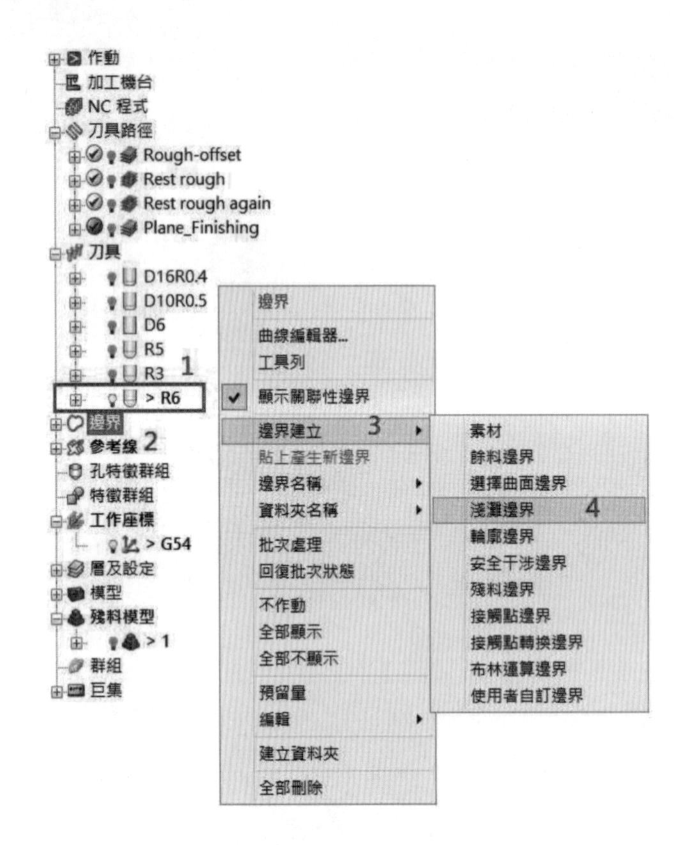


3. 定義上 / 下限角皆為零，然後點擊執行、接受。即可自動運算出模型所有平面邊界的區域。

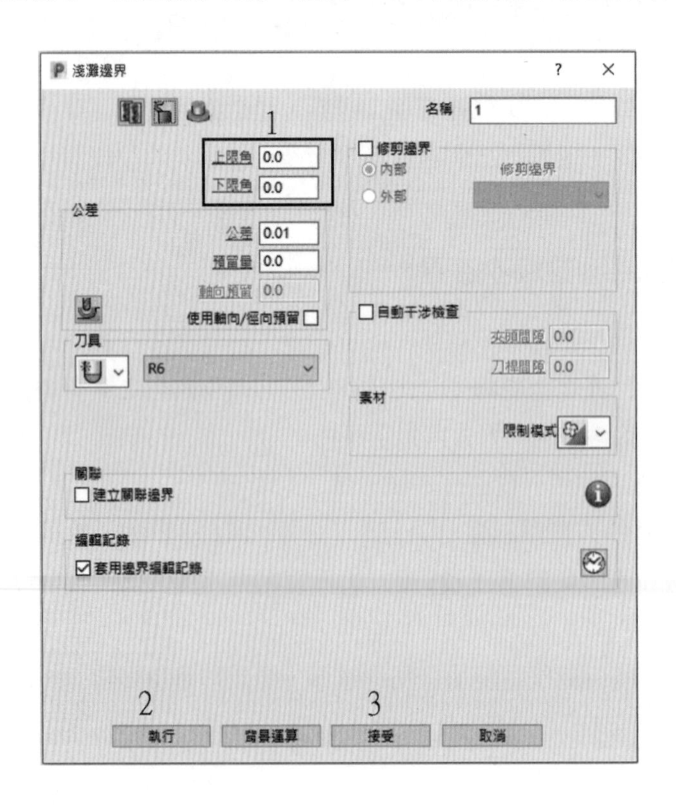

4. 淺灘邊界運算出平面的結果，如下圖所示，讀者會發現使用大一點的刀具於運算平面邊界的範圍已往內作補正。

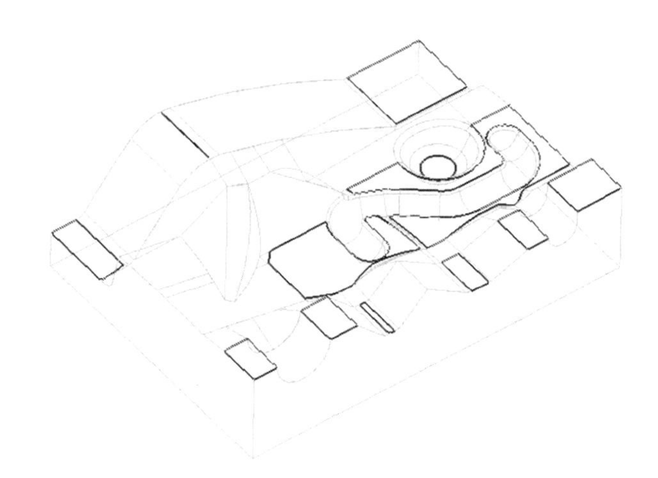

## 二、如何產生接觸點邊界？

使用接觸點邊界會依所選用的刀具，自動地以刀半徑做補正運算。

1. 選擇如下圖的曲面區域。建議讀者可使用游標選取（並關閉線架構顯示）的方式較快速做選取，以滑鼠移動游標在曲面上即可被選擇。

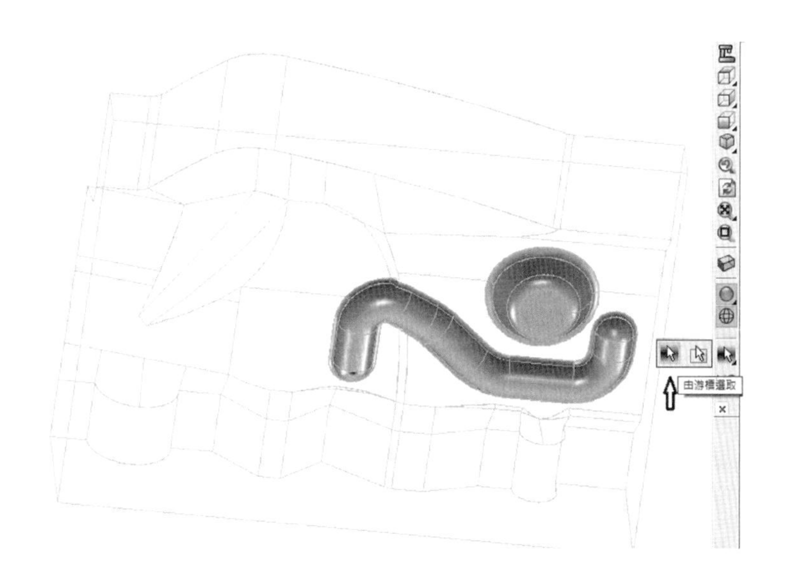


2. 作動加工刀具 R5 球刀。
3. 從物件工具列中，使用滑鼠右鍵功能點選邊界，滑鼠移置邊界建立，從右鍵下拉功能的選單中點選接觸點邊界。

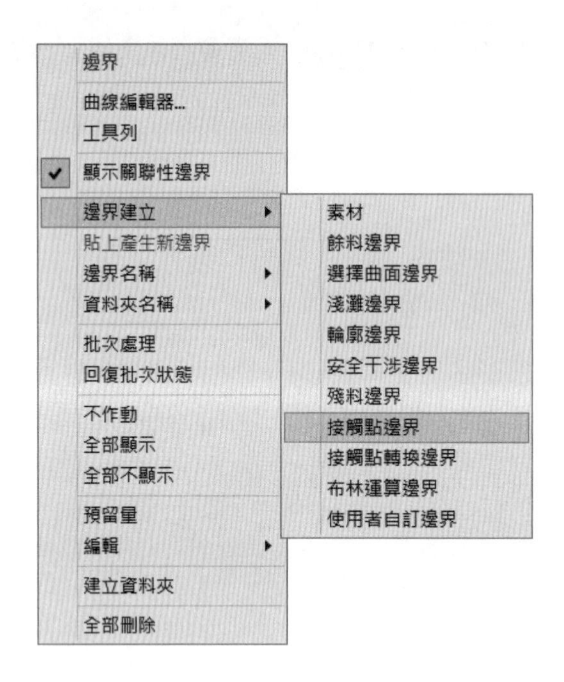


4. 從接觸點邊界視窗中，點選載入模型。

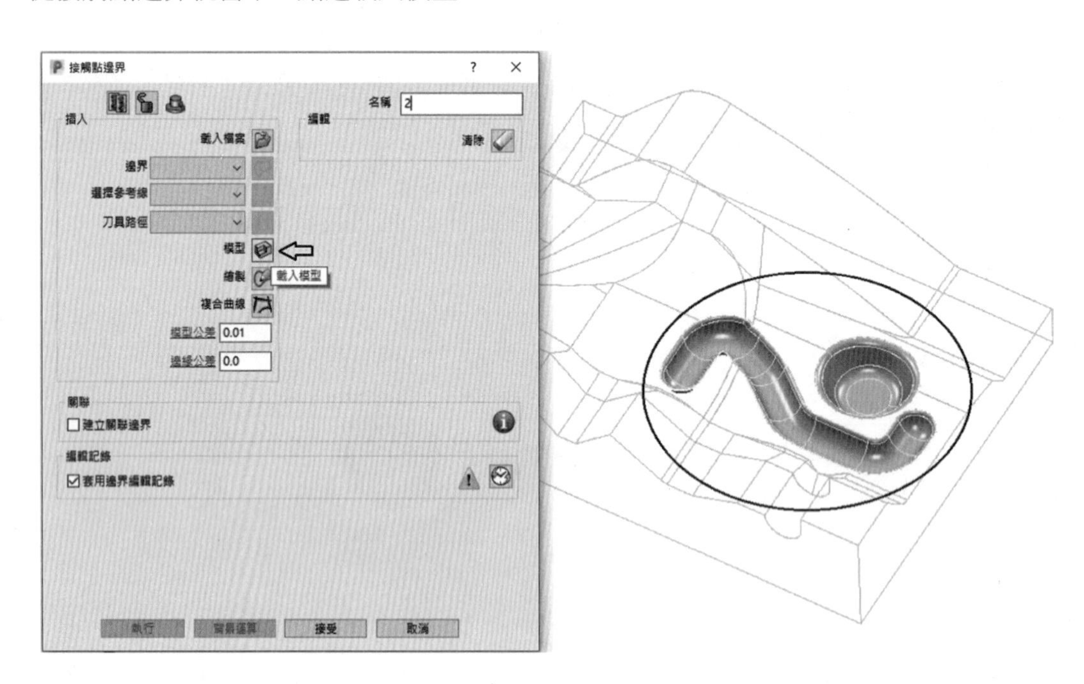


5. 接觸點邊界運算出的結果，如下圖所示。

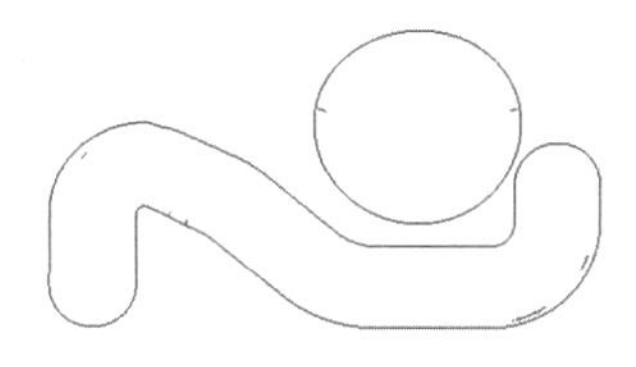

6. 請將一些小斷續的接觸點邊界直接框選刪除，如下圖所示（建議可先全選再 ctrl 取消要保留的邊界，然後刪除不需要的邊界）。

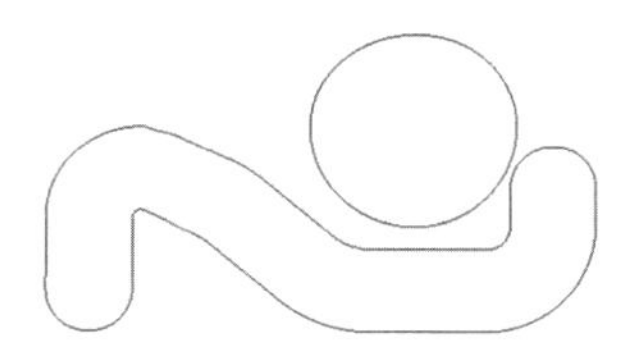

## 三、如何產生布林運算邊界？

所謂布林運算邊界就是將多的邊界做交叉聯集、交集或差集來產生邊界。

1. 從物件工具列中，使用滑鼠右鍵功能點選邊界，滑鼠移置邊界建立，從右鍵下拉功能的選單中點選布林運算邊界。

2. 從布林運算邊界視窗中，邊界 A 點選 1 邊界、邊界 B 點選 2 邊界，然後點擊執行、接受。執行的結果，如下右圖所示。

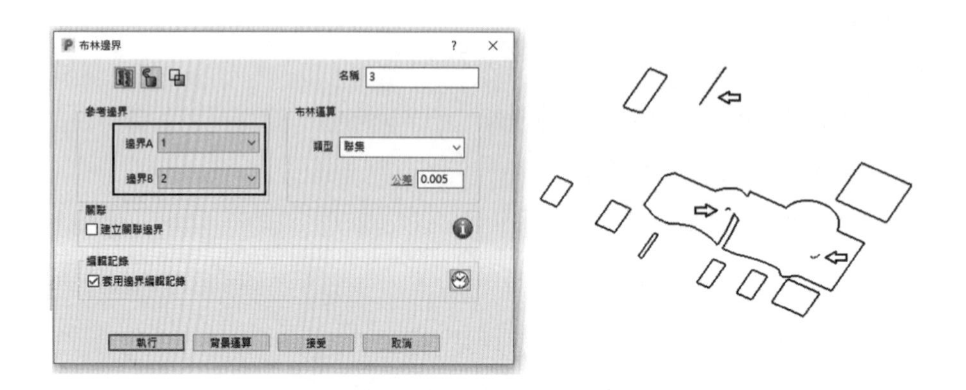


3. 請將上圖箭頭所指的小斷續邊界直接框選刪除，產生的結果如下圖所示。

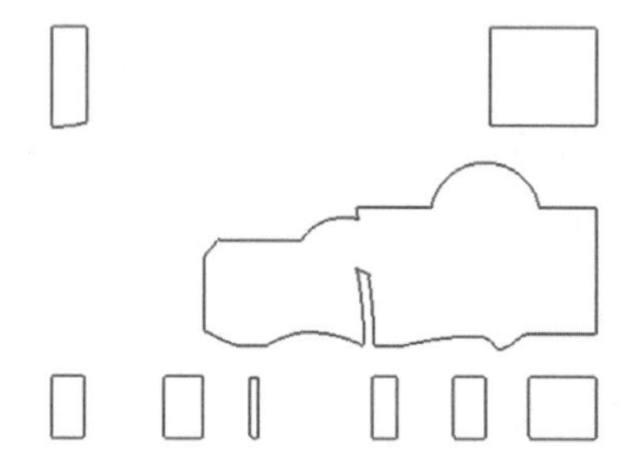

4. 作動加工刀具 R5。
5. 從主要工具列，點擊刀具路徑工法選單 。
6. 同樣選取精加工 Finish 選單，選擇陡峭與淺灘加工（Steep & Shallow finish）工法選項。

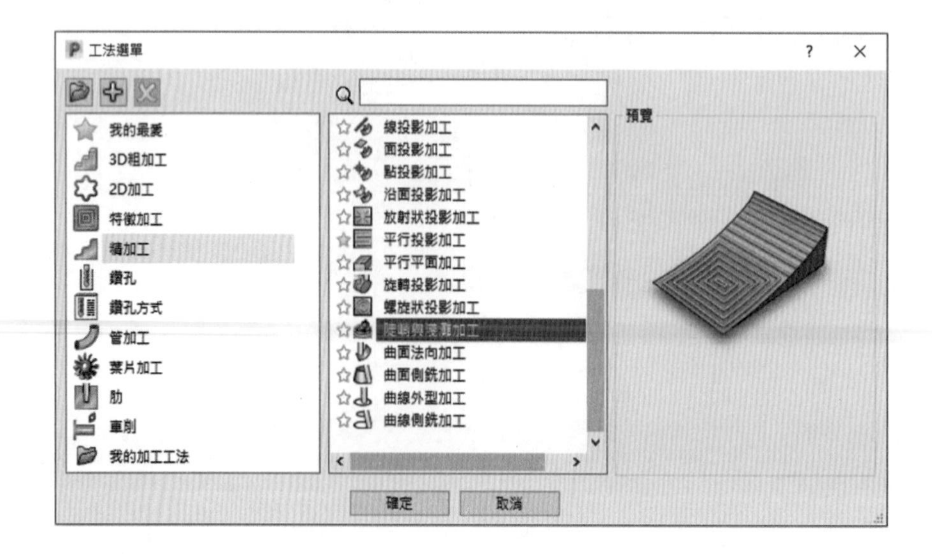

7. 開啟選單之後定義以下設定（如下圖所示）：

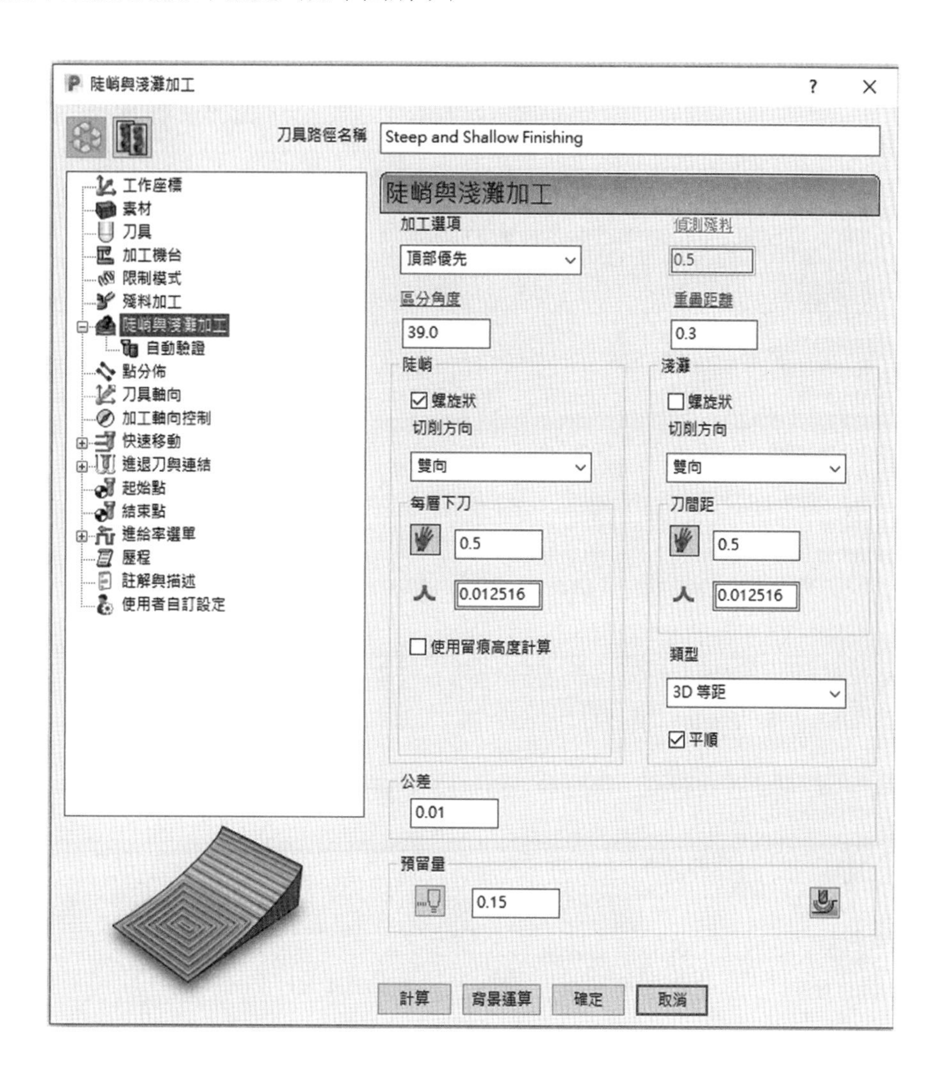


(1) 輸入刀具路徑名稱：Steep and Shallow Finishing。

(2) 區分角度：39.0。

(3) 重疊距離：0.3。

(4) 陡峭勾選螺旋狀。

(5) 切削方向：雙向。

(6) 每層下刀 & 刀間距：0.5。

(7) 淺灘類型：選用 3D 等距。

(8) 淺灘類型：勾選平順。

(9) 公差：0.01。

(10) 預留量：0.15。

8. 點選限制模式的選項，邊界從下拉功能中選擇 3，邊界修剪選擇保持外部。

9. 點選進退刀與連結中的進刀選項，從下拉功能中選擇曲面法線圓弧。定義角度為 90.0、半徑為 0.5，再點選退刀與進刀相同選項按鈕。

10. 點選連結的選項，從第一選擇下拉功能中選擇圓弧。

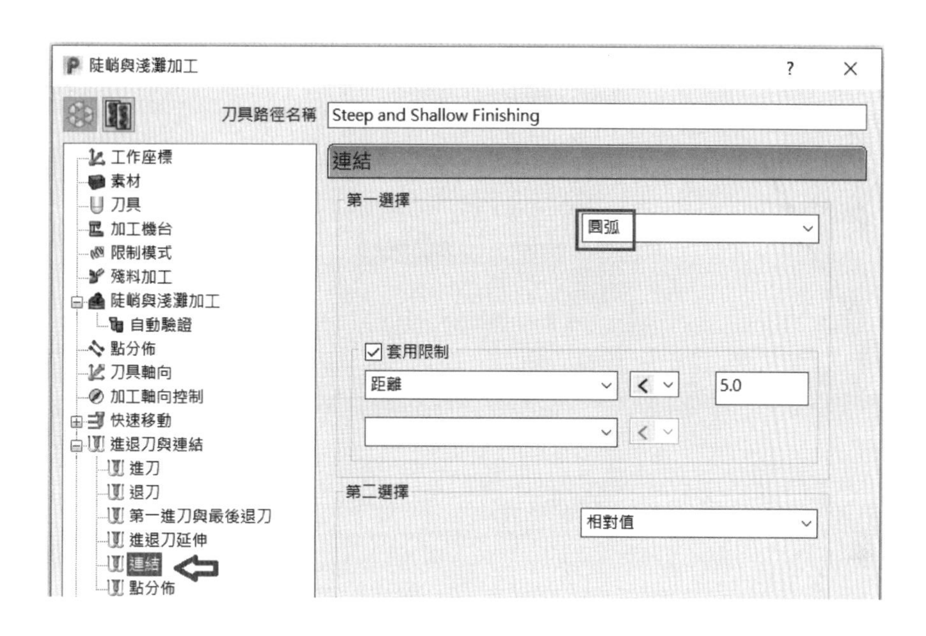


11. 以上加工參數定義完成後，點擊計算，再按關閉，計算完成的刀具路徑，如下圖所示。

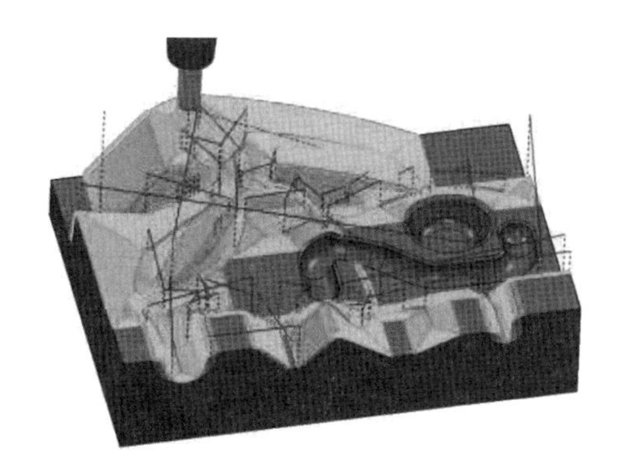

# 11.8 最佳化等高精加工（Optimised constant Z finishing）

1. 作動加工刀具 R5。
2. 從主要工具列，點擊刀具路徑工法選單 。
3. 同樣選取精加工 Finish 選單，選擇最佳化等高加上（Optimized constant Z）工法選項。

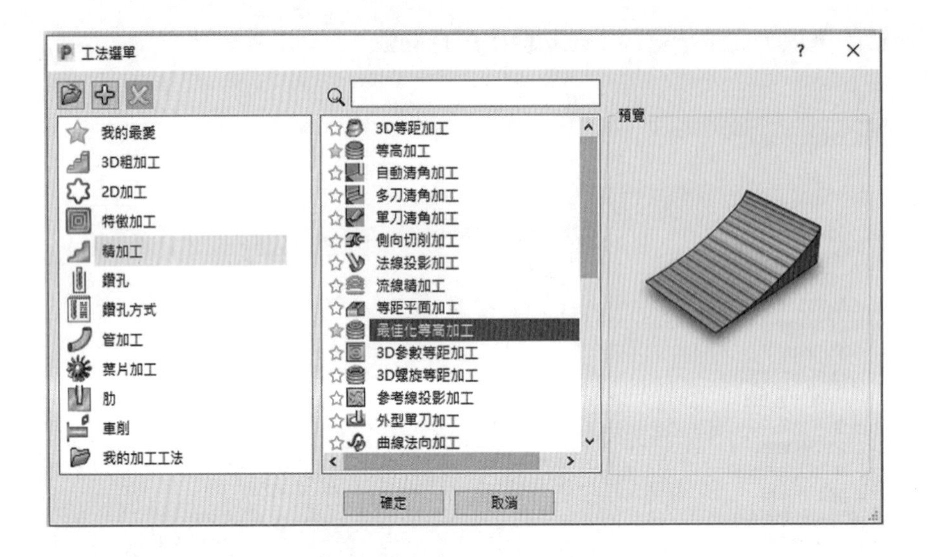


4. 開啓選單之後定義以下設定（如下圖所示）：

(1) 輸入刀具路徑名稱：Optimised Constant Z Semi。

(2) 勾選螺旋狀。

(3) 勾選平順。

(4) 公差：0.01。

(5) 預留量：0.15。

(6) 刀間距：0.5。

5. 點選進退刀與連結中的進刀選項，確認功能中選擇曲面法線圓弧。定義角度爲 90.0、半徑爲 0.5，設定同陡峭與淺灘工法。

6. 點選限制模式的選項，選擇邊界名稱 2 做使用。

7. 以上加工參數定義完成後，點擊計算，再按關閉。

8. 計算完成的刀具路徑，如下圖所示。

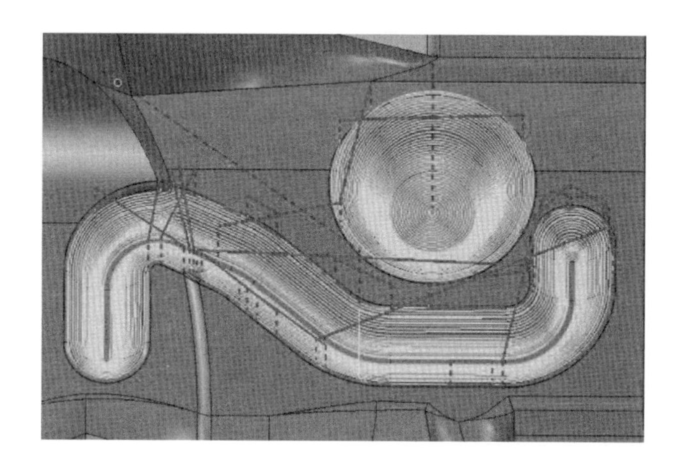

9. 從上端有些無效斷續的路徑提刀，建議讀者可框選刪除。完成後如下圖所示。

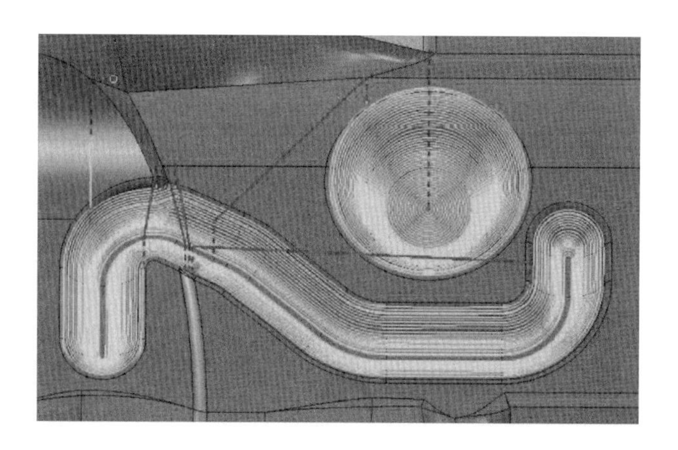

10. 同時讀者可複製 Optimised Constant Z Semi 加工路徑，使用同樣的工法策略運算精加工路徑，開啓選單之後點選複製工法按鈕 定義以下設定（如下圖所示）。

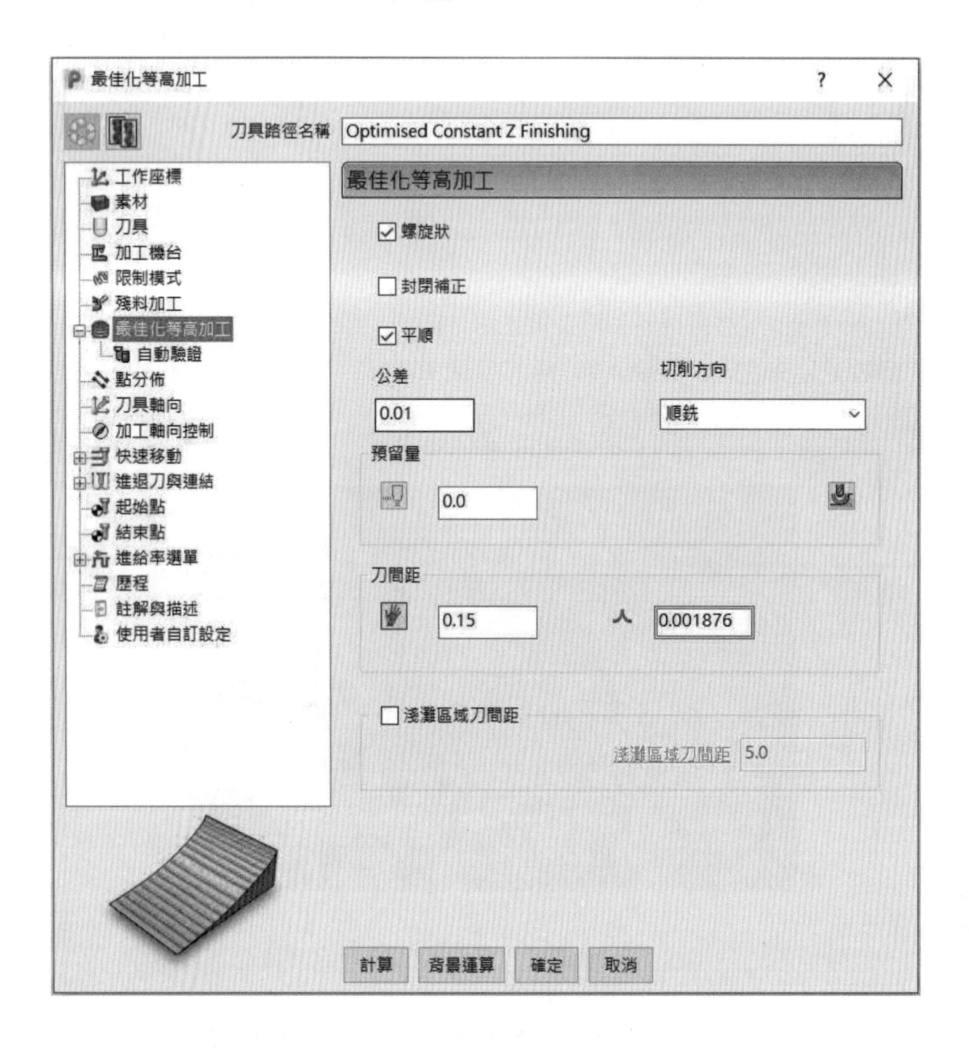


(1) 作動加工刀具 R3。

(2) 輸入刀具路徑名稱：Optimised Constant Z Finishing。

(3) 勾選螺旋狀。

(4) 勾選平順。

(5) 公差：0.01。

(6) 預留量：0.0。

(7) 刀間距：0.15。

11. 以上加工參數定義完成後，點擊計算，再按關閉。

12. 計算完成的刀具路徑，如下圖所示。

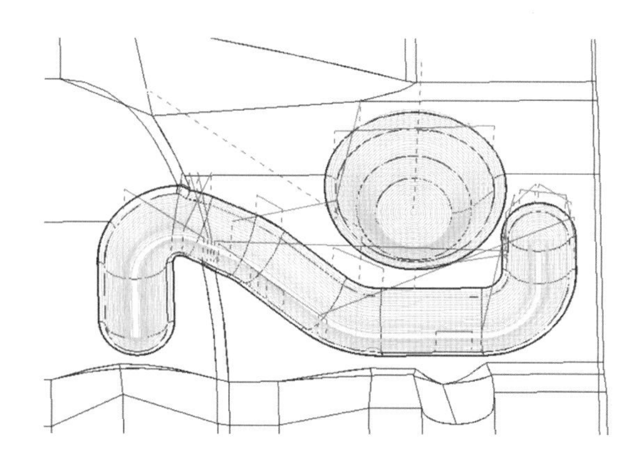

13. 同樣從上端有些無效斷續的路徑提刀，建議讀者可框選刪除。完成後如下圖所示。

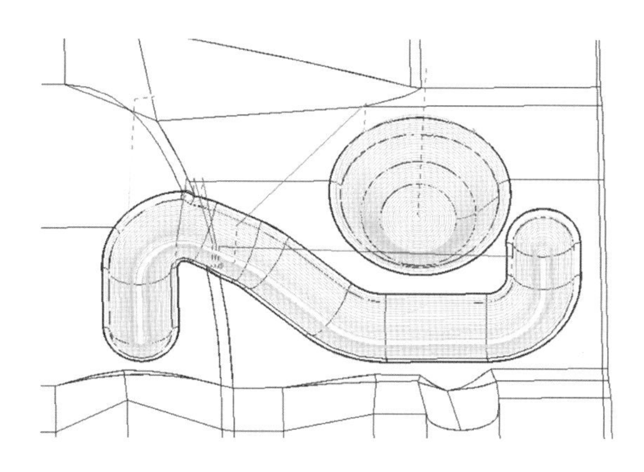

# 11.9 自動清角加工（Corner finishing）

精加工之前建議使用相同的刀具或更小的刀具來做角落的殘料加工，以達到整體的均料預留量。主要的理由是，可避免在角落多的殘料區域造成刀具的負荷，也影響到角落區域的表面加工品質不佳。

1. 作動加工刀具 R3。
2. 從主要工具列，點擊刀具路徑工法選單 。
3. 同樣選取精加工 Finish 選單，選擇自動清角加工（Corner finishing）工法選項。

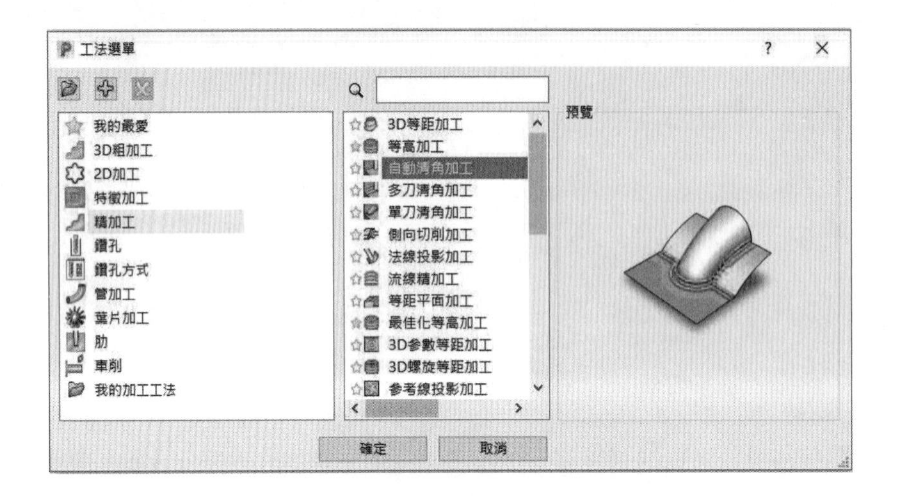


4. 開啓選單之後定義以下設定（如下圖所示）：

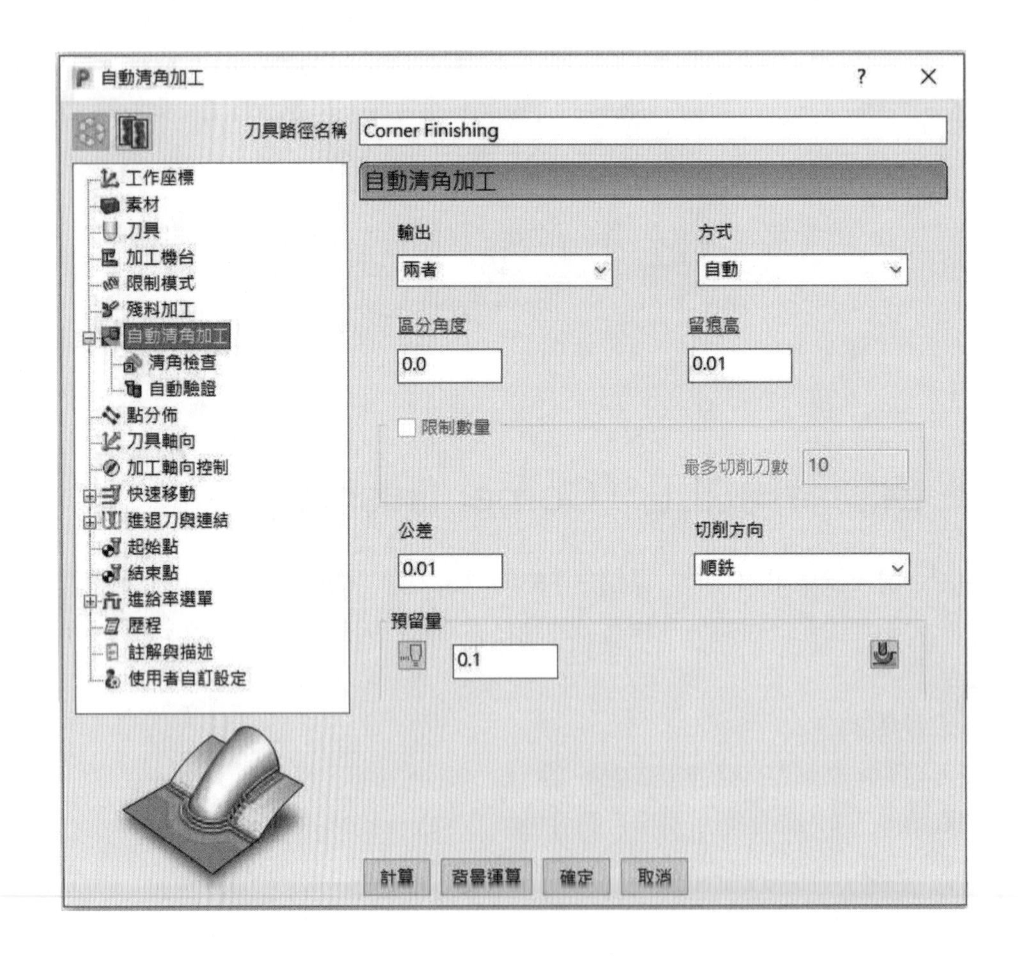


(1) 輸入刀具路徑名稱：Corner Finishing。

(2) 輸出：兩者。

(3) 清角方式：選擇自動。

(4) 區分角度：0.0。

(5) 留痕高：0.01。

(6) 公差：0.01。

(7) 切削方向：順銑。

(8) 預留量：0.1。

5. 點選清角檢查的選項，參考刀具選擇 R5 球刀，重疊補正距離定義為 0.5。

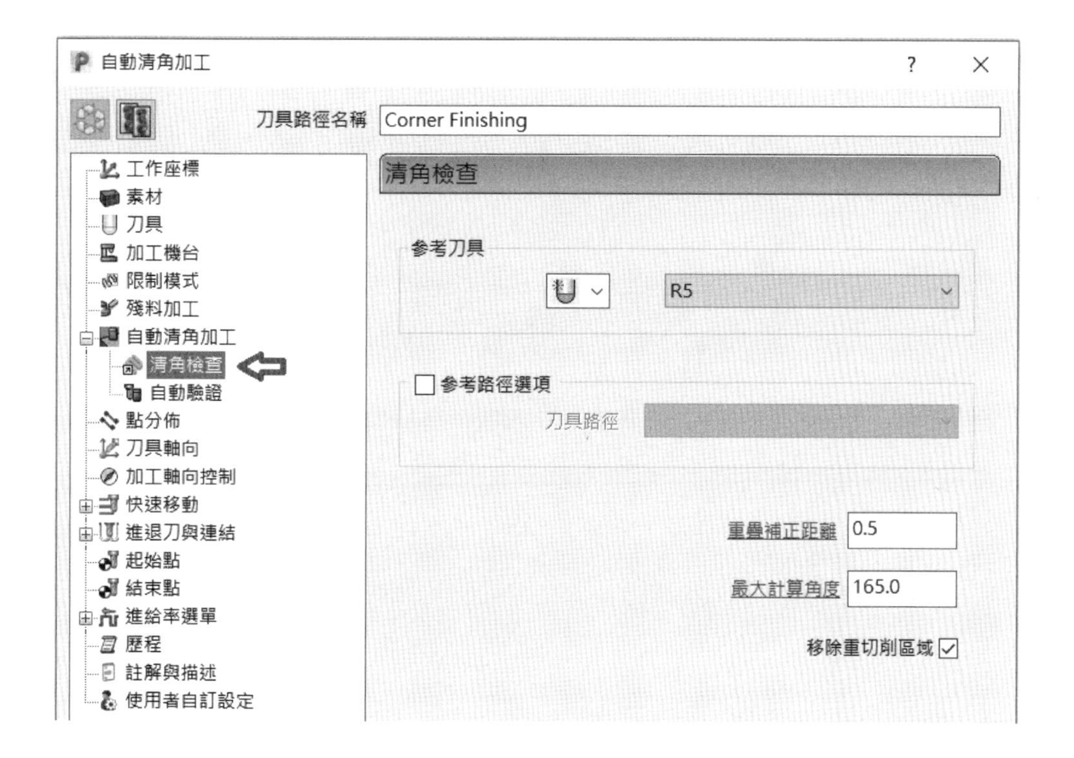


6. 點選進退刀與連結中的進刀選項，確認功能中選擇曲面法線圓弧。定義角度為 90.0、半徑為 0.5，設定同樣延用不變。

7. 點選限制模式的選項，無須選擇邊界做使用。

8. 以上加工參數定義完成後，點擊計算，再按關閉。

9. 計算完成的刀具路徑，如下圖所示（箭頭處路徑可刪除）。

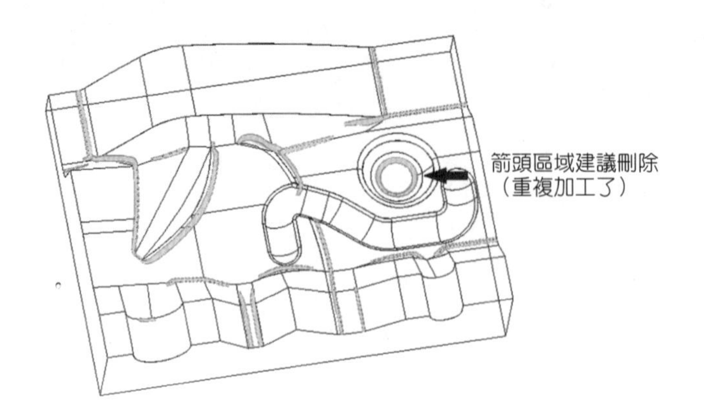


補充說明：

建議自動清角，讀者也可以區分角度（如：39 度）讓陡峭與淺灘產生適合的加工路徑（陡峭採似等高加工 / 淺灘採用沿面清角）或選擇都沿面的清角工法加工（如下圖所示）：

(1) 清角方式：選擇沿著。

(2) 切削方向：順銑或雙向。

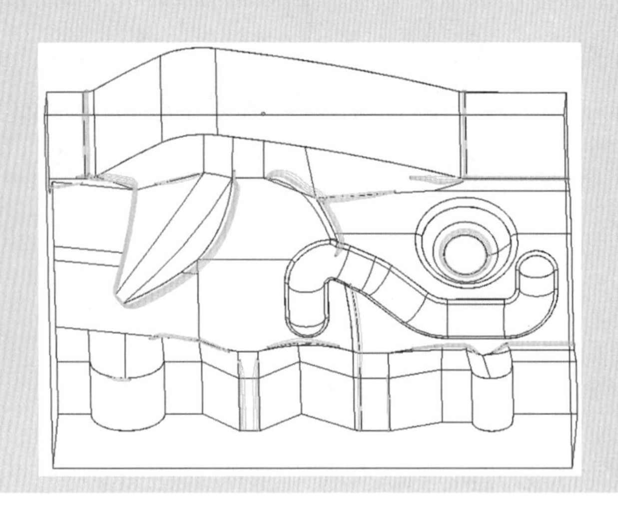

## 11.10 平行投影精加工（Raster finishing）

1. 作動加工刀具 R3。
2. 從主要工具列，點擊刀具路徑工法選單 。
3. 同樣選取精加工 Finish 選單，選擇平行投影加工（Raster finish）工法選項。

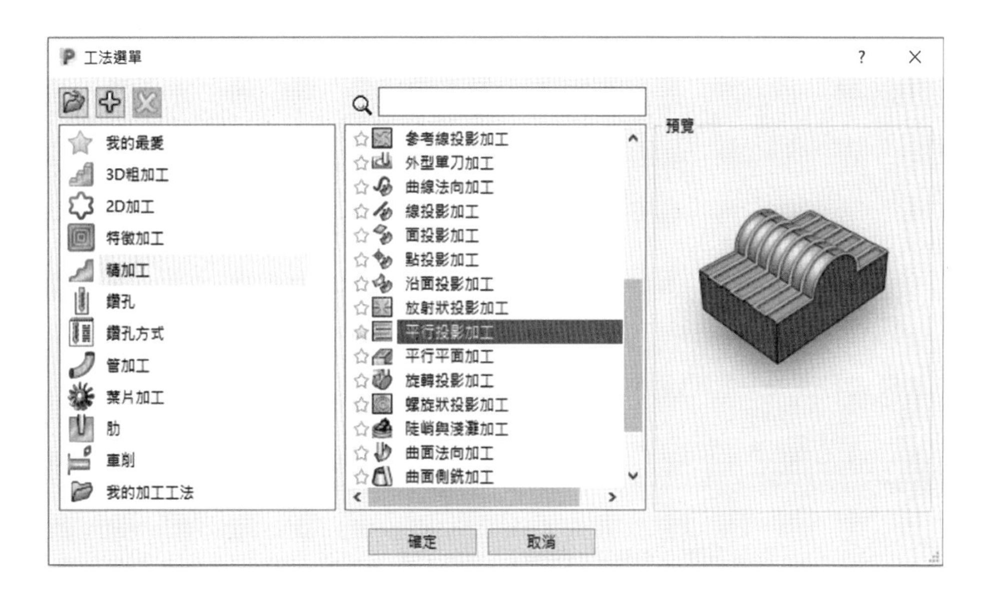


4. 開啓選單之後定義以下設定（如下圖所示）：

(1) 輸入刀具路徑名稱：Raster Finishing。

(2) 路徑順序樣式：雙向。

(3) 公差：0.01。

(4) 預留量：0.0。

(5) 刀間距：0.15。

5. 點選進退刀與連結中的進刀選項，確認功能中選擇曲面法線圓弧。定義角度爲 90.0、半徑爲 0.5，設定同樣沿用不變。

6. 點選限制模式的選項，選擇邊界名稱 3 做使用，邊界修剪定義爲保持外部。

7. 點選高速加工選項，勾選轉角 R。

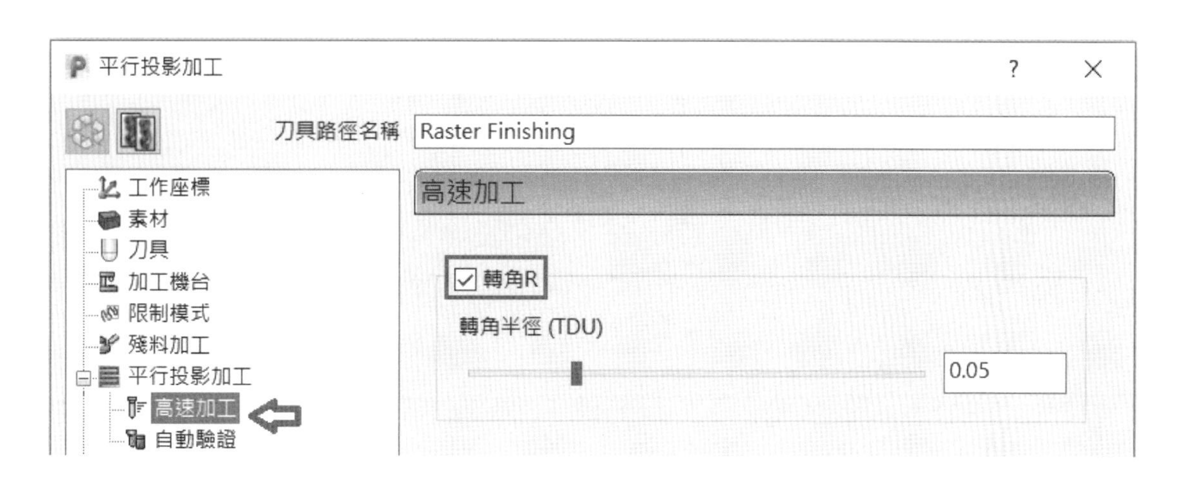


8. 以上加工參數定義完成後，點擊計算，再按關閉。

9. 計算完成的刀具路徑，如下圖所示（些區域處的小路徑讀者可選擇刪除）。

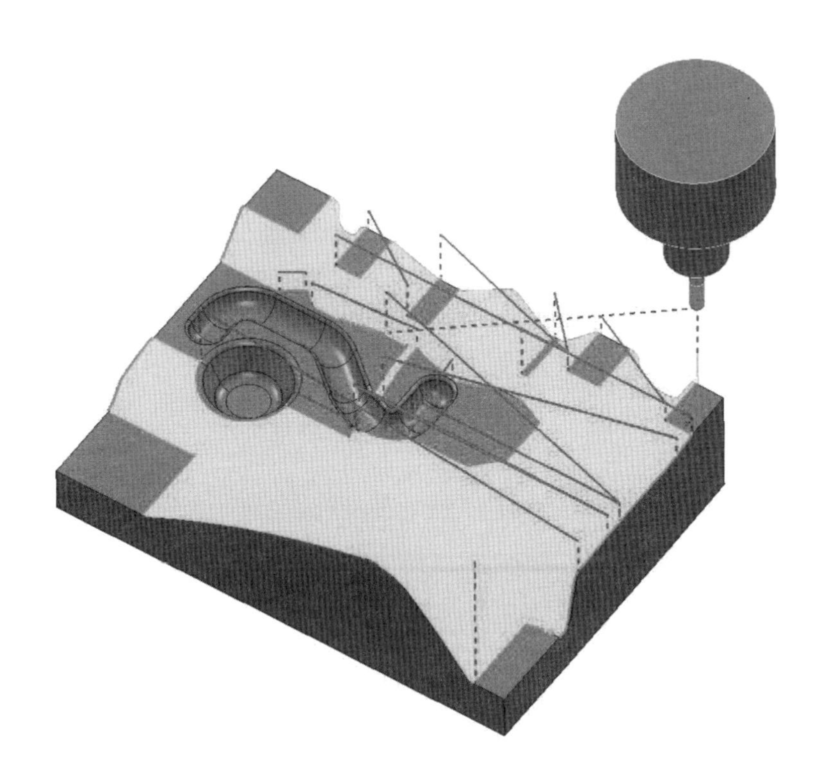

補充說明：

建議也可以選擇其他的加工工法來加工這個區域範圍，如：最佳化等高加工。

# 12 三軸銑削加工實習：吹風機模（3D milling practice: mold for hair dryer）

學習重點

## 12.1 簡介（Introduction）

這個章節的範例將針對如何建立形狀素材、如何使用沿面投影工法透過選擇參考曲面來產生複雜形面的 3D 等距加工路徑，與針對溝槽區域如何產生多層次的切削路徑做介紹。

吹風機模範例，如下圖所示。

## 12.2 基本設定（Basic set-up）

### 12.2.1 輸入模型（Import model）

從主功能表中選取檔案－輸入模型，從光碟目錄 Chapter-12 選取 HairDryer.dgk 檔案。如下圖所示。

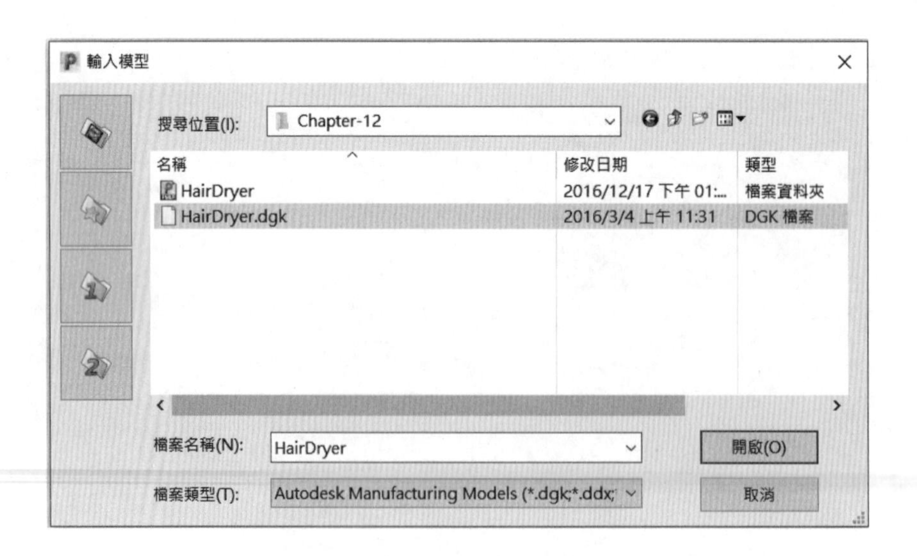

## 12.2.2 素材建立（Block creation）

1. 於物件管理列中的工作座標 G54 處，按滑鼠右鍵開啓右鍵功能表，作動此模型的工作座標 G54。

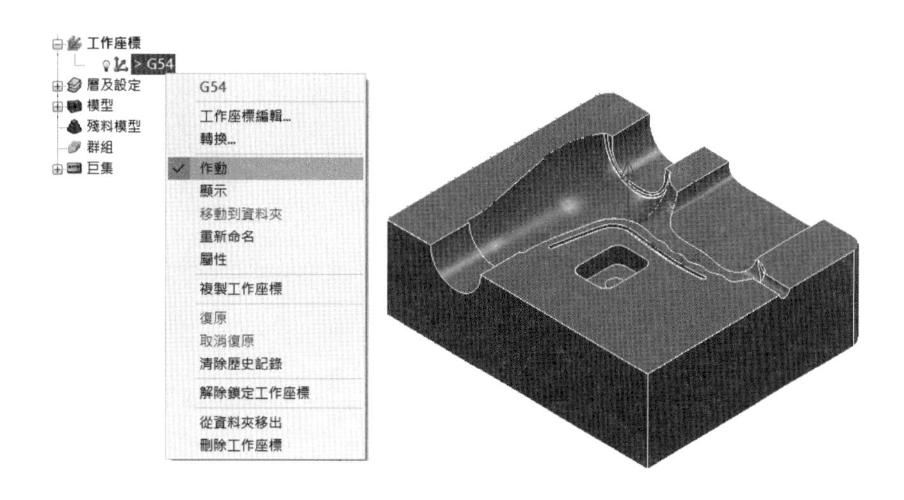


2. 首先從 PowerMILL 的物件工具列中，使用滑鼠右鍵點選邊界建立，再選擇使用者自訂邊界。

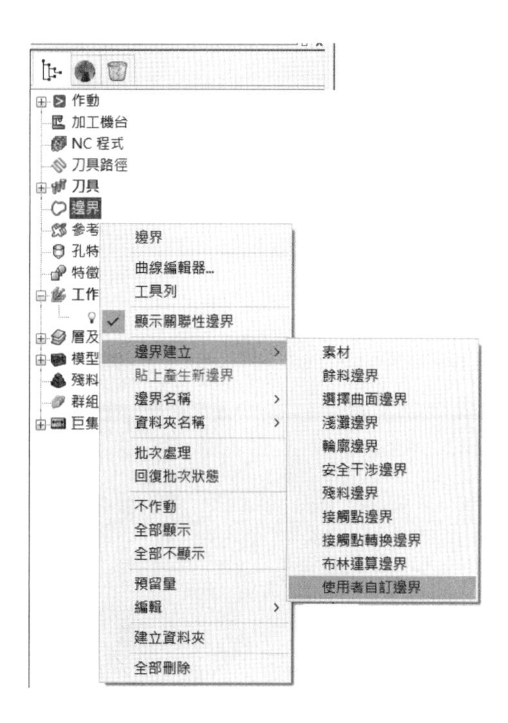


3. 點選所要編輯的曲面，如下圖所示。

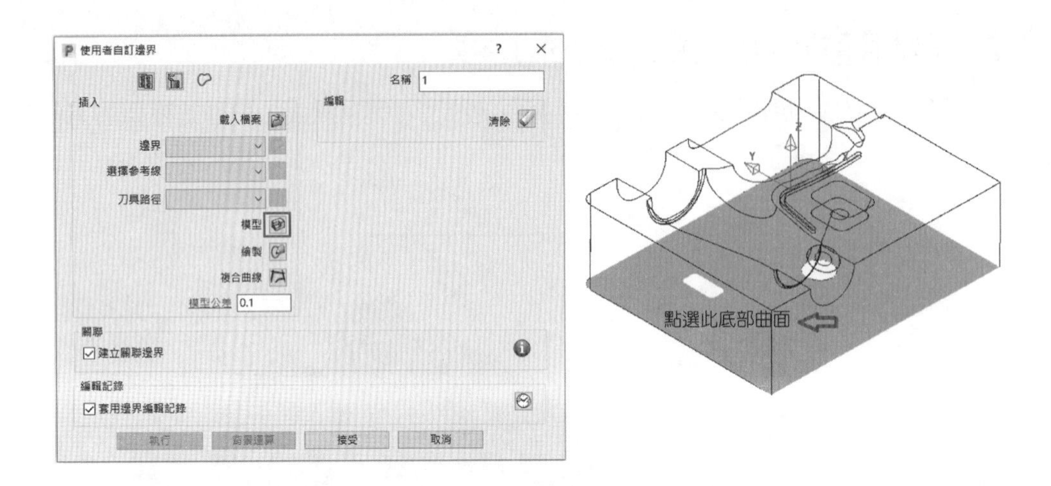


4. 點選模型功能，如上圖的框選處 ，建立產生所需要的邊界。再使用鍵盤的 Del 鍵，刪除內圈的邊界，如下圖所示。

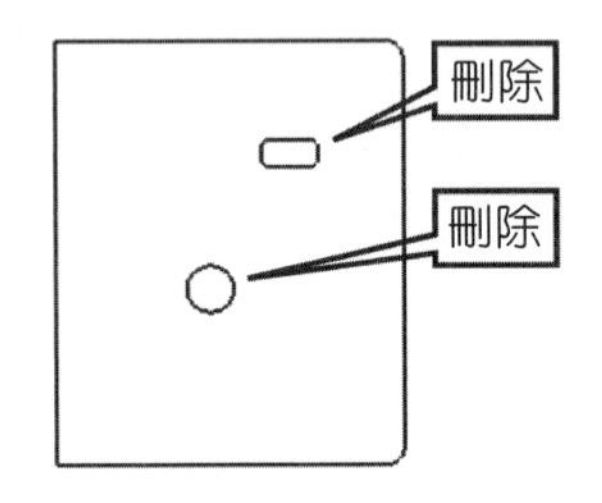


5. 開啓素材選單使用物件（點選依 ... 定義的邊界）素材選項，選擇作動工作座標，點擊計算按鈕。接下來將 Z 的最大值修正爲 0.5，然後選取接受，關閉選單。

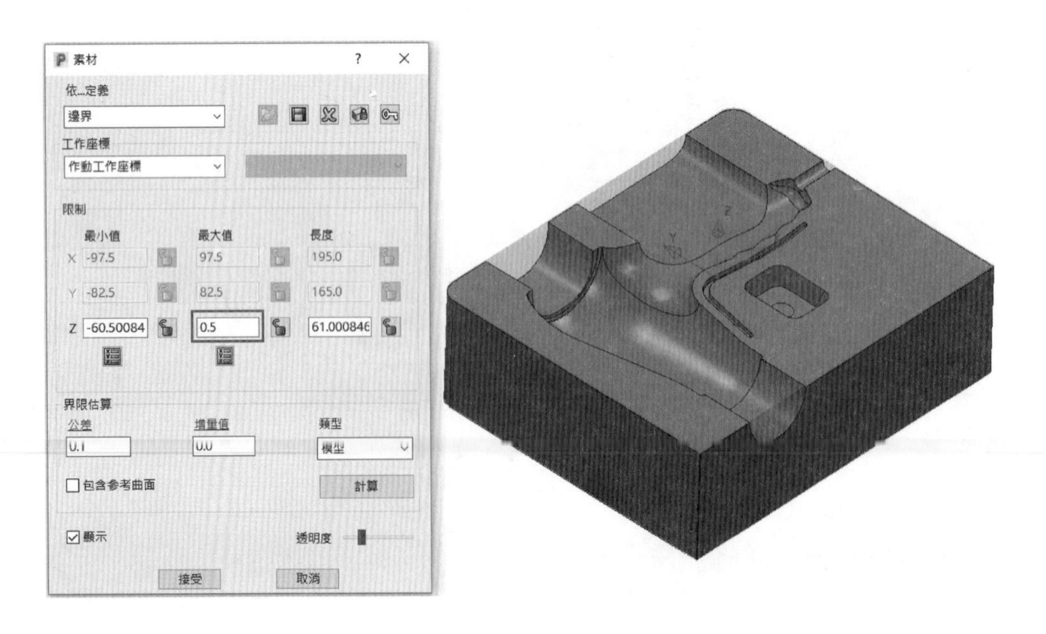

## 12.2.3 設定安全提刀高度（Set safe area toolpath connections）

從主要工具列中點選提刀高度圖示，再次確認安全高與起始高並修正安全高的值爲 30.0 mm，起始高的值爲 1.0 mm。請確認並點擊接受。

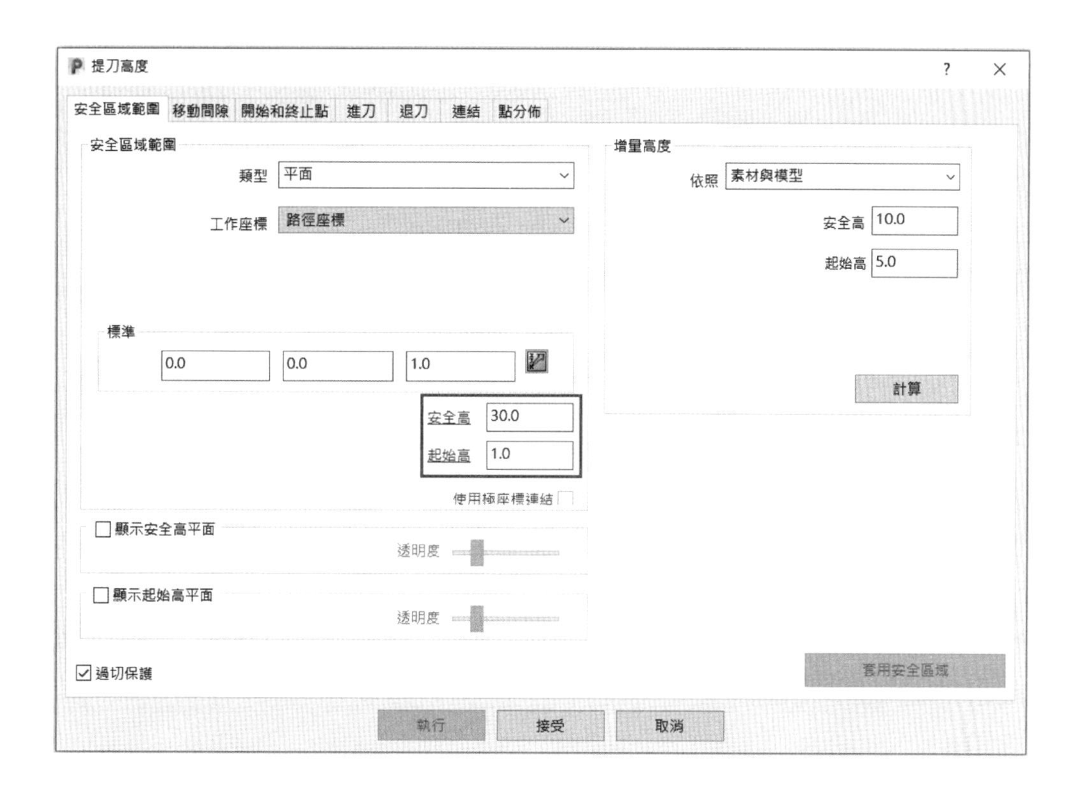


## 12.2.4 刀具設定（Setup for the tools）

從物件工具列中的刀具處，按滑鼠右鍵開啓次功能 > 產生刀具 > 從選單中選擇所需建立的刀具類型（如下列的刀具類型）。

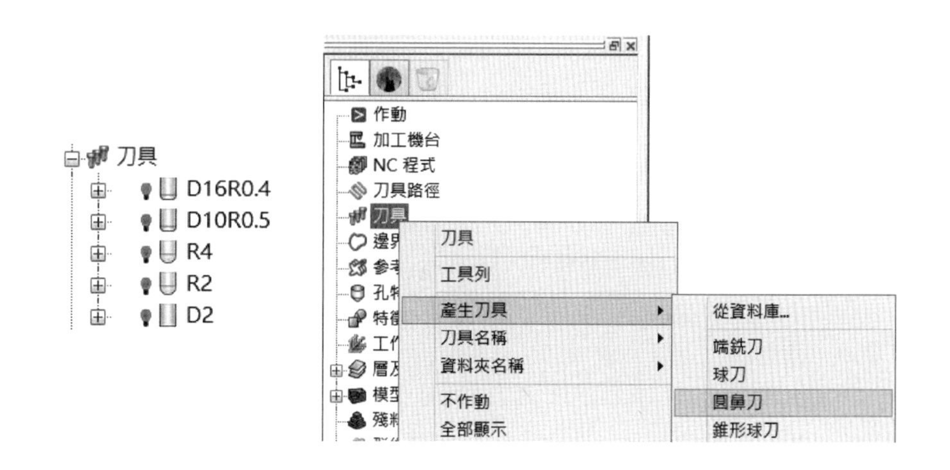

建立以下的刀具類型與切削參數：

1. 點選圓鼻刀類型，設定名稱為 D16R0.4、刀刃直徑為 16.0、圓鼻半徑為 0.4、刀具編號為 1、刀刃數為 3，設定切削速度為 160.0 m/min、進給量 / 每刃為 0.15，然後關閉。
2. 點選圓鼻刀類型，設定名稱為 D10R0.5、刀刃直徑為 10.0、圓鼻半徑為 0.5、刀具編號為 2、刀刃數為 3，設定切削速度為 110.0 m/min、進給量 / 每刃為 0.12，然後關閉。
3. 點選球刀類型，設定名稱為 R4、刀刃直徑為 8.0、刀具編號為 3、刀刃數為 2，設定切削速度為 180.0 m/min、進給量 / 每刃為 0.13，然後關閉。
4. 點選球刀類型，設定名稱為 R2、刀刃直徑為 4.0、刀具編號為 4、刀刃數為 2，設定切削速度為 105.0 m/min、進給量 / 每刃為 0.05，然後關閉。
5. 點選端刀類型，設定名稱為 D2、刀刃直徑為 2.0、刀具編號為 5、刀刃數為 3，設定切削速度為 60.0 m/min、進給量 / 每刃為 0.03，然後關閉。

## 12.3 模型粗加工（Model rough machining）

1. 作動加工刀具 D16R0.4。
2. 從主要工具列中點選刀具路徑工法圖示 。
3. 選取 3D 粗加工 Area clearance 選單，選擇模型粗加工（Model area clearance）工法選項。

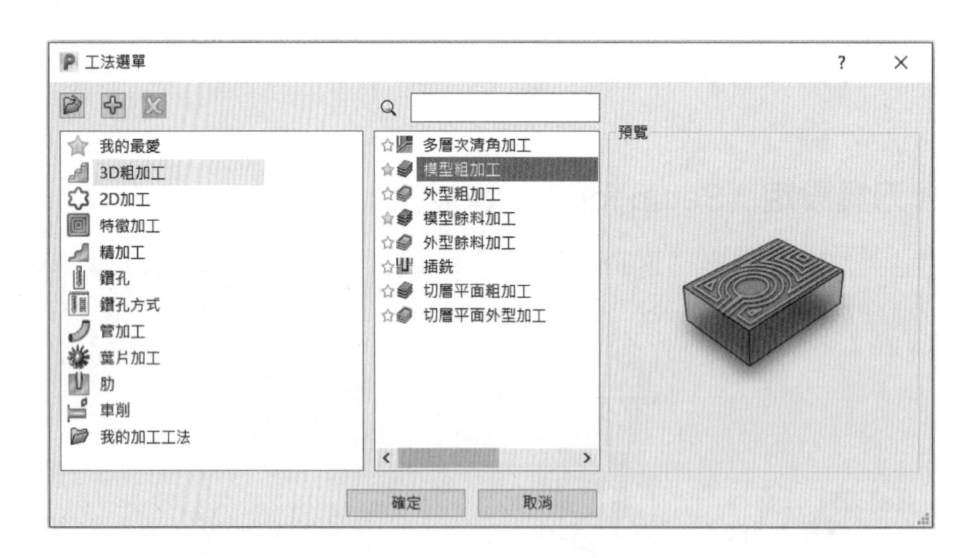


4. 開啟選單之後定義以下設定（如下頁圖所示）：

(1) 輸入刀具路徑名稱：Rough_offset。

(2) 樣式：環繞 - 依全部。

(3) 切削方向：順銑。

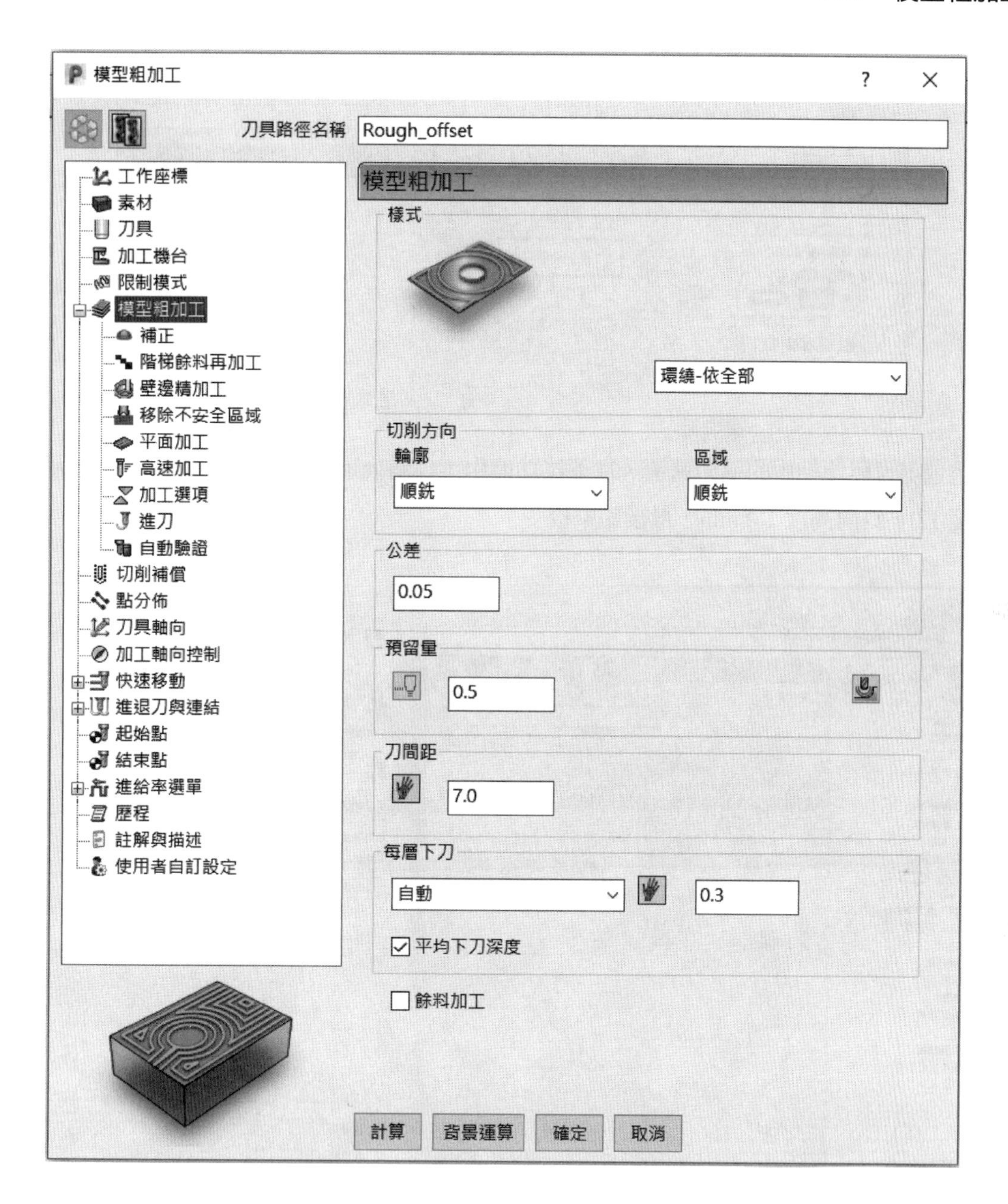


(4) 公差：0.05。

(5) 預留量：0.5。

(6) 刀間距：7.0。

(7) 每層下刀：0.3。

5. 點選補正選項，從右邊的選項功能中不勾選保持切削方向。

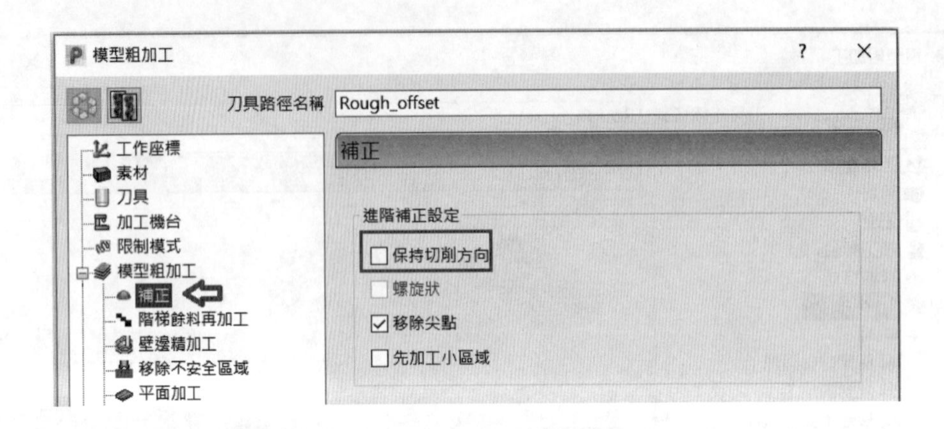


6. 點選進退刀與連結中的進刀選項，從下拉功能中選擇斜向下刀。再點選 定義最大斜向角度 1.0，斜向高度 1.0 mm，最後點擊接受。

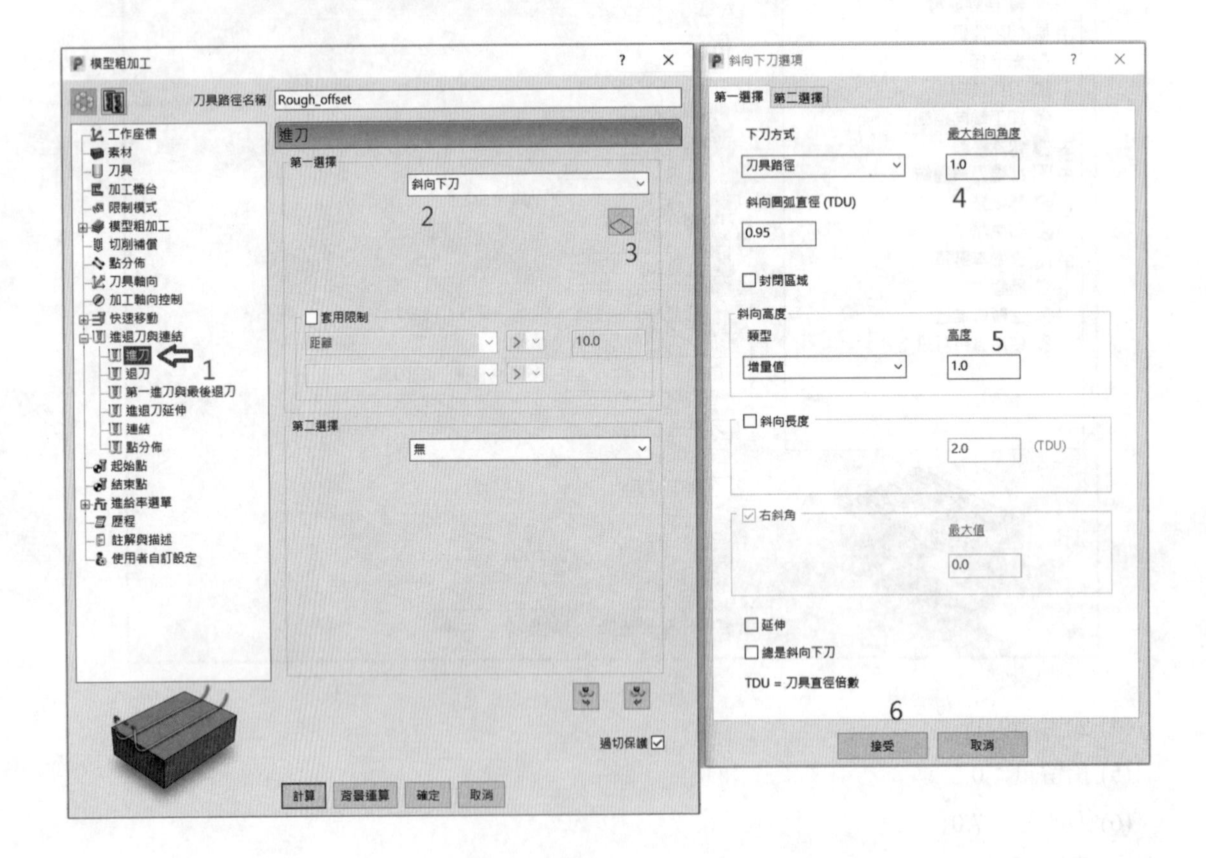


7. 以上加工參數定義完成後，點擊計算，再按關閉。
8. 計算完成的刀具路徑，如下圖所示。

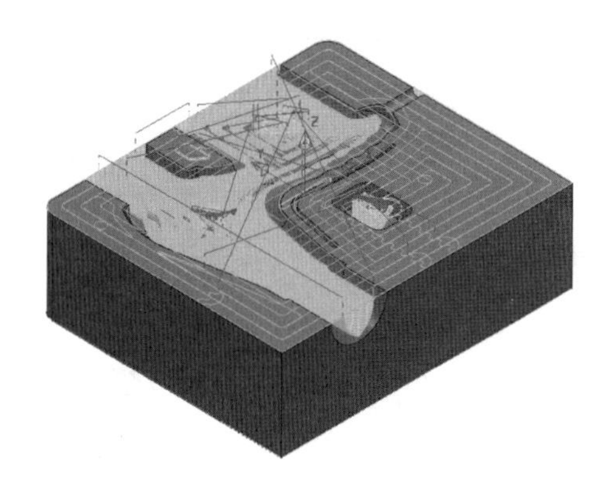

# 12.4 平面精加工（Plane finish machining）

1. 同樣作動加工刀具 D16R0.4。
2. 從主要工具列，點擊刀具路徑工法選單 。
3. 選取粗加工 3D area clearance 選單，選擇切層平面粗加工（Slice area clearance）工法選項。

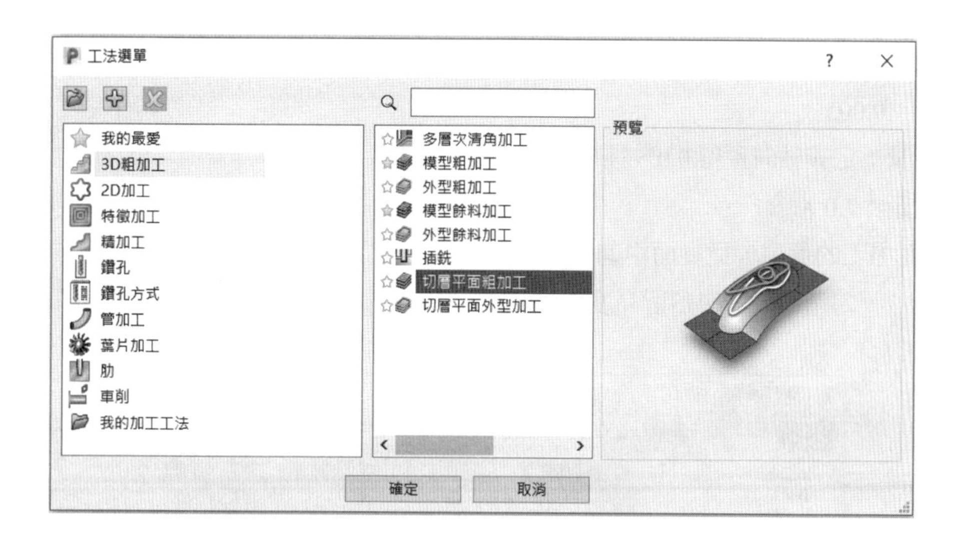


4. 開啓選單之後定義以下設定（如下頁圖所示）：
   (1) 輸入刀具路徑名稱：Plane_Finishing。
   (2) 切層平面：從下拉選項中選擇平面。
   (3) 樣式：平行投影。
   (4) 切削方向：雙向。

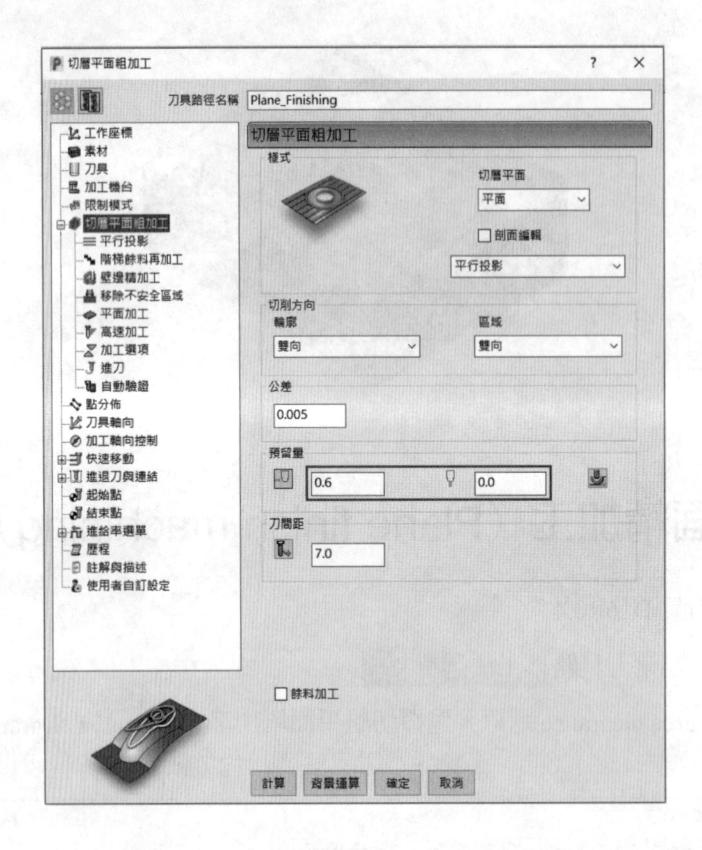


(5) 公差：0.005。

(6) 預留量：定義軸向預留 0.0、徑向預留 0.6。

(7) 刀間距：7.0。

5. 點選平面加工的選項，從頁面中勾選使用多層次切削加工，切削刀數定義為 2，每層下刀定義為 0.2，勾選最後一層預留高度 0.05。

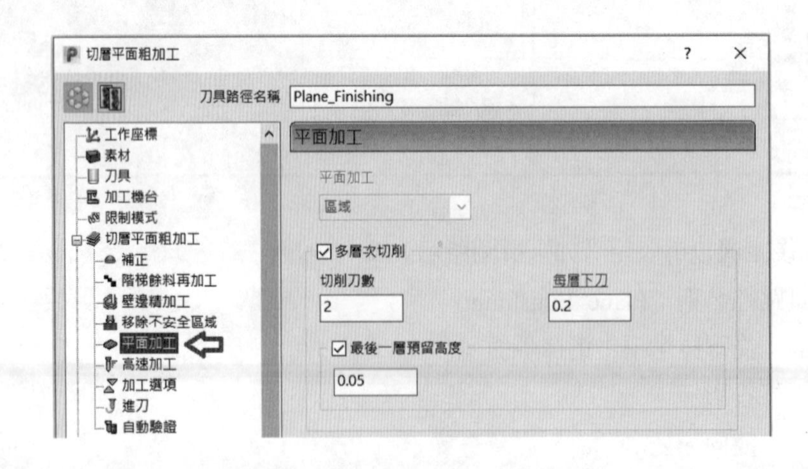

6. 點選移動間隙的選項，從頁面中的緩降距離定義為 1.0，再從下拉式功能中選用刀具接觸點。

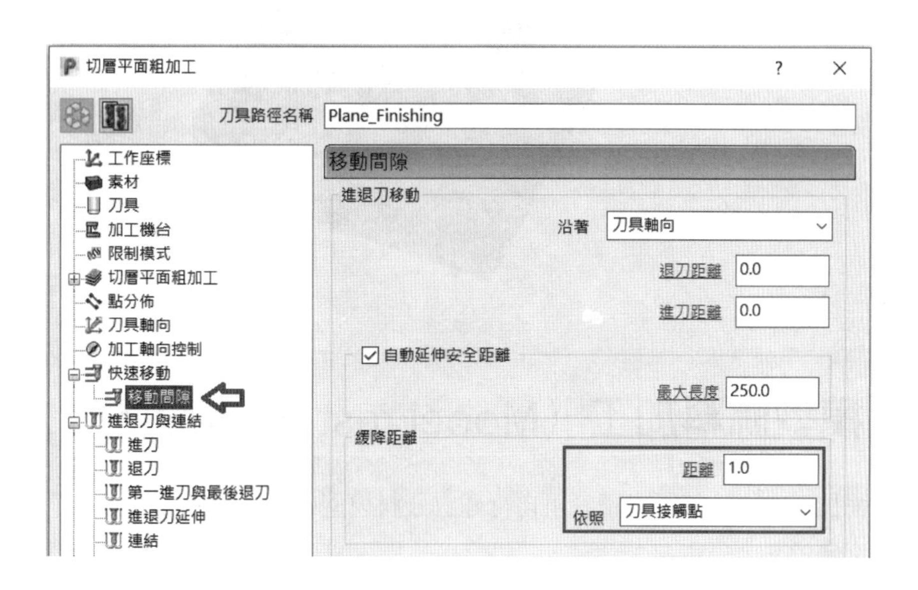


7. 以上加工參數定義完成後，點擊計算，再按關閉。
8. 計算完成的刀具路徑，如下圖所示。

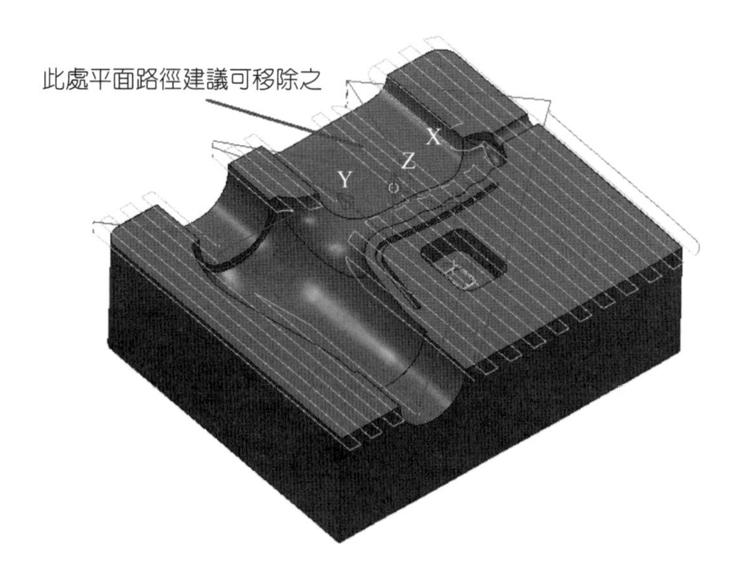


9. 若工法樣式策略採用環繞 - 依全部所計算完成的刀具路徑，如下頁圖所示。

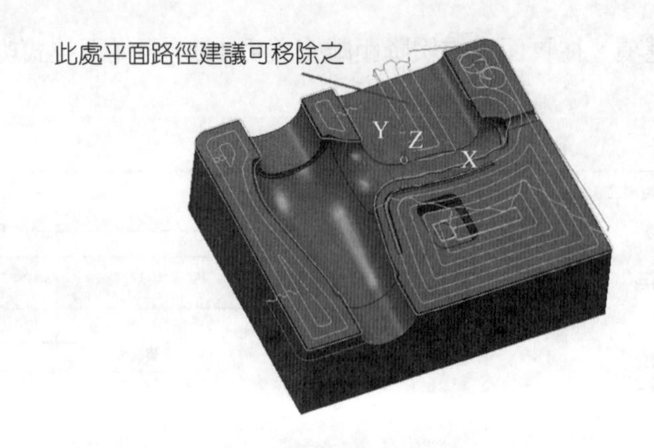


## 12.5 模型餘料加工（Model rest machining）

進行平面加工之後，接下來讀者可自行建立殘料模型或直接參考粗加工路徑來作爲下一把刀具的加工參考。

1. 作動加工刀具 D10R0.5。
2. 從主要工具列，點擊刀具路徑工法選單 。
3. 選取 3D 粗加工 Area Clearance 選單，選擇模型餘料加工（Model rest area clearance）工法選項。

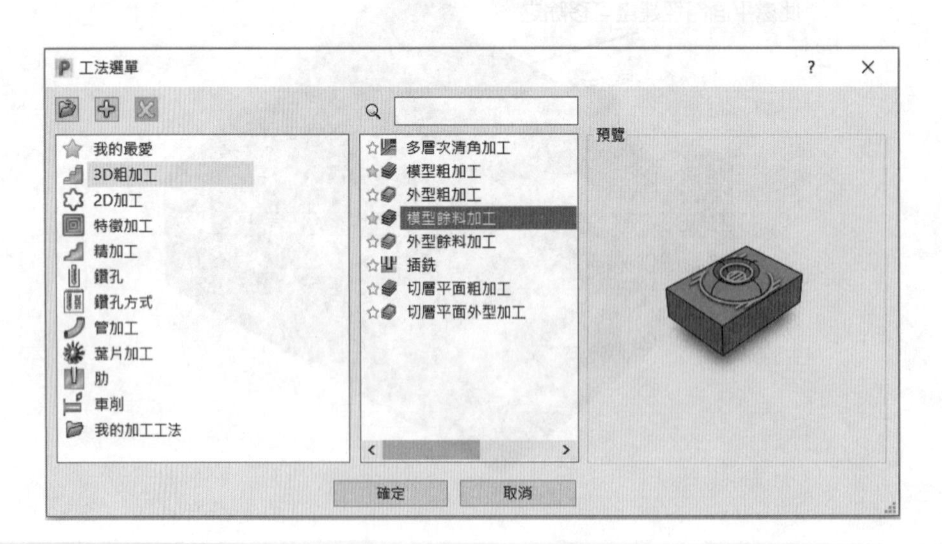

4. 開啓選單之後定義以下設定（如下圖所示）：

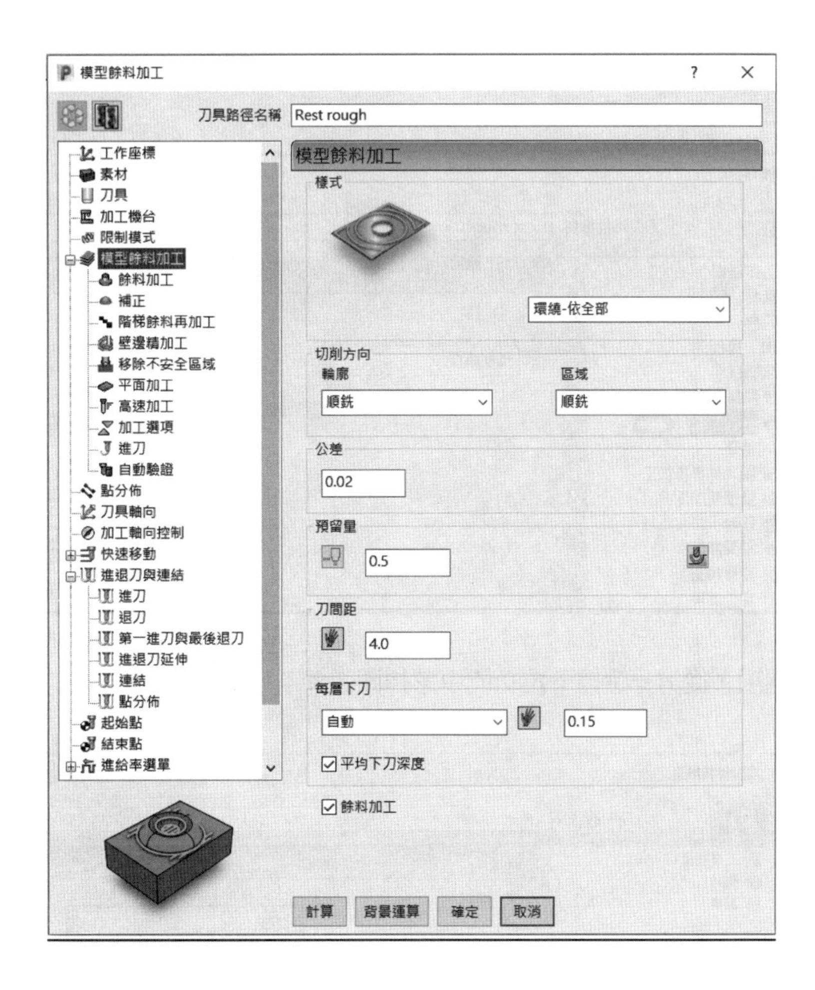


(1) 輸入刀具路徑名稱：Rest rough。

(2) 樣式：環繞 - 依全部。

(3) 切削方向：順銑。

(4) 公差：0.02。

(5) 預留量：0.5。

(6) 刀間距：4.0。

(7) 每層下刀：0.15。

(8) 確認勾選使用餘料加工。

5. 點選餘料加工選項，從選單下拉功能中選擇參考殘料模型和點選 1（請自行建立殘料模型，將粗加工和平面加工路徑加入做運算）> 定義忽略殘料少於 0.3 > 定義最小間隙長度爲 30.0 > 不勾選參考之前 Z 軸高度。

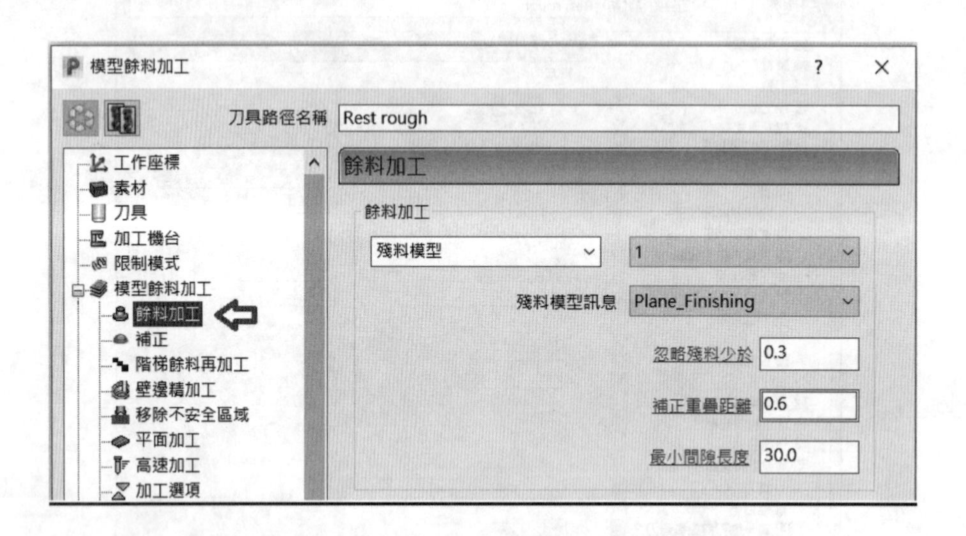


6. 點選連結的選項，從第一選擇下拉功能中選擇圓弧。

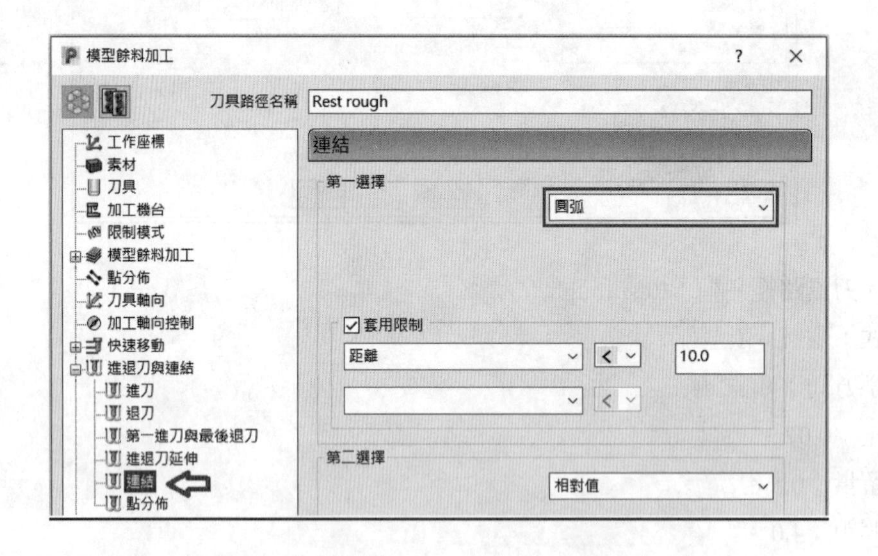


7. 以上加工參數定義完成後，點擊圖示中的計算，再按關閉。

8. 計算完成後的刀具路徑，如下圖所示。

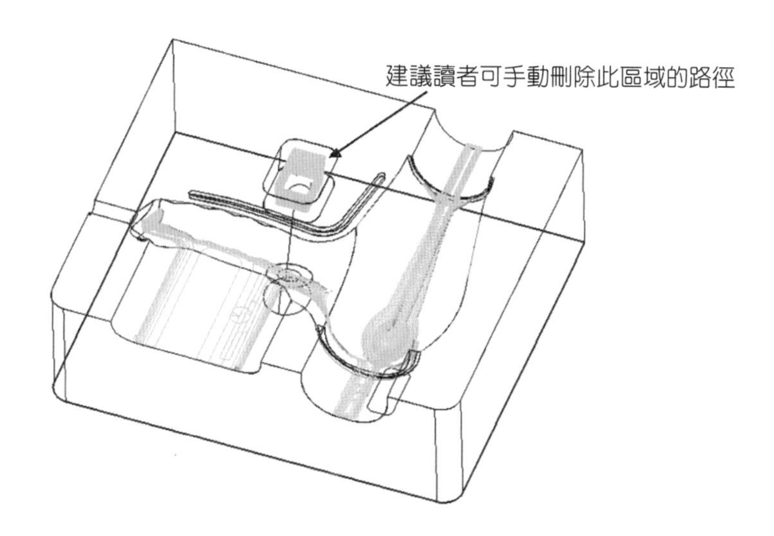


9. 加入再粗加工路徑於殘料模型內，所運算完成後的殘料模型，如下圖所示。

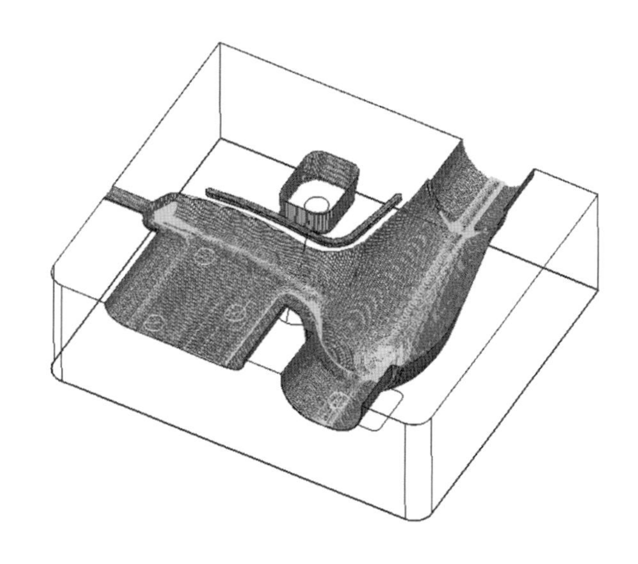

# 12.6 模型二次餘料加工（Model rest machining once more）

進行再粗加工之後某些區域尚還有多的殘餘留料，接下來可再參考殘料模型來進行第二次的餘料加工。

1. 作動加工刀具 R2。
2. 從物件工具列中，使用滑鼠右鍵功能點選邊界，滑鼠移置邊界建立，從右鍵下拉功能的選單中點選 _ 選擇餘料邊界。

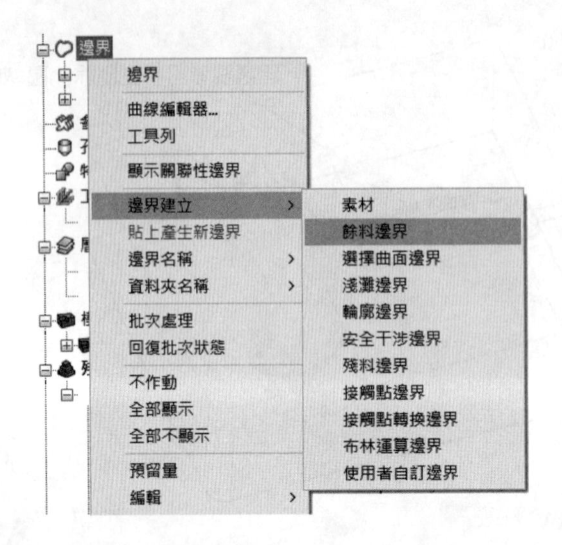


3. 開啓選單之後定義以下設定（如下圖所示）。

(1) 不勾選使用關聯性邊界、公差設爲 0.02、預留量設爲 0.0。

(2) 參考刀具從下拉中選擇 D10R0.5。

(3) 點選執行與接受，完成邊界的設定。

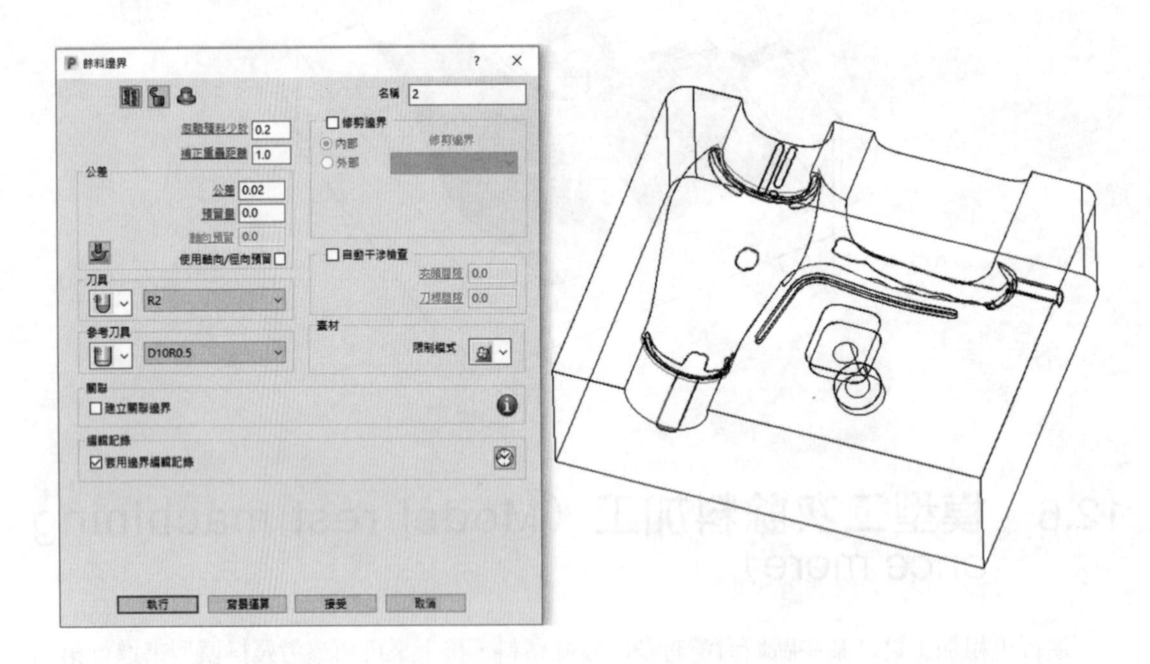


4. 讀者可自行決定要加工二次粗加工的邊界區域，完成後的邊界如下圖所示。

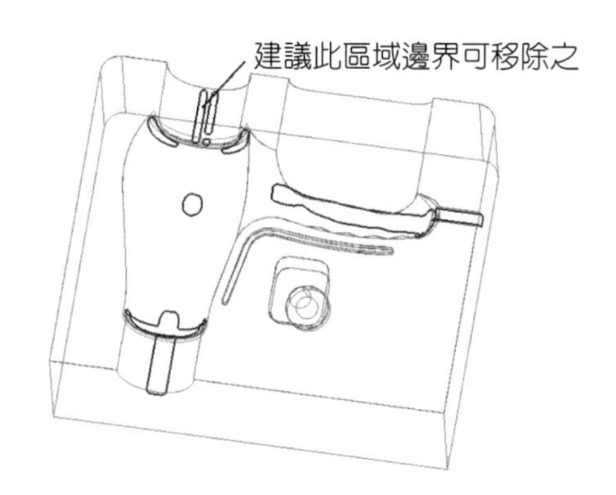


5. 從主要工具列，點擊刀具路徑工法選單 。
6. 選取 3D 粗加工 Area Clearance 選單，選擇模型餘料加工（Model rest area clearance）工法選項。

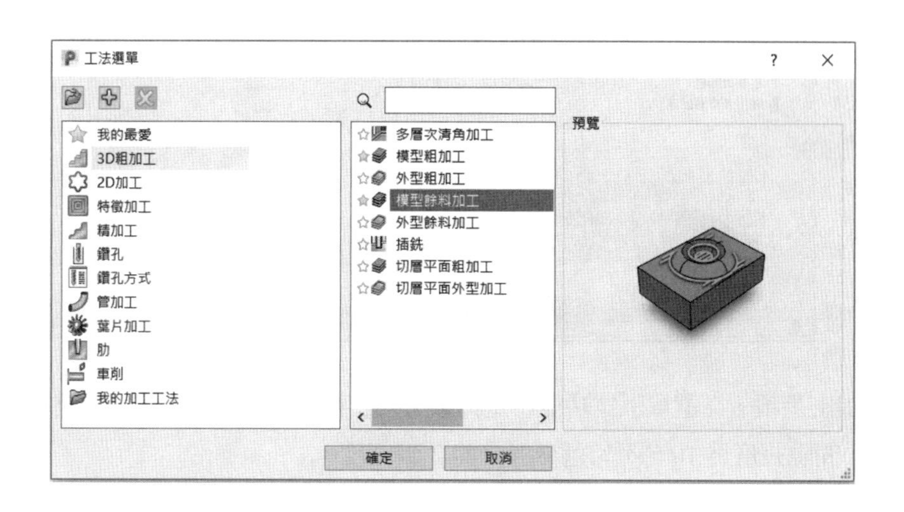


7. 開啓選單之後定義以下設定（如下頁圖所示）：
   (1) 輸入刀具路徑名稱：Rest rough_2。
   (2) 樣式：環繞 - 依全部。
   (3) 切削方向：順銑。
   (4) 公差：0.02。
   (5) 預留量：0.5。
   (6) 刀間距：1.0。
   (7) 每層下刀：0.15。
   (8) 確認勾選使用餘料加工。
   (9) 從限制模式選項中確認已選用邊界名稱 2。

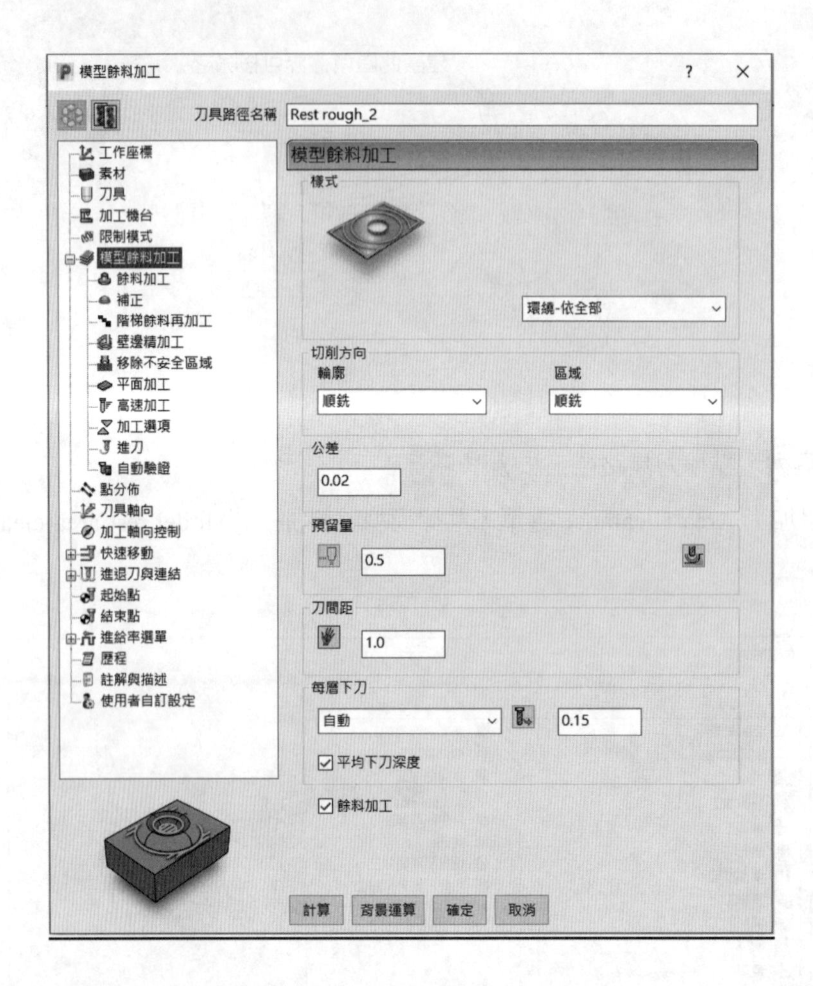


8. 點選餘料加工選項，從選單下拉功能中選擇參考殘料模型和點選 1 > 定義忽略殘料少於 0.3 > 定義最小間隙長度爲 10 > 不勾選參考之前 Z 軸高度。

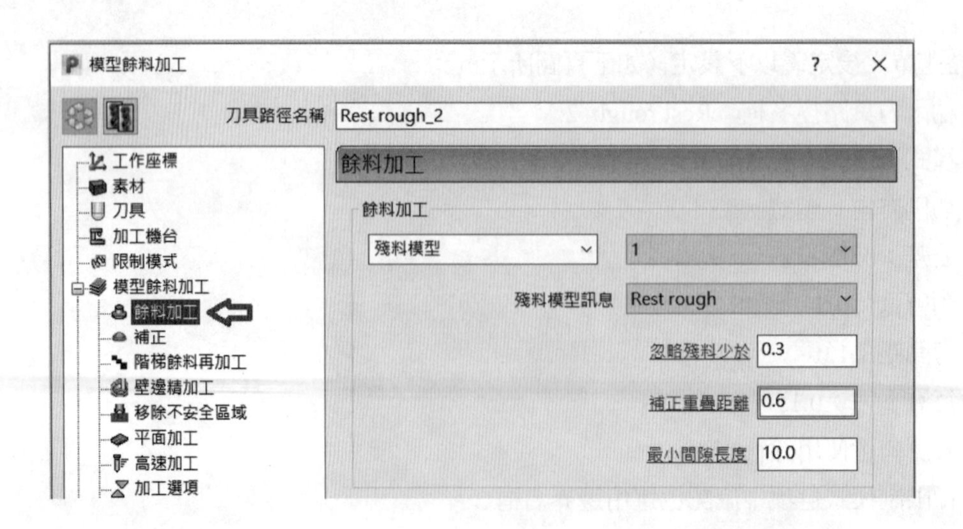

9. 點選連結的選項，從第一選擇下拉功能中選擇圓弧。

10. 以上加工參數定義完成後，點擊圖示中的計算，再按關閉。

11. 計算完成後的刀具路徑，如下圖所示。

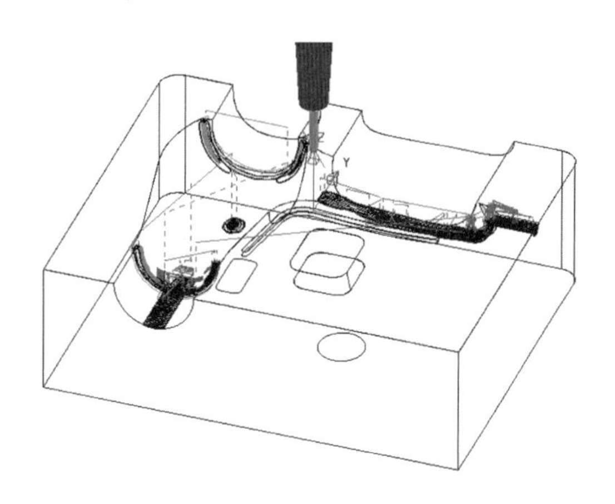

## 12.7 最佳化等高中加工（Optimised constant Z finishing）

1. 作動加工刀具 R4。

2. 點選所要編輯的曲面（可從 General 圖層去選擇曲面），如下圖所示。

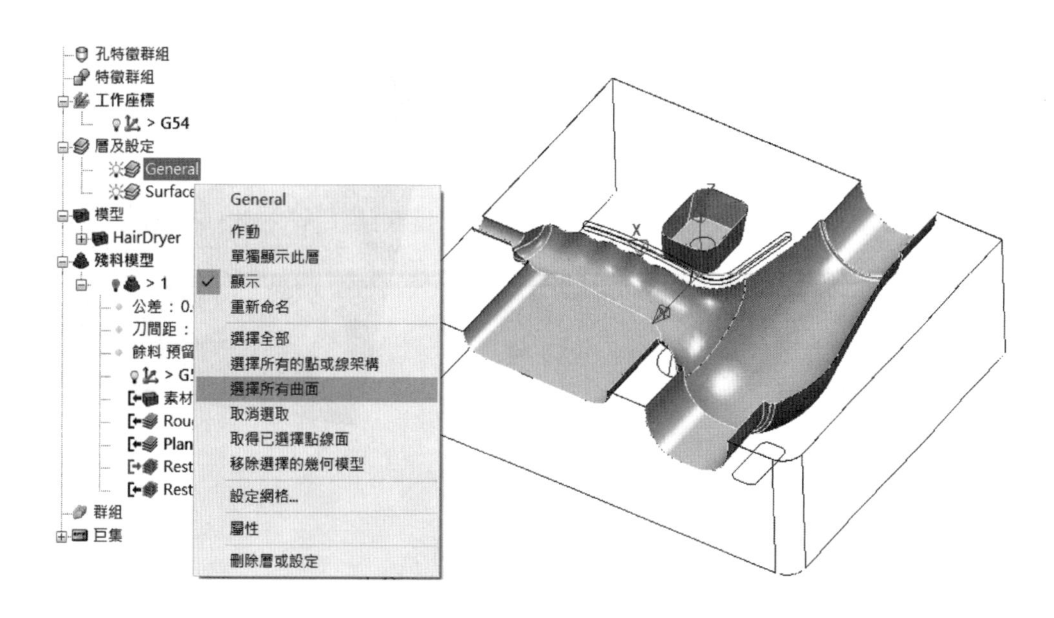

3. 從物件工具列中，使用滑鼠右鍵功能點選邊界，滑鼠移置邊界建立，從右鍵下拉功能的選單中點選 _ 選擇曲面邊界。

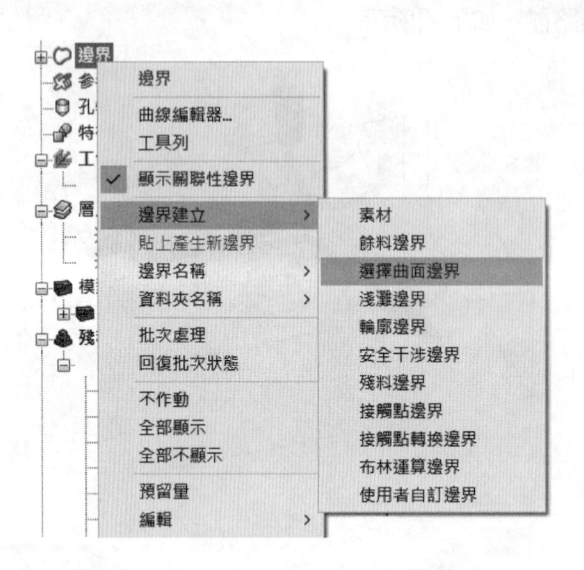


4. 開啓選單之後定義以下設定：
   (1) 勾選頂部、公差設爲 0.02、預留量設爲 0.0。
   (2) 點選執行與接受，完成邊界的設定。

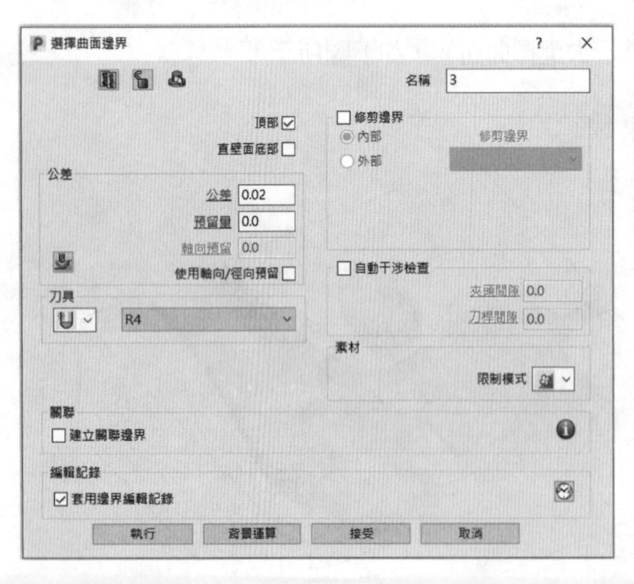


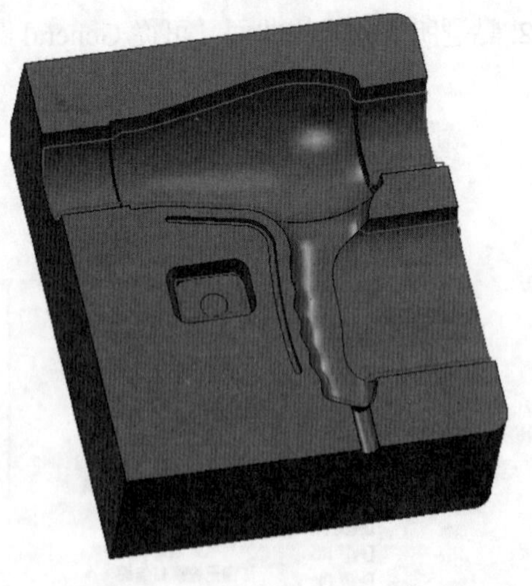

5. 請移除不必要的小區域邊界，完成後的邊界如下圖所示。

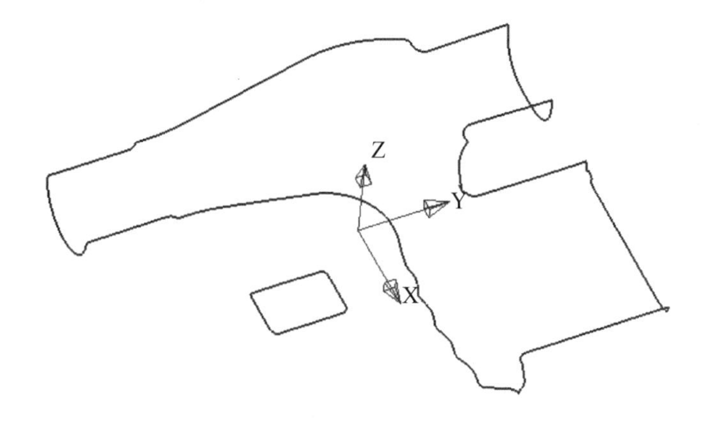


6. 從主要工具列，點擊刀具路徑工法選單 。
7. 選取精加工 Finish 選單，選擇最佳化等高加工（Optimised constant Z）工法選項。

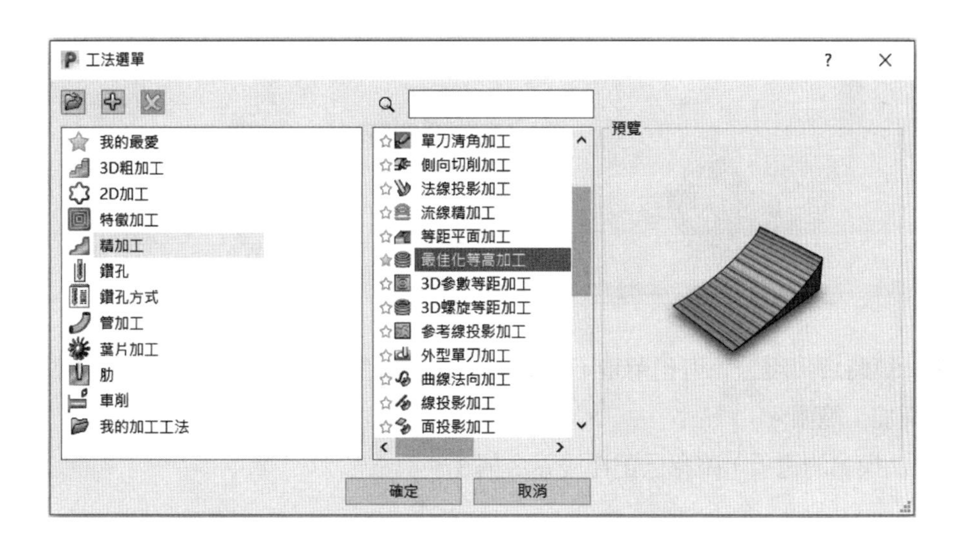


8. 開啓選單之後定義以下設定（如下頁圖所示）：
(1) 輸入刀具路徑名稱：Optimised Constant Z Semi。
(2) 勾選平順。
(3) 切削方向：雙向。
(4) 公差：0.01 。
(5) 預留量：0.1 。
(6) 刀間距：0.35 。

9. 當點擊計算時會出現公差與預留量不符的 PowerMILL® 警告，請點選確認，它不影響路徑的運算與加工範圍。

10. 點選限制模式的選項，確認已選擇邊界名稱 3。

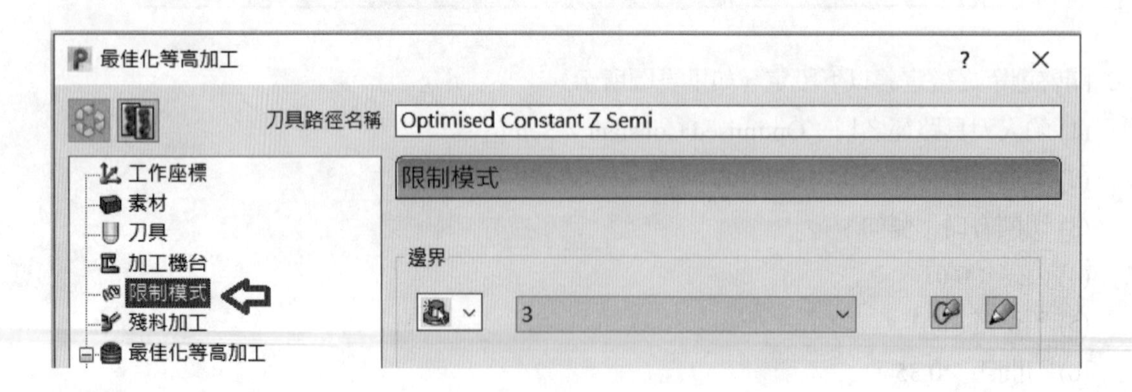

11. 點選進退刀與連結中的進刀選項，確認功能中選擇曲面法線圓弧。定義角度爲 90.0、半徑爲 1，再點選退刀與進刀相同選項按鈕。
12. 點選連結的選項，從第一選擇下拉功能中選擇圓弧。
13. 以上加工參數定義完成後，點擊計算，再按關閉。
14. 計算完成的刀具路徑，如下圖所示。

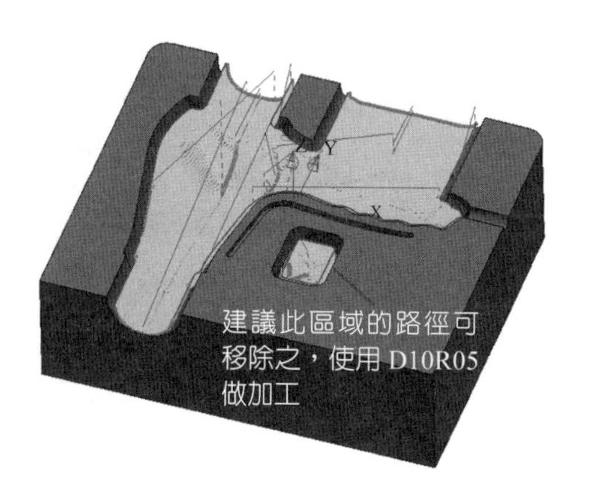


補充說明：

上端有些斷續的路徑建議可移除之。

15. 接下來將說明如何產生被刪除掉的口袋槽加工路徑：
    (1) 建立此區域的邊界，建議可使用「使用者自訂邊界」來建立下圖所示的邊界範圍。

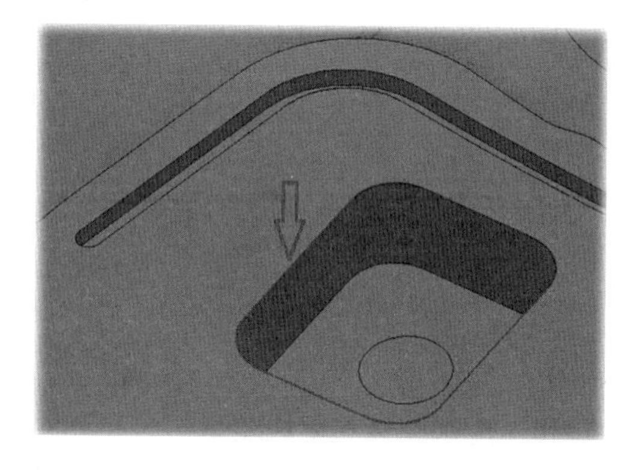

    (2) 作動加工刀具 D10R0.5。
    (3) 請複製刀具路徑 ，使用同樣的最佳化等高工法策略來完成口袋槽的加工路徑。

(4) 開啓選單之後定義以下的設定（如下圖所示）：

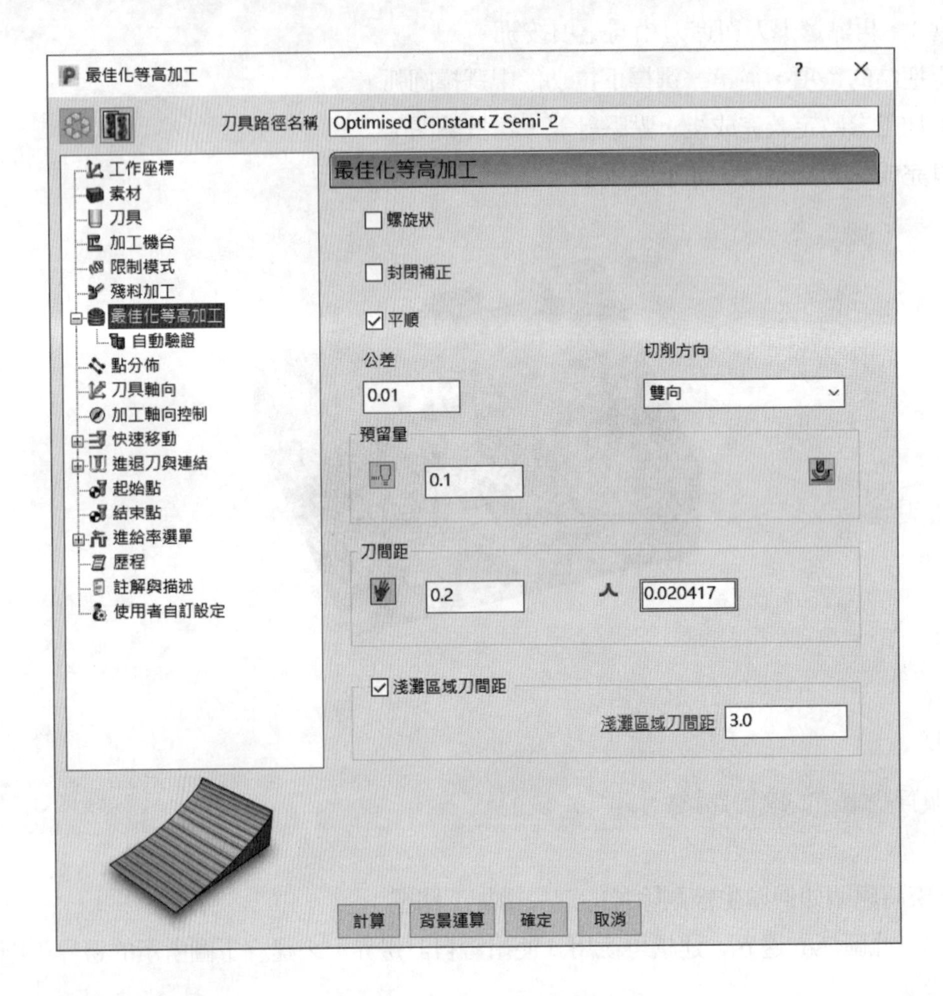


a. 輸入刀具路徑名稱：Optimised Constant Z Semi_2。

b. 勾選平順。

c. 切削方向：雙向。

d. 公差：0.01。

e. 預留量：0.1。

f. 刀間距：0.2。

g. 淺灘區域刀間距：3.0。

(5) 以上加工參數定義完成後，點擊計算，再按關閉。

(6) 計算完成的刀具路徑，如下圖所示。

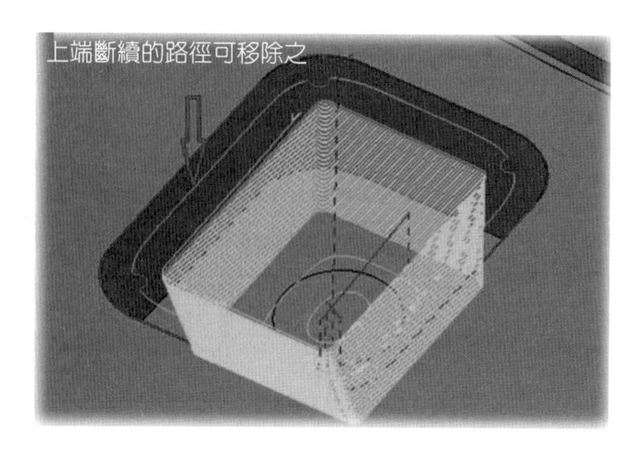


補充說明：

精加工的路徑讀者可改用端銑刀來做加工。

## 12.8 曲面法向精加工（Surface finishing）

此工法策略可應用到此模型的這些區域，如下圖所點選的區域範圍曲面。

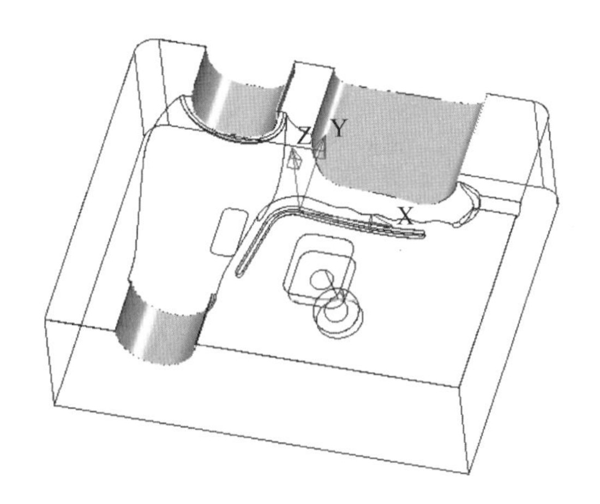


1. 作動加工刀具 R4。
2. 從主要工具列，點擊刀具路徑工法選單 。
3. 選取精加工 Finish 選單，選擇曲面法向加工（Surface finishing）工法選項。

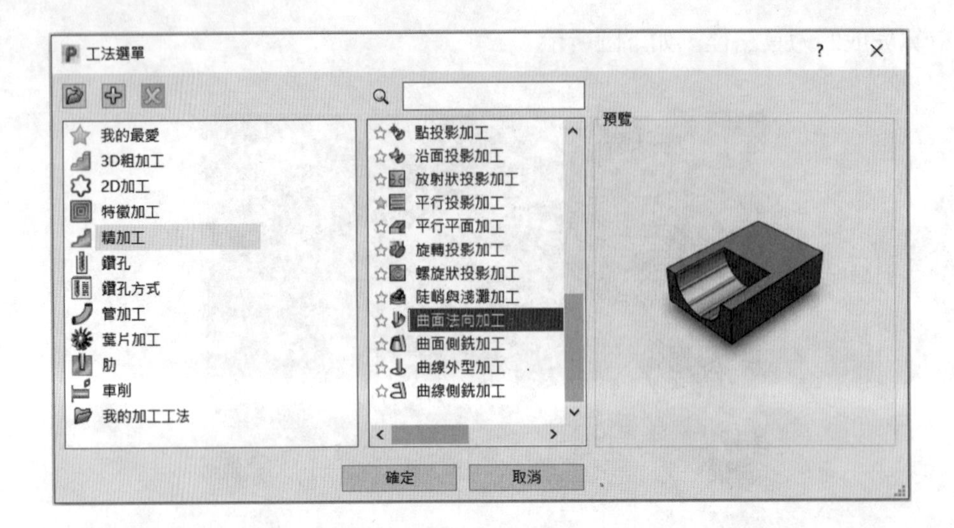


4. 開啓選單之後定義以下設定（如下圖所示）：

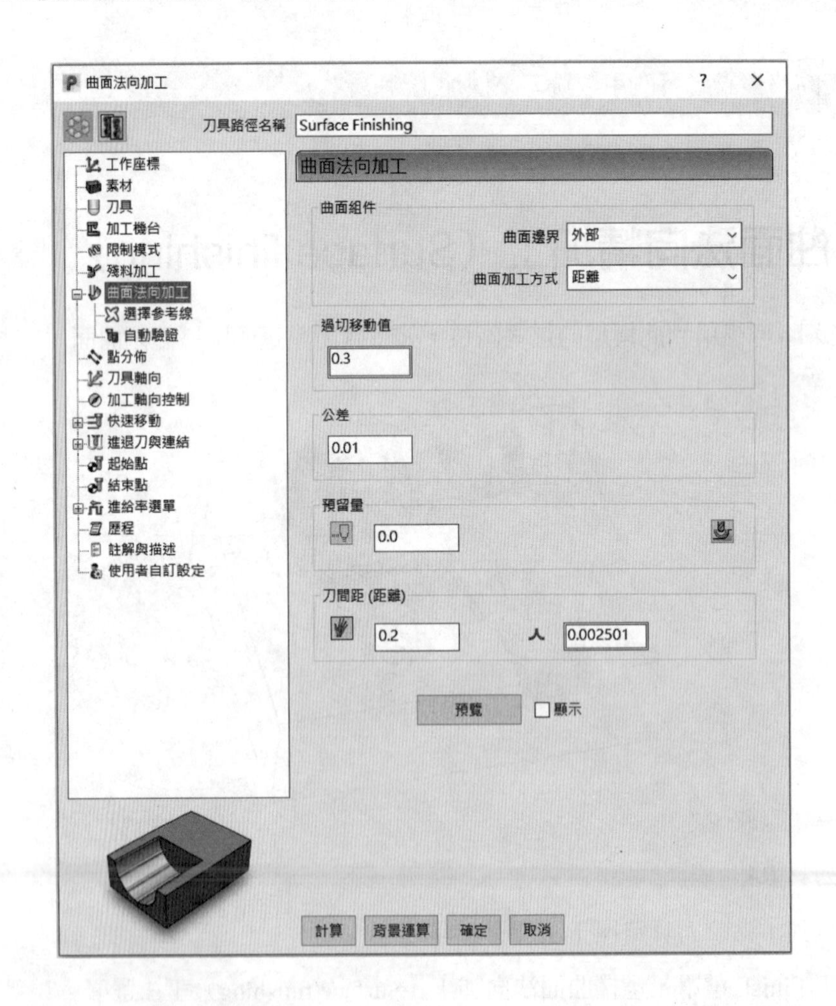

(1) 輸入刀具路徑名稱：Surface Finishing。

(2) 過切移動值：依內定 0.3。

(3) 公差：0.01。

(4) 預留量：0.0。

(5) 刀間距：0.2。

5. 點選選擇參考線選項頁面，從頁面中定義參考線方向為 V、路徑順序為雙向。

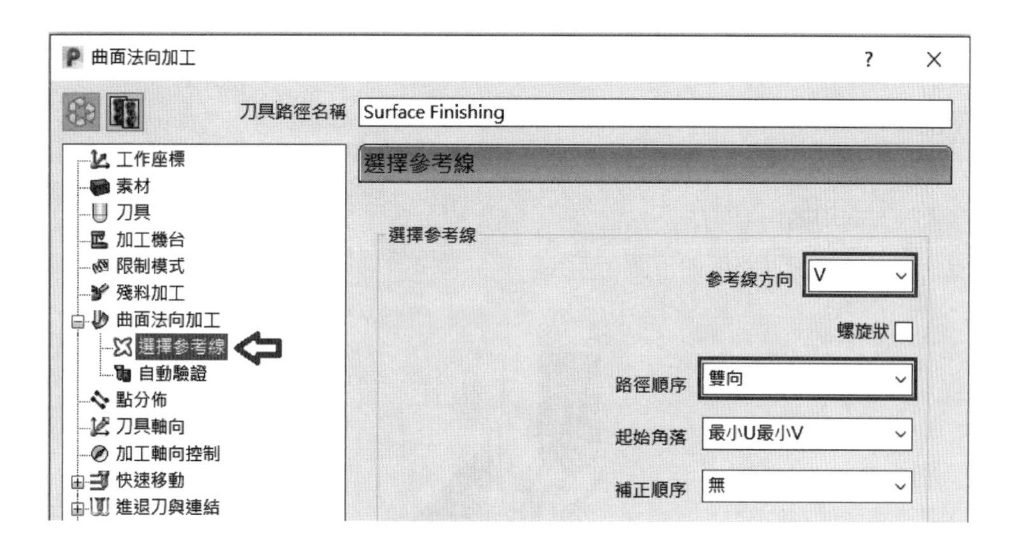


6. 進退刀與連結中的選項，可與最佳化等高的中加工路徑相同。

7. 此工法無須定義邊界，請直接選擇要加工的曲面做路徑運算。

8. 以上加工參數定義完成後，點擊計算，再按關閉。

9. 計算完成的刀具路徑，如下圖所示。

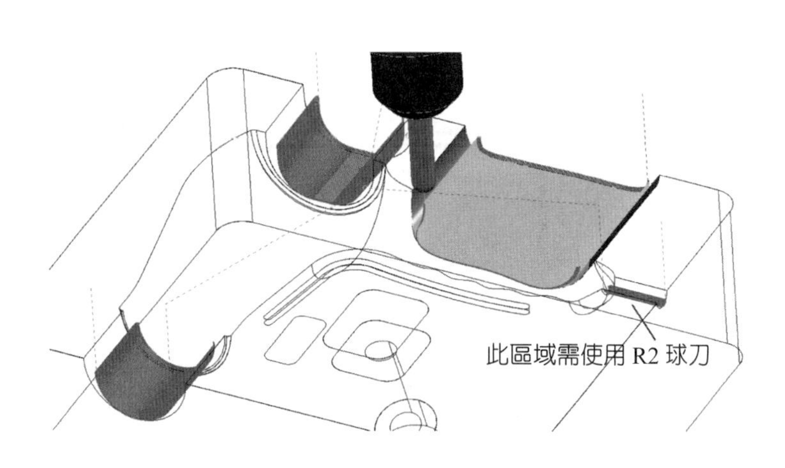

補充說明：

上圖的吹風機在前／後模口處，讀者也可以使用相同的曲面法向工法策略來依序完成它們。

10. 後端的區域，同樣可選用曲面法向加工策略。請選取或複製曲面法向加工，開啓選單之後定義以下設定：
    (1) 作動加工刀具 R2。
    (2) 公差：0.01。
    (3) 預留量：0.0。
    (4) 刀間距：0.1。
    (5) 參考線方向切換爲 U 方向。
    (6) 所計算完成的刀具路徑如下圖所示。

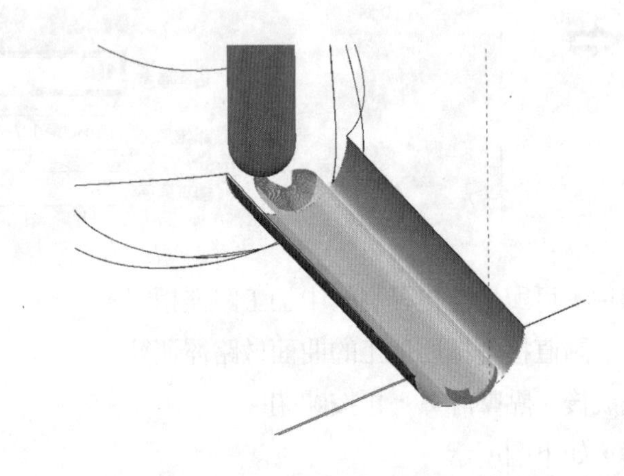

補充說明：

可複製以上這些區域的中加工刀具路徑 ，使用同樣的工法策略來完成精加工刀具路徑。

# 12.9 自動清角加工（Corner finishing）

成品的區域在做精加工之前，建議可使用相同的刀具或更小的刀具來做角落的殘餘料清角加工，以達到整體的均料預留量。

1. 作動加工刀具 R2。
2. 從主要工具列，點擊刀具路徑工法選單 。
3. 選取精加工 Finish 選單，選擇自動清角加工（Corner finishing）工法選項。

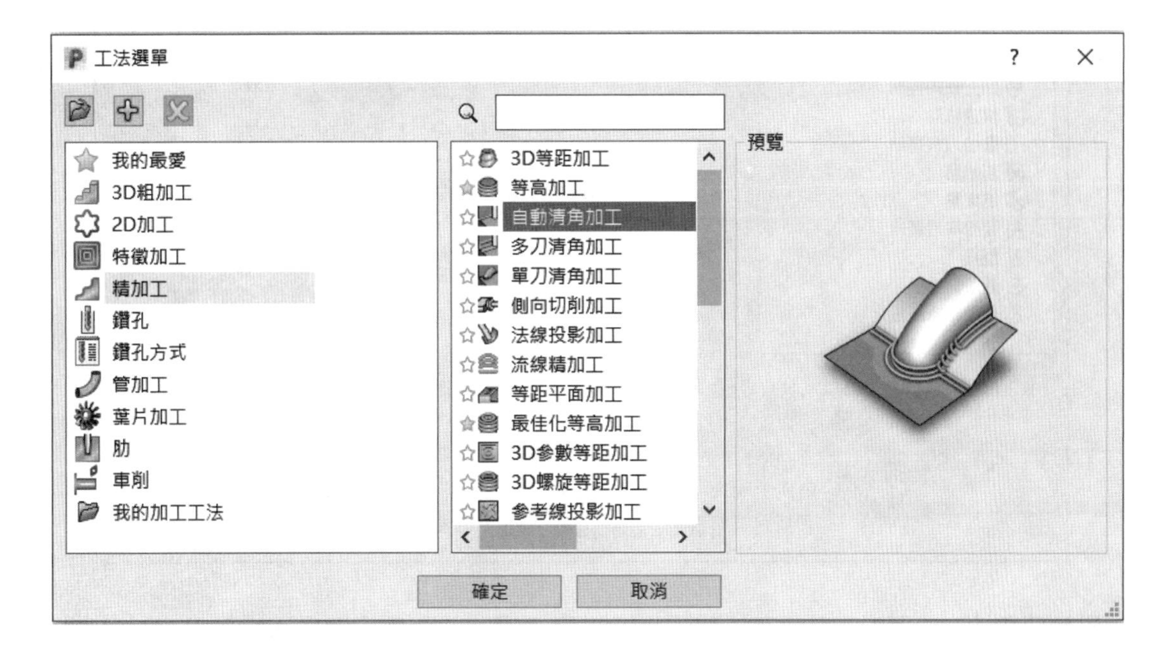


4. 開啓選單之後定義以下的設定（如下頁圖所示）：
   (1) 輸入刀具路徑名稱：Corner Finishing。
   (2) 輸出：兩者。
   (3) 清角方式：選擇插銑。
   (4) 區分角度：0.0。
   (5) 留痕高：0.01。
   (6) 公差：0.01。
   (7) 切削方向：順銑。
   (8) 預留量：0.1。

5. 點選清角檢查的選項，參考刀具選擇 R4 球刀，重疊補正距離定義為 0.2。

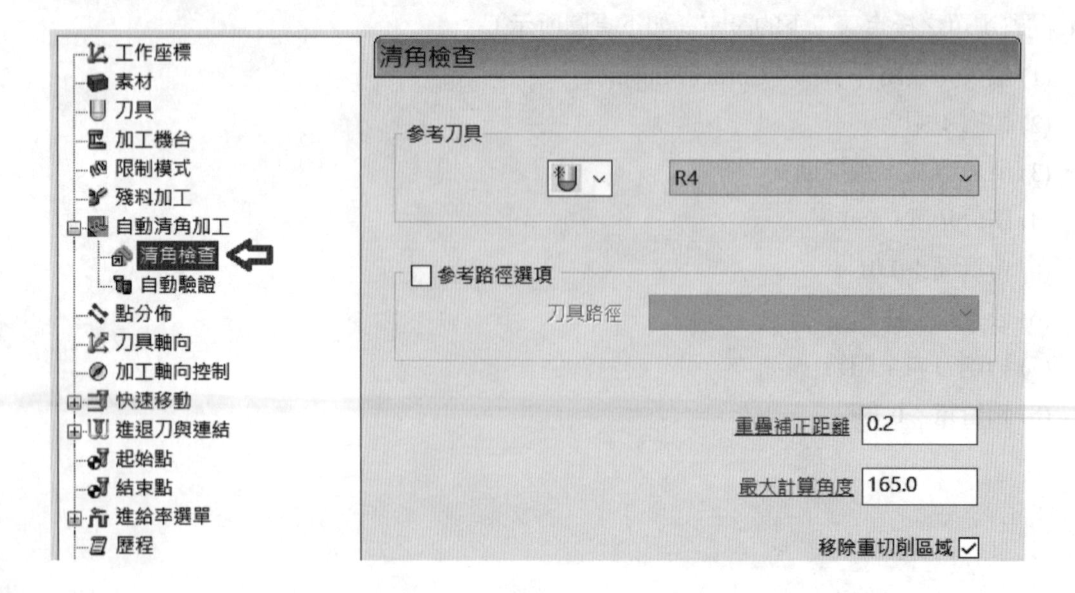

6. 點選限制模式的選項，無須選擇邊界做使用。
7. 點選進退刀與連結中的進刀選項，第一選擇選擇無，再點選退刀與進刀相同選項按鈕。
8. 點選連結的選項，從第一選擇下拉功能中選擇圓弧。
9. 以上加工參數定義完成後，點擊計算，再按關閉。
10. 計算完成的刀具路徑，如下圖所示（箭頭三處路徑建議可刪除）。

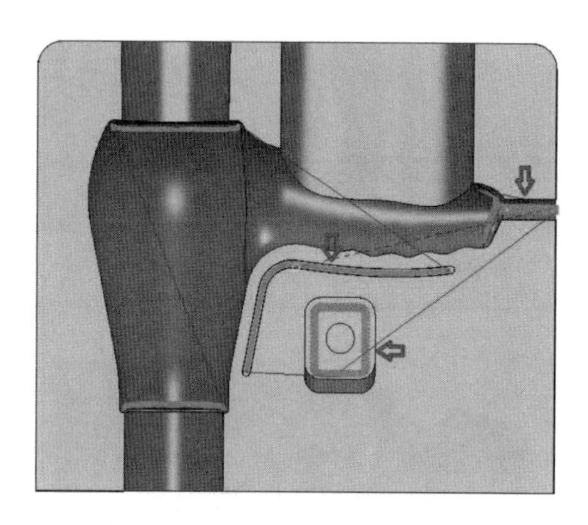

## 12.10 沿面投影精加工（Projection surface finishing）

此工法策略可應用到此模型的成品區域（如下圖吹風機的本體曲面），但它需要有一些應用上的技巧。

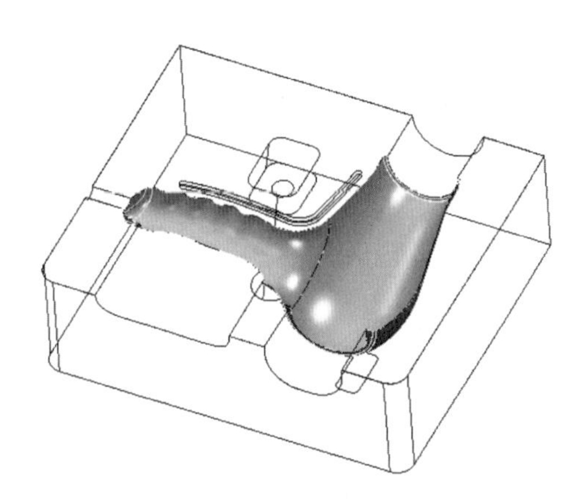

1. 首先從主功能表中選取檔案－輸入模型，從光碟目錄 Chapter-12 選取 fill surface.dgk 檔案。

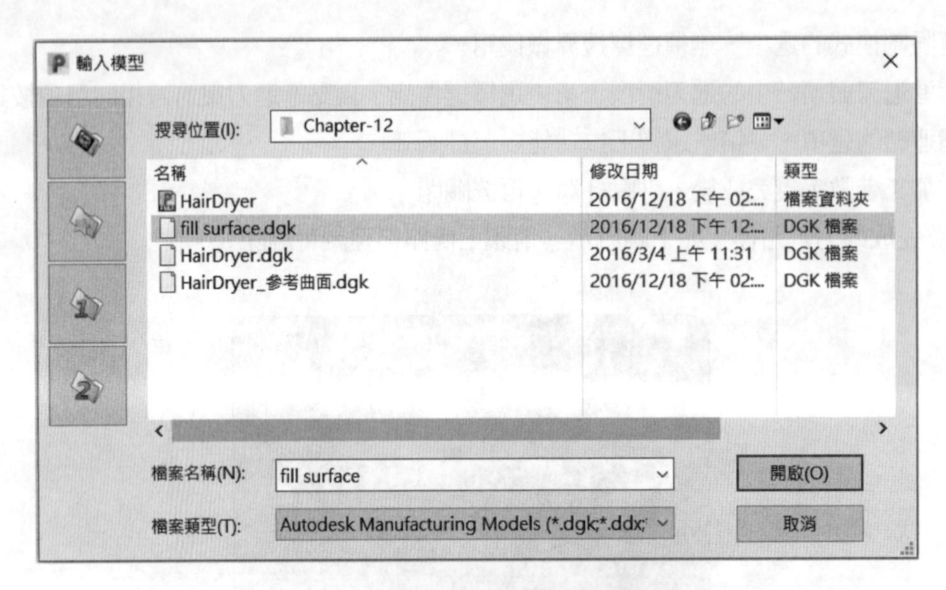


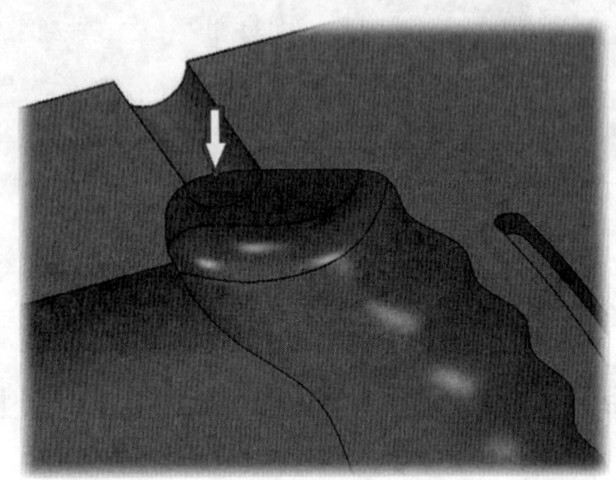

補充說明：

此曲面主要的用意在做爲檔面使用，讓此區域的加工路徑能夠連續性。

**2.** 從物件工具列中，使用滑鼠右鍵功能點選模型，從右鍵下拉功能的選單中點選輸入參考曲面。

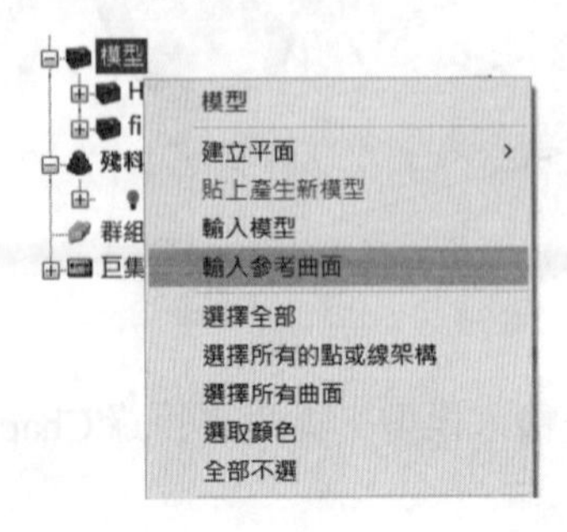

3. 從光碟目錄 Chapter-12 選取 HairDryer_ 參考曲面 .dgk 檔案。參考曲面如下的右圖示：

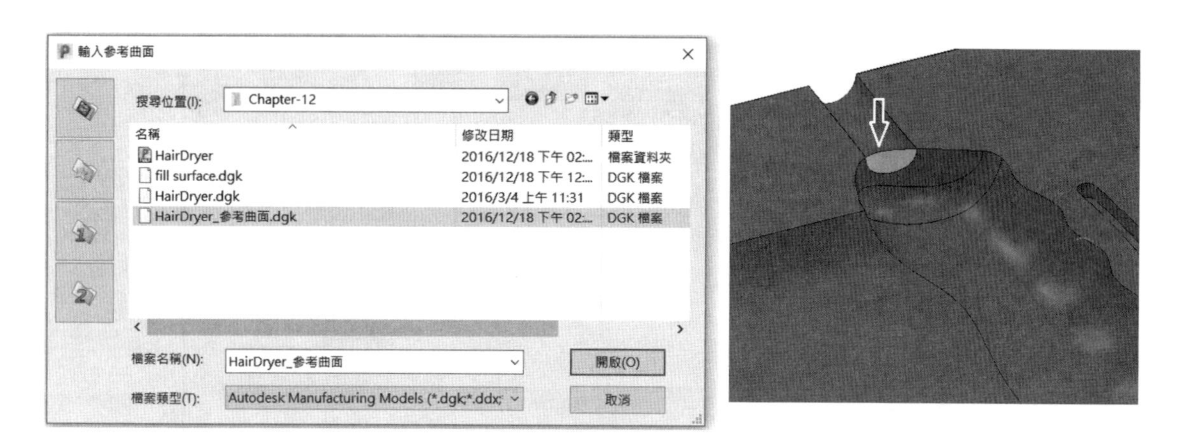


補充說明：

此參考曲面主要的用意在於讓整個路徑軌跡能夠達到 3D 最佳化的等距路徑。

4. 作動加工刀具 R2。

5. 從主要工具列，點擊刀具路徑工法選單 。

6. 選取精加工 Finish 選單，選擇沿面投影加工（Projection surface finishing）工法選項。

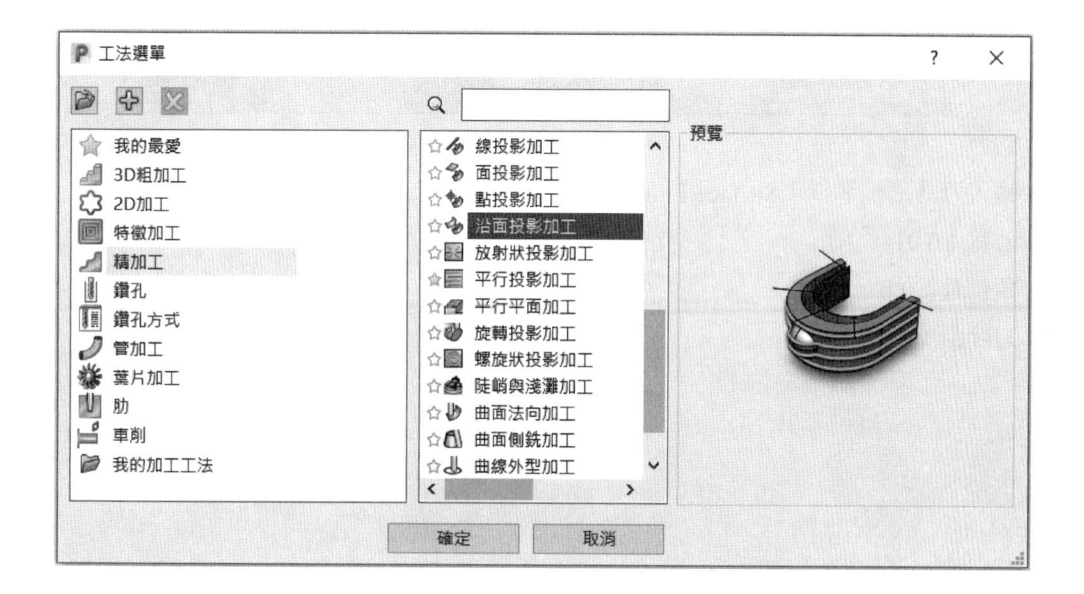

7. 開啓選單之後定義以下設定（如下圖所示）：

(1) 輸入刀具路徑名稱：Surface Finishing 2。

(2) 公差：0.01。

(3) 預留量：0.0。

(4) 刀間距：0.15。

8. 點選選擇參考線選項頁面，從頁面中定義參考線方向爲 U、路徑順序爲雙向。

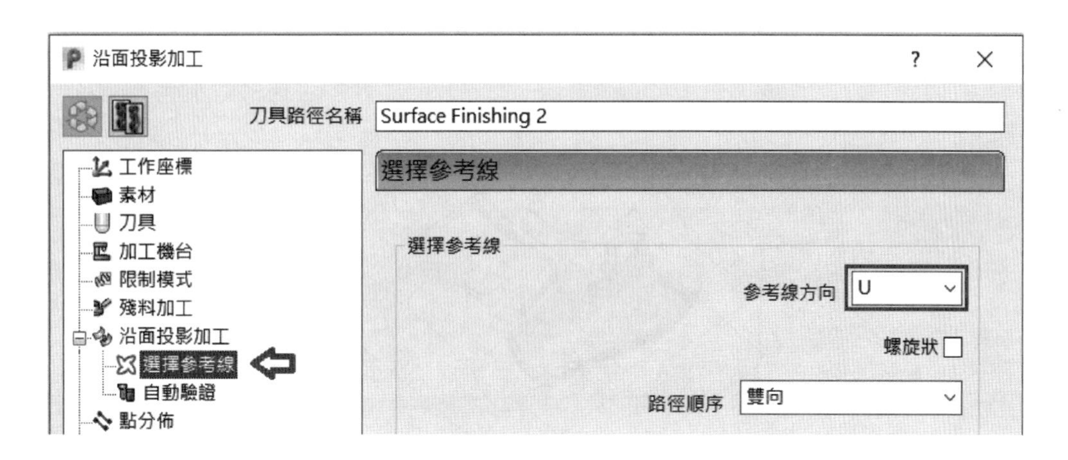


9. 點選進退刀與連結中的進刀選項，從下拉功能中選擇曲面法線圓弧。定義距離爲 0.5、角度爲 90.0、半徑爲 1.0，再點選退刀與進刀相同選項按鈕。

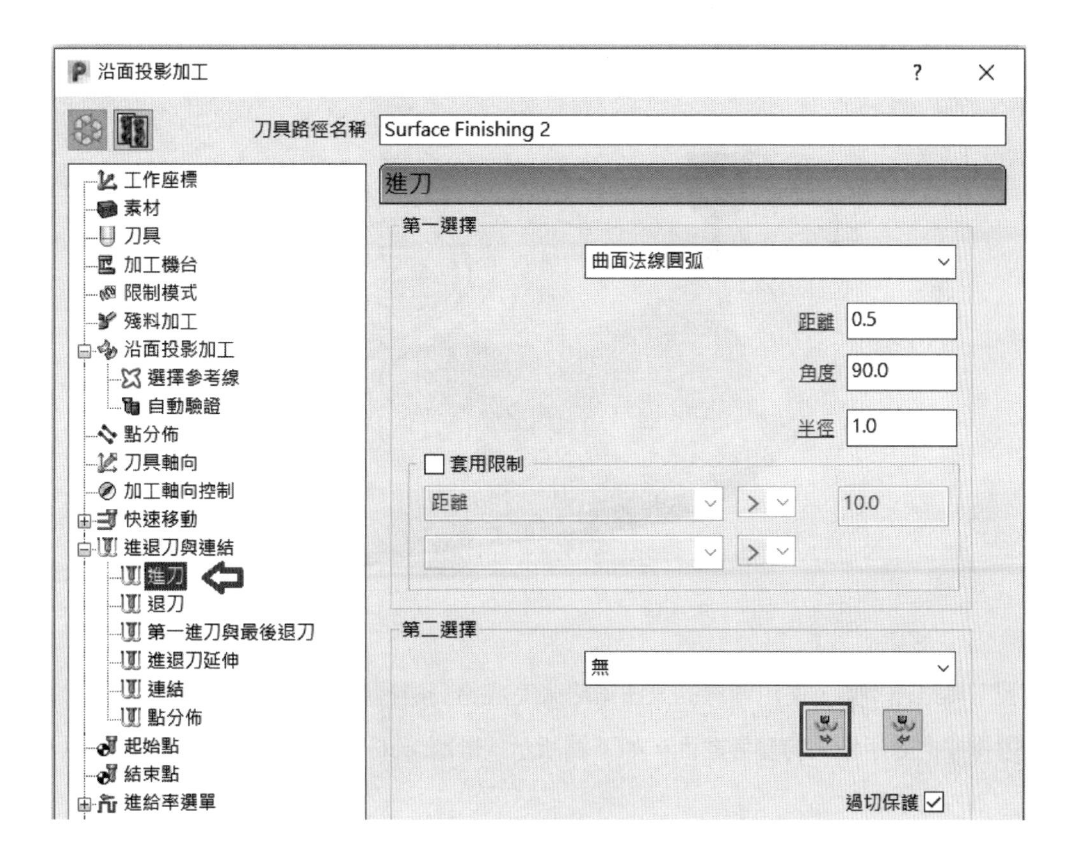

10. 點選連結選項，從第一選擇下拉功能中選擇圓弧連結。
11. 此工法無須定義邊界，請直接選擇所輸入的參考曲面，如下圖所示（圖層 -ref）。

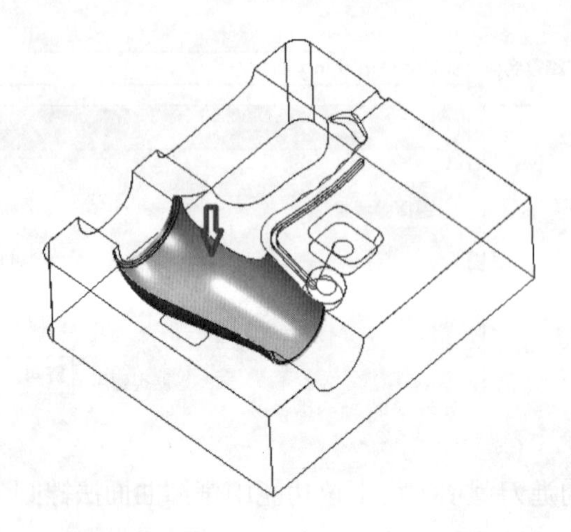

12. 以上加工參數定義完成後，點擊計算，再按關閉。
13. 計算完成的刀具路徑，如下圖所示。

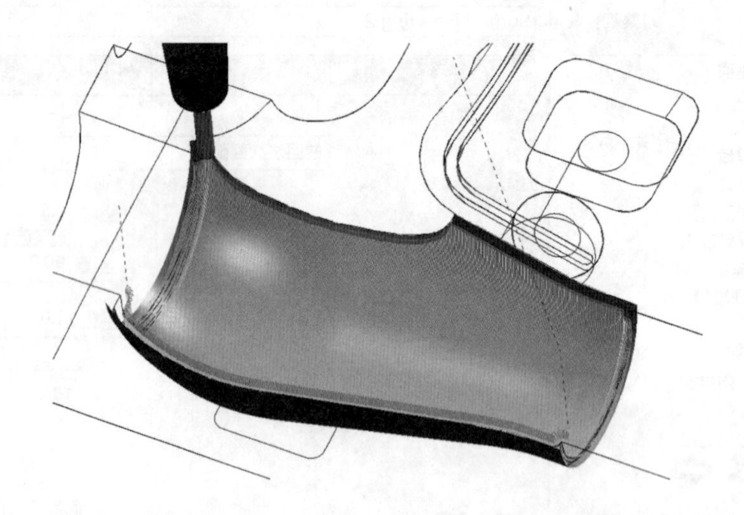

14. 複製刀具路徑 ，使用同樣的工法策略來完成另一邊握把區域的精加工路徑。
15. 請選擇握把處所輸入的參考曲面，如下圖所示（圖層 -ref）。

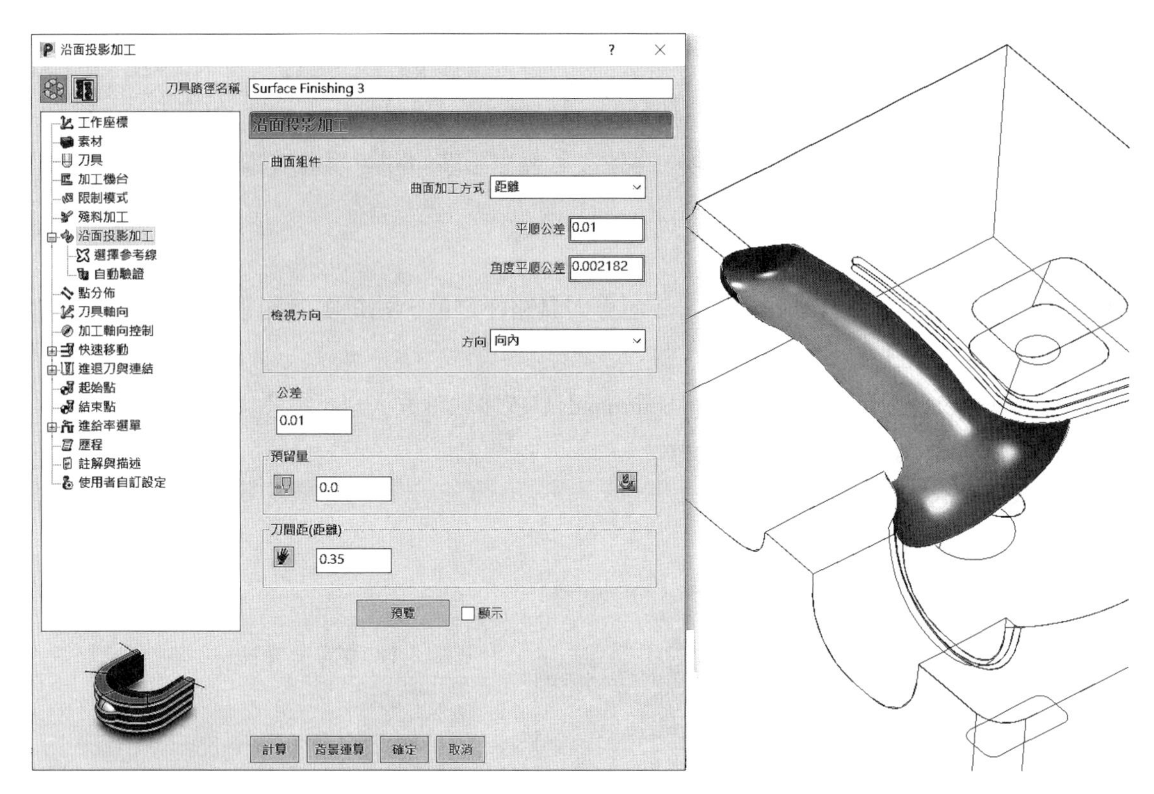


16. 以上加工參數定義完成後，點擊計算，再按關閉。

17. 計算完成的刀具路徑，如下圖所示。

補充說明：

讀者將發現所運算出的刀具路徑結果與所認知的路徑差異很大。主要的原因是讀者所選擇的參考曲面將無限距離的做投影，導致投影發生干涉的問題而造成雜亂不佳的刀具路徑。

18. 處理方式 Tips：只要在沿面投影工法運算刀具路徑之前，執行限制距離投影的命令即可避免此問題的發生。
19. 從工具（Tools）>顯示命令（Echo commands）依序執行輸入以下命令：

EDIT SURFPROJ AUTORANGE OFF

EDIT SURFPROJ RANGEMIN -3

EDIT SURFPROJ RANGEMAX 3

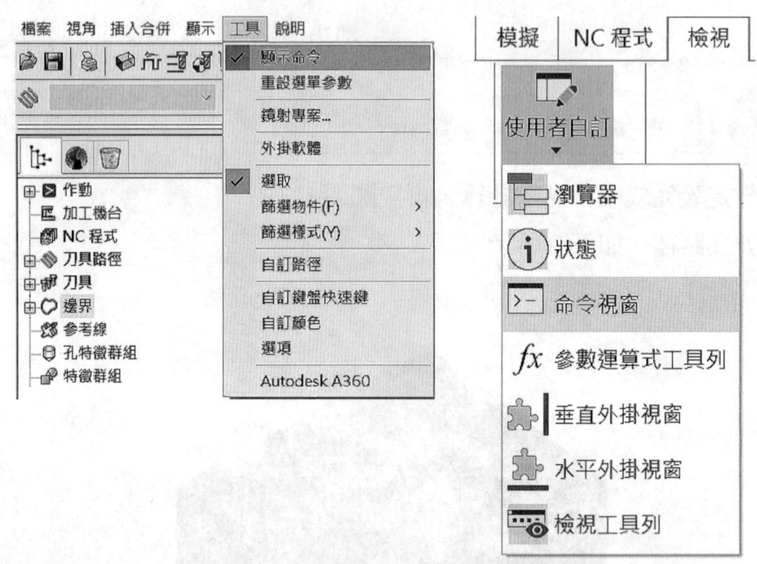


**PowerMILL 2019前後版本的點選差異**

補充說明：

此命令主要目的是可將所選擇的參考曲面投影距離限制在 +/- 3 mm 範圍內，請分別依序輸入每一行和按鍵盤的Enter，注意讀者的工法選單須是開啓的狀態，如下頁圖所示。

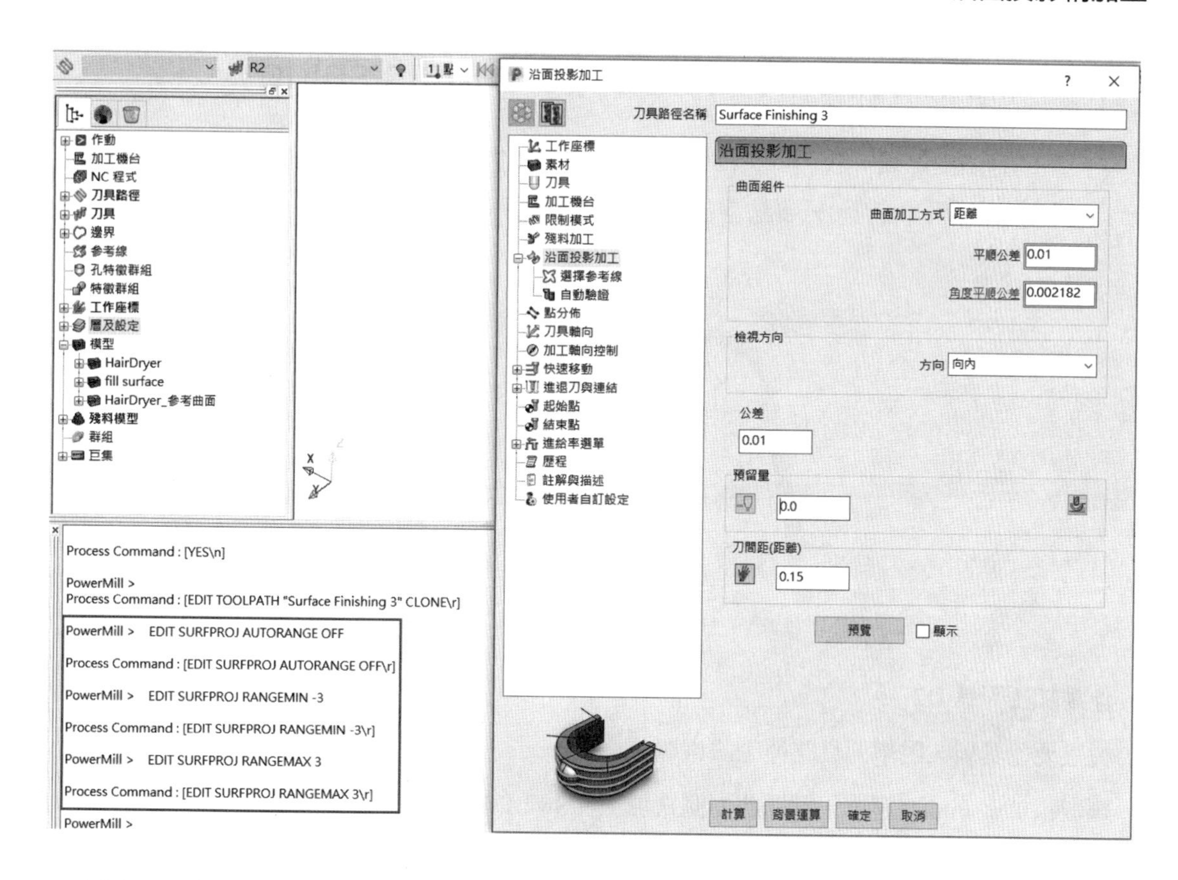


20. 以上參數輸入定義完成後，點擊計算，再按關閉。

21. 計算完成的刀具路徑，如下圖所示。

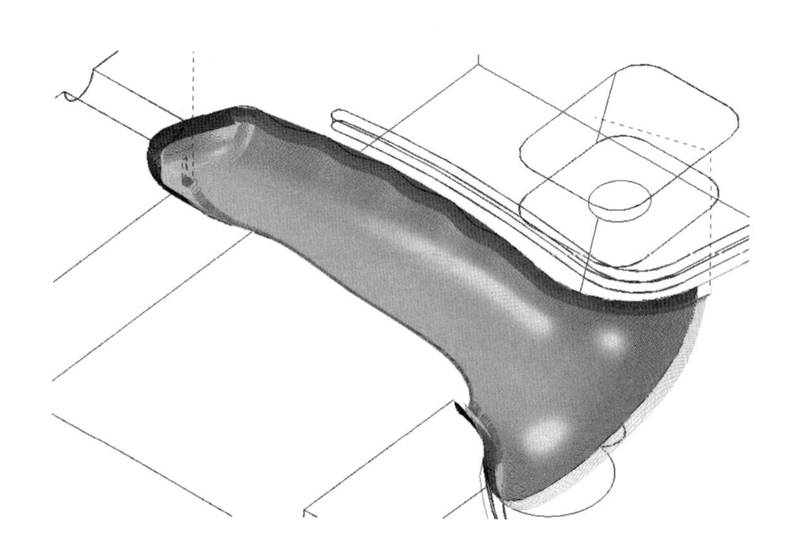

## 12.11 曲面側銑溝槽加工（Swarf finishing）

模型的通隙槽區域，我們可選擇使用曲面側銑的工法策略來運算刀具路徑，此工法讀者無須建立邊界作範圍限制，只要點選要加工的曲面即可（如下圖箭頭所指的溝槽區域曲面）。

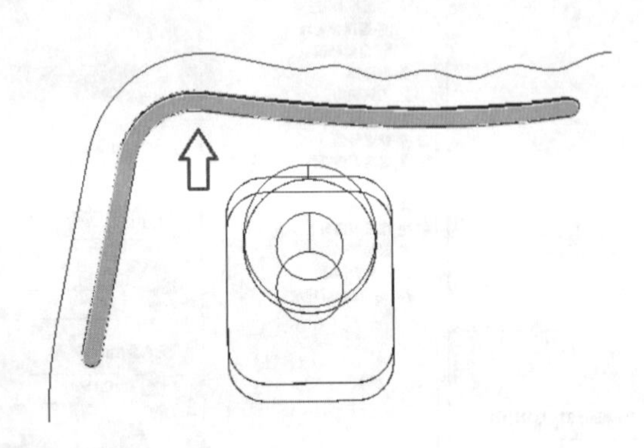

1. 作動加工刀具 D2。
2. 從主要工具列，點擊刀具路徑工法選單 。
3. 選取精加工 Finish 選單，選擇曲面側銑加工（Swarf finishing）工法選項。

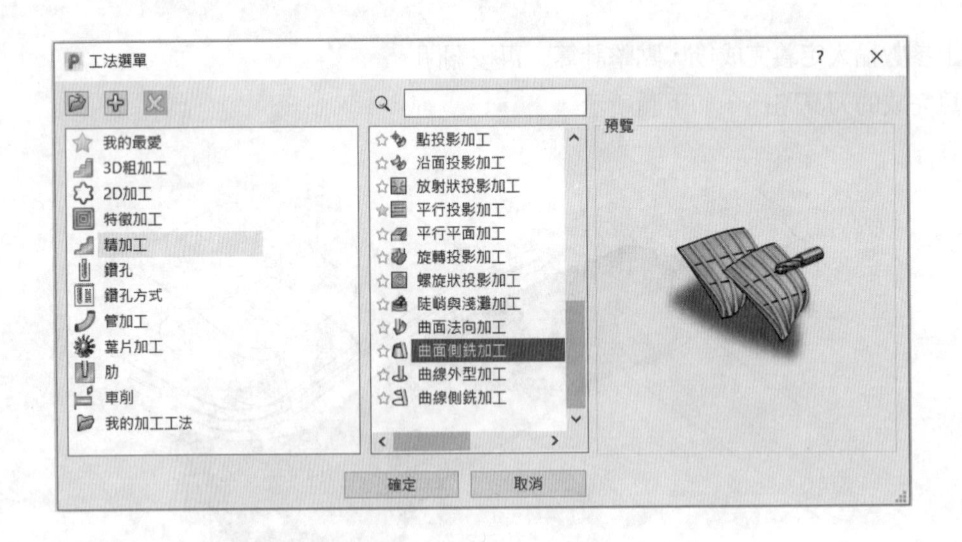


4. 開啓選單之後定義以下設定（如下圖所示）：
   (1) 輸入刀具路徑名稱：Swarf Finishing_1。
   (2) 曲面邊界：外部。
   (3) 公差：0.01。

(4) 預留量：0.0。

(5) 切削方向：順銑。

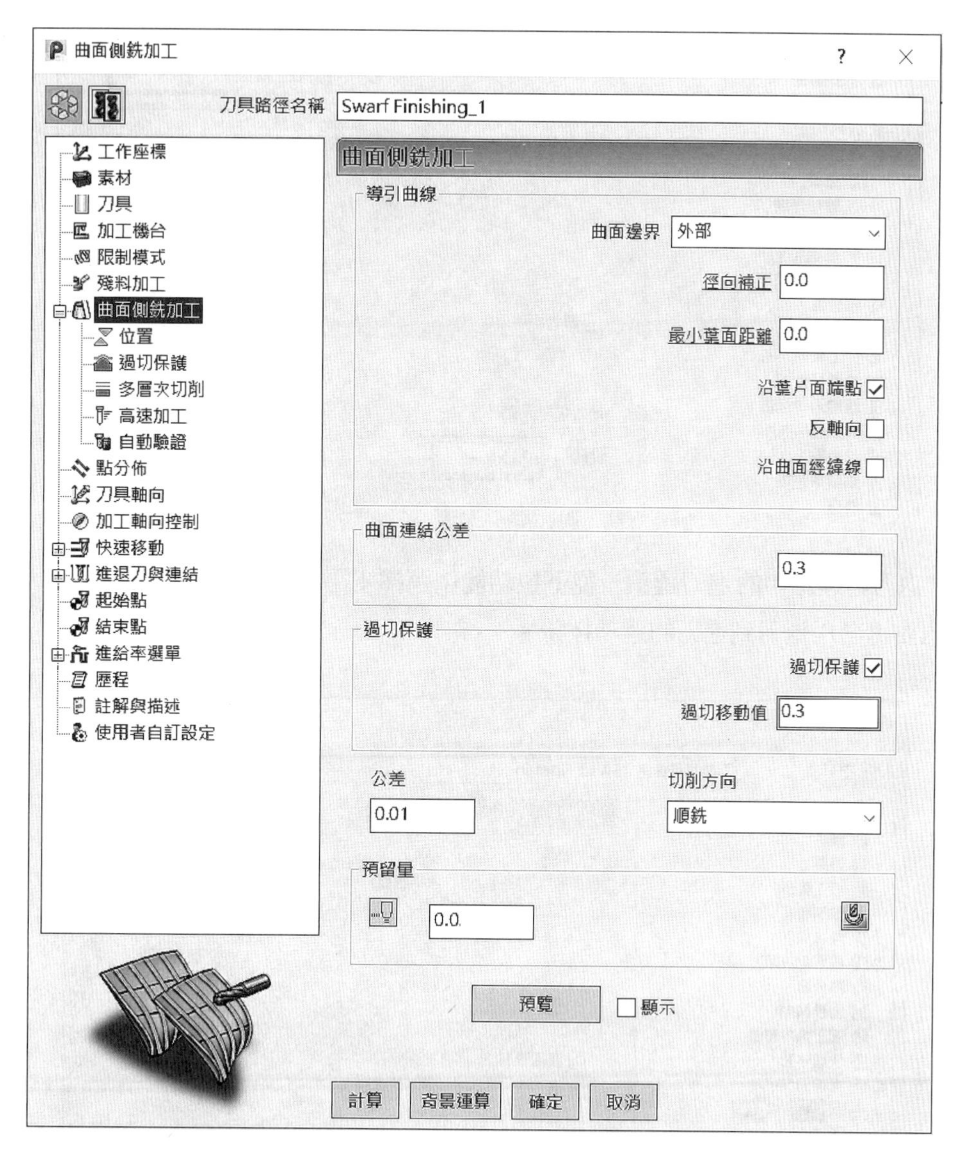


5. 點選多層次切削的選項頁面，加工方式從下拉功能中選擇往上補正，最大切削深度爲 0.15。

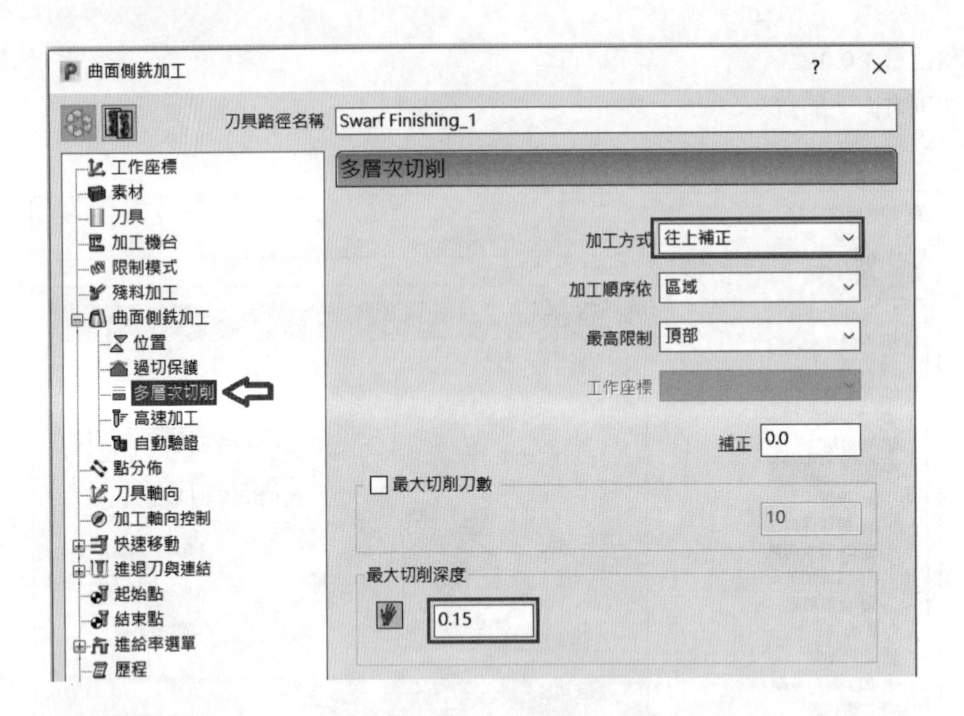


6. 點選進退刀與連結中的進刀選項，從下拉功能中選擇水平圓弧、定義角度爲 90.0、半徑爲 0.2，再點選套用退刀到進刀的選項按鈕。

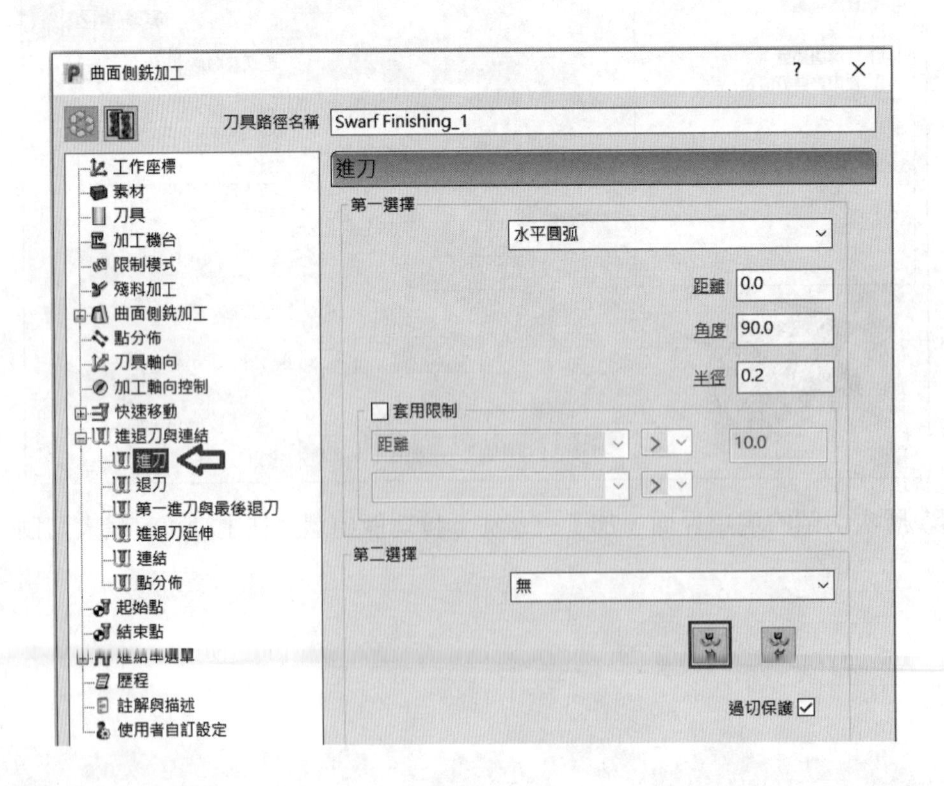

7. 點選第一進刀與最後退刀選項，從下拉功能中選擇斜向下刀。再點選 定義最大斜向角度 1.0，斜向高度 1.0 mm，勾選使用斜向長度輸入左右斜角為 5.0 度，最後點擊接受。

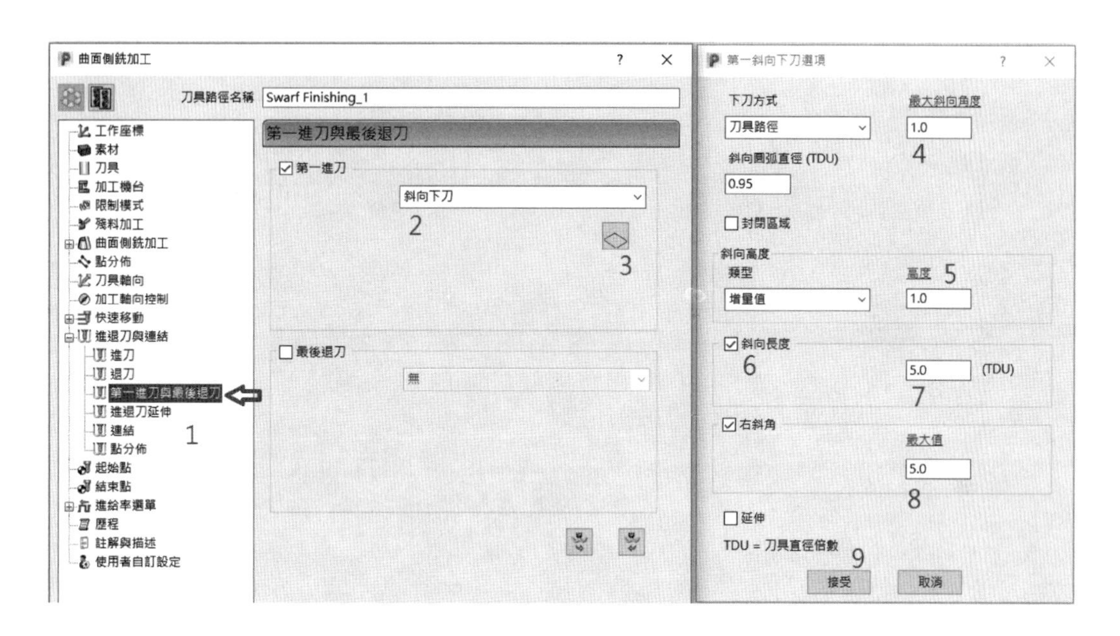


8. 點選連結選項，從第一選擇下拉功能中選擇圓弧連結。
9. 你需再點選刀具軸向選項，從下拉式功能中選擇垂直方向。
10. 以上加工參數定義完成後，點擊計算，再按關閉。
11. 計算完成的刀具路徑，如下圖所示。

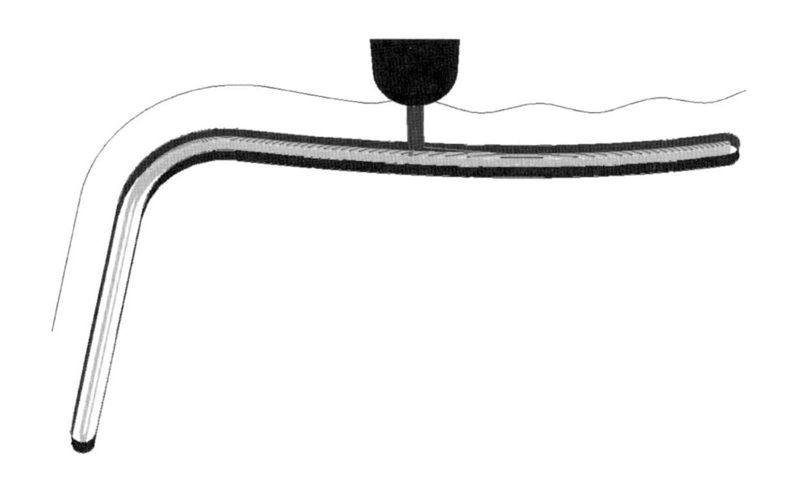

13

# 三軸銑削加工實習：吸塵器模（3D milling practice: mold of vacuum cleaner）

學習重點

- 13.1 簡介（Introduction）
- 13.2 基本設定（Basic set-up）
- 13.3 模型粗加工（Model rough machining）
- 13.4 平面精加工（Plane finish machining）
- 13.5 模型餘料加工（Model rest machining）
- 13.6 模型二次餘料加工（Model rest machining once more）
- 13.7 等高中精加工（Constant Z semi/Finish machining）
- 13.8 平行投影中精加工（Raster semi/Finish machining）
- 13.9 最佳化等高中精加工（Optimised constant Z semi/Finishing）——
- 13.10 自動清角加工（Corner finishing）

# 13.1 簡介（Introduction）

本章節的範例將針對以上所學的應用工法來製作程式。假如讀者對這個範例的程式編程已經能夠完全的掌握到加工重點與加工的注意事項，那麼對於 PowerMILL 的操作進階應用與實際加工的專業能力就能獨當一面。以下我們將採用重點式的說明方式來協助讀者練習完成這個範例程式（下圖所顯示的著色區域是擋面與靠破曲面，建議可先處理填補之。因其可優化路徑的運算軌跡，以避免造成區域性的提刀或加工負荷）。

吸塵器模範例，如下圖所示。

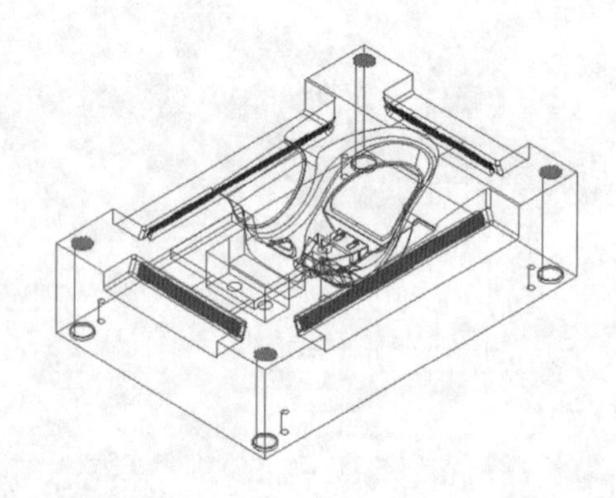

# 13.2 基本設定（Basic set-up）

## 13.2.1 輸入模型（Import model）

從主功能表中選取檔案－輸入模型，從光碟目錄 Chapter-13 選取 Vacuum cleaner mold.dgk 檔案。如下圖所示。

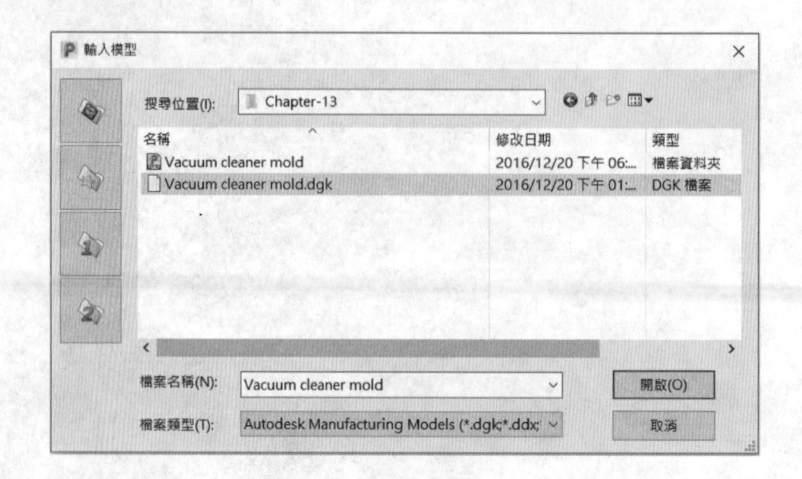

### 13.2.2 素材建立（Block creation）

(1) 定義素材，從主要工具列中點選素材的圖形。

(2) 點選依 ... 定義的最小 / 最大值。

(3) 點選計算。

(4) 將最大 Z 值輸入為 230。

(5) 點選接受，完成素材的設定。

### 13.2.3 設定安全提刀高度（Set safe area toolpath connections）

從主要工具列中點選提刀高度圖示，再次確認安全高與起始高並修正安全高的值為 240.0 mm，起始高的值為 235.0 mm。

### 13.2.4 刀具設定（Setup for the tools）

從物件工具列中的刀具處，按滑鼠右鍵開啓次功能 > 產生刀具 > 從選單中選擇所需建立的刀具類型（如下所列的刀具類型）。

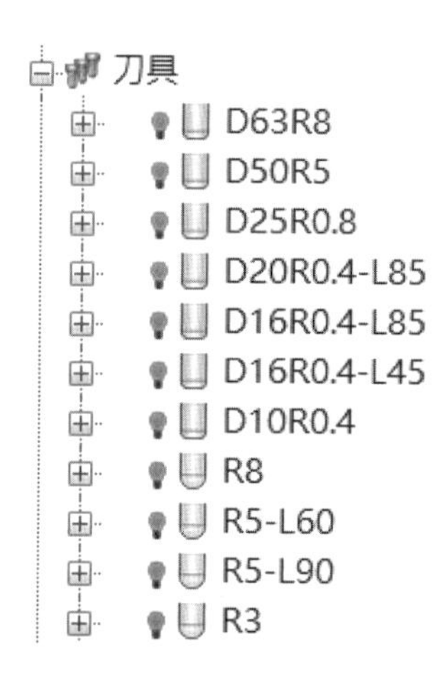


請依需求再自行設定所需要的刀桿與夾頭長度，並設定切削進給參數資料。

## 13.3 模型粗加工（Model rough machining）

1. 作動加工刀具 D63R8。
2. 從主要工具列中點選刀具路徑工法圖示。
3. 選取 3D 粗加工 Area clearance 選單，選擇模型粗加工（Model area clearance）工法選項。

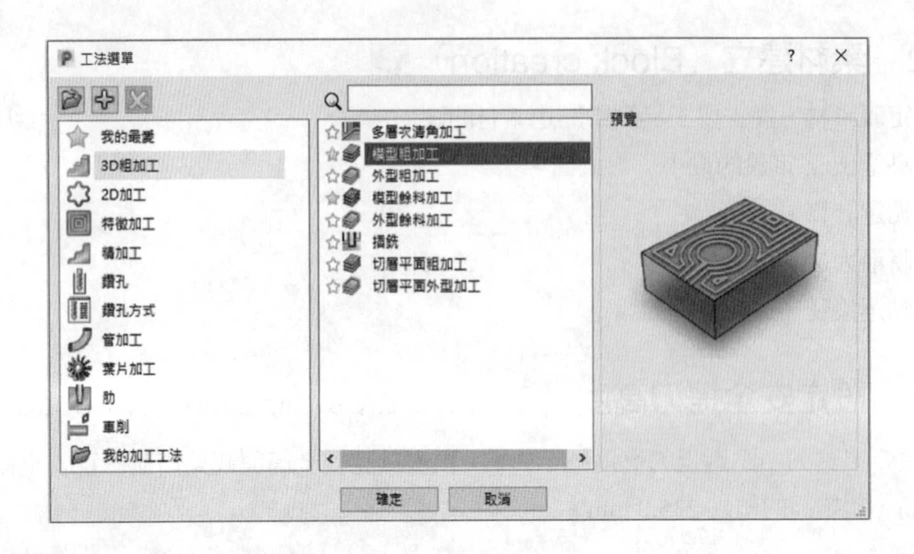


4. 開啓選單之後定義以下設定：

(1) 輸入刀具路徑名稱：Rough_offset。

(2) 樣式：環繞 - 依全部。

(3) 切削方向：順銑。

(4) 公差：0.1。

(5) 預留量：1.0。

(6) 刀間距：45.0。

(7) 每層下刀：2。

(8) 點選限制模式選項，選擇刀具不接受在素材外部。

(9) 點選補正選項，從右邊的選項功能中不勾選保持切削方向。

(10) 建議此模型須設定區域篩選，請點選移除不安全區域和定義移除小於 1.5 倍。

補充說明：

當讀者使用的是替換式刀頭時，因它中間無切削的能力與切削迴轉半徑的考量，讀者應該定義這個移除不安全區域的選項。

5. 點選進退刀與連結中的進刀選項，從下拉功能中選擇斜向下刀。再點選 定義最大斜向角度 5.0，斜向高度 1.0 mm，最後點擊接受。

6. 以上加工參數定義完成後，點擊計算，再按關閉。

7. 計算完成的刀具路徑，如下圖所示。

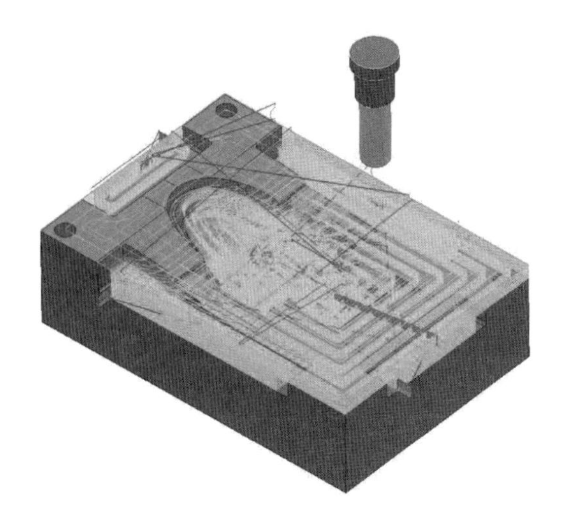

# 13.4 平面精加工（Plane finish machining）

1. 作動加工刀具 D50R5。
2. 從主要工具列，點擊刀具路徑工法選單 。
3. 選取粗加工 3D area clearance 選單，選擇切層平面粗加工（Slice area clearance）工法選項。

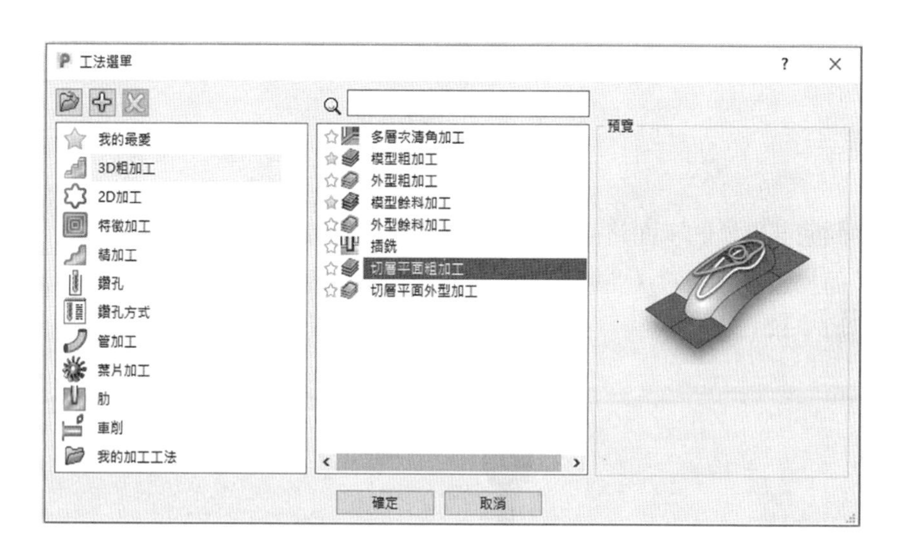


4. 開啓選單之後定義以下設定：
   (1) 輸入刀具路徑名稱：Plane finishing。
   (2) 切層平面：從下拉選項中選擇平面。
   (3) 樣式：環繞 - 依全部。

(4) 切削方向：順銑。

(5) 公差：0.005。

(6) 預留量：定義軸向預留 0.0、徑向預留 1.1。

(7) 刀間距：35.0。

(8) 點選限制模式選項，選擇刀具接受在素材外部。

5. 點選平面加工的選項，從頁面中勾選使用多層次切削加工，切削刀數定義爲 3，每層下刀定義爲 0.3，勾選最後一層預留高度 0.1。

6. 點選移動間隙的選項，從頁面中的緩降距離定義爲 1.0，再從下拉式功能中選用刀具接觸點。

7. 以上加工參數定義完成後，點擊計算，再按關閉。

8. 計算完成的刀具路徑，如下圖所示。

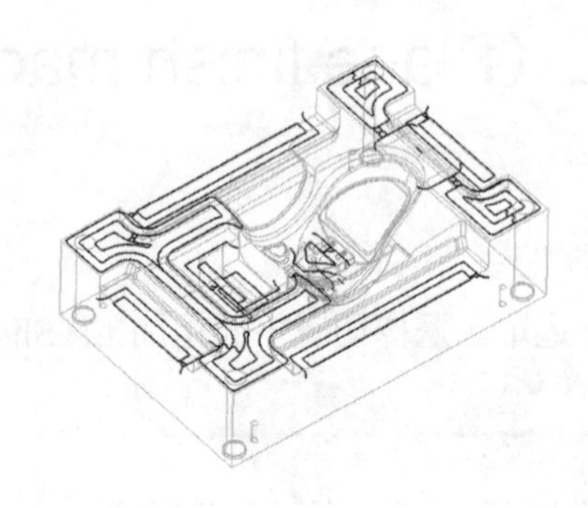

補充說明：

上圖中間底部區域的平面路徑，可刪除之。建議讀者這些區域可選擇使用 D25R0.8 的刀具來做平面加工較爲適當（此模型的平面區域加工編程還未完全，請再自行選擇較小的刀具做平面加工）。

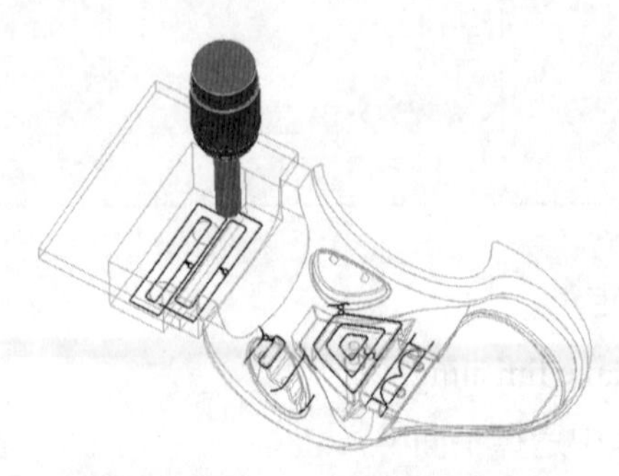

D25R0.8 的刀具做平面加工

# 13.5　模型餘料加工（Model rest machining）

進行粗加工之後，接下來讀者可自行建立殘料模型或直接參考粗加工路徑來作爲下一把刀具的加工參考。

1. 作動加工刀具 D25R0.8。
2. 主要工具列，點擊刀具路徑工法選單 。
3. 選取 3D 粗加工 Area Clearance 選單，選擇模型餘料加工（Model rest area clearance）工法選項。

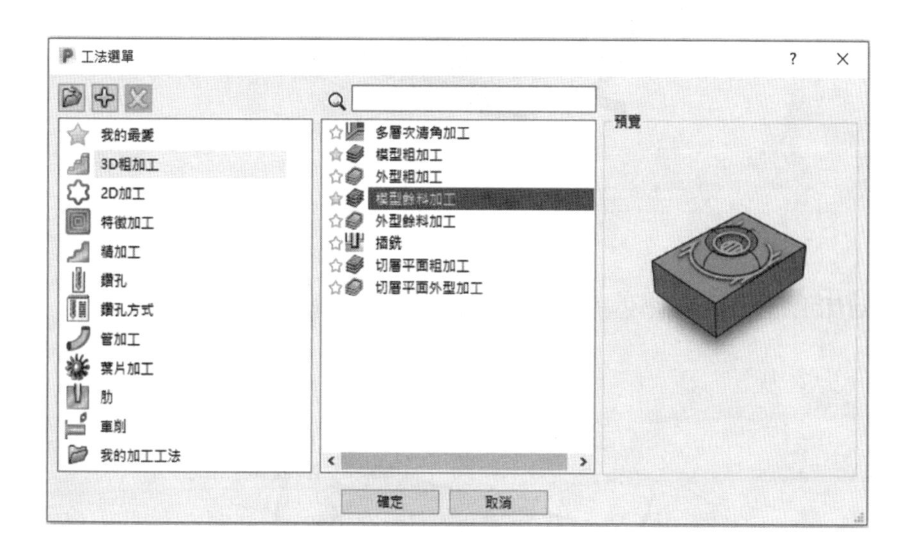


4. 開啓選單之後定義以下設定：
   (1) 輸入刀具路徑名稱：Rest rough。
   (2) 樣式：環繞 - 依全部。
   (3) 切削方向：順銑。
   (4) 公差：0.05。
   (5) 預留量：0.5。
   (6) 刀間距：11.0。
   (7) 每層下刀：0.5。
   (8) 確認勾選使用餘料加工。
5. 點選餘料加工選項，從選單下拉功能中選擇參考殘料模型 1（讀者需要自行運算此殘料模型當作參考），亦可選擇參考刀具路徑 Rough。忽略殘料少於與補正重疊距離兩個選項參數，請依內定值定義即可。

6. 點選連結的選項，從第一選擇下拉功能中選擇圓弧，距離定義爲 30.0。
7. 以上加工參數定義完成後，點擊圖示中的計算，再按關閉。
8. 計算完成後的刀具路徑，如下圖所示。

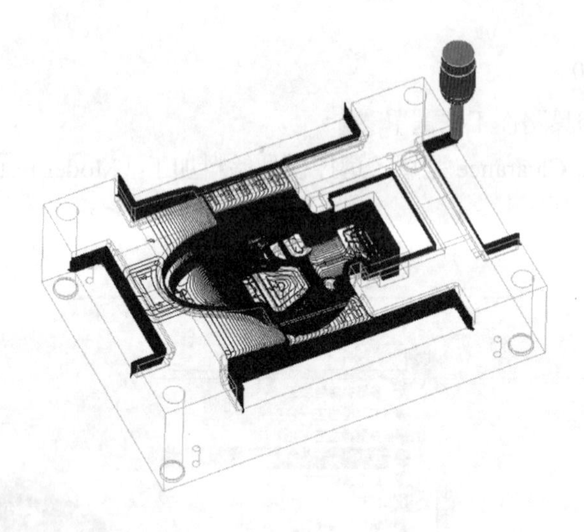

9. 加入再粗的加工路徑做殘料模型運算，完成後的殘料模型，如下圖所示。

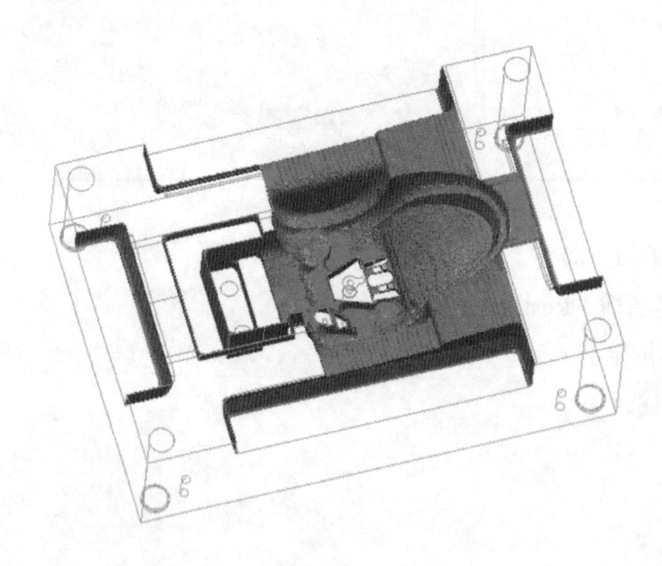

## 13.6　模型二次餘料加工（Model rest machining once more）

進行再粗加工之後，某些區域尚還有多的殘留餘料，接下來讀者可再參考殘料模型來進行第二次的餘料加工。

1. 作動加工刀具 D16R0.4-L85。
2. 從物件工具列中，使用滑鼠右鍵功能點選邊界，滑鼠移置邊界建立，從右鍵下拉功能的選單中，點選 _ 選擇餘料邊界。
3. 開啓選單之後定義以下的設定：
   (1) 不勾選使用關聯性邊界、公差設爲 0.02、預留量設爲 0.5。
   (2) 參考刀具從下拉選單中選擇 D25R0.8
   (3) 點選執行與接受，計算完成的邊界如下圖所示。

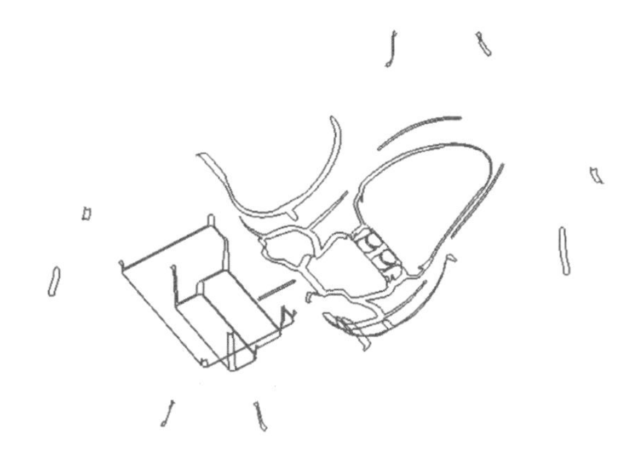

4. 點選作動 D16R0.4-L45 夾持短的刀具和邊界名稱 2。
5. 從主要工具列，點擊刀具路徑工法選單。
6. 選取 3D 粗加工 Area Clearance 選單，選擇模型餘料加工（Model rest area clearance）工法選項。

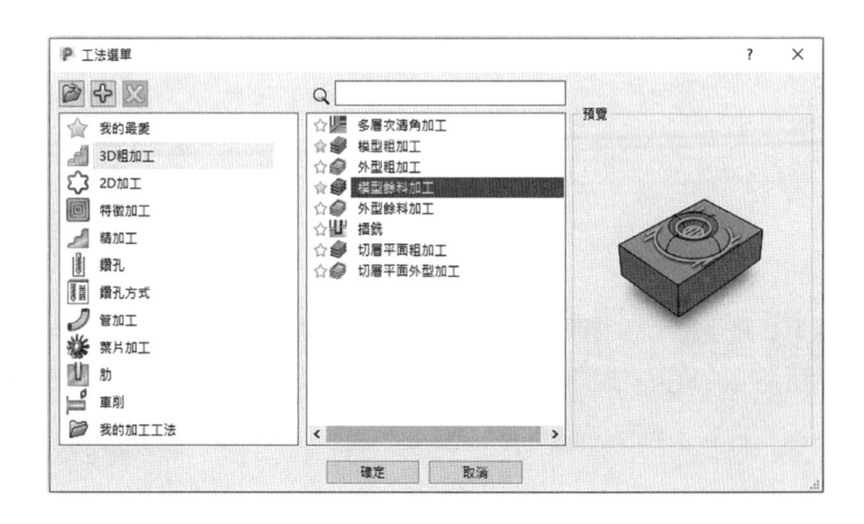

7. 開啓選單之後定義以下設定：

   (1) 輸入刀具路徑名稱：Rest rough_2。

   (2) 樣式：環繞 - 依全部。

   (3) 切削方向：順銑。

   (4) 公差：0.05。

   (5) 預留量：0.5。

   (6) 刀間距：7.0。

   (7) 每層下刀：0.15。

   (8) 確認勾選使用餘料加工。

   (9) 點選餘料加工選項，從選單下拉功能中選擇參考殘料模型 1，最小間隙長度變更爲 15.0。

   (10) 點選連結的選項，從第一選擇下拉功能中選擇圓弧，距離定義爲 10.0。

   (11) 以上加工參數定義完成後，點擊圖示中的計算，再按關閉。

8. 計算完成後的刀具路徑，如下圖所示。

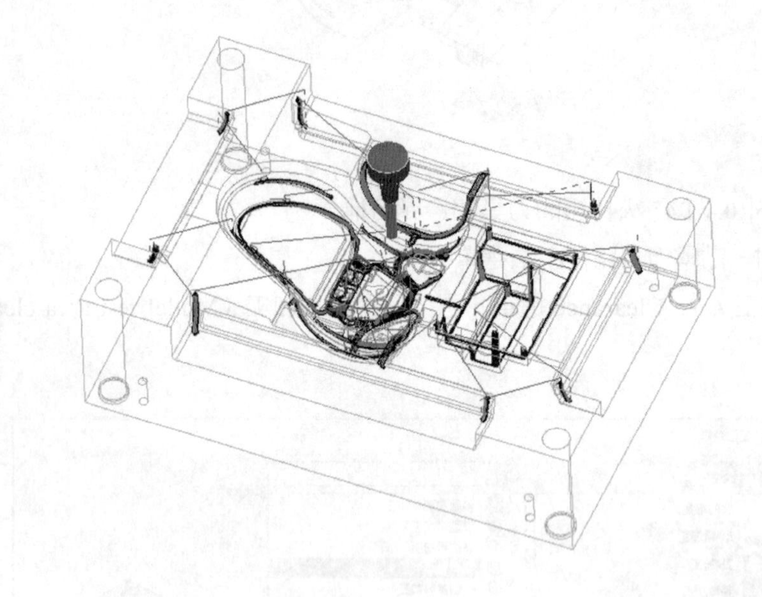

補充說明：

建議此條刀具路徑讀者必須區分爲夾持長和夾持短的刀具來做加工，一方面可預防刀具在做加工時所造成的負荷偏擺問題，二來讀者也可以提高切削的條件和進給來提升加工效率。

9. 刀具路徑如何區分爲夾持長和夾持短的刀具，操作說明如下：

(1) 須作動刀具路徑名稱：Rest rough_2。

(2) 從主要工具列處點選刀具路徑驗證 。

10. 開啓選單之後定義以下的設定：

(1) 不勾選：輸出不安全距離。

(2) 夾頭間隙：0.5。

(3) 點擊執行。

(4) 將出現 PowerMILL 的訊息：告知最小的伸出夾持長。

(5) 了解此訊息後請按確認，關閉視窗。

(6) 接受此刀具路徑驗證，關閉視窗。

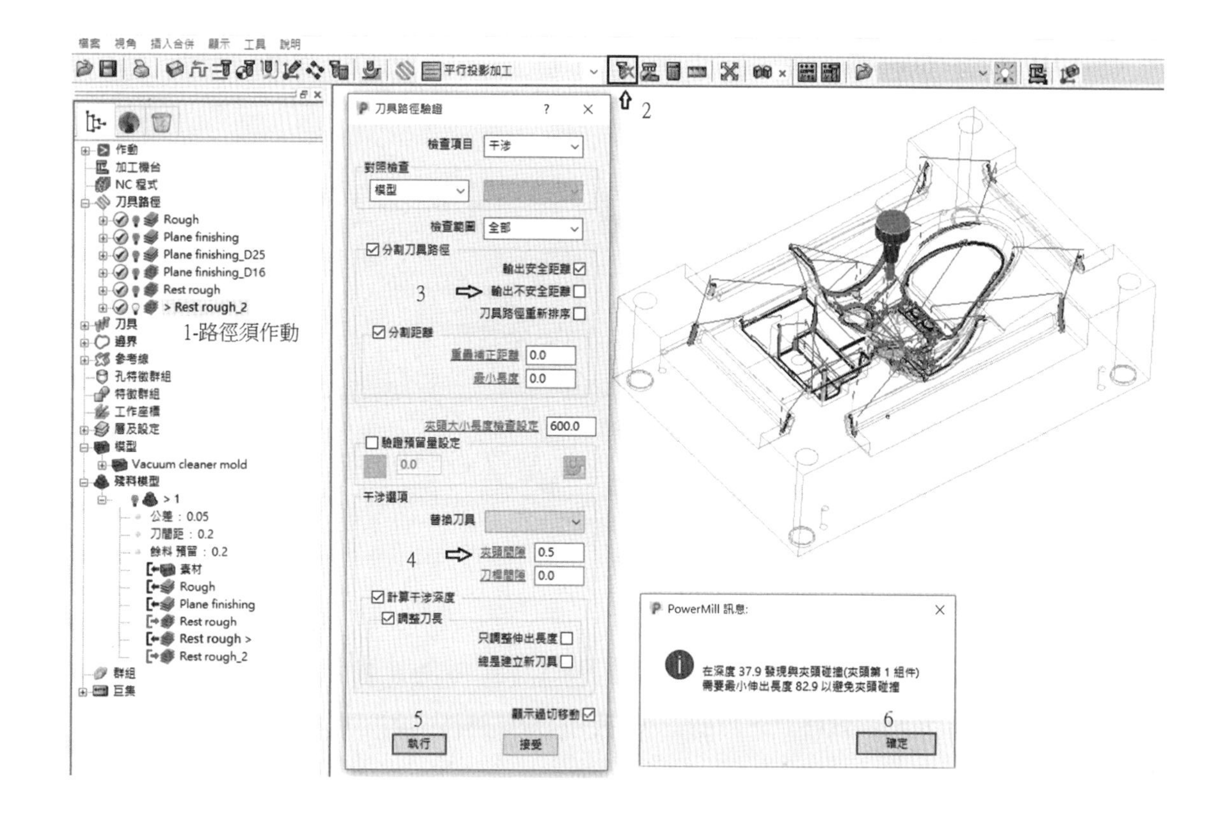


11. D16R0.4-L45 夾持短的刀具，刀具路徑干涉驗證完成後，如下圖所示。

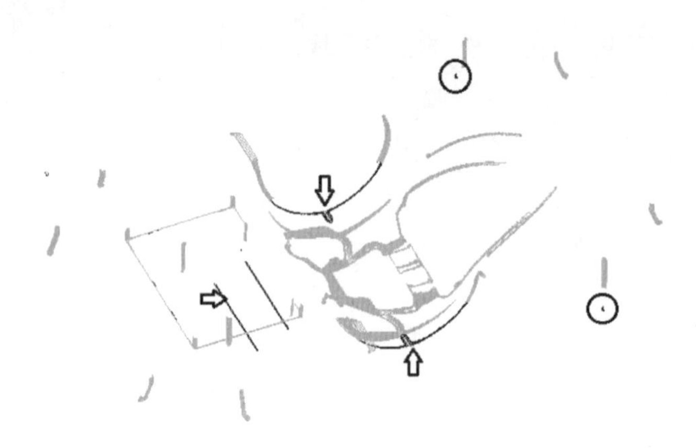

12. 圖示中所框選的、箭頭所指的區域和有些斷續的刀具路徑，建議可移除之。主要是為了加工路徑的連續性。
13. 依 PowerMILL® 的刀具路徑驗證檢查訊息，夾持長的刀具需要到 82.9 mm。建議讀者的刀具夾持長可取整數到 85 mm，下圖顯示夾持長 L85 mm 刀具的加工區域。

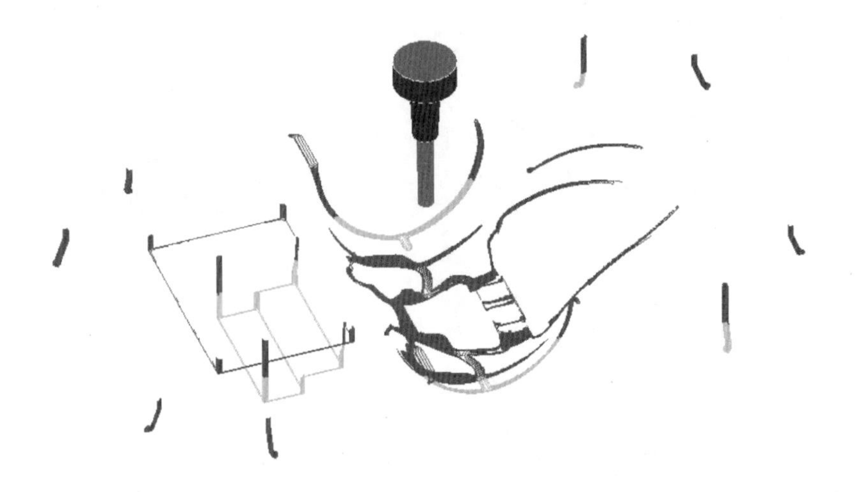

14. 選擇作動夾持長刀具的路徑，然後開啓短的刀具路徑作重疊比對，建議讀者透過比對更直觀後，可手動將它們做移除，只留下夾持長的刀具路徑（如下頁圖所示為夾持長刀具的加工區域）。

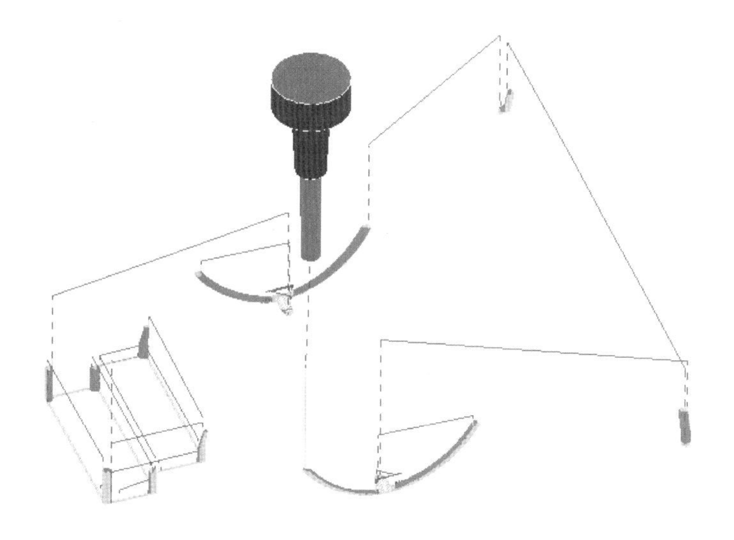

15. 建議讀者的刀具夾持長可取到 85 mm，讀者可由下圖的操作來替換已既有的夾持長刀具 D16R0.4-L85，輸出加工表單時將會以 85 mm 的夾持長列印顯示於加工報表中。

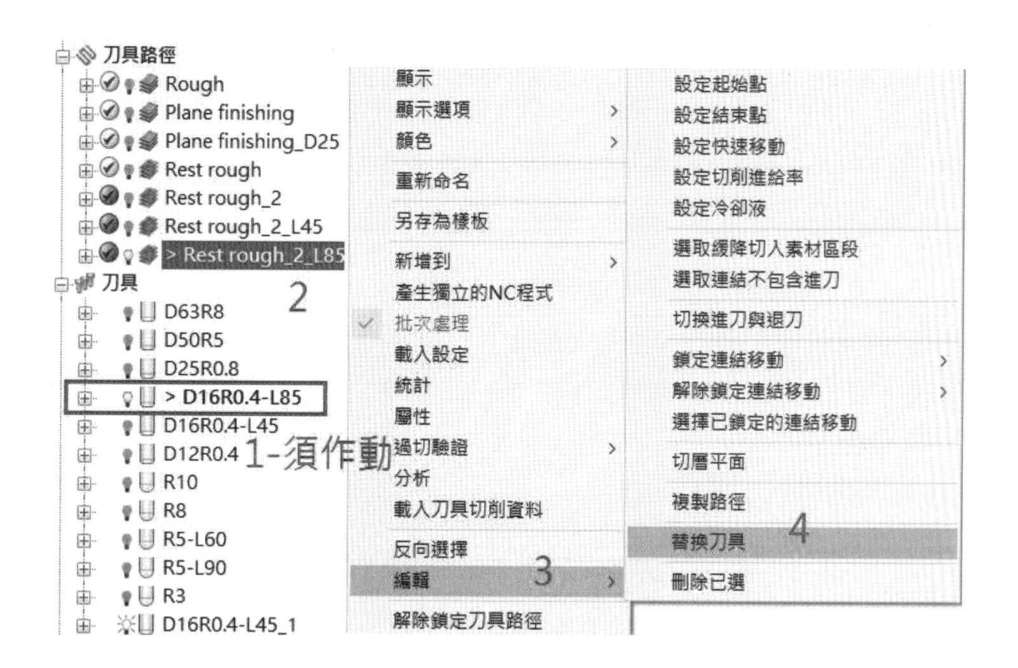


補充說明：

路徑區分為夾持長和短的刀具，它們會依據讀者的夾頭大小階數而有所不同。

16. 我們將選擇同樣的模型餘料加工工法策略，再使用較小的刀具來進行餘料的加工。
    (1) 作動加工刀具 D10R0.4。
    (2) 從物件工具列中，使用滑鼠右鍵功能點選邊界，滑鼠移置邊界建立，從右鍵下拉功能的選單中點選 _ 選擇餘料邊界。
17. 開啓選單之後定義以下的設定：
    (1) 不勾選使用關聯性邊界、公差設爲 0.02、預留量設爲 0.5。
    (2) 參考刀具從下拉選單中選擇 D16R0.4
    (3) 點選執行與接受，計算完成的邊界如下圖所示。

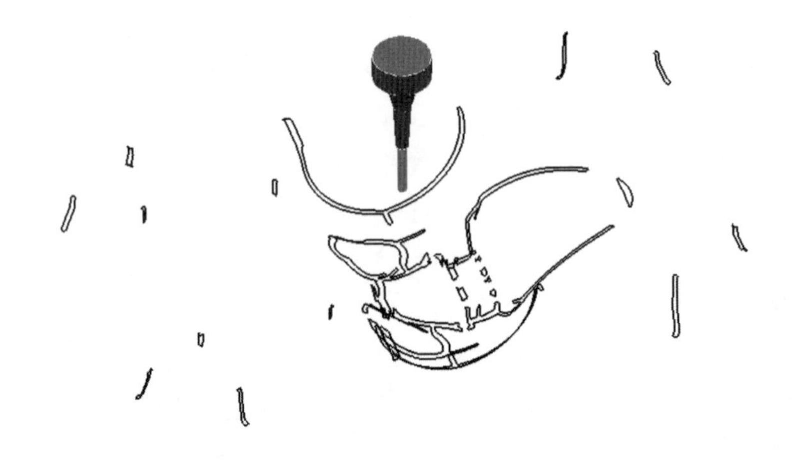

18. 作動邊界名稱 3。
19. 複製 Rest rough_2 餘料加工的路徑 。
20. 開啓選單之後定義以下設定：
    (1) 更名刀具路徑名稱：Rest rough_3。
    (2) 刀間距：4.0。
    (3) 每層下刀：0.12。
    (4) 點選餘料加工選項，從選單的下拉功能中選擇參考殘料模型 1（參考選擇 Rest rough_2），最小間隙長度變更爲 15。
    (5) 其餘的加工參數定義維持不變，點擊圖示中的計算，再按關閉。
    (6) 計算完成後的刀具路徑，如下頁圖所示。

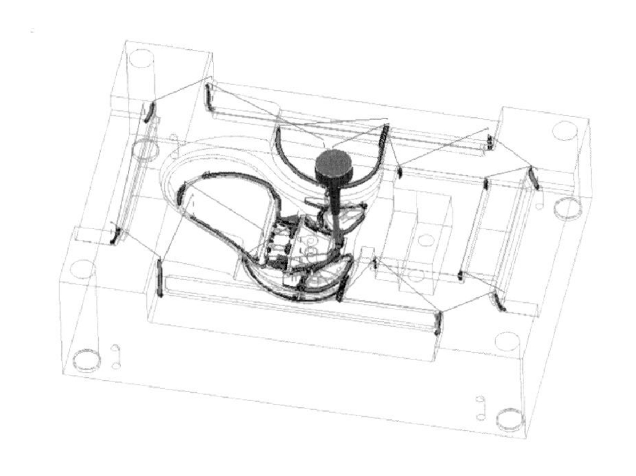

補充說明：

同樣建議此條刀具路徑讀者必須區分為夾持長和夾持短的刀具來做加工。另外一點需要注意的是，使用餘料邊界的方式來限制加工區域，雖然運算的時間可減少許多與可避免產生不必要的多餘路徑，但是讀者需要注意空間大的地方殘餘料是否已完全的清除。

餘料加工的應用說明至此，尚有餘料的區域讀者可再使用更小的刀具來進行程式的編程。

## 13.7 等高中精加工（Constant Z semi/Finish machining）

接下來我們將針對下圖所點選的區域範圍曲面來進行等高中銑加工。

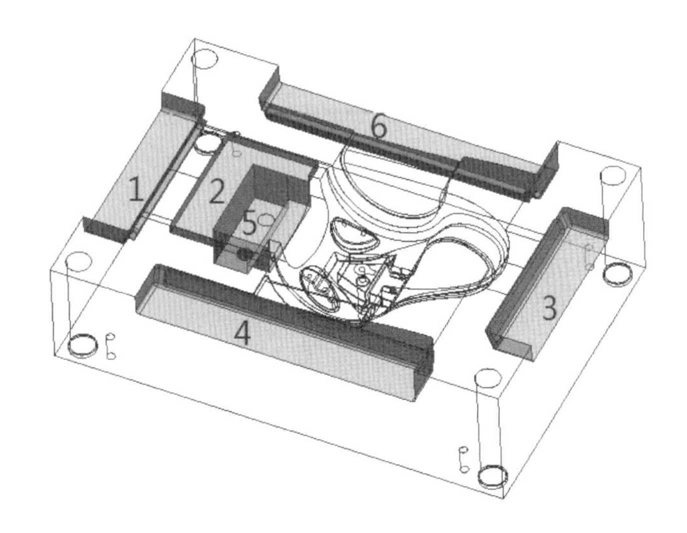

1. 作動加工刀具 D20R0.4-L85。
2. 從物件工具列中，使用滑鼠右鍵的功能點選邊界，滑鼠移置邊界建立，從右鍵下拉功能的選單中點選 _ 選擇曲面邊界。
3. 開啓選單之後定義以下設定：

   (1) 不勾選使用關聯性邊界、公差設爲 0.01、預留量設爲 0.0。

   (2) 點選執行與接受，計算完成的邊界如下圖所示。

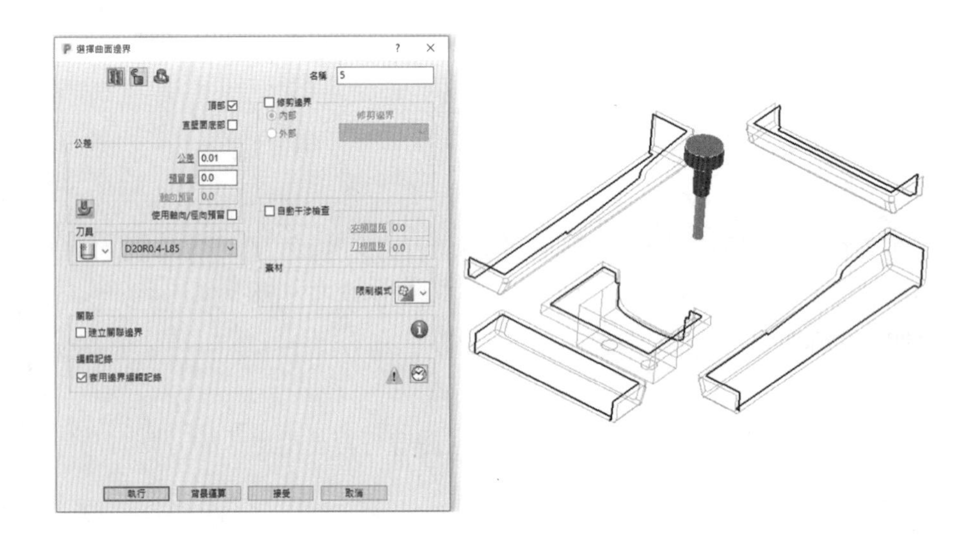


計算完成的曲面邊界之後，會發現有些小邊界的區域建議可移除之，它們所產生的主要原因是因爲相鄰的曲面有 Gap 間隙所造成。

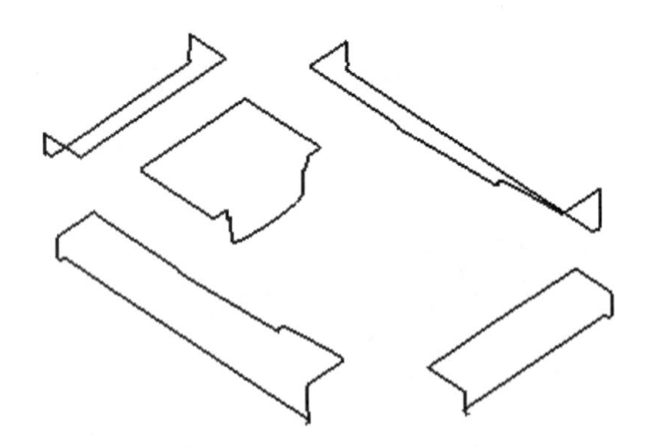

4. 作動邊界名稱 4。
5. 從主要工具列，點擊刀具路徑工法選單。
6. 選取精加工 Finish 選單，選擇等高加工（Constant Z finishing）工法選項。

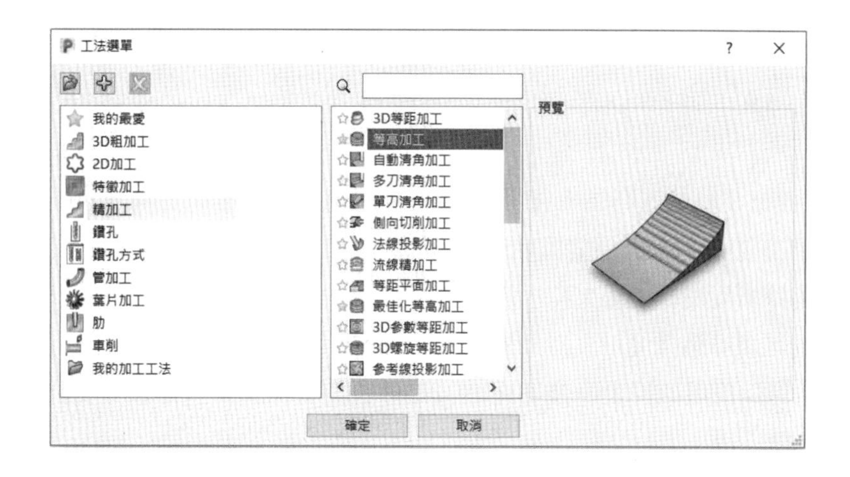


7. 開啓選單之後定義以下設定：

(1) 輸入刀具路徑名稱：Constant Z。

(2) 勾選加工到底面平面。

(3) 切削方向：雙向。

(4) 公差：0.01 。

(5) 預留量：0.2 。

(6) 最小切削深度：0.5 。

(7) 點選限制模式選項，選擇刀具接受在素材外部 。

(8) 點選高速加工的選項，勾選轉角 R。

(9) 點選進退刀與連結中的進刀選項，從下拉功能中選擇水平圓弧。定義角度爲 90 度和半徑爲 3.0，再點選退刀與進刀相同選項按鈕。

(10) 點選連結的選項，從第一選擇下拉功能中選擇圓弧，距離定義爲 10.0 。

(11) 以上加工參數定義完成後，點擊圖示中的計算，再按關閉。

(12) 計算完成後的刀具路徑，如下圖所示。

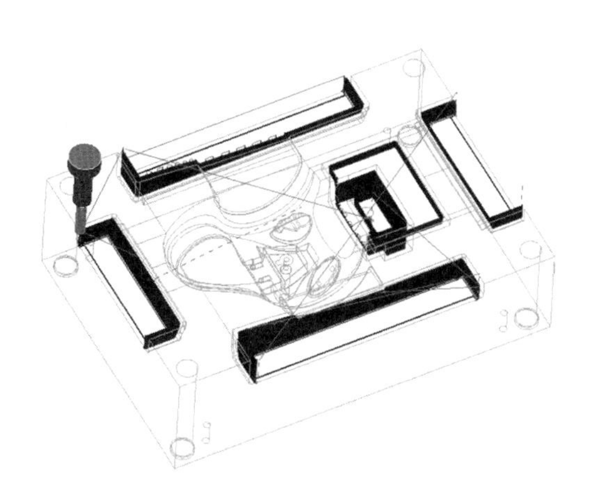

補充說明：

> 複製此條等高中加工的路徑 ，使用同樣的工法策略來完成精加工刀具路徑。

另外，讀者會發現此等高加工在第 405 頁圖中有標號 1～6 的等高加工區域，它們的主要用意在於表示，讀者可針對這些區域來進行夾持長和夾持短的區域做加工。

(1) 1～3 的區域可選擇使用夾持短的刀具。

(2) 4～6 的區域可選擇使用夾持長的刀具。

(3) 或者也可以使用如同上一條 D16R0.4-L45 的刀具路徑，選擇以刀具路徑驗證的方式來區分為夾持長和短的刀具。

## 13.8 平行投影中精加工（Raster semi/Finish machining）

接下來我們將針對下圖所點選的區域範圍曲面來進行平行投影中銑加工。

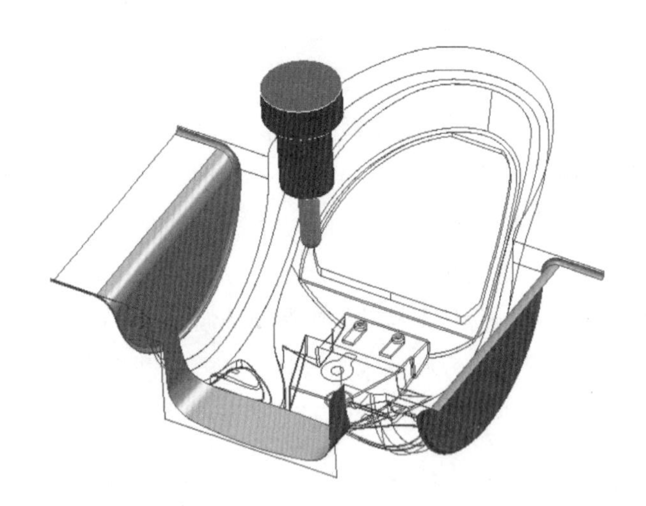

1. 作動加工刀具 R8。
2. 從物件工具列中，使用滑鼠右鍵功能點選邊界，滑鼠移置邊界建立，從右鍵下拉功能的選單中點選接觸點邊界。
3. 開啟選單之後定義以下設定：

   (1) 不勾選使用關聯性邊界、公差設為 0.01。

   (2) 點選模型 icon 。

(3) 點選執行與接受，計算完成的邊界如下圖所示（此區域有小的邊界，建議可移除之）。

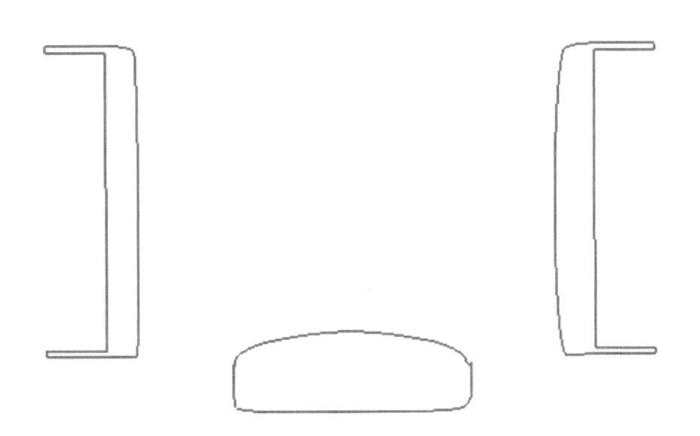

4. 作動邊界名稱 5。
5. 從主要工具列，點擊刀具路徑工法選單 。
6. 選取精加工 Finish 選單，選擇平行投影加工（Raster finishing）工法選項。

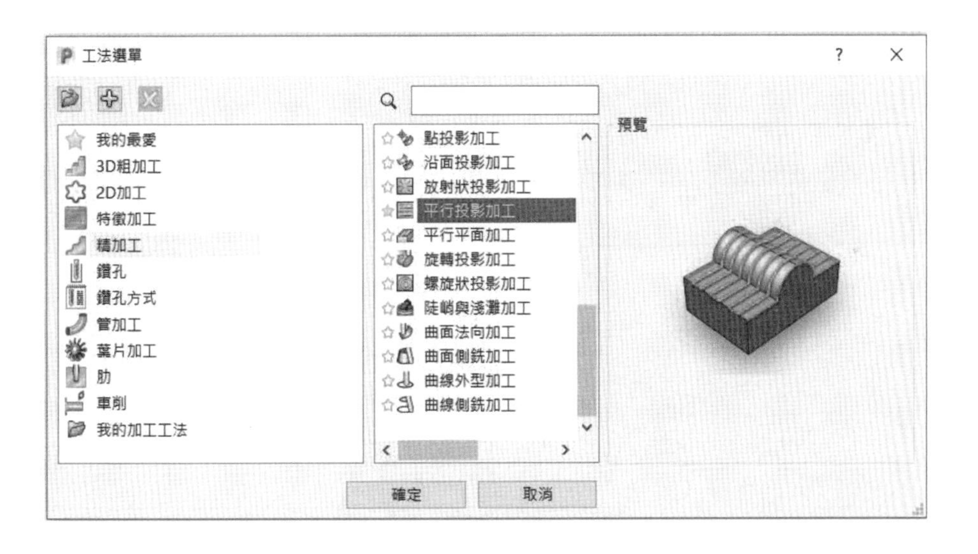


7. 開啓選單之後定義以下設定：

(1) 輸入刀具路徑名稱：Raster Finishing 1。

(2) 平行投影角度：90°。

(3) 路徑順序的切削方向：雙向。

(4) 公差：0.01。

(5) 預留量：0.2。

(6) 刀間距：0.5。

(7) 點選高速加工的選項，勾選轉角 R。

(8) 點選進退刀與連結中的進刀選項，從下拉功能中選擇曲面法線圓弧。定義距離為 0.5、角度為 90 度和半徑為 3.0，再點選退刀與進刀相同選項按鈕。

(9) 點選連結的選項，從第一選擇下拉功能中選擇圓弧、第二選擇為曲面連結，距離都定義為 20。

(10) 以上加工參數定義完成後，點擊圖示中的計算，再按關閉。

(11) 計算完成後的刀具路徑，如下圖所示。

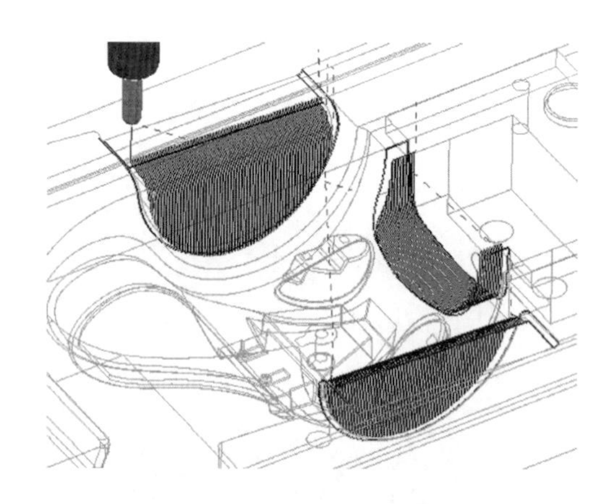

同樣的平行投影工法策略，我們也將針對下圖所點選的區域範圍曲面來進行平行投影精加工路徑。

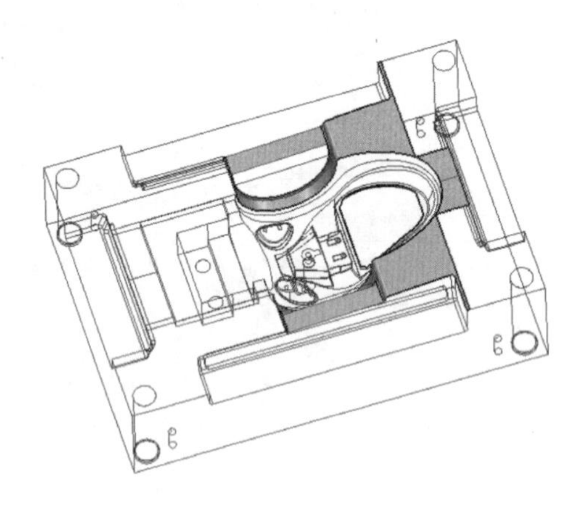

8. 作動加工刀具 R8。

9. 從物件工具列中，使用滑鼠右鍵功能點選邊界，滑鼠移置邊界建立，從右鍵下拉功能的選單中點選接觸點邊界。

10. 開啟選單之後定義以下設定：

(1) 不勾選使用關聯性邊界、公差設為 0.05。

(2) 點選模型 icon 。

(3) 點選執行與接受，計算完成的邊界如下圖所示（此區域有小的邊界，建議可移除之）。

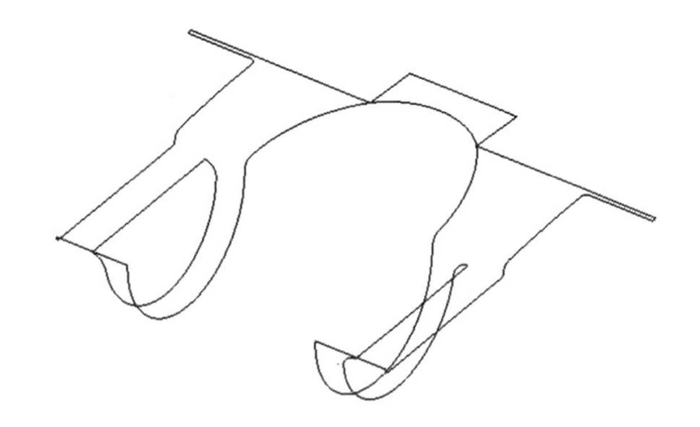

11. 作動邊界名稱 6。
12. 複製此條平行投影中加工的路徑 。
13. 更名刀具路徑名稱：Raster Finishing 2。
14. 平行投影角度：0°。
15. 其餘的加工參數定義維持不變，點擊圖示中的計算，再按關閉。
16. 計算完成後的刀具路徑，如下圖所示。

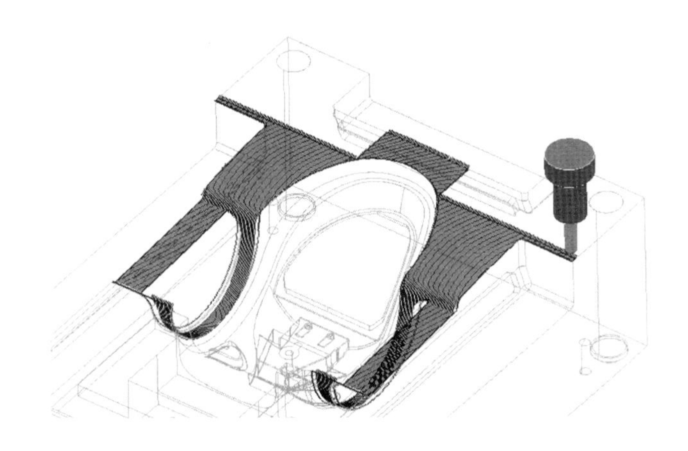

補充說明：

使用同樣的工法策略，讀者可複製這些路徑 來完成精加工的刀具路徑。

# 13.9 最佳化等高中精加工（Optimised constant Z semi/Finishing）

接下來我們將針對下圖所點選的區域範圍曲面來進行最佳化等距中精銑加工。

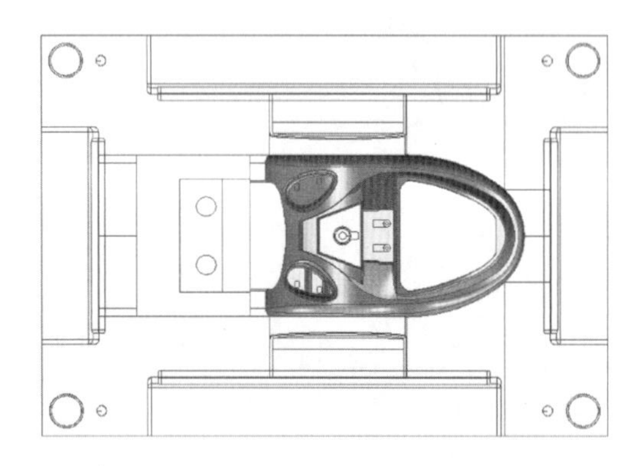

補充說明：

進行中精銑加工前，建議讀者需要將餘料先清除到均料的狀態，尤其是在角落的區域。

1. 首先：
   (1) 作動加工刀具 R5-L90。
   (2) 從物件工具列中，使用滑鼠右鍵功能點選邊界，滑鼠移置邊界建立，從右鍵下拉功能的選單中點選「選擇餘料邊界」。
2. 開啓選單之後定義以下設定：
   (1) 不勾選使用關聯性邊界、公差設爲 0.01、預留量設爲 0.0。
   (2) 參考刀具從下拉選單中選擇 D10R0.4。
   (3) 點選執行與接受，計算完成的邊界如下圖所示。

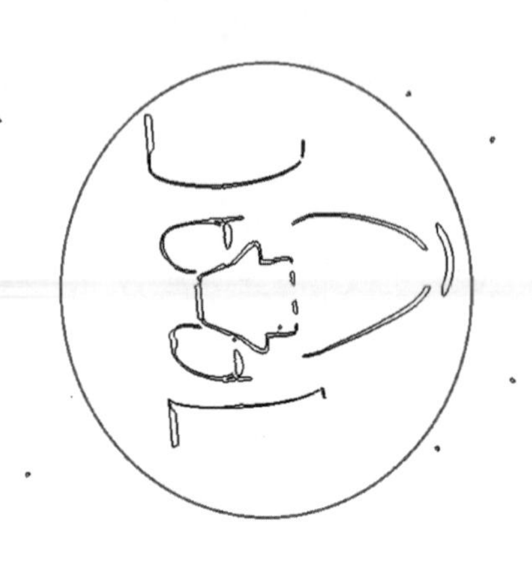

3. 請移除不必要的小區域邊界，保留上圖框選範圍的加工區域。
4. 從主要工具列，點擊刀具路徑工法選單 。
5. 選取精加工 Finish 選單，選擇等高加工（Constant Z finishing）工法選項。

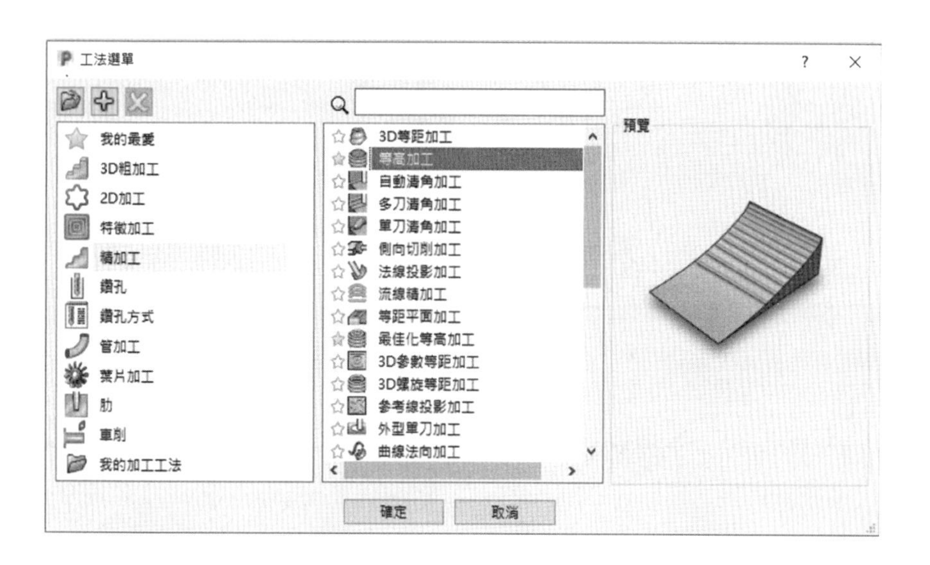


6. 開啓選單之後定義以下設定：
   (1) 輸入刀具路徑名稱：Constant Z_corner。
   (2) 勾選加工到底面平面。
   (3) 切削方向：順銑。
   (4) 公差：0.01 。
   (5) 預留量：0.2 。
   (6) 最小切削深度：0.25 。
   (7) 點選限制模式的選項，確認已選擇邊界名稱 7 。
   (8) 點選高速加工的選項，勾選轉角 R。
   (9) 點選進退刀與連結中的進刀選項，從下拉功能中選擇曲面法線圓弧。定義距離爲 0.5、角度爲 90 度和半徑爲 3，再點選退刀與進刀相同選項按鈕。
   (10) 點選連結的選項，從第一選擇下拉功能中選擇圓弧、距離定義爲 10，第二選擇定義爲相對值。
   (11) 以上加工參數定義完成後，點擊圖示中的計算，再按關閉。
   (12) 計算完成後的刀具路徑，如下頁圖所示。

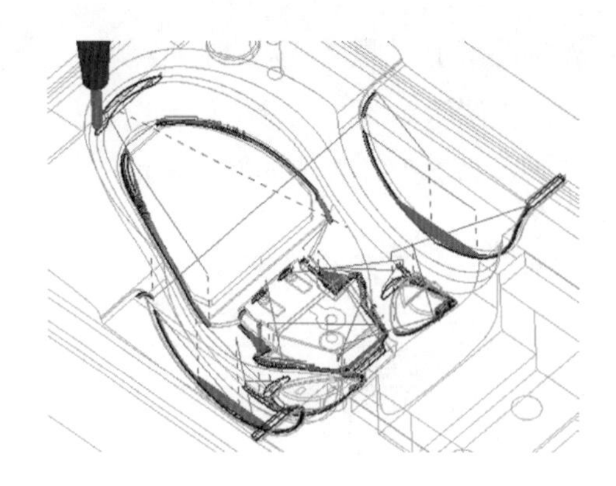

補充說明：

相同地建議此條刀具路徑讀者必須區分爲夾持長和夾持短的刀具來做加工。

針對角落區域的清角加工路徑編程之後，接下來我們將進行成品面的最佳化等距中銑加工。此區域爲求路徑軌跡的最佳化，我們將它分區域，分別來產生最佳化的加工路徑。首先我們先針對下圖所示點選的區域範圍曲面來進行接觸點邊界的運算。

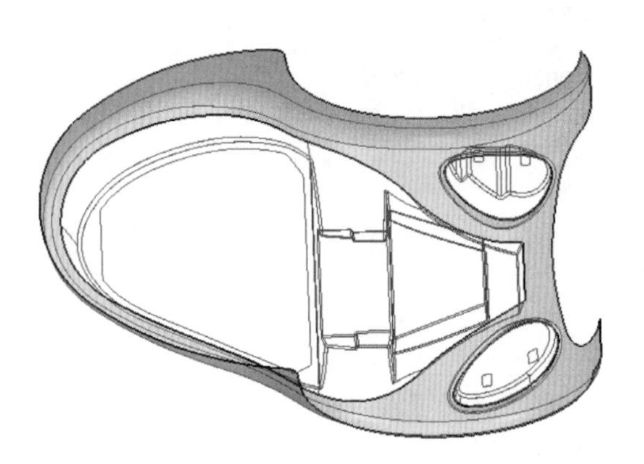

7. 作動加工刀具 R5-L90。
8. 從物件工具列中，使用滑鼠右鍵功能點選邊界，滑鼠移置邊界建立，從右鍵下拉功能的選單中點選接觸點邊界。
9. 不勾選使用關聯性邊界、公差設爲 0.02。
10. 點選模型 icon
11. 點選執行與接受，計算完成的邊界如下頁圖所示。

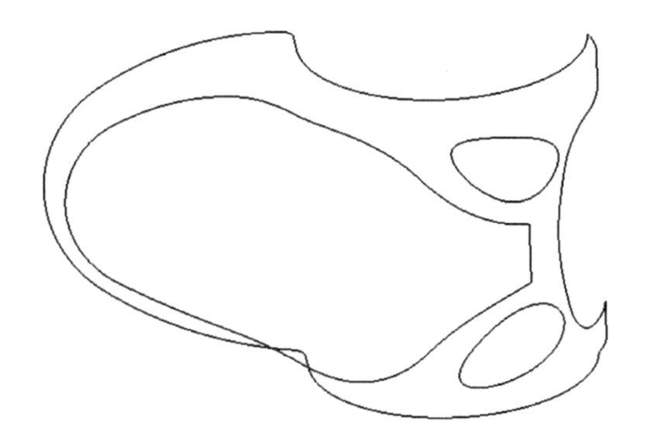

12. 從主要工具列，點擊刀具路徑工法選單 。
13. 選取精加工 Finish 選單，選擇最佳化等高加工（Optimized constant Z）工法選項。

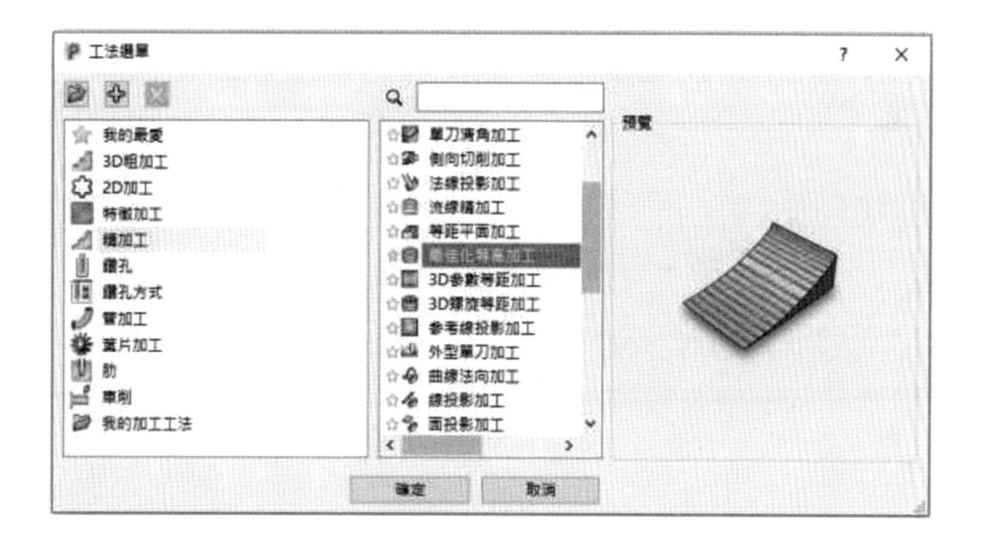


14. 開啓選單之後定義以下設定：
    (1) 輸入刀具路徑名稱：Optimised Constant Z Semi_1。
    (2) 勾選平順。
    (3) 切削方向：雙向。
    (4) 公差：0.01。
    (5) 預留量：0.2。
    (6) 刀間距：0.3。
    (7) 點選限制模式的選項，確認已選擇邊界名稱 8 做使用。
    (8) 點選進退刀與連結中的進刀選項，確認功能中選擇曲面法線圓弧。定義角度爲 90.0、半徑爲 0.5，再點選退刀與進刀相同選項按鈕。

(9) 點選連結的選項，從第一選擇下拉功能中選擇沿曲面連結。

(10) 以上加工參數定義完成後，點擊計算，再按關閉。

(11) 計算完成的刀具路徑，如下圖所示。

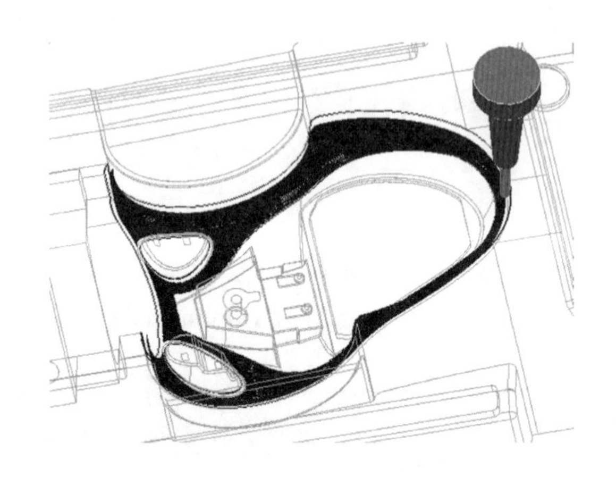

補充說明：

於圖的左上端邊緣處讀者會發現有些斷續的路徑建議可移除之。

接下來於成品的內部區域如下圖所示的區域範圍曲面，以同樣的方式來進行接觸點邊界的運算。

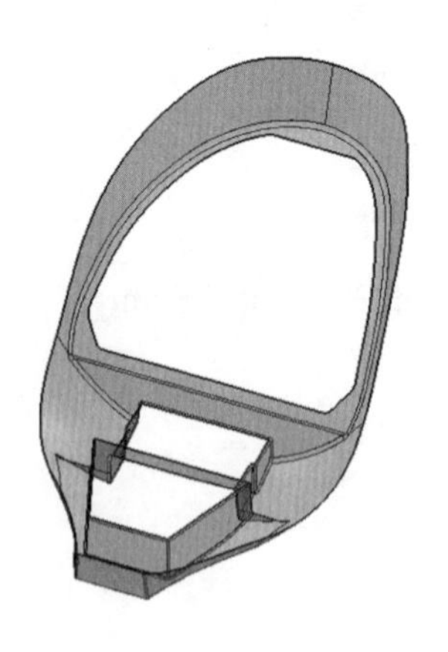

15. 作動加工刀具 R5-L90。

16. 從物件工具列中，使用滑鼠右鍵功能點選邊界，滑鼠移置邊界建立，從右鍵下拉功能的選單中點選接觸點邊界。

17. 不勾選使用關聯性邊界、公差設為 0.02。
18. 點選模型 icon
19. 點選執行與接受，計算完成的邊界如下圖所示。

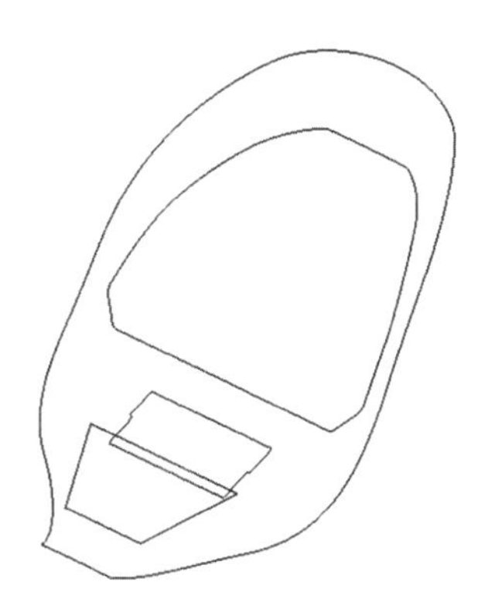

複製此條 Optimised Constant Z Semi_1 加工的路徑 。

20. 開啓選單之後定義以下設定：

(1) 輸入刀具路徑名稱：Optimised Constant Z Semi_2。

(2) 點選限制模式的選項，確認已選擇邊界名稱 9。

(3) 其餘的加工參數定義維持不變，點擊圖示中的計算，再按關閉。

(4) 計算完成的刀具路徑，如下圖所示。

在下圖所示的這兩個區域範圍，建議可以採用同樣的接觸點邊界與最佳化等高工法策略來完成編程路徑，請試著自行完成這個路徑的運算。

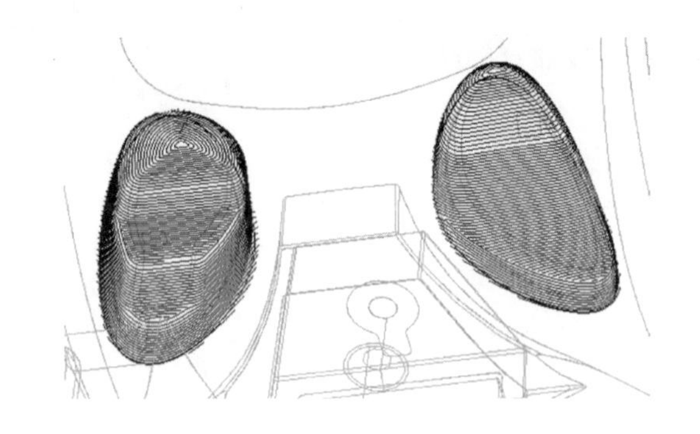

補充說明：

使用同樣的工法策略，讀者可複製這些路徑 來完成精加工的刀具路徑。

## 13.10　自動清角加工（Corner finishing）

同樣的加工應用觀念，於成品的區域或角落範圍，尚還有未完成的精加工區域。建議可使用更小的刀具來做清角加工與成品的加工。

1. 作動加工刀具 R3。
2. 從主要工具列，點擊刀具路徑工法選單 。
3. 選取精加工 Finish 選單，選擇自動清角加工（Corner finishing）工法選項。

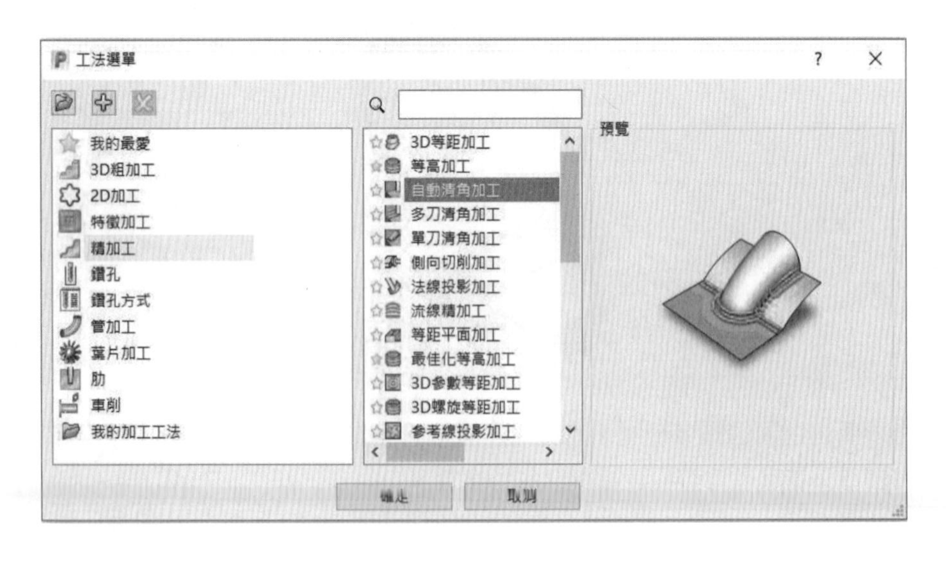


4. 開啓選單之後定義以下設定：

　(1) 輸入刀具路徑名稱：Corner Finishing。

(2) 輸出：兩者。

(3) 清角方式：選擇自動。

(4) 區分角度：39.0。

(5) 留痕高：0.01。

(6) 公差：0.01。

(7) 切削方向：雙向。

(8) 預留量：0.1。

5. 其餘的加工參數定義維持不變，點擊圖示中的計算，再按關閉。

6. 計算完成的刀具路徑，如下圖所示。

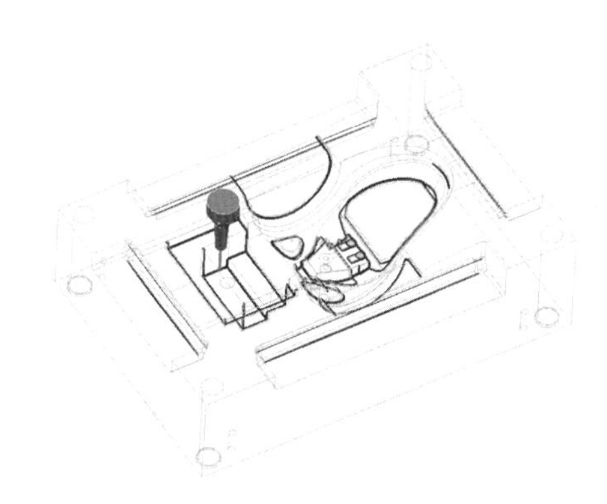

補充說明：

所完成的清角加工路徑，於某些區域路徑讀者可自行判斷是否需要做清角加工，不需要時建議讀者可移除之。

但建議該路徑同樣需要區分刀具為夾持長和短的刀具路徑。

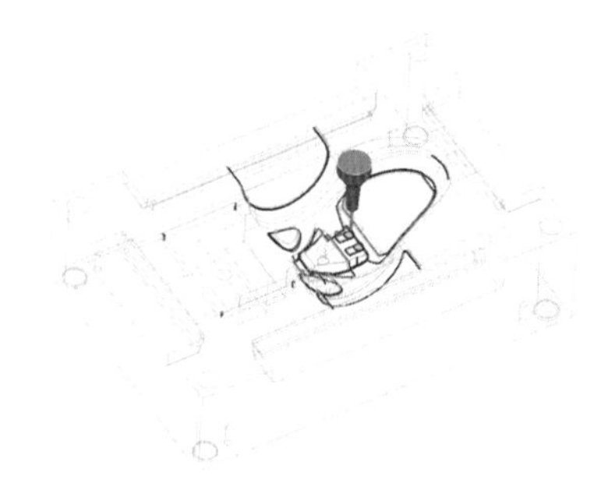

此章節的路徑編程應用我們將說明至此，相信讀者已經具備一定的專業編程能力來完成尚餘區域的精加工與清角精加工路徑。

# 14

# 路徑安全驗證及實體模擬（Tool-path safety confirmation and simulation）

# 14.1 路徑安全驗證

PowerMILL® 路徑干涉檢查區分爲模型過切檢查、刀桿和夾頭驗證檢查、實體模擬和機台干涉碰撞驗證。從操作上可區分爲以下幾種方式：

1. 讀者可選擇路徑計算完畢後執行刀具路徑的驗證，只要作動刀具路徑且定義好刀桿和夾頭。
2. 當選擇工法策略時，讀者可從刀具的選項中勾選加入夾頭外形做運算或從自動驗證的選項中勾選自動干涉檢查功能。
3. 如果要將所有的刀具路徑做一次性的驗證檢查，可執行 NC 程式的右鍵選項功能，選擇驗證全部的 NC 程式。
4. 刀具路徑可透過實體模擬與機台模擬作安全驗證。

接下來，我們將逐一的說明這幾項安全驗證的操作方式。

從主功能表中選取檔案－開啓專案，從光碟目錄 Chapter-14 選取 Toolpath verification 專案檔。如下圖所示。

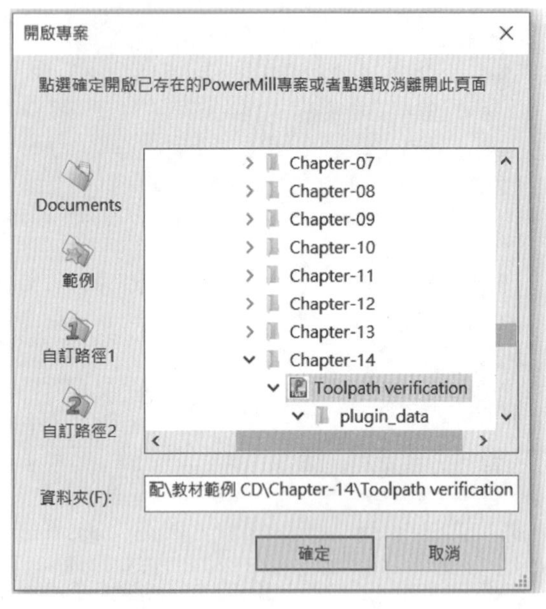


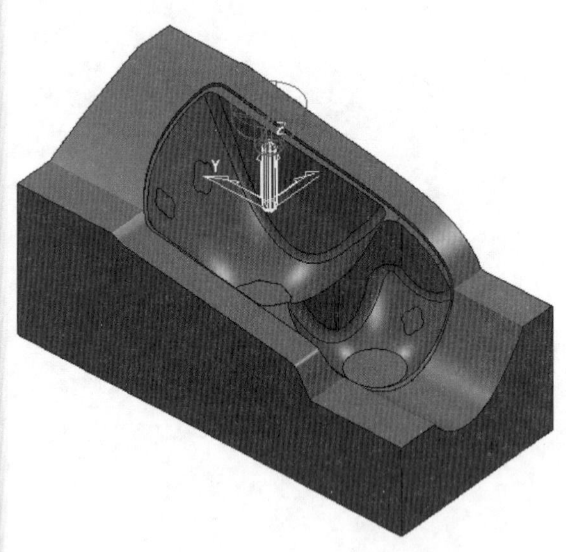

# 14.2 操作一

1. 作動刀具路徑 collision_1 。
2. 從主要工具列中點選刀具路徑驗證圖示 。

3. 開啓選單之後定義以下設定（如下圖所示）：

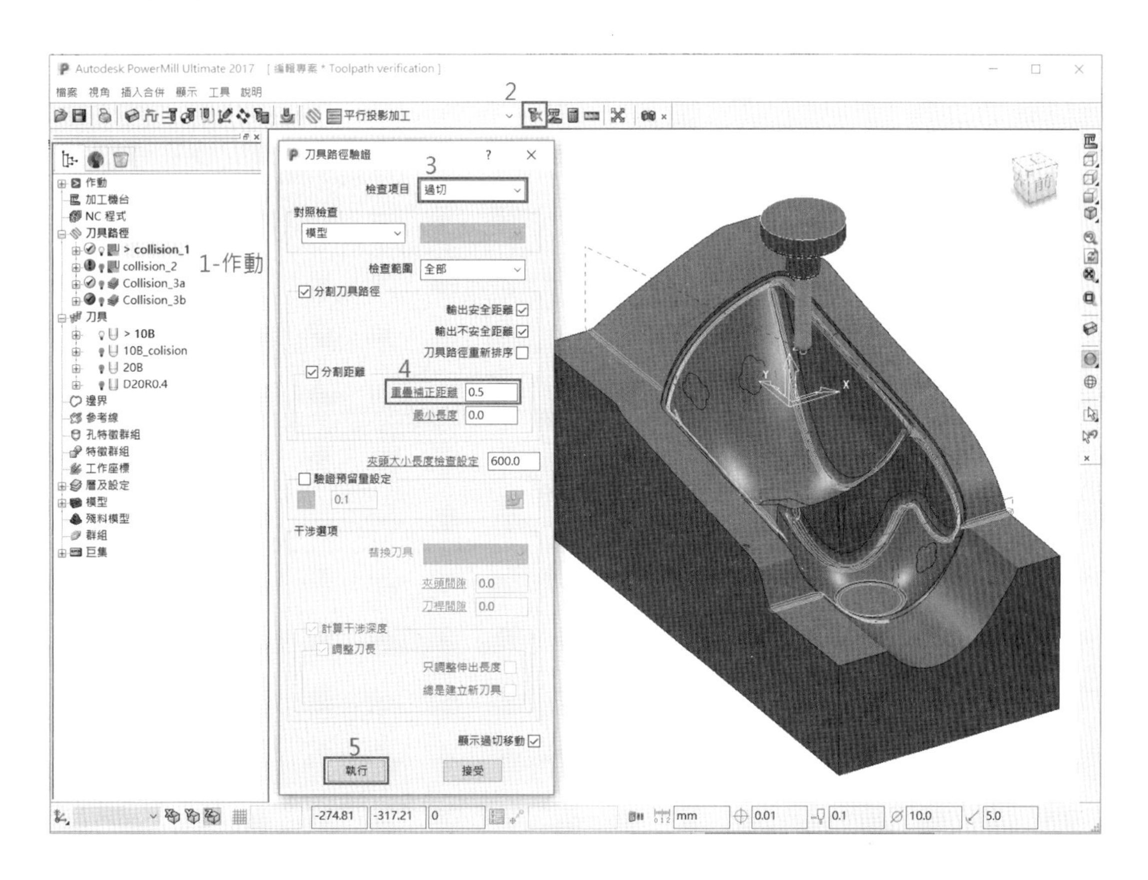

(1) 檢查項目：過切。

(2) 重疊補正距離：0.5。

(3) 以上加工參數定義完成後，點擊執行，再按接受。

4. 在此提供了兩個檢查選項：**干涉和過切**。

**(1) 檢查範圍**：可指定檢查刀具路徑中的切削移動，進退刀和連結。

**(2) 重疊補正距離**：不安全的路徑延伸重疊到安全的路徑距離值。

**(3) 夾頭大小長度檢查設定**：干涉檢查時若無定義夾頭，則系統將會自動依據內定值的 600.0 mm 夾頭大小對模型做安全的驗證。

**(4) 刀桿和夾頭間隙**：允許使用者指定刀桿和夾頭的安全間隙值。

5. 此條刀具路徑驗證過切選項完成後的結果，如下頁圖所示。PowerMILL 訊息顯示沒有找到過切。

5. 接下來再從主要工具列中點選刀具路徑驗證圖示 。
6. 開啓選單之後定義以下設定：
   (1) 檢查項目：改爲干涉。
   (2) 重疊補正距離：0.5。
   (3) 以上加工參數定義完成後，點擊執行，再按接受。
   (4) 此條刀具路徑驗證干涉選項完成後的結果，如下圖所示。

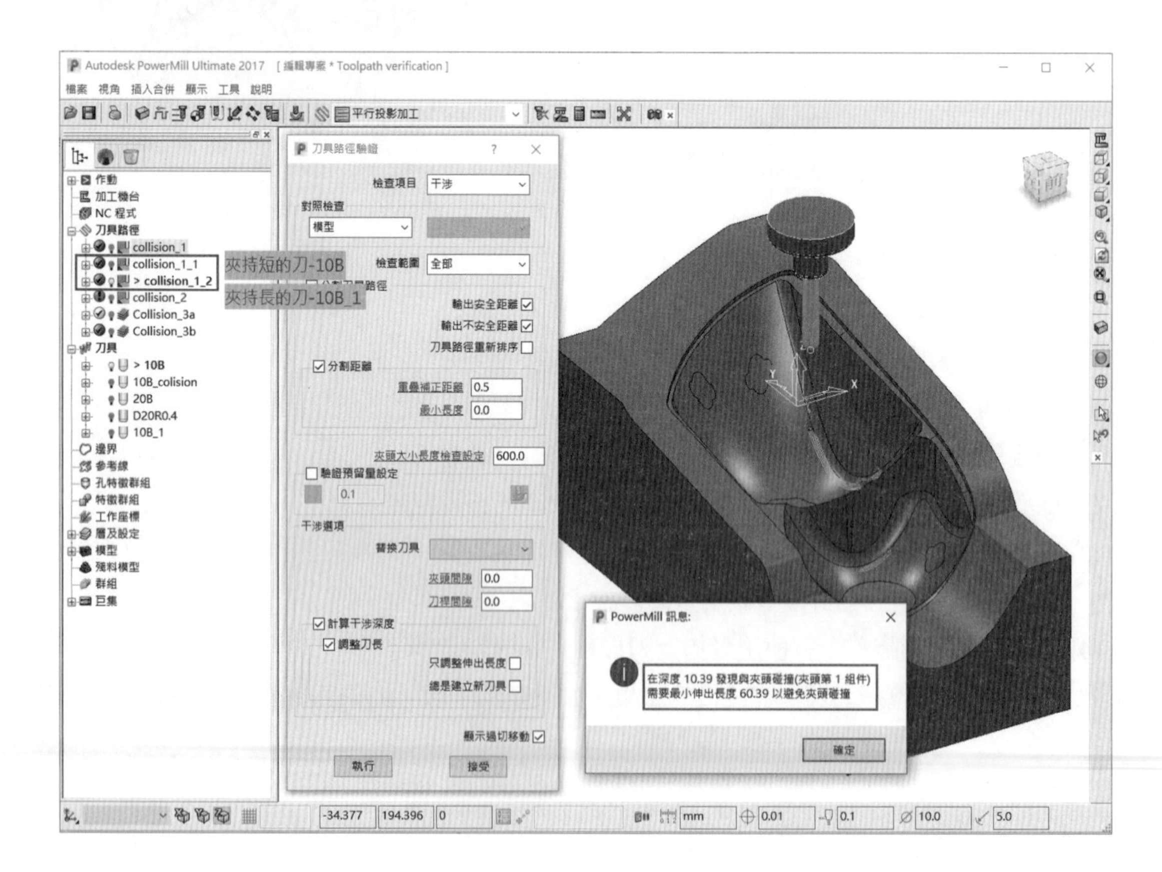

補充說明：

原有的路徑 collision_1 將被所產生的新刀具（10B_1）所套用。它共分割爲兩條刀具路徑一、是 collision_1_1（夾持短的刀 10B）和另一、是 collision_1_2（夾持長的刀 10B_1）。

建議也可以選擇先分割輸出安全距離的路徑，然後再一次操作。

輸出不安全距離的路徑，以判斷它爲所用。

collision_1_1（夾持短的刀 10B_1）刀具路徑如下圖所示。

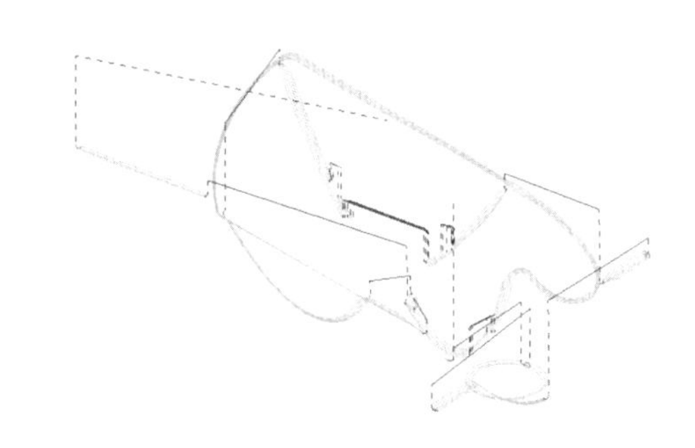

collision_1_2（夾持長的刀 10B）刀具路徑如下圖所示。

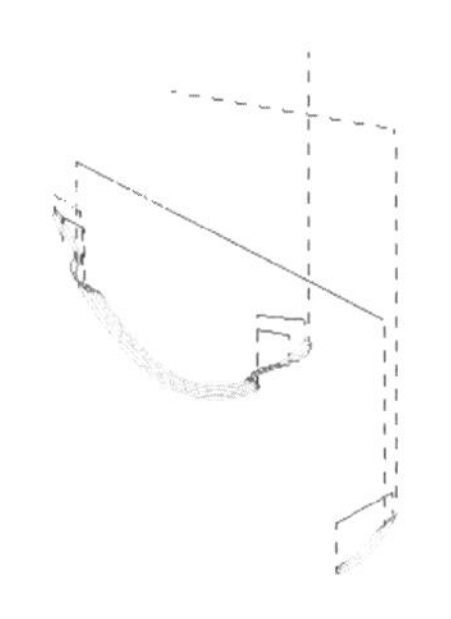

# 14.3 操作二

1. 作動刀具路徑 collision_2。
2. 開啓設定參數選單之後定義以下設定（如下頁圖所示），並點選刀具的選項，從右下角處請勾選「**加入夾頭外形**」。

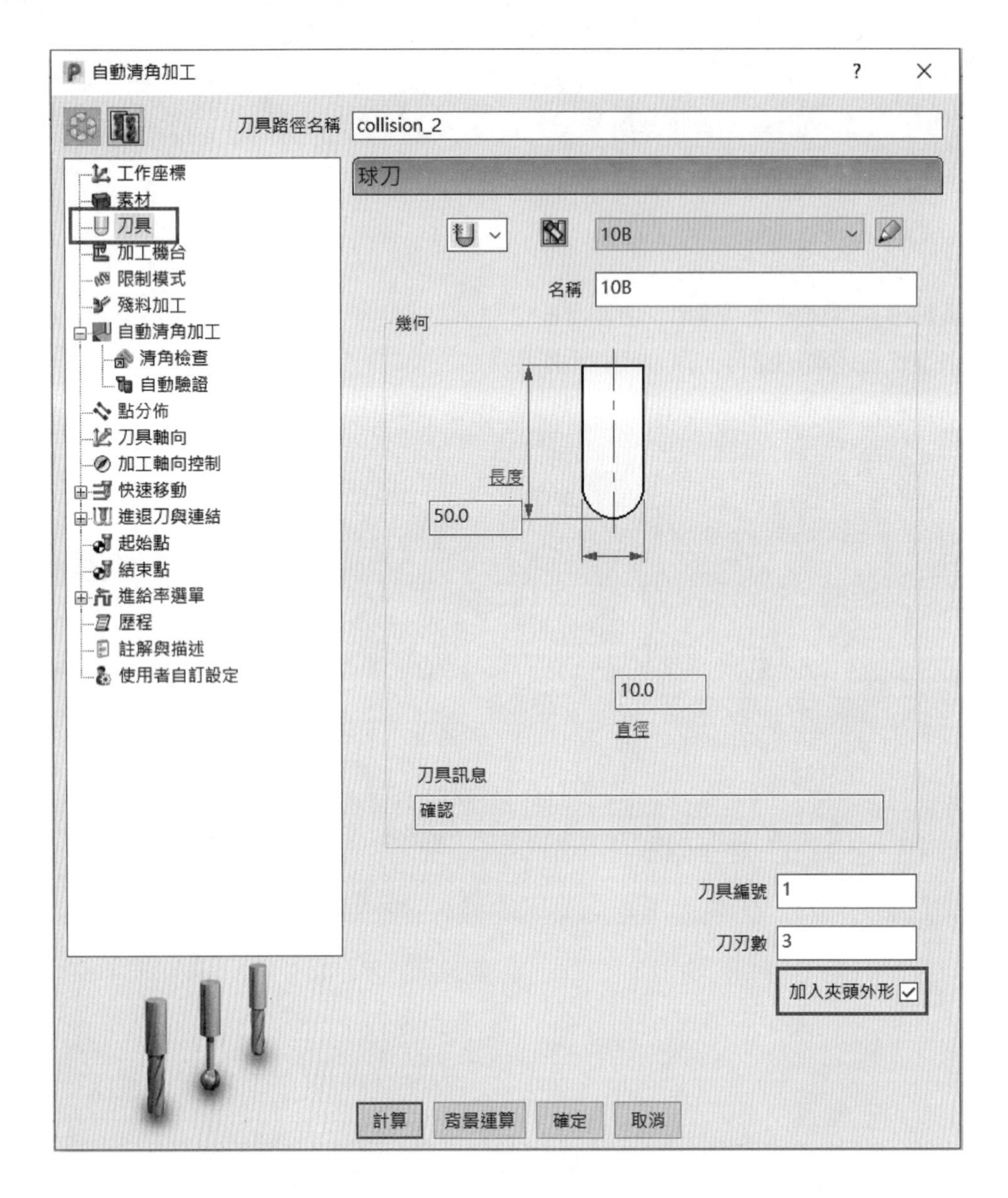


3. 當刀具路徑執行運算完成後，同時 PowerMILL® 也針對刀具的夾持長做安全運算，它將會產生安全的輪廓範圍。
4. 從物件工具列中，使用滑鼠右鍵功能點選刀具，再從右鍵下拉功能的選單中點選設定參數。

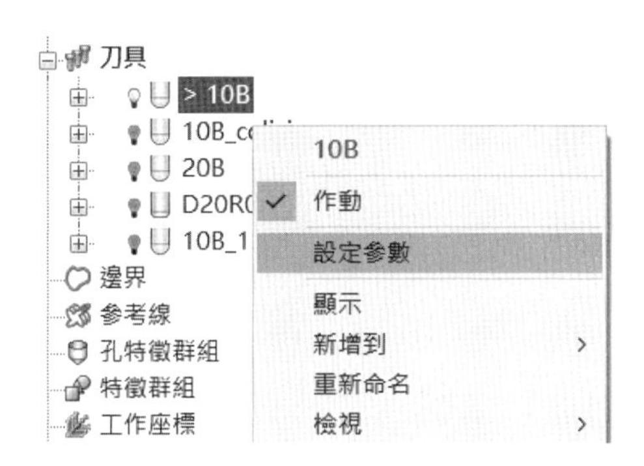


5. 開啓選單之後，讀者會發現夾頭的顯示爲紅色，表示此刀具路徑的加工區域使用這個夾頭時，它會造成碰撞的發生。讀者可點選夾頭外形的選項來做細節的了解或勾選路徑、修正間隙再**重新計算輪廓**。

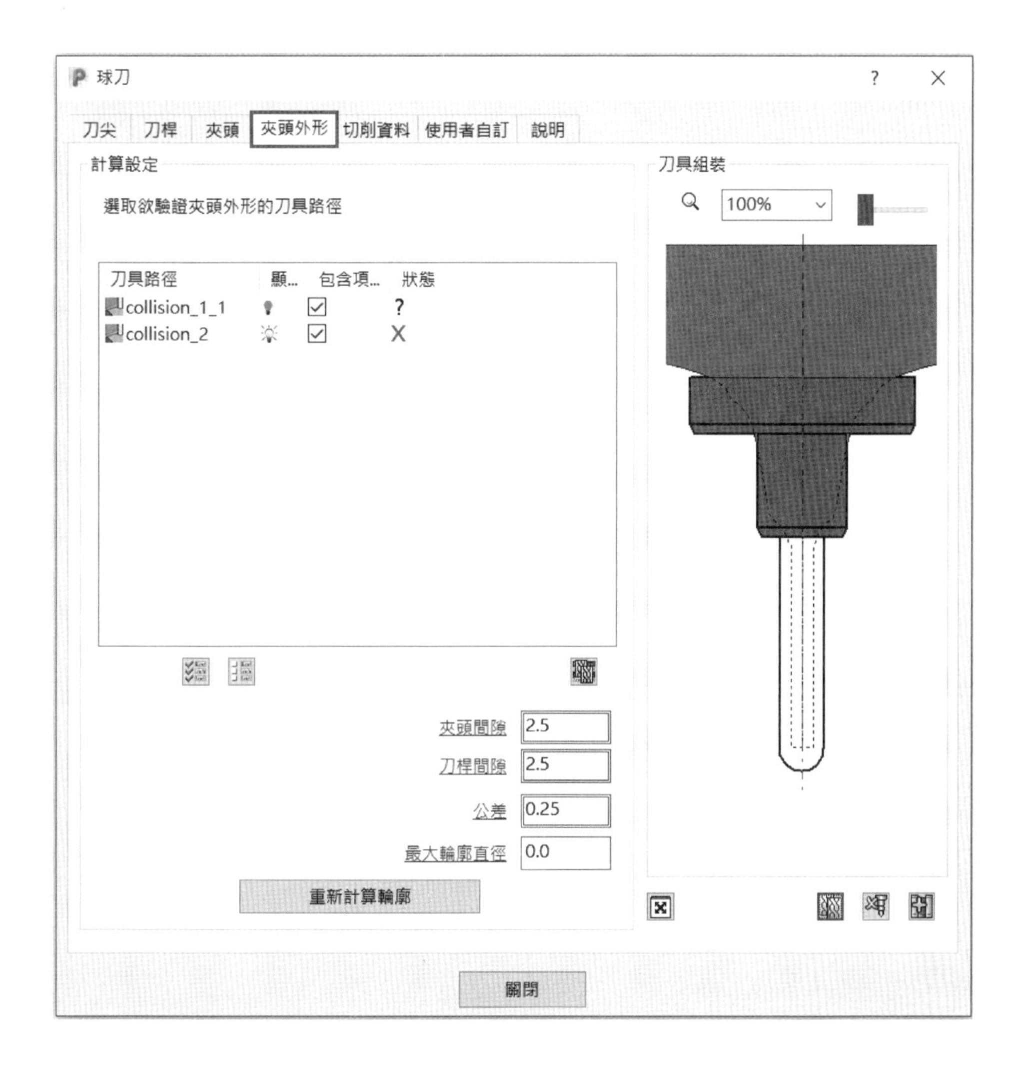

6. 上圖中請先不要勾選 collision_1_1 的刀具路徑。接下來建議可從選單中，點選切換視窗到夾頭的頁面，從夾頭的頁面中點選**計算伸出長度**的功能。讀者將會發現夾頭的伸出長度會自動地運算到最佳夾長（可以手動再調整數值，以利輸出整數到加工表單中）。PowerMILL® 的特點是夾頭可彈性替換、無須再重新的運算路徑，減少了很多不必要的編程時間浪費。

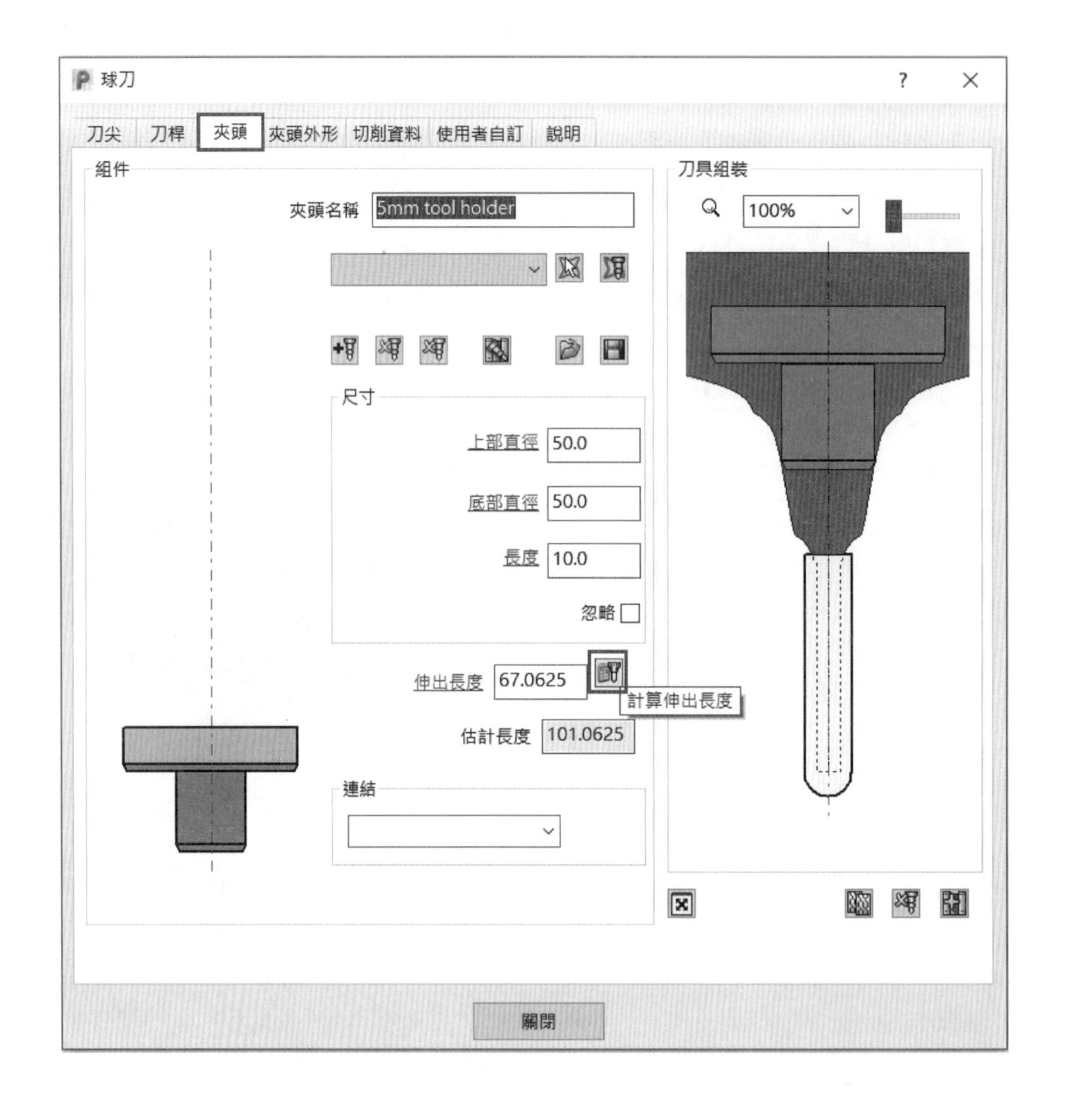


另外，讀者也可以從夾頭的資料庫中，挑選更合適的夾頭類型來做套用。如下圖的操作：

(1) 點選在資料庫中搜尋夾頭 。

(2) 開啓選單之後定義以下設定：

a. 點選搜尋的選項，然後選擇夾頭類型。

b. 點選套用，再按關閉。

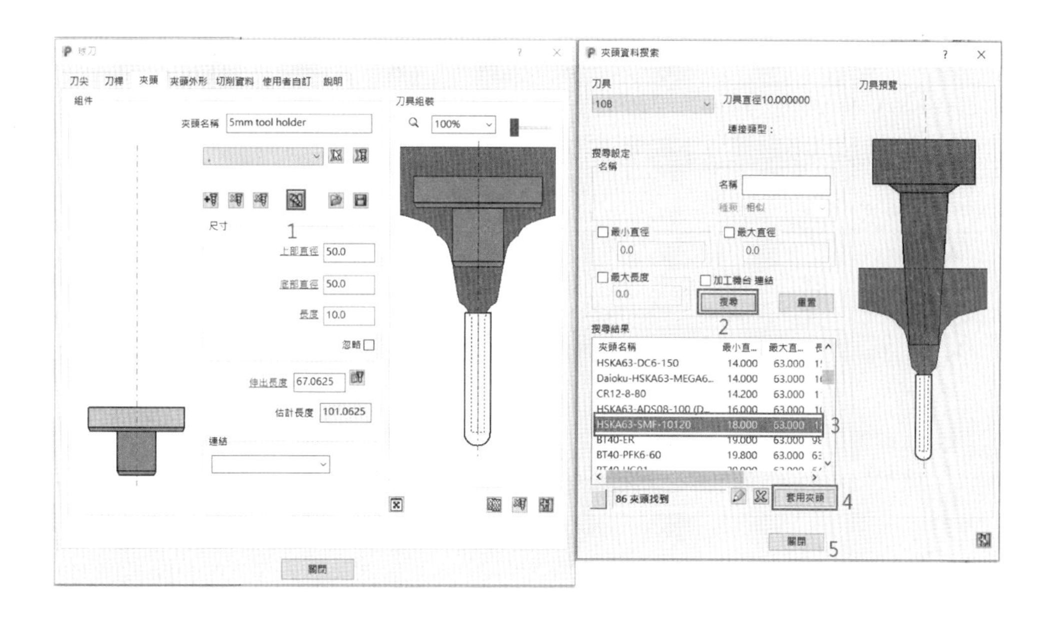

7. 再從夾頭的頁面中點選**計算伸出長度**的功能，計算所得到的最佳夾長，如下圖所示。

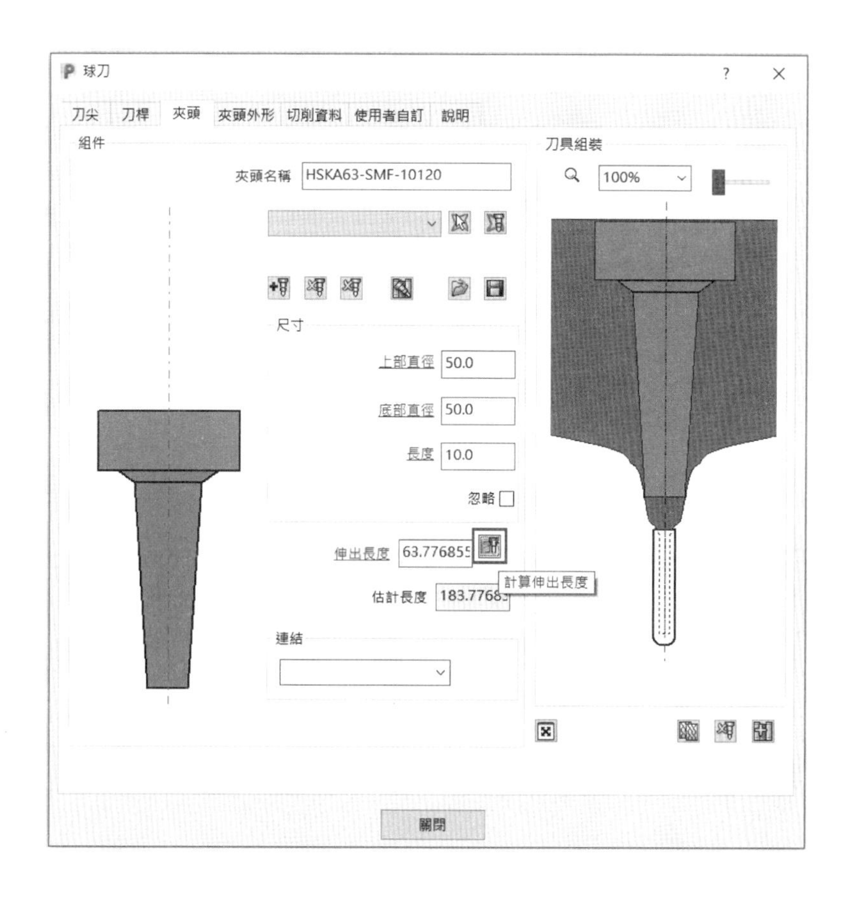

接下來將介紹說明，如何操作使用**自動干涉檢查**功能。

1. 作動刀具路徑 Collision_3b。
2. 開啓設定參數選單之後定義以下設定（如下圖所示）：

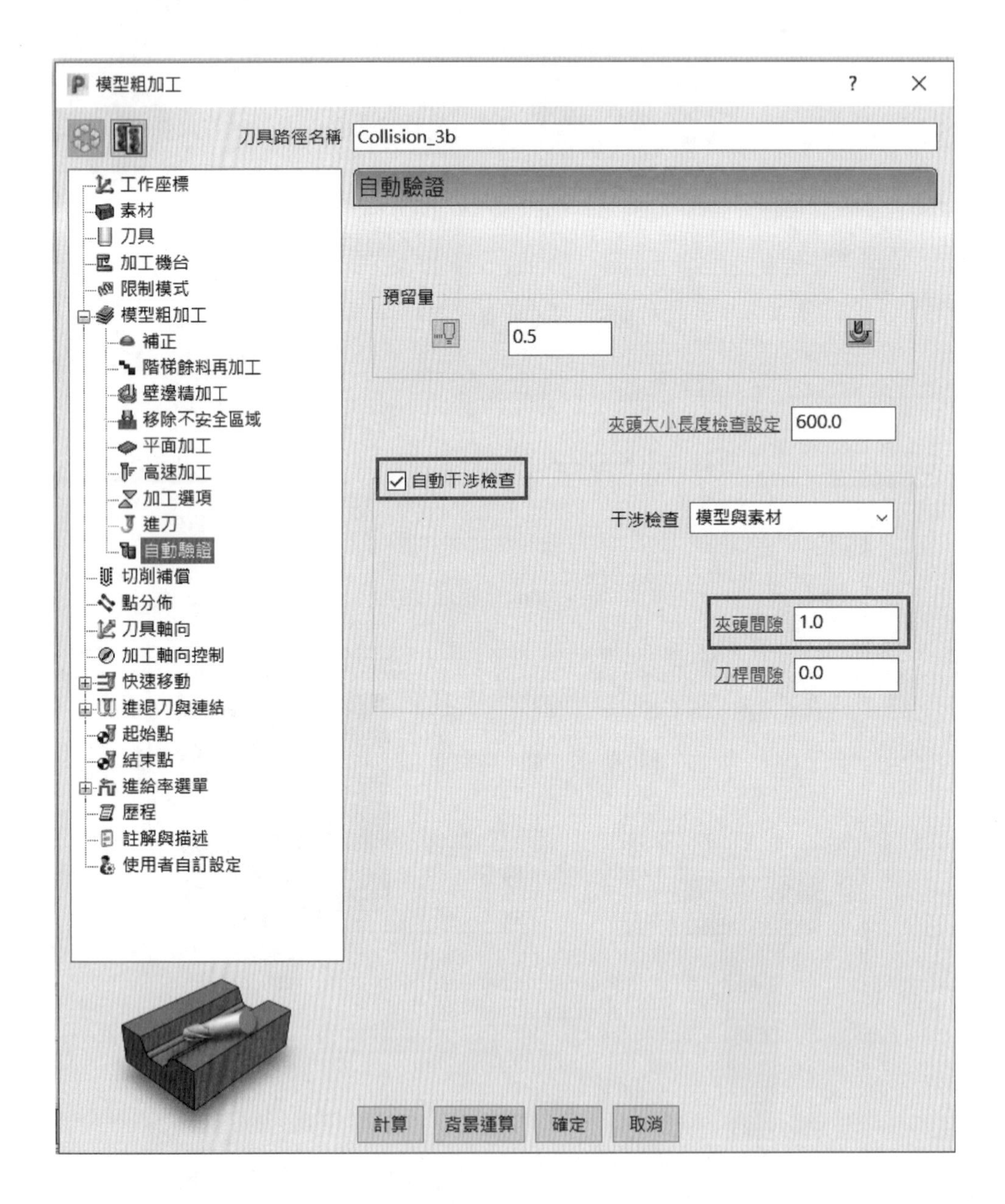


(1) 點選自動驗證的項目：勾選自動干涉檢查。

(2) 夾頭間隙：1.0。

3. 產生的自動干涉驗證路徑，如下圖所示。

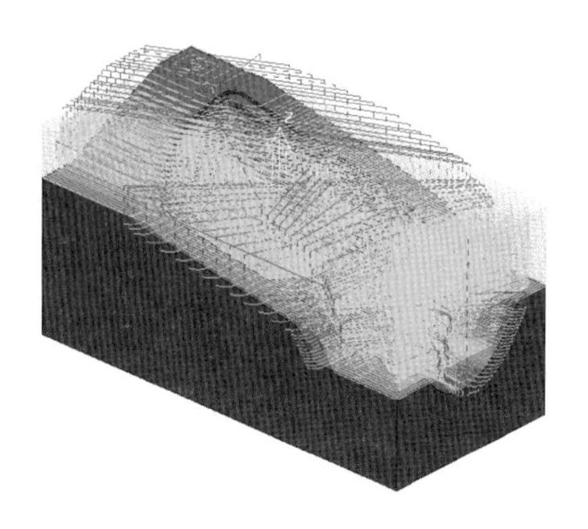

4. 從上圖中實在無法看出自動干涉驗證的路徑狀況，我們來做一個比較。請點選 Collision_3a 的顯示燈泡（此刀具路徑無勾選使用自動干涉檢查），讀者會看到兩條路徑將做重疊。再點選下拉式主功能中的視角選項，點擊**動態剖面**的功能如下圖示。軸向定義爲 X、距離 32.0，讀者可使用拉桿做拖曳。

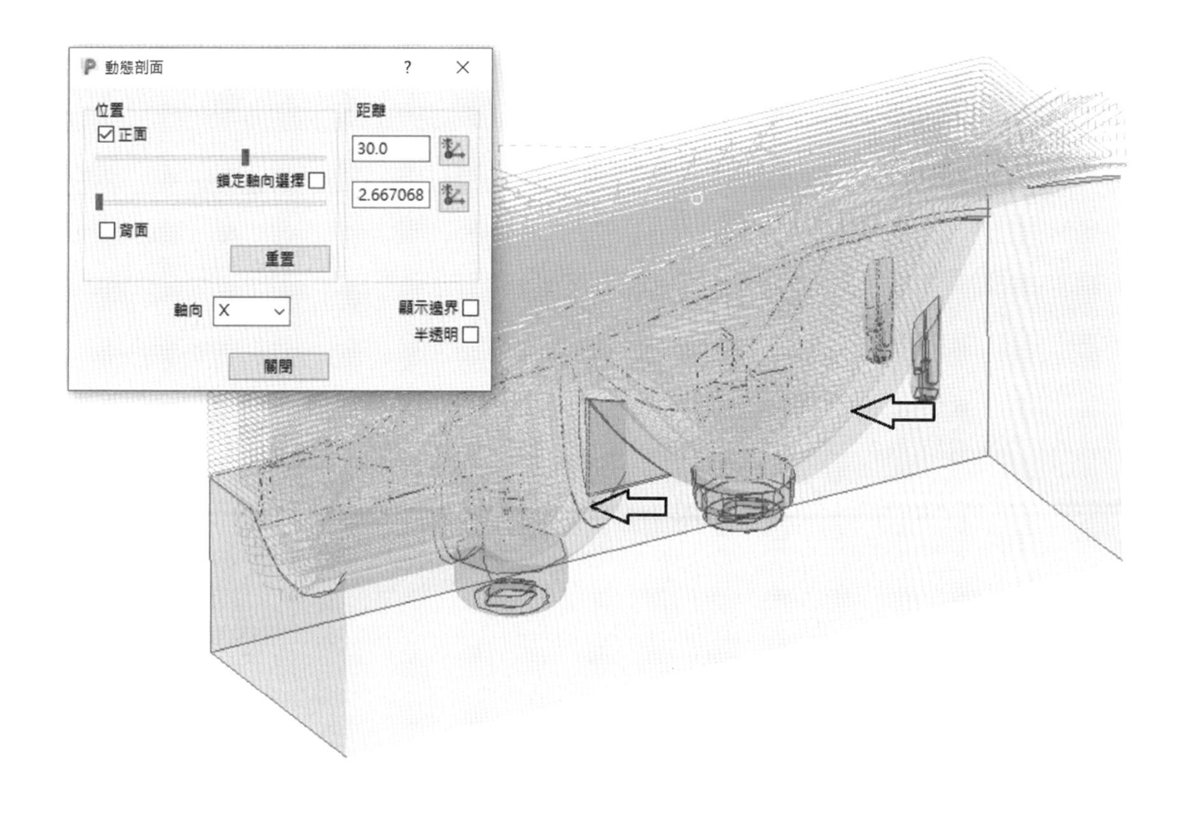

補充說明：

由上圖中讀者透過動態剖面可看到箭頭所指的範圍區域是有勾選自動干涉檢查的路徑，放大觀看那些區域，讀者會發現路徑已經自動地避開夾頭的干涉，運算出連續性的安全加工路徑。

# 14.4 操作三

一次性的 NC 程式驗證檢查（可重新地開啓此專案檔）：

1. 從物件工具列中，使用滑鼠右鍵功能點選 NC 程式，從右鍵下拉功能的選單中點選**驗證全部**。

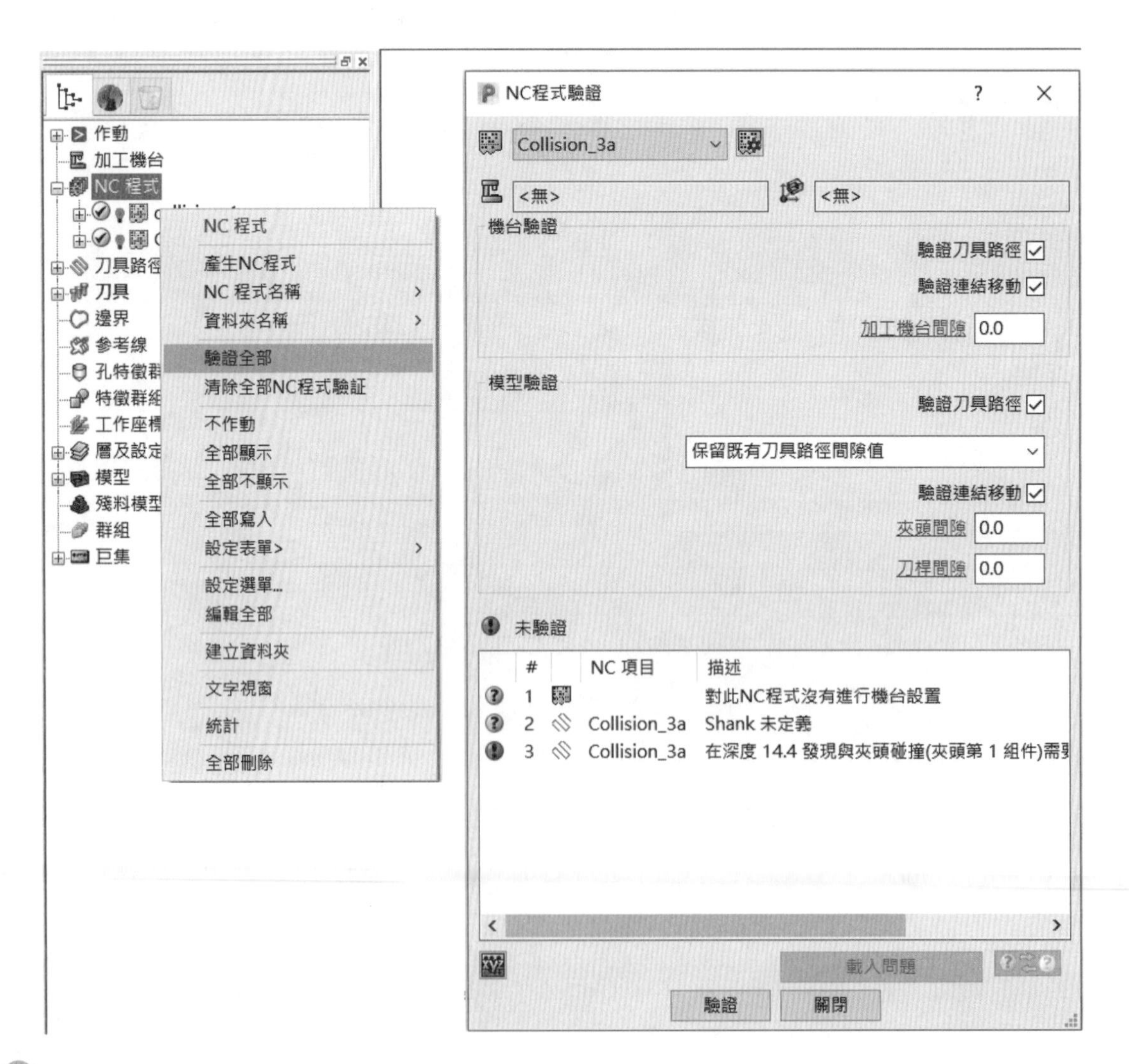

2. 所有輸出的 NC 程式將會逐一的做全面驗證檢查，訊息中將會列表說明每一條刀具路徑的檢查描述，讀者可透過那些描述的說明來解決每一條刀具路徑所產生的安全驗證問題。

# 14.5 操作四

實體模擬（可重新地開啓此專案檔）：

1. 從下拉式主功能中的視角選項，點選工具列，從右鍵下拉功能的選單中，點擊**實體模擬**的工具列，如下圖所示。

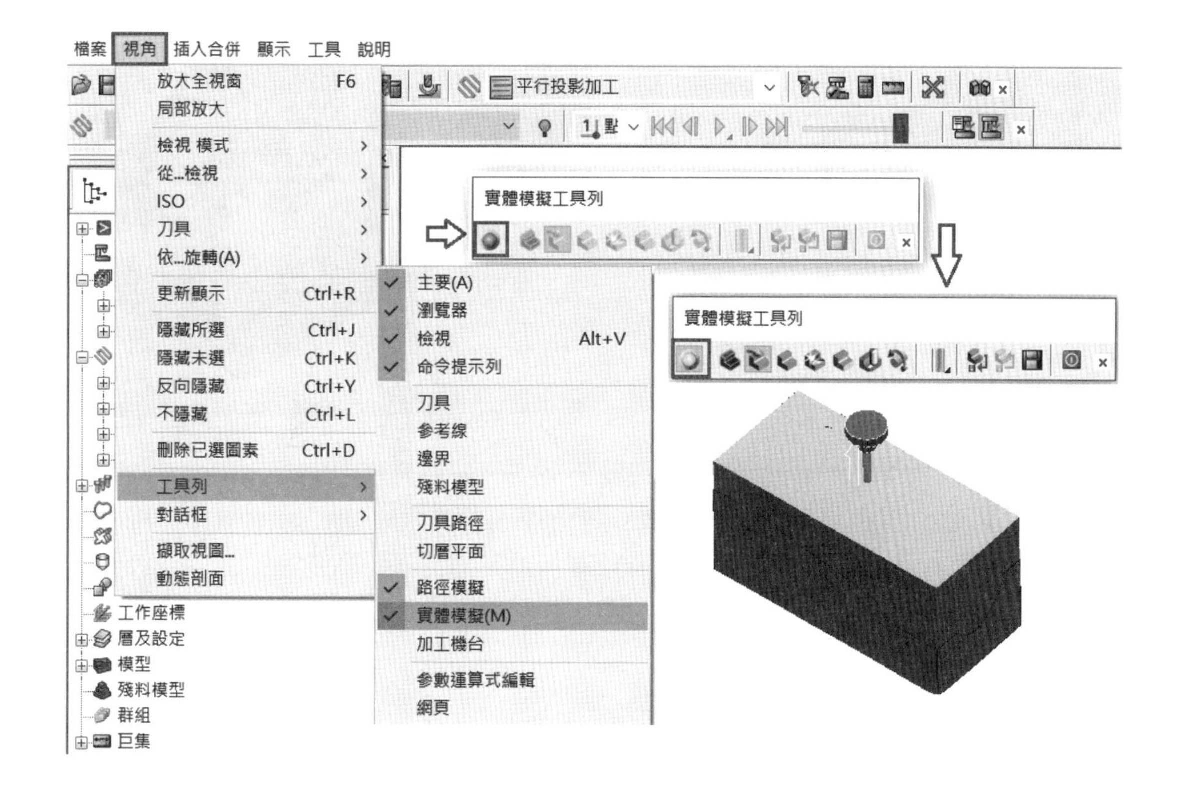


2. 從實體模擬工具列中，點擊實體模擬開 / 關的選項功能 。
3. 作動刀具路徑 Collision_3b 。
4. 從右鍵下拉功能的選單中，點擊刀具起始位置。
5. 從實體模擬工具列中，點擊金屬亮彩顯示的選項功能。
6. 從路徑模擬工具列中，點擊模擬至最後的選項功能。
7. 如果不再模擬任何的刀具路徑，可點擊**退出實體模擬**。
8. 如果還需要進行下一條刀具路徑的模擬，可重複的執行 1、2 和 4 的操作步驟。

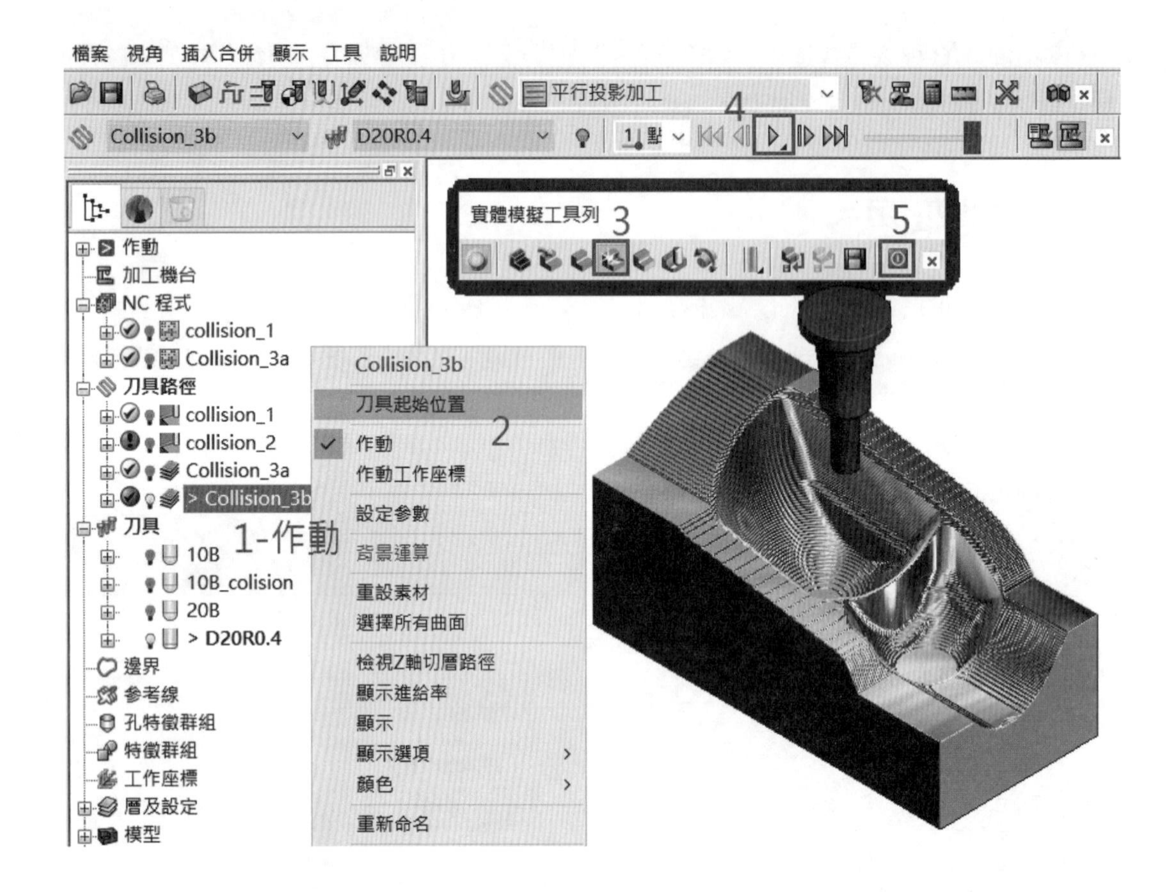


9. 如何一次性的將所有的刀具路徑作實體模擬？

建議可產生一條串刀的 NC 程式名稱，將所需的刀具路徑新增到此 NC 程式中（也可以使用拖拉的方式將刀具路徑放入 NC 程式內）。

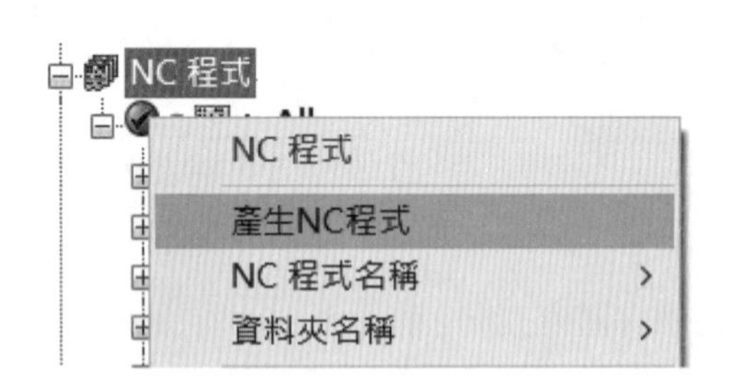

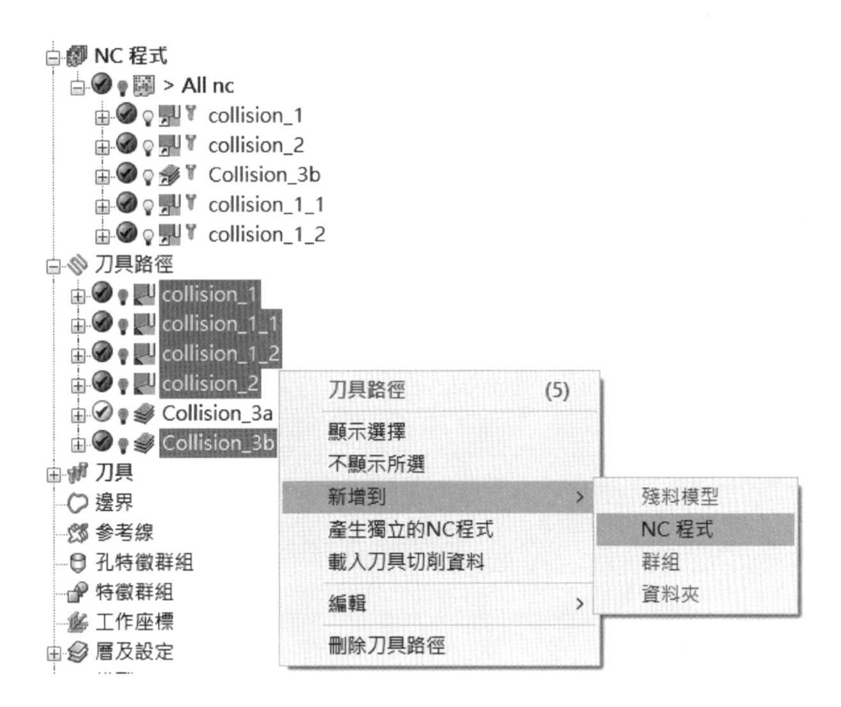


10. 從右鍵下拉功能的選單中，點擊刀具起始位置。

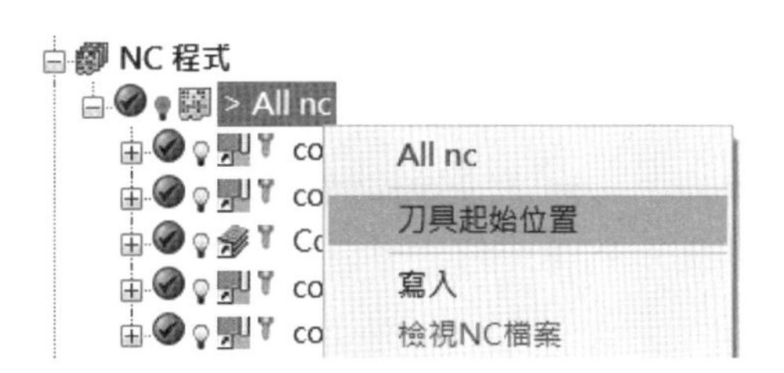


11. 同樣從實體模擬工具列中，點擊顯示顏色類別的選項功能。
12. 同樣從路徑模擬工具列中，點擊模擬至最後的選項功能。

補充說明：

每條刀具路徑都有其安全狀態的顏色標號，它們代表著刀具或夾頭的安全性。透過這個顏色標號來區分，可讓讀者更清楚容易地明白刀具路徑的安全性與檢查過切與否。下圖有說明各個顏色標號所表示的安全狀態說明：

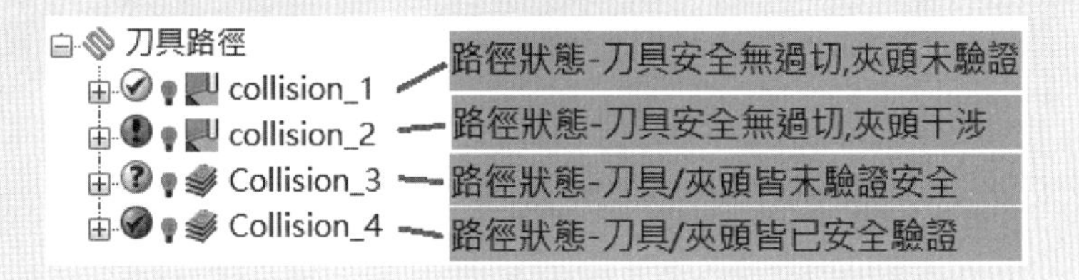

PowerMILL® 軟體提供機台、夾治具、換刀動作和模型之間的干涉驗證檢查。透過機台模擬工具列，讀者可針對三軸或多軸加工路徑進行模擬驗證，並提供使用者有效的干涉訊息。當使用機台模擬進行動態模擬時，於碰撞發生的位置，模擬將自動停止，並且機台干涉組件會呈現紅色，而螢幕上會出現一警告訊息，直到使用者確認後，系統會將所發生碰撞的刀具路徑位置，列表到加工訊息 - 機台干涉頁面中。

在此我們將不再說明機台模擬的操作應用，如想多了解它的操作方式，可參考五南出版社的《**電腦輔助多軸銑削加工基礎及實作**》。

**機台模擬互動式主軸調整**：可找出 3+2 軸最佳傾斜角度與最短刀長。

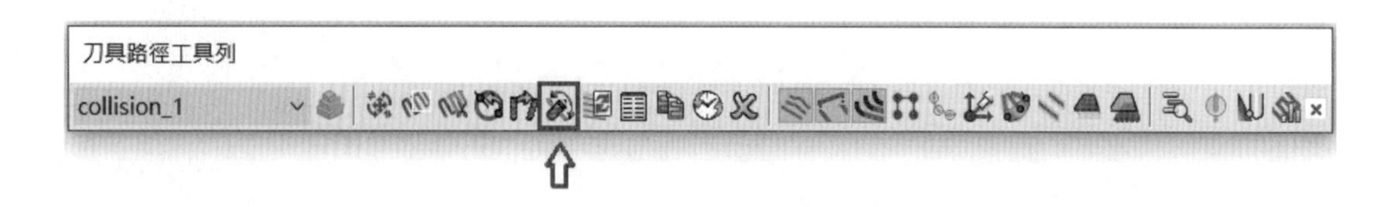


(1) 這個功能可任意軸向的控制與即時干涉顯示（路徑運算前可調整確認、路徑運算後可彈性調整）。

(2) 路徑調整後可快速更新套用刀具軸向，且無須重新的運算刀具路徑。

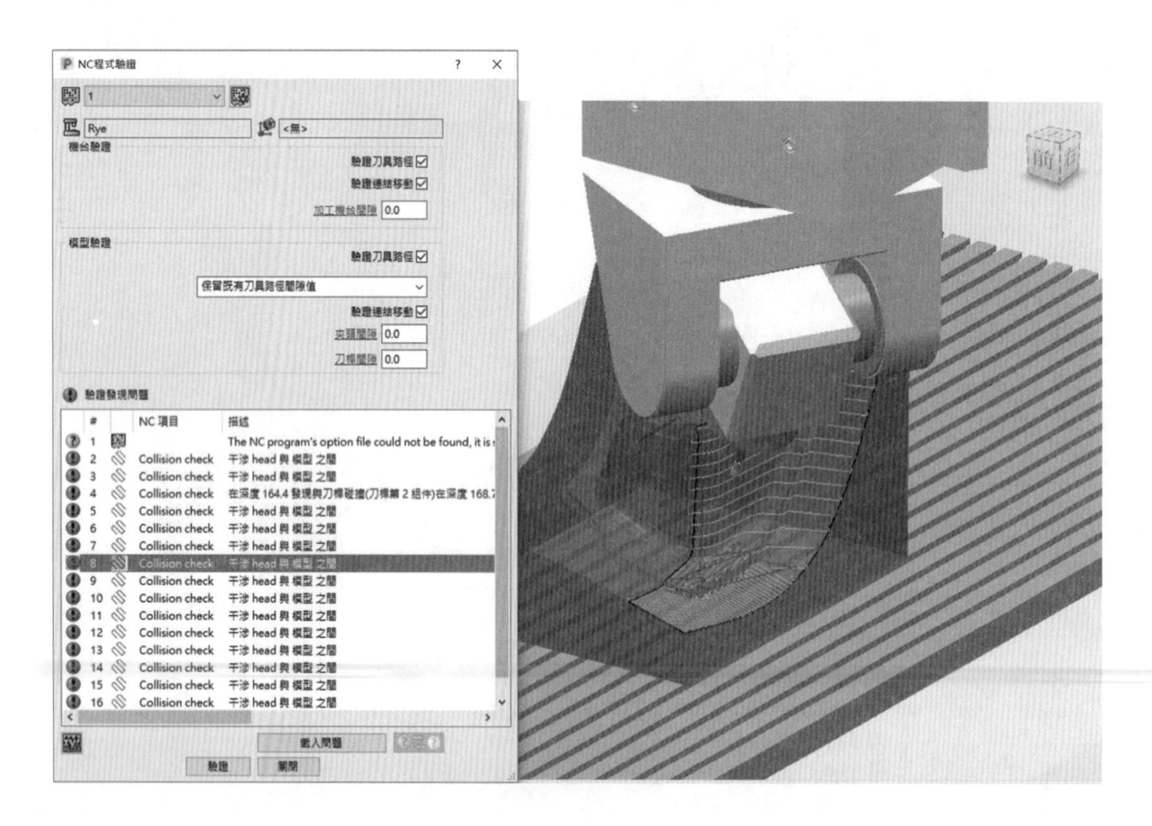

# 15

# 加工基本設定及運行（Basic setup and start machine）

本章節說明 CNC 加工機的使用設定及運行方式，下方照片的 CNC 加工機爲使用崑山科技大學機械系綜合實習工廠的立式三軸加工機（CNC 銑床），其使用的控制器爲 FANUC Series 0i-MD。

# 15.1 CNC 銑床機體介紹

## 15.1.1 CNC 銑床架構

CNC 銑床是機電一體型式，外觀簡潔，重切削、高加工能力、高精度的加工機器。

由以下基本的機械與電氣要素所構成：

1. 機械本體（頭部、主軸、立柱、床台、鞍座、底座、ATC 裝置）。
2. 操作箱。
3. 強電裝置。
4. 空壓裝置。
5. 潤滑裝置。

## 15.1.2 CNC 銑床各部名稱及概要

1. 頭部：在立柱前面的組件爲頭部，其裝配在角形滑道上，以平衡配重塊使頭部上下（Z 軸）滑道順暢。主軸採用無碳刷 AC 驅動馬達，主軸由高精度的軸承構成。頭部的結構有純電氣式主軸定位裝置、主軸中刀柄握持裝置、主軸、刀具的斜度部分附著切屑 / 粉等掃除的吹風裝置。這些裝置全部設計以簡單的構造執行確切的動作。
2. 立柱：在底座上以螺栓固定之，其設計上充分考慮高剛性的獲得。前面頭部上下（Z 軸）運動的滑道面是角形構造做表面熱處理研磨，相對的滑道面在頭部以樹脂貼附。立柱的右側是數值控制裝置及強電裝置。爲了使頭部上下運動滑順，在立柱中央配置平衡配重塊，立柱上部是 Z 軸進給馬達。

3. 底座：支撐著機械全體，下面是機械安裝的水平調整螺栓，上面是立柱裝置部份，兩側是前後（Y 軸）運動的滑道部，底座前部是前後（Y 軸）進給馬達組合部。如此配重確實保持底座、立柱、Y 軸的結合，是機械精度、各種機能的支持基礎。設計上充分考慮機械剛性、切削、切削油、潤滑油等排除、回收容易。
4. 鞍座：其裝置在底座兩側的滑軌上，作前後（Y 軸）運動，底部有滑道油管配置，上面兩側是左右（X 軸）運動的滑軌部，中央左側是左右（X 軸）進給馬達組合部，設計上充分考慮剛性。
5. 工作台：裝置在中座兩側的滑軌上，做左右（X 軸）運動。有幾條 T 行溝槽便於加工物及治具的安裝。床台左右兩邊有排出切屑、切削油之溝渠，可方便排出切屑與切削油。
6. ATC 裝置：此裝置在立柱左側面，刀具交換時以換刀手臂執行直接刀具交換。利用凸輪驅動及空壓機構，換刀動作快速滑順，採用刀具號碼直接指定而就近選刀，使換刀時間大幅縮短。
7. 操作箱：此箱體固定在右側固定門，主要功能是將程式輸入記憶、程式編輯、MDI 操作等執行的 NC 操作面板、機械實際手動及自動動作控制開關，以各種機能執行的開關類構成操作面板。幾乎所有機械運動必要的操作開關均集中在操作箱，實現高的操作性能。
8. 數值控制裝置：指令值，即程式有意情報的讀取、發出各軸驅動及自動動作指令的裝置。
9. 強電裝置：接收從數值控制送出的各種信號，實際上控制機械動作的繼電器迴路及電源迴路安裝在強電裝置內。
10. 空壓裝置：此裝置是在控制主軸刀具夾緊、ATC 刀套的上下運動、ATC 儲刀倉的旋轉定位、刀具斜度部份清潔的吹氣裝置。

## 15.1.3 各部名稱圖

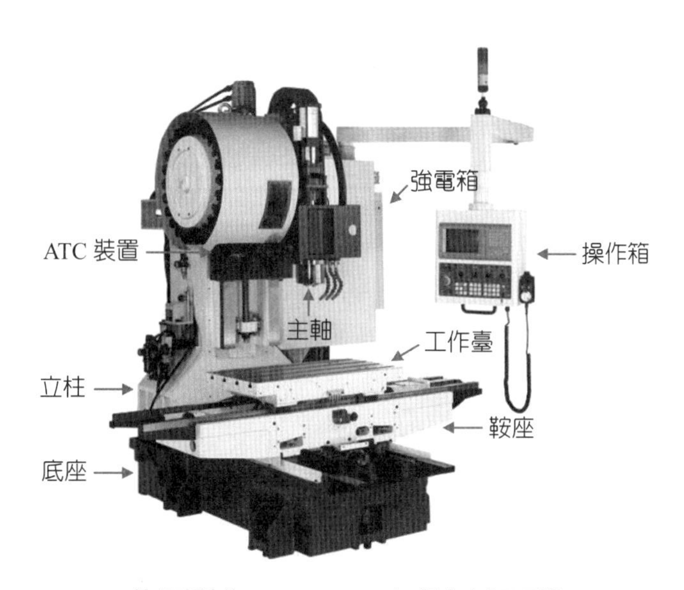


仕元機械 -QMC-1050 立式綜合加工機

# 15.2 操作箱介紹

## 15.2.1 控制器面板（FANUC Series 0i-MD）

本章節所介紹之控制器爲市場上常用的 FANUC（發那科）控制器，如下示意圖所示。

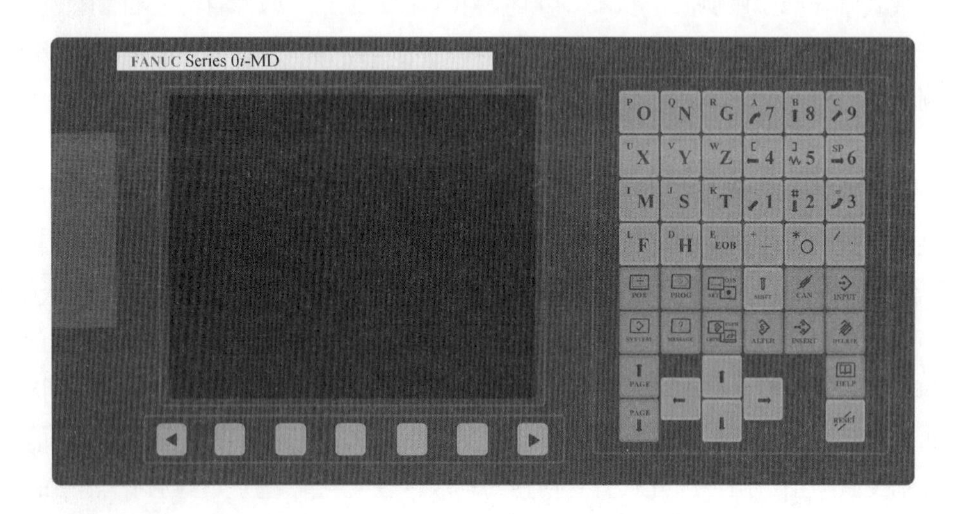


## 15.2.2 面板按鍵說明

1. 重置鍵 RESET ：

(1) 可消除故障警示。

(2) 可中止執行的程式。

(3) 程式輸入完畢後，可按壓此按鍵使游標迅速回到程式的最前端——程式檔名 OXXXX 之處。

2. 求助鍵 HELP ：按此鍵可以得知以下三種項目的使用說明：

(1) 警報信號之詳細訊息。

(2) 操作方法。

(3) 參數目次。

3. 轉換鍵 SHIFT ：面板上的按鍵有大、小兩種字母（例： P O ）。要使用小字時，先按一次轉換鍵（Shift），再按小字按鍵即可。此轉換鍵無連續性，每次要用到小字時，都必須先按轉換鍵一次。

4. 文字鍵：按這些按鍵可以輸入字母、數字以及其他符號類文字。
5. 程式編輯鍵：包括程式插入鍵、程式輸入鍵及程式刪除鍵。

(1) 程式插入鍵 ALTER ：可作程式內文字之更改。

(2) 程式輸入鍵 INSERT ：可作程式內文字之輸入。

(3) 程式刪除鍵 DELETE ：可作程式內文字、單節及整條程式之刪除。

6. 輸入鍵 INPUT ：其功能如同任何時刻，螢幕下方的軟鍵出現「輸入」之作用。
7. 翻頁鍵 PAGE PAGE ：使用這兩個按鍵前，模式選擇鈕須轉到「編輯（EDIT）」經由向上 PAGE 或向下 PAGE 翻頁鍵，可使程式一頁一頁翻頁。
8. 游標鍵：

(1) 使用此按鍵前，模式選擇鈕須轉到「編輯（EDIT）」，經由向上 、向下

、向左 或向右 游標的移動，使游標停在所要的位置上。

(2) 可作爲程式尋找或程式內文字的尋找 。

9. 座標鍵 POS ：開機後，螢幕首先會顯示面板之畫面，如下圖，此畫面爲「絕對座標（ABS）」。

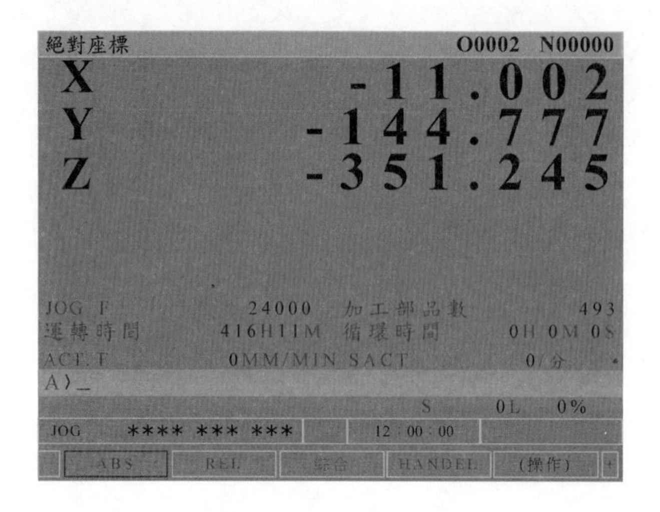


在螢幕顯示下方，會出現「絕對座標（ABS）」、「相對座標（REL）」及「綜合」等，三個按鍵，當按下「綜合」後，其顯示畫面如下示意圖：

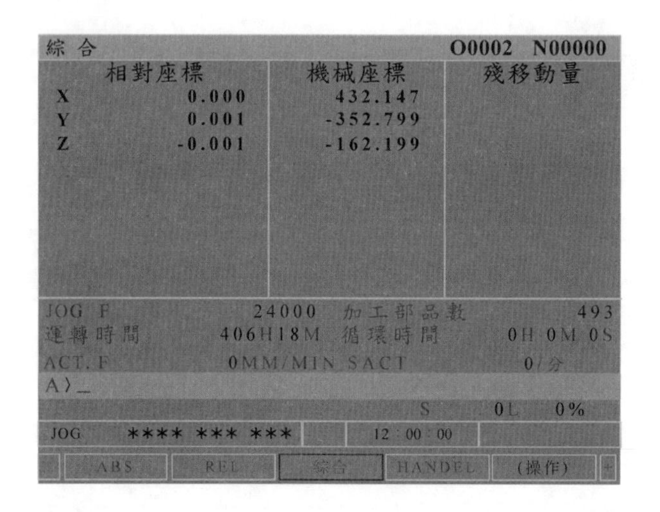


(1) 機械座標：為機械本身現在位置的座標。

(2) 絕對座標：為操作者所寫程式的座標。

(3) 相對座標：為增量座標，可顯示任意兩點之間的距離，此座標可以隨意歸零，並沒有固定在某一位置。當使用循邊器尋邊設定工件座標系（G54 或 G55 等）時，常用到此座標。

**歸零方法**：點選相對座標之顯示畫面，按「X」鍵，畫面中的「X」會閃爍，再按「原點」軟鍵，則 X 軸之相對座標值歸零，如下圖所示（另外 Y 軸或 Z 軸亦同上步驟，即可完成相對座標值歸零）。

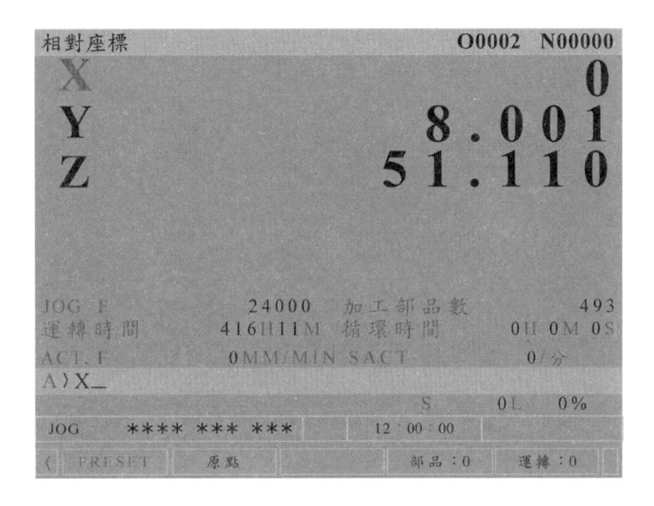


(4) 殘移動量：當程式進行中，其顯示 X、Y 及 Z 軸移動量，從一點移動到另一點時，還要移動的距離，此殘移動量必須將模式選擇鈕轉到「自動執行」或「手動輸入」，才會顯示出來。在「檢查」內亦會顯示出來。

10. 程式鍵 PROG ：可顯示「程式（PROGRAM）」與「目錄（DIR）」的畫面。

(1) 將模式選擇鈕轉到「編輯（EDIT）」位置，並按下「程式（PROG）」鍵時，螢幕顯示下方會出現兩個功能鍵如下：

a. 程式（PROGRAM）：在此畫面可顯示程式出來，若想把程式更改、插入、刪除的話，都要壓下此軟鍵。

b. 目錄（DIR）：在此畫面可以看到程式的目錄，其內容包括已使用的程式號碼及數目，以及記憶長度容量，如下圖所示。

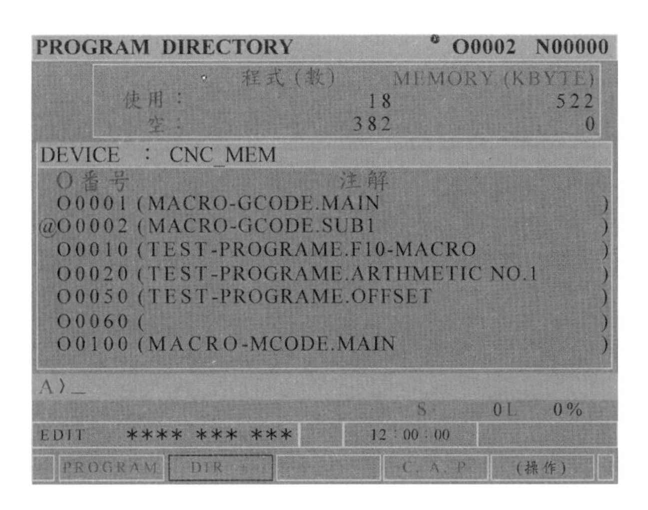

(2) 將模式選擇鈕轉到「自動執行（AUTO）」位置時，螢幕顯示下方會有四個功能鍵如下，如下圖所示。

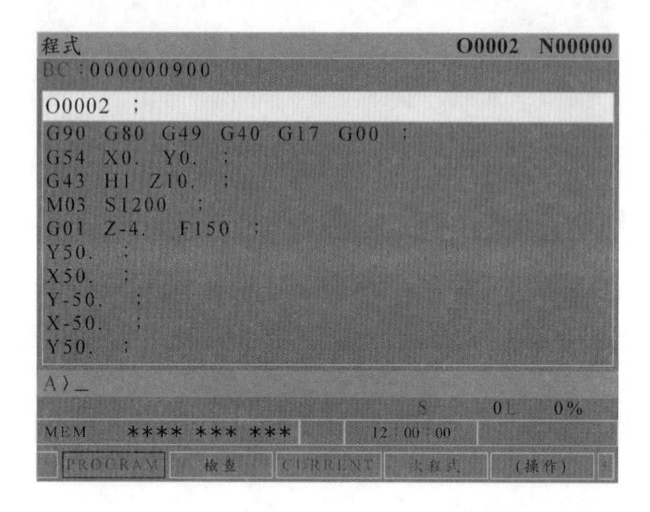


a. 程式（PROGRAM）：顯示目前的程式。

b. 檢查：可顯示四行程式、絕對座標（相對座標）及殘移動量（剩餘的移動量）。一般在程式預演及實際工件試車時，一定要按下（檢查）鍵，這樣才能同時監看四行程式及殘移動量。

c. 現單節（CURRENT）：顯示現在正在執行的單節（不常用）。

d. 次程式：顯示下一個將要執行的單節（不常用）。

(3) 程式輸入方法：

a. 模式選擇鈕轉至「編輯（EDIT）」位置，將程式保護鑰匙轉到「編輯」，再按 

鍵，螢幕顯示下方會出現「程式（PROGRAM）」及「目錄（DIR）」，不論在螢幕左上角是「程式」或「PRGRAM DIRECTORY」，都可以直接來輸入程式號碼。

例：按 O0001 再按 

鍵後，程式號碼就會自動輸入顯示空白螢幕的左上角，然後先按 EOB（也就是程式中的分號；），再按 

，螢幕就會出現 O0001；。

**注意**：O0001 與 EOB 要分開輸入，否則會出現「形式錯誤」。

b. O0001；輸入完成後，繼續輸入其他的程式內容，此時，整個單節打完後，即可連同按 E EOB 鍵一起輸入。

c. 在螢幕下方暫存區內的文字若打錯時，可按 CAN 來消除，每按一次只能消除一個字。

11. 補正、設定鍵：OFS SET 此鍵可作爲座標系、刀長補正、刀徑補正或參數設定用。

(1) 補正：按下 OFS SET 此鍵後，在螢幕顯示下方會有「補正」、「設定」及「座標系」顯示，下面分別介紹「補正」及「座標系」之功能。

a. 座標系設定：此畫面設定爲工件（加工物）原點設定，須使用尋邊器或 3D 量錶等相關輔助工具，協助設定工作零點（G54 或 G55 等設定），本章節後面會有詳細說明其操作步驟。座標系設定畫面，如下圖所示。

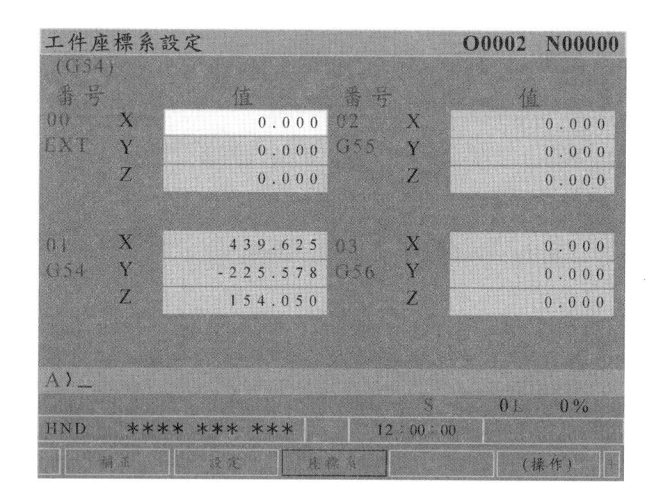


b. 工具補正：此畫面設定爲刀具長度及刀具半徑補正，如下頁圖所示。

工具補正　　O0002　N00000

| 番号 | 形狀(H) | 摩耗(H) | 形狀(D) | 摩耗(D) |
| --- | --- | --- | --- | --- |
| 001 | -583.451 | 0.000 | 0.000 | 0.000 |
| 002 | -365.196 | 0.000 | 0.000 | 0.000 |
| 003 | -274.065 | 0.000 | 0.000 | 0.000 |
| 004 | -537.207 | 0.000 | 0.000 | 0.000 |
| 005 | 0.000 | 0.000 | 0.000 | 0.000 |
| 006 | 0.000 | 0.000 | 0.000 | 0.000 |
| 007 | 0.000 | 0.000 | 0.000 | 0.000 |
| 008 | 0.000 | 0.000 | 0.000 | 0.000 |

相對座標　X　-432.147　Y　352.800
Z　162.198

A)_

S　0L　0%

MDI　**** *** ***　12：00：00

補正　設定　座標系　(操作)

c. 刀具長度補正：須使用 Z 軸設定器等輔助工具，協助設定刀具端點至工作物零點加工處（G43 或 G44 之設定），本章節後面會有詳細說明其操作步驟。

d. 刀具半徑補正：爲程式中使用 G41 或 G42 之指令的刀徑半徑補正，按下  鍵，然後在螢幕顯示下方再按壓「補正」軟鍵，使用面板上的↑、↓、←、→游標，停在欲補正的號碼上，將刀具半徑值鍵入後，按 INPUT 鍵輸入。

**注意**：刀具半徑值若補負值時，則補正方向相反。若程式寫 G42 向右補正，且刀具半徑值若補負值時，實際路徑變爲 G41 向左補正。

(2) 設定：此鍵可用來設定一些資料，如下圖所示。若要更改「SYSTEM（系統）」中的參數、診斷等資料，便會使用到此「設定」功能。

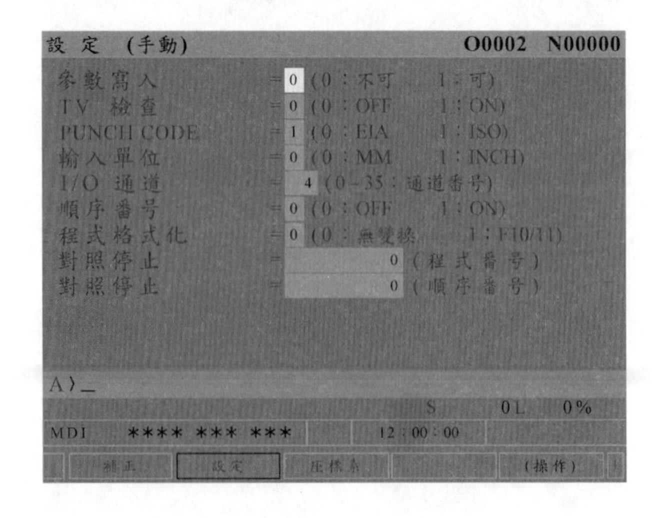

12. 系統鍵 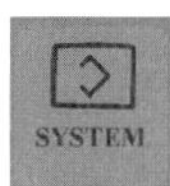 ：此鍵可顯示「參數（PARAM）」、「診斷（DGNOS）」及「系統」。

按下此鍵後，螢幕下方顯示會出現四個功能鍵，如下：

(1) 參數（PARAM）：要更改參數資料，必須先將設定畫面中的第一個「參數寫入 = 0」改成「參數寫入 = 1」。此時報警信號訊息會跳出「可寫入參數」故障。可先忽略此故障，等到系統畫面中的參數資料更改完畢之後，再將「參數寫入 = 1」改回「參數寫入 = 0」，再按  即可。

(2) 診斷（DGNOS）：按壓診斷軟鍵後，螢幕即會出現一排排的診斷訊息，維修人員可藉此訊息來維修故障所在。

(3) 系統：一些參數、診斷等資料。

13. 警報鍵  ：可顯示報警信號訊息。例如過行程所產生的警報訊息，如下圖所示。

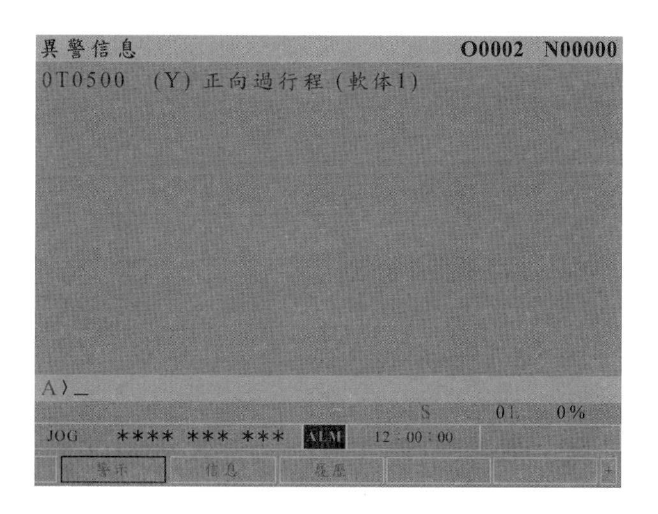


## 15.2.3 機械操作面板說明

市面上各廠牌之立式三軸加工機，其機械面板中常用的功能旋鈕及按鍵基本上都大同小異，本章節所介紹的機械操作面板爲崑山科技大學機械系——立式三軸加工機之面板，如下圖所示。

1. 模式選擇鈕（MODE）：此模式選擇開關是用來選定操作模式，如下圖所示。

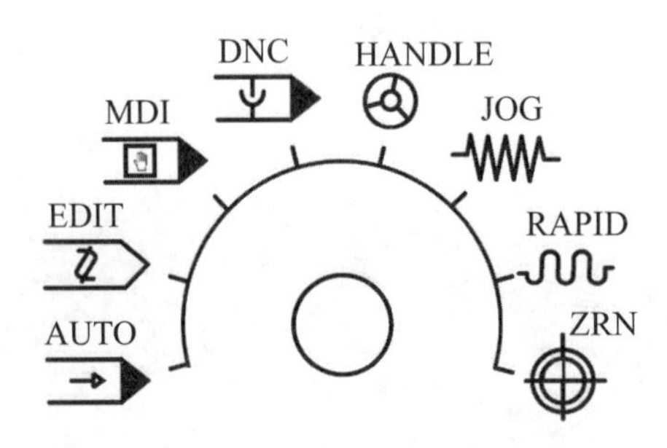


(1) 編輯（EDIT）：執行以下功能之前，應先將模式選擇鈕轉至「編輯」模式。

a. 程式編輯：資料更改，插入及消除（其中包括整個程式刪除）。

b. 在程式中，按下控制器面板中的重置鍵（RESET），則程式會回到開頭。

c. 各種尋找機能。

(2) 自動執行（AUTO）：為程式記憶執行前，應先將模式選擇鈕轉至「自動執行」模式。

(3) 手動資料輸入（MDI）：在執行參數設定或其他設定（如尋邊設定轉速、手動執行換刀指令等），須先將模式選擇鈕轉至「手動資料輸入」模式。

(4) 邊傳邊做（DNC）：當 1 個加工程式很長，或是直接從 Cam 軟體轉換出來的程式，無法直接輸入儲存至控制器中，因控制器的儲存容量有限，所以想要在 CNC 銑床上來執行加工，就必須考慮使用「邊傳邊做」模式，而且傳輸程式還必須連接電腦或者另外裝置 CF 記憶卡。

(5) 手輪微調操作（HANDLE）：要使用手輪微調操作，則必須將模式選擇鈕轉至「手輪微調操作」。手輪微調進給其三個軸向的進給量如下表所示。

| 進給量 | 行程（X, Y, Z） | |
|---|---|---|
| | mm | inch |
| 手動 ×1 | 0.001 | 0.0001 |
| 手動 ×10 | 0.01 | 0.001 |
| 手動 ×100 | 0.1 | 0.01 |

手輪樣式如下圖片。

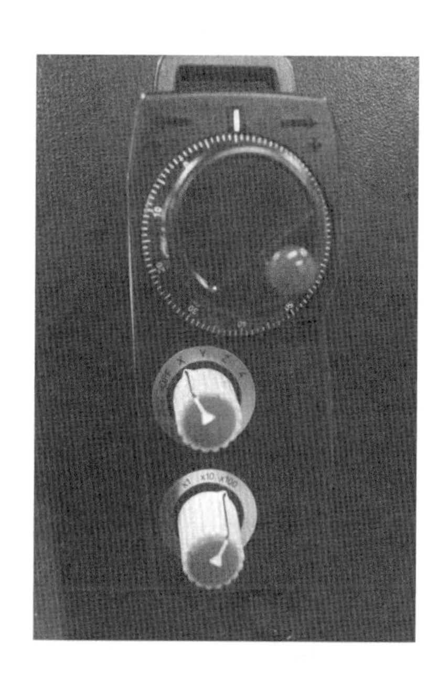


(6) 寸動（JOG）：將模式選擇鈕轉至「寸動」模式，再看操作者要作動哪一個軸向（X、Y 及 Z 軸）做移動，如 X 軸的 +X、-X 為床台左右移動，Y 軸的 +Y、

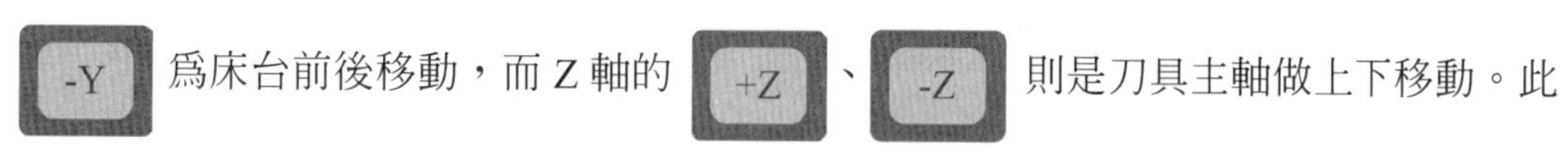

-Y 為床台前後移動，而 Z 軸的 +Z、-Z 則是刀具主軸做上下移動。此「手動」模式之速度調整，是以切削進給率旋鈕來做速度變換。

(7) 快速進給（RAPID）：將模式選擇鈕轉至「快速進給」模式，可使床台或主軸做快速移動，其與上述「寸動」模式操作一樣，唯此模式之速度調整，是以快速移動旋鈕來做速度變換。因「快速進給」之移動速度相當快，操作者應特別注意旋鈕所在 %，一般在 25% 或 50% 上做操作。

(8) 原點復歸（ZRN）：以手動原點復歸時，應先將模式選擇鈕轉至「原點復歸」模式，再依操作者要復歸哪個軸向（X、Y 及 Z 軸），然後按 +Z 或 +Y 或 +X。

**注意**：加工作台上尚有加工物，或者主軸上刀具高度低於工作台夾置物品時，則必須先以 Z 軸復歸回機械原點，否則會造成刀具撞擊加工物，使刀具斷裂或加工物破損，嚴重甚至造成機器損壞。

2. 資料保護鑰匙：其依工具機廠之設定，通常有兩個功能項可選擇，如下圖所示。

當此鑰匙是轉在：

(1) 編輯：上圖的 | 位置，在「編輯」模式下可允許工件程式之編輯，其他模式下可作參數設定或有自我診斷功能（DGN）之設定。

(2) 鎖定：爲上圖○位置，爲資料保護狀態，在「編輯」模式下不可作資料更改，插入及消除，但在「自動執行」模式下，允許設定單節執行（SBK），單節忽略（BDT），選擇性停止（M01），機械鎖定（MLK），外部速控（DRN），自動斷電（AUPO）及程式啓動或暫停。

3. 單節執行（SBK）SBK：此開關打開時，當按下程式啓動鍵，程式中的單節資料數據會立即執行，且執行單節的下一單節指令將會儲入緩衝記憶體內，因此以此機能執行程式時，必須不斷按程式啓動鍵直到程式結束。

4. 單節忽略（BDT）BDT：當此開關開啓時，程式中前端有斜線之單節會被忽略跳過不執行，但若沒有打開單節忽略，則會執行有斜線之單節。

5. 選擇性停止（M01）M01：此開關打開，當程式執行至 M01 時，工具機主軸繼續旋轉，工作台進給及切削液等則是動作停止。再壓下程式啓動鍵，將依程式指令繼續執行。此開關若不打開時，遇 M01 指令則無效，程式依然繼續執行。

6. 機械鎖定（MLK）MLK：當機械鎖定鍵打開後，在執行程式時，控制器面板的座標數字會變動，但機械（X、Y 及 Z 軸）被鎖定而不運動。然而當程式中執行 M‧S‧T 機能碼（主軸旋轉，刀具交換，切削液開關等等）均照樣執行。

7. 外部速控（DRN）DRN：此開關打開後，可執行切削進給率外的速度，如下圖兩側箭頭所指數字之進給。

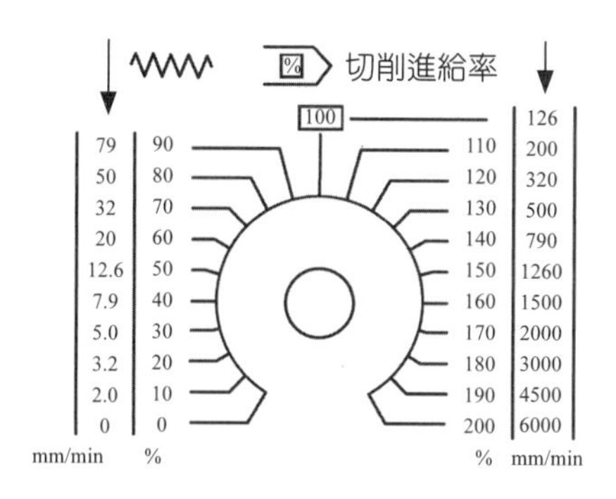


8. 自動斷電（AUPO）：當開啓此開關後，程式執行到 M02 或 M30 指令，機器即會自動斷電。

9. 切屑輸送帶、：此爲切屑排除輸送帶按鈕，綠色爲開，紅色爲關。

10. 第四與第五軸進給、、、：這些按鈕是用來做第四與第五軸轉動進給用。

11. 機器內部電源燈：當機器外部電源供給至機台本身後，此燈即會亮起。

12. 切削液開關：此按鍵打開（亮燈）爲手動切削液開啓，再按一次（燈滅）即爲關閉切削液。

13. 風管吹氣開關：此按鍵打開（亮燈）爲開啓主軸上之風管吹氣，再按一次（燈滅）即爲關閉風管吹氣。

14. 主軸旋轉、、：在手動操作方式中，可以按這些鍵讓主軸啓動及停止。SPCW 爲主軸正轉，SP CCW 爲主軸反轉，而 SP STOP 爲主軸停止。

15. 總開關：如下圖所示，此一開關與無熔絲開關一樣具有相同效果，即在機器電氣迴路中，若有過電流之情形發生時，此開關會立刻跳掉。

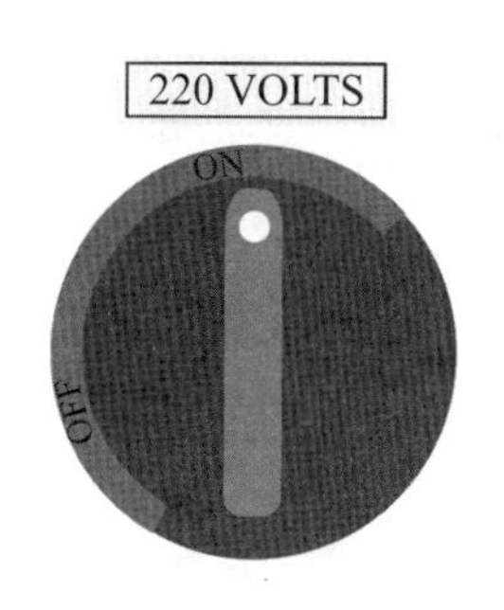

16. 緊急停止開關：按下此開關後會切掉 NC 伺服電源之供應，預備狀態之取消以及停止所有機器之機能。消除此一狀態的做法，就是將此開關以順時針旋轉並輕拉，等重新供應電源至伺服單元使機器開始運轉。如果按下此鈕切斷電源後，再度送電時，須務必先使各軸（X、Y 及 Z 軸）做原點復歸。此鈕同時也可做每日工作完畢後之電源切斷用。緊急停止開關示意圖如下。

17. 程式啓動與暫停：此爲程式啓動鍵，是用來啓動「自動執行」（MDI/ 記憶操作），在自動操作執行時，此燈會一直亮著，直到執行完畢。爲程式暫停鍵，主要是在「自動執行」操作時暫停進給用，此鍵按下去後，指示燈會立即亮起。
18. 切削進給率調整：如下圖所示，在「自動執行」模式中進給率的指定（F），可以從 0% 到 200%，以每 10% 增加，當超過 200% 時，進給率會鎖定在 200%。另外，在「寸動」模式下，可以利用此進給率旋鈕來改變速度由 0 至 2000 mm/mim。

**注意**：此進給率旋鈕對攻牙循環指令（G84 及 G74）之進給率調整無作用。

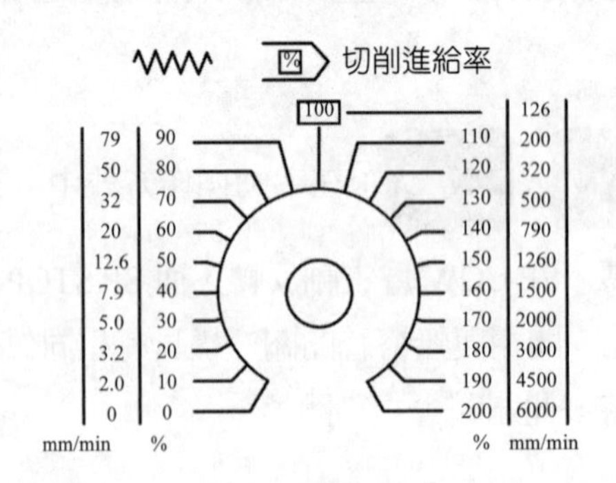


19. 快速移動速度調整：此開關如下圖所示，可以將快速移動之比率從 F0 到 F100 %，在 100 % 時的速度爲 X、Y：24000 mm/mim，Z：18000 mm/mim。

快速移動

F0 25 50 100 %

20. 主軸轉速調整：如下圖所示，主軸轉速設定可從 60 rpm 至 8000 rpm 之間，直接以四位數指定，如此可以在 50 % 到 120 % 之間，以 10 % 來調整。

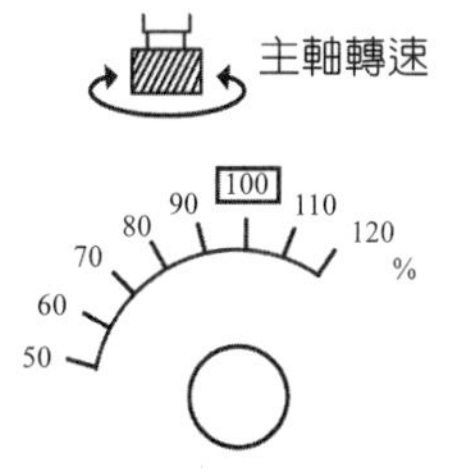


21. 刀具脫離：此按鈕是在控制主軸刀具之束緊或放鬆之控制（以手動操作），如下圖所示。

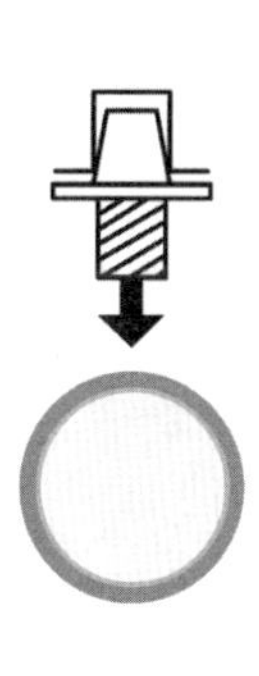

22. 指示燈說明：

(1) X、Y 及 Z 軸原點復歸指示燈：當原點復歸動作完畢時，這些燈會相對各軸亮起。

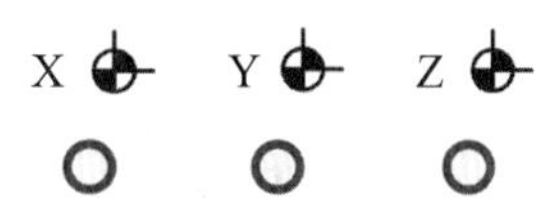


(2) 錯誤指示燈：當程式錯誤，機械錯誤或是資料發生錯誤時，此燈會亮起。

AL?

(3) 主軸刀具號碼：顯示目前在主軸上的刀具號碼。

SP 主軸
01

# 15.3　操作說明

## 15.3.1　加工機操作說明

1. 供給電源：首先應先確定控制箱上之燈是否亮著？燈亮時表示有外部電源。

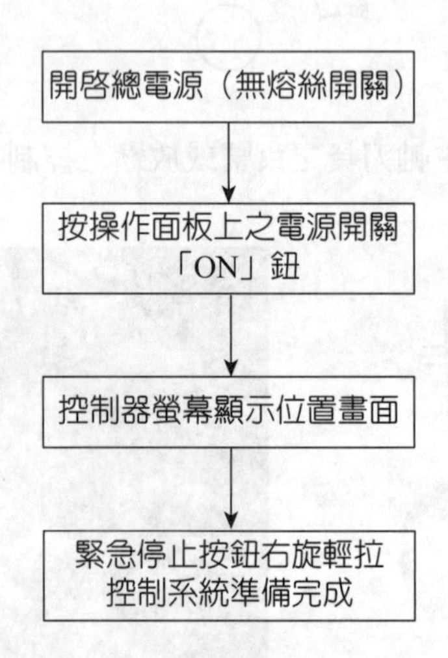
開啓總電源（無熔絲開關）
按操作面板上之電源開關「ON」鈕
控制器螢幕顯示位置畫面
緊急停止按鈕右旋輕拉
控制系統準備完成

2. 切斷電源

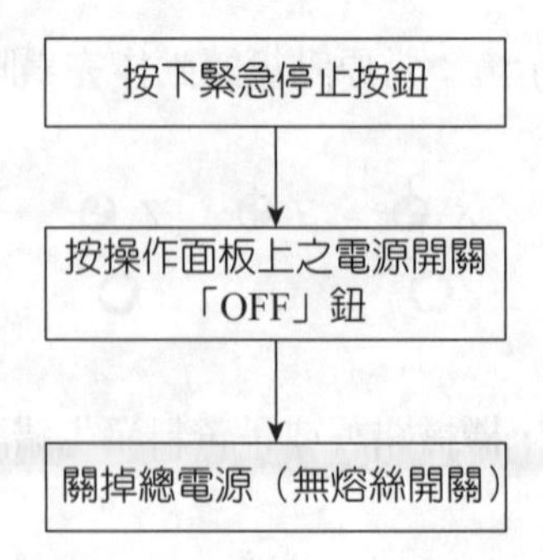
按下緊急停止按鈕
按操作面板上之電源開關「OFF」鈕
關掉總電源（無熔絲開關）

3. 手動原點復歸：工作台會以快速移動的速度至接近機械原點位置，然後自動減速至機械原點。

**注意**：下列情形，必須做原點復歸的動作。

(1) 每天工作前、開啓加工機後。

(2) 當操作者操作不當時。

(3) 當過行程或按下緊急停止開關後。

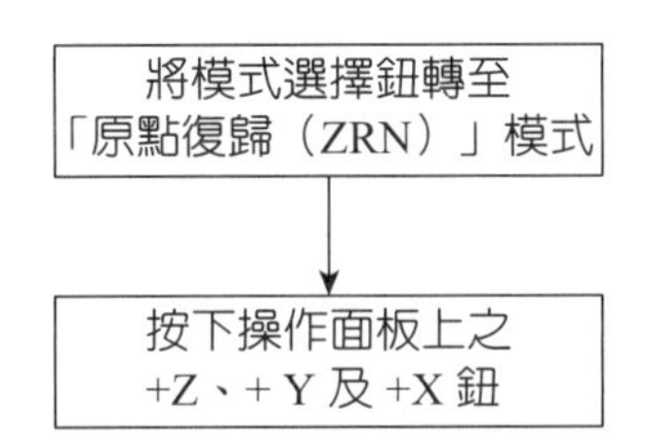


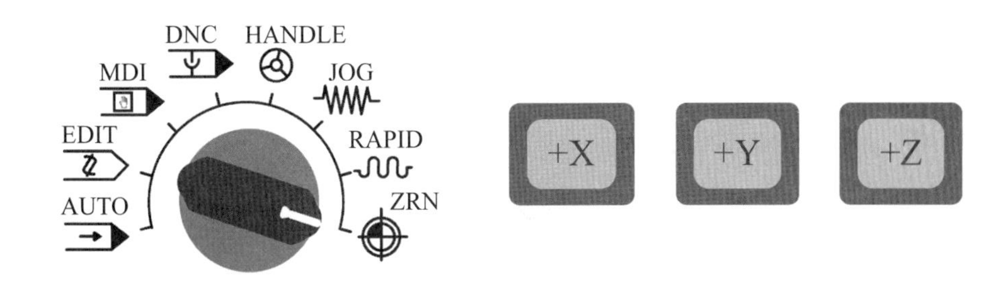


4. 主軸旋轉：

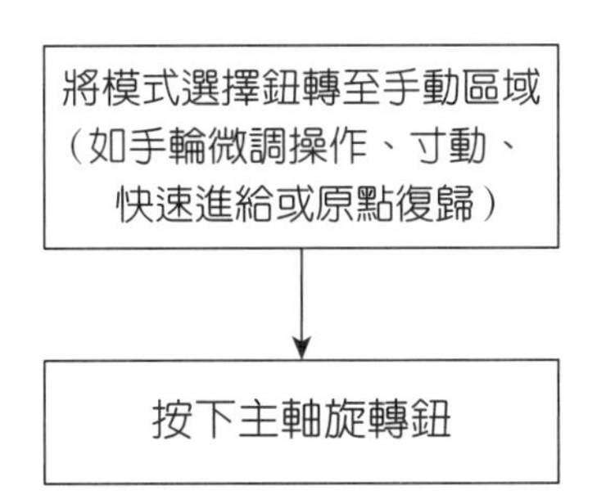


**注意**：在變更旋轉方向前，應先停止主軸旋轉。

5. 手輪進給（手動脈波產生器）：使用手輪微調操作，對正方向進給，將手輪上轉輪以順時針方向轉動，對負方向進給，則是將轉輪以逆時針方向轉動。

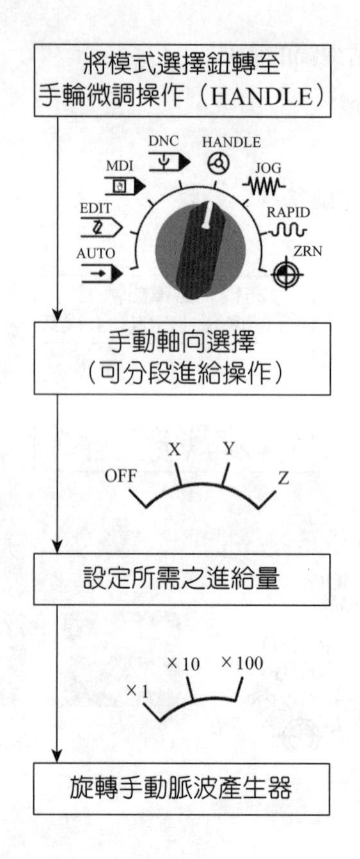


6. 寸動進給（手動連續進給）：

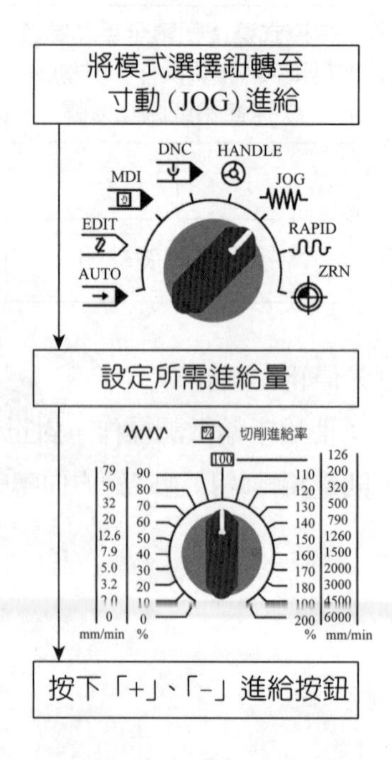

7. 快速移動：

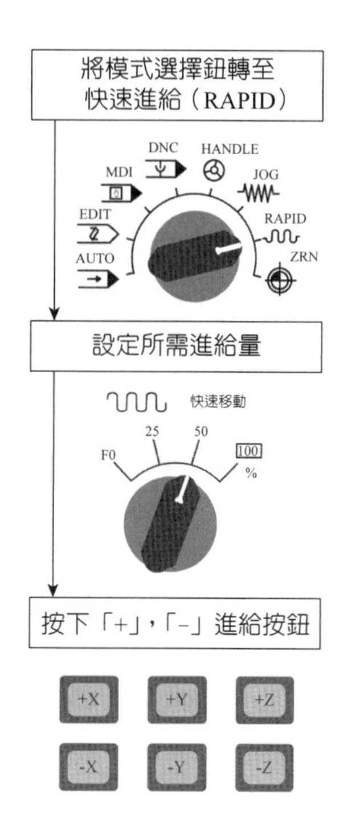


8. 自動操作：當執行程式加工，按下程式啓動鈕，此按鍵指示燈會亮起，若按下程式暫停鈕，則程式啓動指示燈將熄滅，同時程式暫停指示燈將會亮起。

**注意**：如果發生任何意外時，必須按下緊急停止按鈕。

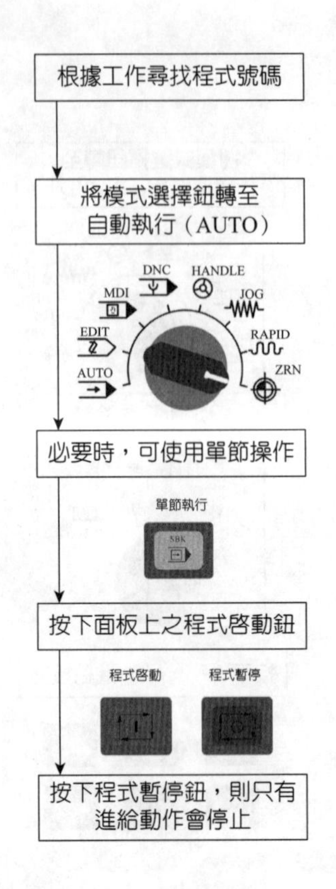


9. MDI 操作：是以手動輸入（MDI）輸入之指令資料，可被執行。

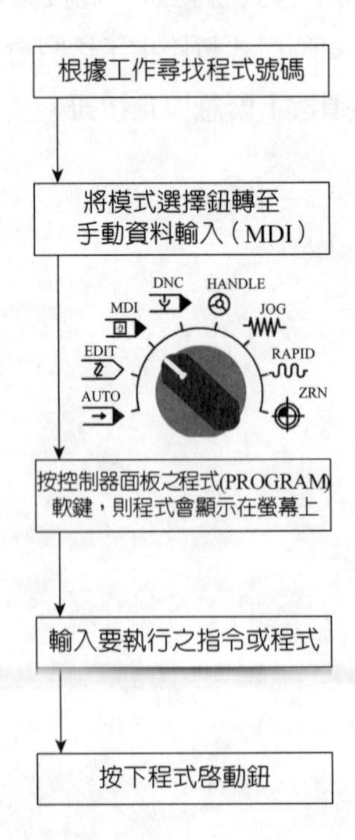

## 15.3.2 工件座標系設定

利用尋邊器或 3D 量錶等相關輔助工具，協助設定工作零點（G54 或 G55 等設定），本書說明是以尋邊器來操作，其步驟如下。

1. 一般尋邊器的柄徑為 $\phi$10 mm，示意圖如下。尋邊器可安裝在 CNC 加工機專用刀桿上。

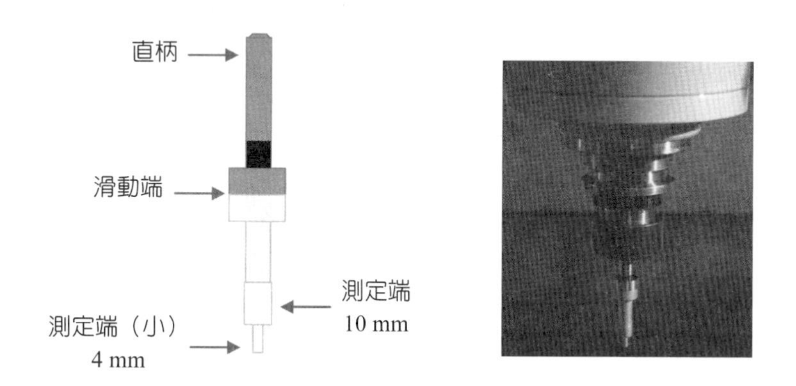


2. 在機械操作面板上，將模式選擇鈕轉至手動輸入（MDI），並在控制器面板上按程式（PROGRAM）軟鍵，輸入指令資料 M03 S400，主軸正轉 400 rpm 的速度轉動。

   **注意**：尋邊器之使用轉速在 400~500 rpm 的速度轉動，若超過轉速會造成尋邊器內的彈簧超出彈性限度而斷裂損壞。

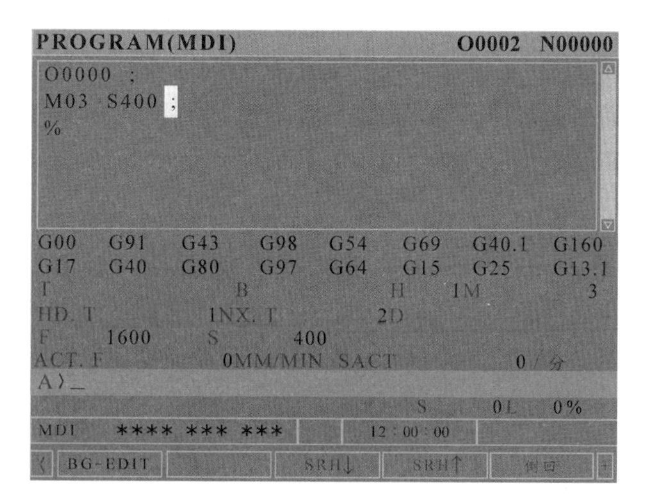


3. 接著在機械操作面板上，將模式選擇鈕轉至手輪微調操作（HANDLE），使用手動脈波產生器微調 X 軸或 Y 軸進給開始尋邊。
4. 尋邊時將手動脈波產生器微調進給為 ×100，使尋邊器測定端與加工件之端面互相慢慢接觸，如測定端震動變小，再將進給調為 ×10，並一點一點的觸碰移動，當尋邊器之測定端

震動更小時，最後再將進給調整爲 ×1 繼續進給，就會達到全接觸狀態，測定端即不會震動，宛如靜止狀態的接觸著，這時持續進給，滑動端就會偏移出位，此處滑動的起點就是所要求的基準位置，如下圖所示。

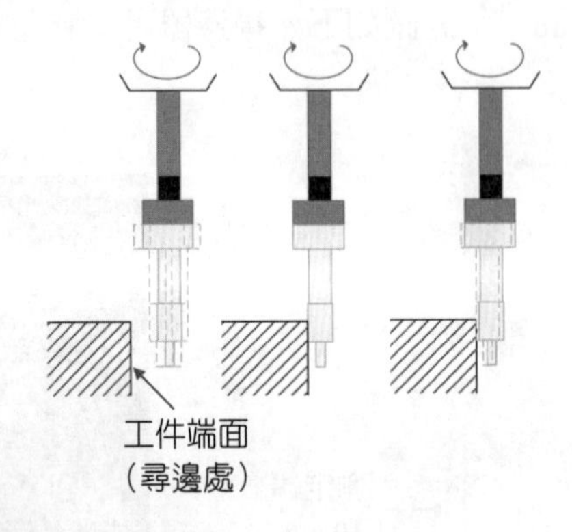


5. 當利用尋邊器找到加工件本身的端面（基準）位置，須加上測定端半徑 5 mm（或小測定端半徑 2 mm）之尺寸，即爲工作原點的座標位置，然後到座標系之處輸入座標（顯示畫面請參考控制器的座標系設定）。

   **注意**：以上尋邊方式爲 X 或 Y 軸單邊尋邊，如果是尋 X 或 Y 軸雙邊端面之中心點，則必須在控制器面板上的座標（POS）鍵，點選相對座標之顯示畫面，使尋完該軸之相對座標值歸零，可參考前面座標鍵之說明。接著再繼續尋邊另一端面，找到基準位置後其相對座標所顯示數值除以 2，並將主軸移動到除 2 後的相對座標位置，然後回到機械座標位置，其顯示機械座標位置即爲中心點。

6. 當在工件端面尋好邊後必須將尋邊器緩慢移離工件，並將主軸拉高至安全高度，最後在控制器面板上按重置鍵（RESET）使主軸停止。

## 15.3.3 刀具長度補正設定

工件參考面與刀尖之距離差即爲 Hrr，此段長度是以 Z 從原點開始計算。其量測方式爲使用 Z 軸設定器之輔助工具，協助設定刀具端點至工作物原點加工處之測量。

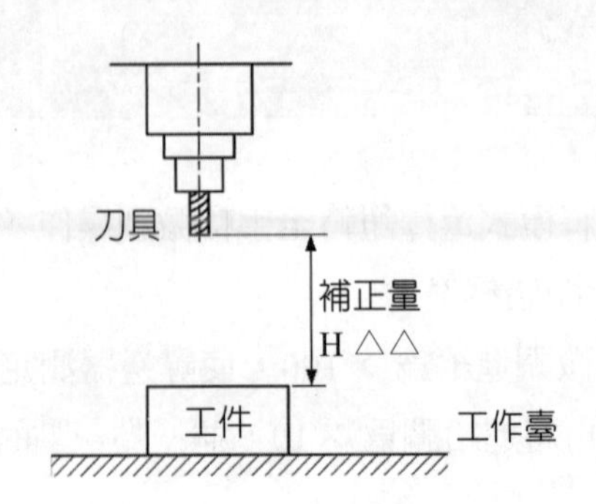

操作方式：

1. Z 軸必須先原點復歸，查看機械座標 Z 軸是否爲零，確定主軸目前的刀具號碼。
2. 將要測量之刀具裝入套筒刀桿上後，再裝載至主軸上。
3. 將 Z 軸設定器從盒子取出，放置在平台上使用校準棒校正設定器歸零，接著再將設定器放到工件面上。

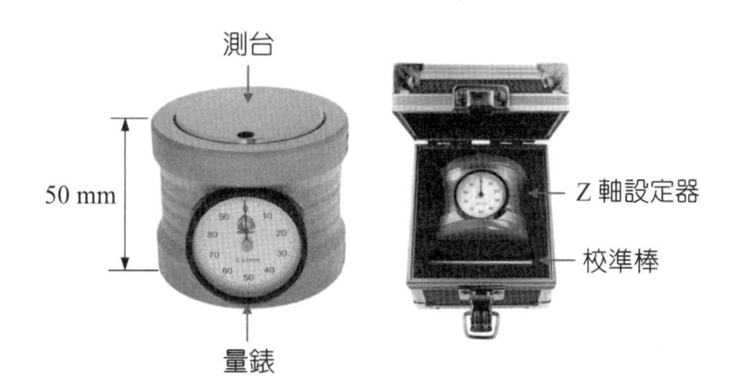


4. 使用手動脈波產生器微調進給移動工作台，把刀尖向 Z 軸設定器上測台移動，接著降下 Z 軸使刀尖接近設定器上之測台然後接觸下壓，後面再微調進給速度，使設定器中的量錶指針轉 1 圈到零後，用手觸摸測台是否與設定器高度同高，若未同高則必須再進給 Z 軸下壓測台，直到同高且量錶指針爲零，如下圖所示。

5. 然後按控制器面板的座標鍵，記下目前 Z 軸機械座標的位置，接著到刀具補正畫面之形狀（H）處輸入座標值（顯示畫面請參考「刀具補正」）。
6. 如有多把刀具，請反覆以上步驟，直到所有使用到的刀具量測完畢。
7. 當測量好刀具長度補正後，必須將刀尖緩慢移離設定器，並將主軸拉高至安全高度，然後拿出設定器，將 Z 軸做原點復歸。

# 附錄 A　G&M 碼基本機能簡介（Appendix A: introduction for basic G&M code）

## 基本機能簡介

機能指令，並歸類爲六大類：

1.1　N 機能（順序序號機能）

1.2　F 機能（進給機能）

1.3　S 機能（主軸轉速機能或切削機能）

1.4　T 機能（刀具機能）

1.5　G 機能（準備機能：G00～G99）

　1.5.1　G 機能說明

　1.5.2　常用 G 機能一覽表

　1.5.3　固定循環切削指令

1.6　M 機能（輔助機能：M00～M99）

　1.6.1　M 機能說明

　1.6.2　常用 M 機能一覽表

## A.1 N 機能（順序序號機能）

1. 程式號碼：N □□□□。
2. CNC 程式的每一單節之前可以加順序號碼，以位址 N 後面加上 1～9999 數字表示之。
3. 順序號碼與 CNC 程式的加工順序無關，它只是單純單節的代號，故可任意的編號。但建議由小到大的順序作編號。

   N 機能－序號使用方式：

   例如：

   N1(CUTING D80)；面銑刀 ∮ 80

   ：或

   N3(DRILL D6.8)；鑽頭 ∮ 6.8

## A.2 F 機能（進給機能）

進給率方式可分為兩種：

1. 每分鐘進給率（mm/min）【G94】。
2. 每轉進給率（mm/rev）【G95】。

   車削加工使用每轉進給率（mm/rev），銑削加工使用每分鐘進給率（mm/min）。

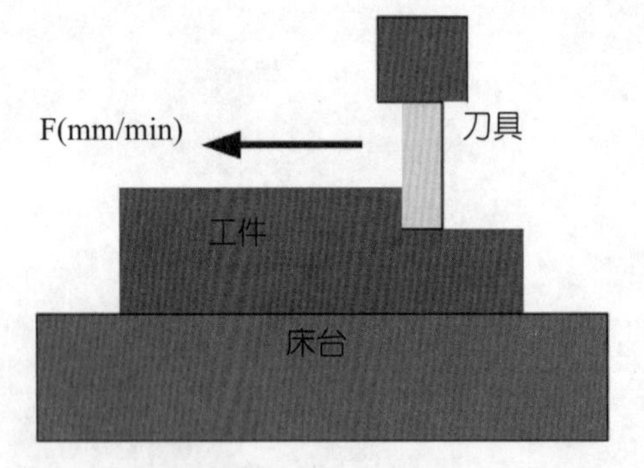

圖：每分鐘進給率（mm/min, inch/min）

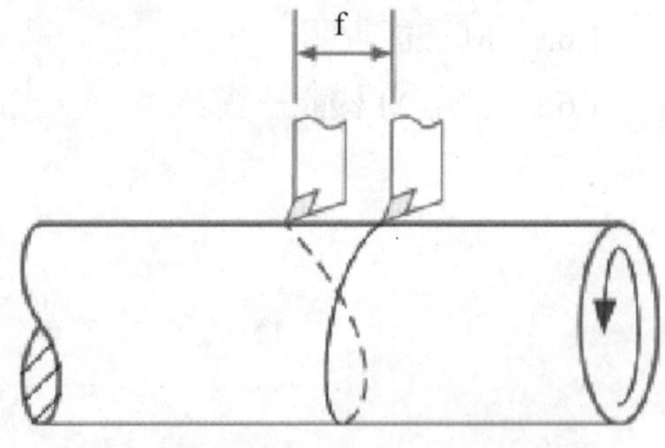

圖：每轉進給率（mm/rev, inch/rev）

## A.3 S 機能（主軸轉速機能）

1. S □□□□。
2. 主軸轉速機能又稱為 S 機能，係用於指定主軸的轉速（rpm）。rpm；rev/min。
3. S 指令只是設定主軸轉數大小，並不會使主軸迴轉，須有 M03（主軸正轉）或 M04（主軸逆轉）指令時，主軸才開始旋轉。
4. S1000M03；主軸轉數為 1000 rpm，主軸正轉，主轉轉速可由下列公式計算而得：

$S = 1000\ V/\pi D$。

S：主軸轉速 rpm。

V：切削速度 m/min。

D：刀具直徑 mm。

$\pi$：圓周率 3.14。

**例**：已知用 ∲ 10 mm 高速鋼端銑刀，V = 22 m/min，求 S。

**解答**：S = 1000×22/3.14 ×10 = 700 rpm。

## A.4　T 機能（刀具機能）

1. T □□。
2. MC 的刀具庫有兩種：一種是斗笠式（無臂式換刀），另一種爲凸輪式（有臂式換刀）。有臂式換刀大都配合鏈條型刀具庫且是無固定刀號（即 1 號刀不一定插回 1 號刀具庫內，其刀具庫上的刀號與設定的刀號由控制器的 PLC（可程式控制器）管理）。此種換刀方式的 T 指令後面須接數字代表欲呼叫刀具的號碼。當 T 機能被執行時，被呼叫的刀具會轉至準備換刀的位置，但無換刀動作，因此 T 指令可在換刀指令 M06 之前即以設定，以節省換刀時等待的時間。

執行刀具交換時，並非刀具在任何位置均可交換，各製造廠商依其設計不同，均置在安全的位置，實施刀具交換動作，以避免與床台、工作發生碰撞。

Z 軸的機械原點位置是遠離工作最遠的安全位置，故一般以 Z 軸先回歸機械原點後，才能執行換刀指令。（但 MC 的換刀位置有些會依據製造廠商而有所不同）。

**例一**：換刀位置——機械原點

G91G28Z0　Z 軸回歸 HOME 點。

T03M06　=> 主軸更換爲 3 號刀。

**例二**：換刀位置——第二參考點

G91G30Z0　Z 軸回歸 HOME 點。

T03M06　=> 主軸更換爲 3 號刀。

## A.5 G 碼機能（準備機能 G00～G99）

### A.5.1 G 機能說明

G 機能又稱爲準備機能，它是控制系統中已經設定好的機能，是命令機械準備以何種方式切削加工或移動，其範圍由 G00 至 G99 不同的 G 碼代表不同的意義與不同的動作方式。

G 碼可分爲兩大類：

1. 一次式 G 碼（單節有效形式）：此類 G 碼僅在指令所在的單節內有效，對其他單節則不構成影響。如：G04、G28、G92……等。若依單節也要使用時，得重複寫出來。

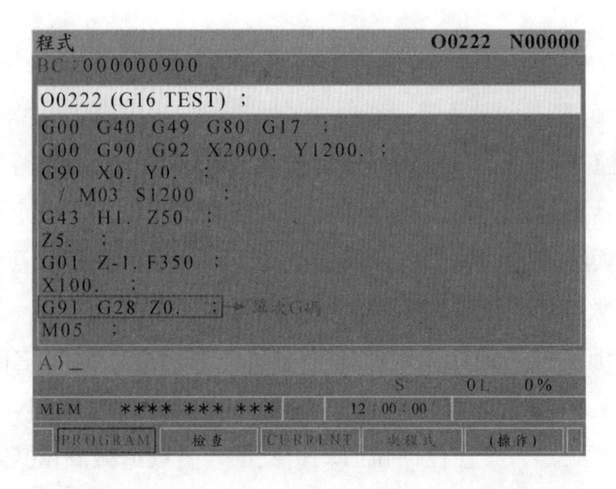


2. 模式 G 碼（持續有效形式）：此類 G 碼一經指定後，持續有效，直到被同一群之 G 碼取代爲止（群組類別請參閱 A.5.2 常用 G 機能一覽表）。

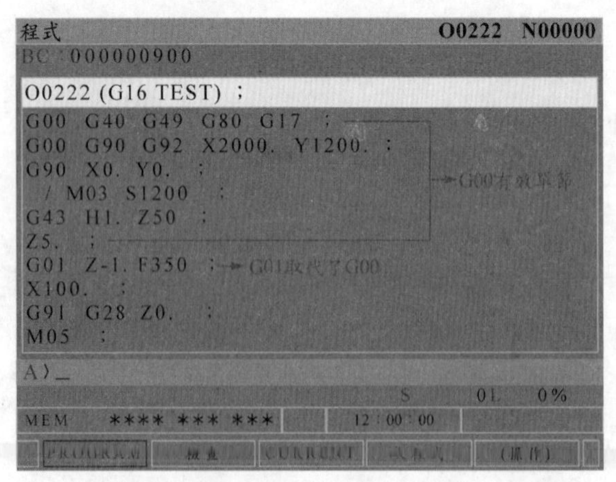


註：G 機能一覽表中，「00 群組」的 G 碼為單次碼，「00 群組」以外的 G 碼皆為持續 G 碼。若同一單節內使用相同群組之 G 碼，以最後之 G 碼有效。

例：G00 G01 X_ Y_ ;（此單節 G01 有效）

(1) 原點復歸（G28）：

使刀具以快速定位（G00）移動回到機械原點。其目的是指出一條安全的軌跡回到機械原點，再執行換刀、換工作指令。

指令格式：G28 X__ Y__ Z__（原點復歸時先快速位移至指定位置，再回到機械原點）。

**符號說明：**

G28：機械原點復歸。

X、Y、Z：指中途點座標位置。

例一：G28 X65.0 Z-20.。

例二：G28 U5.0 W5.0。

有些機械商會定義第二參考點當原點復歸指令。

指令格式：G30 X__ Y__ Z__。

**符號說明：**

G30：第二參考點復歸指令。

X、Y、Z：指中途點座標位置。

補充說明：

a. 使刀具以快速定位（G00）移動回到第二參考點。其目的爲執行換刀指令。
b. 換刀時，Z 軸須回機械原點換刀，使用 G28。
c. 換刀時，Z 軸須回第二參考點換刀，使用 G30。
d. 換刀位置，依各廠牌設計有所不同。

(2) 暫停指令（G04）：

暫停指令應用於下列情況：

a. 用於孔底加工時暫停幾秒，使孔的深度正確及增加孔底面的光度，如鑽柱坑、錐坑，切魚眼等。

b. 用於攻大直徑螺紋時，暫停幾秒使轉速穩定後再行切削螺紋，使螺距正確。

指令格式：G04 X_
P_

符號說明：

G04：暫停

X、P：暫停時間，單位爲秒（sec）。

例：暫停 1 秒。

G04X1.;(X1.0=1Sec)。

G04X1000;(X1000=1Sec)。

G04P1000;(P1000=1Sec)。

補充說明：

X 後面可用小數點或不用小數點來表示，但 P 後面的數值不可用小數點方式表示。

(3) 英制／公制單位元指令（G20/G21）：

a. G20：設定程式以「吋」爲單位，最小數値 0.0001 吋。

b. G21：設定程式以「mm」爲單位，最小數値 0.001 mm。

c. CNS 是採用公制單位，故 CNC 銑床或 MC 一關機即自動設定爲公制單位「公釐」。故程式中不須再下指令 G21。但若欲加工以「吋」爲單位的工作，則於程式的第一單節必須先下指令 G20，則座標値、進給速率、螺紋導程、刀具半徑補正値、刀具長度補正値、手動脈波產生器 (MPG) 手輪每格之單位値等皆被設定成英制單位。

補充說明：

G20 或 G21 通常都單獨使用，而不和其他指令一起出現在單節，且應位於程式的第一單節。同一種程式中，只能使用同一種單位，不可公、英制混用。而刀具補正値及其他有關數値均須隨單位系統的改變而重新設定。

(4) 加工座標系選擇（G54～G59）：

若大量生產時在工作台上可能要加工相同的工件數個，爲了節省編程時間，可以設定不同的程式原點。加工座標從 G54～G59 共 6 個的加工座標系可選擇設定。

另外讀者也可以定義座標位置設定爲 G92_X__Y__Z__；此是設定目前刀具位置到程式原點位置的距離，在程式設計中可以任意變更座標系的原點。但須注意的是，使用 G54~G59 加工座標系時，就不再使用 G92。

(5) 快速移動（G00）：

G00 指令的功能即命令刀具中心的刀端點快速移動到 X、Y、Z 所指定的座標位置。

指令格式：G00__X__Y__Z__

移動之速率可由執行操作面板上的「快速進給率」的旋鈕來調整。它並非由F機能指定。

例：X、Y、Z 軸最快移動速率爲 15 m/min，而快速進給率的旋鈕如調整在：

a. 100%，則以最快速率 15 m/min 移動。

b. 50%，則以最快速率 7.5 m/min 移動。

c. 25%，則以最快速率 3.75 m/min 移動。

d. 0%，則最快速率以內定的參數設定之（大約 400mm/min）。

(6) 直線切削（G01）：

工作的輪廓爲直線時，皆以 G01 指令切削之。X、Y、Z 座標位置爲切削之終點，可三軸同動、二軸同動或單軸向移動。

指令格式：G01__X__Y__Z__F__。

由 F 值指定切削時的進給速率，單位爲 mm/min。

F 機能是持續有效指令，故切削速度相同時，下一單節可省略。

(7) 圓弧切削（G02/G03）：

工作上有圓弧輪廓時皆以 G02 或 G03 切削。

依右手座標系統，視線由軸的正方向往負方向看，順時針爲 G02，逆時針爲 G03。

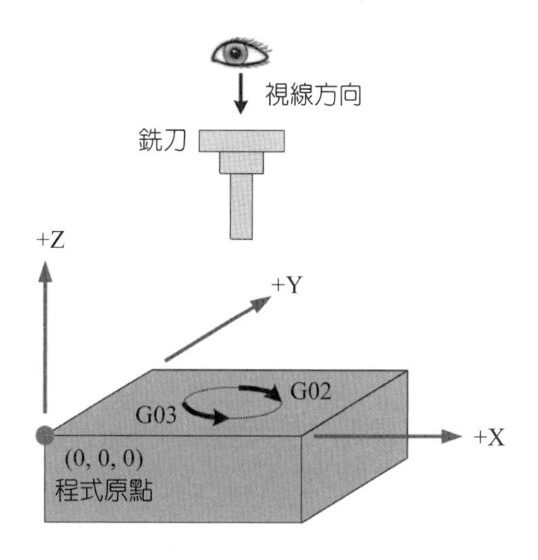

圓弧的表示有半徑法及圓心法兩種：

a. 半徑法：以 R 表示圓弧半徑。此以起點及終點和圓弧半徑來表示一圓弧，在圓上會有二段弧出現（R 爲正值時，表示圓心角≦ 180°；R 是負值時，表示圓心角 > 180°）。

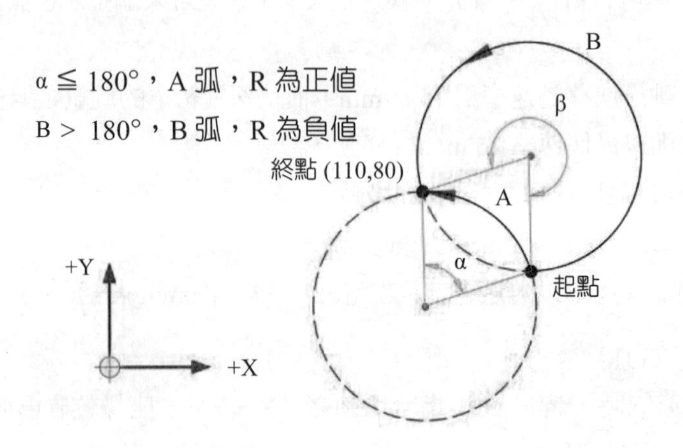


b. 圓心法：I、J、K 後面的數值是定義從圓弧起點到圓心位置，在 X、Y、Z 軸上之分向量值。

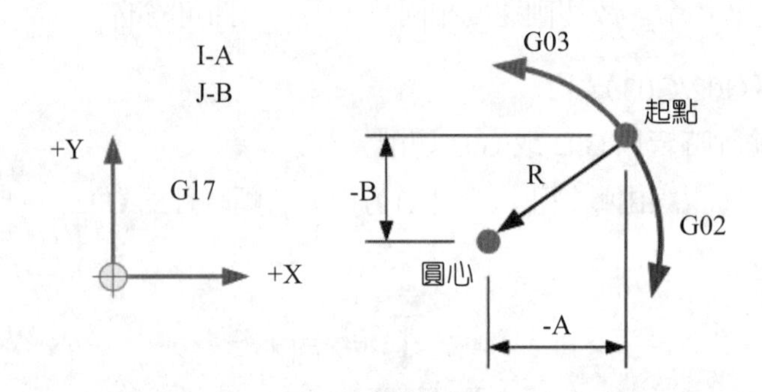


CNC 銑床上使用半徑法或圓心法來表示一圓弧，端看工作圖上的尺寸標示而定，以使用較方便者（即不用計算，即可看出數值者）爲取捨。要銑削一全圓時，只能用圓心法表示，半徑法無法執行。若用半徑法以二個半圓相接，其眞圓度誤差會太大。

補充說明

圓弧切削注意事項：

a. 一般 CNC 銑床或 MC 開機後，即設定爲 G17（X-Y 平面），故在 X-Y 平面上銑削圓弧，可省略 G17 指令。

b. 當一單節中同時出現 I、J 和 R 時，以 R 爲優先（即有效），I、J 無效。

c. I0 或 J0 或 K0 時，可省略不寫。

d. 省略 X、Y、Z 終點座標時，表示起點和終點爲同一點，是切削全圓。若用半徑法則刀具無運動產生。

e. 當終點座標與指定的半徑値非交於同一點時，會顯示警示訊息。

f. 直線的切削後面接圓弧切削，其 G 指令必須轉換爲 G02 或 G03，若再行直線切削時，則必須再轉換爲 G01 指令，這些是很容易被疏忽的。

g. 使用切削指令（G01、G02、G03）須先指令主軸轉動，且須指令進給速率 F。

h. G00、G01、G02、G03 的前導零通常可省略。如 G00 可用 G0 表示，G01 可用 G1 表示，餘者類推，如此可節省記憶空間。

(8) 刀具半徑補正（G40/G41/G42）：

指令格式：G41/G42 X__ Y__ D__。

**符號說明：**

G40：刀具半徑補正取消。

G41：刀具半徑向左補正。

G42：刀具半徑向右補正。

X、Y：座標位置。

D：刀具半徑補正號碼。

**a. FANUC 控制器**：一般若使用 T11，則刀長補正使用 H11，刀具半徑補正須另使用 D12（或其他値）。若銑刀半徑爲 5.0 mm，D12 欄位可輸入 5.0。當執行 G41 或 G42 指令時，控制器會到 D 所指定的刀徑補正號碼內擷取刀具半徑，以作爲補正值的依據。

**b. 三菱控制器**：一般若使用 T11，則刀長補正使用 H11、刀具半徑補正使用 D11。

補充說明

使用刀徑補正時應注意下列事項：

a. 不能和 G02、G03 一起使用，只能與 G00 或 G0 一起使用，且刀具必須要移動（即啓動刀徑補正指令，必須在前一單節啓動）。

b. 程式製作時，程式中只給予刀徑補正號碼，如 D11、D12……，每一個刀徑補正號碼均代表一個補正值，此補正值可設定爲銑刀的半徑值。

c. 補正值的正負號改變時，G41 及 G42 的補正方向會改變。如 G41 指令給予正值時，其補正向左；若給予負值，其補正會向右。同理 G42 給予正值時，其補正向右；若給予負值時，其補正會向左。由此可見，當補正值符號改變時，G41 與 G42 的功能剛好互換。故一般鍵入補正值（即銑刀半徑值）皆採用正值較合理。

d. 當刀徑補正機能（屬於持續有效機能）在補正狀態中，當加入 G28、G29、G92 指令，且這些指令被執行時，補正狀態將暫時被取消，但是控制系統仍記憶著此補正狀態，因此於執行下一單節時，又自動恢復補正狀態。

e. 當實施刀徑補正時，於加工完成後須以 G40 將補正狀態予以取消，使銑刀的中心點回復至實際之座標點上。亦即執行 G40 指令時，系統會將向左或向右的補正值，往相反的方向釋放，故銑刀會移動一銑刀半徑值。所以使用 G40 的時機，最好是銑刀已遠離工作件。

(9) 刀具長度補正指令（G43/G44）：

指令格式：G43/ G44 Z__H__。

**符號說明：**

G43：刀具長度正向補正。

G44：刀具長度負向補正。

G49：刀具長度補正取消。

Z：指定欲定位至 Z 軸的座標位置。

H：刀具長度補正號碼。

號碼即指刀具補正號碼中的刀長補正號碼。例如 H03，表示刀長補正號碼為 03 號，03 號的數據 -123.456，即表示該把刀的刀長補正值 -123.456mm。執行 G43 或 G44 指令時，控制器會到 H 所指定的刀長補正號碼內擷取刀長補正值，以作為刀具補正的依據。CNC 銑床所使用的刀具，因每把刀具的長度皆不相同，故使用每一把刀具時，必須作刀長補正，使每一把刀加工出來的深度都能正確。

補充說明使用刀具補正時應注意下列事項：

a. 使用 G43 或 G44 指令做刀長補正時，只能有 Z 軸的移動量，若有其他軸向的移動，則會出現警示畫面。

b. G43、G44 為持續有效機能，如欲取消刀長補正機能，則須使用 G49 指令。

c. G43 Z__H__；補正號碼內的數據為正值時，刀具向上補正；若為負值時，刀具向下補正。

d. G44 Z__H__；補正號碼內的數據為正值時，刀具向下補正；若為負值時，刀具向上補正。

## A.5.2　常用 G 機能一覽表

List of G-codes commonly found on CNC controls

| Code | 描述 | 群組 | Description |
|---|---|---|---|
| G00 | 快速定位 | 01 | Rapid positioning |
| G01 | 直線切削 | | Linear interpolation |
| G02 | 圓弧切削 / 螺旋切削（順時針） | | Circular interpolation, clockwise |
| G03 | 圓弧切削 / 螺旋切削（逆時針） | | Circular interpolation, counterclockwise |
| G04 | 暫停 | 00 | Dwell time |
| G05 | 高速高精度加工指令 | | High-precision contour control (HPCC) |
| G05.1 | AI_ 奈米輪廓控制指令 / 平滑插補 | | AL nano contour/ |
| G08 | 先行控制 | | Spline Smoothing On |
| G09 | 真確停止 | | Exact stop check, non-modal |
| G10 | 可程式資料輸入 | | Programmable data input |
| G11 | 可程式資料輸入取消 | | Data write cancel |
| G15 | 極座標 OFF | 17 | Polar coordinate programming, relative |
| G16 | 極座標 ON | | Definition of the pole point of the polar coordinate system |
| G17 | $X_P$ - $Y_P$ 平面選擇 | 02 | XY plane selection |
| G18 | $Z_P$ - $X_P$ 平面選擇 | | ZX plane selection |
| G19 | $Y_P$ - $Z_P$ 平面選擇 | | YZ plane selection |
| G20 | 英制單位輸入 | 06 | Programming in inches |
| G21 | 公制單位輸入 | | Programming in millimeters (mm) |
| G28 | 自動原點復歸 | 00 | Return to home position (machine zero) |
| G30 | 第二、三、四參考點位置回復 | | Return to secondary home position (machine zero) |
| G31 | 跳躍機能 | | Skip function (used for probes and tool length measurement systems) |
| G33 | 螺紋切削 | 01 | Constant-pitch threading |
| G40 | 刀具半徑補正取消 | 07 | Tool radius compensation off |
| G41 | 刀具半徑補正（左補償） | | Tool compensation to the left |
| G42 | 刀具半徑補正（右補償） | | Tool compensation to the right |
| G43 | 刀具長度補正（負方向） | 08 | Tool length compensation - negative direction |
| G44 | 刀具長度補正（正方向） | | Tool length compensation - positive direction |
| G49 | 刀具長度補正取消 | | Tool length compensation cancel |
| G50 | 比例放大、縮小 ON | 11 | Define the maximum spindle speed |
| G51 | 比例放大、縮小 OFF | | Part rotation; programming in degrees |

| Code | 描述 | 群組 | Description |
|---|---|---|---|
| G52 | 局部坐標系設定 | 00 | Local coordinate system (LCS) |
| G53 | 機械座標系選擇 | 00 | Machine coordinate system |
| G54-G59 | 第一至六工件座標系選擇 | 12 | Work coordinate systems (WCSs) |
| G61 | 真確停止模式 | | Exact stop check, modal |
| G62 | 自動轉角加減速 | 15 | Spline contouring with buffering mode off |
| G64 | 切削模式 | | Default cutting mode (cancel exact stop check mode) |
| G68 | 座標系統旋轉開啓 | 16 | Rotation on, 2D/3D |
| G69 | 座標系統旋轉取消 | | Rotation off, 2D/3D |
| G73 | 高速分段鑽孔循環 | | Fixed cycle, multiple repetitive cycle, for roughing, with pattern repetition |
| G74 | 左螺旋攻牙循環 | | Peck drilling cycle for turning |
| G76 | 精搪孔循環 | | Fine boring cycle for milling |
| G80 | 固定循環取消 | | Cancel canned cycle |
| G81 | 點鑽孔循環 | 09 | Simple drilling cycle |
| G82 | 沉頭孔循環 | | Drilling cycle with dwell |
| G83 | 分段鑽孔循環 | | Peck drilling cycle (full retraction from pecks) |
| G84 | 右螺旋攻牙循環 | | Tapping cycle, right hand thread,M03 spindle direction |
| G85- | 搪孔循環一至四 | | Boring cycle 1 to 4 |
| G89 | 盲孔鉸孔循環 | | Boring with intermediate stop canned cycle |
| G90 | 絕對值座標系統 | 03 | Absolute mode |
| G91 | 增量值座標系統 | | Incremental mode |
| G92 | 工件座標系建立與更變 | 00 | Home coordinate reset |
| G98 | 固定循環起始點復歸 | 10 | Return to initial Z level in canned cycle |
| G99 | 固定循環 R 點復歸 | | Return to R level in canned cycle |

## A.5.3 固定循環切削指令

| 名稱 | 指令格式 | | | | | | | | |
|---|---|---|---|---|---|---|---|---|---|
| 鑽孔 | G81 | X_ | Y_ | Z_ | R_ | | | F_ | K_ |
| 沉頭孔 | G82 | X_ | Y_ | Z_ | R_ | P_ | | F_ | K_ |
| 快速啄 | G73 | X_ | Y_ | Z_ | R_ | | Q_ | F_ | K_ |
| 啄 | G83 | X_ | Y_ | Z_ | R_ | | Q_ | F_ | K_ |
| 左螺旋攻牙 | G74 | X_ | Y_ | Z_ | R_ | | | F_ | K_ |
| 右螺旋攻牙 | G84 | X_ | Y_ | Z_ | R_ | | | F_ | K_ |
| 粗搪孔 | G86 | X_ | Y_ | Z_ | R_ | | | F_ | K_ |

| 精搪孔 | G76 | X__ | Y__ | Z__ | R__ | P__ | Q__ | F__ | K__ |
|---|---|---|---|---|---|---|---|---|---|
| 鉸孔 | G85 | X__ | Y__ | Z__ | R__ | | | F__ | K__ |
| 鉸孔 | G89 | X__ | Y__ | Z__ | R__ | P__ | | F__ | K__ |
| 背搪孔 | G87 | X__ | Y__ | Z__ | R__ | P__ | Q__ | F__ | K__ |
| 搪孔 | G88 | X__ | Y__ | Z__ | R__ | P__ | | F__ | K__ |
| 固定循環取消 | G80 | | | | | | | | |

以下我們將說明幾個常用的固定循環切削指令：

1. G73 啄鑽鑽孔循環：

指令格式：G73 X__ Y__ Z__ R__ Q__ P__ K__ F__。

引數說明：

X__Y__：孔的位置座標值。

Z__：孔底 Z 值。

R__：R 點座標值。

Q__：每次切削進給量。

P__：孔底停留時間。

K__：重複次數。

F__：進給速率。

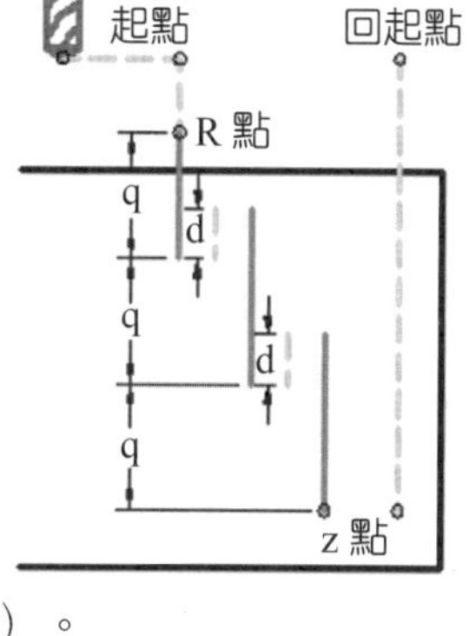


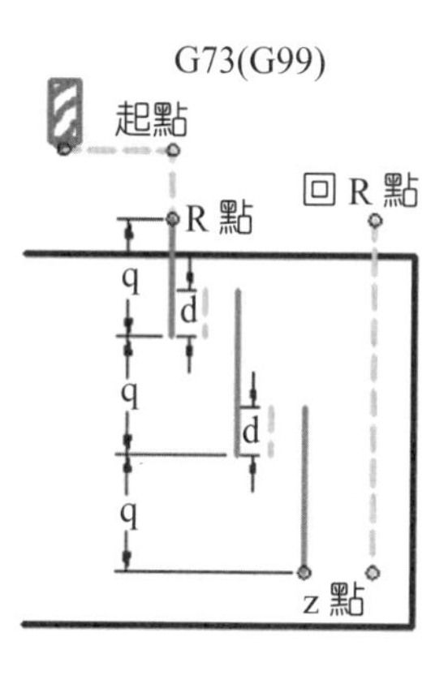


例：在 0,0 與 50,50 鑽 2 孔（< 從 0 到 -30）。

G0 Z100.

G73 G98 X0. Y0. Z-30. Q5.0 R2. F100.

X50. Y50.

G80

2. G74 左螺紋攻牙循環：

指令格式：G74 X__ Y__ Z__ R__ P__ F__ K__。

引數說明：

X__Y__：孔的位置座標值。

Z__：孔底 Z 值。

R__：R 點座標值。

P__：孔底暫停時間（1/1000 秒）。

K__：重複次數。

F__：切削進給速度。

若在 G74 前面加入 M29 指令，剛性攻牙循環。

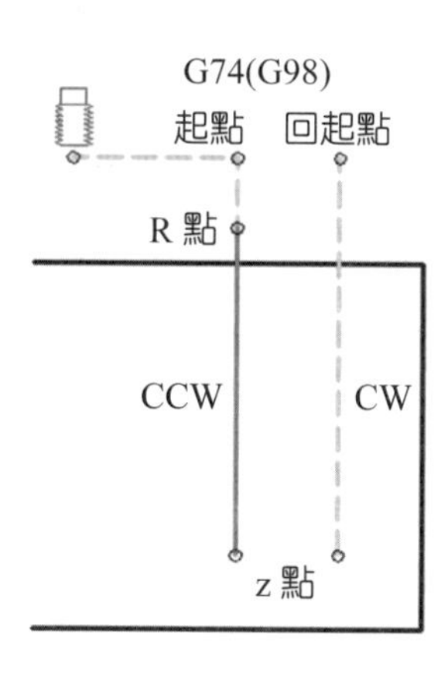


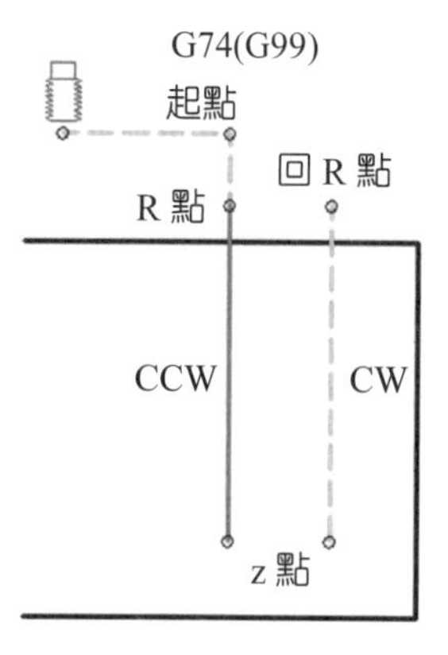

例：在 0,0 與 50,50 攻牙 2 孔（< 從 0 到 -20）。

G0 Z100.

(M29S200)

G74 G98 X0. Y0. Z-20. R2. F250.

X50. Y50.

G80

3. G76 精密搪孔循環：

指令格式：G76 X__ Y__ Z__ R__ P__ Q__ F__ K__。

引數說明：

X__Y__：孔的位置座標值。

Z__：孔底 Z 值。

R__：R 點座標值（即回歸點）。

Q__：孔底偏移量。

F__：進給速率。

K__：重複次數。

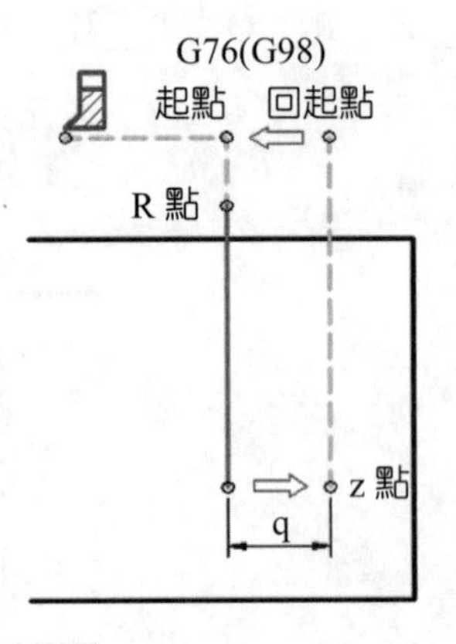


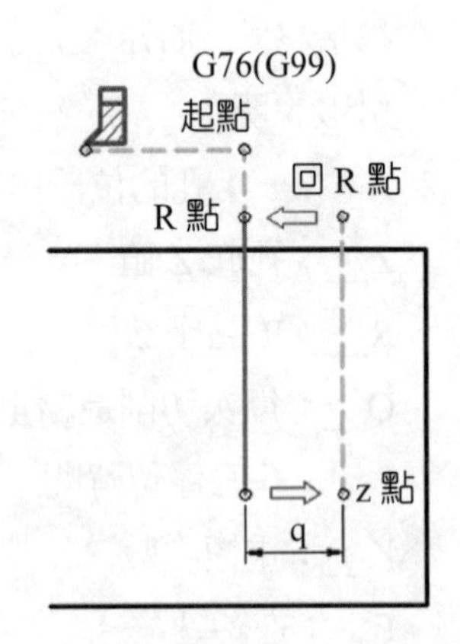


例：在 0,0 & 50,50 搪 2 孔（< 從 0 到 -20，底部停留 1 秒）。

G0 Z100.

G76G98 X0. Y0. Z-20. R2. Q3. P1000 F150.

X50. Y50.

G80

4. G81 鑽孔循環：

指令格式：G81 X__ Y__ Z__ R__ K__ F__。

引數說明：

X__Y__：孔的位置座標值。

Z__：孔底 Z 值。

R__：R 點座標值。

K__：重複次數。

F__：進給速率。

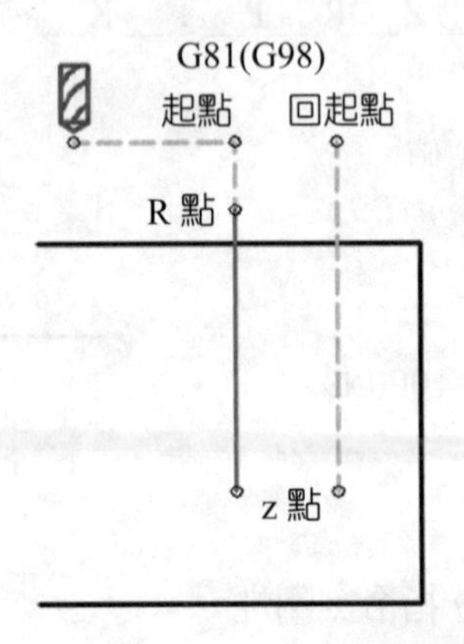


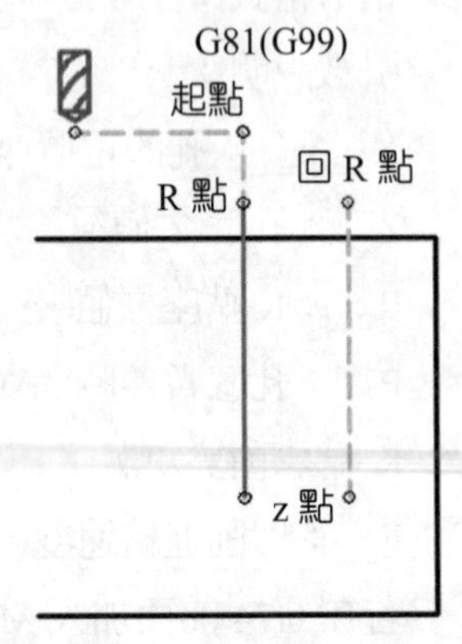


例：在 0,0 & 50,50 鑽 2 孔（< 從 0 到 -20）。

G0 Z100.

G81 G98 X0. Y0. Z-20. R2. F100.

X50. Y50.

G80

5. G83 啄鑽鑽孔循環：

指令格式：G83 X__ Y__ Z__ R__ Q__ F__ K__。

引數說明：

X__Y__：孔的位置座標值。

Z__：孔的 Z 深度。

R__：R 點座標値（即回歸點）。

Q__：每次切削進給量。

F__：進給速率。

K__：重複次數。

例：在 0,0 & 50,50 鑽 2 孔（< 從 0 到 -30）。

G0 Z100.

G83 G98 X0. Y0. Z-30. R2. Q3. F150.

X50. Y50.

G8

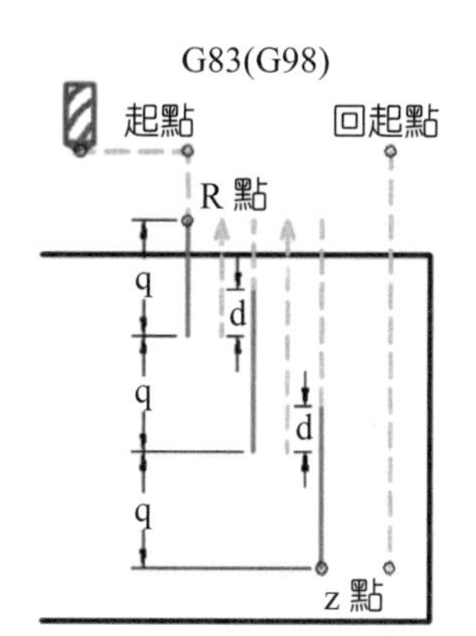


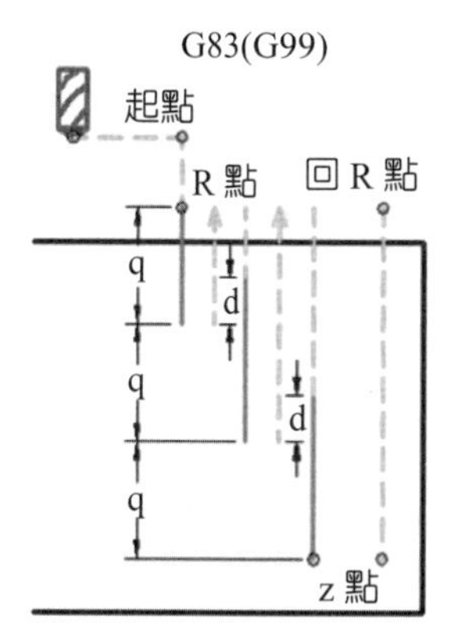


## A.6　M 機能說明（輔助機能：M00～M99）

M 機能又稱「輔助機能」，有兩種使用方式：

1. 預留 I/O 接點，作爲連接其他附件時使用。在數值控制機械上，常有一些單純的「開／關（ON/OFF）」動作，這些動作皆歸類於輔助機能。
2. 通常 M 機能除某些有通用性的標準碼外（如 M03、M05、M09、M30 等），亦可由製造商依其機械之動作要求，設計出不同的M指令，以控制不同之「開／關」動作或連續動作。

在同一單節中，若有兩個「M 碼」機能出現時，雖其動作不相衝突，但以排列在最後的 M 機能有效。如：S600 M03 M08；此時切削液開，但主軸不旋轉，只有噴出切削劑。一般 CNC 機械 M 機能的前導零可省略，如 M01 可用 M1 表示，M03 可用 M3 來表示，餘者類推，如此可節省記憶體空間及鍵入的字數。

### A.6.1　機能說明

1. M00 程式停止：程式自動執行中，當執行至「M00」指令時，控制器將停止機器一切的加工指令動作，且進給暫停鍵指示燈亮。若要繼續執行後續的程式，則再按程式啓動鍵 CYCLE START，即可繼續執行下面的程式單節。

   M00 指令一般均單獨成爲一個單節使用。

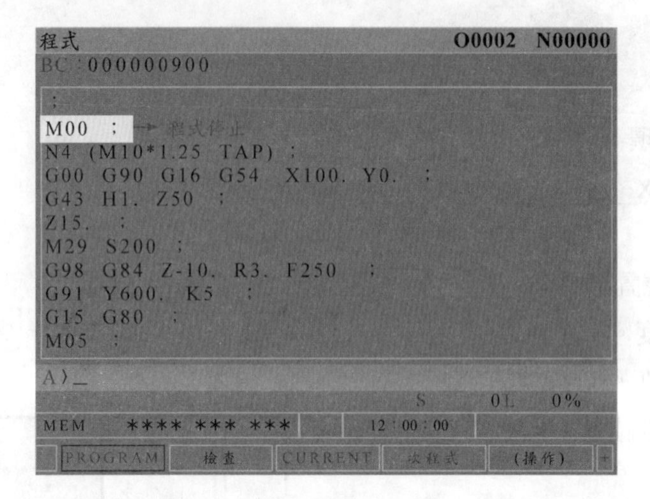


2. M01 選擇性停止：此一指令的功能與「M00」相同，但選擇停止或不停止，須由操作面板上的選擇性停止（M01）鍵控制。

操作方式：

(1) 按下選擇性停止鍵後指示燈亮，當程式執行至 M01 時其功能有效，且進給暫停鍵指示燈會亮，若再按鍵即可繼續執行下面的加工程式。

(2) 若 M01 執行當中，將選擇性停止鍵鍵取消，此時功能仍有效，再按程式啓動鍵即可繼續執行下面的加工程式。

(3) 若功能未啓動，則程式執行至 M01 指令時，就無法執行該功能，意即程式不會停止。

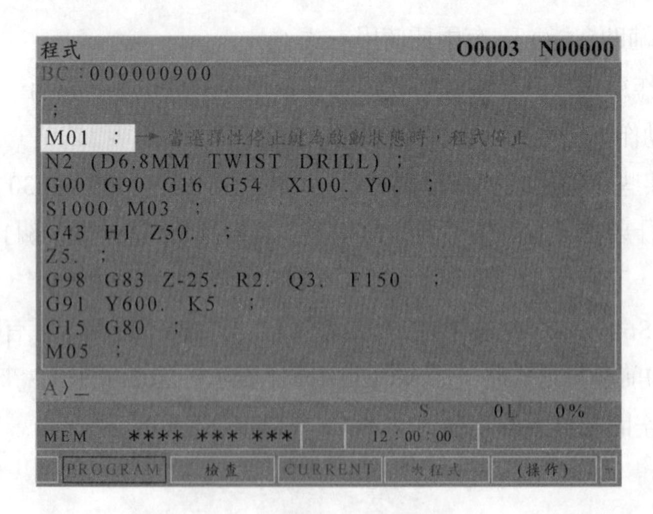


3. M02 程式結束：當執行 M02 指令時，表示加工程式結束。但此時光標會停留於此一單節上，如欲使游標回到程式開頭，則必須先將模式選擇鈕轉至「編輯（EDIT）」模式，再按重置鍵，使游標回復至程式開頭，才能繼續執行程式加工。此指令在使用上比較麻煩且少用，較爲常用 M30 指令。

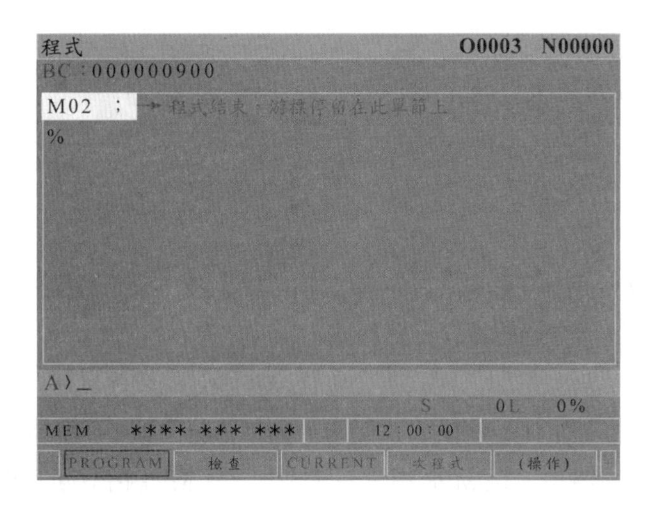


4. M03、M04、M05 主軸正轉 / 反轉 / 停止：M03/M04 須搭配 S 指令使用，開機後若無 S 指令 ( 轉速為 0)，此時主軸將不會轉動，若已運轉過但無 S 指令，則以之前轉速運轉。M03/M04 與 G 碼及座標指令，可在同一單節中使用。
5. M06 刀具交換：將刀庫中，目前置於準備換刀位置的刀具與主軸側的刀具交換。
6. M19 主軸定角度：令主軸轉至固定方向後停止旋轉，一般用於裝置精搪刀及背搪刀或須定位的情況下。且於使用 G76 或 G87 指令時，必須先手動插入此一指令（於手動資料輸入「MDI」模式），以對正偏位方向。
7. M29 剛性攻牙：

M29 S×××；

G84（或 G74）X_ Y_ Z_ R_ F_；

格式說明：

(1) M29：剛性攻牙指令。

(2) G74：左螺旋攻牙循環指令。

(3) G84：右螺旋攻牙循環指令

(4) X、Y：孔的位置座標

(5) Z：切削深度

(6) R：開始切削進給參考高度

例：

O1111；(M10×1.5P)

G00 G40 G49 G80 G17；

G90 G54 X25. Y25.；

G43 H1 Z15.；

M29 S160；

G98（或 G99）G84 Z-30. R3. F240；

G80；

M05；

M30；

8. M30 程式結束：M30 爲加工程式結束，程式執行結束後，警示燈閃爍與游標會自動回到程式開頭，以節省時間與方便繼續執行此程式。
9. M98、M99 副程式呼叫：當加工程式內，包含一些固定的順序或經常重複的形狀時，可將這些順序或形狀獨立而當作一個副程式使用，儲存於記憶體中，如此可簡化程式製作，使程式看起來更明白、清楚。以 M98 指令呼叫副程式，M99 指令回主程式。其次，副程式亦可由其他的副程式呼出執行，但副程式呼出最多 4 重。
10. M98 主程式呼叫副程式：M98 編寫於主程式中，當程式執行到 M98 指令時，執行動作會跳至所指定的副程式，且連續執行指定的次數。副程式中亦可再呼叫指定的副程式來執行。
11. M99 副程式結束，回到主程式：執行副程式時，最後一單節必須執行此指令 M99，以表示副程式結束，使其回到主程式繼續執行未完成的加工程式。

 指令格式：

 (1) 若未指定重複執行次數，則以一次計算。

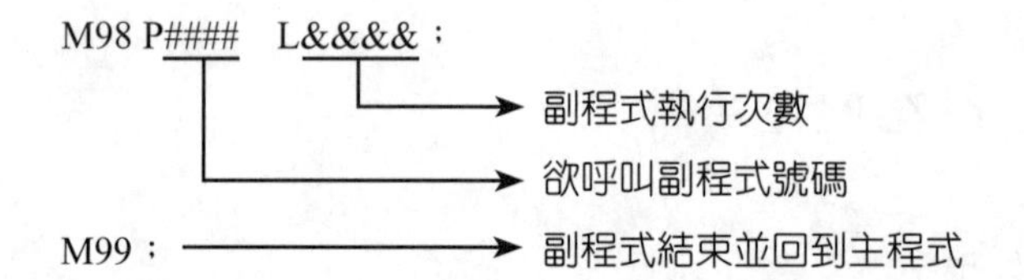


 (2) 副程式呼叫最多可達 4 階。

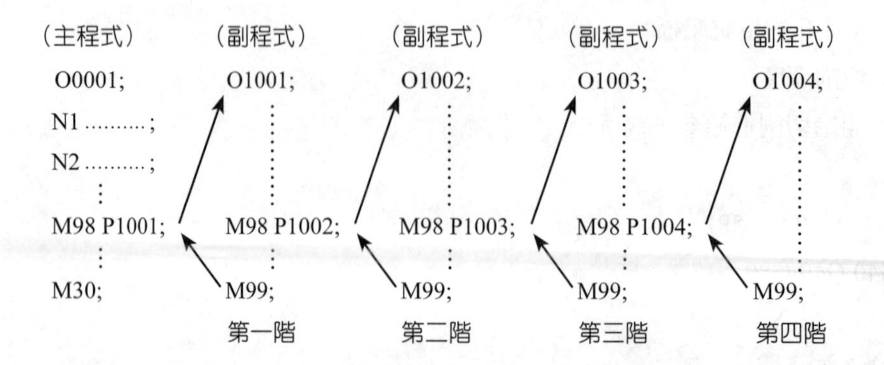

(3) 若找不到副程式號碼，則會產生警報錯誤，顯示資訊爲沒有指定 NO.。
例：執行副程式 O2234。

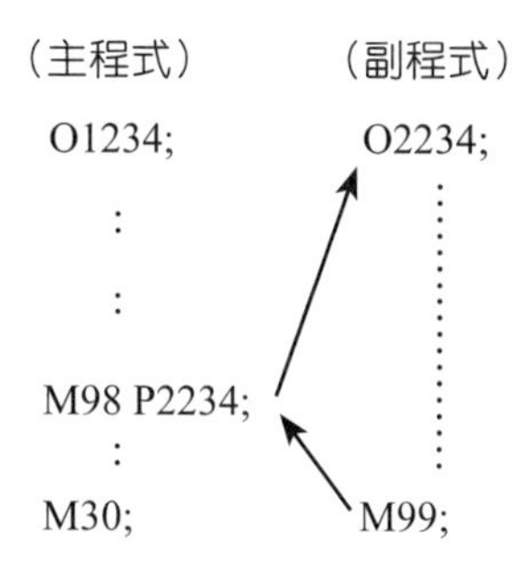


(4) 執行副程式 O5678 三次（重複執行次數 0003，可寫「3」，若爲副程式號碼時，則必須爲 4 位碼）。

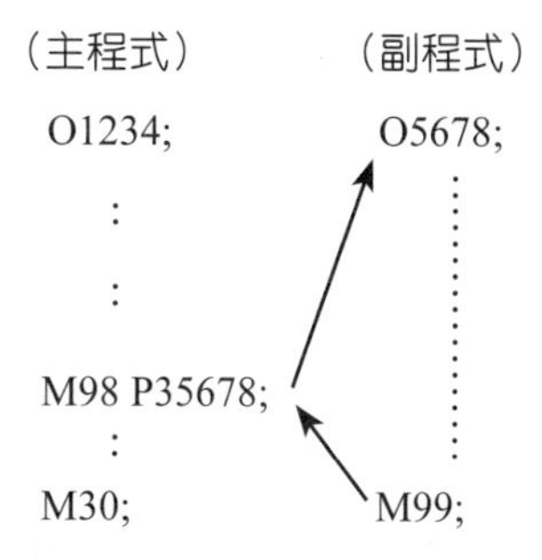


(5) M98 編寫於主程式中，當程式執行到 M98 指令，則執行所指定之副程式。
(6) M99 需單獨指定，且編寫於副程式結尾，當程式執行到 M99 指令，副程式結束回到主程式繼續執行 M98 下一單節的加工程式。

呼叫副程式的另一種寫法：
指令格式：

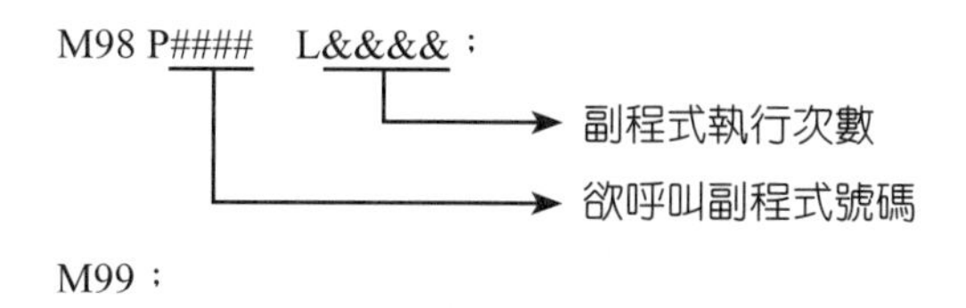


格式說明：
(1) P：欲呼叫的副程式號碼。
(2) L：呼叫執行次數 L 最多次數爲 9999 次，如被省略時表示僅呼叫一次。

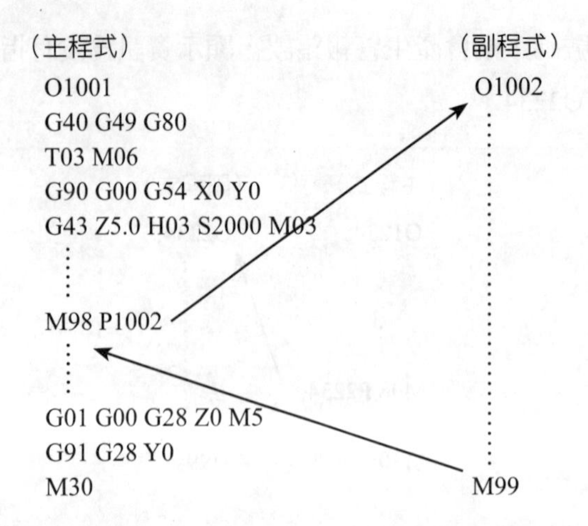
（主程式）
O1001
G40 G49 G80
T03 M06
G90 G00 G54 X0 Y0
G43 Z5.0 H03 S2000 M03
M98 P1002
G01 G00 G28 Z0 M5
G91 G28 Y0
M30
（副程式）
O1002
M99

12. M198 副程式呼叫：呼叫記憶卡（Memory card）或資料伺服器（Data server）內之副程式。

指令格式：

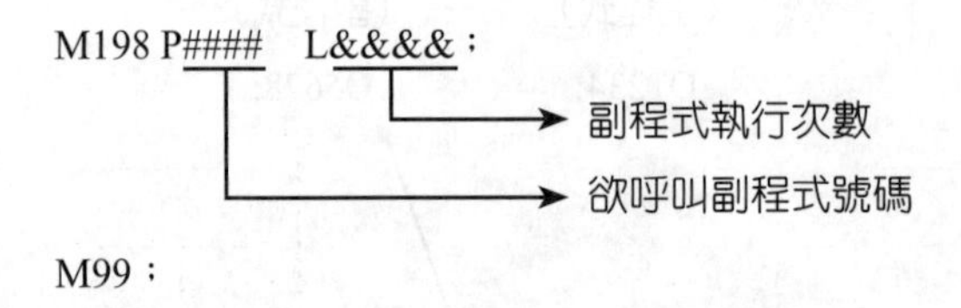
M198 P#### L&&&&；
副程式執行次數
欲呼叫副程式號碼
M99；

格式說明：

(1) M198 編寫於「NC Memory」之主程式中，當程式執行到 M198 指令時，則執行所指定的記憶卡（Memory Card）或資料伺服器（Data Server）內之副程式。

(2) M99 須單獨指定，編寫於記憶卡或資料伺服器（Data server）內副程式之結尾，當程式執行到 M99 時，副程式結束並回到 NC Momery 之主程式，繼續執行 M198 下一單節的加工程式。

例：

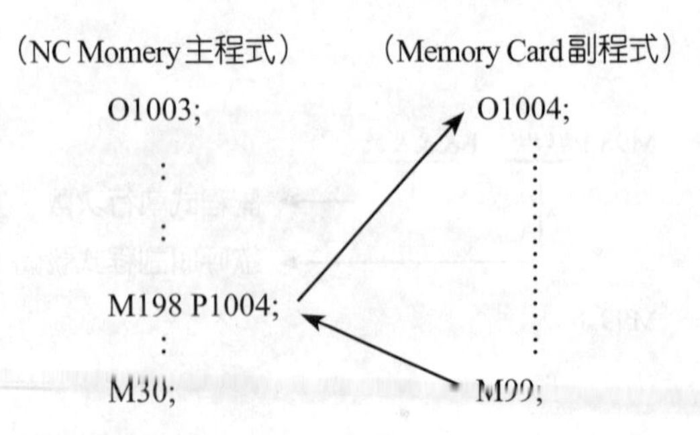
（NC Momery 主程式）
O1003;
M198 P1004;
M30;
（Memory Card 副程式）
O1004;
M99;

注意：儲存於記憶卡（Memory card）或資料伺服器（Data server）內之副程式號碼，必須為「O####」(4 碼)。

## A.6.2　常用 M 機能一覽表

List of M-codes commonly found on CNC controls

| Code | 描述 | Description |
|---|---|---|
| M00 | 程式停止 | Compulsory stop |
| M01 | 選擇性停止 | Optional stop |
| M02 | 程式結束 | End of program |
| M03 | 主軸正轉 | Spindle on (clockwise rotation) |
| M04 | 主軸反轉 | Spindle on (counterclockwise rotation) |
| M05 | 主軸停止 | Spindle stop |
| M06 | 刀具交換 | Automatic tool change (ATC) |
| M07 | 油霧切削開 | Coolant on (mist) |
| M08 | 切削液開 | Coolant on (flood) |
| M09 | 油霧切削／切削液／主軸中心出油／油路刀桿關 | Coolant off |
| M10 | 第四軸鎖緊 | Pallet clamp on |
| M11 | 第四軸放鬆 | Pallet clamp off |
| M12 | 主軸中心出油／油路刀桿開 | Milling spindle mode cancel (Turning mode selection) |
| M13 | 主軸正轉、切削液 ON | Spindle on (clockwise rotation) and coolant on (flood) |
| M14 | 主軸正轉、切削液 ON | Milling tool reverse rotation |
| M15 | 刀庫刀套上升 | Milling tool stop |
| M16 | 刀庫刀套下降 | Spindle orientation 0° (for AJC) |
| M17 | 刀長量測開／工件量測關 | Spindle orientation 120° (for AJC) |
| M18 | 刀長量測關／工件量測開 | Spindle orientation 240° (for AJC) |
| M19 | 主軸定位 | Spindle orientation |
| M20 | 主軸定位解除 | Start oscillation (configured by G35) |
| M21 | 備用 | Mirror, X-axis/ Tailstock forward |
| M22 | 備用 | Mirror, Y-axis/ Tailstock backward |
| M23 | 備用 | Mirror OFF/ Thread gradual pullout ON |
| M29 | 剛性攻牙 | Rigid tapping mode on fanuc controls |
| M30 | 程式結束及回復 | End of program, with return to program top |
| M31 | 自動進給上限資料傳遞設定（製造商專用） | Tail spindle & tailstock body advance (for 300/400-III/IIIT) |
| M32 | 自動進給控制 AFC 關 | Tail spindle & tailstock body retract (for 300/400-III/IIIT) |
| M33 | 自動進給下限資料傳遞設定（製造商專用） | Low chuck pressure |
| M34 | 刀具號碼重整（製造商專用） | High chuck pressure |
| M40 | 螺旋排屑 ON | Automatic spindle gear range selection |

| Code | 描述 | Description |
|---|---|---|
| M41 | 螺旋排屑 OFF | Spindle gear transmission step 1 |
| M48 | 有效切削進給率調整 | Feedrate override allowed |
| M49 | 無效切削進給率調整 | Feedrate override not allowed |
| M52 | 夾治具夾（客戶選用功能） | Unload last tool from spindle |
| M60 | 工件交換台交換 | Automatic pallet change (APC) |
| M70 | DNC ON | Spline definition, beginning and end curve 0 |
| M71 | DNC OFF | Spline definition, beginning tangential, end curve 0 |
| M80 | 刀具號碼設定準備 | Delete rest of distance using probe function, from axis measuring input |
| M81 | 刀具號碼重新設定 | Drive On application block (resynchronize axis position via PLC signal during the block) |
| M98 | 副程式呼叫 | Subprogram call |
| M99 | 副程式結束 | Subprogram end |
| M198 | 呼叫記憶卡或資料伺服器（Data Server）內之副程式 | Call the memory card or the data server within the subprogram |

## A.7 參考文獻


1. 李東隆先生，CNC 銑床程式設計、程式製作之基本認識。
2. https://en.wikipedia.org/wiki/G-code
3. http://www.helmancnc.com/mazak-integrex-m-code-list/

# 附錄 B　三軸銑削加工認證試題
# （Appendix B: certification for three-axis machining test）

## 三軸銑削加工認證試題（一）

模型檔名：LeadsLinks-Start.iges。

加工條件：

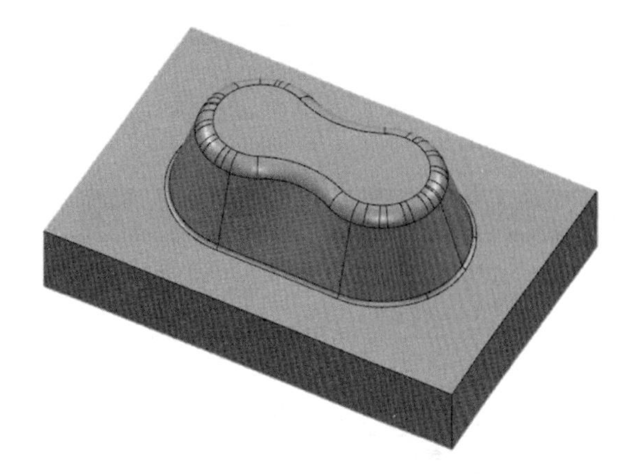

1. 加工材質：NAK55 (HRC40)。
2. 刀具廠商：自定自選。
3. 物件基準：底面中心。
4. 成品光潔度：Ra 0.2～0.4 μm
5. 最小使用刀具：R1。

評比標準：

| 項目 | | 評核分數 |
|---|---|---|
| 路徑策略 | 粗加工 | 5 |
| | 再次粗加工 | 10 |
| | 中加工 | 10 |
| | 細加工 | 10 |
| | 清角加工 | 10 |
| | 逃料加工 | 10 |
| 路徑品質 | | 20 |
| 加工安全 | | 10 |
| 預估時間 | | 10 |
| 其他評核 | | 5 |
| 總計 | | 100 |

# 三軸銑削加工認證試題（二）

模型檔名：ADV-Opt-ConstZ-Start.stp。

加工條件：

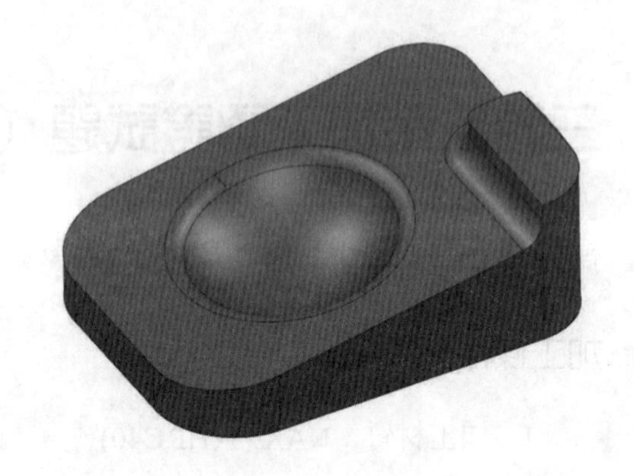

1. 加工材質：NAK55 (HRC40)。
2. 刀具廠商：自定自選。
3. 物件基準：底面中心。
4. 成品光潔度：Ra 0.2～0.4 μm
5. 最小使用刀具：R5。

評比標準：

| 項目 | | 評核分數 |
|---|---|---|
| 路徑策略 | 粗加工 | 5 |
| | 再次粗加工 | 10 |
| | 中加工 | 10 |
| | 細加工 | 10 |
| | 清角加工 | 10 |
| | 逃料加工 | 10 |
| 路徑品質 | | 20 |
| 加工安全 | | 10 |
| 預估時間 | | 10 |
| 其他評核 | | 5 |
| 總計 | | 100 |

# 三軸銑削加工認證試題（三）

模型檔名：AreaClearFlats_Start.stp。

## 加工條件：

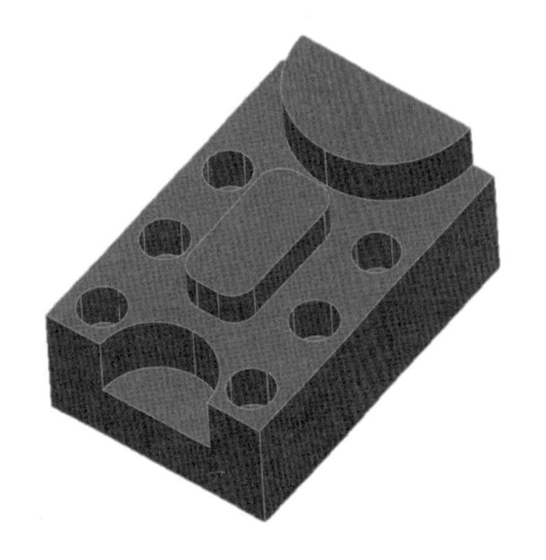

1. 加工材質：NAK55 (HRC40)。
2. 刀具廠商：自定自選。
3. 物件基準：底面中心。
4. 成品光潔度：Ra 0.2～0.4 μm
5. 最小使用刀具：D6。

## 評比標準：

| 項目 | | 評核分數 |
|---|---|---|
| 路徑策略 | 粗加工 | 5 |
| | 再次粗加工 | 10 |
| | 中加工 | 10 |
| | 細加工 | 10 |
| | 清角加工 | 10 |
| | 逃料加工 | 10 |
| 路徑品質 | | 20 |
| 加工安全 | | 10 |
| 預估時間 | | 10 |
| 其他評核 | | 5 |
| 總計 | | 100 |

國家圖書館出版品預行編目資料

進階三軸銑削數控加工及實習／吳世雄,王敬期,王松浩著. ——二版.——臺北市：五南,2020.08
面； 公分
ISBN 978-986-522-131-7（平裝）
1.機械製造 2.電腦程式 3.電腦輔助設計
446.8927029　　109009783

5F66

# 進階三軸銑削數控加工及實習

作　　者— 吳世雄(56.7)、王敬期、王松浩
發 行 人— 楊榮川
總 經 理— 楊士清
總 編 輯— 楊秀麗
主　　編— 高至廷
助理編輯— 曹筱彤
文字編輯— 林秋芬
封面設計— 簡愷立、王麗娟
出 版 者— 五南圖書出版股份有限公司
地　　址：106台北市大安區和平東路二段339號4樓
電　　話：(02)2705-5066　　傳　　真：(02)2706-6100
網　　址：http://www.wunan.com.tw
電子郵件：wunan@wunan.com.tw
劃撥帳號：01068953
戶　　名：五南圖書出版股份有限公司
法律顧問　林勝安律師事務所　林勝安律師
出版日期　2017年4月初版一刷
　　　　　2020年8月二版一刷
定　　價　新臺幣680元